全国工程专业学位研究生教育国家级规划教材

何坚勇 编著

运筹学基础（第2版）

清华大学出版社
北京

内 容 简 介

本书是一本着重实际应用又兼顾理论要求的运筹学教材.主要内容包括线性规划、整数规划、目标规划、非线性规划、动态规划及决策分析.各章附有习题,书末有习题解答和提示.

本书对数学基础要求较低,适用专业范围广;基本概念与基本理论阐述清晰透彻,密切联系实际,各种算法推导详细,配有丰富实用的例题.本书可作为工程硕士研究生以及经济管理等非数学专业大学生、研究生的教材,也可供科技人员和管理人员参考.

图书在版编目(CIP)数据

运筹学基础/何坚勇编著.—2版.—北京:清华大学出版社,2008.3(2024.7重印)
(全国工程硕士专业学位教育指导委员会推荐教材)
ISBN 978-7-302-16587-3

Ⅰ.运… Ⅱ.何… Ⅲ.运筹学—高等学校—教材 Ⅳ.O22

中国版本图书馆CIP数据核字(2007)第189518号

责任编辑:刘 颖
责任校对:焦丽丽
责任印制:刘 菲

出版发行:清华大学出版社
网 址:https://www.tup.com.cn, https://www.wqxuetang.com
地 址:北京清华大学学研大厦A座 **邮 编**:100084
社 总 机:010-83470000 **邮 购**:010-62786544
投稿与读者服务:010-62776969,c-service@tup.tsinghua.edu.cn
质 量 反 馈:010-62772015,zhiliang@tup.tsinghua.edu.cn
印 装 者:涿州市般润文化传播有限公司
经 销:全国新华书店
开 本:185mm×230mm **印 张**:31.75 **字 数**:643千字
版 次:2008年3月第2版 **印 次**:2024年7月第12次印刷
定 价:96.00元

产品编号:021798-05

前言

运筹学,即最优化理论,或在有的领域中称为管理科学,广泛应用于工业、农业、交通运输、商业、国防、建筑、通信、政府机关等各个部门、各个领域.它主要解决最优生产计划、最优分配、最佳设计、最优决策、最佳管理等最优化问题.掌握优化思想并善于对遇到的问题进行优化处理,是企业领导或各级各类管理人员必须具备的基本素质.运筹学就是帮助读者学会如何根据实际问题的特点,抽象出不同类型的数学模型,然后选择不同的方法进行计算.

随着经济建设与科教事业的不断发展,近十年来在学生队伍中出现了新的群体——工程硕士研究生.这部分学员的特点是具有丰富的实践经验,大多在各级领导岗位上或承担一定的技术业务工作,又受过良好的大学教育,只是离开学校时间较长,多达十来年,少则三五年.因此数学基础知识忘得较多,对理论推导有一定的惧怕心理,但又有在理论上进行深造与提高的强烈愿望.针对工程硕士研究生的上述特点,编写一本数学基础要求低、适用专业范围广、着重实际应用又兼顾理论要求的运筹学教材,是作者多年来的一个心愿.

本书首先设置了预备知识这一章,着重复习与本书有关的微积分和线性代数的基础知识,如向量、矩阵、二次型的正定性,多元函数的梯度、极值、泰勒公式等,也补充了一般大学课程中没有但本书需要用到的知识,如多元函数的黑塞矩阵概念.

本书的主体介绍了线性规划、运输问题、整数规划、目标规划、非线性规划、动态规划及决策分析.这些都是运筹学中最基本且应用最广泛的内容,涵盖了运筹学中的大部分内容.全部讲授约需 64 课时,书中部分打 * 内容可选讲.

本书在阐述基本概念与基本理论时,力求清晰、透彻.在适当的地方配置了一些思考题,以促使读者深入思考、加深对内容的理解.对于基本的理论、主要的定理都给予了证明.因此本书在理论上有一定的深度.使读者不仅知其然,并且知其所以然,为其举一反三、扩大应用面打好基础.在证明定理时,尽量考虑到学员的现有基础.如在证明线性规划最优性准则定理(本书定理 3.1.1)时,若按通常证法,书写简单明了,但几次教学实践结

Foreword

果,不少学员都感到有疑问.分析原因,主要是对线性方程组有无穷多个解时,若取不同的基础解系,其解集是等同的这一点理解不深.因此本书在证明该定理时,多费了一些笔墨,从线性方程组的解集角度入手,证明满足最优性准则的可行解必是全部可行解中的最优解.这样做实践效果较好.本书对一些理论上过深或推导过于繁琐的内容,采取以讲清概念、用几何图形加以辅证的方法,避免过繁的推导或引入过多的数学概念(这些推导与概念对于数学专业也许是必须的).

本书注重联系实际,在介绍每一种规划模型前都以实际问题引入.在讲清概念和理论后,对各种算法都有详细的推导过程,且配有例题,参照例题的解法,学员可以比较容易理解算法的原理,掌握算法的基本步骤,并学会如何应用这些算法.书中还配有几十个各行各业的应用实例,学员参照这些实例可以学习到如何根据实际问题建立相应数学模型的方法与技巧.

建立数学模型是为了解决实际问题,得到计算结果,并分析、研究与运用结果.在第15章中用优化软件包LINDO/LINGO,以及计算软件MATLAB作为优化软件平台,对某些实例与例题进行了计算.专门用于求解数学规划的LINDO/LINGO优化软件包目前在教育、科研与工业界得到广泛应用(读者可在开发LINDO软件的公司网站http://www.lindo.com上免费下载该软件的学生版);而MATLAB是美国Math Works公司20世纪80年代初开发的一套以矩阵计算为基础的科学与工程计算软件,是目前我国使用较普遍的计算软件.

书中每章都配有习题,其中有部分实例及习题选自历年研究生入学运筹学考试真题,以帮助读者对知识点的理解与运用.书末给出了答案(部分题给出了详解).

本书第1版自2000年出版以来,已印刷了2万7千余册,且得到了部分学者、专家及广大读者的欢迎与厚爱,也收到了一些建议及意见.据此借本书被全国工程硕士专业学位教育委员会推荐作为全国工程硕士研究生教育的核心教材之机,作了一些修改.同时受出版社委托,作者编写了一个教学指南,内容包括各章的教学时间分配,各章的教学要求、教学重点、主要概念、定理及公式,习题详解及书中部分内容的疑点解析等,以方便教师使用本书.

本书主要对象是工程硕士研究生,同时也可作为经济管理等非数学专业的大学生、研究生的"运筹学"教材,对科技工作者与管理人员也有一定的参考价值.相信广大学员学习本书后,能较快地掌握运筹学的基本知识,并应用到工作实际中去,定会对工作有所帮助,也为进一步学习运筹学理论打下良好的基础.

在本书编写过程中,得到了清华大学研究生院与清华大学出版社的大力支持,清华大学应用数学系的领导与运筹学教研组的同事也给予了充分的支持和合作.第15章中部分例题的计算是由博士生牛小波同学完成的.在多年的教学实践及编写本书的过程中,编者从许多国内外专家、学者的著作中汲取了营养，获益匪浅，本书直接或间接地引用了他们的部分成果(见书末参考文献)。还有对本书提出了宝贵意见与建议的广大读者，在此一并表示感谢与敬意.

由于作者水平有限，本书缺点甚至错误在所难免，敬请专家、学者及读者不吝指正.

编　者

2007年8月于清华园

目录

第2部分 线性规划

第2章 线性规划的基本概念 /43

第3章 单纯形法 /63

*第 5 部分 决策分析

第 6 部分 优化软件计算实例

第1部分　预备知识

本部分主要是复习微积分与线性代数中的有关内容，包括向量与矩阵的基本概念与运算、二次型及其正定性，一元及多元函数的导数、极值与泰勒公式、黑塞矩阵等.这些知识都是学习本书相关内容时要用到的数学工具.由于篇幅有限，本书只能作一个简要的复习，不能作系统的讲述.对有关定理也只给出内容或说明，不予证明.如读者需要了解相关知识，可查阅有关书籍.对于读者较熟悉的内容，如一元函数的导数运算、线性代数中行列式运算、解线性方程组运算等在本部分中也不再赘述.

为了帮助读者理解有关概念，文中配有部分例题及习题.

第 1 章

预备知识

1.1 向量

1.1.1 向量定义及线性运算

定义 1.1.1 n 个数 $a_1,a_2,\cdots,a_n$ 构成的一个有次序的数组称为一个 n 维向量，记作 $\boldsymbol{\alpha}=(a_1,a_2,\cdots,a_n)$，$a_i(i=1,2,\cdots,n)$ 称为向量的第 i 个分量. 如 $\boldsymbol{\alpha}_1=(2,3)$ 是一个二维向量，$\boldsymbol{\alpha}_2=(2,0,-4)$ 是一个三维向量，等等.

向量可记成行的形式，也可记成列的形式，分别称为行向量与列向量，如 $\boldsymbol{\alpha}=(-1,0,4)$ 为三维行向量，而 $\boldsymbol{\alpha}=\begin{bmatrix}-1\\0\\4\end{bmatrix}$ 则为三维列向量.

为了书写方便，列向量也可用行向量的转置形式来表示：

$$\boldsymbol{\alpha}=\begin{bmatrix}a_1\\a_2\\\vdots\\a_n\end{bmatrix}=(a_1,a_2,\cdots,a_n)^{\mathrm{T}}.$$

两个向量 $\boldsymbol{\alpha}$，$\boldsymbol{\beta}$ 相等当且仅当它们的对应分量相等，即 $\boldsymbol{\alpha}=\boldsymbol{\beta}\Leftrightarrow a_i=b_i(i=1,2,\cdots,n)$.

定义 1.1.2 向量 $\boldsymbol{\gamma}=(a_1+b_1,a_2+b_2,\cdots,a_n+b_n)$ 称为向量 $\boldsymbol{\alpha}=(a_1,a_2,\cdots,a_n)$ 与向量 $\boldsymbol{\beta}=(b_1,b_2,\cdots,b_n)$ 之和，记作 $\boldsymbol{\gamma}=\boldsymbol{\alpha}+\boldsymbol{\beta}$.

定义 1.1.3 向量 $k\boldsymbol{\alpha}=(ka_1,ka_2,\cdots,ka_n)$ 称为数 k 乘向量 $\boldsymbol{\alpha}$.

向量 $\boldsymbol{\alpha}$ 的负向量 $-\boldsymbol{\alpha}=(-a_1,-a_2,\cdots,-a_n)=(-1)\boldsymbol{\alpha}$.

因此向量的减法可化为加法：$\boldsymbol{\alpha}-\boldsymbol{\beta}=\boldsymbol{\alpha}+(-1)\boldsymbol{\beta}$.

例 1.1.1 设$\boldsymbol{\alpha}=(3,0,-4)$,$\boldsymbol{\beta}=(2,-1,6)$,则

$$2\boldsymbol{\alpha}-\frac{1}{3}\boldsymbol{\beta}=(6,0,-8)+\left(-\frac{2}{3},\frac{1}{3},-2\right)=\left(\frac{16}{3},\frac{1}{3},-10\right).$$

显然只有同维向量才能进行加减运算.

定义 1.1.4 设有 s 个 n 维向量 $\boldsymbol{\alpha}_1,\boldsymbol{\alpha}_2,\cdots,\boldsymbol{\alpha}_s$及 s 个实数 $k_1,k_2,\cdots,k_s$. 称$k_1\boldsymbol{\alpha}_1+k_2\boldsymbol{\alpha}_2+\cdots+k_s\boldsymbol{\alpha}_s$为 $\boldsymbol{\alpha}_1,\boldsymbol{\alpha}_2,\cdots,\boldsymbol{\alpha}_s$的一个线性组合. 又若 n 维向量 $\boldsymbol{\beta}=k_1\boldsymbol{\alpha}_1+k_2\boldsymbol{\alpha}_2+\cdots+k_s\boldsymbol{\alpha}_s$,则称$\boldsymbol{\beta}$可由向量组 $\boldsymbol{\alpha}_1,\boldsymbol{\alpha}_2,\cdots,\boldsymbol{\alpha}_s$线性表出.

例 1.1.2 设$\boldsymbol{\alpha}_1=(1,2,4)$,$\boldsymbol{\alpha}_2=(2,1,5)$,$\boldsymbol{\alpha}_3=(-1,1,-1)$,$\boldsymbol{\beta}=(1,-4,-2)$,则

$$\boldsymbol{\beta}=-2\boldsymbol{\alpha}_1+\boldsymbol{\alpha}_2-\boldsymbol{\alpha}_3.$$

所以$\boldsymbol{\beta}$是 $\boldsymbol{\alpha}_1,\boldsymbol{\alpha}_2,\boldsymbol{\alpha}_3$ 的一个线性组合,或说 $\boldsymbol{\beta}$可由$\boldsymbol{\alpha}_1,\boldsymbol{\alpha}_2,\boldsymbol{\alpha}_3$ 线性表出.

一个向量$\boldsymbol{\beta}$并非都可由某一组向量 $\boldsymbol{\alpha}_1,\boldsymbol{\alpha}_2,\cdots,\boldsymbol{\alpha}_s$线性表出. 若不存在一组实数 $k_1,k_2,\cdots,k_s$ 使 $\boldsymbol{\beta}=k_1\boldsymbol{\alpha}_1+k_2\boldsymbol{\alpha}_2+\cdots+k_s\boldsymbol{\alpha}_s$成立,则称 $\boldsymbol{\beta}$不能由向量组 $\boldsymbol{\alpha}_1,\boldsymbol{\alpha}_2,\cdots,\boldsymbol{\alpha}_s$线性表出.

例如 $$\boldsymbol{\alpha}_1=\begin{bmatrix}1\\0\\0\end{bmatrix},\quad \boldsymbol{\alpha}_2=\begin{bmatrix}0\\1\\0\end{bmatrix},\quad \boldsymbol{\alpha}_3=\begin{bmatrix}1\\1\\0\end{bmatrix},\quad \boldsymbol{\beta}=\begin{bmatrix}2\\3\\4\end{bmatrix},$$

则$\boldsymbol{\beta}$不能由$\boldsymbol{\alpha}_1,\boldsymbol{\alpha}_2,\boldsymbol{\alpha}_3$ 线性表出. 不然若$\boldsymbol{\beta}=k_1\boldsymbol{\alpha}_1+k_2\boldsymbol{\alpha}_2+k_3\boldsymbol{\alpha}_3$,则有

$$k_1\begin{bmatrix}1\\0\\0\end{bmatrix}+k_2\begin{bmatrix}0\\1\\0\end{bmatrix}+k_3\begin{bmatrix}1\\1\\0\end{bmatrix}=\begin{bmatrix}2\\3\\4\end{bmatrix},$$

即

$$\begin{cases}1\cdot k_1+0\cdot k_2+1\cdot k_3=2,\\0\cdot k_1+1\cdot k_2+1\cdot k_3=3,\\0\cdot k_1+0\cdot k_2+0\cdot k_3=4.\end{cases}$$

其第 3 个方程是一个矛盾方程,无解. 因此 $\boldsymbol{\beta}$不能由$\boldsymbol{\alpha}_1,\boldsymbol{\alpha}_2,\boldsymbol{\alpha}_3$ 线性表出.

1.1.2 向量的线性相关性

定义 1.1.5 若存在一组不全为零的数 $k_1,k_2,\cdots,k_s$ 使 $k_1\boldsymbol{\alpha}_1+k_2\boldsymbol{\alpha}_2+\cdots+k_s\boldsymbol{\alpha}_s=\boldsymbol{0}$ 成立,则称向量组$\boldsymbol{\alpha}_1,\boldsymbol{\alpha}_2,\cdots,\boldsymbol{\alpha}_s$线性相关. 否则称向量组$\boldsymbol{\alpha}_1,\boldsymbol{\alpha}_2,\cdots,\boldsymbol{\alpha}_s$线性无关,也即只有当$k_1=k_2=\cdots=k_s=0$ 时,才能使 $k_1\boldsymbol{\alpha}_1+k_2\boldsymbol{\alpha}_2+\cdots+k_s\boldsymbol{\alpha}_s=\boldsymbol{0}$ 成立. 或者说,只要 $k_1,k_2,\cdots,k_s$ 不全为零,那么线性组合 $k_1\boldsymbol{\alpha}_1+k_2\boldsymbol{\alpha}_2+\cdots+k_s\boldsymbol{\alpha}_s$必不为零,则称向量组$\boldsymbol{\alpha}_1,\boldsymbol{\alpha}_2,\cdots,\boldsymbol{\alpha}_s$线性无关.

例 1.1.3 已知向量组$\boldsymbol{\alpha}_1,\boldsymbol{\alpha}_2,\boldsymbol{\alpha}_3$ 线性无关,问向量组$\boldsymbol{\alpha}_1+\boldsymbol{\alpha}_2,\boldsymbol{\alpha}_2+\boldsymbol{\alpha}_3,\boldsymbol{\alpha}_3+\boldsymbol{\alpha}_1$是线性相关还是线性无关,并证明你的结论.

证 考察

$$k_1(\boldsymbol{\alpha}_1+\boldsymbol{\alpha}_2)+k_2(\boldsymbol{\alpha}_2+\boldsymbol{\alpha}_3)+k_3(\boldsymbol{\alpha}_3+\boldsymbol{\alpha}_1)=\mathbf{0},$$

上式可等价表示为

$$(k_1+k_3)\boldsymbol{\alpha}_1+(k_1+k_2)\boldsymbol{\alpha}_2+(k_2+k_3)\boldsymbol{\alpha}_3=\mathbf{0}.$$

因为$\boldsymbol{\alpha}_1,\boldsymbol{\alpha}_2,\boldsymbol{\alpha}_3$线性无关,由定义1.1.5知,它们的系数必全为零,即

$$\begin{cases}k_1 \quad\quad\;\; +k_3=0,\\ k_1+k_2 \quad\quad\;\; =0,\\ \quad\quad\; k_2+k_3=0.\end{cases}$$

对于此齐次线性方程组,只有唯一解$k_1=k_2=k_3=0$.由定义1.1.5知$\boldsymbol{\alpha}_1+\boldsymbol{\alpha}_2,\boldsymbol{\alpha}_2+\boldsymbol{\alpha}_3,\boldsymbol{\alpha}_3+\boldsymbol{\alpha}_1$线性无关.

定理1.1.1 s个n维向量$\boldsymbol{\alpha}_1,\boldsymbol{\alpha}_2,\cdots,\boldsymbol{\alpha}_s$线性相关(线性无关)的充分必要条件是下列齐次线性方程组

$$\begin{cases}a_{11}k_1+a_{12}k_2+\cdots+a_{1s}k_s=0,\\ a_{21}k_1+a_{22}k_2+\cdots+a_{2s}k_s=0,\\ \qquad\qquad\vdots\\ a_{n1}k_1+a_{n2}k_2+\cdots+a_{ns}k_s=0,\end{cases}$$

有非零解(只有零解).式中,$\boldsymbol{\alpha}_i=(a_{1i},a_{2i},\cdots,a_{ni})^{\mathrm{T}}\quad(i=1,2,\cdots,s)$.

推论1.1.2 任意$n+1$个n维向量必线性相关.

例1.1.4 判断$\boldsymbol{\alpha}_1=(3,4,2),\boldsymbol{\alpha}_2=(2,1,-7),\boldsymbol{\alpha}_3=(1,2,4)$的线性相关性.

解 考查是否有不全为零的数组k_1,k_2,k_3使$k_1\boldsymbol{\alpha}_1+k_2\boldsymbol{\alpha}_2+k_3\boldsymbol{\alpha}_3=\mathbf{0}$成立,等价于讨论齐次线性方程组

$$\begin{cases}3k_1+2k_2+k_3=0,\\ 4k_1+k_2+2k_3=0,\\ 2k_1-7k_2+4k_3=0,\end{cases}$$

是否有非零解.因为系数行列式

$$\begin{vmatrix}3&2&1\\4&1&2\\2&-7&4\end{vmatrix}=\begin{vmatrix}3&2&1\\-2&-3&0\\-10&-15&0\end{vmatrix}=\begin{vmatrix}-2&-3\\-10&-15\end{vmatrix}=0,$$

故齐次线性方程组必有非零解,所以$\boldsymbol{\alpha}_1,\boldsymbol{\alpha}_2,\boldsymbol{\alpha}_3$线性相关.

线性相关与线性表出之间有一定的联系,可由下面定理得出.

定理1.1.3 s个n维向量$\boldsymbol{\alpha}_1,\boldsymbol{\alpha}_2,\cdots,\boldsymbol{\alpha}_s(s\geqslant 2)$线性相关的充分必要条件是:其中至少有一个向量$\boldsymbol{\alpha}_i$ $(i\in I[1,s])$[1]可由其余向量线性表出,即有

① $i\in I[a,b]$表示:i属于从a到b的整数集合.

$$\boldsymbol{\alpha}_i = k_1\boldsymbol{\alpha}_1 + k_2\boldsymbol{\alpha}_2 + \cdots + k_{i-1}\boldsymbol{\alpha}_{i-1} + k_{i+1}\boldsymbol{\alpha}_{i+1} + \cdots + k_s\boldsymbol{\alpha}_s.$$

否则向量组$\boldsymbol{\alpha}_1,\boldsymbol{\alpha}_2,\cdots,\boldsymbol{\alpha}_s$就是线性无关的(即没有一个向量可由其余向量线性表出).

例 1.1.5 包含零向量的向量组必线性相关.

证 设向量组为$\boldsymbol{\alpha}_1,\boldsymbol{\alpha}_2,\cdots,\boldsymbol{\alpha}_s$,不失一般性,设$\boldsymbol{\alpha}_1=\mathbf{0}$,则$\boldsymbol{\alpha}_1=0\,\boldsymbol{\alpha}_2+0\,\boldsymbol{\alpha}_3+\cdots+0\,\boldsymbol{\alpha}_s$.由定理 1.1.3 可知,向量组$\boldsymbol{\alpha}_1,\boldsymbol{\alpha}_2,\cdots,\boldsymbol{\alpha}_s$线性相关.

例 1.1.6 若向量组$\boldsymbol{\alpha}_1,\boldsymbol{\alpha}_2,\cdots,\boldsymbol{\alpha}_r$线性相关,则增加任意有限个向量后新向量组仍线性相关.

证 设$\boldsymbol{\alpha}_1,\boldsymbol{\alpha}_2,\cdots,\boldsymbol{\alpha}_r$线性相关,则由定理 1.1.3 知至少存在一个向量$\boldsymbol{\alpha}_i$ $(i\in I[1,r])$可由其余向量线性表出,即有

$$\boldsymbol{\alpha}_i = k_1\boldsymbol{\alpha}_1 + \cdots + k_{i-1}\boldsymbol{\alpha}_{i-1} + k_{i+1}\boldsymbol{\alpha}_{i+1} + \cdots + k_r\boldsymbol{\alpha}_r\ .$$

当向量组$\boldsymbol{\alpha}_1,\boldsymbol{\alpha}_2,\cdots,\boldsymbol{\alpha}_r$增加有限个向量$\boldsymbol{\alpha}_{r+1},\cdots,\boldsymbol{\alpha}_s$后,上式可改写为

$$\boldsymbol{\alpha}_i = k_1\boldsymbol{\alpha}_1 + \cdots + k_{i-1}\boldsymbol{\alpha}_{i-1} + k_{i+1}\boldsymbol{\alpha}_{i+1} + \cdots + k_r\boldsymbol{\alpha}_r + 0\,\boldsymbol{\alpha}_{r+1} + \cdots + 0\,\boldsymbol{\alpha}_s\ (i\in I[1,r]).$$

此式说明了在新向量组$\boldsymbol{\alpha}_1,\cdots,\boldsymbol{\alpha}_r,\boldsymbol{\alpha}_{r+1},\cdots,\boldsymbol{\alpha}_s$中,至少有一个向量$\boldsymbol{\alpha}_i$ $(i\in I[1,r])$可由其余向量线性表出.故由定理 1.1.3 知,$\boldsymbol{\alpha}_1,\cdots,\boldsymbol{\alpha}_r,\boldsymbol{\alpha}_{r+1},\cdots,\boldsymbol{\alpha}_s$也线性相关.

下面的定理是线性代数中的一个重要结论.

定理 1.1.4 若向量组$\boldsymbol{\alpha}_1,\boldsymbol{\alpha}_2,\cdots,\boldsymbol{\alpha}_s$线性无关,而向量组$\boldsymbol{\alpha}_1,\boldsymbol{\alpha}_2,\cdots,\boldsymbol{\alpha}_s,\boldsymbol{\beta}$线性相关,则$\boldsymbol{\beta}$必可由向量组$\boldsymbol{\alpha}_1,\boldsymbol{\alpha}_2,\cdots,\boldsymbol{\alpha}_s$线性表出,且其表出系数是唯一的.

定理 1.1.4 加上推论 1.1.2,是建立坐标系的主要理论依据.

1.1.3 向量组的秩

一个向量组中包含多少个线性无关的向量,是由这个向量组本身决定的.而这个数又是表征该向量组本身的重要属性.

定义 1.1.6 在向量组$\boldsymbol{\alpha}_1,\boldsymbol{\alpha}_2,\cdots,\boldsymbol{\alpha}_s$中,若存在 r 个向量$\boldsymbol{\alpha}_{i_1},\boldsymbol{\alpha}_{i_2},\cdots,\boldsymbol{\alpha}_{i_r}$构成的部分组向量线性无关$(r\in I[1,s])$,且任一个向量$\boldsymbol{\alpha}_j$ $(j\in I[1,s])$都可由这 r 个线性无关的向量线性表出,则称$\boldsymbol{\alpha}_{i_1},\boldsymbol{\alpha}_{i_2},\cdots,\boldsymbol{\alpha}_{i_r}$是向量组$\boldsymbol{\alpha}_1,\boldsymbol{\alpha}_2,\cdots,\boldsymbol{\alpha}_s$的一个极大线性无关组,简称为极大无关组.极大无关组中包含向量的个数 r 称为向量组$\boldsymbol{\alpha}_1,\boldsymbol{\alpha}_2,\cdots,\boldsymbol{\alpha}_s$的秩,记作 $\mathrm{r}(\boldsymbol{\alpha}_1,\boldsymbol{\alpha}_2,\cdots,\boldsymbol{\alpha}_s)=r$.

例如向量组$\boldsymbol{\alpha}_1=(1,0,0)$,$\boldsymbol{\alpha}_2=(0,1,0)$,$\boldsymbol{\alpha}_3=(1,1,0)$,$\boldsymbol{\alpha}_4=(0,0,1)$,$\boldsymbol{\alpha}_5=(1,1,1)$,$\boldsymbol{\alpha}_6=(1,2,1)$是线性相关的.其中,$\boldsymbol{\alpha}_1,\boldsymbol{\alpha}_2$;$\boldsymbol{\alpha}_1,\boldsymbol{\alpha}_3$;$\boldsymbol{\alpha}_1,\boldsymbol{\alpha}_2,\boldsymbol{\alpha}_4$;$\boldsymbol{\alpha}_1,\boldsymbol{\alpha}_2,\boldsymbol{\alpha}_5$;$\boldsymbol{\alpha}_2,\boldsymbol{\alpha}_3,\boldsymbol{\alpha}_6$等部分组向量都线性无关.但$\boldsymbol{\alpha}_1,\boldsymbol{\alpha}_2$;$\boldsymbol{\alpha}_1,\boldsymbol{\alpha}_3$不是极大无关组,而$\boldsymbol{\alpha}_1,\boldsymbol{\alpha}_2,\boldsymbol{\alpha}_4$;$\boldsymbol{\alpha}_1,\boldsymbol{\alpha}_2,\boldsymbol{\alpha}_5$及$\boldsymbol{\alpha}_2,\boldsymbol{\alpha}_3,\boldsymbol{\alpha}_6$均是极大无关组.因为比如原向量组中任一个向量都可由$\boldsymbol{\alpha}_1,\boldsymbol{\alpha}_2,\boldsymbol{\alpha}_4$线性表出.显然一个向量组的极大无关组可能不止一个,但是它们所包含向量的个数是相同的,本例向量组的秩为3,记作 $\mathrm{r}(\boldsymbol{\alpha}_1,\boldsymbol{\alpha}_2,\boldsymbol{\alpha}_3,\boldsymbol{\alpha}_4,\boldsymbol{\alpha}_5,\boldsymbol{\alpha}_6)=3$.

一般来讲，若已知向量组$\boldsymbol{\alpha}_1,\boldsymbol{\alpha}_2,\cdots,\boldsymbol{\alpha}_s$，要求该向量组的一个极大无关组可按以下方法来寻找：先察看$\boldsymbol{\alpha}_1$是线性相关还是线性无关（单个向量的相关性见习题1.9）；若相关则舍弃，再察看$\boldsymbol{\alpha}_2$；若无关则保留$\boldsymbol{\alpha}_1$，将$\boldsymbol{\alpha}_2$加入，再察看向量组$\boldsymbol{\alpha}_1,\boldsymbol{\alpha}_2$；若$\boldsymbol{\alpha}_1,\boldsymbol{\alpha}_2$线性相关，则保留$\boldsymbol{\alpha}_1$，舍弃$\boldsymbol{\alpha}_2$；若$\boldsymbol{\alpha}_1,\boldsymbol{\alpha}_2$线性无关，则保留$\boldsymbol{\alpha}_2$，再加入$\boldsymbol{\alpha}_3$，察看向量组$\boldsymbol{\alpha}_1,\boldsymbol{\alpha}_2,\boldsymbol{\alpha}_3$；……如此继续下去，直到将$\boldsymbol{\alpha}_s$都察看完，则最后保留下的一组线性无关的向量组就是原向量组的一个极大无关组，其包含向量的个数即是原向量组的秩.

显然这种用定义求向量组的秩及一个极大无关组的方法较麻烦. 在1.2.5节矩阵的秩中，将介绍一种简便的方法来求向量组的秩及其一个极大无关组.

最后介绍一个概念：将全体n维向量的集合称为n维向量空间，记作$\mathbb{R}^n$，即

$$\mathbb{R}^n=\{\boldsymbol{\alpha}=(x_1,x_2,\cdots,x_n)^{\mathrm{T}}\mid x_i\in\mathbb{R}^1(i=1,2,\cdots,n)\}.$$

如$\mathbb{R}^2$就是以x_1Ox_2为坐标系的一个平面，$\mathbb{R}^3$即是通常的几何空间.

1.2 矩阵

1.2.1 矩阵的概念与运算

定义 1.2.1 $m\times n$个数排成m行n列的一张数表，称为一个$m\times n$型矩阵. 用$\boldsymbol{A},\boldsymbol{B},\cdots$来记矩阵，即

$$\boldsymbol{A}=\begin{bmatrix}a_{11}&a_{12}&\cdots&a_{1n}\\a_{21}&a_{22}&\cdots&a_{2n}\\\vdots&\vdots&&\vdots\\a_{m1}&a_{m2}&\cdots&a_{mn}\end{bmatrix}.$$

也可简记为$\boldsymbol{A}=(a_{ij})_{m\times n}$或$\boldsymbol{A}_{m\times n}$. 式中数$a_{ij}$称为矩阵$\boldsymbol{A}$的第$i$行第$j$列元素.

定义 1.2.2 两个矩阵相等是指它们的对应元素分别相等，即设$\boldsymbol{A}=(a_{ij})_{m\times n}$，$\boldsymbol{B}=(b_{ij})_{m\times n}$，若$\boldsymbol{A}=\boldsymbol{B}$，则$a_{ij}=b_{ij}(i=1,2,\cdots,m;j=1,2,\cdots,n)$.

定义 1.2.3 两个同型矩阵$\boldsymbol{A}_{m\times n}$与$\boldsymbol{B}_{m\times n}$之和仍是一个$m\times n$型矩阵，其和矩阵$\boldsymbol{A}+\boldsymbol{B}$的一般元素为$\boldsymbol{A}$与$\boldsymbol{B}$对应元素之和，即

$$(\boldsymbol{A}+\boldsymbol{B})=(a_{ij}+b_{ij})_{m\times n}.$$

定义 1.2.4 数k乘矩阵$\boldsymbol{A}_{m\times n}$仍是一个$m\times n$型矩阵，它的一般元素为$ka_{ij}$，即

$$k\boldsymbol{A}=(ka_{ij})_{m\times n}.$$

例 1.2.1 已知矩阵$\boldsymbol{A}=\begin{bmatrix}3&1&0\\-1&2&1\end{bmatrix}$，$\boldsymbol{B}=\begin{bmatrix}-2&4&3\\2&-1&0\end{bmatrix}$. 求$3\boldsymbol{A}-\frac{1}{2}\boldsymbol{B}$.

解

$$3A-\frac{1}{2}B=3\begin{bmatrix}3&1&0\\-1&2&1\end{bmatrix}+\left(-\frac{1}{2}\right)\begin{bmatrix}-2&4&3\\2&-1&0\end{bmatrix}$$

$$=\begin{bmatrix}9&3&0\\-3&6&3\end{bmatrix}+\begin{bmatrix}1&-2&-\frac{3}{2}\\-1&\frac{1}{2}&0\end{bmatrix}$$

$$=\begin{bmatrix}10&1&-\frac{3}{2}\\-4&\frac{13}{2}&3\end{bmatrix}.$$

定义 1.2.5 矩阵 $A_{m\times k}=(a_{ij})_{m\times k}$ 与矩阵 $B_{k\times n}=(b_{ij})_{k\times n}$ 的乘积是一个 $m\times n$ 型矩阵，记作 $(AB)_{m\times n}$. 如 AB 的一般元素用 c_{ij} 来记，则

$$c_{ij}=a_{i1}b_{1j}+a_{i2}b_{2j}+\cdots+a_{ik}b_{kj}=\sum_{t=1}^{k}a_{it}b_{tj}\quad(i=1,2,\cdots,m;\ j=1,2,\cdots,n),$$

即乘积矩阵第 i 行第 j 列元素为左矩阵 A 的第 i 行与右矩阵 B 的第 j 列对应元素乘积之和.

例 1.2.2 已知 $A=\begin{bmatrix}1&2\\3&-1\\0&1\end{bmatrix}$，$B=\begin{bmatrix}2&-1&1&1\\-1&-2&2&4\end{bmatrix}$. 求 AB.

解

$$AB=\begin{bmatrix}1\times2+2\times(-1)&1\times(-1)+2\times(-2)&1\times1+2\times2&1\times1+2\times4\\3\times2+(-1)\times(-1)&3\times(-1)+(-1)\times(-2)&3\times1+(-1)\times2&3\times1+(-1)\times4\\0\times2+1\times(-1)&0\times(-1)+1\times(-2)&0\times1+1\times2&0\times1+1\times4\end{bmatrix}$$

$$=\begin{bmatrix}0&-5&5&9\\7&-1&1&-1\\-1&-2&2&4\end{bmatrix}.$$

例 1.2.3 已知 $A=\begin{bmatrix}1&1\\-1&-1\end{bmatrix}$，$B=\begin{bmatrix}1&-1\\-1&1\end{bmatrix}$，求 AB,BA.

解

$$AB=\begin{bmatrix}1\times1+1\times(-1)&1\times(-1)+1\times1\\(-1)\times1+(-1)\times(-1)&(-1)\times(-1)+(-1)\times1\end{bmatrix}=\begin{bmatrix}0&0\\0&0\end{bmatrix}=\mathbf{0}.$$

(一般将所有元素都是零的矩阵称为零矩阵，简记为 $\mathbf{0}$).

$$BA=\begin{bmatrix}1&-1\\-1&1\end{bmatrix}\begin{bmatrix}1&1\\-1&-1\end{bmatrix}=\begin{bmatrix}1\times1+(-1)\times(-1)&1\times1+(-1)\times(-1)\\(-1)\times1+1\times(-1)&(-1)\times1+1\times(-1)\end{bmatrix}$$

$$=\begin{bmatrix}2&2\\-2&-2\end{bmatrix}.$$

对于矩阵的乘法，读者特别要注意以下几点：

(1) 只有当左矩阵 $\boldsymbol{A}$ 的列数与右矩阵 $\boldsymbol{B}$ 的行数相等时，才能作乘法 $\boldsymbol{AB}$.

(2) 矩阵的乘法一般不满足交换律，如例 1.2.3 中，$\boldsymbol{AB}$ 与 $\boldsymbol{BA}$ 不相等. 在有些情形下，甚至 $\boldsymbol{BA}$ 没有意义，如例 1.2.2.

(3) 若 $\boldsymbol{AB}=\boldsymbol{0}$，则不能推出式 $\boldsymbol{A}=\boldsymbol{0}$，或 $\boldsymbol{B}=\boldsymbol{0}$（指零矩阵）. 如例 1.2.3 中，$\boldsymbol{A}\neq\boldsymbol{0}$，$\boldsymbol{B}\neq\boldsymbol{0}$，但 $\boldsymbol{AB}=\boldsymbol{0}$. 由此也不能使用以下规则：若 $\boldsymbol{AB}=\boldsymbol{AC}$，且 $\boldsymbol{A}\neq\boldsymbol{0}$，则 $\boldsymbol{B}=\boldsymbol{C}$.

当 $m=n$ 时，称矩阵为 n 阶方阵，记作 $\boldsymbol{A}_n=(a_{ij})_{n\times n}$.

定义 1.2.6 n 阶方阵 $\boldsymbol{A}_n=(a_{ij})_{n\times n}$ 中 n^2 个元素按原有的次序构成的一个 n 阶行列式，称为 n 阶方阵 $\boldsymbol{A}_n$ 的行列式，记作 $|\boldsymbol{A}_n|$ 或 $|\boldsymbol{A}|$.

例 1.2.4 已知矩阵 $\boldsymbol{A}=\begin{bmatrix}3&1&2\\-1&1&2\\2&2&4\end{bmatrix}$，$\boldsymbol{B}=\begin{bmatrix}1&2&4\\0&-1&1\\0&0&-2\end{bmatrix}$，求 $|\boldsymbol{A}|$，$|\boldsymbol{B}|$.

解

$$|\boldsymbol{A}|=\begin{vmatrix}3&1&2\\-1&1&2\\2&2&4\end{vmatrix}=\begin{vmatrix}0&4&8\\-1&1&2\\0&4&8\end{vmatrix}=0,$$

$$|\boldsymbol{B}|=\begin{vmatrix}1&2&4\\0&-1&1\\0&0&-2\end{vmatrix}=1\times(-1)\times(-2)=2.$$

在本小节最后，我们介绍一个方阵行列式的乘法公式.

定理 1.2.1 方阵乘积的行列式等于各个方阵的行列式的乘积，即

$$|\boldsymbol{A}_n\boldsymbol{B}_n|=|\boldsymbol{A}_n|\cdot|\boldsymbol{B}_n|.$$

1.2.2 矩阵的求逆运算

定义 1.2.7 设 $\boldsymbol{A}$ 是 n 阶方阵，如果存在一个 n 阶方阵 $\boldsymbol{B}$，使 $\boldsymbol{AB}=\boldsymbol{BA}=\boldsymbol{I}_n$ 成立，则称 $\boldsymbol{B}$ 是 $\boldsymbol{A}$ 的逆矩阵，记作 $\boldsymbol{B}=\boldsymbol{A}^{-1}$，此时又称 $\boldsymbol{A}$ 是可逆的矩阵.

在这个定义中，$\boldsymbol{I}_n$ 是主对角元素为 1，其余元素为零的 n 阶单位矩阵. 读者要注意的是，只对方阵才考虑它的逆矩阵问题，不是方阵在本书中暂且不考虑逆矩阵问题. 其次并不是所有方阵都有逆矩阵，只有满足一定条件时，方阵才有逆矩阵.

下面的两个定理指明了一个方阵满足什么条件时才有逆矩阵，如何求它的逆矩阵，以及一个方阵可逆时有几个逆矩阵.

定理 1.2.2 若 $\boldsymbol{A}$ 是可逆方阵，则 $\boldsymbol{A}$ 的逆矩阵是唯一的.

定理 1.2.3 n 阶方阵 $\boldsymbol{A}$ 可逆的充分必要条件是 $|\boldsymbol{A}|\neq 0$，且当 $\boldsymbol{A}$ 可逆时，有

$$\boldsymbol{A}^{-1}=\frac{1}{|\boldsymbol{A}|}\begin{bmatrix}A_{11} & A_{21} & \cdots & A_{n1}\\ A_{12} & A_{22} & \cdots & A_{n2}\\ \vdots & \vdots & & \vdots\\ A_{1n} & A_{2n} & \cdots & A_{nn}\end{bmatrix}=\frac{1}{|\boldsymbol{A}|}\boldsymbol{A}^{*},$$

式中 A_{ij} 是 $|\boldsymbol{A}|$ 的元素 a_{ij} 的代数余子式，$\boldsymbol{A}^{*}$ 称为 n 阶方阵 $\boldsymbol{A}$ 的伴随矩阵.

例 1.2.5 求 $\boldsymbol{A}=\begin{bmatrix}1 & 2\\ 3 & 4\end{bmatrix}$ 的伴随矩阵及逆矩阵.

解 因为 $|\boldsymbol{A}|$ 的各元素的代数余子式 $A_{11}=4, A_{12}=-3, A_{21}=-2, A_{22}=1$，故 $\boldsymbol{A}$ 的伴随矩阵

$$\boldsymbol{A}^{*}=\begin{bmatrix}A_{11} & A_{21}\\ A_{12} & A_{22}\end{bmatrix}=\begin{bmatrix}4 & -2\\ -3 & 1\end{bmatrix}.$$

又因 $|\boldsymbol{A}|=-2\neq 0$，故 $\boldsymbol{A}$ 可逆.

$$\boldsymbol{A}^{-1}=\frac{1}{|\boldsymbol{A}|}\boldsymbol{A}^{*}=\frac{1}{-2}\begin{bmatrix}4 & -2\\ -3 & 1\end{bmatrix}=\begin{bmatrix}-2 & 1\\ \frac{3}{2} & -\frac{1}{2}\end{bmatrix}.$$

例 1.2.6 求 $\boldsymbol{A}=\begin{bmatrix}1 & 2 & 3\\ 0 & 1 & 2\\ 0 & 0 & 1\end{bmatrix}$ 的逆矩阵.

解 因 $|\boldsymbol{A}|=1\neq 0$，所以 $\boldsymbol{A}$ 可逆. 又

$$A_{11}=\begin{vmatrix}1 & 2\\ 0 & 1\end{vmatrix}=1,\quad A_{12}=-\begin{vmatrix}0 & 2\\ 0 & 1\end{vmatrix}=0,\quad A_{13}=\begin{vmatrix}0 & 1\\ 0 & 0\end{vmatrix}=0,$$

$$A_{21}=-\begin{vmatrix}2 & 3\\ 0 & 1\end{vmatrix}=-2,\quad A_{22}=\begin{vmatrix}1 & 3\\ 0 & 1\end{vmatrix}=1,\quad A_{23}=-\begin{vmatrix}1 & 2\\ 0 & 0\end{vmatrix}=0,$$

$$A_{31}=\begin{vmatrix}2 & 3\\ 1 & 2\end{vmatrix}=1,\quad A_{32}=-\begin{vmatrix}1 & 3\\ 0 & 2\end{vmatrix}=-2,\quad A_{33}=\begin{vmatrix}1 & 2\\ 0 & 1\end{vmatrix}=1,$$

故

$$\boldsymbol{A}^{*}=\begin{bmatrix}A_{11} & A_{21} & A_{31}\\ A_{12} & A_{22} & A_{32}\\ A_{13} & A_{23} & A_{33}\end{bmatrix}=\begin{bmatrix}1 & -2 & 1\\ 0 & 1 & -2\\ 0 & 0 & 1\end{bmatrix},$$

因此

$$\boldsymbol{A}^{-1}=\frac{1}{|\boldsymbol{A}|}\boldsymbol{A}^{*}=\begin{bmatrix}1 & -2 & 1\\ 0 & 1 & -2\\ 0 & 0 & 1\end{bmatrix}.$$

对一个方阵求其逆矩阵的过程称为求逆运算. 求逆运算有以下一些基本性质：

(1) 若 $\boldsymbol{A}$ 可逆，则 $(\boldsymbol{A}^{-1})^{-1}=\boldsymbol{A}$.

(2) 若 $k\neq 0$，$\boldsymbol{A}$ 可逆，则 $(k\boldsymbol{A})^{-1}=\frac{1}{k}\boldsymbol{A}^{-1}$.

(3) 若 $\boldsymbol{A}_1,\boldsymbol{A}_2,\cdots,\boldsymbol{A}_s$ 都是 n 阶可逆方阵，则 $\boldsymbol{A}_1\boldsymbol{A}_2\cdots\boldsymbol{A}_s$ 也可逆，且

$$(\boldsymbol{A}_1\boldsymbol{A}_2\cdots\boldsymbol{A}_s)^{-1}=\boldsymbol{A}_s^{-1}\cdots\boldsymbol{A}_2^{-1}\boldsymbol{A}_1^{-1}.$$

(4) $(\boldsymbol{A}^{-1})^{\mathrm{T}}=(\boldsymbol{A}^{\mathrm{T}})^{-1}$，这里 $\boldsymbol{A}^{\mathrm{T}}$ 是 $\boldsymbol{A}$ 的转置矩阵.

要注意的是可逆矩阵的和不一定是可逆矩阵，即 $\boldsymbol{A},\boldsymbol{B}$ 可逆，不一定有 $\boldsymbol{A}+\boldsymbol{B}$ 可逆，即使 $\boldsymbol{A}+\boldsymbol{B}$ 可逆，一般 $(\boldsymbol{A}+\boldsymbol{B})^{-1}\neq\boldsymbol{A}^{-1}+\boldsymbol{B}^{-1}$.

用求伴随矩阵来求可逆矩阵的逆矩阵这种方法，对阶数 n 较小时较实用，对 n 较大时，计算较麻烦. 我们将在下一小节介绍用初等变换的方法求逆矩阵.

1.2.3 矩阵的初等变换

定义 1.2.8 以下三种变换统称为矩阵的初等行变换：

(1) 交换两行的位置，称为矩阵的行交换变换.

(2) 用一个非零常数乘矩阵的某一行，称为矩阵的行倍乘变换.

(3) 将一行的 k 倍加到另一行上，称为矩阵的行倍加变换.

例 1.2.7 分别对 $\boldsymbol{A}=\begin{bmatrix}-1 & 1 & 2\\ 2 & 2 & 4\\ 3 & 1 & 2\end{bmatrix}$ 作三种初等行变换：

$$\boldsymbol{A}\rightarrow\boldsymbol{B}_1=\begin{bmatrix}2 & 2 & 4\\ -1 & 1 & 2\\ 3 & 1 & 2\end{bmatrix},\quad \boldsymbol{A}\rightarrow\boldsymbol{B}_2=\begin{bmatrix}-1 & 1 & 2\\ 2 & 2 & 4\\ 6 & 2 & 4\end{bmatrix},\quad \boldsymbol{A}\rightarrow\boldsymbol{B}_3=\begin{bmatrix}-1 & 1 & 2\\ 0 & 4 & 8\\ 3 & 1 & 2\end{bmatrix}.$$

其中，交换 $\boldsymbol{A}$ 的第 1,2 行得到 $\boldsymbol{B}_1$；将 2 乘 $\boldsymbol{A}$ 的第 3 行得到 $\boldsymbol{B}_2$；将 $\boldsymbol{A}$ 的第 1 行的 2 倍加到第 2 行上得到 $\boldsymbol{B}_3$.

要注意的是，初等变换前后的矩阵是不相等的，因此不能写等号. 只能用"→"来表示初等变换前后矩阵之间的联系.

同样可定义矩阵的三种初等列变换：列交换变换；列倍乘变换；列倍加变换.

初等行变换与初等列变换统称为矩阵的初等变换. 下面介绍用初等行变换的方法来求可逆矩阵的逆矩阵.

定理 1.2.4 已知 n 阶可逆矩阵 $\boldsymbol{A}$，作 $n\times 2n$ 型矩阵 $(\boldsymbol{A}\mid\boldsymbol{I}_n)$，若对矩阵 $(\boldsymbol{A}\mid\boldsymbol{I}_n)_{n\times 2n}$ 作一系列初等行变换，当 $\boldsymbol{A}$ 变为 $\boldsymbol{I}_n$ 时，则 $\boldsymbol{I}_n$ 就变为 $\boldsymbol{A}^{-1}$，即

$$(\boldsymbol{A}\mid\boldsymbol{I}_n)\rightarrow\cdots\rightarrow(\boldsymbol{I}_n\mid\boldsymbol{A}^{-1}).$$

例 1.2.8 求 $\boldsymbol{A}=\begin{bmatrix}3 & 5\\1 & 2\end{bmatrix}$的逆矩阵.

解

$$(\boldsymbol{A}\,\vdots\,\boldsymbol{I})=\left[\begin{array}{cc:cc}3 & 5 & 1 & 0\\1 & 2 & 0 & 1\end{array}\right]\rightarrow\left[\begin{array}{cc:cc}1 & 2 & 0 & 1\\3 & 5 & 1 & 0\end{array}\right]\rightarrow\left[\begin{array}{cc:cc}1 & 2 & 0 & 1\\0 & -1 & 1 & -3\end{array}\right]$$

$$\rightarrow\left[\begin{array}{cc:cc}1 & 0 & 2 & -5\\0 & -1 & 1 & -3\end{array}\right]\rightarrow\left[\begin{array}{cc:cc}1 & 0 & 2 & -5\\0 & 1 & -1 & 3\end{array}\right].$$

故

$$\boldsymbol{A}^{-1}=\begin{bmatrix}2 & -5\\-1 & 3\end{bmatrix}.$$

例 1.2.9 求 $\boldsymbol{A}=\begin{bmatrix}1 & 0 & 3\\1 & 1 & 0\\1 & 1 & 1\end{bmatrix}$的逆矩阵.

解

$$[\boldsymbol{A}\,\vdots\,\boldsymbol{I}]=\left[\begin{array}{ccc:ccc}1 & 0 & 3 & 1 & 0 & 0\\1 & 1 & 0 & 0 & 1 & 0\\1 & 1 & 1 & 0 & 0 & 1\end{array}\right]\rightarrow\left[\begin{array}{ccc:ccc}1 & 0 & 3 & 1 & 0 & 0\\1 & 1 & 0 & 0 & 1 & 0\\0 & 0 & 1 & 0 & -1 & 1\end{array}\right]$$

$$\rightarrow\left[\begin{array}{ccc:ccc}1 & 0 & 0 & 1 & 3 & -3\\1 & 1 & 0 & 0 & 1 & 0\\0 & 0 & 1 & 0 & -1 & 1\end{array}\right]\rightarrow\left[\begin{array}{ccc:ccc}1 & 0 & 0 & 1 & 3 & -3\\0 & 1 & 0 & -1 & -2 & 3\\0 & 0 & 1 & 0 & -1 & 1\end{array}\right].$$

所以

$$\boldsymbol{A}^{-1}=\begin{bmatrix}1 & 3 & -3\\-1 & -2 & 3\\0 & -1 & 1\end{bmatrix}.$$

思考题:如何判别所求的 $\boldsymbol{A}^{-1}$是否正确?

1.2.4 矩阵的分块

在有些问题中,为了简化计算,或是为了突出矩阵构造上的特点,或是为了在计算机运算中节省存储空间,需要把大矩阵适当分成一些小矩阵,对原矩阵的讨论就转化为对这些小矩阵的讨论.这种方法称为对矩阵的分块,它是矩阵运算中一个重要的技巧.所分成的小块矩阵就称为原矩阵的子矩阵.

1. 分块矩阵的概念

将原矩阵分块,可以采用水平线或垂直线,或两者同时都用,但不能使用折线分块.

例 1.2.10

$$\boldsymbol{A}=\begin{bmatrix}1&0&0&0\\0&1&0&0\\-1&0&1&0\\0&-1&0&1\end{bmatrix}=\left[\begin{array}{cc:cc}1&0&0&0\\0&1&0&0\\\hdashline -1&0&1&0\\0&-1&0&1\end{array}\right]=\begin{bmatrix}\boldsymbol{I}_2&\boldsymbol{0}\\-\boldsymbol{I}_2&\boldsymbol{I}_2\end{bmatrix}.$$

这里矩阵 $\boldsymbol{A}$ 原是 4×4 矩阵,分块后就成了 2×2 的分块矩阵. 同一个矩阵由于分块的方法不同,可以成为不同的分块矩阵. 如

$$\boldsymbol{A}=\left[\begin{array}{c:c:c:c}1&0&0&0\\0&1&0&0\\-1&0&1&0\\0&-1&0&1\end{array}\right]=(\boldsymbol{p}_1,\boldsymbol{p}_2,\boldsymbol{p}_3,\boldsymbol{p}_4)_{1\times4},$$

这是以每一列作为一块的 1×4 分块矩阵,其中每一个 $\boldsymbol{p}_i$ 是一个 4×1 的子矩阵. 又如

$$\boldsymbol{A}=\left[\begin{array}{cccc}1&0&0&0\\\hdashline 0&1&0&0\\\hdashline -1&0&1&0\\\hdashline 0&-1&0&1\end{array}\right]=\begin{bmatrix}\boldsymbol{a}_1\\\boldsymbol{a}_2\\\boldsymbol{a}_3\\\boldsymbol{a}_4\end{bmatrix}_{4\times1},$$

这是以每一行作为一块的 4×1 分块矩阵,其中每一个 $\boldsymbol{a}_i$ 是一个 1×4 的子矩阵.

一般地

$$\boldsymbol{A}=(a_{ij})_{m\times n}=\begin{bmatrix}\boldsymbol{A}_{11}&\boldsymbol{A}_{12}&\cdots&\boldsymbol{A}_{1t}\\\boldsymbol{A}_{21}&\boldsymbol{A}_{22}&\cdots&\boldsymbol{A}_{2t}\\\vdots&\vdots&&\vdots\\\boldsymbol{A}_{s1}&\boldsymbol{A}_{s2}&\cdots&\boldsymbol{A}_{st}\end{bmatrix}_{s\times t}\overset{\text{def}}{=\!=}(\boldsymbol{A}_{\alpha\beta})_{s\times t}.$$

这里将 $\boldsymbol{A}$ 分成以 $\boldsymbol{A}_{\alpha\beta}$ 为一般元素的 $s\times t$ 型分块矩阵. 由于只能用水平线及垂直线来分块,因此在同一行中,各个子矩阵都包含相同的行数;在同一列中,各个子矩阵都包含相同的列数. 若记 $\boldsymbol{A}_{\alpha\beta}$ 所包含的行数为 $m_\alpha(\alpha=1,2,\cdots,s)$,所包含的列数为 $n_\beta(\beta=1,2,\cdots,t)$,显然 $\sum\limits_{\alpha=1}^{s}m_\alpha=m,\sum\limits_{\beta=1}^{t}n_\beta=n$.

2. 分块矩阵的运算

若 $\boldsymbol{A}=(a_{ij})_{m\times n}=(\boldsymbol{A}_{\alpha\beta})_{s\times t}$,这里 $\boldsymbol{A}$ 既可看成以 a_{ij} 为元素的矩阵,又可看成以 $\boldsymbol{A}_{\alpha\beta}$ 为子矩阵的分块矩阵. 两个分块矩阵在进行运算时,总的原则是:只要大、小矩阵之间的运算都

符合矩阵运算的必要条件，则可将子矩阵当做元素一样来对待.这里矩阵运算的必要条件指的是：两个矩阵相加时必须是同型矩阵；两个矩阵作乘法时，必须左矩阵的列数等于右矩阵的行数.

例 1.2.11 已知

$$\boldsymbol{A}=\left[\begin{array}{cc|cc}1&0&1&-1\\0&1&2&1\\\hline 0&-1&1&0\end{array}\right]=\begin{bmatrix}\boldsymbol{A}_1&\boldsymbol{A}_2\\\boldsymbol{A}_3&\boldsymbol{A}_4\end{bmatrix},\quad \boldsymbol{B}=\left[\begin{array}{cc|cc}0&1&-1&0\\1&0&0&-1\\\hline 2&1&-1&1\end{array}\right]=\begin{bmatrix}\boldsymbol{B}_1&\boldsymbol{B}_2\\\boldsymbol{B}_3&\boldsymbol{B}_4\end{bmatrix},$$

$$\boldsymbol{A}+\boldsymbol{B}=\begin{bmatrix}\boldsymbol{A}_1&\boldsymbol{A}_2\\\boldsymbol{A}_3&\boldsymbol{A}_4\end{bmatrix}+\begin{bmatrix}\boldsymbol{B}_1&\boldsymbol{B}_2\\\boldsymbol{B}_3&\boldsymbol{B}_4\end{bmatrix}=\begin{bmatrix}\boldsymbol{A}_1+\boldsymbol{B}_1&\boldsymbol{A}_2+\boldsymbol{B}_2\\\boldsymbol{A}_3+\boldsymbol{B}_3&\boldsymbol{A}_4+\boldsymbol{B}_4\end{bmatrix}.$$

这里 $\boldsymbol{A}$ 与 $\boldsymbol{B}$ 的分块矩阵都是 2×2 型.把 $\boldsymbol{A}_i$ 及 $\boldsymbol{B}_i$ 当做元素一样作加法，因此 $\boldsymbol{A}+\boldsymbol{B}$ 分块矩阵的一般项为 $\boldsymbol{A}_i+\boldsymbol{B}_i$，但实际上 $\boldsymbol{A}_i+\boldsymbol{B}_i$ 仍是矩阵相加，因此 $\boldsymbol{A}_i$ 与 $\boldsymbol{B}_i$ 也必须是同型子矩阵，这实际上要求 $\boldsymbol{A}$ 与 $\boldsymbol{B}$ 在分块时分的方法完全一致，才能保证所有的 $\boldsymbol{A}_i$ 与 $\boldsymbol{B}_i$ 是同型矩阵.

本例中 $\boldsymbol{A}$ 与 $\boldsymbol{B}$ 分法相同，因此可以作分块矩阵的加法：

$$\boldsymbol{A}+\boldsymbol{B}=\begin{bmatrix}\boldsymbol{A}_1+\boldsymbol{B}_1&\boldsymbol{A}_2+\boldsymbol{B}_2\\\boldsymbol{A}_3+\boldsymbol{B}_3&\boldsymbol{A}_4+\boldsymbol{B}_4\end{bmatrix}=\left[\begin{array}{cc|cc}1&1&0&-1\\1&1&2&0\\\hline 2&0&0&1\end{array}\right].$$

例 1.2.12 已知

$$\boldsymbol{A}=\begin{bmatrix}1&0&1&-1\\0&1&2&1\\0&-1&1&0\end{bmatrix},\quad \boldsymbol{B}=\begin{bmatrix}0&1&-1\\1&0&0\\2&1&-1\\0&-1&1\end{bmatrix},$$

现对 $\boldsymbol{A}$ 及 $\boldsymbol{B}$ 作如下的分块：

$$\boldsymbol{A}=\left[\begin{array}{cc|cc}1&0&1&-1\\0&1&2&1\\\hline 0&-1&1&0\end{array}\right]=\begin{bmatrix}\boldsymbol{A}_{11}&\boldsymbol{A}_{12}\\\underbrace{\boldsymbol{A}_{21}}_{n_1}&\underbrace{\boldsymbol{A}_{22}}_{n_2}\end{bmatrix},\quad \boldsymbol{B}=\left[\begin{array}{c|cc}0&1&-1\\1&0&0\\\hline 2&1&-1\\0&-1&1\end{array}\right]\begin{array}{l}\}n_1\\\\\}n_2\\\\\end{array}=\begin{bmatrix}\boldsymbol{B}_{11}&\boldsymbol{B}_{12}\\\boldsymbol{B}_{21}&\boldsymbol{B}_{22}\end{bmatrix}.$$

因为 $\boldsymbol{A}$ 的分块矩阵是 2×2 型，$\boldsymbol{B}$ 的分块矩阵是 2×2 型.因此可作分块矩阵的乘法 $\boldsymbol{AB}$.把 $\boldsymbol{A}_{ij}$ 与 $\boldsymbol{B}_{ij}$ 当做元素一样来作乘法，乘积矩阵的第 i 行第 j 列元素等于左矩阵 $\boldsymbol{A}$ 的第 i 行与右矩阵 $\boldsymbol{B}$ 的第 j 列对应相乘.对于本例有

$$\boldsymbol{AB}=\begin{bmatrix}\boldsymbol{A}_{11}&\boldsymbol{A}_{12}\\\boldsymbol{A}_{21}&\boldsymbol{A}_{22}\end{bmatrix}\begin{bmatrix}\boldsymbol{B}_{11}&\boldsymbol{B}_{12}\\\boldsymbol{B}_{21}&\boldsymbol{B}_{22}\end{bmatrix}=\begin{bmatrix}\boldsymbol{A}_{11}\boldsymbol{B}_{11}+\boldsymbol{A}_{12}\boldsymbol{B}_{21}&\boldsymbol{A}_{11}\boldsymbol{B}_{12}+\boldsymbol{A}_{12}\boldsymbol{B}_{22}\\\boldsymbol{A}_{21}\boldsymbol{B}_{11}+\boldsymbol{A}_{22}\boldsymbol{B}_{21}&\boldsymbol{A}_{21}\boldsymbol{B}_{12}+\boldsymbol{A}_{22}\boldsymbol{B}_{22}\end{bmatrix}.$$

但是事实上 $\boldsymbol{A}_{11}\boldsymbol{B}_{11}$ 及 $\boldsymbol{A}_{12}\boldsymbol{B}_{21}$ 都是子矩阵相乘，因此要求 $\boldsymbol{A}_{11}$ 实际包含的列数(n_1)与 $\boldsymbol{B}_{11}$ 实际包含的行数(n_1)相同；$\boldsymbol{A}_{12}$ 实际包含的列数(n_2)与 $\boldsymbol{B}_{21}$ 实际包含的行数(n_2)相同.因

此在对 $\boldsymbol{A}$ 与 $\boldsymbol{B}$ 作分块时，必须满足这个条件.

对于本例，$\boldsymbol{A}_{11}$ 实际包含两列，与 $\boldsymbol{B}_{11}$ 实际包含的行数(两行)相同；$\boldsymbol{A}_{12}$ 实际包含两列，$\boldsymbol{B}_{21}$ 实际包含两行. 满足要求，故

$$\boldsymbol{A}_{11}\boldsymbol{B}_{11}+\boldsymbol{A}_{12}\boldsymbol{B}_{21}=\begin{bmatrix}1&0\\0&1\end{bmatrix}\begin{bmatrix}0\\1\end{bmatrix}+\begin{bmatrix}1&-1\\2&1\end{bmatrix}\begin{bmatrix}2\\0\end{bmatrix}=\begin{bmatrix}0\\1\end{bmatrix}+\begin{bmatrix}2\\4\end{bmatrix}=\begin{bmatrix}2\\5\end{bmatrix}.$$

$$\begin{aligned}\boldsymbol{A}_{11}\boldsymbol{B}_{12}+\boldsymbol{A}_{12}\boldsymbol{B}_{22}&=\begin{bmatrix}1&0\\0&1\end{bmatrix}\begin{bmatrix}1&-1\\0&0\end{bmatrix}+\begin{bmatrix}1&-1\\2&1\end{bmatrix}\begin{bmatrix}1&-1\\-1&1\end{bmatrix}\\&=\begin{bmatrix}1&-1\\0&0\end{bmatrix}+\begin{bmatrix}2&-2\\1&-1\end{bmatrix}=\begin{bmatrix}3&-3\\1&-1\end{bmatrix}.\end{aligned}$$

$$\boldsymbol{A}_{21}\boldsymbol{B}_{11}+\boldsymbol{A}_{22}\boldsymbol{B}_{21}=[0,-1]\begin{bmatrix}0\\1\end{bmatrix}+[1,0]\begin{bmatrix}2\\0\end{bmatrix}=(-1)+(2)=(1).$$

$$\begin{aligned}\boldsymbol{A}_{21}\boldsymbol{B}_{12}+\boldsymbol{A}_{22}\boldsymbol{B}_{22}&=[0,-1]\begin{bmatrix}1&-1\\0&0\end{bmatrix}+[1,0]\begin{bmatrix}1&-1\\-1&1\end{bmatrix}\\&=[0,0]+[1,-1]=[1,-1].\end{aligned}$$

所以

$$\boldsymbol{AB}=\begin{bmatrix}\boldsymbol{A}_{11}&\boldsymbol{A}_{12}\\\boldsymbol{A}_{21}&\boldsymbol{A}_{22}\end{bmatrix}\begin{bmatrix}\boldsymbol{B}_{11}&\boldsymbol{B}_{12}\\\boldsymbol{B}_{21}&\boldsymbol{B}_{22}\end{bmatrix}=\left[\begin{array}{c:cc}2&3&-3\\5&1&-1\\\hdashline 1&1&-1\end{array}\right].$$

例 1.2.13 已知 $\boldsymbol{A}_{m\times k}$，$\boldsymbol{B}_{k\times n}$. 现将 $\boldsymbol{A}$ 看成 1×1 型的分块矩阵，将 $\boldsymbol{B}$ 按列分块，即 $\boldsymbol{B}=(\boldsymbol{b}_1,\boldsymbol{b}_2,\cdots,\boldsymbol{b}_n)$. 问这样的分块方式能否作乘法运算 $\boldsymbol{AB}$？

解

$$\boldsymbol{AB}=\boldsymbol{A}_{1\times1}(\boldsymbol{b}_1,\boldsymbol{b}_2,\cdots,\boldsymbol{b}_n)_{1\times n},$$

这里左矩阵的列数 1 等于右矩阵的行数 1. 因此若作乘法，乘积矩阵应是 $1\times n$ 型：

$$\boldsymbol{AB}=(\boldsymbol{Ab}_1,\boldsymbol{Ab}_2,\cdots,\boldsymbol{Ab}_n)_{1\times n}.$$

又因为 $\boldsymbol{A}$ 实际包含 k 列，每一个 $\boldsymbol{b}_i$ 是 $k\times1$ 型子矩阵，因此每一个 $\boldsymbol{Ab}_i(i=1,2,\cdots,n)$ 是有意义的. 因此这种分块方式可以作乘法运算. 实际上在线性规划中经常要用到这种分块方式的乘法运算.

思考题：对上述矩阵 $\boldsymbol{A}_{m\times k}$ 及 $\boldsymbol{B}_{k\times n}$，如果将 $\boldsymbol{B}$ 看成 1×1 型的分块矩阵，问 $\boldsymbol{A}$ 应如何分块才能作分块乘法运算 $\boldsymbol{AB}$？

对于数乘分块矩阵及分块矩阵的转置运算，我们给出以下公式：

$$k\boldsymbol{A}=k\begin{bmatrix}\boldsymbol{A}_{11}&\boldsymbol{A}_{12}\\\boldsymbol{A}_{21}&\boldsymbol{A}_{22}\end{bmatrix}=\begin{bmatrix}k\boldsymbol{A}_{11}&k\boldsymbol{A}_{12}\\k\boldsymbol{A}_{21}&k\boldsymbol{A}_{22}\end{bmatrix};$$

若

$$\boldsymbol{A}_{m\times n}=\begin{bmatrix}\boldsymbol{A}_{11} & \boldsymbol{A}_{12} & \cdots & \boldsymbol{A}_{1t}\\ \boldsymbol{A}_{21} & \boldsymbol{A}_{22} & \cdots & \boldsymbol{A}_{2t}\\ \vdots & \vdots & & \vdots\\ \boldsymbol{A}_{s1} & \boldsymbol{A}_{s2} & \cdots & \boldsymbol{A}_{st}\end{bmatrix}_{s\times t},$$

则

$$\boldsymbol{A}^{\mathrm{T}}=\begin{bmatrix}\boldsymbol{A}_{11} & \boldsymbol{A}_{12} & \cdots & \boldsymbol{A}_{1t}\\ \boldsymbol{A}_{21} & \boldsymbol{A}_{22} & \cdots & \boldsymbol{A}_{2t}\\ \vdots & \vdots & & \vdots\\ \boldsymbol{A}_{s1} & \boldsymbol{A}_{s2} & \cdots & \boldsymbol{A}_{st}\end{bmatrix}^{\mathrm{T}}=\begin{bmatrix}\boldsymbol{A}_{11}^{\mathrm{T}} & \boldsymbol{A}_{21}^{\mathrm{T}} & \cdots & \boldsymbol{A}_{s1}^{\mathrm{T}}\\ \boldsymbol{A}_{12}^{\mathrm{T}} & \boldsymbol{A}_{22}^{\mathrm{T}} & \cdots & \boldsymbol{A}_{s2}^{\mathrm{T}}\\ \vdots & \vdots & & \vdots\\ \boldsymbol{A}_{1t}^{\mathrm{T}} & \boldsymbol{A}_{2t}^{\mathrm{T}} & \cdots & \boldsymbol{A}_{st}^{\mathrm{T}}\end{bmatrix}_{t\times s}.$$

式中 $\boldsymbol{A}_{ij}^{\mathrm{T}}$ 表示对子矩阵 $\boldsymbol{A}_{ij}$ 本身作一次转置运算.

1.2.5 矩阵的秩

定义 1.2.9 在矩阵 $\boldsymbol{A}_{m\times n}$ 中,任取 k 个行、k 个列($k\leqslant m,k\leqslant n$),在这 k 行 k 列交叉处有 k^2 个元素,这 k^2 个元素按原有次序构成的一个 k 阶行列式,称为矩阵 $\boldsymbol{A}_{m\times n}$ 的一个 k 阶子行列式,简称为 k 阶子式.

例 1.2.14 设 $\boldsymbol{A}_{3\times 4}=\begin{bmatrix}1 & 2 & 1 & 0\\ 2 & -1 & 1 & 3\\ 3 & 1 & 2 & 3\end{bmatrix}$.

取 $k=2$,则 $\begin{vmatrix}1 & 2\\ 2 & -1\end{vmatrix},\begin{vmatrix}1 & 1\\ 2 & 1\end{vmatrix},\begin{vmatrix}1 & 0\\ 1 & 3\end{vmatrix},\begin{vmatrix}1 & 2\\ 3 & 1\end{vmatrix},\begin{vmatrix}2 & 0\\ 1 & 3\end{vmatrix}$,…,都是 $\boldsymbol{A}$ 的 2 阶子式.

取 $k=3$,则 $\begin{vmatrix}1 & 2 & 1\\ 2 & -1 & 1\\ 3 & 1 & 2\end{vmatrix},\begin{vmatrix}1 & 2 & 0\\ 2 & -1 & 3\\ 3 & 1 & 3\end{vmatrix},\begin{vmatrix}1 & 1 & 0\\ 2 & 1 & 3\\ 3 & 2 & 3\end{vmatrix},\begin{vmatrix}2 & 1 & 0\\ -1 & 1 & 3\\ 1 & 2 & 3\end{vmatrix}$ 都是 $\boldsymbol{A}$ 的 3 阶子式.

定义 1.2.10 若矩阵 $\boldsymbol{A}_{m\times n}$ 中,有一个 r 阶子式不为零,而所有高于 r 阶的子式全为零,则称矩阵 $\boldsymbol{A}_{m\times n}$ 的秩为 r,记作 $\mathrm{r}(\boldsymbol{A})=r$.

如上例 $\boldsymbol{A}_{3\times 4}$ 中,有一个 2 阶子式不为零:$\begin{vmatrix}1 & 2\\ 2 & -1\end{vmatrix}=-5\neq 0$,而所有 3 阶子式全为零(读者可自行验证这个结论),因此该矩阵的秩为 2,即 $\mathrm{r}(\boldsymbol{A})=2$.

例 1.2.15 已知阶梯形矩阵 $\boldsymbol{B}=\begin{bmatrix}1 & 2 & 1 & 0\\ 0 & -1 & 1 & 3\\ 0 & 0 & 2 & 4\end{bmatrix}$,很容易看出该矩阵有一个 3 阶子

式不为零：$\begin{vmatrix}1 & 2 & 1\\0 & -1 & 1\\0 & 0 & 2\end{vmatrix}=-2\neq 0$，而矩阵 $\boldsymbol{B}$ 没有更高阶数的子式，因此矩阵 $\boldsymbol{B}$ 的秩为 3，即 $\mathrm{r}(\boldsymbol{B})=3$.

定理 1.2.5 初等行(列)变换不改变矩阵的秩.

矩阵的秩是线性代数中非常重要的概念，在线性规划中也常要用到. 但对一般的矩阵用定义来计算秩非常不方便. 而对于阶梯形矩阵(见例 1.2.15)求秩比较方便，由定理 1.2.5 可知，如将一般矩阵 $\boldsymbol{A}$ 通过一系列的初等行(列)变换后化为阶梯形矩阵 $\boldsymbol{B}$，则 $\mathrm{r}(\boldsymbol{A})=\mathrm{r}(\boldsymbol{B})$，$\boldsymbol{A}$ 的秩便可容易地得到.

例 1.2.16 已知 $\boldsymbol{A}_{3\times 4}=\begin{bmatrix}1 & 2 & 1 & 0\\2 & -1 & 1 & 3\\3 & 1 & 2 & 3\end{bmatrix}$. 求 $\mathrm{r}(\boldsymbol{A})$.

解 将 $\boldsymbol{A}$ 通过一系列的初等行变换化为阶梯形矩阵：

$$\boldsymbol{A}=\begin{bmatrix}1 & 2 & 1 & 0\\2 & -1 & 1 & 3\\3 & 1 & 2 & 3\end{bmatrix}\begin{matrix}\times(-2)\ \times(-3)\\ \\ \\ \end{matrix}\rightarrow\begin{bmatrix}1 & 2 & 1 & 0\\0 & -5 & -1 & 3\\0 & -5 & -1 & 3\end{bmatrix}\times(-1)\rightarrow\begin{bmatrix}1 & 2 & 1 & 0\\0 & -5 & -1 & 3\\0 & 0 & 0 & 0\end{bmatrix}\xlongequal{\text{def}}\boldsymbol{B}.$$

显见，阶梯形矩阵 $\boldsymbol{B}$ 的秩为 2. 故 $\mathrm{r}(\boldsymbol{A})=\mathrm{r}(\boldsymbol{B})=2$.

在 1.1.3 节中介绍了向量组的秩，这里又引入了矩阵的秩. 以下给出两者间的关系.

一个 $m\times n$ 型矩阵 $\boldsymbol{A}$，它的第 i 行为$(a_{i1},a_{i2},\cdots,a_{in})$，是一个有次序的数组. 因此可将它看成一个 n 维向量，记作$\boldsymbol{\alpha}_i=(a_{i1},a_{i2},\cdots,a_{in})$，$i=1,2,\cdots,m$. 因此矩阵 $\boldsymbol{A}_{m\times n}$可看成由 m 个向量构成的一个向量组：$\boldsymbol{A}=\begin{bmatrix}\boldsymbol{\alpha}_1\\\boldsymbol{\alpha}_2\\\vdots\\\boldsymbol{\alpha}_m\end{bmatrix}$，称为 $\boldsymbol{A}$ 的行向量组，其中每一个向量$\boldsymbol{\alpha}_i$ ($i=1,2,\cdots,m$)都是一个 n 维向量.

同理，矩阵的每一列也可看成一个向量：

$$\begin{bmatrix}a_{1j}\\a_{2j}\\\vdots\\a_{mj}\end{bmatrix},\quad \text{记作 } \boldsymbol{p}_j=\begin{bmatrix}a_{1j}\\a_{2j}\\\vdots\\a_{mj}\end{bmatrix}\quad (j=1,2,\cdots,n),$$

矩阵 $\boldsymbol{A}_{m\times n}$就可看成由 n 个向量构成的一个向量组：$\boldsymbol{A}=(\boldsymbol{p}_1,\boldsymbol{p}_2,\cdots,\boldsymbol{p}_n)$，称为 $\boldsymbol{A}$ 的列向量组，其中每一个向量 $\boldsymbol{p}_j$ 都是一个 m 维向量. 故有

$$A=\begin{bmatrix}\boldsymbol{\alpha}_1\\ \boldsymbol{\alpha}_2\\ \vdots\\ \boldsymbol{\alpha}_m\end{bmatrix}=(\boldsymbol{p}_1,\boldsymbol{p}_2,\cdots,\boldsymbol{p}_n).$$

在1.1.3节中，已介绍过向量组的秩的概念，矩阵行(列)向量组的秩称为矩阵$\boldsymbol{A}$的行(列)秩，即$\boldsymbol{A}$的行秩$=\mathrm{r}\begin{bmatrix}\boldsymbol{\alpha}_1\\ \boldsymbol{\alpha}_2\\ \vdots\\ \boldsymbol{\alpha}_m\end{bmatrix}=\mathrm{r}(\boldsymbol{\alpha}_1,\boldsymbol{\alpha}_2,\cdots,\boldsymbol{\alpha}_m)$，$\boldsymbol{A}$的列秩$=\mathrm{r}(\boldsymbol{p}_1,\boldsymbol{p}_2,\cdots,\boldsymbol{p}_n)$.

矩阵$\boldsymbol{A}$的秩$\mathrm{r}(\boldsymbol{A})$与$\boldsymbol{A}$的行秩、列秩之间有下述关系：

定理1.2.6 矩阵$\boldsymbol{A}$的秩$=\boldsymbol{A}$的行秩$=\boldsymbol{A}$的列秩.

根据上述定理，故可将任一个向量组，以列(或行)向量组的形式组成一个矩阵.求出该矩阵的秩，即可得到原向量组的秩.

例1.2.17 已知$\boldsymbol{\alpha}_1=(1,2,3)^{\mathrm{T}}$，$\boldsymbol{\alpha}_2=(2,-1,1)^{\mathrm{T}}$，$\boldsymbol{\alpha}_3=(1,1,2)^{\mathrm{T}}$，$\boldsymbol{\alpha}_4=(0,3,3)^{\mathrm{T}}$，求向量组$\boldsymbol{\alpha}_1,\boldsymbol{\alpha}_2,\boldsymbol{\alpha}_3,\boldsymbol{\alpha}_4$的秩.

解 将$\boldsymbol{\alpha}_1,\boldsymbol{\alpha}_2,\boldsymbol{\alpha}_3,\boldsymbol{\alpha}_4$以列向量组的形式组成矩阵$\boldsymbol{A}$：

$$\boldsymbol{A}=(\boldsymbol{\alpha}_1,\boldsymbol{\alpha}_2,\boldsymbol{\alpha}_3,\boldsymbol{\alpha}_4)=\begin{bmatrix}1&2&1&0\\2&-1&1&3\\3&1&2&3\end{bmatrix}.$$

然后对$\boldsymbol{A}$作一系列初等行变换得到阶梯形矩阵$\boldsymbol{B}$.由例1.2.16知，$\mathrm{r}(\boldsymbol{B})=\mathrm{r}(\boldsymbol{A})=2$.因此$\mathrm{r}(\boldsymbol{\alpha}_1,\boldsymbol{\alpha}_2,\boldsymbol{\alpha}_3,\boldsymbol{\alpha}_4)=2$.记$\boldsymbol{B}=\begin{bmatrix}1&2&1&0\\0&-5&-1&3\\0&0&0&0\end{bmatrix}=(\boldsymbol{\beta}_1,\boldsymbol{\beta}_2,\boldsymbol{\beta}_3,\boldsymbol{\beta}_4)$.由于$\boldsymbol{\beta}_1,\boldsymbol{\beta}_2$两列中包含一个2阶子式不为零$\left(\text{即}\begin{vmatrix}1&2\\0&-5\end{vmatrix}\neq 0\right)$，因此$\boldsymbol{\beta}_1,\boldsymbol{\beta}_2$是线性无关的向量组.且任意3个列向量都线性相关.而$\boldsymbol{B}$是由$\boldsymbol{A}$只经过初等行变换得到的，因此$\boldsymbol{B}$的列向量组$(\boldsymbol{\beta}_1,\boldsymbol{\beta}_2,\boldsymbol{\beta}_3,\boldsymbol{\beta}_4)$与$\boldsymbol{A}$的列向量组$(\boldsymbol{\alpha}_1,\boldsymbol{\alpha}_2,\boldsymbol{\alpha}_3,\boldsymbol{\alpha}_4)$有相同的线性相关性.即$\boldsymbol{B}$中任意3个向量都线性相关，而$\boldsymbol{\beta}_1,\boldsymbol{\beta}_2$是$\boldsymbol{B}$的列向量组的一个极大无关组，相应地$\boldsymbol{A}$的列向量组$(\boldsymbol{\alpha}_1,\boldsymbol{\alpha}_2,\boldsymbol{\alpha}_3,\boldsymbol{\alpha}_4)$中任意3个向量也线性相关；且$\boldsymbol{\alpha}_1,\boldsymbol{\alpha}_2$也是$(\boldsymbol{\alpha}_1,\boldsymbol{\alpha}_2,\boldsymbol{\alpha}_3,\boldsymbol{\alpha}_4)$的一个极大无关组.同理，$\boldsymbol{\beta}_1,\boldsymbol{\beta}_3$；$\boldsymbol{\beta}_1,\boldsymbol{\beta}_4$；$\boldsymbol{\beta}_2,\boldsymbol{\beta}_3$；…都是$\boldsymbol{B}$的列向量组的极大无关组，则$\boldsymbol{\alpha}_1,\boldsymbol{\alpha}_3$；$\boldsymbol{\alpha}_1,\boldsymbol{\alpha}_4$；$\boldsymbol{\alpha}_2,\boldsymbol{\alpha}_3$；…也都是$\boldsymbol{A}$的列向量组的极大无关组.要注意的是，这里只对$\boldsymbol{A}$进行一系列初等行变换，不进行列变换而得到的阶梯形矩阵$\boldsymbol{B}$，才能保证$\boldsymbol{A}$与$\boldsymbol{B}$的列向量组有相同的线性相关性.

1.3 二次型及其正定性

1.3.1 二次型及其矩阵表达式

定义 1.3.1 关于变量 $x_1,x_2,\cdots,x_n$ 的一个二次齐次多项式 $f(x_1,x_2,\cdots,x_n)=\sum_{i=1}^{n}\sum_{j=1}^{n}a_{ij}x_ix_j$，称为变量 $x_1,x_2,\cdots,x_n$ 的一个二次型.

如 $f(x_1,x_2)=3x_1^2+2x_1x_2+6x_2^2$ 是关于 x_1,x_2 的一个二次型；$f(x_1,x_2,x_3)=-2x_1^2+x_1x_2+4x_1x_3+5x_2x_3-x_3^2$ 是关于 x_1,x_2,x_3 的一个二次型. 而 $f(x_1,x_2)=4x_1^2+5x_1x_2+2x_1-\frac{1}{2}x_2^2$ 不是 x_1,x_2 的二次型，因为其中有一项($2x_1$)不是 x_1,x_2 的二次单项式.

为了利用向量与矩阵作工具来研究二次型，首先引入二次型的矩阵表达式.

假定二次型表达式 $\sum_{i=1}^{n}\sum_{j=1}^{n}a_{ij}x_ix_j$ 中 $a_{ij}=a_{ji}(i,j=1,2,\cdots,n)$. 因此有

$$
\begin{aligned}
f(x_1,x_2,\cdots,x_n)&=a_{11}x_1^2+2a_{12}x_1x_2+2a_{13}x_1x_3+\cdots+2a_{1n}x_1x_n\\
&\quad+a_{22}x_2^2+2a_{23}x_2x_3+\cdots+2a_{2n}x_2x_n\\
&\quad+\cdots+a_{nn}x_n^2\\
&=a_{11}x_1^2+a_{12}x_1x_2+a_{13}x_1x_3+\cdots+a_{1n}x_1x_n\\
&\quad+a_{21}x_2x_1+a_{22}x_2^2+a_{23}x_2x_3+\cdots+a_{2n}x_2x_n\\
&\quad+\cdots+a_{n1}x_nx_1+a_{n2}x_nx_2+a_{n3}x_nx_3+\cdots+a_{nn}x_n^2\\
&=x_1(a_{11}x_1+a_{12}x_2+a_{13}x_3+\cdots+a_{1n}x_n)+x_2(a_{21}x_1+a_{22}x_2+a_{23}x_3\\
&\quad+\cdots+a_{2n}x_n)+\cdots+x_n(a_{n1}x_1+a_{n2}x_2+a_{n3}x_3+\cdots+a_{nn}x_n)\\
&=(x_1,x_2,\cdots,x_n)\begin{bmatrix}a_{11}x_1+a_{12}x_2+a_{13}x_3+\cdots+a_{1n}x_n\\a_{21}x_1+a_{22}x_2+a_{23}x_3+\cdots+a_{2n}x_n\\\vdots\\a_{n1}x_1+a_{n2}x_2+a_{n3}x_3+\cdots+a_{nn}x_n\end{bmatrix}\\
&=(x_1,x_2,\cdots,x_n)\begin{bmatrix}a_{11}&a_{12}&\cdots&a_{1n}\\a_{21}&a_{22}&\cdots&a_{2n}\\\vdots&\vdots&&\vdots\\a_{n1}&a_{n2}&\cdots&a_{nn}\end{bmatrix}\begin{bmatrix}x_1\\x_2\\\vdots\\x_n\end{bmatrix}\\
&=\boldsymbol{x}^{\mathrm{T}}\boldsymbol{A}\boldsymbol{x}.
\end{aligned}
\tag{1.3.1}
$$

式中 $\boldsymbol{x}=\begin{bmatrix}x_1\\x_2\\\vdots\\x_n\end{bmatrix}$；$\boldsymbol{A}=(a_{ij})_{n\times n}$，其中 $a_{ij}=a_{ji}(i,j=1,2,\cdots,n)$，即 $\boldsymbol{A}$ 是一个 n 阶对称矩阵：$\boldsymbol{A}^{\mathrm{T}}=\boldsymbol{A}$.

式(1.3.1)称为二次型的矩阵表达式. 称 $\boldsymbol{A}$ 为二次型 $f(\boldsymbol{x})=\boldsymbol{x}^{\mathrm{T}}\boldsymbol{A}\boldsymbol{x}$ 的对应矩阵.

例 1.3.1 将下列两个二次型化成矩阵表达式：

$$f_1(x_1,x_2,x_3)=4x_1^2+x_1x_2+2x_2^2-x_3^2-3x_1x_3;$$
$$f_2(x_1,x_2,x_3)=x_1x_2+x_1x_3+x_2x_3.$$

解

$$\begin{aligned}f_1(x_1,x_2,x_3)&=4x_1^2+2\times\frac{1}{2}x_1x_2+2x_2^2-x_3^2-2\times\frac{3}{2}x_1x_3\\&=(x_1,x_2,x_3)\begin{bmatrix}4&\frac{1}{2}&-\frac{3}{2}\\\frac{1}{2}&2&0\\-\frac{3}{2}&0&-1\end{bmatrix}\begin{bmatrix}x_1\\x_2\\x_3\end{bmatrix},\end{aligned}$$

$$\begin{aligned}f_2(x_1,x_2,x_3)&=x_1x_2+x_1x_3+x_2x_3=2\times\frac{1}{2}x_1x_2+2\times\frac{1}{2}x_1x_3+2\times\frac{1}{2}x_2x_3\\&=(x_1,x_2,x_3)\begin{bmatrix}0&\frac{1}{2}&\frac{1}{2}\\\frac{1}{2}&0&\frac{1}{2}\\\frac{1}{2}&\frac{1}{2}&0\end{bmatrix}\begin{bmatrix}x_1\\x_2\\x_3\end{bmatrix}.\end{aligned}$$

例 1.3.2 已知两个二次型的对应矩阵分别为 $\boldsymbol{A}_1=\begin{bmatrix}1&2&-1\\2&0&-2\\-1&-2&3\end{bmatrix}$；$\boldsymbol{A}_2=\begin{bmatrix}3&0&0\\0&-1&0\\0&0&2\end{bmatrix}$，试写出二次型.

解

$$f_1(x_1,x_2,x_3)=\boldsymbol{x}^{\mathrm{T}}\boldsymbol{A}_1\boldsymbol{x}=(x_1,x_2,x_3)\begin{bmatrix}1&2&-1\\2&0&-2\\-1&-2&3\end{bmatrix}\begin{bmatrix}x_1\\x_2\\x_3\end{bmatrix}$$

$$= x_1^2 + 4x_1x_2 - 2x_1x_3 - 4x_2x_3 + 3x_3^2,$$

$$f_2(x_1,x_2,x_3) = \boldsymbol{x}^{\mathrm{T}}\boldsymbol{A}_2\boldsymbol{x} = (x_1,x_2,x_3)\begin{bmatrix}3 & 0 & 0\\0 & -1 & 0\\0 & 0 & 2\end{bmatrix}\begin{bmatrix}x_1\\x_2\\x_3\end{bmatrix}$$

$$= 3x_1^2 - x_2^2 + 2x_3^2.$$

1.3.2 二次型的正定性

定义 1.3.2 对实二次型 $f(\boldsymbol{x})=\boldsymbol{x}^{\mathrm{T}}\boldsymbol{A}\boldsymbol{x}$，若 $\forall\,\boldsymbol{x}\neq\boldsymbol{0}$，都有 $f(\boldsymbol{x})=\boldsymbol{x}^{\mathrm{T}}\boldsymbol{A}\boldsymbol{x}>0$ 成立，称 $f(\boldsymbol{x})$ 为正定二次型；称其对应矩阵 $\boldsymbol{A}$ 为正定矩阵.

如：$f_1(x_1,x_2,x_3)=\dfrac{1}{3}x_1^2+\dfrac{1}{4}x_2^2+\dfrac{1}{5}x_3^2$，$f_2(x_1,x_2,x_3)=\dfrac{1}{2}x_1^2+100x_2^2-\dfrac{1}{100}x_3^2$，$f_3(x_1,x_2,x_3)=x_1^2+(x_2+x_3)^2$，$f_4(x_1,x_2,x_3)=x_1^2+x_2^2$，其中 $f_1(x_1,x_2,x_3)$ 是正定二次型，而 $f_2(x_1,x_2,x_3)$，$f_3(x_1,x_2,x_3)$，$f_4(x_1,x_2,x_3)$ 都不是正定二次型. 比如取 $\boldsymbol{x}_0=(0,1,-1)^{\mathrm{T}}\neq\boldsymbol{0}$，则 $f_3(\boldsymbol{x}_0)=0^2+(1-1)^2=0$，不满足正定二次型定义（其余几个请读者自行验证）.

用定义来判断二次型是否正定，对一般二次型（含有交叉项 x_ix_j，$i\neq j$）是比较困难的. 显然二次型是否正定应该是由矩阵 $\boldsymbol{A}$ 决定的.

定理 1.3.1 n 阶实对称矩阵 $\boldsymbol{A}$ 正定的充分必要条件是 $\boldsymbol{A}$ 的 n 个顺序主子式全部大于零. 即

$$a_{11}>0,\ \begin{vmatrix}a_{11} & a_{12}\\a_{21} & a_{22}\end{vmatrix}>0,\ \begin{vmatrix}a_{11} & a_{12} & a_{13}\\a_{21} & a_{22} & a_{23}\\a_{31} & a_{32} & a_{33}\end{vmatrix}>0,\cdots,\begin{vmatrix}a_{11} & a_{12} & \cdots & a_{1n}\\a_{21} & a_{22} & \cdots & a_{2n}\\\vdots & \vdots & & \vdots\\a_{n1} & a_{n2} & \cdots & a_{nn}\end{vmatrix}>0;$$

或表示为

$$\begin{vmatrix}a_{11} & a_{12} & \cdots & a_{1i}\\a_{21} & a_{22} & \cdots & a_{2i}\\\vdots & \vdots & & \vdots\\a_{i1} & a_{i2} & \cdots & a_{ii}\end{vmatrix}>0\quad(i=1,2,\cdots,n).$$

例 1.3.3 试判断二次型 $f(x_1,x_2,x_3)=x_1^2-2x_1x_2+2x_1x_3+4x_2x_3+4x_2^2+5x_3^2$ 是否正定.

解

$$f(x_1,x_2,x_3)=(x_1,x_2,x_3)\begin{bmatrix}1 & -1 & 1\\-1 & 4 & 2\\1 & 2 & 5\end{bmatrix}\begin{bmatrix}x_1\\x_2\\x_3\end{bmatrix},$$

故

$$A=\begin{bmatrix}1&-1&1\\-1&4&2\\1&2&5\end{bmatrix},\quad 1>0,\quad \begin{vmatrix}1&-1\\-1&4\end{vmatrix}=3>0,\quad \begin{vmatrix}1&-1&1\\-1&4&2\\1&2&5\end{vmatrix}=3>0,$$

所以 $\boldsymbol{A}$ 为正定矩阵,则 $f(x_1,x_2,x_3)$为正定二次型.

例 1.3.4 试判断 $f(x_1,x_2,x_3)=x_1^2+6x_2^2+2x_3^2+4x_1x_2+6x_1x_3+8x_2x_3$ 是否正定.

解 因为 $\boldsymbol{A}=\begin{bmatrix}1&2&3\\2&6&4\\3&4&2\end{bmatrix}$,$1>0$,$\begin{vmatrix}1&2\\2&6\end{vmatrix}=2>0$,$\begin{vmatrix}1&2&3\\2&6&4\\3&4&2\end{vmatrix}=-18<0$,所以 $\boldsymbol{A}$ 不是正定矩阵,故 $f(x_1,x_2,x_3)$不是正定二次型.

定义 1.3.3 对实二次型 $f(\boldsymbol{x})=\boldsymbol{x}^{\mathrm{T}}\boldsymbol{A}\boldsymbol{x}$,若 $\forall\,\boldsymbol{x}\neq\boldsymbol{0}$,恒有 $f(\boldsymbol{x})=\boldsymbol{x}^{\mathrm{T}}\boldsymbol{A}\boldsymbol{x}<0$ 成立,称 $f(\boldsymbol{x})=\boldsymbol{x}^{\mathrm{T}}\boldsymbol{A}\boldsymbol{x}$ 为负定二次型;且称矩阵 $\boldsymbol{A}$ 为负定矩阵.

显然,若 $f(\boldsymbol{x})=\boldsymbol{x}^{\mathrm{T}}\boldsymbol{A}\boldsymbol{x}$ 为负定二次型,则 $-f(\boldsymbol{x})=\boldsymbol{x}^{\mathrm{T}}(-\boldsymbol{A})\boldsymbol{x}$ 为正定二次型. 即若 $\boldsymbol{A}$ 为负定矩阵,则 $-\boldsymbol{A}$ 为正定矩阵,为此有下述定理.

定理 1.3.2 n 阶实对称矩阵 $\boldsymbol{A}$ 负定的充分必要条件是:$\boldsymbol{A}$ 的 n 个顺序主子式负正相间. 即

$$a_{11}<0,\ \begin{bmatrix}a_{11}&a_{12}\\a_{21}&a_{22}\end{bmatrix}>0,\ \begin{vmatrix}a_{11}&a_{12}&a_{13}\\a_{21}&a_{22}&a_{23}\\a_{31}&a_{32}&a_{33}\end{vmatrix}<0,\cdots,(-1)^n\begin{vmatrix}a_{11}&a_{12}&\cdots&a_{1n}\\a_{21}&a_{22}&\cdots&a_{2n}\\\vdots&\vdots&&\vdots\\a_{n1}&a_{n2}&\cdots&a_{nn}\end{vmatrix}>0.$$

例 1.3.5 判断 $f(\boldsymbol{x})=-2x_1^2-2x_2^2-x_3^2+2x_1x_2-2x_2x_3$ 的正定性.

解 $\boldsymbol{A}=\begin{bmatrix}-2&1&0\\1&-2&-1\\0&-1&-1\end{bmatrix}$,$a_{11}=-2<0$,$\begin{vmatrix}-2&1\\1&-2\end{vmatrix}=3>0$,$\begin{vmatrix}-2&1&0\\1&-2&-1\\0&-1&-1\end{vmatrix}=-1<0$. 因此 $\boldsymbol{A}$ 为负定矩阵. $f(\boldsymbol{x})$为负定二次型.

定义 1.3.4 对实二次型 $f(\boldsymbol{x})=\boldsymbol{x}^{\mathrm{T}}\boldsymbol{A}\boldsymbol{x}$,若 $\forall\,\boldsymbol{x}\neq\boldsymbol{0}$,恒有 $f(\boldsymbol{x})=\boldsymbol{x}^{\mathrm{T}}\boldsymbol{A}\boldsymbol{x}\geqslant 0$(或 $f(\boldsymbol{x})=\boldsymbol{x}^{\mathrm{T}}\boldsymbol{A}\boldsymbol{x}\leqslant 0$)成立,则称 $f(\boldsymbol{x})=\boldsymbol{x}^{\mathrm{T}}\boldsymbol{A}\boldsymbol{x}$ 为半正定(半负定)二次型;称相应的矩阵 $\boldsymbol{A}$ 为半正定(半负定)矩阵.

例 1.3.6 判断 $f_1(x_1,x_2,x_3)=x_1^2+x_2^2+x_3^2+2x_1x_3$ 及 $f_2(x_1,x_2,x_3)=-x_1^2+2x_1x_2-2x_2^2$ 的正定性.

解 $f_1(x_1,x_2,x_3)=(x_1+x_3)^2+x_2^2$. 显然任给 $\boldsymbol{x}=\begin{bmatrix}x_1\\x_2\\x_3\end{bmatrix}\neq\boldsymbol{0}$,$f_1(\boldsymbol{x})\geqslant 0$. 因此 $f_1(\boldsymbol{x})$ 为半正定二次型. $f_2(x_1,x_2,x_3)=-(x_1-x_2)^2-x_2^2+0\cdot x_3^2$. 任给 $\boldsymbol{x}=\begin{bmatrix}x_1\\x_2\\x_3\end{bmatrix}\neq\boldsymbol{0}$,有

$f_2(\boldsymbol{x})\leqslant 0$. 因此 $f_2(\boldsymbol{x})$为半负定二次型.

定理 1.3.3 设 $f(\boldsymbol{x})=\boldsymbol{x}^{\mathrm{T}}\boldsymbol{A}\boldsymbol{x}$ 是实二次型,$\boldsymbol{x}\in\mathbb{R}^n$. 以下命题是等价的:

(1) $f(\boldsymbol{x})=\boldsymbol{x}^{\mathrm{T}}\boldsymbol{A}\boldsymbol{x}$ 是半正定二次型,或 $\boldsymbol{A}$ 是半正定矩阵.

(2) $\boldsymbol{A}$ 的所有主子式(行号与列号取成相同的子式称为主子式)均大于等于零,且至少有一个等于零.

(3) $\boldsymbol{A}$ 的所有特征值均大于等于零,且至少有一个等于零.

(4) $f(\boldsymbol{x})$的正惯性指数 $p=\mathrm{r}(\boldsymbol{A})<n$,这里 $\mathrm{r}(\boldsymbol{A})$是 $\boldsymbol{A}$ 的秩,n 是 $\boldsymbol{x}$ 的维数①.

要注意的是对于半正定矩阵,没有类似定理 1.3.1 及定理 1.3.2 关于顺序主子式的性质. 如 $f(x_1,x_2,x_3)=x_1^2-x_3^2$. 它的对应矩阵 $\boldsymbol{A}=\begin{bmatrix}1&0&0\\0&0&0\\0&0&-1\end{bmatrix}$,它的三个顺序主子式:$1>0$,$\begin{vmatrix}1&0\\0&0\end{vmatrix}=0$,$\begin{vmatrix}1&0&0\\0&0&0\\0&0&-1\end{vmatrix}=0$,但 $\boldsymbol{A}$ 不是半正定矩阵,$f(x_1,x_2,x_3)$不是半正定二次型. 因为 $\boldsymbol{A}$ 不满足等价命题(2)的条件,$\boldsymbol{A}$ 中有一阶主子式(行号=列号=3):$|-1|=-1\not\geqslant 0$,有一个二阶子式(行号=列号=1,3):$\begin{vmatrix}1&0\\0&-1\end{vmatrix}=-1\not\geqslant 0$.

对于半负定二次型 $f(\boldsymbol{x})$,只要利用 $-f(\boldsymbol{x})$为半正定二次型来判断即可.

若 $f(\boldsymbol{x})$既非正定,也非负定、半正定、半负定,则称为不定二次型.

1.4 多元函数的导数与极值

1.4.1 一元函数的导数、极值与泰勒公式

1. 导数定义

定义 1.4.1 设函数 $y=f(x)$在点 x_0 的某邻域上有定义,当自变量在 x_0 处取得增量 $\Delta x(\Delta x\neq 0)$,函数 y 随着取得增量 $\Delta y=f(x_0+\Delta x)-f(x_0)$. 如果当 $\Delta x\to 0$ 时,$\Delta y/\Delta x$ 的极限存在,则称此极限为函数 $y=f(x)$在点 x_0 处的导数,记作 $f'(x_0)$或 y'_{x_0},即

$$\lim_{\Delta x\to 0}\frac{\Delta y}{\Delta x}=\lim_{\Delta x\to 0}\frac{f(x_0+\Delta x)-f(x_0)}{\Delta x}=f'(x_0)=y'_{x_0}.$$

导数的几何意义是:$y=f(x)$在 x_0 点的导数 $f'(x_0)$即是曲线 $y=f(x)$在点(x_0,y_0)

① 关于主子式、特征值、正惯性指数等概念请参阅一般代数教材.

处切线的斜率.

如果函数 $f(x)$在点 x_0 处导数存在,则称函数 $f(x)$在点 x_0 处可导.若函数 $f(x)$在区间(a,b)内每一点都可导,则称 $f(x)$在区间(a,b)内可导.此时的导数就是(a,b)内 x 的函数,称为导函数,记作 $y'(x)$或 $f'(x)$.

定义 1.4.2 若函数 $y=f(x)$的导函数 $f'(x)$在点 x 处可导,则称 $f'(x)$在点 x 处的导数为 $y=f(x)$在点 x 处的二阶导数,记作 $f''(x)$,即

$$y''(x)=f''(x)=\lim_{\Delta x\to 0}\frac{f'(x+\Delta x)-f'(x)}{\Delta x}.$$

例 1.4.1 若 $y=x^n$,则 $y'=nx^{n-1}$,$y''=n(n-1)x^{n-2}$.

同样可定义三阶、四阶及更高阶的导数,记成 $y'''(x)$,$f'''(x)$或$\frac{\mathrm{d}^3y}{\mathrm{d}x^3}$,对于四阶以上的导数用 $y^{(4)}(x)$,$f^{(4)}(x)$,或$\frac{\mathrm{d}^4y}{\mathrm{d}x^4}$来记.

例 1.4.2 $y=x^n$,则$\frac{\mathrm{d}^3y}{\mathrm{d}x^3}=\frac{\mathrm{d}}{\mathrm{d}x}\left(\frac{\mathrm{d}^2y}{\mathrm{d}x^2}\right)=\frac{\mathrm{d}}{\mathrm{d}x}(n(n-1)x^{n-2})=n(n-1)(n-2)\cdot x^{n-3}$;$y^{(n)}(x)=n(n-1)\cdots 2\cdot 1=n!$.

例 1.4.3 $y=\sin x$,则 $y'(x)=\cos x$,$y''(x)=-\sin x$,$y'''(x)=-\cos x$,$y^{(4)}(x)=\sin x$,$y^{(n)}(x)=\sin\left(x+\frac{n\pi}{2}\right)$.

2. 极值

定义 1.4.3 如果函数 $f(x)$在点 $x=x_0$ 的函数值大于(或小于)点 x_0 两侧附近各点处的函数值,即,若存在一个正数 δ,当 $0<|\Delta x|<\delta$ 时,恒有 $f(x_0)>f(x_0+\Delta x)$(或 $f(x_0)<f(x_0+\Delta x)$),则称点 $x=x_0$ 为函数 $f(x)$ 的一个极大点(或极小点).在极大点(或极小点)处的函数值 $f(x_0)$称为极大值(或极小值);极大点、极小点统称为极值点.极大值、极小值统称为极值.

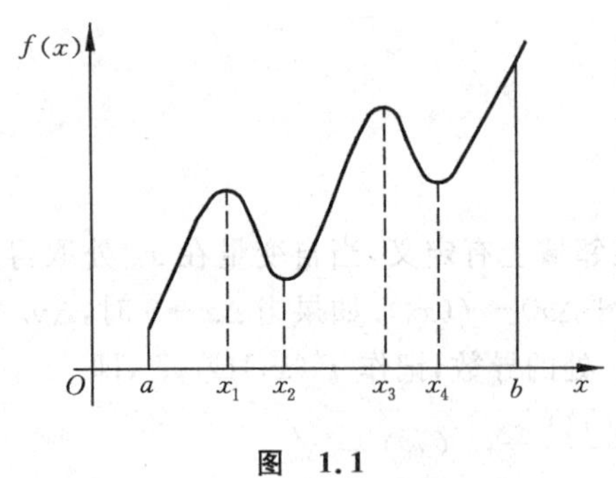

图 1.1

要注意的是,极值点只是在一点附近函数值的大小关系,并非是一个区间内函数的最大、最小值.如图 1.1,点 x_1,x_3 为极大点,点 x_2,x_4 为极小点,但它们均不是 $f(x)$在区间$[a,b]$上的最大点、最小点,且极小值也可能比极大值大,如 $f(x_4)>f(x_1)$.

定理 1.4.1(极值点的必要条件) 设 $f(x)$在点 x_0 处可导,x_0 是极值点,则必有

$f'(x_0)=0$.

这个定理也称为费马(Fermat)定理.对这个定理有两点要注意:第一,这个定理的逆定理不一定成立.即,导数为零的点不一定是极值点.如 $y=x^3$,在 $x=0$ 处,$f'(0)=0$,但显然 $x=0$ 不是 $y=x^3$ 的极值点,见图 1.2.第二,极值点也可能是导数不存在的点.见图 1.3中的 $x=0$ 点.

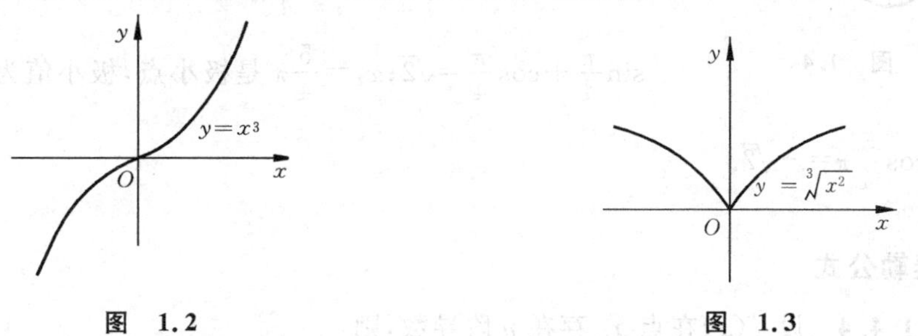

图 1.2　　　　图 1.3

导数为 0 的点统称为驻点(或平稳点).

定理 1.4.2(极值点的第一充分条件)　设 $f(x)$ 在 x_0 点连续,若存在一个正数 δ:

(1) 当 $x_0-\delta<x<x_0$ 时,$f'(x)>0$;而当 $x_0<x<x_0+\delta$ 时 $f'(x)<0$,则 x_0 点是极大点.

(2) 当 $x_0-\delta<x<x_0$ 时,$f'(x)<0$;而当 $x_0<x<x_0+\delta$ 时,$f'(x)>0$,则 x_0 点是极小点.

这个定理告诉我们:若在连续点 x_0 左右两边导函数改变正负号,则 x_0 就是一个极值点,但并不要求 x_0 点存在导数值.

例 1.4.4　求 $y=(x-1)\sqrt[3]{x^2}$ 的极值点.

解　$y'_x=\sqrt[3]{x^2}+\dfrac{2}{3}\dfrac{x-1}{\sqrt[3]{x}}=\dfrac{5x-2}{3\sqrt[3]{x}}$,令 $y'_x=0$,求得驻点 $x=2/5$.导数不存在的点 $x=0$,但函数在 $x=0$ 处连续.下面判断在 $x=2/5$ 及 $x=0$ 两点左右两边导函数的正负号,列出下表:

x	$(-\infty,0)$	0	$(0,2/5)$	$2/5$	$(2/5,+\infty)$
y'	+	不存在	−	0	+

故 $x=0$ 是极大点,$x=2/5$ 是极小点.见图 1.4.

定理 1.4.3(极值点的第二充分条件)　设 $f(x)$ 在点 x_0 二阶可导,且 x_0 为驻点,即 $f'(x_0)=0$.则当 $f''(x_0)<0$ 时,x_0 为极大点;当 $f''(x_0)>0$ 时,x_0 为极小点.

例 1.4.5　求 $f(x)=\sin x+\cos x(0\leqslant x\leqslant 2\pi)$ 的极值点与极值.

解 $f'(x)=\cos x-\sin x$, $f''(x)=-\sin x-\cos x$. 令 $f'(x)=0$，即 $\tan x=1$，得两个驻点：$x_1=\frac{\pi}{4}$, $x_2=\frac{5}{4}\pi$. 又

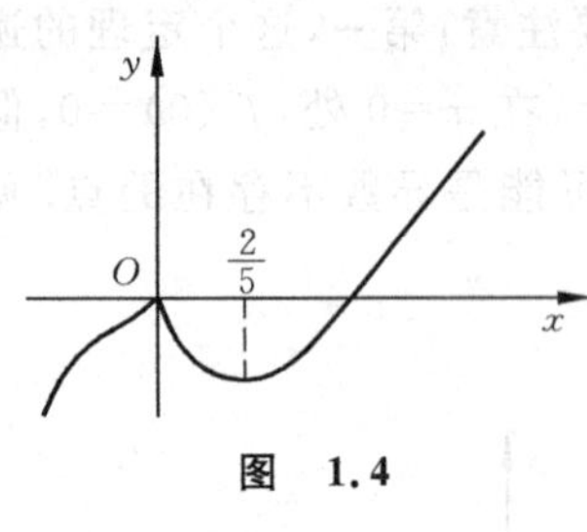

图 1.4

$$f''\left(\frac{\pi}{4}\right)<0,\quad f''\left(\frac{5}{4}\pi\right)>0.$$

由定理 1.4.3 可知，$x_1=\frac{\pi}{4}$ 是极大点，极大值为 $f\left(\frac{\pi}{4}\right)=\sin\frac{\pi}{4}+\cos\frac{\pi}{4}=\sqrt{2}$；$x_2=\frac{5}{4}\pi$ 是极小点，极小值为 $f\left(\frac{5}{4}\pi\right)=\sin\frac{5}{4}\pi+\cos\frac{5}{4}\pi=-\sqrt{2}$.

3. 泰勒公式

定理 1.4.4 设 $f(x)$ 在点 x_0 存在 n 阶导数，则

$$f(x)=f(x_0)+f'(x_0)(x-x_0)+\frac{f''(x_0)}{2!}(x-x_0)^2+\cdots+\frac{f^{(n)}(x_0)}{n!}(x-x_0)^n+o((x-x_0)^n).$$

这个公式称为具有佩亚诺(Peano)型余项的 n 阶泰勒公式. 式中 $o((x-x_0)^n)$ 是指当 $x\to x_0$ 时比 $(x-x_0)^n$ 还要高阶的无穷小量.

记

$$P_n(x)=f(x_0)+f'(x_0)(x-x_0)+\frac{f''(x_0)}{2!}(x-x_0)^2+\cdots+\frac{f^{(n)}(x_0)}{n!}(x-x_0)^n,$$

称 $P_n(x)$ 为 $f(x)$ 在点 x_0 的 n 阶泰勒多项式.

定理 1.4.5 设 $f(x)$ 在 (a,b) 内存在 $n+1$ 阶导数，$x_0\in(a,b)$，则对 (a,b) 内的每一个 x，在 x_0, x 之间至少存在一点 ξ，使得

$$f(x)=f(x_0)+f'(x_0)(x-x_0)+\frac{f''(x_0)}{2!}(x-x_0)^2+\cdots+\frac{f^{(n)}(x_0)}{n!}(x-x_0)^n+\frac{f^{(n+1)}(\xi)}{(n+1)!}(x-x_0)^{n+1}.$$

这个公式称为具有拉格朗日型余项的 n 阶泰勒公式，$\frac{f^{(n+1)}(\xi)}{(n+1)!}(x-x_0)^{n+1}$ 称为拉格朗日型余项.

读者应注意，这两种类型余项的泰勒公式，它们各自成立的条件不同. 佩亚诺型余项的 n 阶泰勒公式，只要求 $f(x)$ 在 x_0 这一点存在 n 阶导数；而拉格朗日型余项的 n 阶泰勒公式，则要求 $f(x)$ 在含 x_0 的某区间上存在 $n+1$ 阶导数.

1.4.2 多元函数的梯度、黑塞矩阵与泰勒公式

1. 多元函数及偏导数

多于一个自变量的函数称为多元函数. 如 $u=f(x,y)$是以 x,y 为自变量的二元函数;$u=f(x_1,x_2,x_3)$是以 x_1,x_2,x_3 为自变量的三元函数. 先介绍两个自变量的二元函数.

定义 1.4.4 设在 xOy 平面上有一个非空平面点集 D,如果有一个对应规则 f,使得对每一个点 $P\in D$,都能对应一个实数 u,则将 D 上的对应规则 f 称为定义在 D 上的一个二元函数,记作 $u=f(x,y)$. D 称为函数的定义域.

二元函数有两个自变量,互相独立变化,因此研究该函数时不方便. 若将其中一个自变量暂时固定,就可作为一元函数来研究.

设 $u=f(x,y)$,令 y 暂时固定,x 取得增量 Δx,则在过点 $P(x,y)$的水平直线上得到一点 $P_1(x+\Delta x,y)$,见图 1.5. 这时函数 u 的增量称为函数关于 x 的偏增量,记成

$$\Delta_x u = f(x+\Delta x,y)-f(x,y).$$

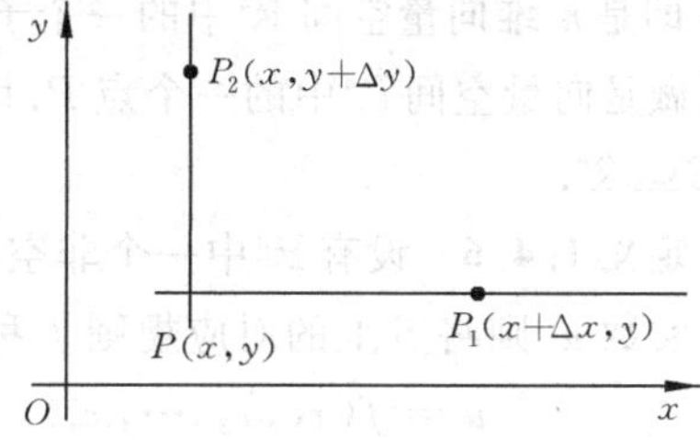

图 1.5

类似可得到函数关于 y 的偏增量

$$\Delta_y u = f(x,y+\Delta y)-f(x,y).$$

定义 1.4.5 若极限 $\lim\limits_{\Delta x\to 0}\dfrac{\Delta_x u}{\Delta x}=\lim\limits_{\Delta x\to 0}\dfrac{f(x+\Delta x,y)-f(x,y)}{\Delta x}$ 存在,则称这个极限值为函数关于 x 的偏导数,记成$\dfrac{\partial u}{\partial x}$,或 u_x,$f_x(x,y)$.

类似可定义函数关于 y 的偏导数:

$$\frac{\partial u}{\partial y}=\lim_{\Delta y\to 0}\frac{\Delta_y u}{\Delta y}=\lim_{\Delta y\to 0}\frac{f(x,y+\Delta y)-f(x,y)}{\Delta y}.$$

例 1.4.6 $u=2x^3y^2+3x-4y$,则

$$\frac{\partial u}{\partial x}=6x^2y^2+3,\quad \frac{\partial u}{\partial y}=4x^3y-4.$$

二元函数 $u=f(x,y)$在动点 $P(x,y)$处的偏导数仍是 x,y 的函数,可以对其再求偏导数,称为二阶偏导数. 如$\dfrac{\partial u}{\partial x}$对 x 再求偏导数,记成$\dfrac{\partial}{\partial x}\left(\dfrac{\partial u}{\partial x}\right)=\dfrac{\partial^2 u}{\partial x^2}$,或记成 u_{xx},f_{xx}. 如$\dfrac{\partial u}{\partial x}$对 y 再求偏导数,记成$\dfrac{\partial}{\partial y}\left(\dfrac{\partial u}{\partial x}\right)=\dfrac{\partial^2 u}{\partial x\partial y}$,或记成 u_{xy},f_{xy}.

例 1.4.7 $u=2x^3y^2+3x-4y$,则

$$\frac{\partial u}{\partial x}=6x^2y^2+3,\quad \frac{\partial^2 u}{\partial x^2}=12xy^2,\quad \frac{\partial^2 u}{\partial x\partial y}=\frac{\partial}{\partial y}(6x^2y^2+3)=12x^2y,$$

$$\frac{\partial u}{\partial y}=4x^3y-4,\quad \frac{\partial^2 u}{\partial y\partial x}=\frac{\partial}{\partial x}(4x^3y-4)=12x^2y,\quad \frac{\partial^2 u}{\partial y^2}=4x^3.$$

在此例中,混合偏导数$\frac{\partial^2 u}{\partial x\partial y}=\frac{\partial^2 u}{\partial y\partial x}$,这不是偶然的巧合,有以下定理.

定理 1.4.6 设$u_{xy}(x,y)$,$u_{yx}(x,y)$在某点连续,则在该点有:

$$u_{xy}(x,y)=u_{yx}(x,y)\quad 或\quad \frac{\partial^2 u}{\partial x\partial y}=\frac{\partial^2 u}{\partial y\partial x}.$$

类似地,可有更高阶的偏导数$u_{xxx},u_{xxy},u_{xyx},u_{xyy},u_{yyy}$等.

对于有n个自变量$x_1,x_2,\cdots,x_n$的多元函数$u=f(x_1,x_2,\cdots,x_n)$,我们将自变量每一组可能取到的值$(x_1,x_2,\cdots,x_n)$看成是一个向量$\boldsymbol{x}=(x_1,x_2,\cdots,x_n)^{\mathrm{T}}$.而自变量的定义域$S$即是$n$维向量空间$\mathbb{R}^n$中的一个子集$S\subseteq\mathbb{R}^n$,自变量在定义域$S$中的每一组取值,就可看做是向量空间$\mathbb{R}^n$中的一个点$P$.因此多元函数也可记成$u=f(P)$,或$u=f(\boldsymbol{x})$,其中$\boldsymbol{x}\in S\subseteq\mathbb{R}^n$.

定义 1.4.6 设有$\mathbb{R}^n$中一个非空集合S,如有一个对应规则f,使$\forall P\in S$,都能对应一个实数u,则将S上的对应规则f称为定义在S上的一个n元函数,记作

$$u=f(x_1,x_2,\cdots,x_n)\quad 或\quad u=f(\boldsymbol{x}),\quad 或\quad u=f(P).$$

对于n元函数,与二元函数类似有偏导数$u_{x_1x_1},u_{x_1x_2},u_{x_2x_1},u_{x_2x_2},u_{x_1x_2x_3},\cdots$.

2. 多元函数的微分与梯度

在一元函数中,如果函数$y=f(x)$的增量$\Delta y=f(x+\Delta x)-f(x)$可以分成两项:一项是与$\Delta x$成正比的$a(x)\Delta x$;另一项是关于$\Delta x$的高阶无穷小量$o(\Delta x)$,即

$$\Delta y=a(x)\Delta x+o(\Delta x).$$

可以证明,式中$a(x)$即为y在点x的导数$f'(x)$.将$a(x)\Delta x=f'(x)\Delta x$称为$y$在点$x$的微分,记作$\mathrm{d}y=f'(x)\Delta x$.为了形式上的对称,记$\Delta x=\mathrm{d}x$,则有

$$\mathrm{d}y=f'(x)\mathrm{d}x.$$

故

$$\Delta y=f'(x)\mathrm{d}x+o(\Delta x)=\mathrm{d}y+o(\Delta x).$$

又因为$o(\Delta x)$是关于Δx的高阶无穷小量,故当Δx充分小时,可写成

$$\Delta y\approx f'(x)\mathrm{d}x=\mathrm{d}y,$$

因此又称微分$\mathrm{d}y=f'(x)\mathrm{d}x$是函数增量$\Delta y$的线性主部.

对二元函数作类似的研究.设$u=f(x,y)$,x有一个增量Δx,y有一个增量Δy,则函数增量$\Delta u=f(x+\Delta x,y+\Delta y)-f(x,y)$,称为函数$u=f(x,y)$在点$(x,y)$处的全增量.

可用一个长方形面积的变化来对此作一个直观的解释,如图 1.6,边长为 x,y 的长方形,若 x 有一增量 Δx,y 有一个增量 Δy,则其面积 S 的全增量

$$\begin{aligned}\Delta S &= (x+\Delta x)(y+\Delta y)-xy \\ &= (xy+x\Delta y+y\Delta x+\Delta x\Delta y)-xy \\ &= (x\Delta y+y\Delta x)+\Delta x\Delta y.\end{aligned}$$

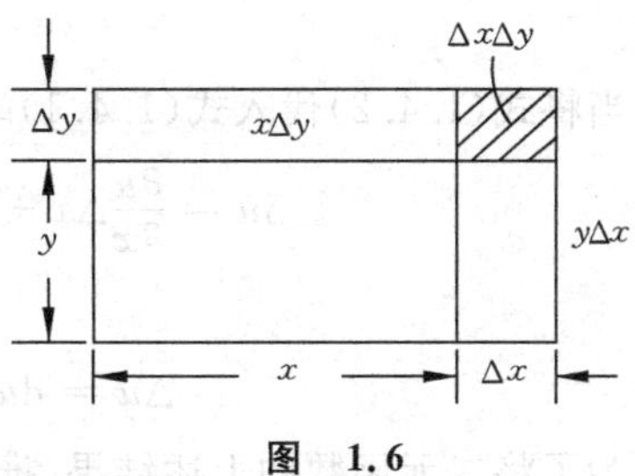

图 1.6

可见,ΔS 分为两项,一项是关于 $\Delta x,\Delta y$ 的一次齐次式 $y\Delta x+x\Delta y$;另一项是关于 $\sqrt{(\Delta x)^2+(\Delta y)^2}$ 的高阶无穷小量 $\Delta x\Delta y$. 因为

$$\left|\frac{\Delta x\Delta y}{\sqrt{(\Delta x)^2+(\Delta y)^2}}\right| = |\Delta x|\frac{|\Delta y|}{\sqrt{(\Delta x)^2+(\Delta y)^2}} \leqslant |\Delta x| \to 0,$$

$$\left|\frac{\Delta x\Delta y}{\sqrt{(\Delta x)^2+(\Delta y)^2}}\right| = |\Delta y|\frac{|\Delta x|}{\sqrt{(\Delta x)^2+(\Delta y)^2}} \leqslant |\Delta y| \to 0.$$

与一元函数类似,将 $y\Delta x+x\Delta y$ 称为面积全增量 ΔS 的线性主部,或称为全微分. 一般定义如下.

定义 1.4.7 如果函数 $u=f(x,y)$ 的全增量 Δu 能分成两项,一项是关于 $\Delta x,\Delta y$ 的一次齐次式,另一项是关于 $\rho=\sqrt{(\Delta x)^2+(\Delta y)^2}$ 的高阶无穷小量,即

$$\Delta u = a(x,y)\Delta x+b(x,y)\Delta y+o\left(\sqrt{(\Delta x)^2+(\Delta y)^2}\right), \tag{1.4.1}$$

则将 $a(x,y)\Delta x+b(x,y)\Delta y$ 称为函数 u 在点 (x,y) 处的全微分. 记作

$$\mathrm{d}u = a(x,y)\mathrm{d}x+b(x,y)\mathrm{d}y,$$

其中 $a(x,y),b(x,y)$ 称为微分系数,是与 $\Delta x,\Delta y$ 无关的量,$\mathrm{d}x,\mathrm{d}y$ 称为自变量的微分(用 $\mathrm{d}x$ 记 Δx,$\mathrm{d}y$ 记 Δy).

如果函数在点 (x,y) 处存在全微分,称函数在点 (x,y) 处可微.

在一元函数中,可导必可微,可微也必可导. 而对于多元函数,可微与可导关系有如下定理.

定理 1.4.7 设函数 $u=f(x,y)$ 在点 (x,y) 可微,则函数在点 (x,y) 必存在两个偏导数 $\frac{\partial u}{\partial x},\frac{\partial u}{\partial y}$,且

$$\mathrm{d}u = \frac{\partial u}{\partial x}\mathrm{d}x+\frac{\partial u}{\partial y}\mathrm{d}y.$$

定理 1.4.8 设函数 $u=f(x,y)$ 的两个偏导数 $\frac{\partial u}{\partial x},\frac{\partial u}{\partial y}$ 在点 (x,y) 处连续,则函数在点 (x,y) 可微,且

$$\mathrm{d}u = \frac{\partial u}{\partial x}\mathrm{d}x+\frac{\partial u}{\partial y}\mathrm{d}y. \tag{1.4.2}$$

定理1.4.7与定理1.4.8表明函数$u=f(x,y)$可微必可导(指偏导数存在),而若只在点P处各个偏导数存在,并不能保证点P处可微.只有当两个偏导数存在且连续时才可微.

当将式(1.4.2)代入式(1.4.1)时,有

$$\Delta u=\frac{\partial u}{\partial x}\Delta x+\frac{\partial u}{\partial y}\Delta y+o\left(\sqrt{(\Delta x)^2+(\Delta y)^2}\right), \tag{1.4.3}$$

或

$$\Delta u=\mathrm{d}u+o\left(\sqrt{(\Delta x)^2+(\Delta y)^2}\right). \tag{1.4.4}$$

为了将二元函数的上述结果,推广到n元函数,引入以下记号:

$$\nabla u=\operatorname{grad} u=\begin{bmatrix}\dfrac{\partial u}{\partial x}\\ \dfrac{\partial u}{\partial y}\end{bmatrix}. \tag{1.4.5}$$

称∇u为函数u在点(x,y)处的梯度,它是一个向量.同时也用一个向量来记自变量及自变量的增量:

$$\boldsymbol{x}=\begin{bmatrix}x\\ y\end{bmatrix},\quad \Delta\boldsymbol{x}=\begin{bmatrix}\Delta x\\ \Delta y\end{bmatrix}. \tag{1.4.6}$$

将式(1.4.5)及式(1.4.6)代入式(1.4.3),则

$$\begin{aligned}\Delta u&=\left(\frac{\partial u}{\partial x},\frac{\partial u}{\partial y}\right)\begin{bmatrix}\Delta x\\ \Delta y\end{bmatrix}+o\left(\sqrt{(\Delta x)^2+(\Delta y)^2}\right)\\ &=(\operatorname{grad} u)^{\mathrm{T}}\Delta\boldsymbol{x}+o(\|\Delta\boldsymbol{x}\|)=\nabla u^{\mathrm{T}}\cdot\Delta\boldsymbol{x}+o(\|\Delta\boldsymbol{x}\|).\end{aligned} \tag{1.4.7}$$

式(1.4.4)表明二元函数的全增量与全微分之差为关于$\Delta x,\Delta y$的高阶无穷小.式(1.4.7)表明,二元函数的全微分可用一个梯度向量与自变量增量的数量积来表示,且函数的全增量等于该数量积与一个高阶无穷小量之和.

对于多元函数$u=f(\boldsymbol{x}),\boldsymbol{x}=(x_1,x_2,\cdots,x_n)^{\mathrm{T}}\in S\subseteq\mathbb{R}^n$,有如下的定义.

定义1.4.8 设$u=f(\boldsymbol{x}),\boldsymbol{x}\in S\subseteq\mathbb{R}^n$,若在点$\boldsymbol{x}_0=(x_1(0),x_2(0),\cdots,x_n(0))^{\mathrm{T}}$处对于自变量$\boldsymbol{x}=(x_1,x_2,\cdots,x_n)^{\mathrm{T}}$的各分量的偏导数$\dfrac{\partial f(\boldsymbol{x}_0)}{\partial x_i}(i=1,2,\cdots,n)$都存在,则称函数$u=f(\boldsymbol{x})$在点$\boldsymbol{x}_0$处一阶可导,并称向量$\nabla f(\boldsymbol{x}_0)=\left(\dfrac{\partial f(\boldsymbol{x}_0)}{\partial x_1},\dfrac{\partial f(\boldsymbol{x}_0)}{\partial x_2},\cdots,\dfrac{\partial f(\boldsymbol{x}_0)}{\partial x_n}\right)^{\mathrm{T}}$是$u=f(\boldsymbol{x})$在点$\boldsymbol{x}_0$处的梯度或一阶导数.

上述定义中$\boldsymbol{x}\in S\subseteq\mathbb{R}^n$,指的是$\boldsymbol{x}\in S$,而$S$是$n$维欧氏空间中的一个子集.

下面的定理给出了微分和梯度之间的关系.

定理1.4.9 设$u=f(\boldsymbol{x}),\boldsymbol{x}\in S\subseteq\mathbb{R}^n$,若$f$在点$\boldsymbol{x}_0$处可微,则$f$在点$\boldsymbol{x}_0$处的梯度存在,并且有

$$\mathrm{d}f(\boldsymbol{x}_0) = \nabla f(\boldsymbol{x}_0)^{\mathrm{T}}\Delta\boldsymbol{x}.$$

此处 $\Delta\boldsymbol{x}$ 为 $\boldsymbol{x}_0$ 处的增量，$\Delta\boldsymbol{x}\in\mathbb{R}^n$，$\Delta\boldsymbol{x}=(x_1-x_1(0),x_2-x_2(0),\cdots,x_n-x_n(0))^{\mathrm{T}}$.

若 $u=f(\boldsymbol{x})$ 是二元函数，则 f 在点 $\boldsymbol{x}_0$ 处的梯度的几何意义是：$\nabla f(\boldsymbol{x}_0)$ 是过点 $\boldsymbol{x}_0$ 的 $f(\boldsymbol{x})$ 等值线在 $\boldsymbol{x}_0$ 点处的法向量，见图 1.7.

若 $u=f(\boldsymbol{x})$ 是三元函数，即 $\boldsymbol{x}\in S\subseteq\mathbb{R}^3$，则 f 在 $\boldsymbol{x}_0$ 点处的梯度的几何意义是：$\nabla f(\boldsymbol{x}_0)$ 表示过点 $\boldsymbol{x}_0$ 的 $f(\boldsymbol{x})$ 等值面的法向量，它与过 $\boldsymbol{x}_0$ 点在该等值面上任一条曲线 L 的切线垂直，见图 1.8. 函数在点 $\boldsymbol{x}_0$ 处的梯度正方向，即为函数在该点增加最快的方向.

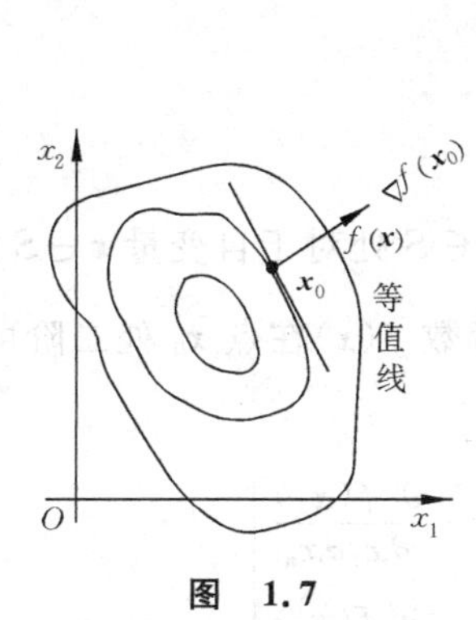

图 1.7

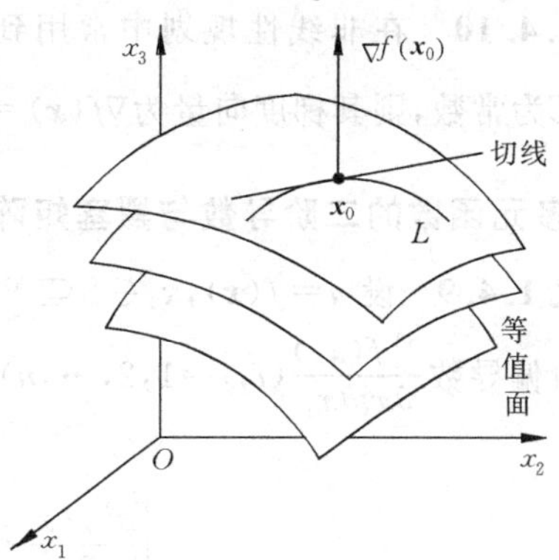

图 1.8

例 1.4.8 已知 $f(\boldsymbol{x})=\sum\limits_{i=1}^{n}b_ix_i=\boldsymbol{b}^{\mathrm{T}}\boldsymbol{x}$，其中 $\boldsymbol{b}=(b_1,b_2,\cdots,b_n)^{\mathrm{T}}$，求 $\nabla f(\boldsymbol{x})$.

解 因为 $f(\boldsymbol{x})=b_1x_1+b_2x_2+\cdots+b_nx_n$，所以

$$\frac{\partial f}{\partial x_1}=b_1,\ \frac{\partial f}{\partial x_2}=b_2,\ \cdots,\ \frac{\partial f}{\partial x_n}=b_n,\quad \nabla f(\boldsymbol{x})=(b_1,b_2,\cdots,b_n)^{\mathrm{T}}=\boldsymbol{b}.$$

例 1.4.9 设 $\boldsymbol{A}$ 为 n 阶对称方阵，$f(\boldsymbol{x})=\boldsymbol{x}^{\mathrm{T}}\boldsymbol{A}\boldsymbol{x}$，求 $\nabla f(\boldsymbol{x})$.

解 设 $\boldsymbol{A}=(a_{ij})_{n\times n}$，且 $a_{ij}=a_{ji}(i,j=1,2,\cdots,n)$. 根据二次型的表达形式：

$$f(\boldsymbol{x})=\boldsymbol{x}^{\mathrm{T}}\boldsymbol{A}\boldsymbol{x}=\sum_{i=1}^{n}\sum_{j=1}^{n}a_{ij}x_ix_j=a_{11}x_1^2+2a_{12}x_1x_2+\cdots$$
$$+2a_{1n}x_1x_n+a_{22}x_2^2+\cdots+2a_{2n}x_2x_n+\cdots+a_{nn}x_n^2,$$

所以

$$\frac{\partial f}{\partial x_1}=2(a_{11}x_1+a_{12}x_2+\cdots+a_{1n}x_n)=2\sum_{j=1}^{n}a_{1j}x_j,$$

$$\frac{\partial f}{\partial x_2}=2(a_{21}x_1+a_{22}x_2+\cdots+a_{2n}x_n)=2\sum_{j=1}^{n}a_{2j}x_j,$$

$$\vdots$$

$$\frac{\partial f}{\partial x_n}=2(a_{n1}x_1+a_{n2}x_2+\cdots+a_{nn}x_n)=2\sum_{j=1}^{n}a_{nj}x_j.$$

所以

$$\nabla f(\boldsymbol{x})=2\begin{bmatrix}a_{11}x_1+a_{12}x_2+\cdots+a_{1n}x_n\\a_{21}x_1+a_{22}x_2+\cdots+a_{2n}x_n\\\vdots\\a_{n1}x_1+a_{n2}x_2+\cdots+a_{nn}x_n\end{bmatrix}=2\begin{bmatrix}a_{11}&a_{12}&\cdots&a_{1n}\\a_{21}&a_{22}&\cdots&a_{2n}\\\vdots&\vdots&&\vdots\\a_{n1}&a_{n2}&\cdots&a_{nn}\end{bmatrix}\begin{bmatrix}x_1\\x_2\\\vdots\\x_n\end{bmatrix}=2\boldsymbol{Ax}.$$

例 1.4.10 在非线性规划中常用到的一个函数：$f(\boldsymbol{x})=\frac{1}{2}\boldsymbol{x}^{\mathrm{T}}\boldsymbol{A}\boldsymbol{x}+\boldsymbol{b}^{\mathrm{T}}\boldsymbol{x}+C$，其中 $\boldsymbol{A}^{\mathrm{T}}=\boldsymbol{A}$，$C$为常数，则其梯度向量为$\nabla f(\boldsymbol{x})=\boldsymbol{Ax}+\boldsymbol{b}$.

3. 多元函数的二阶导数与黑塞矩阵

定义 1.4.9 设 $u=f(\boldsymbol{x})$，$\boldsymbol{x}_0\in S\subseteq\mathbb{R}^n$，若 f 在点 $\boldsymbol{x}_0\in S$ 处对于自变量 $\boldsymbol{x}\in S$ 的各分量的二阶偏导数$\frac{\partial^2 f(\boldsymbol{x}_0)}{\partial x_i\partial x_j}$$(i,j=1,2,\cdots,n)$都存在，则称函数 $f(\boldsymbol{x})$在点 $\boldsymbol{x}_0$ 处二阶可导，且称矩阵

$$\nabla^2 f(\boldsymbol{x}_0)=\begin{bmatrix}\frac{\partial^2 f(\boldsymbol{x}_0)}{\partial x_1^2}&\frac{\partial^2 f(\boldsymbol{x}_0)}{\partial x_1\partial x_2}&\cdots&\frac{\partial^2 f(\boldsymbol{x}_0)}{\partial x_1\partial x_n}\\\frac{\partial^2 f(\boldsymbol{x}_0)}{\partial x_2\partial x_1}&\frac{\partial^2 f(\boldsymbol{x}_0)}{\partial x_2^2}&\cdots&\frac{\partial^2 f(\boldsymbol{x}_0)}{\partial x_2\partial x_n}\\\vdots&\vdots&&\vdots\\\frac{\partial^2 f(\boldsymbol{x}_0)}{\partial x_n\partial x_1}&\frac{\partial^2 f(\boldsymbol{x}_0)}{\partial x_n\partial x_2}&\cdots&\frac{\partial^2 f(\boldsymbol{x}_0)}{\partial x_n^2}\end{bmatrix}$$

为 $f(\boldsymbol{x})$在点 $\boldsymbol{x}_0$ 处的二阶导数或黑塞(Hesse)矩阵.

当 $f(\boldsymbol{x})$在点 $\boldsymbol{x}_0$ 处所有二阶偏导数连续时，有

$$\frac{\partial^2 f(\boldsymbol{x}_0)}{\partial x_i\partial x_j}=\frac{\partial^2 f(\boldsymbol{x}_0)}{\partial x_j\partial x_i}\quad(i,j=1,2,\cdots,n),$$

故此时黑塞矩阵$\nabla^2 f(\boldsymbol{x}_0)$是一个对称矩阵. 黑塞矩阵有时记作 $\boldsymbol{H}(\boldsymbol{x}_0)$（$\nabla^2 f(\boldsymbol{x})$是梯度函数$\nabla f(\boldsymbol{x})$的一阶导数).

例 1.4.11 已知 $u=f(\boldsymbol{x})=\boldsymbol{x}^{\mathrm{T}}\boldsymbol{Ax}$，其中 $\boldsymbol{x}\in S\subseteq\mathbb{R}^n$，$\boldsymbol{A}^{\mathrm{T}}=\boldsymbol{A}=(a_{ij})$，试求$\nabla^2 f(\boldsymbol{x})$.

解 由例 1.4.9 知，$\frac{\partial f}{\partial x_i}=2\sum_{k=1}^{n}a_{ik}x_k$，故 $\frac{\partial^2 f(\boldsymbol{x})}{\partial x_i\partial x_j}=2a_{ij}$. 所以

$$\boldsymbol{H}(\boldsymbol{x})=\nabla^2 f(\boldsymbol{x})=\begin{bmatrix}2a_{11}&2a_{12}&\cdots&2a_{1n}\\2a_{21}&2a_{22}&\cdots&2a_{2n}\\\vdots&\vdots&&\vdots\\2a_{n1}&2a_{n2}&\cdots&2a_{nn}\end{bmatrix}=2\boldsymbol{A}.$$

例 1.4.12 已知 $u=f(\boldsymbol{x})$ 二阶可导，$\boldsymbol{x}\in S\subseteq\mathbb{R}^n$，又记 $\varphi(t)=f(\boldsymbol{x}+t\Delta\boldsymbol{x})$，$\Delta\boldsymbol{x}\in\mathbb{R}^n$. $t\in\mathbb{R}^1$，试求 $\varphi'(t)$，$\varphi''(t)$.

解 设 $\boldsymbol{x}=(x_1,x_2,\cdots,x_n)^{\mathrm{T}}$，$\Delta\boldsymbol{x}=(\Delta x_1,\Delta x_2,\cdots,\Delta x_n)^{\mathrm{T}}$，则

$$\varphi(t)=f(\boldsymbol{x}+t\Delta\boldsymbol{x})=f(x_1+t\Delta x_1,x_2+t\Delta x_2,\cdots,x_n+t\Delta x_n).$$

两边对 t 求导，有

$$\begin{aligned}\frac{\mathrm{d}\varphi(t)}{\mathrm{d}t}&=\frac{\partial f(\boldsymbol{x}+t\Delta\boldsymbol{x})}{\partial(x_1+t\Delta x_1)}\frac{\mathrm{d}(x_1+t\Delta x_1)}{\mathrm{d}t}+\frac{\partial f(\boldsymbol{x}+t\Delta\boldsymbol{x})}{\partial(x_2+t\Delta x_2)}\frac{\mathrm{d}(x_2+t\Delta x_2)}{\mathrm{d}t}\\&\quad+\cdots+\frac{\partial f(\boldsymbol{x}+t\Delta\boldsymbol{x})}{\partial(x_n+t\Delta x_n)}\frac{\mathrm{d}(x_n+t\Delta x_n)}{\mathrm{d}t}=\sum_{i=1}^{n}\frac{\partial f(\boldsymbol{x}+t\Delta\boldsymbol{x})}{\partial(x_i+t\Delta x_i)}\Delta x_i\\&=\left(\frac{\partial f(\boldsymbol{x}+t\Delta\boldsymbol{x})}{\partial(x_1+t\Delta x_1)},\frac{\partial f(\boldsymbol{x}+t\Delta\boldsymbol{x})}{\partial(x_2+t\Delta x_2)},\cdots,\frac{\partial f(\boldsymbol{x}+t\Delta\boldsymbol{x})}{\partial(x_n+t\Delta x_n)}\right)\begin{bmatrix}\Delta x_1\\\Delta x_2\\\vdots\\\Delta x_n\end{bmatrix}\\&=\nabla f(\boldsymbol{x}+t\Delta\boldsymbol{x})^{\mathrm{T}}\Delta\boldsymbol{x},\end{aligned}$$

$$\begin{aligned}\varphi''(t)&=\frac{\mathrm{d}\varphi'(t)}{\mathrm{d}t}=\frac{\mathrm{d}}{\mathrm{d}t}\left[\sum_{i=1}^{n}\frac{\partial f(\boldsymbol{x}+t\Delta\boldsymbol{x})}{\partial(x_i+t\Delta x_i)}\Delta x_i\right]\\&=\sum_{j=1}^{n}\frac{\partial}{\partial(x_j+t\Delta x_j)}\left(\sum_{i=1}^{n}\frac{\partial f(\boldsymbol{x}+t\Delta\boldsymbol{x})}{\partial(x_i+t\Delta x_i)}\Delta x_i\right)\Delta x_j\\&=(\Delta\boldsymbol{x})^{\mathrm{T}}\nabla^2 f(\boldsymbol{x}+t\Delta\boldsymbol{x})\Delta\boldsymbol{x},\end{aligned}$$

或

$$\varphi''(t)=(\Delta\boldsymbol{x})^{\mathrm{T}}\boldsymbol{H}(\boldsymbol{x}+t\Delta\boldsymbol{x})\Delta\boldsymbol{x}.$$

4. 多元函数的泰勒展开

与一元函数的泰勒公式类似，多元函数也有两种泰勒展开.

若 $u=f(\boldsymbol{x})$，$\boldsymbol{x}_0\in S\subseteq\mathbb{R}^n$，$f(\boldsymbol{x})$ 在点 $\boldsymbol{x}_0$ 的某个邻域具有二阶连续偏导数，则 f 在点 $\boldsymbol{x}_0$ 处有一阶泰勒公式：

$$f(\boldsymbol{x}_0+\Delta\boldsymbol{x})=f(\boldsymbol{x}_0)+\nabla f(\boldsymbol{x}_0)^{\mathrm{T}}\Delta\boldsymbol{x}+\frac{1}{2}\Delta\boldsymbol{x}^{\mathrm{T}}\nabla^2 f(\boldsymbol{x}_0+\theta\Delta\boldsymbol{x})\Delta\boldsymbol{x},\tag{1.4.8}$$

其中 $0<\theta<1$. 当 $\|\Delta\boldsymbol{x}\|$ 充分小时，式(1.4.8)右边最后一项是 $\|\Delta\boldsymbol{x}\|$ 的高阶无穷小量，可记为 $o(\|\Delta\boldsymbol{x}\|)$. 由此，式(1.4.8)也可写作

$$f(\boldsymbol{x}_0+\Delta\boldsymbol{x})=f(\boldsymbol{x}_0)+\nabla f(\boldsymbol{x}_0)^{\mathrm{T}}\Delta\boldsymbol{x}+o(\|\Delta\boldsymbol{x}\|).\tag{1.4.9}$$

式(1.4.8)和式(1.4.9)是多元函数 $u=f(\boldsymbol{x})$ 在 $\boldsymbol{x}_0$ 点一阶泰勒公式的两种类型. 在形式上与一元函数的泰勒公式一致.

若 $u=f(\boldsymbol{x})$，$\boldsymbol{x}_0\in S\subseteq\mathbb{R}^n$，$f$ 在点 $\boldsymbol{x}_0$ 具有二阶连续偏导数，则 $f(\boldsymbol{x})$ 的二阶泰勒展开

式为

$$f(\boldsymbol{x}_0+\Delta\boldsymbol{x})=f(\boldsymbol{x}_0)+\nabla f(\boldsymbol{x}_0)^{\mathrm{T}}\Delta\boldsymbol{x}+\frac{1}{2}\Delta\boldsymbol{x}^{\mathrm{T}}\nabla^2 f(\boldsymbol{x}_0)\Delta\boldsymbol{x}+o(\|\Delta\boldsymbol{x}\|^2), \quad (1.4.10)$$

或记为

$$f(\boldsymbol{x}_0+\Delta\boldsymbol{x})=f(\boldsymbol{x}_0)+\nabla f(\boldsymbol{x}_0)^{\mathrm{T}}\Delta\boldsymbol{x}+\frac{1}{2}\Delta\boldsymbol{x}^{\mathrm{T}}\boldsymbol{H}(\boldsymbol{x}_0)\Delta\boldsymbol{x}+o(\|\Delta\boldsymbol{x}\|^2). \quad (1.4.11)$$

式中 $o(\|\Delta\boldsymbol{x}\|^2)$是当 $\Delta\boldsymbol{x}\to\boldsymbol{0}$ 时,比 $\|\Delta\boldsymbol{x}\|^2$ 高阶的无穷小量,其中

$$\|\Delta\boldsymbol{x}\|^2=\sum_{i=1}^{n}\Delta x_i^2.$$

若记 $\boldsymbol{x}=\boldsymbol{x}_0+\Delta\boldsymbol{x}$,则在式(1.4.9)和式(1.4.11)中略去高阶无穷小量后,相应地有近似关系式

$$f(\boldsymbol{x})\approx f(\boldsymbol{x}_0)+\nabla f(\boldsymbol{x}_0)^{\mathrm{T}}(\boldsymbol{x}-\boldsymbol{x}_0), \quad (1.4.12)$$

及

$$f(\boldsymbol{x})\approx f(\boldsymbol{x}_0)+\nabla f(\boldsymbol{x}_0)^{\mathrm{T}}(\boldsymbol{x}-\boldsymbol{x}_0)+\frac{1}{2}(\boldsymbol{x}-\boldsymbol{x}_0)^{\mathrm{T}}\boldsymbol{H}(\boldsymbol{x}_0)(\boldsymbol{x}-\boldsymbol{x}_0). \quad (1.4.13)$$

通常,将式(1.4.12)的右端及式(1.4.13)的右端分别称为函数 $f(\boldsymbol{x})$在点 $\boldsymbol{x}_0$ 处的线性逼近(函数)及二次逼近(函数).

1.4.3 多元函数的极值

定义 1.4.10 对于任意给定的实数 $\delta>0$,满足不等式 $\|\boldsymbol{x}-\boldsymbol{x}_0\|<\delta$ 的 $\boldsymbol{x}$ 的集合,称为点 $\boldsymbol{x}_0$ 的邻域,记作 $N(\boldsymbol{x}_0,\delta)=\{\boldsymbol{x}\mid\|\boldsymbol{x}-\boldsymbol{x}_0\|<\delta\}$.

若 $\boldsymbol{x}$ 为一维,即 $x\in\mathbb{R}^1$,则 $N(x_0,\delta)$是一个区间;若 $\boldsymbol{x}\in\mathbb{R}^2$,则 $N(\boldsymbol{x}_0,\delta)$是一个以 $\boldsymbol{x}_0$ 为圆心、δ 为半径的开圆;若 $\boldsymbol{x}\in\mathbb{R}^3$,则 $N(\boldsymbol{x}_0,\delta)$是一个以 $\boldsymbol{x}_0$ 为球心、δ 为半径的开球,见图 1.9.

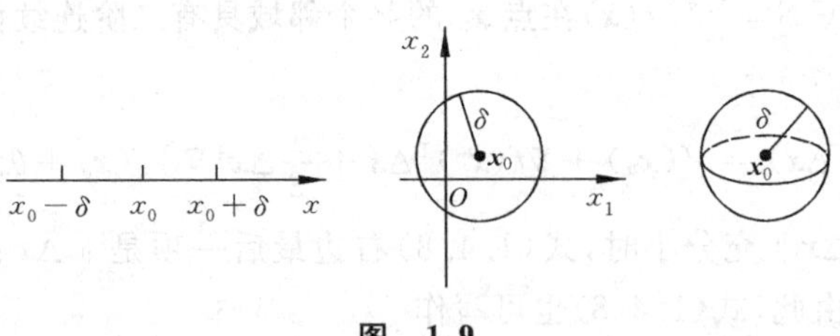

图 1.9

定义 1.4.11 设 $u=f(\boldsymbol{x})$是一个多元函数,$\boldsymbol{x}\in S\subseteq\mathbb{R}^n$,若 $\exists\,\boldsymbol{x}^*\in S$,且存在一个数 $\delta>0$,对于 $\forall\,\boldsymbol{x}\in N(\boldsymbol{x}^*,\delta)\cap S$,都有 $f(\boldsymbol{x}^*)\leqslant f(\boldsymbol{x})$,则称 $\boldsymbol{x}^*$ 是 $f(\boldsymbol{x})$的局部极小点,称 $f(\boldsymbol{x}^*)$是局部极小值.如果有 $\forall\,\boldsymbol{x}\in N(\boldsymbol{x}^*,\delta)\cap S,\boldsymbol{x}\neq\boldsymbol{x}^*$,都有 $f(\boldsymbol{x}^*)<f(\boldsymbol{x})$,则称 $\boldsymbol{x}^*$ 为

$f(\boldsymbol{x})$的严格局部极小点，$f(\boldsymbol{x}^*)$为严格局部极小值.

定义 1.4.12 设 $u=f(\boldsymbol{x})$是一个多元函数，$\boldsymbol{x}\in S\subseteq\mathbb{R}^n$，若$\exists\boldsymbol{x}^*\in S$，且对于$\forall\boldsymbol{x}\in S$，都有 $f(\boldsymbol{x}^*)\leqslant f(\boldsymbol{x})$，则称 $\boldsymbol{x}^*$ 是函数 $f(\boldsymbol{x})$的整体极小点(或全局极小点)，称 $f(\boldsymbol{x}^*)$为整体极小值(或全局极小值). 如果对于$\forall\boldsymbol{x}\in S,\boldsymbol{x}\neq\boldsymbol{x}^*$ 时都有 $f(\boldsymbol{x}^*)<f(\boldsymbol{x})$，则称 $\boldsymbol{x}^*$ 是函数$f(\boldsymbol{x})$的严格整体极小点(或严格全局极小点)，称 $f(\boldsymbol{x}^*)$为严格整体极小值(或严格全局极小值).

图 1.10 与图 1.11 分别给出了 $n=1$ 及 $n=2$ 时极小点的几何解释. 图 1.10 中 x_1 是局部极小点，x_2 是严格局部极小点，x^* 是严格整体极小点. 图 1.11 中 $\boldsymbol{x}_1$ 是局部极小点，$\boldsymbol{x}^*$ 是整体极小点.

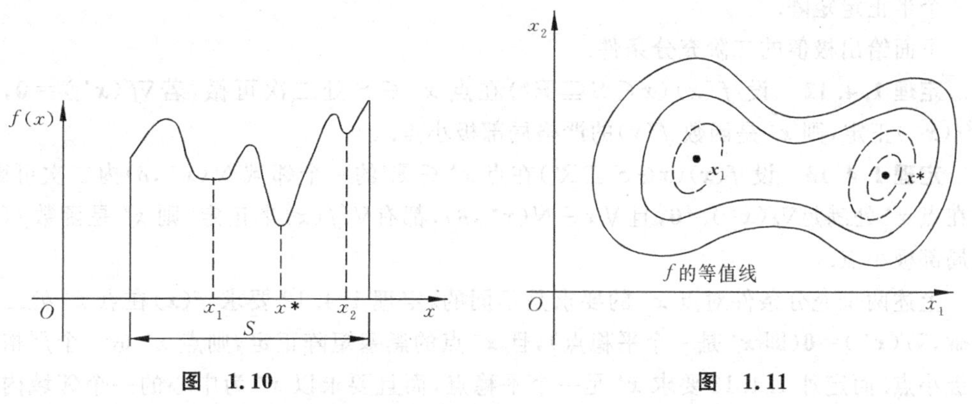

图 1.10　　　　图 1.11

显然，局部极小点是指在某个邻域 $N(\boldsymbol{x}^*,\delta)$中 $f(\boldsymbol{x})$所取得的最小值点. 而整体(全局)极小点是指在定义域 S 中 $f(\boldsymbol{x})$所取得的最小值点. 它可能在某个局部极小点处达到，也可能在 S 的边界上达到.

可以类似地定义严格或非严格的局部极大点、严格或非严格的整体(全局)极大点. 读者可自行写出定义，这里不再赘述.

与一元函数相仿，也有多元函数局部极小点(极大点)的判定条件，见如下定理.

定理 1.4.10(一阶必要条件) 设 $f(\boldsymbol{x})(\boldsymbol{x}\in S\subseteq\mathbb{R}^n)$在点 $\boldsymbol{x}^*\in S$ 处可微，若 $\boldsymbol{x}^*$ 是$f(\boldsymbol{x})$的局部极值点，则$\nabla f(\boldsymbol{x}^*)=\boldsymbol{0}$.

要注意的是，$\nabla f(\boldsymbol{x}^*)=\boldsymbol{0}$ 只是函数取得极值的必要条件. 将满足$\nabla f(\boldsymbol{x})=\boldsymbol{0}$ 的点称为函数的平稳点，函数的一个平稳点可以是它的极小点，也可以是它的极大点，或二者都不是，此时的平稳点又称为函数的鞍点(见图 1.12).

定理 1.4.11(二阶必要条件) 设 $f(\boldsymbol{x})(\boldsymbol{x}\in S\subseteq\mathbb{R}^n)$在点 $\boldsymbol{x}^*\in S$ 处二次可微，若 $\boldsymbol{x}^*$ 是 $f(\boldsymbol{x})$的局部极小点，则$\nabla f(\boldsymbol{x}^*)=\boldsymbol{0}$，且$\nabla^2 f(\boldsymbol{x}^*)$半正定.

本定理要求 $f(\boldsymbol{x})$在 $\boldsymbol{x}^*$ 点存在二阶偏导数且连续，即存在黑塞矩阵，则当 $\boldsymbol{x}^*$ 是

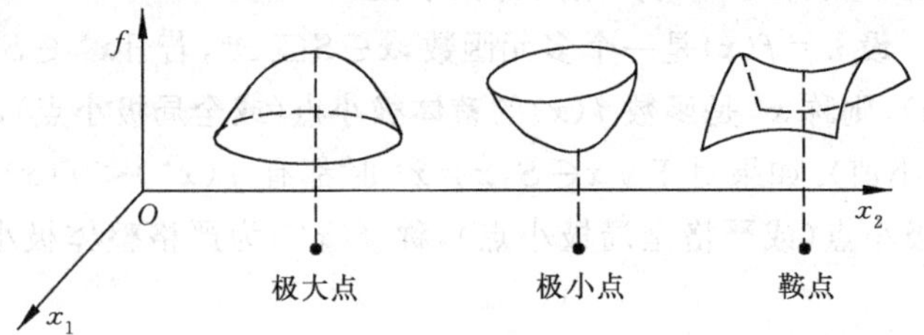

图 1.12

$f(\boldsymbol{x})$的局部极小点时，不仅满足$\nabla f(\boldsymbol{x}^*)=\boldsymbol{0}$，而且在$\boldsymbol{x}^*$点的黑塞矩阵$\nabla^2 f(\boldsymbol{x}^*)=\boldsymbol{H}(\boldsymbol{x}^*)$是一个半正定矩阵.

下面给出极值的二阶充分条件.

定理 1.4.12 设$f(\boldsymbol{x})(\boldsymbol{x}\in S\subseteq\mathbb{R}^n)$在点$\boldsymbol{x}^*\in S$处二次可微，若$\nabla f(\boldsymbol{x}^*)=\boldsymbol{0}$，且$\nabla^2 f(\boldsymbol{x}^*)$正定，则$\boldsymbol{x}^*$是函数$f(\boldsymbol{x})$的严格局部极小点.

定理 1.4.13 设$f(\boldsymbol{x})(\boldsymbol{x}\in S\subseteq\mathbb{R}^n)$在点$\boldsymbol{x}^*\in\mathbb{R}^n$的一个邻域$N(\boldsymbol{x}^*,\delta)$内二次可微，若在点$\boldsymbol{x}^*$处满足$\nabla f(\boldsymbol{x}^*)=\boldsymbol{0}$，且$\forall\boldsymbol{x}\in N(\boldsymbol{x}^*,\delta)$，都有$\nabla^2 f(\boldsymbol{x})$半正定，则$\boldsymbol{x}^*$是函数$f(\boldsymbol{x})$的局部极小点.

上述两个充分条件对点$\boldsymbol{x}^*$的要求是不同的，定理 1.4.12 要求$f(\boldsymbol{x})$在点$\boldsymbol{x}^*$处二次可微，$\nabla f(\boldsymbol{x}^*)=\boldsymbol{0}$(即$\boldsymbol{x}^*$是一个平稳点)，且$\boldsymbol{x}^*$点的黑塞矩阵正定，则点$\boldsymbol{x}^*$是一个严格局部极小点. 而定理 1.4.13 要求$\boldsymbol{x}^*$是一个平稳点，而且要求以$\boldsymbol{x}^*$为中心的一个邻域内每点的黑塞矩阵都是半正定的，则$\boldsymbol{x}^*$是$f(\boldsymbol{x})$的一个局部极小点.

例 1.4.13 求函数$f(\boldsymbol{x})=(x_1^2-1)^2+x_1^2+2x_2^2-2x_1$的极小点.

解 先求平稳点，因为

$$\frac{\partial f}{\partial x_1}=2(x_1^2-1)\cdot 2x_1+2x_1-2=4x_1^3-2x_1-2,$$

$$\frac{\partial f}{\partial x_2}=4x_2.$$

令$\nabla f(\boldsymbol{x})=\boldsymbol{0}$，即

$$\begin{cases}4x_1^3-2x_1-2=0,\\ x_2=0.\end{cases}$$

解此方程组，得到平稳点

$$\boldsymbol{x}^*=(x_1,x_2)^{\mathrm{T}}=(1,0)^{\mathrm{T}}.$$

又

$$\nabla^2 f(\boldsymbol{x})=\begin{bmatrix}12x_1^2-2 & 0\\ 0 & 4\end{bmatrix},$$

因此有

$$\nabla^2 f(\boldsymbol{x}^*) = \begin{bmatrix} 10 & 0 \\ 0 & 4 \end{bmatrix},$$

显然此矩阵是一个正定矩阵. 根据定理 1.4.12, $\boldsymbol{x}^* = (1,0)^{\mathrm{T}}$ 是严格局部极小点.

例 1.4.14 求函数 $f(\boldsymbol{x}) = (x_1-2)^4 + (x_1-2x_2)^2$ 的极小点.

解 因为

$$\nabla f(\boldsymbol{x}) = \begin{bmatrix} \dfrac{\partial f}{\partial x_1} \\ \dfrac{\partial f}{\partial x_2} \end{bmatrix} = \begin{bmatrix} 4(x_1-2)^3 + 2(x_1-2x_2) \\ -4(x_1-2x_2) \end{bmatrix}.$$

令 $\nabla f(\boldsymbol{x}) = \boldsymbol{0}$, 解得平稳点

$$\boldsymbol{x}^* = (2,1)^{\mathrm{T}}.$$

又因为

$$\boldsymbol{H}(\boldsymbol{x}) = \nabla^2 f(\boldsymbol{x}) = \begin{bmatrix} 12(x_1-2)^2+2 & -4 \\ -4 & 8 \end{bmatrix},$$

因此有

$$\boldsymbol{H}(\boldsymbol{x}^*) = \nabla^2 f(\boldsymbol{x}^*) = \begin{bmatrix} 2 & -4 \\ -4 & 8 \end{bmatrix}.$$

显然 $\nabla^2 f(\boldsymbol{x}^*)$ 是半正定矩阵, 故用定理 1.4.12 来判别本例便失效. 但对于点 $\boldsymbol{x}^* = (2,1)^{\mathrm{T}}$ 的邻域 $N(\boldsymbol{x}^*, \delta)$, 因为有 $\forall\, \boldsymbol{x} \in N(\boldsymbol{x}^*, \delta)$ (δ 为 >0 的任一数), 都有 $\nabla^2 f(\boldsymbol{x})$ 为半正定矩阵, 故用定理 1.4.13 来判定, 本例有局部极小点 $\boldsymbol{x} = (2,1)^{\mathrm{T}}$.

思考题: 令 $\boldsymbol{x} = \boldsymbol{x}^* + \Delta \boldsymbol{x} = \begin{bmatrix} 2 \\ 1 \end{bmatrix} + \begin{bmatrix} \Delta x_1 \\ \Delta x_2 \end{bmatrix} = \begin{bmatrix} 2+\Delta x_1 \\ 1+\Delta x_2 \end{bmatrix} \in N(\boldsymbol{x}^*, \delta)$, 请证明 $\nabla^2 f(\boldsymbol{x})$ 必为半正定矩阵.

习 题 1

1.1 已知 $\boldsymbol{\alpha}_1 = (4,1,3)^{\mathrm{T}}$, $\boldsymbol{\alpha}_2 = (1,2,-1)^{\mathrm{T}}$, $\boldsymbol{\alpha}_3 = (7,9,2)^{\mathrm{T}}$, 求 $\boldsymbol{\alpha}_1 + 2\boldsymbol{\alpha}_2 - \boldsymbol{\alpha}_3$.

1.2 已知 $\boldsymbol{\alpha}_1 = (2,5,1,3)^{\mathrm{T}}$, $\boldsymbol{\alpha}_2 = (10,1,5,10)^{\mathrm{T}}$, $\boldsymbol{\alpha}_3 = (4,1,-1,1)^{\mathrm{T}}$, 且 $3(\boldsymbol{\alpha}_1 - \boldsymbol{\beta}) + 2(\boldsymbol{\alpha}_2 + \boldsymbol{\beta}) = 5(\boldsymbol{\alpha}_3 + \boldsymbol{\beta})$, 求 $\boldsymbol{\beta}$.

1.3 已知 $\boldsymbol{\beta}$ 可由 $\boldsymbol{\alpha}_1, \boldsymbol{\alpha}_2, \boldsymbol{\alpha}_3$ 线性表出, 试求参数 t 可取的值.

(1) $\boldsymbol{\alpha}_1 = (2,3,5)^{\mathrm{T}}$, $\boldsymbol{\alpha}_2 = (3,7,8)^{\mathrm{T}}$, $\boldsymbol{\alpha}_3 = (1,-6,1)^{\mathrm{T}}$, $\boldsymbol{\beta} = (7,-2,t)^{\mathrm{T}}$.

(2) $\boldsymbol{\alpha}_1 = (3,2,5)^{\mathrm{T}}$, $\boldsymbol{\alpha}_2 = (2,4,7)^{\mathrm{T}}$, $\boldsymbol{\alpha}_3 = (5,6,t)^{\mathrm{T}}$, $\boldsymbol{\beta} = (1,3,5)^{\mathrm{T}}$.

(3) $\boldsymbol{\alpha}_1 = (1,1,2)^{\mathrm{T}}$, $\boldsymbol{\alpha}_2 = (2,t,4)^{\mathrm{T}}$, $\boldsymbol{\alpha}_3 = (t,3,6)^{\mathrm{T}}$, $\boldsymbol{\beta} = (-1,5,5t)^{\mathrm{T}}$.

1.4 判断下列向量组是否线性相关，其中$\boldsymbol{\beta}_3$ 能否由$\boldsymbol{\beta}_1,\boldsymbol{\beta}_2$线性表出.

(1) $\boldsymbol{\beta}_1=(1,3,6),\boldsymbol{\beta}_2=(0,2,5),\boldsymbol{\beta}_3=(1,-1,-4)$.

(2) $\boldsymbol{\beta}_1=(1,0,2),\boldsymbol{\beta}_2=(2,0,4),\boldsymbol{\beta}_3=(3,0,5)$.

(3) $\boldsymbol{\beta}_1=(2,1,3,-1),\boldsymbol{\beta}_2=(1,3,4,-2),\boldsymbol{\beta}_3=(3,-1,2,0)$.

(4) $\boldsymbol{\beta}_1=(1,4,10,1),\boldsymbol{\beta}_2=(3,1,1,4),\boldsymbol{\beta}_3=(2,2,4,3)$.

1.5 已知向量组$\boldsymbol{\alpha}_1,\boldsymbol{\alpha}_2,\boldsymbol{\alpha}_3,\boldsymbol{\alpha}_4$ 线性无关，问向量组$\boldsymbol{\alpha}_1+\boldsymbol{\alpha}_2,\boldsymbol{\alpha}_2+\boldsymbol{\alpha}_3,\boldsymbol{\alpha}_3+\boldsymbol{\alpha}_4,\boldsymbol{\alpha}_4+\boldsymbol{\alpha}_1$是线性相关还是线性无关？并证明你的结论.

1.6 已知向量组$\boldsymbol{\alpha}_1,\boldsymbol{\alpha}_2,\boldsymbol{\alpha}_3$ 线性无关，问$\boldsymbol{\alpha}_1-\boldsymbol{\alpha}_2,\boldsymbol{\alpha}_2-\boldsymbol{\alpha}_3,\boldsymbol{\alpha}_3-\boldsymbol{\alpha}_1$是线性相关还是线性无关？并证明你的结论.

1.7 已知$\boldsymbol{\alpha}_1,\boldsymbol{\alpha}_2,\boldsymbol{\alpha}_3$ 线性相关，$\boldsymbol{\alpha}_2,\boldsymbol{\alpha}_3,\boldsymbol{\alpha}_4$ 线性无关. 求证：

(1) $\boldsymbol{\alpha}_1$可由$\boldsymbol{\alpha}_2,\boldsymbol{\alpha}_3$ 线性表出.

(2) $\boldsymbol{\alpha}_4$ 不能由$\boldsymbol{\alpha}_1,\boldsymbol{\alpha}_2,\boldsymbol{\alpha}_3$ 线性表出.

1.8 已知向量组$\boldsymbol{\alpha}_1,\boldsymbol{\alpha}_2,\cdots,\boldsymbol{\alpha}_m$线性无关，而向量 $\boldsymbol{p}=k_1\boldsymbol{\alpha}_1+\cdots+k_i\boldsymbol{\alpha}_i+\cdots+k_m\boldsymbol{\alpha}_m$，且$k_i\neq0$. 试证向量组$\boldsymbol{\alpha}_1,\cdots,\boldsymbol{\alpha}_{i-1},\boldsymbol{p},\boldsymbol{\alpha}_{i+1},\cdots,\boldsymbol{\alpha}_m$也线性无关.

1.9 试讨论单个向量$\boldsymbol{\alpha}$ 的线性相关性.

1.10 已知 $\boldsymbol{A}=\begin{bmatrix}2&1\\0&-1\\3&2\end{bmatrix},\boldsymbol{B}=\begin{bmatrix}1&-1\\2&0\\1&2\end{bmatrix},\boldsymbol{C}=\begin{bmatrix}3&0&1\\-1&1&2\\2&-1&-2\end{bmatrix}$. 试计算：(1) $2\boldsymbol{A}+3\boldsymbol{B}$；(2) $\boldsymbol{A}-2\boldsymbol{B}$；(3) $\boldsymbol{A}+\boldsymbol{C}$；(4) 若 $\boldsymbol{A}+\boldsymbol{X}=\boldsymbol{B}$，求 $\boldsymbol{X}$.

1.11 已知 $\boldsymbol{A}=\begin{bmatrix}2&1&4\\3&-1&-2\\0&5&8\end{bmatrix},\boldsymbol{B}=\begin{bmatrix}-1\\2\\1\end{bmatrix}$. 求 $\boldsymbol{AB}$.

1.12 已知 $\boldsymbol{a}=(1,2,0,-1),\boldsymbol{b}=(-1,0,3,2)^{\mathrm{T}}$. 求 $\boldsymbol{ab},\boldsymbol{ba}$.

1.13 试计算

$$(x_1,x_2,x_3)\begin{bmatrix}a_{11}&a_{12}&a_{13}\\a_{21}&a_{22}&a_{23}\\a_{31}&a_{32}&a_{33}\end{bmatrix}\begin{bmatrix}x_1\\x_2\\x_3\end{bmatrix}.$$

1.14 已知 $\boldsymbol{A}=\begin{bmatrix}1&2\\-2&-4\end{bmatrix},\boldsymbol{B}=\begin{bmatrix}1&1\\1&-1\end{bmatrix},\boldsymbol{C}=\begin{bmatrix}-1&-1\\2&0\end{bmatrix}$. 求 $\boldsymbol{AB},\boldsymbol{AC}$.

1.15 若 $\boldsymbol{A}=\begin{bmatrix}2&1&0\\1&3&1\\1&0&5\end{bmatrix}$，求$|\boldsymbol{A}|$.

1.16 设 $\boldsymbol{A}=\begin{bmatrix}1&1\\0&1\end{bmatrix}$，求所有与 $\boldsymbol{A}$ 可交换的矩阵 $\boldsymbol{B}$（即满足 $\boldsymbol{AB}=\boldsymbol{BA}$ 的矩阵 $\boldsymbol{B}$）.

1.17 设 $\boldsymbol{A}=\begin{bmatrix}1 & -1\\ 2 & 0\\ -2 & 3\end{bmatrix}$，$\boldsymbol{B}=\begin{bmatrix}2 & 1 & 0\\ -1 & -2 & 1\end{bmatrix}$，求 $\boldsymbol{A}^{\mathrm{T}}$，$\boldsymbol{B}^{\mathrm{T}}$，$(\boldsymbol{AB})^{\mathrm{T}}$.

1.18 已知 $\boldsymbol{A}=\begin{bmatrix}2 & 5\\ 1 & 3\end{bmatrix}$，$\boldsymbol{B}=\begin{bmatrix}3 & -1 & 0\\ -2 & 1 & 1\\ 2 & -1 & 4\end{bmatrix}$，试用求伴随矩阵的方法求 $\boldsymbol{A}^{-1}$，$\boldsymbol{B}^{-1}$.

1.19 用初等行变换法求 1.18 题中的 $\boldsymbol{A}^{-1}$，$\boldsymbol{B}^{-1}$.

1.20 已知 $\boldsymbol{B}=\begin{bmatrix}3 & -1 & 0\\ -2 & 1 & 1\\ 2 & -1 & 4\end{bmatrix}$，$\boldsymbol{C}=\begin{bmatrix}1\\ 2\\ 3\end{bmatrix}$，且有 $\boldsymbol{BX}=\boldsymbol{C}$. 求 $\boldsymbol{X}$.

1.21 将 $\boldsymbol{A}$ 化为阶梯形矩阵，并求 $\mathrm{r}(\boldsymbol{A})$.

$$\boldsymbol{A}=\begin{bmatrix}1 & -2 & -1 & -2\\ 4 & 1 & 2 & 1\\ 2 & 5 & 4 & -1\\ 1 & 1 & 1 & 1\end{bmatrix}.$$

1.22 求下列向量组的秩及一个极大无关组：

(1) $\boldsymbol{\alpha}_1=(1,1,3)^{\mathrm{T}}$，$\boldsymbol{\alpha}_2=(4,3,8)^{\mathrm{T}}$，$\boldsymbol{\alpha}_3=(-2,1,-5)^{\mathrm{T}}$.

(2) $\boldsymbol{\alpha}_1=(1,1,1,1)^{\mathrm{T}}$，$\boldsymbol{\alpha}_2=(1,2,0,-1)^{\mathrm{T}}$，$\boldsymbol{\alpha}_3=(3,5,1,-1)^{\mathrm{T}}$.

(3) $\boldsymbol{\alpha}_1=(2,1,3,-1)^{\mathrm{T}}$，$\boldsymbol{\alpha}_2=(3,-1,3,0)^{\mathrm{T}}$，$\boldsymbol{\alpha}_3=(4,2,6,-2)^{\mathrm{T}}$，$\boldsymbol{\alpha}_4=(4,-3,3,1)^{\mathrm{T}}$.

1.23 将下列二次型表示成矩阵形式：

(1) $f(x_1,x_2,x_3)=2x_1^2-3x_1x_2+4x_1x_3-5x_2x_3+x_2^2$.

(2) $f(x_1,x_2,x_3)=2x_1^2-4x_2^2-x_3^2$.

1.24 已知二次型的对应矩阵为 $\boldsymbol{A}$，试写出该二次型.

(1) $\boldsymbol{A}=\begin{bmatrix}-1 & 2 & -1\\ 2 & 0 & 4\\ -1 & 4 & 3\end{bmatrix}$.　　(2) $\boldsymbol{A}=\begin{bmatrix}-1 & 0 & 0\\ 0 & 1 & 0\\ 0 & 0 & 0\end{bmatrix}$.

1.25 判断二次型 $f(x_1,x_2,x_3)=6x_1^2+5x_2^2+7x_3^2-4x_1x_2+4x_1x_3$ 是否正定.

1.26 问 t 取何值时，二次型 $f(x_1,x_2,x_3)=x_1^2+x_2^2+5x_3^2+2tx_1x_2-2x_1x_3+4x_2x_3$ 是正定二次型.

1.27 若 $\boldsymbol{A}$ 是 n 阶对称正定矩阵，$\boldsymbol{A}=(a_{ij})_{n\times n}$，试证 $a_{ii}>0(i=1,2,\cdots,n)$.

1.28 判断下列二次型是正定、负定或不定：

(1) $3x_1^2+4x_2^2+5x_3^2+4x_1x_2-4x_2x_3$.　　(2) $-5x_1^2-6x_2^2-4x_3^2+4x_1x_2+4x_1x_3$.

(3) $x_1^2+2x_2^2+3x_3^2-4x_1x_2-4x_2x_3$.

1.29 求下列函数的导数：

(1) $y=3x^2-5x+1$.　　(2) $y=x^2\sin x$.

(3) $y=\frac{1}{\cos x}$.　　(4) $y=\frac{1}{1+x^2}$.

1.30 求下列复合函数的导数：

(1) $y=\sin^2 3x$.　　(2) $y=\mathrm{e}^{-2x}\cos 3x$.

(3) $y=\ln(x^3+\cos^4 2x)$.

1.31 求出下列函数的 n 阶导数公式：

(1) $y=x^n$.　　(2) $y=\sin x$.

(3) $y=\cos x$.　　(4) $y=\ln(1+x)$.

1.32 求函数 $y=\frac{1}{9}x^3-\frac{1}{3}x^2-x$ 的极值点.

1.33 求下列各函数在指定区间内的极值点、最大值和最小值.

(1) $y=\mathrm{e}^x$，$[-1,2]$.　　(2) $y=x^4-2x^2+5$，$[-2,2]$.

(3) $y=x+2\sqrt{x}$，$[0,4]$.　　(4) $y=\frac{x^2-2x+1}{x^2+1}$，$(-\infty,+\infty)$.

1.34 写出下列函数的 n 阶泰勒公式(拉格朗日型)，取 $x_0=0$.

(1) $f(x)=\mathrm{e}^x$.　　(2) $f(x)=\sin x$.

(3) $f(x)=\cos x$.　　(4) $f(x)=\ln(1+x)$.

1.35 求下列函数的梯度 $\nabla f(\boldsymbol{x})$ 及黑塞矩阵 $\boldsymbol{H}(\boldsymbol{x})$：

(1) $f(x_1,x_2)=x_1x_2+\mathrm{e}^{x_1}$.　　(2) $f(x_1,x_2,x_3)=3\cos(x_1+x_2)+4x_1x_3$.

1.36 设 $\boldsymbol{x}=(x_1,x_2)^{\mathrm{T}}$，试求鲍威尔(Powell)函数 $f(\boldsymbol{x})=x_1^4+x_1x_2+(1+x_2)^2$ 的梯度及黑塞矩阵，并求 $\nabla f(\boldsymbol{0})$，$\nabla^2 f(\boldsymbol{0})$，且验证 $\nabla^2 f(\boldsymbol{0})$ 是非正定的.

1.37 将下列函数改写成矩阵形式，并求其极小点和极大点：

(1) $f(x_1,x_2)=x_1^2+9x_2^2+x_1x_2$.

(2) $f(x_1,x_2,x_3)=1000-x_1^2-2x_2^2-x_3^2-x_1x_2-x_1x_3$.

(3) $f(x_1,x_2,x_3)=x_1^2+2x_2^2+3x_3^2-4x_2x_3-4x_1$.

1.38 设 $\boldsymbol{x}=(x_1,x_2)^{\mathrm{T}}$，求下列函数的平稳点并讨论其中哪些是极小点？哪些是极大点？哪些是鞍点？

(1) $f(x_1,x_2)=-(x_1-1)^2x_2$.

(2) $f(x_1,x_2)=2x_1^3-3x_1^2-6x_1x_2(x_1-x_2-1)$.

(3) $f(x_1,x_2)=2x_1^2+x_2^2-2x_1x_2+2x_1^3+x_1^4$.

1.39 已知 s 个 n 维向量 $\boldsymbol{\alpha}_1,\boldsymbol{\alpha}_2,\cdots,\boldsymbol{\alpha}_s$ 线性无关，其中 $\boldsymbol{\alpha}_i=(a_{1i},a_{2i},\cdots,a_{ni})^{\mathrm{T}}$，$i=1,2,\cdots,s$. 若在每个向量最后都增加一个分量 $a_{n+1,i}$，变为 $\boldsymbol{\alpha}_i'=(a_{1i},a_{2i},\cdots,a_{ni},a_{n+1,i})^{\mathrm{T}}$，$i=1,2,\cdots,s$. 试证新向量组 $\boldsymbol{\alpha}_1',\boldsymbol{\alpha}_2',\cdots,\boldsymbol{\alpha}_s'$ 必也线性无关(提示：根据定理 1.1.1，写出新旧向量组各自的齐次线性方程组进行对比).

第2部分　线性规划

线性规划是运筹学的重要组成部分，也是最基本的部分. 自 1947 年丹齐格(G. B. Dantzig)提出了求解线性规划的一般方法——单纯形法以来，线性规划在理论上趋向成熟，日臻完善. 尤其是计算机处理问题的规模及运算速度提高后，线性规划的应用领域更加广泛，无论工业、农业、商业、交通运输、军事、经济计划和管理决策等领域都有应用. 大到一个国家、一个地区，小到一个企业、一个车间、一个班组都有运用线性规划后提高经济效益的例子.

本部分首先介绍线性规划的基本概念和基本理论、线性规划的数学模型和求解方法，然后介绍对偶理论、运输问题及线性规划的应用实例，最后介绍整数线性规划与线性目标规划.

第 2 章

线性规划的基本概念

2.1 线性规划问题及其数学模型

2.1.1 问题的提出

在生产管理和经营活动中，经常会遇到这样两类问题：一类是如何合理地使用有限的劳动力、设备、资金等资源，以得到最大的效益(如生产经营利润)；另一类是为了达到一定的目标(生产指标或其他指标)，应如何组织生产，或合理安排工艺流程，或调整产品的成分……以使消耗资源(人力、设备台时、资金、原材料等)最少.

例 2.1.1 某制药厂生产甲、乙两种药品，生产这两种药品要消耗某种维生素. 生产 1 t 药品所需要的维生素量及所占设备时间见表 2.1. 该厂每周所能得到的维生素量为 160 kg，每周设备最多能开 15 个台班. 根据市场需求，甲种产品每周产量不应超过 4 t. 已知该厂生产 1 t 甲、乙两种产品的利润分别为 5 万元及 2 万元. 问该厂应如何安排两种产品的产量才能使每周获得的利润最大?

表 2.1

	1 t 产品的消耗		每周资源总量
	甲	乙	
维生素/kg	30	20	160
设备/台班	5	1	15

设该厂每周安排生产甲种药品的产量为 x_1(t)，乙种产量为 x_2(t)，则每周所能获得的利润总额为 $Z=5x_1+2x_2$(万元). 但生产量的大小要受到维生素量、设备的限制及市场最大需求量的制约，即 x_1, x_2 要满足以下一组不等式条件：

$$
\begin{aligned}
30x_1+20x_2 &\leqslant 160,\\
5x_1+\ \ x_2 &\leqslant 15,\\
x_1 \qquad &\leqslant 4.
\end{aligned}
\tag{2.1.1}
$$

此外，x_1，x_2 还应是非负的数，即

$$x_1 \geqslant 0, \quad x_2 \geqslant 0. \tag{2.1.2}$$

因此从数学角度看，x_1，x_2 应在满足资源约束(2.1.1)及非负约束(2.1.2)的条件下，使利润 Z 取得最大值：

$$\max Z = 5x_1 + 2x_2. \tag{2.1.3}$$

经过以上分析，可将一个生产安排问题抽象为在满足一组约束条件下，寻求变量 x_1，x_2 使目标函数达到最大值的一个数学规划问题.

例 2.1.2 某铁器加工厂要制作 100 套钢架，每套要用长为 2.9 m，2.1 m，1.5 m 的圆钢各一根. 已知原料长为 7.4 m，问应如何下料，可使所用材料最省？

首先设想，若在每一根原料上截取长为 2.9 m，2.1 m 和 1.5 m 圆钢各一根，则每根原料剩下料头为 0.9 m. 制作 100 套钢架，就需要原材料 100 根，而总共剩余料头为 90 m. 显然这不是最好的下料方式. 若改变每根的下料方案，如每根原料截成两根 2.9 m，一根 1.5 m 的圆钢，则此时剩余料头为 0.1 m；如每根原料截成两根 2.1 m 和两根 1.5 m 长的圆钢，此时剩余料头为 0.2 m. 显然这两种方案都比前述的下料方式好. 通过简单的计算，我们可预先设计出若干种较好的下料方案，如表 2.2 所示的五种方案. 而问题就变为如何混合使用这五种下料方案来制造 100 套钢架，且要使剩余的料头总长最短.

表 2.2

下料数/根 \ 方案 长度/m	Ⅰ	Ⅱ	Ⅲ	Ⅳ	Ⅴ
2.9	1	2	0	1	0
2.1	0	0	2	2	1
1.5	3	1	2	0	3
料头/m	0	0.1	0.2	0.3	0.8

假设按方案Ⅰ下料的原料根数为 x_1，方案Ⅱ为 x_2，方案Ⅲ为 x_3，方案Ⅳ为 x_4，方案Ⅴ为 x_5. 则要求

$$\min Z = 0x_1 + 0.1x_2 + 0.2x_3 + 0.3x_4 + 0.8x_5\,; \tag{2.1.4}$$

且满足约束条件：

$$
\begin{aligned}
x_1 + 2x_2 \qquad\quad + \ x_4 \qquad\ &= 100,\\
2x_3 + 2x_4 + \ x_5 &= 100,\\
3x_1 + \ x_2 + 2x_3 \qquad\quad + 3x_5 &= 100.
\end{aligned}
\tag{2.1.5}
$$

同时要求：

$$x_1, x_2, x_3, x_4, x_5 \geqslant 0 \text{（且为整数）}. \tag{2.1.6}$$

这样就建立了一个数学模型，即要求一组变量 x_1, x_2, x_3, x_4, x_5 的值（整数），满足约束条件式(2.1.5)及非负条件(2.1.6)，同时使目标函数式(2.1.4)取得最小值. 通常将这样的极值问题称之为规划问题.

2.1.2 线性规划问题的数学模型

下面从数学的角度来归纳上述两个例子的共同点：

(1) 每一个问题都有一组变量，称为决策变量，一般记为 $x_1, x_2, \cdots, x_n$. 对决策变量的每一组值 $(x_1^{(0)}, x_2^{(0)}, \cdots, x_n^{(0)})^{\mathrm{T}}$ 代表了一种决策方案. 通常要求决策变量取值非负，即 $x_j \geqslant 0\ (j=1,2,\cdots,n)$.

(2) 每个问题中都有决策变量需满足的一组约束条件——线性的等式或不等式.

(3) 都有一个关于决策变量的线性函数，称为目标函数. 要求这个目标函数在约束条件下实现最大化或最小化.

将约束条件及目标函数都是决策变量的线性函数的规划问题称为线性规划，其一般数学模型为

$$\max(\min)\ Z = c_1x_1 + c_2x_2 + \cdots + c_nx_n; \tag{2.1.7}$$

$$\text{s.t.}\quad \begin{cases} a_{11}x_1 + a_{12}x_2 + \cdots + a_{1n}x_n \leqslant (=, \geqslant) b_1, \\ a_{21}x_1 + a_{22}x_2 + \cdots + a_{2n}x_n \leqslant (=, \geqslant) b_2, \\ \qquad \vdots \\ a_{m1}x_1 + a_{m2}x_2 + \cdots + a_{mn}x_n \leqslant (=, \geqslant) b_m; \end{cases} \tag{2.1.8}$$

$$x_1, x_2, \cdots, x_n \geqslant 0. \tag{2.1.9}$$

在上述线性规划的数学模型中，式(2.1.7)称为目标函数，或实现最大化，或实现最小化. s. t. 是 subject to 的英文缩写，它表示“以……为条件”、“假定”、“满足”之意. 式(2.1.8)称为约束条件，它可以是“$\geqslant$”或“$\leqslant$”的不等式，也可以是严格的等式. 式(2.1.9) 称为非负约束条件. 它既是通常实际问题中对决策变量的要求，又是用单纯形法求解过程中的需要. 有时也将线性规划问题简称为 LP(linear programming)问题.

2.2 两个变量问题的图解法

对于只有两个决策变量的线性规划问题，我们可以用做图方法来求解. 图解法不仅直观，而且可从中得到有关线性规划问题的许多重要结论，有助于我们理解线性规划问题求

解方法的基本原理.

例 2.2.1 以例 2.1.1 为例说明图解法的主要步骤. 例 2.1.1 的数学模型如下：

$$\max Z = 5x_1 + 2x_2; \tag{2.2.1}$$

$$\text{s.t.}\quad \begin{aligned} 30x_1 + 20x_2 &\leqslant 160, \\ 5x_1 + \quad x_2 &\leqslant 15, \\ x_1 \qquad\quad &\leqslant 4; \end{aligned} \tag{2.2.2}$$

$$x_1 \geqslant 0, \quad x_2 \geqslant 0. \tag{2.2.3}$$

首先作一个以 x_1,x_2 为坐标轴的直角坐标系(见图 2.1). 约束条件(2.2.2)中有三个不等式. 暂且将第一个不等式 $30x_1+20x_2\leqslant160$ 变为等式 $30x_1+20x_2=160$,它在坐标系中应是一条直线,记为 L_1,显然在 L_1 上的点的坐标(x_1,x_2)都满足 $30x_1+20x_2=160$,则坐标(x_1,x_2)满足 $30x_1+20x_2<160$ 的点都在直线 L_1 的左下方(显然坐标满足 $30x_1+20x_2>160$ 的点都在直线 L_1 的右上方),即直线 L_1 将平面 x_1Ox_2 上的点分为两半. 因此我们通常也称不等式 $30x_1+20x_2\leqslant160$ 为半平面(含直线 L_1),见图 2.1. 同理,设直线 $5x_1+x_2=15$ 为 L_2,则 $5x_1+x_2\leqslant15$ 为 L_2 的左下半平面. 满足 $x_1\leqslant4$ 的点位于直线 L_3:$x_1=4$ 的左半平面. 满足非负约束条件 $x_1\geqslant0$ 及 $x_2\geqslant0$ 的点分别为坐标平面的右半平面及上半平面. 因此满足约束条件(2.2.2)及(2.2.3)的点,应是上述 5 个半平面的交集,即图 2.1 中的四边形 $OABC$ 区域(含边界),称之为可行域. 满足约束条件及非负条件的解$(x_1,x_2)^{\mathrm{T}}$ 称之为可行解. 本题即变为要在可行域 $OABC$ 中找出一个点(解) $\boldsymbol{x}^*=(x_1^*,x_2^*)^{\mathrm{T}}$,它的目标函数的值((2.2.1)中 Z)在所有可行解中达到最大. 目标函数 $Z=5x_1+2x_2$,在坐标平面 x_1Ox_2 中,可视为以 x_1,x_2 为变量,Z 为参数的一族直线. 如 $5x_1+2x_2=5$,即为图 2.1 中的直线 l_1;$5x_1+2x_2=10$,即为 l_2……. 因此 $5x_1+2x_2=Z$ 是以 Z 为参数的一族互相平行的直线. 在同一条直线 $5x_1+2x_2=Z_0$ 上的点(x_1,x_2),它们的目标函数值都相等,因此称为等值线族. 在这族等值线中 Z 取得最大且又要在可行域内(或说与可行域相切)的直线 l^* 便是我们要寻找的,其与可行域的交点就是最优解 $\boldsymbol{x}^*$. 具体作法是,首先求出 $Z=5x_1+2x_2$ 的梯度$\nabla Z=\left(\dfrac{\partial Z}{\partial x_1},\dfrac{\partial Z}{\partial x_2}\right)^{\mathrm{T}}=(5,2)^{\mathrm{T}}$. 记梯度向量$\nabla Z$ 的方向为 $\boldsymbol{t}$,在坐标平面上画出 $\boldsymbol{t}$. 然后将任意一根等值线如 l_1,沿 $\boldsymbol{t}$ 方向(即 Z 值增加的方向)平行移动,直到该平行线将离开而还未离开可行域时的一根等值线即为 l^*,在图 2.1 中即为过 B 点的等值线. B 点即为最优解. 容易计算,B 点的坐标为(2,5). 因此

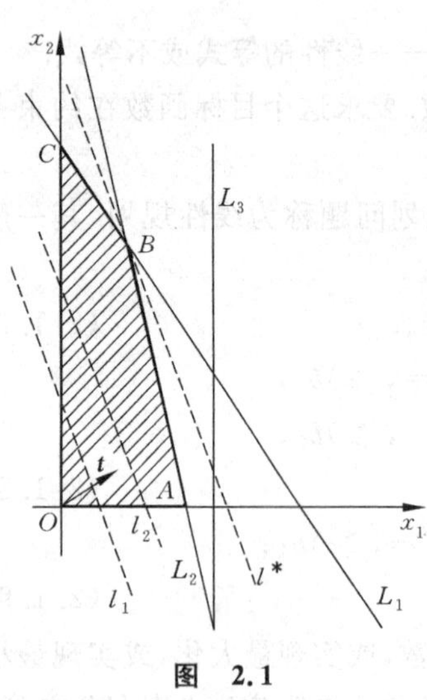

图 2.1

本题的最优解 $\boldsymbol{x}^*=(2,5)^{\mathrm{T}}$，最优值为 $Z^*=5\times2+2\times5=20$，即该厂每周安排生产甲种药品生产量为 2 t，乙种为 5 t，每周可获最大利润为 20 万元.

假若数学模型中对目标函数 Z 是求极小值，显然等值线应按负梯度方向即 $-\nabla Z$ 方向平行移动，从而求得 l^* 及最优解 $\boldsymbol{x}^*$.

从图解法作图结果来分析，线性规划问题应有以下几种可能出现的结果.

(1) 有唯一最优解，如例 2.2.1.

(2) 有无穷多个最优解.

例 2.2.2

$$\min Z=-2x_1-4x_2;\tag{2.2.4}$$

$$\text{s.t.}\quad \begin{cases} x_1+2x_2\leqslant 8,\\ x_1\leqslant 4,\\ x_2\leqslant 3,\\ x_1,x_2\geqslant 0. \end{cases}\tag{2.2.5}$$

解 由约束条件(2.2.5)作出可行域 K(见图 2.2)为多边形 $OABCD$. 对目标函数 $Z=-2x_1-4x_2$，求出 $\nabla Z=(-2,-4)^{\mathrm{T}}$，作等值线 $l_1:-2x_1-4x_2=-4$. 将 l_1 沿 $-\nabla Z=-\boldsymbol{t}=(2,4)^{\mathrm{T}}$ 方向平行移动，平行线将离开可行域 K 而尚未离开时，与 K 相切于边 BC. 因此 l^* 即为直线 BC，而线段 BC 上任一点的目标函数值均相等，因此线段 BC 上任一点都是最优解，故本例有无穷多个最优解，如点 $B(2,3)$，点 $C(4,2)$，点 $E(3,2.5)$ 等. 最小值为 $Z^*=-2\times2-4\times3=-16$.

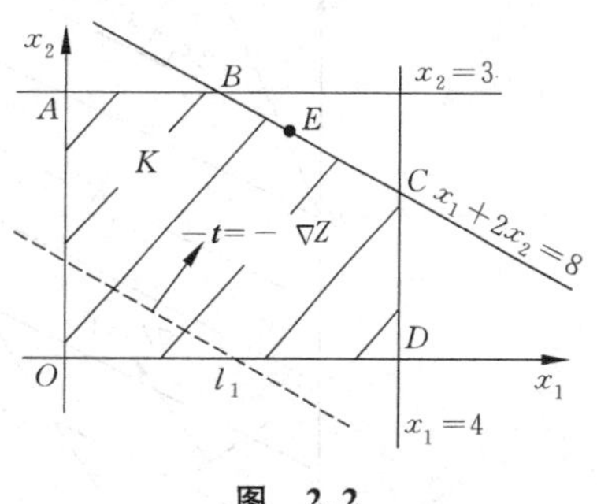

图 2.2

(3) 无界解(也称无最优解).

例 2.2.3

$$\max Z=x_1+x_2.$$

$$\text{s.t.}\quad -2x_1+x_2\leqslant 4,$$

$$x_1-x_2\leqslant 2,$$

$$x_1,x_2\geqslant 0.$$

解 在 x_1Ox_2 坐标平面中作出可行域 K(图 2.3)，可看出可行域 K 是个无界的不封闭区域. 作出等值线 $Z=x_1+x_2$ 的梯度向量 $\nabla Z=(1,1)^{\mathrm{T}}$，记作 $\boldsymbol{t}=(1,1)^{\mathrm{T}}$. 任意找出一条等值线 l_1，如 $x_1+x_2=3$. 将 l_1 沿 $\boldsymbol{t}$ 方向即 Z 增大方向平行移动，显然得不到取最大值的等值线，因此本题无最优解.

要注意的是，并非无界的可行域一定无最优解. 若本题改为求目标函数最小化：$\min Z=x_1+x_2$，则将 l_1 沿 $-\boldsymbol{t}$(即 Z 值减小的方向)平行移动，则可得到最优等值线为过 O 点的 l^*(图 2.3). 最优解为 $\boldsymbol{x}^*=(0,0)^{\mathrm{T}}$，最优值 $Z^*=0$.

(4) 无可行解——可行域为空集.

例 2.2.4

$$\begin{aligned}
&\max Z = 2x_1 + 4x_2;\\
&\text{s.t.}\quad x_1 + x_2 \geqslant 7,\\
&\qquad\ \ x_1 + 2x_2 \leqslant 8,\\
&\qquad\ \ x_1 \leqslant 4,\\
&\qquad\ \ x_2 \leqslant 3,\\
&\qquad\ \ x_1 \geqslant 0,\ x_2 \geqslant 0.
\end{aligned}$$

在 x_1Ox_2 平面中，作出 $L_1: x_1 + x_2 = 7, L_2: x_1 + 2x_2 = 8, L_3: x_1 = 4, L_4: x_2 = 3, L_5: x_1 = 0, L_6: x_2 = 0$ 等 6 条直线. 而 $x_1 + x_2 \geqslant 7$ 应在 L_1 的右上半平面. 由例 2.2.2 可知，后 5 个半平面的交集为五边形 $OABCD$，而第一个约束条件所代表的半平面与五边形 $OABCD$ 的交集为空集. 因此本例的约束条件所组成的可行域为空集，即本例无可行解(图 2.4).

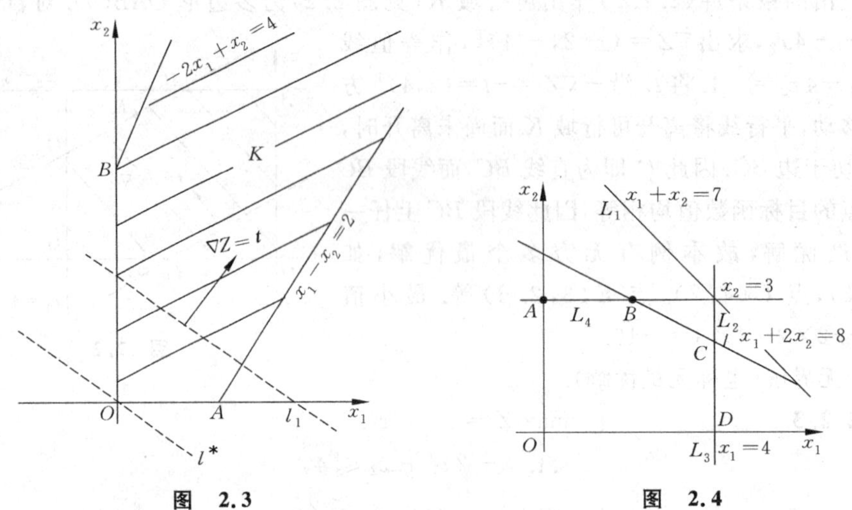

图 2.3　　　　**图 2.4**

从上述的分析讨论中，可以得到以下关于线性规划问题可行域与解之间的性质：

(1) 若可行域非空且有界，则可行域是一个多边形，其顶点个数是有限个；若可行域非空但无界，其顶点个数也只有有限个.

(2) 若可行域非空且有界则必有最优解；若可行域无界，则可能有最优解，也可能无最优解.

(3) 若线性规划问题有最优解(不论可行域是有界还是无界)，其最优解必可以在某个顶点上达到. 最优解的个数或是唯一，或有无穷多个.

2.3 线性规划数学模型的标准形式及解的概念

2.3.1 标准形式

图解法对于两个变量的线性规划问题很有效,但是对于三个以上变量的线性规划问题就无能为力了.为了得到一种普遍适用的求解线性规划问题的方法,首先要将一般线性规划问题的数学模型化成统一的标准形式,以利于讨论.在标准形式中目标函数一律改为最大化,约束条件(非负约束条件除外)一律化成等式,且要求其右端项大于等于零.

标准形式的数学表示方式有以下四种:

(1) 一般表达式

$$
\begin{aligned}
\max Z &= c_1x_1 + c_2x_2 + \cdots + c_nx_n;\\
\text{s.t.}\quad & a_{11}x_1 + a_{12}x_2 + \cdots + a_{1n}x_n = b_1,\\
& a_{21}x_1 + a_{22}x_2 + \cdots + a_{2n}x_n = b_2,\\
& \qquad\vdots\\
& a_{m1}x_1 + a_{m2}x_2 + \cdots + a_{mn}x_n = b_m,\\
& x_1, x_2, \cdots, x_n \geqslant 0.
\end{aligned}
\tag{2.3.1}
$$

(2) $\sum$ 记号简写式

$$
\begin{aligned}
\max Z &= \sum_{j=1}^{n} c_jx_j;\\
\text{s.t.}\quad & \sum_{j=1}^{n} a_{ij}x_j = b_i \quad (i = 1, 2, \cdots, m),\\
& x_j \geqslant 0 \quad (j = 1, 2, \cdots, n).
\end{aligned}
\tag{2.3.2}
$$

(3) 矩阵形式

$$
\begin{aligned}
\max Z &= \boldsymbol{cx};\\
\text{s.t.}\quad & \boldsymbol{Ax} = \boldsymbol{b},\\
& \boldsymbol{x} \geqslant \boldsymbol{0},
\end{aligned}
\tag{2.3.3}
$$

式中 $\boldsymbol{c}=(c_1, c_2, \cdots, c_n)$, $\boldsymbol{x}=(x_1, x_2, \cdots, x_n)^{\mathrm{T}}$,

$$
\boldsymbol{A} = \begin{bmatrix} a_{11} & a_{12} & \cdots & a_{1n}\\ a_{21} & a_{22} & \cdots & a_{2n}\\ \vdots & \vdots & & \vdots\\ a_{m1} & a_{m2} & \cdots & a_{mn} \end{bmatrix},\quad \boldsymbol{b} = \begin{bmatrix} b_1\\ b_2\\ \vdots\\ b_m \end{bmatrix},\quad \boldsymbol{0} = \begin{bmatrix} 0\\ 0\\ \vdots\\ 0 \end{bmatrix}.
$$

(4) 向量形式

$$\max Z = \boldsymbol{cx};$$
$$\text{s.t.} \quad \sum_{j=1}^{n} x_j \boldsymbol{p}_j = \boldsymbol{b}, \qquad (2.3.4)$$
$$\boldsymbol{x} \geqslant \boldsymbol{0},$$

式中 $\boldsymbol{c},\boldsymbol{x},\boldsymbol{b},\boldsymbol{0}$ 的含义同矩阵形式，而

$$\boldsymbol{p}_j = \begin{bmatrix} a_{1j} \\ a_{2j} \\ \vdots \\ a_{mj} \end{bmatrix} \quad (j=1,2,\cdots,n), \quad 即 \quad \boldsymbol{A} = (\boldsymbol{p}_1, \boldsymbol{p}_2, \cdots, \boldsymbol{p}_n).$$

以上四种形式在本书中都会用到，请读者熟练掌握这四种形式之间的转换.

2.3.2 将非标准形式化为标准形式

本小节将介绍如何将从实际问题得到的非标准形式的线性规划数学模型化成标准形式的数学模型.

(1) 若目标函数为求最小化：$\min Z = \boldsymbol{cx}$；则作一个 $Z' = -\boldsymbol{cx}$，对 Z' 实现最大化，即 $\max Z' = -\boldsymbol{cx}$. 从图 2.5 中可以清楚地看到，若 $f(\boldsymbol{x})$ 在 $\boldsymbol{x}^*$ 处达到最小值，则 $-f(\boldsymbol{x})$ 在 $\boldsymbol{x}^*$ 处达到最大值. 因此对 $\min Z = \boldsymbol{cx}$ 及 $\max Z' = -\boldsymbol{cx}$ 来说，最优解 $\boldsymbol{x}^*$ 是不变的，但最优值 $Z^* = -(Z')^*$.

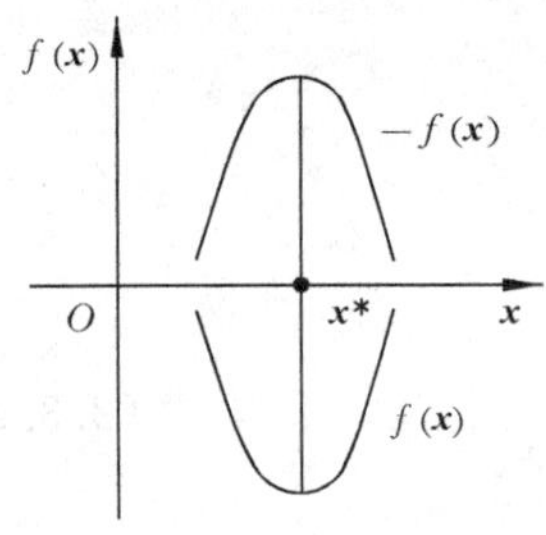

图 2.5

(2) 若约束条件是"≤"型，则在该约束条件不等式左边加上一个新变量，称为松弛变量，将不等式改为等式.

如 $x_1 - 2x_2 + 3x_3 \leqslant 8 \Rightarrow x_1 - 2x_2 + 3x_3 + x_4 = 8$. 一般地，$a_{i1}x_1 + a_{i2}x_2 + \cdots + a_{in}x_n \leqslant b_i \Rightarrow a_{i1}x_1 + a_{i2}x_2 + \cdots + a_{in}x_n + x_{n+i} = b_i$，这里 $x_{n+i} \geqslant 0$.

(3) 若约束条件是"≥"型，则在该约束条件不等式左边减去一个新变量，称为剩余变量，将不等式改为等式.

如 $2x_1 - 3x_2 - 4x_3 \geqslant 5 \Rightarrow 2x_1 - 3x_2 - 4x_3 - x_4 = 5$. 一般地，$a_{i1}x_1 + a_{i2}x_2 + \cdots + a_{in}x_n \geqslant b_i \Rightarrow a_{i1}x_1 + a_{i2}x_2 + \cdots + a_{in}x_n - x_{n+i} = b_i$，这里 $x_{n+i} \geqslant 0$.

(4) 若某个约束方程右端项 $b_i < 0$，则在约束方程两端乘以 (-1)，不等号改变方向. 一般地，$a_{i1}x_1 + a_{i2}x_2 + \cdots + a_{in}x_n \geqslant b_i$，其中 $b_i < 0$. 则改变为 $-a_{i1}x_1 - a_{i2}x_2 - \cdots - a_{in}x_n \leqslant -b_i$. 然后再将不等式转化为等式(加上松弛变量或减去剩余变量).

(5) 若决策变量 x_k 无非负要求，即 x_k 可正可负，则可令两个新变量 $x_k' \geqslant 0, x_k'' \geqslant 0$，作

$x_k=x'_k-x''_k$. 在原有数学模型中，x_k 均用 $x'_k-x''_k$ 来替代，而在非负约束中增加 $x'_k\geqslant 0, x''_k\geqslant 0$.

用以上几种方法，一般都可将由实际问题得到的线性规划数学模型化为标准形式.

例 2.3.1 将下列线性规划模型化为标准形式：

$$\begin{aligned} \min Z &= x_1-2x_2+3x_3;\\ \text{s.t.}\quad & x_1+x_2+x_3\leqslant 7,\\ & x_1-x_2+x_3\geqslant 2,\\ & -3x_1+x_2+2x_3=-5,\\ & x_1,x_2\geqslant 0,\quad x_3\text{ 无约束}. \end{aligned}$$

解 首先令 $Z'=-Z=-x_1+2x_2-3x_3$. 其次令 $x_3=x_4-x_5$，代入目标函数及约束条件中. 最后，将第一个约束条件加上松弛变量 x_6 后改为等式，第二个约束条件左边减去剩余变量 x_7 后改为等式，第三个约束等式两边乘上(-1). 则得到标准形式：

$$\begin{aligned} \max Z' &= -x_1+2x_2-3(x_4-x_5)+0\cdot x_6+0\cdot x_7;\\ \text{s.t.}\quad & x_1+x_2+x_4-x_5+x_6=7,\\ & x_1-x_2+x_4-x_5-x_7=2,\\ & 3x_1-x_2-2x_4+2x_5=5,\\ & x_1,x_2,x_4,x_5,x_6,x_7\geqslant 0. \end{aligned}$$

2.3.3 有关解的概念

在讨论线性规划模型的一般解法前，我们先介绍几个有关解的概念.

若数学模型为

$$\max Z=\boldsymbol{cx};\tag{2.3.5}$$

$$\text{s.t.}\quad \boldsymbol{Ax}=\boldsymbol{b},\tag{2.3.6}$$

$$\boldsymbol{x}\geqslant \boldsymbol{0}.\tag{2.3.7}$$

式中，$\boldsymbol{A}=(a_{ij})_{m\times n}$，$n>m$，且 $\mathrm{r}(\boldsymbol{A})=m$，$\boldsymbol{x}\in\mathbb{R}^n$，$\boldsymbol{b}\in\mathbb{R}^m$，$\boldsymbol{b}\geqslant\boldsymbol{0}$，$\boldsymbol{c}=(c_1,c_2,\cdots,c_n)$. 这些条件一般都能得到满足.

定义 2.3.1 凡是满足约束条件(2.3.6)及(2.3.7)的解 $\boldsymbol{x}=\begin{bmatrix}x_1\\x_2\\\vdots\\x_n\end{bmatrix}$ 称为线性规划问题的可行解. 同时满足目标函数(2.3.5)的可行解称为最优解.

定义 2.3.2 设线性规划约束方程组中的系数矩阵 $\boldsymbol{A}_{m\times n}$ 的秩为 m $(n>m)$，则 $\boldsymbol{A}$ 中

任一个 m 阶可逆矩阵 $\boldsymbol{B}$ 称为线性规划问题的一个基矩阵,简称为一个基. 若记 $\boldsymbol{B}=(\boldsymbol{p}_1,\boldsymbol{p}_2,\cdots,\boldsymbol{p}_m)$,则称 $\boldsymbol{p}_j(j=1,2,\cdots,m)$为基 $\boldsymbol{B}$ 中的一个基向量. 而 $\boldsymbol{A}$ 中其余 $n-m$ 个列向量称为非基向量.

定义 2.3.3 将约束条件(2.3.6)改写成向量形式: $\sum\limits_{j=1}^{n} x_j\boldsymbol{p}_j = \boldsymbol{b}$, 则当约束条件(2.3.6)中 $\boldsymbol{A}$ 确定了一个基 $\boldsymbol{B}$ 后,与基向量 $\boldsymbol{p}_j$ 相对应的决策变量 x_j 称为关于基 $\boldsymbol{B}$ 的一个基变量,而与非基向量所对应的决策变量称为非基变量.

显然关于基 $\boldsymbol{B}$ 的决策变量有 m 个,非基变量有 $n-m$ 个.

定义 2.3.4 取 $\boldsymbol{A}$ 中一个基 $\boldsymbol{B}=(\boldsymbol{p}_{j_1},\boldsymbol{p}_{j_2},\cdots,\boldsymbol{p}_{j_m})$,对应的基变量为 $x_{j_1},x_{j_2},\cdots,x_{j_m}$. 非基变量取值均为零且满足约束条件(2.3.6)的一个解 $\boldsymbol{x}$,称为是关于基 $\boldsymbol{B}$ 的一个基本解.

为了便于书写,设基 $\boldsymbol{B}=(\boldsymbol{p}_1,\boldsymbol{p}_2,\cdots,\boldsymbol{p}_m)$,则 $x_1,x_2,\cdots,x_m$ 为基变量,$x_{m+1},x_{m+2},\cdots,x_n$ 为非基变量. 约束为 $\sum\limits_{j=1}^{n} x_j\boldsymbol{p}_j = \boldsymbol{b}$,即 $\sum\limits_{j=1}^{m} x_j\boldsymbol{p}_j + \sum\limits_{j=m+1}^{n} x_j\boldsymbol{p}_j = \boldsymbol{b}$,或

$$\sum_{j=1}^{m} x_j\boldsymbol{p}_j = \boldsymbol{b} - \sum_{j=m+1}^{n} x_j\boldsymbol{p}_j,$$

即

$$(\boldsymbol{p}_1,\boldsymbol{p}_2,\cdots,\boldsymbol{p}_m)\begin{bmatrix} x_1 \\ x_2 \\ \vdots \\ x_m \end{bmatrix} = \boldsymbol{b} - (\boldsymbol{p}_{m+1},\boldsymbol{p}_{m+2},\cdots,\boldsymbol{p}_n)\begin{bmatrix} x_{m+1} \\ x_{m+2} \\ \vdots \\ x_n \end{bmatrix}. \tag{2.3.8}$$

若记

$$\boldsymbol{x_B} = \begin{bmatrix} x_1 \\ x_2 \\ \vdots \\ x_m \end{bmatrix},\quad \boldsymbol{x_N} = \begin{bmatrix} x_{m+1} \\ x_{m+2} \\ \vdots \\ x_n \end{bmatrix},\quad \boldsymbol{B} = (\boldsymbol{p}_1,\boldsymbol{p}_2,\cdots,\boldsymbol{p}_m),\quad \boldsymbol{N} = (\boldsymbol{p}_{m+1},\boldsymbol{p}_{m+2},\cdots,\boldsymbol{p}_n).$$

代入式(2.3.8),有

$$\boldsymbol{Bx_B} = \boldsymbol{b} - \boldsymbol{Nx_N},$$

或

$$\boldsymbol{x_B} = \boldsymbol{B}^{-1}\boldsymbol{b} - \boldsymbol{B}^{-1}\boldsymbol{Nx_N}. \tag{2.3.9}$$

令非基变量 $\boldsymbol{x_N}=(0,0,\cdots,0)^{\mathrm{T}}$,则基变量 $\boldsymbol{x_B}=(x_1,x_2,\cdots,x_m)^{\mathrm{T}}=\boldsymbol{B}^{-1}\boldsymbol{b}$. 若记 $\boldsymbol{B}^{-1}\boldsymbol{b}=(\bar{b}_1,\bar{b}_2,\cdots,\bar{b}_m)^{\mathrm{T}}$,则 $\boldsymbol{x}=(\bar{b}_1,\bar{b}_2,\cdots,\bar{b}_m,0,\cdots,0)^{\mathrm{T}}$ 就是关于基 $\boldsymbol{B}$ 的一个基本解.

综上所述,对应于 $\boldsymbol{A}$ 中每一个基 $\boldsymbol{B}$,就可找出一个基本解 $\boldsymbol{x}$,而 $\boldsymbol{A}$ 中最多有 C_n^m 个基. 因此线性规划问题最多只有 C_n^m 个基本解.

定义 2.3.5 若一个基本解 $\boldsymbol{x}$ 同时满足非负约束条件(2.3.7)，则称 $\boldsymbol{x}$ 为基本可行解.

显然基本可行解的个数也小于等于 C_n^m 个.

各种解之间的关系可以用文氏图来表示，如图 2.6 所示.

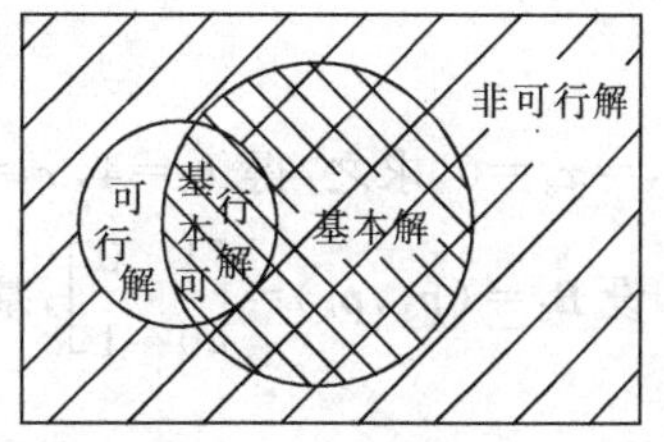

图 2.6 满足约束条件(2.3.6)的解集

例 2.3.2 求下列线性不等式组的所有基本解、基本可行解：

$$\begin{cases} x_1 + 2x_2 \leqslant 8, \\ \quad\quad x_2 \leqslant 2. \end{cases}$$

解 化为标准形式：

$$\begin{cases} x_1 + 2x_2 + x_3 \quad\quad = 8, \\ \quad\quad x_2 \quad\quad + x_4 = 2. \end{cases}$$

有 $\boldsymbol{A}=\begin{bmatrix} 1 & 2 & 1 & 0 \\ 0 & 1 & 0 & 1 \end{bmatrix}=(\boldsymbol{p}_1, \boldsymbol{p}_2, \boldsymbol{p}_3, \boldsymbol{p}_4)$，且 $m=2, n=4, \mathrm{r}(\boldsymbol{A})=2$. 设 $\boldsymbol{B}_1=(\boldsymbol{p}_1, \boldsymbol{p}_2)=\begin{bmatrix} 1 & 2 \\ 0 & 1 \end{bmatrix}$，则是一个基，$x_1, x_2$ 是基变量，x_3, x_4 为非基变量. 故

$$\begin{cases} x_1 + 2x_2 = 8 - x_3 \quad, \\ \quad\quad x_2 = 2 \quad - x_4. \end{cases}$$

令 $x_3 = x_4 = 0$. 求得 $x_1 = 4, x_2 = 2$. 所以基本解 $\boldsymbol{x}_1 = (4,2,0,0)^{\mathrm{T}}$. 现 $\boldsymbol{x}_1 \geqslant \boldsymbol{0}$，故 $\boldsymbol{x}_1$ 也是一个基本可行解.

设 $\boldsymbol{B}_2=(\boldsymbol{p}_1, \boldsymbol{p}_3)=\begin{bmatrix} 1 & 1 \\ 0 & 0 \end{bmatrix}$，$\mathrm{r}(\boldsymbol{B}_2)=1<2$，不可逆，因此不能构成一个基.

设 $\boldsymbol{B}_3=(\boldsymbol{p}_1, \boldsymbol{p}_4)=\begin{bmatrix} 1 & 0 \\ 0 & 1 \end{bmatrix}$，是一个基，$x_1, x_4$ 是基变量，x_2, x_3 是非基变量. 故

$$\begin{cases} x_1 \quad = 8 - 2x_2 - x_3, \\ x_4 = 2 - x_2. \end{cases}$$

令 $x_2 = x_3 = 0$. 解得 $x_1 = 8, x_4 = 2$. 故基本解 $\boldsymbol{x}_3 = (8,0,0,2)^{\mathrm{T}}$，也是一个基本可行解.

设 $\boldsymbol{B}_4=(\boldsymbol{p}_2, \boldsymbol{p}_3)=\begin{bmatrix} 2 & 1 \\ 1 & 0 \end{bmatrix}$，是一个基，$x_2, x_3$ 是基变量，x_1, x_4 是非基变量. 故

$$\begin{cases} 2x_2 + x_3 = 8 - x_1, \\ x_2 \quad\quad = 2 - x_4. \end{cases}$$

令 $x_1 = x_4 = 0$，解之，得 $x_2 = 2, x_3 = 4$. 故基本解 $\boldsymbol{x}_4 = (0,2,4,0)^{\mathrm{T}}$ 也是一个基本可行解.

设 $\boldsymbol{B}_5=(\boldsymbol{p}_2, \boldsymbol{p}_4)=\begin{bmatrix} 2 & 0 \\ 1 & 1 \end{bmatrix}$，而 $|\boldsymbol{B}_5| \neq 0$，故 $\boldsymbol{B}_5$ 是一个基，x_2, x_4 是基变量，x_1, x_3 是非

基变量.故

$$\begin{cases} 2x_2 \quad = 8 - x_1 - x_3, \\ x_2 + x_4 = 2. \end{cases}$$

令 $x_1 = x_3 = 0$,求之,得 $x_2 = 4, x_4 = -2$.故基本解 $\boldsymbol{x}_5 = (0,4,0,-2)^{\mathrm{T}}$,但不是基本可行解.

设 $\boldsymbol{B}_6 = (\boldsymbol{p}_3, \boldsymbol{p}_4) = \begin{bmatrix} 1 & 0 \\ 0 & 1 \end{bmatrix}$,基变量为 x_3, x_4;非基变量为 x_1, x_2,有

$$\begin{cases} x_3 = 8 - x_1 - 2x_2, \\ x_4 = 2 - x_2. \end{cases}$$

令 $x_1 = x_2 = 0$,解之,得 $x_3 = 8, x_4 = 2$.故基本解 $\boldsymbol{x}_6 = (0,0,8,2)^{\mathrm{T}}$,也是一个基本可行解.故 $\boldsymbol{x}_1, \boldsymbol{x}_3, \boldsymbol{x}_4, \boldsymbol{x}_6$ 是基本可行解.

2.4 线性规划的基本理论

在 2.2 节中,通过两个变量线性规划问题的图解法,得到以下两点:

(1) 线性规划问题的可行域是一个有界或无界的凸多边形,其顶点个数是有限个.

(2) 若线性规划问题有最优解,则其最优解必可在某顶点上达到.

对于多个变量的线性规划问题,也有类似的结论.下面将从理论上加以证明.

首先引入凸集与凸组合的概念.

2.4.1 凸集与凸组合

定义 2.4.1 设集合 $S \subset \mathbb{R}^n$,若 $\forall \boldsymbol{x}_1, \boldsymbol{x}_2 \in S$,及每一个数 $\lambda \in [0,1]$,都有 $\lambda \boldsymbol{x}_1 + (1-\lambda)\boldsymbol{x}_2 \in S$ 成立,则称 S 为凸集.

如图 2.7(a),实心圆、实心球、实心长方体等都是凸集.从直观上看,没有凹入部分,没有空洞的图形是凸集.图 2.7(b)中图形都不是凸集.

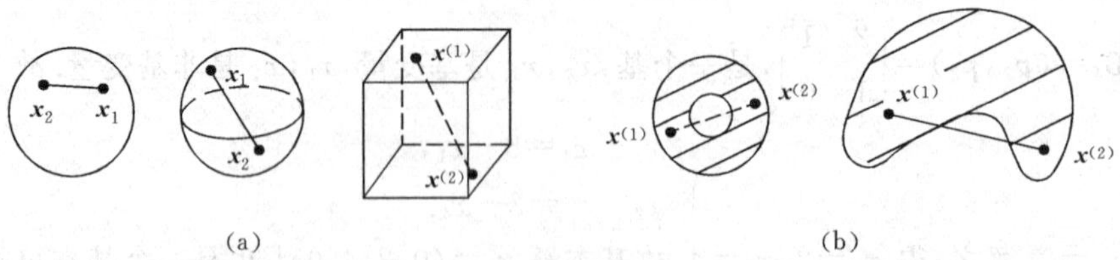

图 2.7

设点 $A,B\in S$，其坐标分别为 $\boldsymbol{x}_1,\boldsymbol{x}_2$，$AB$ 连线上任一点 C 的坐标为 $\boldsymbol{x}$，当 $|AC|:|CB|=(1-\lambda):\lambda$ 时，由解析几何可知(见图 2.8)

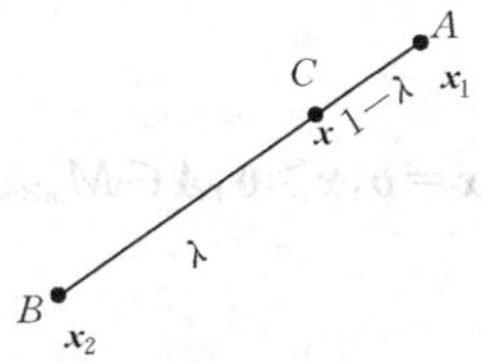

$$\boldsymbol{x}=\frac{\boldsymbol{x}_1+\dfrac{1-\lambda}{\lambda}\boldsymbol{x}_2}{1+\dfrac{1-\lambda}{\lambda}}=\lambda\boldsymbol{x}_1+(1-\lambda)\boldsymbol{x}_2.$$

图 2.8

因此，定义 2.4.1 的几何解释是：集合 S 中任两点连线上的每一点仍在 S 中，则 S 为凸集. 显然图 2.7(b)中图形不满足这个几何条件，故不是凸集.

例 2.4.1 试证 $S=\{\boldsymbol{x}\mid\boldsymbol{A}\boldsymbol{x}=\boldsymbol{b},\boldsymbol{x}\geqslant\boldsymbol{0},\boldsymbol{A}\in M_{m\times n},\boldsymbol{b}\in\mathbb{R}^m,\boldsymbol{x}\in\mathbb{R}^n\}$是凸集.

证 设 $\forall\boldsymbol{x}_1,\boldsymbol{x}_2\in S$，又 $\forall\lambda\in[0,1]$. 记

$$\lambda\boldsymbol{x}_1+(1-\lambda)\boldsymbol{x}_2=\boldsymbol{x},$$

则

$$\boldsymbol{A}\boldsymbol{x}=\boldsymbol{A}(\lambda\boldsymbol{x}_1+(1-\lambda)\boldsymbol{x}_2)=\lambda\boldsymbol{A}\boldsymbol{x}_1+(1-\lambda)\boldsymbol{A}\boldsymbol{x}_2=\lambda\boldsymbol{b}+(1-\lambda)\boldsymbol{b}=\boldsymbol{b}.$$

又

$$\boldsymbol{x}_1\geqslant\boldsymbol{0},\quad \boldsymbol{x}_2\geqslant\boldsymbol{0},\quad \lambda\geqslant0,\quad (1-\lambda)\geqslant0,$$

故 $\boldsymbol{x}=\lambda\boldsymbol{x}_1+(1-\lambda)\boldsymbol{x}_2\geqslant\boldsymbol{0}$，即 $\boldsymbol{x}\in S$. 所以 S 是凸集.

两个凸集 S_1,S_2 的和 S_1+S_2，差 S_1-S_2，交 $S_1\cap S_2$，及 $kS_1=\{k\boldsymbol{x}\mid\boldsymbol{x}\in S_1,k\text{ 为实数}\}$ 均是凸集.

定义 2.4.2 设 $\boldsymbol{x}_1,\boldsymbol{x}_2,\cdots,\boldsymbol{x}_k$ 是 n 维欧氏空间 $\mathbb{R}^n$ 中的 k 个点. 若存在实数 $\lambda_1,\lambda_2,\cdots,\lambda_k$，$0\leqslant\lambda_i\leqslant1(i=1,2,\cdots,k)$且 $\sum\limits_{i=1}^k\lambda_i=1$，使

$$\boldsymbol{x}=\lambda_1\boldsymbol{x}_1+\lambda_2\boldsymbol{x}_2+\cdots+\lambda_k\boldsymbol{x}_k=\sum_{i=1}^k\lambda_i\boldsymbol{x}_i$$

成立，则称 $\boldsymbol{x}$ 为点 $\boldsymbol{x}_1,\boldsymbol{x}_2,\cdots,\boldsymbol{x}_k$ 的一个凸组合. 若式中实数 $\lambda_i\in(0,1)(i=1,2,\cdots,k)$且 $\sum\limits_{i=1}^k\lambda_i=1$，则称 $\boldsymbol{x}$ 为点 $\boldsymbol{x}_1,\boldsymbol{x}_2,\cdots,\boldsymbol{x}_k$ 的一个严格凸组合.

显然，凸集 S 中任两点 $\boldsymbol{x}_1,\boldsymbol{x}_2$ 连线上的任一点 $\boldsymbol{x}$ 都是 $\boldsymbol{x}_1,\boldsymbol{x}_2$ 的一个凸组合.

定义 2.4.3 设 S 为凸集，$\boldsymbol{x}\in S$. 若 $\boldsymbol{x}$ 不能表示为 S 中任意两个不同点 $\boldsymbol{x}_1,\boldsymbol{x}_2$ 的一个严格凸组合，则称 $\boldsymbol{x}$ 为 S 中的一个极点.

换句话说，若 $\boldsymbol{x}$ 是 S 中的一个极点，且有 $\boldsymbol{x}=\lambda\boldsymbol{x}_1+(1-\lambda)\boldsymbol{x}_2$，$\lambda\in(0,1)$，$\boldsymbol{x}_1,\boldsymbol{x}_2\in S$，则必有 $\boldsymbol{x}=\boldsymbol{x}_1=\boldsymbol{x}_2$.

如图 2.9 中五边形的每一个顶点都是极点，圆域边界上任一点都是极点.

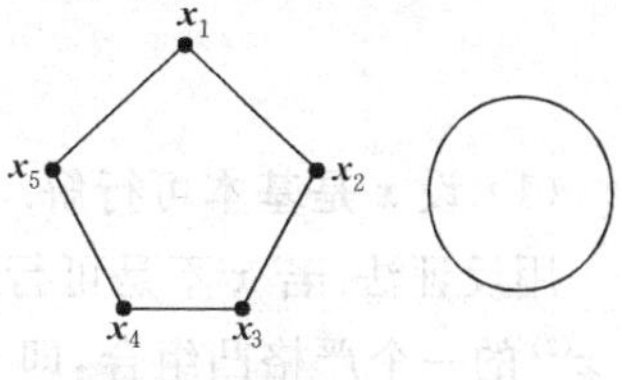

图 2.9

2.4.2 线性规划基本定理

定理 2.4.1 若线性规划问题存在可行域,则可行域 $S=\{\boldsymbol{x}\mid \boldsymbol{A}\boldsymbol{x}=\boldsymbol{b},\boldsymbol{x}\geqslant\boldsymbol{0},\boldsymbol{A}\in M_{m\times n},\boldsymbol{b}\in\mathbb{R}^m,\boldsymbol{x}\in\mathbb{R}^n\}$为一凸集.

本定理结论已由例 2.4.1 证明.

引理 2.4.2 线性规划问题可行解 $\boldsymbol{x}=(x_1,x_2,\cdots,x_n)^{\mathrm{T}}$ 为基本可行解的充分必要条件是:$\boldsymbol{x}$ 中正分量所对应的系数列向量线性无关.

证 设 $\boldsymbol{x}=(x_1,x_2,\cdots,x_n)^{\mathrm{T}}$ 是线性规划问题(2.3.4)或(2.3.3)所定义的一个可行解.式中 $\boldsymbol{A}\in M_{m\times n},\boldsymbol{A}=(\boldsymbol{p}_1,\boldsymbol{p}_2,\cdots,\boldsymbol{p}_n)$,$\boldsymbol{p}_i(i=1,2,\cdots,n)$为一个 m 维列向量,$\boldsymbol{b}\in\mathbb{R}^m$.$\boldsymbol{x}$ 中第 i 个分量 x_i 所对应的系数列向量即为 $\boldsymbol{p}_i(i=1,2,\cdots,n)$.

必要性:若可行解 $\boldsymbol{x}=(x_1,x_2,\cdots,x_n)^{\mathrm{T}}$ 是基本可行解,不失一般性,设 $x_1,x_2,\cdots,x_m$ 为基变量,即$(\boldsymbol{p}_1,\boldsymbol{p}_2,\cdots,\boldsymbol{p}_m)$为一个基矩阵.非基变量 $x_{m+1}=x_{m+2}=\cdots=x_n=0$.因为 $\boldsymbol{x}\geqslant\boldsymbol{0}$,所以 $x_1\geqslant0,x_2\geqslant0,\cdots,x_m\geqslant0$.设其中正分量个数为 k 个$(k\leqslant m)$,其对应的系数列向量设为 $\boldsymbol{p}_1,\boldsymbol{p}_2,\cdots,\boldsymbol{p}_k$,显然$(\boldsymbol{p}_1,\boldsymbol{p}_2,\cdots,\boldsymbol{p}_k)\subseteq(\boldsymbol{p}_1,\boldsymbol{p}_2,\cdots,\boldsymbol{p}_m)$.因为$(\boldsymbol{p}_1,\boldsymbol{p}_2,\cdots,\boldsymbol{p}_m)$线性无关,所以 $\boldsymbol{p}_1,\boldsymbol{p}_2,\cdots,\boldsymbol{p}_k$ 也线性无关.

充分性:设 $\boldsymbol{x}=(x_1,x_2,\cdots,x_k,0,\cdots,0)^{\mathrm{T}}$ 是线性规划问题(2.3.4)的一个可行解,其中正分量 $x_1,x_2,\cdots,x_k$ 所对应的系数列向量线性无关.因为系数矩阵 $\boldsymbol{A}$ 的秩 $\mathrm{r}(\boldsymbol{A})=m$,显然 $k\leqslant m$.

(1) 若 $k=m$,因 $x_i\geqslant0(i=1,\cdots,n)$,则由定义 2.3.5 可知,$\boldsymbol{x}$ 为一个基本可行解.

(2) 若 $k<m$,则 $\boldsymbol{p}_1,\boldsymbol{p}_2,\cdots,\boldsymbol{p}_k$ 线性无关.又 $\mathrm{r}(\boldsymbol{A})=\mathrm{r}(\boldsymbol{p}_1,\cdots,\boldsymbol{p}_k,\boldsymbol{p}_{k+1},\cdots,\boldsymbol{p}_m,\cdots,\boldsymbol{p}_n)=m$.所以必可从 $n-k$ 个列向量$(\boldsymbol{p}_{k+1},\cdots,\boldsymbol{p}_m,\cdots,\boldsymbol{p}_n)$中选出 $m-k$ 个列向量(不失一般性,设为 $\boldsymbol{p}_{k+1},\cdots,\boldsymbol{p}_m$)与 $\boldsymbol{p}_1,\cdots,\boldsymbol{p}_k$ 合起来线性无关,即$(\boldsymbol{p}_1,\cdots,\boldsymbol{p}_k,\boldsymbol{p}_{k+1},\cdots,\boldsymbol{p}_m)$可构成一个基矩阵.与其对应的基变量为 $x_i>0(i=1,\cdots,k),x_j=0(j=k+1,\cdots,m)$,其余非基变量仍为 0.因此 $\boldsymbol{x}$ 是一个基本可行解.

定理 2.4.3 线性规划问题(2.3.4)的每一个基本可行解 $\boldsymbol{x}$ 对应于可行域 S 的一个极点.

证 不失一般性,设基本可行解 $\boldsymbol{x}$ 的前 m 个分量为基变量,即

$$\sum_{j=1}^{m}\boldsymbol{p}_j x_j=\boldsymbol{b}. \tag{2.4.1}$$

(1) 设 $\boldsymbol{x}$ 是基本可行解.

用反证法.若 $\boldsymbol{x}$ 不是可行域 S 中的极点,则 $\boldsymbol{x}$ 必可表示为可行域 S 中两个不同点 $\boldsymbol{x}^{(1)}$ 及 $\boldsymbol{x}^{(2)}$ 的一个严格凸组合,即

$$\boldsymbol{x}=\lambda\boldsymbol{x}^{(1)}+(1-\lambda)\boldsymbol{x}^{(2)},\quad 0<\lambda<1.$$

记 $\boldsymbol{x}^{(1)}=(x_1^{(1)},x_2^{(1)},\cdots,x_n^{(1)})^{\mathrm{T}}$，$\boldsymbol{x}^{(2)}=(x_1^{(2)},x_2^{(2)},\cdots,x_n^{(2)})^{\mathrm{T}}$，有

$$\begin{bmatrix} x_1 \\ \vdots \\ x_m \\ 0 \\ \vdots \\ 0 \end{bmatrix}=\lambda\begin{bmatrix} x_1^{(1)} \\ \vdots \\ x_m^{(1)} \\ x_{m+1}^{(1)} \\ \vdots \\ x_n^{(1)} \end{bmatrix}+(1-\lambda)\begin{bmatrix} x_1^{(2)} \\ \vdots \\ x_m^{(2)} \\ x_{m+1}^{(2)} \\ \vdots \\ x_n^{(2)} \end{bmatrix}. \tag{2.4.2}$$

所以

$$\lambda x_j^{(1)}+(1-\lambda)x_j^{(2)}=0 \quad (j=m+1,\cdots,n).$$

因为

$$\lambda>0,\ 1-\lambda>0,\ x_j^{(1)}\geqslant 0,\ x_j^{(2)}\geqslant 0 \quad (j=m+1,\cdots,n),$$

只有

$$x_j^{(1)}=0,\ x_j^{(2)}=0 \quad (j=m+1,\cdots,n). \tag{2.4.3}$$

又因为 $\boldsymbol{x}^{(1)},\boldsymbol{x}^{(2)}\in S$ 是可行解及式(2.4.3)可得

$$x_1^{(1)}\boldsymbol{p}_1+x_2^{(1)}\boldsymbol{p}_2+\cdots+x_m^{(1)}\boldsymbol{p}_m=\boldsymbol{b}, \tag{2.4.4}$$

及

$$x_1^{(2)}\boldsymbol{p}_1+x_2^{(2)}\boldsymbol{p}_2+\cdots+x_m^{(2)}\boldsymbol{p}_m=\boldsymbol{b}, \tag{2.4.5}$$

式(2.4.4)－式(2.4.5)，得

$$(x_1^{(1)}-x_1^{(2)})\boldsymbol{p}_1+(x_2^{(1)}-x_2^{(2)})\boldsymbol{p}_2+\cdots+(x_m^{(1)}-x_m^{(2)})\boldsymbol{p}_m=\boldsymbol{0}. \tag{2.4.6}$$

因为 $\boldsymbol{x}^{(1)}\neq\boldsymbol{x}^{(2)}$，所以至少有一个 $x_j^{(1)}-x_j^{(2)}\neq 0\ (1\leqslant j\leqslant m)$.

式(2.4.6)表明 $\boldsymbol{p}_1,\boldsymbol{p}_2,\cdots,\boldsymbol{p}_m$ 线性相关. 这与 $\boldsymbol{x}$ 是一个基本可行解相矛盾，故 $\boldsymbol{x}$ 必不能表示为两个不同的可行解的严格凸组合. 故 $\boldsymbol{x}$ 必是一个极点.

(2) 设 $\boldsymbol{x}$ 是可行域 S 上的一个极点.

反证法：若 $\boldsymbol{x}$ 不是线性规划问题(2.3.4)的一个基本可行解. 因为 $\boldsymbol{x}$ 是凸集 S 上的一个点，故 $\boldsymbol{x}$ 必是可行解. 因此它的非零分量必是正分量. 设 $\boldsymbol{x}$ 有 k 个正分量，不失一般性，设 $x_1^{(0)}>0,x_2^{(0)}>0,\cdots,x_k^{(0)}>0,x_{k+1}=0,\cdots,x_n=0$，即

$$\boldsymbol{x}=(x_1,x_2,\cdots,x_k,0,\cdots,0)^{\mathrm{T}}.$$

若 $\boldsymbol{x}$ 不是基本可行解，则由引理 2.4.2 的充要性可知，正分量 $x_1,x_2,\cdots,x_k$ 所对应的列向量 $\boldsymbol{p}_1,\boldsymbol{p}_2,\cdots,\boldsymbol{p}_k$ 必线性相关. 由线性代数知识可知，必存在一组不全为 0 的数 δ_1，$\delta_2,\cdots,\delta_k$ 使

$$\delta_1\boldsymbol{p}_1+\delta_2\boldsymbol{p}_2+\cdots+\delta_k\boldsymbol{p}_k=\boldsymbol{0} \tag{2.4.7}$$

成立. 又 $\boldsymbol{x}$ 是一个可行解，故有

$$x_1\boldsymbol{p}_1+x_2\boldsymbol{p}_2+\cdots+x_k\boldsymbol{p}_k=\boldsymbol{b}. \tag{2.4.8}$$

取

$$\lambda = \min_{\substack{\delta_j \neq 0 \\ j=1,2,\cdots,k}} \left\{ \frac{x_j}{|\delta_j|} \right\} > 0,$$

则

$$x_1 - \lambda\delta_1 \geqslant 0, x_2 - \lambda\delta_2 \geqslant 0, \cdots, x_k - \lambda\delta_k \geqslant 0, \tag{2.4.9}$$

$$x_1 + \lambda\delta_1 \geqslant 0, x_2 + \lambda\delta_2 \geqslant 0, \cdots, x_k + \lambda\delta_k \geqslant 0. \tag{2.4.10}$$

将式(2.4.8)±λ(2.4.7),则

$$(x_1 - \lambda\delta_1)\boldsymbol{p}_1 + (x_2 - \lambda\delta_2)\boldsymbol{p}_2 + \cdots + (x_k - \lambda\delta_k)\boldsymbol{p}_k = \boldsymbol{b}, \tag{2.4.11}$$

$$(x_1 + \lambda\delta_1)\boldsymbol{p}_1 + (x_2 + \lambda\delta_2)\boldsymbol{p}_2 + \cdots + (x_k + \lambda\delta_k)\boldsymbol{p}_k = \boldsymbol{b}. \tag{2.4.12}$$

令

$$\boldsymbol{x}_1 = (x_1 + \lambda\delta_1, x_2 + \lambda\delta_2, \cdots, x_k + \lambda\delta_k, 0, \cdots, 0)^{\mathrm{T}}, \tag{2.4.13}$$

$$\boldsymbol{x}_2 = (x_1 - \lambda\delta_1, x_2 - \lambda\delta_2, \cdots, x_k - \lambda\delta_k, 0, \cdots, 0)^{\mathrm{T}}, \tag{2.4.14}$$

则由式(2.4.9)及式(2.4.10)有 $\boldsymbol{x}_1 \geqslant \boldsymbol{0}, \boldsymbol{x}_2 \geqslant \boldsymbol{0}$. 由式(2.4.11)及式(2.4.12)有 $\boldsymbol{x}_1 \in S, \boldsymbol{x}_2 \in S$. 又因 $\lambda > 0$,且由式(2.4.7)知至少有一个 $\delta_j \neq 0$. 故至少有一个 $x_j + \lambda\delta_j \neq x_j - \lambda\delta_j$,所以 $\boldsymbol{x}_1 \neq \boldsymbol{x}_2$. 又由式(2.4.13)及式(2.4.14)得 $\boldsymbol{x} = \frac{1}{2}\boldsymbol{x}_1 + \frac{1}{2}\boldsymbol{x}_2$,即 $\boldsymbol{x}$ 可表示为 S 中两个不同点 $\boldsymbol{x}_1, \boldsymbol{x}_2$ 的一个严格凸组合,这与 $\boldsymbol{x}$ 是 S 中的一个极点相矛盾. 故 $\boldsymbol{x}$ 必也是一个基本可行解.

定理 2.4.4 有界凸集 S 上任一点 $\boldsymbol{x}$ 都可表示为 S 的极点的凸组合.

本定理我们不予证明. 用下述例子来说明本定理的正确性.

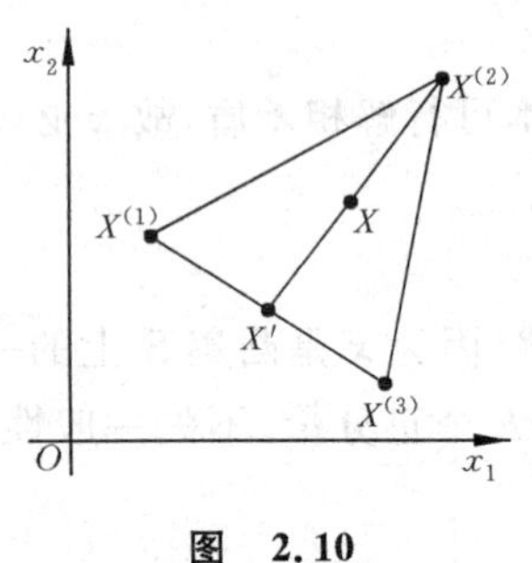

图 2.10

如图 2.10,三角形 $X^{(1)}X^{(2)}X^{(3)}$ 是一个有界凸集 S,X 是 S 内任一点,连 $X^{(2)}X$ 并延长交 $X^{(1)}X^{(3)}$ 于 X'. 记 $\boldsymbol{x}^{(1)}, \boldsymbol{x}^{(2)}, \boldsymbol{x}^{(3)}, \boldsymbol{x}', \boldsymbol{x}$ 分别为 $X^{(1)}, X^{(2)}, X^{(3)}, X'$ 及 X 的坐标,显然有

$$\boldsymbol{x} = \lambda_1\boldsymbol{x}' + (1-\lambda_1)\boldsymbol{x}^{(2)}, \quad 0 \leqslant \lambda_1 \leqslant 1.$$

又

$$\boldsymbol{x}' = \lambda_2\boldsymbol{x}^{(1)} + (1-\lambda_2)\boldsymbol{x}^{(3)}, \quad 0 \leqslant \lambda_2 \leqslant 1,$$

所以

$$\begin{aligned}\boldsymbol{x} &= \lambda_1(\lambda_2\boldsymbol{x}^{(1)} + (1-\lambda_2)\boldsymbol{x}^{(3)}) + (1-\lambda_1)\boldsymbol{x}^{(2)} \\ &= \lambda_1\lambda_2\boldsymbol{x}^{(1)} + \lambda_1(1-\lambda_2)\boldsymbol{x}^{(3)} + (1-\lambda_1)\boldsymbol{x}^{(2)},\end{aligned}$$

而

$$\lambda_1\lambda_2 + \lambda_1(1-\lambda_2) + (1-\lambda_1) = 1,$$

所以 $\boldsymbol{x}$ 已表示为 $\boldsymbol{x}^{(1)}, \boldsymbol{x}^{(2)}, \boldsymbol{x}^{(3)}$ 的一个凸组合.

(注: 对于无界凸集 S,S 内任一点必可用 S 的极点的凸组合加上极方向的正组合来表示.)

定理 2.4.5 对线性规划问题(2.3.3),若可行域有界,且存在最优解,则目标函数必

可在其可行域 S 的某个顶点达到最优值[①].

证 对于线性规划问题(2.3.3)：

$$\max Z = \boldsymbol{cx};$$
$$\text{s.t.} \quad \begin{cases} \boldsymbol{Ax} = \boldsymbol{b}, \\ \boldsymbol{x} \geqslant \boldsymbol{0}. \end{cases}$$

设 $\boldsymbol{x}_0$ 是其一个最优解，即 $Z^* = \boldsymbol{cx}_0$，但 $\boldsymbol{x}_0$ 不是可行域 S 的顶点. 由定理 2.4.4，$\boldsymbol{x}_0$ 可由 S 的顶点 $\boldsymbol{x}_1, \boldsymbol{x}_2, \cdots, \boldsymbol{x}_k$ 的凸组合表示，即有

$$\boldsymbol{x}_0 = \sum_{i=1}^{k} \alpha_i \boldsymbol{x}_i, \quad 0 \leqslant \alpha_i \leqslant 1, \quad \sum_{i=1}^{k} \alpha_i = 1.$$

所以 $\boldsymbol{cx}_0 = \sum_{i=1}^{k} \alpha_i \boldsymbol{c} \boldsymbol{x}_i$.

因为顶点数 k 是有限个，故在 $\boldsymbol{cx}_i$ 中必可找到一个最大值. 设 $\max_i(\boldsymbol{cx}_i) = \boldsymbol{cx}_t$ $(1 \leqslant t \leqslant k)$，所以

$$\boldsymbol{cx}_0 = \sum_{i=1}^{k} \alpha_i \boldsymbol{c} \boldsymbol{x}_i \leqslant \sum_{i=1}^{k} \alpha_i \boldsymbol{c} \boldsymbol{x}_t = \boldsymbol{cx}_t \sum_{i=1}^{k} \alpha_i = \boldsymbol{cx}_t.$$

但因 $\boldsymbol{cx}_0 \geqslant \boldsymbol{cx}$ $(\forall \boldsymbol{x} \in S)$，所以只有 $\boldsymbol{cx}_0 = \boldsymbol{cx}_t$. 即 $\boldsymbol{x}_t$ 也必是线性规划问题(2.3.3)的一个最优解.

若目标函数在多个顶点上达到最优值，则在这些顶点的凸组合上也达到最优值(请读者作为练习自行证明).

通过以上分析，可得到以下几个结论：

(1) 线性规划问题的可行域是一个凸集. 可行域可能有界也可能无界，但其顶点数是有限个.

(2) 线性规划问题每个基本可行解对应于可行域的一个极点(顶点).

(3) 若线性规划问题有最优解，则必可在其可行域的某个(或多个)极点上达到最优值.

这就给我们提供了一个用代数的方法寻找最优解的途径：求最优解先找基本可行解. 而基本可行解的个数不会超过基本解的个数. 若约束矩阵 $\boldsymbol{A}$ 为 $m \times n$ 型矩阵，且 $\boldsymbol{A}$ 的秩 $\mathrm{r}(\boldsymbol{A}) = m$，则基本解的个数小于等于 C_n^m. 故基本可行解的个数也不超过 C_n^m 个.

例 2.4.2 求下述 LP 问题的最优解.

$$\max Z = x_1 + 4x_2;$$
$$\text{s.t.} \quad \begin{cases} x_1 + 2x_2 \leqslant 8, \\ \qquad\quad x_2 \leqslant 2, \\ x_1, x_2 \geqslant 0. \end{cases}$$

① 若可行域无界，且线性规划问题有最优解，则本定理的结论也同样成立.

解 化为标准形式：

$$\max Z = x_1 + 4x_2 + 0 \cdot x_3 + 0 \cdot x_4;$$

$$\text{s.t.} \begin{cases} x_1 + 2x_2 + x_3 = 8, \\ x_2 + x_4 = 2, \\ x_1, x_2, x_3, x_4 \geqslant 0. \end{cases}$$

故

$$\boldsymbol{A} = \begin{pmatrix} 1 & 2 & 1 & 0 \\ 0 & 1 & 0 & 1 \end{pmatrix}, \quad \mathrm{r}(\boldsymbol{A}) = 2.$$

由例2.3.2求解结果知，本题的基本可行解有：$\boldsymbol{x}_1=(4,2,0,0)^{\mathrm{T}}$；$\boldsymbol{x}_3=(8,0,0,2)^{\mathrm{T}}$；$\boldsymbol{x}_4=(0,2,4,0)^{\mathrm{T}}$；$\boldsymbol{x}_6=(0,0,8,2)^{\mathrm{T}}$.

比较：$\boldsymbol{c}\boldsymbol{x}_1=12$；$\boldsymbol{c}\boldsymbol{x}_3=8$；$\boldsymbol{c}\boldsymbol{x}_4=8$；$\boldsymbol{c}\boldsymbol{x}_6=0$. 可见 $\boldsymbol{x}^*=\boldsymbol{x}_1=(4,2,0,0)^{\mathrm{T}}$，$Z^*=12$.

下面来解决一个理论上的问题：线性规划(2.3.3)是否一定存在基本可行解？或者说需要具备什么条件时必存在基本可行解.

定理 2.4.6 对于线性规划(2.3.3)，若存在可行解，则必存在基本可行解. 其中约束矩阵是秩为 m 的 $m\times n$ 型矩阵 $\boldsymbol{A}$.

证 设 $\boldsymbol{A}=(\boldsymbol{p}_1,\boldsymbol{p}_2,\cdots,\boldsymbol{p}_n)$，$\boldsymbol{x}_0=(x_1,x_2,\cdots,x_n)^{\mathrm{T}}$ 是线性规划(2.3.3)的一个可行解. 显然 $x_i\geqslant 0(i=1,2,\cdots,n)$. 不失一般性，假定 $\boldsymbol{x}_0$ 中前 k 个分量不为零. 则有

$$x_1\boldsymbol{p}_1 + x_2\boldsymbol{p}_2 + \cdots + x_k\boldsymbol{p}_k = \boldsymbol{b}, \tag{2.4.15}$$

及

$$x_1>0, x_2>0, \cdots, x_k>0. \tag{2.4.16}$$

下面分两种情形讨论：

(1) 若 $\boldsymbol{p}_1,\boldsymbol{p}_2,\cdots,\boldsymbol{p}_k$ 线性无关. 由假设，与 $\boldsymbol{p}_1,\boldsymbol{p}_2,\cdots,\boldsymbol{p}_k$ 对应的变量均为正分量(见式(2.4.16))，则由引理2.4.2的充分性可知，$\boldsymbol{x}_0$ 即为一个基本可行解.

(2) 若 $\boldsymbol{p}_1,\boldsymbol{p}_2,\cdots,\boldsymbol{p}_k$ 线性相关. 则必存在一组不全为零的数 $\delta_1,\delta_2,\cdots,\delta_k$，使得

$$\delta_1\boldsymbol{p}_1 + \delta_2\boldsymbol{p}_2 + \cdots + \delta_k\boldsymbol{p}_k = \boldsymbol{0} \tag{2.4.17}$$

成立，其中至少有一个 $\delta_i>0(1\leqslant i\leqslant k)$. 否则令 $\delta_i'=-\delta_i$，并用 δ_i' 代替式(2.4.17)中的 $\delta_i(i=1,2,\cdots,k)$.

作式(2.4.15)$-\lambda$(2.4.17)，有

$$(x_1-\lambda\delta_1)\boldsymbol{p}_1 + (x_2-\lambda\delta_2)\boldsymbol{p}_2 + \cdots + (x_k-\lambda\delta_k)\boldsymbol{p}_k = \boldsymbol{b}, \tag{2.4.18}$$

这里 λ 是某个常数，且不论 λ 取何值，式(2.4.18)总能成立. 若记 $\boldsymbol{\delta}=(\delta_1,\delta_2,\cdots,\delta_k,0,\cdots,0)^{\mathrm{T}}$，$\boldsymbol{x}_1=\boldsymbol{x}_0-\lambda\boldsymbol{\delta}=(x_1-\lambda\delta_1,x_2-\lambda\delta_2,\cdots,x_k-\lambda\delta_k,0,\cdots,0)^{\mathrm{T}}$，则由式(2.4.15)及式(2.4.17)可知，无论 λ 取何值，$\boldsymbol{x}_1$ 总是 $\boldsymbol{A}\boldsymbol{x}=\boldsymbol{b}$ 的一个解. 让 λ 从零值开始增加，则 $\boldsymbol{x}_1$ 中前 k 个分量的值，或增加、或减少、或保持不变，但至少有一个在减少(因为至少有一个 $\delta_i>0$). 若令 $\lambda=\min\left\{\dfrac{x_i}{\delta_i}\middle|\delta_i>0,i=1,2,\cdots,k\right\}$，则 $\boldsymbol{x}_1=\boldsymbol{x}_0-\lambda\boldsymbol{\delta}$ 仍是 $\boldsymbol{A}\boldsymbol{x}=\boldsymbol{b}$ 的可行解，但

其中正分量的个数至多只有 $k-1$ 个，与正分量所对应的系数列向量也至多只有 $k-1$ 个，不失一般性记作：$\boldsymbol{p}_1,\boldsymbol{p}_2,\cdots,\boldsymbol{p}_{k_1}$ $(k_1\leqslant k-1)$. 若 $\boldsymbol{p}_1,\boldsymbol{p}_2,\cdots,\boldsymbol{p}_{k_1}$ 线性无关，则 $\boldsymbol{x}_1$ 便是基本可行解；若 $\boldsymbol{p}_1,\boldsymbol{p}_2,\cdots,\boldsymbol{p}_{k_1}$ 仍线性相关，按以上方法继续作出可行解 $\boldsymbol{x}_2=\boldsymbol{x}_1-\lambda_1\boldsymbol{\delta}^{(1)}$，使 $\boldsymbol{x}_2$ 中正分量的个数至少比 $\boldsymbol{x}_1$ 中正分量个数少 1. 再判断 $\boldsymbol{x}_2$ 是否是基本可行解……最坏的情形是只剩下一个正分量 x_1 及与它对应的列向量 $\boldsymbol{p}_1$，因 $\boldsymbol{p}_1\neq\boldsymbol{0}$，所以 $\boldsymbol{p}_1$ 必线性无关，也就找到了基本可行解.

习 题 2

2.1 用图解法求下列线性规划问题，并指出各问题具有唯一解、无穷多个最优解、无界解还是无可行解.

(1) $\min Z=6x_1+4x_2$;

$$\text{s.t.}\quad \begin{cases} 2x_1+x_2\geqslant 1,\\ 3x_1+4x_2\geqslant 1.5,\\ x_1,x_2\geqslant 0.\end{cases}$$

(2) $\max Z=4x_1+8x_2$;

$$\text{s.t.}\quad \begin{cases} 2x_1+2x_2\leqslant 10,\\ -x_1+x_2\geqslant 8,\\ x_1,x_2\geqslant 0.\end{cases}$$

(3) $\max Z=x_1+x_2$;

$$\text{s.t.}\quad \begin{cases} 8x_1+6x_2\geqslant 24,\\ 4x_1+6x_2\geqslant -12,\\ 2x_2\geqslant 4,\\ x_1,x_2\geqslant 0.\end{cases}$$

(4) $\max Z=3x_1+9x_2$;

$$\text{s.t.}\quad \begin{cases} x_1+3x_2\leqslant 22,\\ -x_1+x_2\leqslant 4,\\ x_2\leqslant 6,\\ 2x_1-5x_2\leqslant 0,\\ x_1,x_2\geqslant 0.\end{cases}$$

2.2 将下列线性规划问题化成标准型：

(1) $\min Z=2x_1-x_2+2x_3$;

$$\text{s.t.}\quad \begin{cases} -x_1+x_2+x_3=4,\\ -x_1+x_2-x_3\leqslant 6,\\ x_1\leqslant 0,\quad x_2\geqslant 0,\quad x_3\ \text{无约束}.\end{cases}$$

(2) $\max Z=2x_1+x_2+3x_3+x_4$;

$$\text{s.t.}\quad \begin{cases} x_1+x_2+x_3+x_4\leqslant 7,\\ 2x_1-3x_2+5x_3=-8,\\ x_1-2x_3+2x_4\geqslant 1,\\ x_1,x_3\geqslant 0,\quad x_2\leqslant 0,\quad x_4\ \text{无约束}.\end{cases}$$

2.3 求出下列线性规划问题的所有基本解. 指出哪些是基本可行解，并分别代入目标函数，比较后求出最优解.

(1) $\max Z=3x_1+5x_2$;

$$\text{s.t.}\quad \begin{cases} x_1+x_3=4,\\ 2x_2+x_4=12,\\ 3x_1+2x_2+x_5=18,\\ x_j\geqslant 0\quad (j=1,\cdots,5).\end{cases}$$

(2) $\min Z=4x_1+12x_2+18x_3$;

$$\text{s.t.}\quad \begin{cases} x_1+3x_3-x_4=3,\\ 2x_2+2x_3-x_5=5,\\ x_j\geqslant 0\quad (j=1,\cdots,5).\end{cases}$$

2.4 已知某线性规划问题的约束条件为

$$\begin{cases} 2x_1 + x_2 - x_3 = 25, \\ x_1 + 3x_2 - x_4 = 30, \\ 4x_1 + 7x_2 - x_3 - 2x_4 - x_5 = 85, \\ x_j \geqslant 0 \ (j = 1,2,\cdots,5). \end{cases}$$

判断下列各点是否为该线性规划问题的可行域凸集的顶点.

(1) $\boldsymbol{x}=(5,15,0,20,0)^{\mathrm{T}}$.

(2) $\boldsymbol{x}=(9,7,0,0,8)^{\mathrm{T}}$.

(3) $\boldsymbol{x}=(15,5,10,0,0)^{\mathrm{T}}$.

2.5 求解下列线性规划问题:

$$\max Z = x_1 + x_2;$$

$$\text{s.t.} \quad 2x_1 + 3x_2 \leqslant 12,$$

$$|x_2 - 1| \leqslant 3,$$

$$x_1 \geqslant 0, \quad x_2 \text{ 无限制}.$$

第3章

单 纯 形 法

3.1 单纯形法原理

在第 2 章中，我们已经知道，若 LP 问题有最优解，必在某个极点上达到，即在某个基本可行解上取得最优解. 因此最容易想到的是：对 LP 问题，把所有基本可行解都找出来，然后逐个进行比较，求出最优解，如例 2.4.2 的求解方法，我们称之为"枚举法". 初看起来，此法很有吸引力，但事实上却行不通. 因为基本可行解的个数小于等于 C_n^m 个. 而 C_n^m 这个数随m，n 的增大迅速地增大，使枚举法事实上不可行. 如当 $m=20$，$n=40$ 时，$C_n^m=C_{40}^{20}\approx 1.3\times 10^{11}$，要计算这么多个基本可行解显然是行不通的.

如果换一种思路：若从某一基本可行解(称之为初始基本可行解)出发，每次总是寻求比上一个更"好"的基本可行解，而不比上一个"好"的基本可行解不去计算，这样就可以大大减少计算量. 但这种逐步改善的求解方法要解决以下三个问题：

(1) 如何判别当前的基本可行解是否已达到了最优解.

(2) 若当前解不是最优解，如何去寻找一个改善了的基本可行解.

(3) 如何得到一个初始的基本可行解.

美国数学家丹齐格提出的单纯形法解决了以上三个问题，单纯形法是求解线性规划问题的一种普遍而有效的方法.

3.1.1 单纯形法的基本思路

例 3.1.1 仍以例 2.1.1 为例来说明单纯形法的基本思路，例 2.1.1 的数学模型为

$$\max Z = 5x_1 + 2x_2;$$
$$\text{s.t.} \quad \begin{aligned} 30x_1 + 20x_2 &\leqslant 160, \\ 5x_1 + x_2 &\leqslant 15, \\ x_1 &\leqslant 4, \\ x_1, x_2 &\geqslant 0. \end{aligned}$$

化为标准形式：

$$\max Z = 5x_1 + 2x_2 + 0x_3 + 0x_4 + 0x_5; \tag{3.1.1}$$
$$\text{s.t.} \quad \begin{cases} 30x_1 + 20x_2 + x_3 = 160, \\ 5x_1 + x_2 + x_4 = 15, \\ x_1 + x_5 = 4, \end{cases} \tag{3.1.2}$$
$$x_1, x_2, x_3, x_4, x_5 \geqslant 0.$$

因为线性规划问题的一个基本可行解就是关于某个基矩阵的且满足非负条件的基本解，因此要求基本可行解首先要从约束矩阵 $\boldsymbol{A}$ 中找出一个基矩阵. 从式(3.1.2)中可看到，由 $\boldsymbol{p}_3, \boldsymbol{p}_4, \boldsymbol{p}_5$ 向量构成一个三阶单位矩阵，必是可逆矩阵. 因此令

$$\boldsymbol{B}^{(0)} = (\boldsymbol{p}_3, \boldsymbol{p}_4, \boldsymbol{p}_5) = \begin{bmatrix} 1 & 0 & 0 \\ 0 & 1 & 0 \\ 0 & 0 & 1 \end{bmatrix}$$

为基矩阵. 相应地 x_3, x_4, x_5 是基变量；x_1, x_2 为非基变量.

将基变量用非基变量表示，则式(3.1.2)变为

$$\begin{aligned} x_3 &= 160 - 30x_1 - 20x_2, \\ x_4 &= 15 - 5x_1 - x_2, \\ x_5 &= 4 - x_1. \end{aligned} \tag{3.1.3}$$

将式(3.1.3)代入目标函数式(3.1.1)，得到目标函数的非基变量表示式：

$$Z = 0 + 5x_1 + 2x_2. \tag{3.1.4}$$

若令非基变量 $x_1=0, x_2=0$ 代入式(3.1.3)，得到一个基本可行解 $\boldsymbol{x}^{(0)}$：

$$\boldsymbol{x}^{(0)} = (0, 0, 160, 15, 4)^{\mathrm{T}}.$$

这个基本可行解显然不是最优解. 因为从经济意义上讲，$x_1=0, x_2=0$ 表示该厂不安排生产，因此就没有利润. 相应地，将 $x_1=0, x_2=0$ 代入式(3.1.4)得到 $Z(\boldsymbol{x}^{(0)})=0$. 从数学角度看，式(3.1.4)中非基变量 x_1, x_2 前的系数为正数. 故若让非基变量 x_1(或 x_2)的取值从零增加，相应的目标函数值 Z 也将随之增加，因此就有可能找到一个新的基本可行解，使目标函数值比 $\boldsymbol{x}_0$ 的更"好"，或说得到了改善. 显然在式(3.1.4)中，x_1 前的系数比 x_2 前的系数大，即 x_1 每增加一个单位对 Z 值的贡献比 x_2 的大. 故让 x_1 的取值从零变为一个正值. 这表明 x_1 应从非基变量转为基变量，称之为进基变量. 但对于本例，任一个基本可

行解中只能有三个基变量(请读者思考,理由是什么),因此必须从原有基变量 x_3,x_4,x_5 中选一个离开基转为非基变量,称之为离基变量.下面分析进基变量 x_1 应取多大的正值及选哪个基变量作离基变量.在式(3.1.3)中,因为 x_2 仍留作非基变量,故 x_2 仍取零值.式(3.1.3)变为

$$\begin{aligned} x_3 &= 160 - 30x_1, \\ x_4 &= 15 - 5x_1, \\ x_5 &= 4 - x_1. \end{aligned} \tag{3.1.5}$$

让 x_1 从零值开始增加,则由式(3.1.5)可知 x_3,x_4,x_5 的值都要逐步减小.但为了满足非负条件,必须有 $x_3,x_4,x_5\geqslant 0$.故当 x_1 从零值开始增加直到使 x_3,x_4,x_5 取值第一个减少到零时停止.这时 x_1 的取值既能满足非负条件,又使原有基变量中一个转为非基变量,即此时 x_1 的取值应为

$$x_1 = \min\left\{\frac{160}{30},\frac{15}{5},\frac{4}{1}\right\} = \frac{15}{5} = 3,$$

此时 $x_3=160-30\times 3=70$,$x_5=4-1\times 3=1$,而 $x_4=15-5\times 3=0$.这样就得到了一个新的基本可行解

$$\boldsymbol{x}^{(1)} = (3,0,70,0,1)^{\mathrm{T}},$$

相应的基矩阵为 $\boldsymbol{B}^{(1)}=(\boldsymbol{p}_1,\boldsymbol{p}_3,\boldsymbol{p}_5)$.基变量是 x_1,x_3,x_5,非基变量为 x_2,x_4.对应的目标函数值 $Z(\boldsymbol{x}^{(1)})=15>Z(\boldsymbol{x}^{(0)})=0$,因此 $\boldsymbol{x}^{(1)}$ 是比 $\boldsymbol{x}^{(0)}$ 改善了的基本可行解.为了分析 $\boldsymbol{x}^{(1)}$ 是否是最优解,仍要用非基变量来表示基变量及目标函数.由式(3.1.3)可得

$$\begin{aligned} 30x_1 + x_3 \quad &= 160 - 20x_2, \\ 5x_1 \quad &= 15 - x_2 - x_4, \\ x_1 \quad + x_5 &= 4. \end{aligned} \tag{3.1.6}$$

式(3.1.3)中 x_4 的位置在式(3.1.6)中由 x_1 来替代.为了进一步分析问题及找出规律,可用消元法将式(3.1.6)中 x_1 的系数列向量 $\boldsymbol{p}_1'=(30,5,1)^{\mathrm{T}}$ 化成式(3.1.3)中 x_4 的系数列向量 $\boldsymbol{p}_4=(0,1,0)^{\mathrm{T}}$ 的形式,得到

$$\begin{aligned} x_3 &= 70 - 14x_2 + 6x_4, \\ x_1 &= 3 - \frac{1}{5}x_2 - \frac{1}{5}x_4, \\ x_5 &= 1 + \frac{1}{5}x_2 + \frac{1}{5}x_4. \end{aligned} \tag{3.1.7}$$

再将式(3.1.7)代入目标函数式(3.1.4),得到用非基变量 x_2,x_4 表示目标函数值的表示式

$$Z = 15 + x_2 - x_4. \tag{3.1.8}$$

在式(3.1.7)中令 $x_2=0,x_4=0$ 即可得到当前基变量的取值:$x_3=70,x_1=3,x_5=1$.在

式(3.1.8)中令 $x_2=0,x_4=0$ 即可得到当前基本可行解 $\boldsymbol{x}^{(1)}$ 的目标函数值 $Z(\boldsymbol{x}^{(1)})=15$.

在式(3.1.8)中,非基变量 x_2 前的系数仍为正数.因此若让 x_2 作为进基变量,迭代到另一个新基本可行解 $\boldsymbol{x}^{(2)}$,就有可能使目标函数值再增加,因此当前解 $\boldsymbol{x}^{(1)}$ 仍不是最优解.为了从 $\boldsymbol{x}^{(1)}$ 迭代到 $\boldsymbol{x}^{(2)}$,选 x_2 作进基变量,仍让 x_4 作非基变量.因此在式(3.1.7)中令 $x_4=0$,得到

$$\begin{aligned} x_3 &= 70-14x_2, \\ x_1 &= 3-\frac{1}{5}x_2, \\ x_5 &= 1+\frac{1}{5}x_2. \end{aligned} \tag{3.1.9}$$

当 x_2 取值从零开始增加时,显然 x_5 总可满足可行性.因此取

$$x_2=\min\left\{\frac{70}{14},\frac{3}{1/5}\right\}=\frac{70}{14}=5,$$

则 $x_3=0,x_1=2>0,x_5=2>0$,即 x_2 作进基变量,x_3 为离基变量,得到新的基本可行解

$$\boldsymbol{x}^{(2)}=(2,5,0,0,2)^{\mathrm{T}}.$$

为了进一步的分析,将式(3.1.7)写成用非基变量 x_3,x_4 表示 x_1,x_2,x_5 的式子

$$\begin{aligned} 14x_2 \qquad\qquad &= 70-x_3+6x_4, \\ \frac{1}{5}x_2+x_1 \qquad &= 3 \qquad -\frac{1}{5}x_4, \\ -\frac{1}{5}x_2 \qquad +x_5 &= 1 \qquad +\frac{1}{5}x_4. \end{aligned} \tag{3.1.10}$$

再用高斯消元法将式(3.1.10)中 x_2 的系数化成单位列向量$(1,0,0)^{\mathrm{T}}$,得到

$$\begin{aligned} x_2 &= 5-\frac{1}{14}x_3+\frac{3}{7}x_4, \\ x_1 &= 2+\frac{1}{70}x_3-\frac{2}{7}x_4, \\ x_5 &= 2-\frac{1}{70}x_3+\frac{2}{7}x_4. \end{aligned} \tag{3.1.11}$$

再将式(3.1.11)代入目标函数式(3.1.8),得到用非基变量 x_3,x_4 表示目标函数的式子

$$Z=20-\frac{1}{14}x_3-\frac{4}{7}x_4. \tag{3.1.12}$$

在式(3.1.12)中,若非基变量 x_3 或 x_4 由零值增加,只能使 Z 值下降,因此当前的基本可行解 $\boldsymbol{x}^{(2)}$ 就是最优解:$\boldsymbol{x}^*=\boldsymbol{x}^{(2)}=(2,5,0,0,2)^{\mathrm{T}}$.最优值 $Z^*=Z(\boldsymbol{x}^{(2)})=20$.结果与图解法相同.

现将上述解法归纳如下:

第1步:构造一个初始基本可行解.

对已经标准化的线性规划模型,设法在约束矩阵 $\boldsymbol{A}_{m\times n}$ 中构造出一个 m 阶单位矩阵作为初始可行基,相应就有一个初始基本可行解.

第 2 步：判断当前基本可行解是否为最优解.

求出用非基变量表示基变量及目标函数的表示式.我们称之为线性规划问题的典式.在目标函数的典式中,若至少有一个非基变量前的系数为正数,则当前解就不是最优解;若所有的非基变量前的系数均为非正数,则当前解就是最优解(指最大化问题).将目标函数的典式中非基变量前的系数称为检验数.故对最大化问题,当所有的检验数小于等于 0 时,当前解即为最优解.

第 3 步：若当前解不是最优解,则要进行基变换迭代到下一个基本可行解.

首先从当前解的非基变量中选一个作进基变量.选择的原则一般是:目标函数的典式中,最大的正检验数所属的非基变量作进基变量.

再从当前解的基变量中选一个作离基变量.选择的方法是:在用非基变量表示基变量的典式中,除了进基变量外,让其余非基变量取值为零,再按最小比值准则确定离基变量.这样就得了一组新的基变量与非基变量.即已从上一个基本可行解迭代到下一个基本可行解(两个基本可行解之间只有一对决策变量进行了基变量与非基变量之间的交换),然后求出关于新基矩阵的线性规划问题的典式,这就完成了基变换的全过程.在新的典式中可求出新基本可行解的取值及目标函数的取值.

再回到第 2 步判断当前新基本可行解是否已达到最优.若已达到最优停止迭代.若没有达到最优,再进行第 3 步作新的基变换,再次进行迭代.如此往复直到求得最优解或判断无(有界)最优解时停止.

以下将对上述三步作出一般性叙述,同时对有些问题作出理论上的证明,且对可能出现的多种情况进行更为完善的描述.

3.1.2 确定初始基本可行解

为了便于计算及寻找计算方法上的规律性,我们希望在化线性规划模型的标准形式时,约束矩阵 $\boldsymbol{A}_{m\times n}$ 中都含有一个 m 阶单位矩阵作为初始可行基.这有以下几种情形：

(1) 若在化标准形式前,m 个约束方程都是"$\leqslant$"的形式,则在化标准形式时,每一个约束方程左边都加上一个松弛变量 x_{n+i},该松弛变量所对应的系数列向量就是单位向量 $\boldsymbol{e}_i$($\boldsymbol{e}_i$ 是指第 i 个分量为 1 其余分量为 0 的单位向量),且这 m 个松弛变量所对应的系数列向量恰好组成了一个 m 阶单位矩阵.

(2) 若在化标准形式前,约束方程中有"$\geqslant$"的不等式,则在该约束方程左端减去剩余变量化成标准形式后,再加上一个非负的新变量——称为人工变量.显然该人工变量的系

数列向量也为 $\boldsymbol{e}_i$.

(3) 若在化标准形式前,约束方程中有等式方程,则直接在该等式左端添加人工变量.

因此对于线性规划问题,在标准化过程中总是可以设法得到一个单位矩阵作为初始可行基.

例 3.1.2 某线性规划问题的约束方程为

$$\begin{aligned} 3x_1+2x_2-4x_3 &\leqslant 50, \\ 2x_1-\ x_2+3x_3 &\geqslant 30, \\ x_1+\ x_2+\ x_3 &= 20, \\ x_1,x_2,x_3 &\geqslant 0. \end{aligned}$$

则在第一个约束方程左端添加松弛变量 x_4;在第二个约束方程左端减去剩余变量 x_5 后,再加上人工变量 x_6;在第三个约束方程左端添加人工变量 x_7:

$$\begin{aligned} 3x_1+2x_2-4x_3+x_4 \qquad\qquad\qquad &= 50, \\ 2x_1-\ x_2+3x_3 \qquad -x_5+x_6 \qquad &= 30, \\ x_1+\ x_2+\ x_3 \qquad\qquad\qquad +x_7 &= 20, \\ x_j \geqslant 0\ (j=1,2,\cdots,7)&. \end{aligned}$$

故由 $\boldsymbol{p}_4,\boldsymbol{p}_6,\boldsymbol{p}_7$ 构成的单位矩阵即可作为初始可行基.

当然,在引入人工变量后,约束方程与原先的约束方程不完全等价.为此我们要在目标函数上作些"修正",这将在 3.3 节中进一步加以讨论.

为了书写上的便利及总结规律,我们将所得到的标准形式中的变量次序重新整理及编号,让基变量排在前 m 个变量的位置上.这对所讨论的结果没有影响(而在实际作计算时,可不必调换次序).这样可得到以下的模型形式:

$$\max Z=\sum_{j=1}^{n}c_jx_j; \tag{3.1.13}$$

$$\begin{aligned} \text{s.t.}\quad x_1 \qquad &+a_{1,m+1}x_{m+1}+\cdots+a_{1n}x_n=b_1, \\ x_2 \qquad &+a_{2,m+1}x_{m+1}+\cdots+a_{2n}x_n=b_2, \\ &\ \vdots \\ x_m &+a_{m,m+1}x_{m+1}+\cdots+a_{mn}x_n=b_m, \\ x_j \geqslant 0 &\quad (j=1,2,\cdots,n). \end{aligned} \tag{3.1.14}$$

令 $x_{m+1}=0,x_{m+2}=0,\cdots,x_n=0$,代入式(3.1.14)得到基变量的值 $x_i=b_i(i=1,2,\cdots,m)$.因为 $b_i\geqslant 0(i=1,2,\cdots,m$,见 2.3.1 节),故得到初始基本可行解为

$$\boldsymbol{x}^{(0)}=(b_1,b_2,\cdots,b_m,0,\cdots,0)^{\mathrm{T}}.$$

3.1.3 最优性检验

下面将建立最优性准则.根据此准则可判断所得到的初始基本可行解,或经过若干次迭代后得到的新基本可行解——统称为当前解——是否为最优解.

将式(3.1.14)简记为

$$x_i = b_i - \sum_{j=m+1}^{n} a_{ij} x_j \quad (i = 1,2,\cdots,m), \tag{3.1.15}$$

这里 b_i,a_{ij} 是原始数据中的数值.为了不致混淆,对在经过若干次迭代后的当前解,其基变量用非基变量表示的典式的一般形式为

$$\begin{aligned} x_1 \quad &= b'_1 - a'_{1,m+1} x_{m+1} - \cdots - a'_{1n} x_n, \\ x_2 \quad &= b'_2 - a'_{2,m+1} x_{m+1} - \cdots - a'_{2n} x_n, \\ &\vdots \\ x_m &= b'_m - a'_{m,m+1} x_{m+1} - \cdots - a'_{mn} x_n, \end{aligned} \tag{3.1.16}$$

或简记为

$$x_i = b'_i - \sum_{j=m+1}^{n} a'_{ij} x_j \quad (i = 1,2,\cdots,m). \tag{3.1.17}$$

将式(3.1.17)代入式(3.1.13)中,得到目标函数用非基变量表示的典式:

$$\begin{aligned} Z &= \sum_{j=1}^{m} c_j x_j + \sum_{j=m+1}^{n} c_j x_j \\ &= \sum_{i=1}^{m} c_i x_i + \sum_{j=m+1}^{n} c_j x_j \\ &= \sum_{i=1}^{m} c_i \Big(b'_i - \sum_{j=m+1}^{n} a'_{ij} x_j\Big) + \sum_{j=m+1}^{n} c_j x_j \\ &= \sum_{i=1}^{m} c_i b'_i - \sum_{i=1}^{m} \sum_{j=m+1}^{n} c_i a'_{ij} x_j + \sum_{j=m+1}^{n} c_j x_j \\ &= \sum_{i=1}^{m} c_i b'_i - \sum_{j=m+1}^{n} \sum_{i=1}^{m} c_i a'_{ij} x_j + \sum_{j=m+1}^{n} c_j x_j \\ &= \sum_{i=1}^{m} c_i b'_i + \sum_{j=m+1}^{n} \Big(c_j - \sum_{i=1}^{m} c_i a'_{ij}\Big) x_j. \end{aligned} \tag{3.1.18}$$

记 $Z_0 = \sum_{i=1}^{m} c_i b'_i, z_j = \sum_{i=1}^{m} c_i a'_{ij} \ (j = m+1,\cdots,n)$,则有

$$Z = Z_0 + \sum_{j=m+1}^{n} (c_j - z_j) x_j. \tag{3.1.19}$$

再记

$$\sigma_j = c_j - \sum_{i=1}^{m} c_i a'_{ij} = c_j - z_j, \tag{3.1.20}$$

得

$$Z = Z_0 + \sum_{j=m+1}^{n} \sigma_j x_j. \tag{3.1.21}$$

这就是目标函数用当前解的非基变量表示的典式,式中 $i=1,2,\cdots,m$ 是基变量的下标;$j=m+1,\cdots,n$ 是非基变量的下标;$c_i(i=1,2,\cdots,m)$ 与 $c_j(j=m+1,m+2,\cdots,n)$ 分别是基变量与非基变量所对应的价值系数. 非基变量 x_j 的当前系数列向量为 $\boldsymbol{p}'_j=(a'_{1j},a'_{2j},\cdots,a'_{mj})^{\mathrm{T}}$. 因此 a'_{ij} 即为 $\boldsymbol{p}'_j$ 中第 i 个分量.

我们称 $\sigma_j = c_j - \sum\limits_{i=1}^{m} c_i a'_{ij}\ (j=m+1,m+2,\cdots,n)$ 为非基变量 x_j 的检验数. 以后有时用 $J_{\boldsymbol{B}}$ 来记基变量的下标集;$J_{\boldsymbol{N}}$ 记非基变量的下标集. 有以下结论.

定理 3.1.1 设式(3.1.17)及式(3.1.21)是最大化线性规划问题关于当前基本可行解 $\boldsymbol{x}^*$ 的两个典式. 若关于非基变量的所有检验数 $\sigma_j\leqslant 0(j\in J_{\boldsymbol{N}})$ 成立,则当前基本可行解 $\boldsymbol{x}^*$ 就是最优解.

证 对当前基本可行解 $\boldsymbol{x}^*$,由式(3.1.17)求得 $\boldsymbol{x}^*=(b'_1,b'_2,\cdots,b'_m,0,\cdots,0)^{\mathrm{T}}\geqslant\boldsymbol{0}$. 由式(3.1.21)求得 $Z^* = Z_0 + \sum\limits_{j\in J_{\boldsymbol{N}}}\sigma_j x_j = Z_0$.

现在从另一角度来分析式(3.1.17)(或式(3.1.16)). 式(3.1.17)是一个有 m 个方程 n 个未知量的线性方程组,记其系数矩阵为 $\boldsymbol{A}_{m\times n}(n>m)$,且其秩 $\mathrm{r}(\boldsymbol{A})=m$. 则由代数学中线性方程组理论可知,其有 $n-m$ 个自由未知量,设为 $(x_{m+1},x_{m+2},\cdots,x_n)^{\mathrm{T}} \stackrel{\text{def}}{=} \boldsymbol{x_N}$. 对每一组自由未知量的取值,代入式(3.1.17)由克拉默法则便可唯一求出 $x_1,x_2,\cdots,x_m$ 的一组值,记为 $\boldsymbol{x_B}=(x_1,x_2,\cdots,x_m)^{\mathrm{T}}$. 则 $\boldsymbol{x}=\begin{bmatrix}\boldsymbol{x_B}\\ \boldsymbol{x_N}\end{bmatrix}$便是式(3.1.17)的一个解. 当 $\boldsymbol{x_N}$ 取遍了全部可能取的值,便可相应得到线性方程组(3.1.17)的全部解. 将全部解集记为 $\mathscr{X}$,其中包含了问题的可行解与非可行解. 现将向量 $\boldsymbol{x_N}$ 所可能取的值分为两组:一组为 $\boldsymbol{x_N}\geqslant\boldsymbol{0}$,即其中任一个分量 $x_j\geqslant 0(j\in J_{\boldsymbol{N}})$,其生成式(3.1.17)的解集记为 $\mathscr{X}^{(1)}$;另一组为 $\boldsymbol{x_N}\ngeqslant\boldsymbol{0}$,即 $\boldsymbol{x_N}$ 中至少有一个分量 $x_j<0(j\in J_{\boldsymbol{N}})$,它所生成式(3.1.17)的解集记为 $\mathscr{X}^{(2)}$. 显然 $\mathscr{X}^{(1)}\cup\mathscr{X}^{(2)}=\mathscr{X}$,且满足约束方程(3.1.17)的全部可行解集 $\mathscr{X}_{\boldsymbol{B}}\subset\mathscr{X}^{(1)}$($\mathscr{X}^{(1)}$ 中还有部分非可行解). 对 $\mathscr{X}_{\boldsymbol{B}}$ 中任一个可行解$\hat{\boldsymbol{x}}=(\hat{\boldsymbol{x}}_{\boldsymbol{B}},\hat{\boldsymbol{x}}_{\boldsymbol{N}})^{\mathrm{T}}$,其对应的目标函数值由式(3.1.21)可得

$$\hat{Z} = Z_0 + \sum_{j\in J_{\boldsymbol{N}}}(c_j - z_j)\,\hat{x}_j = Z_0 + \sum_{j\in J_{\boldsymbol{N}}}\sigma_j\,\hat{x}_j.$$

因为式中 Z_0 不随 $\hat{x}_j$ 的取值而改变,且所有的 $c_j-z_j\leqslant 0(j\in J_{\boldsymbol{N}})$,而任一个可行解$\hat{\boldsymbol{x}}$中,$\hat{x}_j\geqslant 0\ (j\in J_{\boldsymbol{N}})$. 因此有

$$\hat{Z}=Z_0+\sum_{j\in J_N}(c_j-z_j)\hat{x}_j\leqslant Z_0=Z^*.$$

因此当前解 $\boldsymbol{x}^*$ 即为一切可行解中的最优解(或之一).

将 $\sigma_j\leqslant 0(j\in J_N)$称为最大化问题的最优性准则.显然对于最小化问题,最优性准则应是 $\sigma_j\geqslant 0(j\in J_N)$.

3.1.4 基变换

若当前基本可行解的检验数 σ_j 中有一个大于零,则当前解就不是最优解,就要进行基变换迭代到下一个改善了的基本可行解.

1. 进基变量的选择

在目标函数的典式(3.1.21)中,若有两个以上的 $\sigma_j>0$,则可选最大的 σ_j 所对应的非基变量作进基变量.记

$$\sigma_{m+t}=\max_{j\in J_N}\sigma_j(\sigma_j>0),\tag{3.1.22}$$

则对应的非基变量 x_{m+t} 为进基变量(也可在 $\sigma_j>0$ 中按下标最小的非基变量作进基变量,称为按字典序法).

2. 离基变量的选择

在 3.1.1 节的讨论中已知道,离基变量 x_l 的确定是与进基变量 x_{m+t} 的取值联系在一起的,当 x_{m+t} 的取值由零向正值增加时,当前解的原有基变量的取值有的要随 x_{m+t} 取值增加而减小.当第一个减小为零值的原基变量(记为 x_l)出现时,其余的原基变量值仍保持大于等于零,则 x_l 便是离基变量.下面我们来推导离基变量选择准则(最小比值准则)的数学公式.

设当前解 $\hat{\boldsymbol{x}}=(\hat{x}_1,\hat{x}_2,\cdots,\hat{x}_m,0,\cdots,0)^{\mathrm{T}}$,其对应的基矩阵 $\hat{\boldsymbol{B}}=(\boldsymbol{p}_1',\boldsymbol{p}_2',\cdots,\boldsymbol{p}_m')$,非基变量所对应的系数列向量为 $\boldsymbol{p}_{m+1}',\boldsymbol{p}_{m+2}',\cdots,\boldsymbol{p}_n'$,其中 $\boldsymbol{p}_j'=(a_{1j}',a_{2j}',\cdots,a_{mj}')^{\mathrm{T}}(j=m+1,m+2,\cdots,n)$.称进基变量 x_{m+t} 所对应的列向量 $\boldsymbol{p}_{m+t}'$ 为进基向量.

将式(3.1.16)改写为向量形式:

$$\sum_{i=1}^{m}\boldsymbol{p}_i'x_i+\sum_{j=m+1}^{n}\boldsymbol{p}_j'x_j=\boldsymbol{b}',\tag{3.1.23}$$

式中 $\boldsymbol{p}_i'(i=1,2,\cdots,m)$为 $\boldsymbol{e}_i$,$\boldsymbol{b}'=(b_1',b_2',\cdots,b_m')^{\mathrm{T}}$.则当前解 $\hat{\boldsymbol{x}}$ 满足(因 $\hat{x}_j=0,j\in J_N$)

$$\sum_{i=1}^{m}\hat{x}_i\boldsymbol{p}_i'=\boldsymbol{b}'.\tag{3.1.24}$$

因为 $\boldsymbol{p}'_1,\boldsymbol{p}'_2,\cdots,\boldsymbol{p}'_m$ 线性无关，因此进基向量 $\boldsymbol{p}'_{m+t}$ 也必可由基向量组 $\boldsymbol{p}'_1,\boldsymbol{p}'_2,\cdots,\boldsymbol{p}'_m$ 线性表出(请读者进一步思考能表出的理由是什么). 设

$$\boldsymbol{p}'_{m+t}=\sum_{i=1}^{m}\beta_{i,m+t}\boldsymbol{p}'_i, \tag{3.1.25}$$

式中 $\beta_{i,m+t}$ 为表出系数($i=1,2,\cdots,m$).

作(3.1.24)$+\theta\cdot$(3.1.25)，其中 $\theta>0$，得

$$\sum_{i=1}^{m}\hat{x}_i\boldsymbol{p}'_i+\theta\left(\boldsymbol{p}'_{m+t}-\sum_{i=1}^{m}\beta_{i,m+t}\boldsymbol{p}'_i\right)=\boldsymbol{b}',$$

或

$$\sum_{i=1}^{m}(\hat{x}_i-\beta_{i,m+t}\theta)\boldsymbol{p}'_i+\theta\boldsymbol{p}'_{m+t}=\boldsymbol{b}'. \tag{3.1.26}$$

当令 θ 从零值开始增加时，式(3.1.26)中值 $\hat{x}_i-\beta_{i,m+t}\theta$ 的变化情况是：① 若 $\beta_{i,m+t}=0$，则该差值不变. ② 若 $\beta_{i,m+t}<0$，则差值增加. ③ 只有当 $\beta_{i,m+t}>0$ 时，差值 $\hat{x}_i-\beta_{i,m+t}\theta$ 才随 θ 的增加而减小. 因此取

$$\theta=\min_i\left\{\frac{\hat{x}_i}{\beta_{i,m+t}}\middle|\beta_{i,m+t}>0\right\}=\frac{\hat{x}_l}{\beta_{l,m+t}}\overset{\text{def}}{=\!=}\theta_0, \tag{3.1.27}$$

则有

$$\hat{x}_i-\beta_{i,m+t}\theta_0\geqslant 0\quad(i=1,2,\cdots,m,\ i\neq l),\qquad \hat{x}_l-\beta_{l,m+t}\theta_0=0. \tag{3.1.28}$$

若令

$$\begin{aligned}&x_i^{(2)}=\hat{x}_i-\beta_{i,m+t}\theta_0\quad(i=1,2,\cdots,m,\ i\neq l),\\&x_l^{(2)}=0,\\&x_{m+t}^{(2)}=\theta_0>0,\\&\text{其余变量均取零值},\end{aligned} \tag{3.1.29}$$

代入式(3.1.26)有

$$\sum_{\substack{i=1\\(i\neq l)}}^{m}x_i^{(2)}\boldsymbol{p}'_i+x_{m+t}^{(2)}\boldsymbol{p}'_{m+t}=\boldsymbol{b}'. \tag{3.1.30}$$

由式(3.1.29)、式(3.1.28)、式(3.1.30)可知，解 $\boldsymbol{x}^{(2)}=(x_1^{(2)},\cdots,x_{l-1}^{(2)},x_{m+t}^{(2)},x_{l+1}^{(2)},\cdots,x_m^{(2)},0,\cdots,0)^{\mathrm{T}}$ 必是一个可行解. 事实上 $\boldsymbol{x}^{(2)}$ 也是一个基本可行解. 我们只需证明 $\boldsymbol{p}'_1,\cdots,\boldsymbol{p}'_{l-1},\boldsymbol{p}'_{m+t},\boldsymbol{p}'_{l+1},\cdots,\boldsymbol{p}'_m$ 仍线性无关.

定理 3.1.2 在式(3.1.25)中，若 $\beta_{l,m+t}\neq 0$，则 $\boldsymbol{p}'_1,\cdots,\boldsymbol{p}'_{l-1},\boldsymbol{p}'_{m+t},\boldsymbol{p}'_{l+1},\cdots,\boldsymbol{p}'_m$ 仍线性无关.

证 用反证法. 设 $\boldsymbol{p}'_1,\cdots,\boldsymbol{p}'_{l-1},\boldsymbol{p}'_{m+t},\boldsymbol{p}'_{l+1},\cdots,\boldsymbol{p}'_m$ 线性相关，而 $\boldsymbol{p}'_1,\cdots,\boldsymbol{p}'_{l-1},\boldsymbol{p}'_{l+1},\cdots,\boldsymbol{p}'_m$ 线性无关(请读者思考理由是什么)，因此由向量的相关性理论(见预备知识中的定理1.1.3)可得，$\boldsymbol{p}'_{m+t}$ 必可由 $\boldsymbol{p}'_1,\cdots,\boldsymbol{p}'_{l-1},\boldsymbol{p}'_{l+1},\cdots,\boldsymbol{p}'_m$ 线性表出. 设

$$\boldsymbol{p}'_{m+t}=k_1\boldsymbol{p}'_1+\cdots+k_{l-1}\boldsymbol{p}'_{l-1}+k_{l+1}\boldsymbol{p}'_{l+1}+\cdots+k_m\boldsymbol{p}'_m, \tag{3.1.31}$$

作式(3.1.25)－(3.1.31),则

$$\begin{aligned}\boldsymbol{0}=&(\beta_{1,m+t}-k_1)\boldsymbol{p}'_1+\cdots+(\beta_{l-1,m+t}-k_{l-1})\boldsymbol{p}'_{l-1}+\beta_{l,m+t}\boldsymbol{p}'_l\\&+(\beta_{l+1,m+t}-k_{l+1})\boldsymbol{p}'_{l+1}+\cdots+(\beta_{m,m+t}-k_m)\boldsymbol{p}'_m.\end{aligned} \tag{3.1.32}$$

因为 $\beta_{l,m+t}\neq 0$,式(3.1.32)表明向量组 $\boldsymbol{p}'_1,\cdots,\boldsymbol{p}'_{l-1},\boldsymbol{p}'_l,\boldsymbol{p}'_{l+1},\cdots,\boldsymbol{p}'_m$ 线性相关.但这与 $\boldsymbol{p}'_1,\cdots,\boldsymbol{p}'_{l-1},\boldsymbol{p}'_l,\boldsymbol{p}'_{l+1},\cdots,\boldsymbol{p}'_m$ 为当前可行基相矛盾,故 $\boldsymbol{p}'_1,\cdots,\boldsymbol{p}'_{l-1},\boldsymbol{p}'_{m+t},\boldsymbol{p}'_{l+1},\cdots,\boldsymbol{p}'_m$ 必也线性无关.

因此,以式(3.1.22)选择进基变量 x_{m+t},以最小比值准则式(3.1.27)选择离基变量 x_l,所得到的新的解仍是一个基本可行解,其新的基变量的取值由式(3.1.29)表达.由式(3.1.21)可推导出新解的目标函数值:

$$Z_2=Z_0+\sigma_{m+t}x_{m+t}^{(2)}=Z_0+\sigma_{m+t}\theta_0>Z_0,$$

Z_0 为 $\hat{\boldsymbol{x}}$ 的目标函数值.因此得到一个改善了的基本可行解 $\boldsymbol{x}^{(2)}$.

在式(3.1.29)中 $\beta_{i,m+t}(i=1,2,\cdots,m)$ 是式(3.1.25)中的 $\boldsymbol{p}'_{m+t}$ 用向量组 $\boldsymbol{p}'_1,\boldsymbol{p}'_2,\cdots,\boldsymbol{p}'_m$ 线性表出的系数.这样每作一次迭代,就要将进基向量 $\boldsymbol{p}'_{m+t}$ 用当前可行基 $\boldsymbol{p}'_1,\boldsymbol{p}'_2,\cdots,\boldsymbol{p}'_m$ 线性表出,求出其表出系数.这就对计算带来了不便.若每次取可行基时,让它成为单位矩阵,则可简化计算.

设 $\boldsymbol{p}'_{m+t}=(a'_{1,m+t},a'_{2,m+t},\cdots,a'_{m,m+t})^{\mathrm{T}}$,则

$$\begin{aligned}\boldsymbol{p}'_{m+t}&=\sum_{i=1}^{m}\beta_{i,m+t}\boldsymbol{p}'_i\\&=\beta_{1,m+t}\begin{bmatrix}1\\0\\\vdots\\0\end{bmatrix}+\beta_{2,m+t}\begin{bmatrix}0\\1\\\vdots\\0\end{bmatrix}+\cdots+\beta_{m,m+t}\begin{bmatrix}0\\\vdots\\0\\1\end{bmatrix}=\begin{bmatrix}\beta_{1,m+t}\\\beta_{2,m+t}\\\vdots\\\beta_{m,m+t}\end{bmatrix}.\end{aligned}$$

所以有 $\beta_{i,m+t}=a'_{i,m+t}(i=1,2,\cdots,m)$,即 $\boldsymbol{p}'_{m+t}$ 的表出系数即为 $\boldsymbol{p}'_{m+t}$ 的分量.

同时由式(3.1.24),当可行基为单位矩阵时,当前基本可行解的基变量取值为

$$\hat{x}_i=b'_i\quad(i=1,2,\cdots,m),$$

即当前基变量的取值即为约束方程右端项的值.故最小比值准则式(3.1.27)就可写为

$$\theta_0=\min_i\left\{\frac{b'_i}{a'_{i,m+t}}\,\middle|\,a'_{i,m+t}>0\right\}=\frac{b'_l}{a'_{l,m+t}}. \tag{3.1.33}$$

这样不仅简化了计算工作量,而且还提供了以表格形式来连续完成用单纯形法求解线性规划问题各个步骤的可能性.我们将这种表格称作单纯形表.这部分内容将在3.2节中讨论.

以上就是我们希望初始可行基及在作基迭代时,都将当前的可行基化成单位矩阵的原因.

3.1.5 无穷多个最优解及无界解的判定

对于一般线性规划问题而言,解的可能结果除了有唯一最优解外,还可能有无穷多个最优解或无界解.因此需要建立相应的判别准则.

定理 3.1.3 若当前基本可行解 $\boldsymbol{x}^{(1)}$ 的非基变量的检验数满足最优准则 $\sigma_j \leqslant 0(j\in J_N)$,且其中有一个非基变量 x_{m+t} 的检验数 $\sigma_{m+t}=0$,则该线性规划问题有无穷多个最优解.

证 设 $\boldsymbol{x}^{(1)}=(x_1^{(1)},x_2^{(1)},\cdots,x_m^{(1)},0,\cdots,0)^{\mathrm{T}}$ 是当前基本可行解,且 $\sigma_j\leqslant 0(j\in J_N)$满足最优性准则.则由定理 3.1.1,$\boldsymbol{x}^{(1)}$ 便是最优解 $\boldsymbol{x}^*=\boldsymbol{x}^{(1)}$,$Z^*=Z(\boldsymbol{x}^{(1)})=\sum\limits_{i=1}^{m}c_ib'_i+\sum\limits_{j=m+1}^{n}\sigma_jx_j^{(1)}=\sum\limits_{i=1}^{m}c_ib'_i$.

现有一个 $\sigma_{m+t}=0$,选 x_{m+t} 作进基变量,记 x_{m+t} 的对应系数列向量 $\boldsymbol{p}'_{m+t}=(a'_{1,m+t},a'_{2,m+t},\cdots,a'_{m,m+t})^{\mathrm{T}}$.有以下两种情形:

(1) 若 $\boldsymbol{p}'_{m+t}$ 中至少有一个分量 $a'_{i,m+t}>0$,则按最小比值准则选择离基变量,记为 x_l,于是可从当前解迭代到下一个基本可行解 $\boldsymbol{x}^{(2)}$.而对应的目标函数值

$$
\begin{aligned}
Z(\boldsymbol{x}^{(2)}) &= \sum_{i=1}^{m}c_ib'_i+\sigma_{m+t}x_{m+t}^{(2)}=\sum_{i=1}^{m}c_ib'_i+0\cdot\theta_0\\
&=\sum_{i=1}^{m}c_ib'_i=Z(\boldsymbol{x}^{(1)})=Z^*.
\end{aligned}
$$

因此 $\boldsymbol{x}^{(2)}$ 也是最优解.由凸集的性质可知,$\boldsymbol{x}^{(1)}$ 与 $\boldsymbol{x}^{(2)}$ 连线上任一点 $\hat{\boldsymbol{x}}$ 都是方程的可行解.且 $\hat{\boldsymbol{x}}$ 的目标函数值 $\hat{Z}=Z(\boldsymbol{x}^{(1)})=Z(\boldsymbol{x}^{(2)})=Z^*$(请读者自行证明这一点).因此有无穷多个最优解.

(2) 若所有的 $a'_{i,m+t}\leqslant 0$,则不能运用最小比值准则.但若令 $x_{m+t}^{(2)}=\theta>0$,$x_i^{(2)}=x_i^{(1)}-a'_{i,m+t}\theta(i=1,2,\cdots,m)$,其余 $x_j^{(2)}=0$,则由式(3.1.26)可知 $\boldsymbol{x}^{(2)}=(x_1^{(2)},\cdots,x_m^{(2)},0,\cdots,\theta,\cdots,0)^{\mathrm{T}}$ 必是一个可行解(请读者思考为什么不说 $\boldsymbol{x}^{(2)}$ 是基本可行解),而 θ 可取任意的正值.相应的目标函数值为

$$
\begin{aligned}
Z_2 = Z(\boldsymbol{x}^{(2)}) &= \sum_{i=1}^{m}c_ib'_i+\sigma_{m+t}\theta=\sum_{i=1}^{m}c_ib'_i+0\cdot\theta\\
&=\sum_{i=1}^{m}c_ib'_i=Z(\boldsymbol{x}^{(1)})=Z^*,
\end{aligned}
$$

故 Z_2 也是最优值,即 $\boldsymbol{x}^{(2)}$ 也是最优解.因此此时也有无穷多个最优解.

定理 3.1.4 设 $\boldsymbol{x}^{(1)}=(x_1^{(1)},x_2^{(1)},\cdots,x_m^{(1)},0,\cdots,0)^{\mathrm{T}}=(b'_1,b'_2,\cdots,b'_m,0,\cdots,0)^{\mathrm{T}}$ 是当

前基本可行解. 若有一个非基变量 x_{m+t} 的检验数 $\sigma_{m+t}>0$，且 x_{m+t} 对应的系数列向量 $\boldsymbol{p}'_{m+t}=(a'_{1,m+t},a'_{2,m+t},\cdots,a'_{m,m+t})^{\mathrm{T}}$ 中，所有分量 $a'_{i,m+t}\leqslant 0$，则该线性规划问题具有无界解(或称无最优解).

证 因为 $\boldsymbol{x}^{(1)}$ 是基本可行解，而 $\sigma_{m+t}>0$，若记 $\boldsymbol{x}^{(2)}=(x_1^{(2)},\cdots,x_n^{(2)})^{\mathrm{T}}$，其中令 $x_{m+t}^{(2)}=\lambda>0$，$x_i^{(2)}=x_i^{(1)}-a'_{i,m+t}\lambda(i=1,2,\cdots,m)$，其余 $x_j^{(2)}=0$，则由式(3.1.26)可知，$\boldsymbol{x}^{(2)}$ 为可行解. 而相应的目标函数值为

$$Z_2=Z(\boldsymbol{x}^{(2)})=\sum_{i=1}^{m}c_ib'_i+\sigma_{m+t}\lambda>\sum_{i=1}^{m}c_ib'_i=Z(\boldsymbol{x}^{(1)}),$$

但此时 λ 可取任意大的正数，故随 $\lambda\to+\infty$，有

$$Z(\boldsymbol{x}^{(2)})\to+\infty,$$

故该线性规划问题无(有界)最优解.

请读者根据定理 3.1.1 及定理 3.1.3 自行写出线性规划问题具有唯一最优解的判别准则.

需要指出的是，对于检验数公式(3.1.20)，如果把它应用到基变量上，当当前可行基为单位矩阵时就有

$$\sigma_i=c_i-z_i=c_i-\sum_{i=1}^{m}c_ia'_{ii}=c_i-c_i\cdot 1=0\quad(i=1,2,\cdots,m),$$

即对于基变量其检验数总应为零值. 因此对于极大化问题的最优性准则也可写成

$$\sigma_j\leqslant 0\quad(j=1,2,\cdots,n).\tag{3.1.34}$$

显然，对于极小化问题最优性准则可表示成

$$\sigma_j\geqslant 0\quad(j=1,2,\cdots,n).\tag{3.1.35}$$

3.2 单纯形表

在 3.1 节中已提到，若初始可行基及在作基变换时得到的当前可行基，都化成单位矩阵，则可以表格形式用单纯形法来求解线性规划问题. 我们将这种表格称为单纯形表. 下面介绍单纯形表的格式.

设线性规划问题

$$\begin{aligned}&\max Z=c_1x_1+c_2x_2+\cdots+c_nx_n;\\&\text{s.t.}\quad x_1\qquad +a_{1,m+1}x_{m+1}+\cdots+a_{1n}x_n=b_1,\\&\qquad\qquad x_2\quad +a_{2,m+1}x_{m+1}+\cdots+a_{2n}x_n=b_2,\\&\qquad\qquad\qquad\vdots\\&\qquad\qquad\qquad x_m+a_{m,m+1}x_{m+1}+\cdots+a_{mn}x_n=b_m,\end{aligned}\tag{3.2.1}$$

$$x_j \geqslant 0 \quad (j = 1,2,\cdots,n).$$

问题(3.2.1)中的约束方程组为 m 个方程 n 个未知量的一个非齐次线性方程组，其增广矩阵是一个 m 行 $n+1$ 列的矩阵(见表 3.1). 为了在计算过程中能同时计算目标函数值及检验数，将问题(3.2.1)中的目标函数式改写为

$$-Z + c_1x_1 + c_2x_2 + \cdots + c_nx_n = 0. \tag{3.2.2}$$

表 3.1

$$\begin{array}{ccccccccc:c} x_1 & x_2 & \cdots & x_m & x_{m+1} & x_{m+2} & \cdots & x_n & & \text{右端} \\ \end{array}$$
$$\left[\begin{array}{cccccccc:c} 1 & 0 & \cdots & 0 & a_{1,m+1} & a_{1,m+2} & \cdots & a_{1n} & b_1 \\ 0 & 1 & \cdots & 0 & a_{2,m+1} & a_{2,m+2} & \cdots & a_{2n} & b_2 \\ \vdots & \vdots & & \vdots & \vdots & \vdots & & \vdots & \vdots \\ 0 & 0 & \cdots & 1 & a_{m,m+1} & a_{m,m+2} & \cdots & a_{mn} & b_m \end{array}\right]$$

将式(3.2.2)作为问题(3.2.1)的第 $m+1$ 个方程，将($-Z$)看做是第 0 个决策变量(即 x_0)且是永远不被换出的基变量，则可有以下的 $m+1$ 个方程 $n+1$ 个变量的方程组：

$$\begin{aligned} x_1 \qquad + a_{1,m+1}x_{m+1} + \cdots + a_{1n}x_n &= b_1, \\ x_2 \quad + a_{2,m+1}x_{m+1} + \cdots + a_{2n}x_n &= b_2, \\ &\vdots \\ x_m + a_{m,m+1}x_{m+1} + \cdots + a_{mn}x_n &= b_m, \\ -Z + c_1x_1 + c_2x_2 + \cdots + c_mx_m + c_{m+1}x_{m+1} + \cdots + c_nx_n &= 0. \end{aligned} \tag{3.2.3}$$

上述方程组所对应的增广矩阵为

表 3.2

$$\begin{array}{cccccccc:c} -Z & x_1 & x_2 & \cdots & x_m & x_{m+1} & \cdots & x_n & \text{右端} \end{array}$$
$$\left[\begin{array}{cccccccc:c} 0 & 1 & 0 & \cdots & 0 & a_{1,m+1} & \cdots & a_{1n} & b_1 \\ 0 & 0 & 1 & \cdots & 0 & a_{2,m+1} & \cdots & a_{2n} & b_2 \\ \vdots & \vdots & \vdots & & \vdots & \vdots & & \vdots & \vdots \\ 0 & 0 & 0 & \cdots & 1 & a_{m,m+1} & \cdots & a_{mn} & b_m \\ 1 & c_1 & c_2 & \cdots & c_m & c_{m+1} & \cdots & c_n & 0 \end{array}\right]$$

如果对表 3.2 中的矩阵施行初等行变换：将第 1 行的($-c_1$)倍、第 2 行的($-c_2$)倍、……、第 m 行的($-c_m$)倍都加到第 $m+1$ 行上，则第 $m+1$ 行就变成以下结果：

$$\left(1,0,0,\cdots,0,c_{m+1} - \sum_{i=1}^{m} c_i a_{i,m+1},\cdots,c_n - \sum_{i=1}^{m} c_i a_{in}, \;\vdots\; -\sum_{i=1}^{m} c_i b_i\right).$$

注意到公式(3.1.20)及式(3.1.21)中 $\sigma_j = c_j - \sum_{i=1}^{m} c_i a'_{ij}$ 及 $Z_0 = \sum_{i=1}^{m} c_i b_i$，表 3.2 就变为表 3.3.

表 3.3

$$
\begin{array}{cccccccccc}
-Z & x_1 & x_2 & \cdots & x_m & x_{m+1} & \cdots & x_n & & \text{右端} \\
\end{array}
$$

$$
\left[\begin{array}{ccccccccc|c}
0 & 1 & 0 & \cdots & 0 & a_{1,m+1} & \cdots & a_{1n} & & b_1 \\
0 & 0 & 1 & \cdots & 0 & a_{2,m+1} & \cdots & a_{2n} & & b_2 \\
\vdots & \vdots & \vdots & & \vdots & \vdots & & \vdots & & \vdots \\
0 & 0 & 0 & \cdots & 1 & a_{m,m+1} & \cdots & a_{mn} & & b_m \\
1 & 0 & 0 & \cdots & 0 & \sigma_{m+1} & \cdots & \sigma_n & & -Z_0
\end{array}\right]
$$

表 3.3 中最后一行体现了检验数,因此又称为检验数行.

依据表 3.3 的矩阵,设计出了一种便于进行单纯形法计算的表格,称作单纯形表,见表 3.4.

表 3.4

c_j			c_1	c_2	$\cdots$	c_m	c_{m+1}	$\cdots$	c_n	
$\boldsymbol{c_B}$	$\boldsymbol{x_B}$	$\bar{b}$	x_1	x_2	$\cdots$	x_m	x_{m+1}	$\cdots$	x_n	θ
c_1	x_1	b_1	1	0	$\cdots$	0	$a_{1,m+1}$	$\cdots$	a_{1n}	
c_2	x_2	b_2	0	1	$\cdots$	0	$a_{2,m+1}$	$\cdots$	a_{2n}	
$\vdots$	$\vdots$	$\vdots$	$\vdots$	$\vdots$		$\vdots$	$\vdots$		$\vdots$	
c_m	x_m	b_m	0	0	$\cdots$	1	$a_{m,m+1}$	$\cdots$	a_{mn}	
	$-Z$	$-Z_0$	0	0	$\cdots$	0	σ_{m+1}	$\cdots$	σ_n	

第 1 行是价值系数行,标出了决策变量 x_j 的价值系数 $c_j(j=1,2,\cdots,n)$.

第 2 行是标识行,标出表中主体各列的含义.

最后 1 行是检验数行,除了 $-Z_0$ 是表示关于当前解的目标函数 Z 的负值外,其余各元素均为对应决策变量 x_j 的检验数 $\sigma_j(j=1,2,\cdots,n)$(基变量的检验数为零).

第 1 列是 $\boldsymbol{c_B}$ 列,标出基变量的价值系数.

第 2 列是 $\boldsymbol{x_B}$ 列,表出当前基变量的名称.

第 3 列是右端项,前 m 个元素是当前基本可行解的基变量的取值. $\bar{\boldsymbol{b}}=\boldsymbol{B}^{-1}\boldsymbol{b}=(\bar{b}_1,\bar{b}_2,\cdots,\bar{b}_m)^{\mathrm{T}}$. 第 $m+1$ 个元素是 $-Z_0$ 的取值.

其余各列标出了约束方程组中决策变量 x_j 的系数列向量 $\boldsymbol{p}_j(j=1,2,\cdots,n)$(因为 Z 永远不被换出,因此表中省去了 Z 的系数列).

最后一列留作使用最小比值准则求各个比值时填数据用.

建立初始单纯形表后,就可按单纯形法的各步来求解线性规划问题.具体步骤如下:

将初始数据填入表 3.4,可得到初始单纯形表.

(1) 检验当前基本可行解是否为最优解?

观察单纯形表的检验数行，若所有的$\sigma_j \leqslant 0$，则停止计算，已得到最优解. 否则进行下一步.

(2) 检验是否为无界解.

在$\sigma_j > 0 (j \in J_N)$中，若有一个$\sigma_{m+t} > 0$，而在单纯形表中σ_{m+t}所在列的其他元素，即$\boldsymbol{p}_{m+t}$列的所有分量$a_{i,m+t} \leqslant 0 (i=1,2,\cdots,m)$，则该问题无最优解，停止计算. 否则进行下一步.

(3) 选择进基变量.

由进基变量选择准则：$\max\limits_{j \in J_N} \sigma_j (\sigma_j > 0) = \sigma_{m+t}$，则选择$x_{m+t}$为进基变量，相应$\boldsymbol{p}_{m+t}$为进基向量. 称表中$\boldsymbol{p}_{m+t}$所在列为主列.

(4) 选择离基变量.

由离基变量的最小比值准则：

$$\theta = \min_i \left\{ \frac{b_i}{a_{i,m+t}} \middle| a_{i,m+t} > 0 \right\} = \frac{b_l}{a_{l,m+t}},$$

称第l行为主行，与主行所对应的基变量x_l(严格地讲应为x_{B_l})为离基变量.

在求最小比值时，可将每一个比值$\dfrac{b_i}{a_{i,m+t}} (a_{i,m+t} > 0)$记在单纯形表的最后一列($\theta$列)的对应位置上，然后从中选出最小比值.

(5) 基变换.

将可行基由$(\boldsymbol{p}_1, \cdots, \boldsymbol{p}_l, \cdots, \boldsymbol{p}_m)$变换为$(\boldsymbol{p}_1, \cdots, \boldsymbol{p}_{l-1}, \boldsymbol{p}_{m+t}, \boldsymbol{p}_{l+1}, \cdots, \boldsymbol{p}_m)$，且将主列$\boldsymbol{p}_{m+t}$化为单位列向量$\boldsymbol{e}_l$. 即

$$\boldsymbol{p}_{m+t} = \begin{bmatrix} a_{1,m+t} \\ a_{2,m+t} \\ \vdots \\ a_{m,m+t} \end{bmatrix} \xrightarrow{\text{化为}} \boldsymbol{p}_l = \begin{bmatrix} 0 \\ \vdots \\ 1 \\ \vdots \\ 0 \end{bmatrix} \leftarrow \text{第 } l \text{ 个分量}$$

的形式，以保证变换后的可行基仍为单位矩阵. 具体作法如下.

将主行与主列交叉处的元素$a_{l,m+t}$称为主元素，用方括号括起. 将单纯形表中主行各元素都同除以$a_{l,m+t}$，即将主元素化成1. 再用初等行变换法将主列($\boldsymbol{p}_{m+t}$所在列)的其他元素均化成零：即将新的主行的$(-a_{i,m+t})$倍分别加到第i行上$(i=1,2,\cdots,m, i \neq l)$；将新的主行的$(-\sigma_{m+t})$倍加到最后一行，即将$x_{m+t}$的检验数也化成零(请读者思考为什么要将它化成零). 这样就完成了基变换，得到了一张新的单纯形表，同时也得到了一个新的基本可行解$\hat{\boldsymbol{x}}$，其中$\hat{x}_i (i=1,2,\cdots,m, i \neq l)$，$\hat{x}_{m+t}$为新的基变量；而$\hat{x}_j (j=m+1, m+2, \cdots, n, j \neq m+t)$，$\hat{x}_l$为新的非基变量. 而新的基变量取值，即在新得到的表中第3列(即$\boldsymbol{b}$列)对

应位置上(即 $\hat{x}_i=\bar{b}_i$). 而新解的目标函数值的负值($-Z_0$)在 **b** 列的最后一个元素位置处、非基变量取值当然都为零.

(6) 回到(1),对新解作最优性检验.

下面以一个例来说明单纯形表的用法.

例 3.2.1 用单纯形表求解例 2.1.1.

问题的数学模型标准形式如下:

$$\begin{aligned}
&\max Z = 5x_1 + 2x_2 + 0x_3 + 0x_4 + 0x_5;\\
&\text{s.t.}\ \ 30x_1 + 20x_2 + x_3 = 160,\\
&\qquad 5x_1 + x_2 + x_4 = 15,\\
&\qquad x_1 + x_5 = 4,\\
&\qquad x_j \geqslant 0\ \ (j = 1,2,3,4,5).
\end{aligned} \tag{3.2.4}$$

解 首先建立初始单纯形表. 根据表 3.4 及其说明,本问题的初始单纯形表见表 3.5.

表 3.5

	c_j		5	2	0	0	0	
$\boldsymbol{c_B}$	$\boldsymbol{x_B}$	$\bar{\boldsymbol{b}}$	x_1	x_2	x_3	x_4	x_5	θ
0	x_3	160	30	20	1	0	0	$\frac{16}{3}$
0	x_4	15	[5]	1	0	1	0	3
0	x_5	4	1	0	0	0	1	4
	$-Z$	0	5	2	0	0	0	

在式(3.2.4)中,因为($\boldsymbol{p}_3,\boldsymbol{p}_4,\boldsymbol{p}_5$)构成一个三阶单位矩阵,因此初始可行基 $\boldsymbol{B}^{(0)}=(\boldsymbol{p}_3,\boldsymbol{p}_4,\boldsymbol{p}_5)$,即 x_3,x_4,x_5 为基变量;x_1,x_2 为非基变量. 因此在第二列中填上“x_3,x_4,x_5”;相应的价值系数 $c_3=0,c_4=0,c_5=0$ 填在第一列;第三列填上右端项的三个值:160,15,4. 表中主体各列为 $\boldsymbol{p}_j(j=1,2,\cdots,5)$,即式(3.2.4)中 x_j 的系数,相应填上. 最后一行的第一个元素(即第三列最后一个元素)($-Z_0$),可通过计算当前初始基本可行解的目标函数值得到. 因为初始基本可行解 $\boldsymbol{x}^{(0)}$ 的取值 $x_1=0,x_2=0,x_3=160,x_4=15,x_5=4$,代入目标函数式可得

$$Z_0 = 5\times 0 + 2\times 0 + 0\times 160 + 0\times 15 + 0\times 4 = 0.$$

所以

$$-Z_0 = 0.$$

至于最后一行的其他各个元素即决策变量的检验数需要用公式来计算:

$$\sigma_j = c_j - \sum_{i=1}^{m} c_{B_i} a_{ij}. \tag{3.2.5}$$

细心的读者可能已发现式(3.2.5)与前述计算检验数的公式(3.1.20)：$\sigma_j = c_j - \sum_{i=1}^{m} c_i a_{ij}$略有不同.这是因为推导公式(3.1.20)时，将基变量的下标都调整为 $x_1, x_2, \cdots, x_m$. 而本例中的基变量为 x_3, x_4, x_5，并未调整为 x_1, x_2, x_3. 我们可将基变量视作 $x_{B_1}, x_{B_2}, x_{B_3}$，即$x_{B_1}=x_3, x_{B_2}=x_4, x_{B_3}=x_5$. 因此基变量的价值系数在公式(3.2.5)中已记作 $c_{B_1}, c_{B_2}, \cdots, c_{B_m}$，故有

$$\sigma_1 = c_1 - (c_{B_1}a_{11} + c_{B_2}a_{21} + c_{B_3}a_{31}) = 5 - (0\times 30 + 0\times 5 + 0\times 1) = 5,$$

$$\sigma_2 = c_2 - (c_{B_1}a_{12} + c_{B_2}a_{22} + c_{B_3}a_{32}) = 2 - (0\times 20 + 0\times 1 + 0\times 0) = 2.$$

而对应基变量的价值系数显然有 $\sigma_3=0, \sigma_4=0, \sigma_5=0$(读者可利用式(3.2.5)计算 $\sigma_3, \sigma_4, \sigma_5$ 验证基变量的检验数必为零).

至此初始单纯形表 3.5 已建立.因为非基变量检验数 $\sigma_1=5>0, \sigma_2=2>0$，故当前解不是最优解，且判断本题也不是无最优解问题.为此选择进基变量，因为 $\sigma_1>\sigma_2$，所以选 x_1 作进基变量，$\boldsymbol{p}_1$ 为进基向量，即主列.用最小比值准则求离基变量，求$\frac{b_i}{a_{i1}}(a_{i1}>0)$：$\frac{160}{30}$，$\frac{15}{5}$，$\frac{4}{1}$.将比值填在单纯形表的最后一列($\theta$列)：$\frac{16}{3}$，3，4.可见最小比值为 3.因此第 2 行为主行.$a_{21}=5$ 为主元素，$x_{B_2}=x_4$ 为离基变量.

为了得到下一个基本可行解要进行基变换：用初等行变换法将主元素 a_{21} 化为 1，将主列 $\boldsymbol{p}_1$ 的其他各元素化为零，得到表 3.6.

表 3.6

c_j			5	2	0	0	0	
$\boldsymbol{c_B}$	$\boldsymbol{x_B}$	$\bar{b}$	x_1	x_2	x_3	x_4	x_5	θ
0	x_3	70	0	[14]	1	−6	0	5
5	x_1	3	1	1/5	0	1/5	0	15
0	x_5	1	0	−1/5	0	−1/5	1	/
	$-Z$	−15	0	1	0	−1	0	

在表 3.6 中，新的基本可行解 $\boldsymbol{x}^{(1)}$ 的基变量为 x_3, x_1, x_5；非基变量为 x_2, x_4；当 $x_2=0, x_4=0$ 时，$x_3=70, x_1=3, x_5=1$；$Z^{(1)}=-(-15)=15>Z^{(0)}=0$. 故 $\boldsymbol{x}^{(1)}$ 是比 $\boldsymbol{x}^{(0)}$ 改善了的基本可行解.但非基变量 x_2 的检验数 $\sigma_2=1>0$，故 $\boldsymbol{x}^{(1)}$ 仍不是最优解，经检查也不是无界解(请读者自行检查).选 x_2 作进基变量，即 $\boldsymbol{p}_2$ 为主列.作比值：$\frac{70}{14}$，$\frac{3}{1/5}$(请读者思考为什么不作比值$\frac{1}{-1/5}$?)填入 θ 列.显然 $b_1'/a_{12}'=5$ 为最小比值.故第 1 行为主行，a_{12}'为主元

素，$x_{B_1}=x_3$ 为离基变量.

将第 1 行都除以 $a'_{12}=14$，把主元素化为 1. 然后用初等行变换法把 $\boldsymbol{p}_2$ 的其余各元素化为零. 表 3.6 变为表 3.7.

表 3.7

c_j			5	2	0	0	0	
$\boldsymbol{c}_B$	$\boldsymbol{x}_B$	$\bar{b}$	x_1	x_2	x_3	x_4	x_5	θ
2	x_2	5	0	1	1/14	−3/7	0	
5	x_1	2	1	0	−1/70	2/7	0	
0	x_5	2	0	0	1/70	−2/7	1	
	$-Z$	−20	0	0	−1/14	−4/7	0	

在表 3.7 中新基本可行解 $\boldsymbol{x}^{(2)}$ 的基变量为 x_2,x_1,x_5；非基变量为 x_3,x_4. 由于非基变量的检验数 $\sigma_3<0,\sigma_4<0$，故 $\boldsymbol{x}^{(2)}$ 即为最优解. 从表上可得 $\boldsymbol{x}^*=\boldsymbol{x}^{(2)}=(2,5,0,0,2)^{\mathrm{T}}$，$Z^*=Z^{(2)}=20$. 这与用图解法结果(例 2.1.1)及用单纯形算法求解结果(例 3.1.1)均相同.

最后要说明的是，用单纯形法从当前解迭代到下一个基本可行解时，两者之间只有一个基变量不同(从而也是一个非基变量不同)，我们称两者为相邻的基本可行解(即相邻的极点). 从图 2.1 上可看出这点：$\boldsymbol{x}^{(0)}$ 对应于图 2.1 中的 O 点，$\boldsymbol{x}^{(1)}$ 对应于图中的 A 点，$\boldsymbol{x}^{(2)}$ 对应于 B 点.

3.3 人工变量及其处理方法

在前两节中我们已经提到，为了使初始可行基为一个单位矩阵，在有些约束条件中就需要加入人工变量. 但加入人工变量后的数学模型与未加入人工变量的数学模型一般是不等价的. 在这一点上，人工变量与松弛变量或剩余变量是不同的. 松弛变量或剩余变量只是将不等式改写为等式，而改写前后，两个约束是等价的.

考虑线性规划：

$$\begin{aligned} &\max Z=\sum_{j=1}^{n}c_jx_j\,; \\ &\text{s.t.}\quad \sum_{j=1}^{n}x_j\boldsymbol{p}_j=\boldsymbol{b}, \\ &\qquad\quad x_j\geqslant 0\quad (j=1,2,\cdots,n), \end{aligned}\tag{3.3.1}$$

式中 $\boldsymbol{b} \geqslant \boldsymbol{0}$，$\boldsymbol{p}_j=(a_{1j},a_{2j},\cdots,a_{mj})^{\mathrm{T}}$. 则在每一个约束方程左边加上一个人工变量 $x_{n+i}(i=1,2,\cdots,m)$ 可得到

$$\begin{cases} a_{11}x_1+a_{12}x_2+\cdots+a_{1n}x_n+x_{n+1} & =b_1, \\ a_{21}x_1+a_{22}x_2+\cdots+a_{2n}x_n \qquad +x_{n+2} & =b_2, \\ \qquad\vdots \\ a_{m1}x_1+a_{m2}x_2+\cdots+a_{mn}x_n \qquad\qquad +x_{n+m} & =b_m, \\ x_1,\cdots,x_n\geqslant 0, \quad x_{n+1},\cdots,x_{n+m}\geqslant 0. \end{cases} \tag{3.3.2}$$

式(3.3.2)含有一个 m 阶单位矩阵. 以 $x_{n+1},x_{n+2},\cdots,x_{n+m}$ 为基变量，得到一个初始基本可行解

$$\boldsymbol{x}^{(0)}=(0,\cdots,0,b_1,b_2,\cdots,b_m)^{\mathrm{T}}. \tag{3.3.3}$$

我们可以从 $\boldsymbol{x}^{(0)}$ 出发进行迭代.

但是以式(3.3.2)为约束方程的线性规划模型与式(3.3.1)一般是不等价的. 只有当最优解中人工变量都取零值时，才可认为两个问题的最优解是相当的. 关于这一点有以下的结论：

(1) 以式(3.3.2)为约束方程组的线性规划问题的最优解中，人工变量都处在非基变量位置(即取零值)，则原问题(3.3.1)有最优解，且前者最优解去掉人工变量部分即为后者最优解.

(2) 若问题(3.3.2)的最优解中，包含有非零的人工变量，则原问题(3.3.1)无可行解.

(3) 若问题(3.3.2)最优解的基变量中包含有人工变量，但该人工变量取值为0，这时可将某个非基变量引入基变量中来替换该人工变量，从而得到原问题的最优解.

对以上的结论我们不作更多的理论上证明.

当以式(3.3.3)的 $\boldsymbol{x}^{(0)}$ 作初始基本可行解进行迭代时，较快地将所有的人工变量从基变量中全部“赶”出去(如果能全部“赶”出去的话)，将会减少我们得到最优解的迭代次数. 通常有大 M 法与两阶段法两种方法. 下面将用具体例子来说明这两种方法的具体作法.

3.3.1 大 M 法

当以式(3.3.2)作为约束方程组时，将目标函数修改为

$$\max Z=\sum_{j=1}^{n}c_jx_j-Mx_{n+1}-Mx_{n+2}-\cdots-Mx_{n+m}, \tag{3.3.4}$$

其中 M 是个很大的正数. 因为我们是对目标函数实现最大化，因此人工变量必须从基变量中迅速换出去，否则目标函数不可能实现最大化.

例 3.3.1 考虑线性规划问题：

$$\max Z = 3x_1 - x_2 - x_3;$$
$$\text{s.t.}\quad \begin{aligned} x_1 - 2x_2 + x_3 &\leqslant 11, \\ -4x_1 + x_2 + 2x_3 &\geqslant 3, \\ -2x_1 + x_3 &= 1, \\ x_1, x_2, x_3 &\geqslant 0. \end{aligned}$$

用大 M 法求解.

解 将第 1 个约束方程左端加上松弛变量 x_4、第 2 个约束方程左端减去剩余变量 x_5，再加上人工变量 x_6，第 3 个约束方程左端加上人工变量 x_7，则上述问题化为

$$\max Z = 3x_1 - x_2 - x_3 + 0 \cdot x_4 + 0 \cdot x_5 - Mx_6 - Mx_7;$$
$$\text{s.t.}\quad \begin{aligned} x_1 - 2x_2 + x_3 + x_4 &= 11, \\ -4x_1 + x_2 + 2x_3 - x_5 + x_6 &= 3, \\ -2x_1 + x_3 + x_7 &= 1, \\ x_j \geqslant 0 \quad (j = 1,2,\cdots,7)&, \end{aligned}$$

式中 M 是一个很大的正数. 因为约束中含有 3 阶单位矩阵，令 $\boldsymbol{B}^{(0)} = (\boldsymbol{p}_4, \boldsymbol{p}_6, \boldsymbol{p}_7)$ 作初始可行基，作单纯形表如表 3.8.

表 3.8

		c_j		3	−1	−1	0	0	−M	−M	
	$\boldsymbol{c}_B$	$\boldsymbol{x}_B$	$\bar{\boldsymbol{b}}$	x_1	x_2	x_3	x_4	x_5	x_6	x_7	θ
初始单纯形表	0	x_4	11	1	−2	1	1	0	0	0	11
	−M	x_6	3	−4	1	2	0	−1	1	0	3/2
	−M	x_7	1	−2	0	[1]	0	0	0	1	1
		−Z	4M	3−6M	M−1	3M−1	0	−M	0	0	
第一次迭代	0	x_4	10	3	−2	0	1	0	0	−1	/
	−M	x_6	1	0	[1]	0	0	−1	1	−2	1
	−1	x_3	1	−2	0	1	0	0	0	1	/
		−Z	1+M	1	M−1	0	0	−M	0	1−3M	
第二次迭代	0	x_4	12	[3]	0	0	1	−2	2	−5	4
	−1	x_2	1	0	1	0	0	−1	1	−2	/
	−1	x_3	1	−2	0	1	0	0	0	1	/
		−Z	2	1	0	0	0	−1	1−M	−M−1	

续表

	c_j			3	-1	-1	0	0	$-M$	$-M$	
	c_B	x_B	$\bar{b}$	x_1	x_2	x_3	x_4	x_5	x_6	x_7	θ
第三次迭代	3	x_1	4	1	0	0	1/3	$-2/3$	2/3	$-5/3$	
	-1	x_2	1	0	1	0	0	-1	1	-2	
	-1	x_3	9	0	0	1	2/3	$-4/3$	4/3	$-7/3$	
		$-Z$	-2	0	0	0	$-1/3$	$-1/3$	$\frac{1}{3}-M$	$\frac{2}{3}-M$	

从表中得到最优解 $\boldsymbol{x}^*=(4,1,9,0,0,0,0)^{\mathrm{T}}$，最优值 $Z^*=Z(\boldsymbol{x}^{(3)})=2$. 因为人工变量 x_6,x_7 已不在基变量中，故 $\boldsymbol{x}^*=(x_1,x_2,x_3,x_4,x_5)=(4,1,9,0,0)^{\mathrm{T}}$ 是原问题的最优解，最优值 $Z^*=2$.

显然，对于最小化问题，若用大 M 法，则对最小化目标函数中应加上惩罚项 Mx_a（x_a 为一个人工变量），才能在最小化过程中迫使人工变量 x_a 从基变量中换出去. 则有如下一般形式：

$$\min Z=\sum_{j=1}^{n}c_jx_j+Mx_{n+1}+Mx_{n+2}+\cdots+Mx_{n+m},$$

式中 $x_{n+i}(i=1,2,\cdots,m)$ 均为人工变量.

当用手工计算大 M 法时，只要认定 M 是一个很大的正数，如上例所示. 若用计算机计算时，必须对 M 给出一个具体数值，通常是取比在原问题中最大数据高 1～2 个数量级的数值，并视求解情况对 M 值作适当调整.

3.3.2 两阶段法

当线性规划问题(3.3.1)添加人工变量后，得到以式(3.3.2)为约束方程的线性规划，然后我们将问题拆成两个线性规划. 第 1 阶段求解第 1 个线性规划：

$$\begin{aligned}
&\min w=\sum_{i=1}^{m}x_{n+i};\\
&\text{s.t.}\quad a_{11}x_1+a_{12}x_2+\cdots+a_{1n}x_n+x_{n+1}=b_1,\\
&\qquad a_{21}x_1+a_{22}x_2+\cdots+a_{2n}x_n+x_{n+2}=b_2,\\
&\qquad \cdots\qquad\cdots\qquad\cdots\\
&\qquad a_{m1}x_1+a_{m2}x_2+\cdots+a_{mn}x_n+x_{n+m}=b_m,\\
&\qquad x_j\geqslant 0\quad(j=1,2,\cdots,n),\quad x_{n+i}\geqslant 0\quad(i=1,\cdots,m).
\end{aligned}\tag{3.3.5}$$

第 1 个线性规划的目标函数是对所有人工变量之和最小化.

(1) 若求得的最优解中,所有人工变量都处在非基变量的位置,即 $x_{n+i}=0(i=1,2,\cdots,m)$及 $w^*=0$,则从第 1 阶段的最优解中去掉人工变量后,即为原问题的一个基本可行解. 将它作为原问题的一个初始基本可行解,再求解原问题,从而进入第 2 阶段.

(2) 假若求得第 1 阶段的最优解中,至少有一个人工变量不为零值,则说明添加人工变量之前的原问题无可行解,不再需要进入第 2 阶段计算.

因此两阶段法的第 1 阶段求解,有两个目的:一,判断原问题有无可行解. 二,若有,则可求得原问题的一个初始基本可行解,再对原问题进行第 2 阶段的计算.

例 3.3.2 用两阶段法求解例 3.3.1.

建立第 1 阶段的线性规划问题:

$$
\begin{aligned}
&\min w = x_6 + x_7;\\
&\text{s.t.}\quad x_1 - 2x_2 + x_3 + x_4 = 11,\\
&\qquad -4x_1 + x_2 + 2x_3 - x_5 + x_6 = 3,\\
&\qquad -2x_1 + x_3 + x_7 = 1,\\
&\qquad x_j \geqslant 0 \quad (j = 1,\cdots,7),
\end{aligned}
$$

式中有 $\boldsymbol{B}^{(0)}=(\boldsymbol{p}_4,\boldsymbol{p}_6,\boldsymbol{p}_7)=\boldsymbol{I}_3$,可作为初始基本可行基. 注意本阶段是对目标函数求最小,因此最优性准则应为 $\sigma_j\geqslant 0$. 建立初始单纯形表 3.9 并由此开始进行迭代.

表 3.9

	c_j			0	0	0	0	0	1	1	
初始单纯形表	$\boldsymbol{c_B}$	$\boldsymbol{x_B}$	$\bar{b}$	x_1	x_2	x_3	x_4	x_5	x_6	x_7	θ
	0	x_4	11	1	−2	1	1	0	0	0	11
	1	x_6	3	−4	1	2	0	−1	1	0	3/2
	1	x_7	1	−2	0	[1]	0	0	0	1	1
		$-Z$	−4	6	−1	−3	0	1	0	0	

检验数行中的数值可以通过计算得到,也可通过原始数据表经过行变换法后得到.

在表 3.9 中 $\boldsymbol{p}_3$ 是主列,第 3 行是主行. 因此 a_{33} 是主元素,x_3 为进基变量,x_7 为离基变量. 通过基迭代得到表 3.10.

通过两次基迭代后,$\sigma_j\geqslant 0$,且人工变量 x_6,x_7 已从基变量中换出. 因此第 1 阶段的最优解已得到,$\boldsymbol{x}=(0,1,1,12,0,0,0)^{\mathrm{T}}$ 为最优解. 将最优表中有关人工变量列划去,即可作为第 2 阶段的初始单纯形表. $\boldsymbol{x}^{(0)}=(0,1,1,12,0)^{\mathrm{T}}$ 为第 2 阶段的初始基本可行解.

建立第 2 阶段的数学模型:

表 3.10

	c_j			0	0	0	0	0	1	1	
	c_B	x_B	$\bar{b}$	x_1	x_2	x_3	x_4	x_5	x_6	x_7	θ
第一次迭代	0	x_4	10	3	−2	0	1	0	0	−1	
	1	x_6	1	0	[1]	0	0	−1	1	−2	1
	0	x_3	1	−2	0	1	0	0	0	1	
		$-Z$	−1	0	−1	0	0	1	0	3	
第二次迭代	0	x_4	12	3	0	0	1	−2	2	−5	
	0	x_2	1	0	1	0	0	−1	1	−2	
	0	x_3	1	−2	0	1	0	0	0	1	
		$-Z$	0	0	0	0	0	0	1	1	

$$
\begin{aligned}
&\max Z = 3x_1 - x_2 - x_3 + 0 \cdot x_4 + 0 \cdot x_5\,;\\
&\text{s.t.}\quad x_1 - 2x_2 + x_3 + x_4 = 11,\\
&\qquad -4x_1 + x_2 + 2x_3 - x_5 = 3,\\
&\qquad -2x_1 + x_3 = 1,\\
&\qquad x_j \geqslant 0 \quad (j = 1,2,\cdots,5).
\end{aligned}
$$

相应地建立初始单纯形表，但这时初始单纯形表中的主体只要将第 1 阶段中相应列换入即可. 而目标函数行中数值需重新计算. 见表 3.11.

表 3.11

	c_j			3	−1	−1	0	0	
	c_B	x_B	$\bar{b}$	x_1	x_2	x_3	x_4	x_5	θ
初始单纯形表	0	x_4	12	[3]	0	0	1	−2	4
	−1	x_2	1	0	1	0	0	−1	
	−1	x_3	1	−2	0	1	0	0	
		$-Z$	2	1	0	0	0	−1	
第一次迭代	3	x_1	4	1	0	0	1/3	−2/3	
	−1	x_2	1	0	1	0	0	−1	
	−1	x_3	9	0	0	1	2/3	−4/3	
		$-Z$	−2	0	0	0	−1/3	−1/3	

通过一次迭代已得到最优解($\sigma_j \leqslant 0$). 最优解为 $\boldsymbol{x}^* = (4,1,9,0,0)^{\mathrm{T}}, Z^* = 2$.

3.3.3 关于退化与循环的问题

定义 3.3.1 一个基本可行解如果存在取零值的基变量,则称为退化的基本可行解,相应的基称为退化基.

如果所有的基变量都大于零,就是非退化的基本可行解.

当线性规划存在最优解时,在非退化情形下,用单纯形方法经过有限次迭代一定可达到最优解. 但在退化情形下,即使存在最优解,用单纯形法进行迭代时也可能求不到最优解,即,基迭代经过若干次后又回到先前的可行基. 如 $\boldsymbol{B}_1 \to \boldsymbol{B}_2 \to \cdots \to \boldsymbol{B}_1$(此时目标函数值并没有改变),这样计算机的计算永远不会停止,得不到最优解. 我们称之为退化带来的循环问题. E. Beale 给出了一个循环的例子.

例 3.3.3 用单纯形法求解:

$$\max Z = \frac{3}{4}x_4 - 20x_5 + \frac{1}{2}x_6 - 6x_7;$$

$$\text{s.t.}\quad \begin{aligned} x_1 \quad + \frac{1}{4}x_4 - 8x_5 - x_6 + 9x_7 &= 0, \\ x_2 + \frac{1}{2}x_4 - 12x_5 - \frac{1}{2}x_6 + 3x_7 &= 0, \\ x_3 \quad + x_6 \quad &= 1, \\ x_j \geqslant 0 \quad (j = 1,\cdots,7). \end{aligned}$$

显然,$\boldsymbol{B}_0 = (\boldsymbol{p}_1, \boldsymbol{p}_2, \boldsymbol{p}_3) = \boldsymbol{I}_3$,可作为初始可行基,$x_1, x_2, x_3$ 为基变量. 经过 6 次迭代后,又得到了可行基 $\boldsymbol{B}_0$,回到了初始情况,因此求不到最优解. 有兴趣的读者可自行用单纯形法验证一下本题产生的循环现象. 而实际上本题有最优解:$\boldsymbol{x}^* = (3/4,0,0,1,0,1,0)^{\mathrm{T}}, Z^* = 5/4$.

目前人们提出防止循环的方法主要是摄动法,在这里我们不作介绍.

需要指出的是,退化现象较为多见,但循环却很少发生,直到目前为止,还没见到一个实际应用问题产生循环的例子. 因此研究循环及其防止的方法目前仍是理论上的问题.

在第 2,3 章中我们介绍了一些关于线性规划解的性质与理论,其中有些结论都是在非退化假定下才有效.

3.4 改进单纯形法

3.4.1 单纯形法的矩阵描述

在前几节中,我们用线性规划数学模型的一般表达式及向量形式描述了单纯形方法及其计算准则,这主要是因为一般表达式与单纯形表极为相近.但一般表达式书写较繁且不易作理论推导.现在我们介绍用矩阵描述单纯形法迭代过程的公式,不仅书写简洁,而且在为以后讲述修正单纯形法及对偶理论方面提供了方便.

考虑线性规划的标准模型:

$$\begin{aligned} &\max Z = \boldsymbol{cx};\\ &\text{s.t.}\quad \boldsymbol{Ax} = \boldsymbol{b},\\ &\qquad\quad \boldsymbol{x} \geqslant \boldsymbol{0}, \end{aligned} \tag{3.4.1}$$

式中 $\boldsymbol{A}\in M_{m\times n}$,$\mathrm{r}(\boldsymbol{A})=m$,$\boldsymbol{x}\in\mathbb{R}^n$,$\boldsymbol{b}\in\mathbb{R}^m$,$\boldsymbol{c}^{\mathrm{T}}\in\mathbb{R}^n$.在下面的讨论中,假定:

(1) 问题(3.4.1)的可行域非空;

(2) 所有的基本可行解不退化.

如果我们有了一个初始可行基 $\boldsymbol{B}$,$\boldsymbol{B}$ 为 $m\times m$ 型矩阵,且 $\mathrm{r}(\boldsymbol{B})=m$,即 $\boldsymbol{B}$ 中含有 $\boldsymbol{A}$ 中 m 个线性无关的列向量.不失一般性,假定 $\boldsymbol{B}$ 由 $\boldsymbol{A}$ 中前 m 个列向量组成(若不是,通过次序调换及重新编号总可做到.这纯粹是为了推导公式方便,不会影响到结论的正确性),则余下的 $n-m$ 个非基向量记作 $\boldsymbol{N}$,故有 $\boldsymbol{A}$ 的分块矩阵表达形式:

$$\boldsymbol{A}=(\boldsymbol{B},\boldsymbol{N}).$$

与 $\boldsymbol{B}$ 对应的基变量相应地记作 $\boldsymbol{x_B}$,非基变量记作 $\boldsymbol{x_N}$,即解向量也分成两块:

$$\boldsymbol{x}=\begin{bmatrix}\boldsymbol{x_B}\\ \boldsymbol{x_N}\end{bmatrix},\ 其中\ \boldsymbol{x_B}=(x_1,x_2,\cdots,x_m)^{\mathrm{T}},\ \boldsymbol{x_N}=(x_{m+1},\cdots,x_n)^{\mathrm{T}}.$$

相应地,将价值系数向量 $\boldsymbol{c}=(c_1,\cdots,c_m,c_{m+1},\cdots,c_n)$ 也分成两块:

$$\boldsymbol{c}=(\boldsymbol{c_B},\boldsymbol{c_N}),\quad 其中\ \boldsymbol{c_B}=(c_1,\cdots,c_m),\quad \boldsymbol{c_N}=(c_{m+1},\cdots,c_n).$$

将以上各式代入式(3.4.1)中的约束方程及目标函数有

$$(\boldsymbol{B},\boldsymbol{N})\begin{bmatrix}\boldsymbol{x_B}\\ \boldsymbol{x_N}\end{bmatrix}=\boldsymbol{b},$$

或

$$\boldsymbol{Bx_B}+\boldsymbol{Nx_N}=\boldsymbol{b},\quad 即\quad \boldsymbol{Bx_B}=\boldsymbol{b}-\boldsymbol{Nx_N}.$$

因为 $\boldsymbol{B}$ 可逆,故有

$$\boldsymbol{x_B}=\boldsymbol{B}^{-1}\boldsymbol{b}-\boldsymbol{B}^{-1}\boldsymbol{Nx_N}. \tag{3.4.2}$$

又因为

$$Z = \boldsymbol{cx} = (\boldsymbol{c_B}, \boldsymbol{c_N})\begin{bmatrix}\boldsymbol{x_B}\\ \boldsymbol{x_N}\end{bmatrix} = \boldsymbol{c_B x_B} + \boldsymbol{c_N x_N},$$

将式(3.4.2)代入上式得

$$Z = \boldsymbol{c_B}(\boldsymbol{B}^{-1}\boldsymbol{b} - \boldsymbol{B}^{-1}\boldsymbol{N x_N}) + \boldsymbol{c_N x_N} = \boldsymbol{c_B B}^{-1}\boldsymbol{b} + (\boldsymbol{c_N} - \boldsymbol{c_B B}^{-1}\boldsymbol{N})\boldsymbol{x_N}. \qquad (3.4.3)$$

式(3.4.2)及(3.4.3)与式(3.1.17)及(3.1.18)都是描述了用非基变量表示基变量及目标函数的典则形式，前两个是后两个的矩阵表达形式，且后两个是在初始可行基$\boldsymbol{B}^{(0)} = \boldsymbol{I}_m$时的特殊情形.

为了使用上方便，有时也将式(3.4.2)及(3.4.3)改写为以下形式：

$$\begin{aligned}\boldsymbol{x_B} &= \boldsymbol{B}^{-1}\boldsymbol{b} - \boldsymbol{B}^{-1}\boldsymbol{N x_N} = \boldsymbol{B}^{-1}\boldsymbol{b} - \boldsymbol{B}^{-1}(\boldsymbol{p}_{m+1}, \boldsymbol{p}_{m+2}, \cdots, \boldsymbol{p}_n)\begin{bmatrix}x_{m+1}\\ x_{m+2}\\ \vdots\\ x_n\end{bmatrix}\\ &= \boldsymbol{B}^{-1}\boldsymbol{b} - \sum_{j\in J_N}\boldsymbol{B}^{-1}\boldsymbol{p}_j x_j. \end{aligned}\qquad (3.4.4)$$

$$\begin{aligned}Z &= \boldsymbol{c_B B}^{-1}\boldsymbol{b} + (\boldsymbol{c_N} - \boldsymbol{c_B B}^{-1}\boldsymbol{N})\boldsymbol{x_N}\\ &= \boldsymbol{c_B B}^{-1}\boldsymbol{b} + ((c_{m+1}, c_{m+2}, \cdots, c_n) - \boldsymbol{c_B B}^{-1}(\boldsymbol{p}_{m+1}, \boldsymbol{p}_{m+2}, \cdots, \boldsymbol{p}_n))\begin{bmatrix}x_{m+1}\\ x_{m+2}\\ \vdots\\ x_n\end{bmatrix}\\ &= \boldsymbol{c_B B}^{-1}\boldsymbol{b} + \sum_{j\in J_N}(c_j - \boldsymbol{c_B B}^{-1}\boldsymbol{p}_j)x_j.\end{aligned}\qquad (3.4.5)$$

因此线性规划问题可表述为如下典则形式：

$$\begin{aligned}&\max Z = \boldsymbol{c_B B}^{-1}\boldsymbol{b} + \sum_{j\in J_N}(c_j - \boldsymbol{c_B B}^{-1}\boldsymbol{p}_j)x_j;\\ &\text{s.t.}\quad \boldsymbol{x_B} = \boldsymbol{B}^{-1}\boldsymbol{b} - \boldsymbol{B}^{-1}\boldsymbol{N x_N}\\ &\qquad\quad = \boldsymbol{B}^{-1}\boldsymbol{b} - \sum_{j\in J_N}\boldsymbol{B}^{-1}\boldsymbol{p}_j x_j,\\ &\qquad\quad \boldsymbol{x_B} \geqslant \boldsymbol{0},\ \ \boldsymbol{x_N} \geqslant \boldsymbol{0}.\end{aligned}\qquad (3.4.6)$$

下面我们用矩阵形式来描述单纯形法计算步骤中的各项准则.

(1) 最优性检验准则

由式(3.4.5)可看出，$c_j - \boldsymbol{c_B B}^{-1}\boldsymbol{p}_j$ 就是非基变量 x_j 的检验数 σ_j，故有

$$\sigma_j = c_j - \boldsymbol{c_B B}^{-1}\boldsymbol{p}_j, \quad j \in J_N.$$

又令$\boldsymbol{\sigma} = (\sigma_{m+1}, \sigma_{m+2}, \cdots, \sigma_n)$，则

$$\boldsymbol{\sigma} = \boldsymbol{c_N} - \boldsymbol{c_B B^{-1} N}. \tag{3.4.7}$$

称$\boldsymbol{\sigma}$为检验数向量，其中分量σ_j的次序与非基向量所组成的矩阵$\boldsymbol{N}$中列向量$\boldsymbol{p}_j$的次序相对应.

因此对于线性规划(3.4.1)最大化问题，其最优性准则用矩阵描述的形式为

$$\boldsymbol{\sigma} = \boldsymbol{c_N} - \boldsymbol{c_B B^{-1} N} \leqslant \boldsymbol{0}. \tag{3.4.8}$$

(2) 进基变量选择准则

若

$$\sigma_k = \max_j \{c_j - \boldsymbol{c_B B^{-1} p_j}\}, \quad j \in J_{\boldsymbol{N}}, \tag{3.4.9}$$

则非基变量x_k作为进基变量.

(3) 离基变量选择准则

当确定了进基变量为x_k后，由式(3.4.4)得

$$\boldsymbol{x_B} = \boldsymbol{B^{-1} b} - \sum_{j \in J_{\boldsymbol{N}}} \boldsymbol{B}^{-1} \boldsymbol{p}_j x_j = \boldsymbol{B^{-1} b} - \boldsymbol{B}^{-1} \boldsymbol{p}_k x_k.$$

记$\boldsymbol{B}^{-1}\boldsymbol{b}=\boldsymbol{b}'$，$\boldsymbol{B}^{-1}\boldsymbol{p}_k=\boldsymbol{y}_k$，$\boldsymbol{b}'$及$\boldsymbol{y}_k$均是$m$维列向量. 故由最小比值准则：

$$\begin{aligned}\theta &= \min \left\{ \frac{(\boldsymbol{B}^{-1}\boldsymbol{b})_i}{(\boldsymbol{B}^{-1}\boldsymbol{p}_k)_i} \middle| (\boldsymbol{B}^{-1}\boldsymbol{p}_k)_i > 0 \right\} \\ &= \min \left\{ \frac{(\boldsymbol{b}')_i}{(\boldsymbol{y}_k)_i} \middle| (\boldsymbol{y}_k)_i > 0 \right\} = \frac{(\boldsymbol{B}^{-1}\boldsymbol{b})_l}{(\boldsymbol{B}^{-1}\boldsymbol{p}_k)_l} = \frac{b_l'}{y_{lk}}.\end{aligned} \tag{3.4.10}$$

令进基变量$x_k = \dfrac{(\boldsymbol{B}^{-1}\boldsymbol{b})_l}{(\boldsymbol{B}^{-1}\boldsymbol{p}_k)_l} = \dfrac{b_l'}{y_{lk}}$，则进基向量为$\boldsymbol{p}_k$，离基向量为$\boldsymbol{p}_l$，即第$l$个基变量离基，这里的下标$l$不是变量的自然下标，而是变量在当前解的基变量中所排顺序的下标. 因此第l个基变量离基，一般应写成$x_{\boldsymbol{B}_l}$离基(只有当基变量的下标都是自然下标，即$\boldsymbol{x_B}=(x_1, x_2, \cdots, x_m)^{\mathrm{T}}$时，才有$x_{\boldsymbol{B}_l}=x_l$)，若$x_{\boldsymbol{B}_l}$是$x_r$，则取基变量$x_r=0$为离基变量. 这样就从当前可行基(为非最优基)$\boldsymbol{B}$出发找到了下一个可行基$\hat{\boldsymbol{B}}$.

下面用矩阵来描述单纯形表.

当将式(3.4.2)及(3.4.3)代入式(3.4.1)时有

$$\begin{aligned} &\max Z = \boldsymbol{c_B B^{-1} b} + (\boldsymbol{c_N} - \boldsymbol{c_B B^{-1} N})\boldsymbol{x_N}; \\ &\text{s.t.} \quad \boldsymbol{x_B} + \boldsymbol{B^{-1} N x_N} = \boldsymbol{B^{-1} b}, \\ &\qquad\quad \boldsymbol{x_B} \geqslant \boldsymbol{0}, \quad \boldsymbol{x_N} \geqslant \boldsymbol{0}. \end{aligned} \tag{3.4.11}$$

若将Z也看成一个不参与基变换的基变量，则式(3.4.11)可写成

$$\begin{aligned} &\boldsymbol{0} \cdot Z + \boldsymbol{x_B} + \boldsymbol{B^{-1} N x_N} = \boldsymbol{B^{-1} b}, \\ &(-1) \cdot Z + 0\boldsymbol{x_B} + (\boldsymbol{c_N} - \boldsymbol{c_B B^{-1} N})\boldsymbol{x_N} = -\boldsymbol{c_B B^{-1} b}, \\ &\boldsymbol{x_B}, \boldsymbol{x_N} \geqslant \boldsymbol{0}. \end{aligned} \tag{3.4.12}$$

则对应于式(3.4.12)的初始单纯形表为表3.12.

表 3.12 初始单纯形表

Z	$\boldsymbol{x}_B$	$\boldsymbol{x}_N$	右端
$\mathbf{0}$	$\boldsymbol{I}_m$	$\boldsymbol{B}^{-1}\boldsymbol{N}$	$\boldsymbol{B}^{-1}\boldsymbol{b}$
-1	0	$\boldsymbol{c}_N-\boldsymbol{c}_B\boldsymbol{B}^{-1}\boldsymbol{N}$	$-\boldsymbol{c}_B\boldsymbol{B}^{-1}\boldsymbol{b}$

*3.4.2 改进单纯形法

当用计算机计算大规模的线性规划问题时，人们发现单纯形法存在着一定的不足之处：需要将矩阵 $\boldsymbol{A}_{m\times n}$ 放入内存，占据了较大的内存空间；每次迭代时，$\boldsymbol{A}$ 中所有数据都必须计算一遍，实际上有不少计算是多余的；迭代次数较多时，累积误差就会增加，影响了计算精度等.

在 3.4.1 节用矩阵形式描述单纯形法及主要判别准则时，我们发现，实际上从当前可行基 $\boldsymbol{B}$ 过渡到下一个可行基 $\hat{\boldsymbol{B}}$ 时，只需要计算 $\boldsymbol{B}^{-1}$，而其余所需的数据都可从原始数据表中找出，不需要重新计算.

由 3.4.1 节的式(3.4.8)，(3.4.9)，(3.4.10)有最优判别准则：

$$\boldsymbol{\sigma}=\boldsymbol{c}_N-\boldsymbol{c}_B\boldsymbol{B}^{-1}\boldsymbol{N}\leqslant\mathbf{0}.$$

进基变量选择准则：

$$\sigma_k=\max_j\{c_j-\boldsymbol{c}_B\boldsymbol{B}^{-1}\boldsymbol{p}_j\},\quad x_k\text{ 进基}.$$

离基变量选择准则：

$$\theta=\min\left\{\frac{(\boldsymbol{B}^{-1}\boldsymbol{b})_i}{(\boldsymbol{B}^{-1}\boldsymbol{p}_k)_i}\,\middle|\,(\boldsymbol{B}^{-1}\boldsymbol{p}_k)_i>0\right\}=\frac{(\boldsymbol{B}^{-1}\boldsymbol{b})_l}{(\boldsymbol{B}^{-1}\boldsymbol{p}_k)_l}=\frac{(\boldsymbol{B}^{-1}\boldsymbol{b})_l}{y_{lk}},\quad x_{B_l}\text{ 离基}.$$

同时当前基变量的值与目标函数值由式(3.4.2)及(3.4.3)可得

$$\boldsymbol{x}_B=\boldsymbol{B}^{-1}\boldsymbol{b},\qquad Z=\boldsymbol{c}_B\boldsymbol{B}^{-1}\boldsymbol{b}.$$

其中 $\boldsymbol{c}_B,\boldsymbol{c}_N,\boldsymbol{N},\boldsymbol{b},c_j,\boldsymbol{p}_k,\boldsymbol{p}_j$ 等都可从原始数据表中取出，而不是每次迭代时需要重新计算的数据. 因此如果能以较少的计算量及较小的占用存储空间方法从 $\boldsymbol{B}^{-1}$ 计算出 $\hat{\boldsymbol{B}}^{-1}$，则既能使迭代过程持续进行下去，又能克服上述单纯形方法的不足. 这种方法通常称为改进单纯形法(或修正单纯形法). 从 $\boldsymbol{B}^{-1}$ 计算出 $\hat{\boldsymbol{B}}^{-1}$ 的方法有多种. 下面介绍常用的通常称作基逆的乘积形式方法.

在基迭代中，常用的数据除了 $\boldsymbol{B}^{-1}$ 外，还有 $\boldsymbol{c}_B\boldsymbol{B}^{-1}$. 通常记

$$\boldsymbol{w}=\boldsymbol{c}_B\boldsymbol{B}^{-1},$$

则称 $\boldsymbol{w}$ 为单纯形乘子，这也是线性规划中一个重要概念，我们将在对偶理论中阐述它的意义.

若当前可行基为

$$B=(p_{B_1},p_{B_2},\cdots,p_{B_l},\cdots,p_{B_m}),\tag{3.4.13}$$

对应的基变量为 $x_{B_1},x_{B_2},\cdots,x_{B_m}$. 这里 B_i 表示基变量 x_{B_i} 在 x_B 中排在第 i 个分量位置上,而不是决策变量的自然下标. 若已判定当前基本可行解不是最优解,x_k 为进基变量,x_{B_l} 为离基变量,即 p_k 为进基向量,p_{B_l} 为离基向量,因此有

$$\hat{B}=(p_{B_1},p_{B_2},\cdots,p_k,\cdots,p_{B_m}).\tag{3.4.14}$$

又有

$$y_k=B^{-1}p_k,\quad \text{或}\quad p_k=By_k.\tag{3.4.15}$$

由式(3.4.13)有

$$Be_i=(p_{B_1},p_{B_2},\cdots,p_{B_l},\cdots,p_{B_m})\begin{bmatrix}0\\ \vdots\\ 1\\ \vdots\\ 0\end{bmatrix}=p_{B_i}.\tag{3.4.16}$$

式中 e_i 为第 i 个分量为 1,其余分量为零的单位向量. 将式(3.4.15)及(3.4.16)代入式(3.4.14)得

$$\hat{B}=(Be_1,Be_2,\cdots,By_k,\cdots,Be_m)=B(e_1,e_2,\cdots,y_k,\cdots,e_m)\overset{\text{def}}{=\!=}BT,\tag{3.4.17}$$

式中

$$T=(e_1,e_2,\cdots,y_k,\cdots,e_m).\tag{3.4.18}$$

即 T 是将 m 阶单位矩阵的第 l 列换成 y_k 而得. 而 $y_k=B^{-1}p_k$, p_k 是进基向量. 由式(3.4.17)得

$$\hat{B}^{-1}=(BT)^{-1}=T^{-1}B^{-1}.\tag{3.4.19}$$

若记 $y_k=(y_{1k},\cdots,y_{lk},\cdots,y_{mk})^{\mathrm{T}}$,其中 y_{lk} 为主元素,则

$$T=\begin{bmatrix}1 & 0 & \cdots & y_{1k} & \cdots & 0\\ 0 & 1 & \cdots & y_{2k} & \cdots & 0\\ \vdots & \vdots & & \vdots & & \vdots\\ 0 & 0 & \cdots & y_{lk} & \cdots & 0\\ \vdots & \vdots & & \vdots & & \vdots\\ 0 & 0 & \cdots & y_{mk} & \cdots & 1\end{bmatrix},$$

而

$$T^{-1}=\begin{bmatrix}1 & 0 & \cdots & -y_{1k}/y_{lk} & \cdots & 0\\ 0 & 1 & \cdots & -y_{2k}/y_{lk} & \cdots & 0\\ \vdots & \vdots & & \vdots & & \vdots\\ 0 & 0 & \cdots & 1/y_{lk} & \cdots & 0\\ \vdots & \vdots & & \vdots & & \vdots\\ 0 & 0 & \cdots & -y_{mk}/y_{lk} & \cdots & 1\end{bmatrix}. \tag{3.4.20}$$

请读者自行验证式(3.4.20)为 $\boldsymbol{T}$ 的逆矩阵. 与 $\boldsymbol{T}$ 类似，$\boldsymbol{T}^{-1}$ 也是将 m 阶单位矩阵的第 l 列换去，只是换成列向量 $\boldsymbol{\xi}=(-y_{1k}/y_{lk},-y_{2k}/y_{lk},\cdots,1/y_{lk},\cdots,-y_{mk}/y_{lk})^{\mathrm{T}}$. $\boldsymbol{\xi}$ 可看成由 $\boldsymbol{y}_k$ 变化而来：将 $\boldsymbol{y}_k$ 的主元素 y_{lk} 换成 $1/y_{lk}$，其余各元素均由 $-y_{ik}$ 除以 y_{lk} 而得.

若记

$$\boldsymbol{E}=\boldsymbol{T}^{-1}=(\boldsymbol{e}_1,\boldsymbol{e}_2,\cdots,\boldsymbol{\xi},\cdots,\boldsymbol{e}_m)^{\mathrm{T}}, \tag{3.4.21}$$

代入式(3.4.19)，则

$$\hat{\boldsymbol{B}}^{-1}=\boldsymbol{E}\boldsymbol{B}^{-1}. \tag{3.4.22}$$

由此可见，要从当前基逆 $\boldsymbol{B}^{-1}$ 计算下一个基逆 $\hat{\boldsymbol{B}}^{-1}$，只需计算与存储矩阵 $\boldsymbol{E}$，而 $\boldsymbol{E}$ 的存储，只要知道列向量 $\boldsymbol{\xi}$ 及 $\boldsymbol{\xi}$ 所在列的位置——第 l 列，而其余列向量均同单位矩阵，故存储量大大减少.

一般有

$$\boldsymbol{B}_{i+1}^{-1}=\boldsymbol{E}_i\boldsymbol{B}_i^{-1}. \tag{3.4.23}$$

若初始可行基矩阵为 $\boldsymbol{B}_0$，则有

$$\begin{aligned}\boldsymbol{B}_1^{-1}&=\boldsymbol{E}_0\boldsymbol{B}_0^{-1},\\ \boldsymbol{B}_2^{-1}&=\boldsymbol{E}_1\boldsymbol{B}_1^{-1}=\boldsymbol{E}_1\boldsymbol{E}_0\boldsymbol{B}_0^{-1},\\ &\vdots\\ \boldsymbol{B}_{i+1}^{-1}&=\boldsymbol{E}_i\boldsymbol{E}_{i-1}\cdots\boldsymbol{E}_1\boldsymbol{E}_0\boldsymbol{B}_0^{-1}.\end{aligned} \tag{3.4.24}$$

通常称式(3.4.24)为基逆乘积形式.

再者，若迭代次数较多，为消除累计误差，可直接从 $\boldsymbol{B}_{i+1}=(\boldsymbol{p}_{\boldsymbol{B}_1}^{(i+1)},\boldsymbol{p}_{\boldsymbol{B}_2}^{(i+1)},\cdots,\boldsymbol{p}_{\boldsymbol{B}_m}^{(i+1)})$ 通过代数中的初等行变换法(或其他方法)求出 $\boldsymbol{B}_{i+1}^{-1}$(因为这里的 $\boldsymbol{p}_{\boldsymbol{B}_1}^{(i+1)},\boldsymbol{p}_{\boldsymbol{B}_2}^{(i+1)},\cdots,\boldsymbol{p}_{\boldsymbol{B}_m}^{(i+1)}$ 均是原始数据)：

$$(\boldsymbol{B}_{i+1}\ \vdots\ \boldsymbol{I}_m)\to\cdots\to(\boldsymbol{I}_m\ \vdots\ \boldsymbol{B}_{i+1}^{-1}).$$

从求出的 $\boldsymbol{B}_{i+1}^{-1}$ 出发再利用修正单纯形法继续迭代. 这样就可消除误差的进一步累积.

例 3.4.1 用改进单纯形法计算：

$$\max Z=x_1+2x_2-x_3;$$

$$\text{s.t.}\quad \begin{aligned} x_1+x_2+x_3&\leqslant 4,\\ -x_1+2x_2-2x_3&\leqslant 6,\\ 2x_1+x_2&\leqslant 5,\\ x_1,x_2,x_3&\geqslant 0. \end{aligned}$$

解 化成标准形式：

$$\max Z=x_1+2x_2-x_3+0\cdot x_4+0\cdot x_5+0\cdot x_6;$$

$$\text{s.t.}\quad \begin{aligned} x_1+x_2+x_3+x_4&=4,\\ -x_1+2x_2-2x_3+x_5&=6,\\ 2x_1+x_2+x_6&=5,\\ x_1,x_2,\cdots,x_6&\geqslant 0. \end{aligned}$$

显然初始可行基 $\boldsymbol{B}_0=(\boldsymbol{p}_4,\boldsymbol{p}_5,\boldsymbol{p}_6)=\boldsymbol{I}_3$，所以 $\boldsymbol{B}_0^{-1}=\boldsymbol{I}_3$. $\boldsymbol{b}=(4,6,5)^{\mathrm{T}}$，$\boldsymbol{x}_{\boldsymbol{B}_0}=(x_4,x_5,x_6)^{\mathrm{T}}=(4,6,5)^{\mathrm{T}}$，$\boldsymbol{x}_{\boldsymbol{N}_0}=(x_1,x_2,x_3)^{\mathrm{T}}=(0,0,0)^{\mathrm{T}}$，$\boldsymbol{c}_{\boldsymbol{B}_0}=(c_4,c_5,c_6)=(0,0,0)$，$\boldsymbol{c}_{\boldsymbol{N}_0}=(c_1,c_2,c_3)=(1,2,-1)$，$\boldsymbol{N}_0=(\boldsymbol{p}_1,\boldsymbol{p}_2,\boldsymbol{p}_3)$. 由

$$\boldsymbol{\sigma}=\boldsymbol{c}_{\boldsymbol{N}_0}-\boldsymbol{c}_{\boldsymbol{B}_0}\boldsymbol{B}_0^{-1}\boldsymbol{N}_0=(1,2,-1)-(0,0,0)\boldsymbol{I}_3(\boldsymbol{p}_1,\boldsymbol{p}_2,\boldsymbol{p}_3)=(1,2,-1),$$

即 $\sigma_1=1,\sigma_2=2,\sigma_3=-1$，故不满足最优准则. 当前基不是最优基.

第一次迭代：

$$\sigma_k=\max_{j\in J_N}\sigma_j=\sigma_2,$$

故对应的 x_2 为进基变量，$\boldsymbol{p}_2$ 为进基向量. 计算离基变量：因 $\boldsymbol{y}_k=\boldsymbol{B}^{-1}\boldsymbol{p}_k$，所以 $\boldsymbol{y}_2=\boldsymbol{B}_0^{-1}\boldsymbol{p}_2=\boldsymbol{p}_2=(1,2,1)^{\mathrm{T}}$，$\boldsymbol{B}_0^{-1}\boldsymbol{b}=(4,6,5)^{\mathrm{T}}$，所以

$$\theta=\min\left\{\frac{4}{1},\frac{6}{2},\frac{5}{1}\right\}=3=\frac{(\boldsymbol{B}_0^{-1}\boldsymbol{b})_2}{(\boldsymbol{B}_0^{-1}\boldsymbol{p}_2)_2}.$$

故 $x_{\boldsymbol{B}_2}=x_5$ 为离基变量. 因此新基 $\boldsymbol{B}_1=(\boldsymbol{p}_4,\boldsymbol{p}_2,\boldsymbol{p}_6)$，$\boldsymbol{N}_1=(\boldsymbol{p}_1,\boldsymbol{p}_5,\boldsymbol{p}_3)$. 因为 $\boldsymbol{y}_2=(1,2,1)^{\mathrm{T}}$，主元素为 $y_{22}=2$. 由公式有 $\boldsymbol{\xi}=(-1/2,1/2,-1/2)^{\mathrm{T}}$，故

$$\boldsymbol{E}_0=\begin{bmatrix}1&-1/2&0\\0&1/2&0\\0&-1/2&1\end{bmatrix},$$

因此有

$$\boldsymbol{B}_1^{-1}=\boldsymbol{E}_0\boldsymbol{B}_0^{-1}=\begin{bmatrix}1&-1/2&0\\0&1/2&0\\0&-1/2&1\end{bmatrix}.$$

又 $\boldsymbol{w}=\boldsymbol{c}_{\boldsymbol{B}_1}\boldsymbol{B}_1^{-1}=\boldsymbol{c}_{\boldsymbol{B}_1}\boldsymbol{B}_1^{-1}=(0,2,0)\begin{bmatrix}1&-1/2&0\\0&1/2&0\\0&-1/2&1\end{bmatrix}=(0,1,0)$，$\boldsymbol{x}_{\boldsymbol{B}_1}=(x_4,x_2,x_6)^{\mathrm{T}}=\boldsymbol{B}_1^{-1}\boldsymbol{b}=$

$$\begin{bmatrix}1 & -1/2 & 0\\0 & 1/2 & 0\\0 & -1/2 & 1\end{bmatrix}\begin{bmatrix}4\\6\\5\end{bmatrix}=\begin{bmatrix}1\\3\\2\end{bmatrix},Z_1=Z(\boldsymbol{x}_{\boldsymbol{B}_1})=\boldsymbol{c}_{\boldsymbol{B}_1}\boldsymbol{B}_1^{-1}\boldsymbol{b}=\boldsymbol{w}\boldsymbol{b}=(0,1,0)\begin{bmatrix}4\\6\\5\end{bmatrix}=6.$$

计算检验数向量：

$$\begin{aligned}\boldsymbol{\sigma} &= \boldsymbol{c}_{\boldsymbol{N}_1}-\boldsymbol{c}_{\boldsymbol{B}_1}\boldsymbol{B}_1^{-1}\boldsymbol{N}=(c_1,c_5,c_3)-\boldsymbol{w}(\boldsymbol{p}_1,\boldsymbol{p}_5,\boldsymbol{p}_3)\\&=(1,0,-1)-(0,1,0)\begin{bmatrix}1 & 0 & 1\\-1 & 1 & -2\\2 & 0 & 0\end{bmatrix}\\&=(1,0,-1)-(-1,1,-2)=(2,-1,1),\end{aligned}$$

故 $\sigma_1=2,\sigma_5=-1,\sigma_3=1$ 不是最优解.

第 2 次迭代：

因为 $\sigma_1=2$ 最大，故 x_1 为进基变量，$\boldsymbol{p}_1=(1,-1,2)^{\mathrm{T}}$ 为进基向量. 故有

$$\boldsymbol{y}_1=\boldsymbol{B}_1^{-1}\boldsymbol{p}_1=\begin{bmatrix}1 & -\frac{1}{2} & 0\\0 & \frac{1}{2} & 0\\0 & -\frac{1}{2} & 1\end{bmatrix}\begin{bmatrix}1\\-1\\2\end{bmatrix}=\begin{bmatrix}3/2\\-1/2\\5/2\end{bmatrix}.$$

又

$$\begin{aligned}\theta &= \min\left\{\frac{(\boldsymbol{B}_1^{-1}\boldsymbol{b})_i}{(\boldsymbol{B}_1^{-1}\boldsymbol{p}_1)_i}\middle|(\boldsymbol{B}_1^{-1}\boldsymbol{p}_1)_i>0\right\}=\min\left\{\frac{1}{3/2},/,\frac{2}{5/2}\right\}\\&=\frac{2}{3}=\frac{(\boldsymbol{B}_1^{-1}\boldsymbol{b})_1}{(\boldsymbol{B}_1^{-1}\boldsymbol{p}_1)_1},\end{aligned}$$

所以 $x_{\boldsymbol{B}_1}=x_4$ 为离基变量，$y_{11}=3/2$ 为主元素，新基 $\boldsymbol{B}_2=(\boldsymbol{p}_1,\boldsymbol{p}_2,\boldsymbol{p}_6)$. 故

$$\boldsymbol{\xi}=(2/3,1/3,-5/3)^{\mathrm{T}},\quad l=1.$$

所以

$$\boldsymbol{E}_1=\begin{bmatrix}2/3 & 0 & 0\\1/3 & 1 & 0\\-5/3 & 0 & 1\end{bmatrix},$$

$$\begin{aligned}\boldsymbol{B}_2^{-1}=\boldsymbol{E}_1\boldsymbol{B}_1^{-1}&=\begin{bmatrix}2/3 & 0 & 0\\1/3 & 1 & 0\\-5/3 & 0 & 1\end{bmatrix}\begin{bmatrix}1 & -1/2 & 0\\0 & 1/2 & 0\\0 & -1/2 & 1\end{bmatrix}\\&=\begin{bmatrix}2/3 & -1/3 & 0\\1/3 & 1/3 & 0\\-5/3 & 1/3 & 1\end{bmatrix}.\end{aligned}$$

$$w = c_{B_2} B_2^{-1} = (c_1, c_2, c_6) B_2^{-1} = (1,2,0) \begin{bmatrix} 2/3 & -1/3 & 0 \\ 1/3 & 1/3 & 0 \\ -5/3 & 1/3 & 1 \end{bmatrix}$$

$$= \left(\frac{4}{3}, \frac{1}{3}, 0\right).$$

$$x_{B_2} = B_2^{-1} b = \begin{bmatrix} 2/3 & -1/3 & 0 \\ 1/3 & 1/3 & 0 \\ -5/3 & 1/3 & 1 \end{bmatrix} \begin{bmatrix} 4 \\ 6 \\ 5 \end{bmatrix} = \begin{bmatrix} 2/3 \\ 10/3 \\ 1/3 \end{bmatrix},$$

$$Z_2 = Z(x_{B_2}) = wb = \left(\frac{4}{3}, \frac{1}{3}, 0\right) \begin{bmatrix} 4 \\ 6 \\ 5 \end{bmatrix} = \frac{22}{3}.$$

计算检验数向量：

$$\sigma = c_{N_2} - c_{B_2} B_2^{-1} N = c_{N_2} - wN$$

$$= (c_4, c_5, c_3) - w(p_4, p_5, p_3)$$

$$= (0, 0, -1) - \left(\frac{4}{3}, \frac{1}{3}, 0\right) \begin{bmatrix} 1 & 0 & 1 \\ 0 & 1 & -2 \\ 0 & 0 & 0 \end{bmatrix}$$

$$= \left(-\frac{4}{3}, -\frac{1}{3}, -\frac{5}{3}\right).$$

故当前解 x_{B_2} 即为最优解，$x^* = \left(\frac{2}{3}, \frac{10}{3}, 0, 0, 0, \frac{1}{3}\right)$，$Z^* = \frac{22}{3}$.

逆乘积形式在一定程度上能保持稀疏性，又能节省存储空间，因此对大规模稀疏问题是一种较为有效的方法.

习 题 3

3.1 用单纯形法求解下列线性规划问题，并指出问题的解属于哪一类？

(1) $\max Z = 3x_1 + 5x_2$;

$$\text{s.t.} \begin{cases} x_1 \leqslant 4, \\ 2x_2 \leqslant 12, \\ 3x_1 + 2x_2 \leqslant 18, \\ x_1, x_2 \geqslant 0. \end{cases}$$

(2) $\max Z = 6x_1 + 2x_2 + 10x_3 + 8x_4$;

$$\text{s.t.} \begin{cases} 5x_1 + 6x_2 - 4x_3 - 4x_4 \leqslant 20, \\ 3x_1 - 3x_2 + 2x_3 + 8x_4 \leqslant 25, \\ 4x_1 - 2x_2 + x_3 + 3x_4 \leqslant 10, \\ x_j \geqslant 0 \quad (j = 1, 2, \cdots, 4). \end{cases}$$

(3) $\max Z = x_1 + 6x_2 + 4x_3$;

$$\text{s.t.}\quad \begin{aligned} -x_1 + 2x_2 + 2x_3 &\leqslant 13, \\ 4x_1 - 4x_2 + x_3 &\leqslant 20, \\ x_1 + 2x_2 + x_3 &\leqslant 17, \\ x_1 \geqslant 1, x_2 \geqslant 2, x_3 &\geqslant 3. \end{aligned}$$

3.2 用大 M 法求解下列线性规划问题：

(1) $\max Z = x_1 + 2x_2 + 3x_3 - x_4$;

$$\text{s.t.}\quad \begin{aligned} x_1 + 2x_2 + 3x_3 \qquad &= 15, \\ 2x_1 + x_2 + 5x_3 \qquad &= 20, \\ x_1 + 2x_2 + x_3 + x_4 &= 10, \\ x_j \geqslant 0 \quad (j = 1, 2, \cdots, 4). \end{aligned}$$

(2) $\max Z = 4x_1 + 6x_2$;

$$\text{s.t.}\quad \begin{aligned} 2x_1 + 4x_2 &\leqslant 180, \\ 3x_1 + 2x_2 &\leqslant 150, \\ x_1 + x_2 &= 57, \\ x_2 &\geqslant 22, \\ x_1, x_2 &\geqslant 0. \end{aligned}$$

3.3 用两阶段法求解 3.2 中(1),(2)问题.

3.4 下表中为用单纯形法计算时某一步的表格.已知该线性规划的目标函数为 $\max Z = 5x_1 + 3x_2$，约束形式为"$\leqslant$"，x_3, x_4 为松弛变量，表中解代入目标函数后得 $Z = 10$.

(1) 求 a, b, c, d, e, f, g 的值.

(2) 问表中所给出的解是否为最优解？

题 3.4 表

c_j			c_1	c_2	c_3	c_4
	$\boldsymbol{x}_B$	$\bar{b}$	x_1	x_2	x_3	x_4
	x_3	2	c	0	1	1/5
	x_1	a	d	e	0	1
	$-Z$		b	-1	f	g

3.5 下表中给出某线性规划问题计算过程中的一个单纯形表，目标函数为 $\max Z = 28x_4 + x_5 + 2x_6$；约束形式为"$\leqslant$"，表中 x_1, x_2, x_3 为松弛变量，表中解的目标函数值 $Z = 14$.

(1) 求 a, b, c, d, e, f, g 的值.

(2) 表中所给出的解是否为最优解？

题 3.5 表

c_j			c_1	c_2	c_3	c_4	c_5	c_6
$\boldsymbol{c_B}$	$\boldsymbol{x_B}$	$\boldsymbol{\bar{b}}$	x_1	x_2	x_3	x_4	x_5	x_6
	x_6	a	3	0	$-14/3$	0	1	1
	x_2	5	6	d	2	0	5/2	0
	x_4	0	0	e	f	1	0	0
	$-Z$		b	c	0	0	-1	g

3.6 下表为某最小化线性规划问题的初始单纯形表及迭代后的表，x_4，x_5 为松弛变量. 试求表中 a 至 l 的值及各变量下标 m 至 t 的值.

题 3.6 表

c_j			c_1	c_2	c_3	c_4	c_5
$\boldsymbol{c_B}$	$\boldsymbol{x_B}$	$\boldsymbol{\bar{b}}$	x_1	x_2	x_3	x_4	x_5
	x_m	6	b	c	d	1	0
	x_n	1	-1	3	e	0	1
	$-Z$		a	1	-2	0	0
	x_s	f	g	2	-1	1/2	0
	x_t	4	h	i	1	1/2	1
			0	7	j	k	l

3.7 现有线性规划问题：

$$\max Z = \alpha x_1 + 2x_2 + x_3 - x_4;$$

$$\text{s.t.}\quad \begin{aligned} x_1 + x_2 \qquad\quad - x_4 &= 4 + 2\beta, &① \\ 2x_1 - x_2 + 3x_3 - 2x_4 &= 5 + 7\beta, &② \\ x_1, x_2, x_3, x_4 &\geqslant 0. \end{aligned}$$

模型中 α，β 为参数，现要求：

(1) 组成两个新的约束：①′=①+②，②′=2×①－②，根据①′及②′以 x_1，x_2 为基变量列出初始单纯形表.

(2) 若 $\beta=0$，则问 α 为何值时，x_1，x_2 为问题的最优基的基变量.

(3) 若 $\alpha=3$，问 β 为何值时，x_1，x_2 为最优基的基变量.

3.8 用单纯形法求解下列线性规划问题：

(1) $\max Z=x_1+x_2+x_3$;

$$\text{s.t.}\quad \begin{cases} -x_1 \qquad -2x_3\leqslant 5, \\ 2x_1-3x_2+x_3\leqslant 3, \\ 2x_1-5x_2+6x_3\leqslant 5, \\ x_1,x_2,x_3\geqslant 0. \end{cases}$$

(2) $\min Z=x_1-x_2+x_3$;

$$\text{s.t.}\quad \begin{cases} x_1+2x_2+3x_3=6, \\ 4x_1+5x_2-6x_3=6, \\ x_1,x_2,x_3\geqslant 0. \end{cases}$$

(3) $\min Z=4x_1+5x_2+6x_3$;

$$\text{s.t.}\quad \begin{cases} x_1+x_2+x_3=5, \\ -6x_1+10x_2+5x_3\leqslant 20, \\ 5x_1-3x_2+x_3\geqslant 15, \\ x_1,x_2,x_3\geqslant 0. \end{cases}$$

3.9 用修正单纯形法求解线性规划问题:

(1) $\max Z=5x_1+8x_2+7x_3+4x_4+6x_5$;

$$\text{s.t.}\quad \begin{cases} 2x_1+3x_2+3x_3+2x_4+2x_5\leqslant 20, \\ 3x_1+5x_2+4x_3+2x_4+4x_5\leqslant 30, \\ x_j\geqslant 0 \quad (j=1,2,\cdots,5). \end{cases}$$

(2) $\min Z=-x_1-2x_2+x_3-x_4-4x_5+2x_6$;

$$\text{s.t.}\quad \begin{cases} x_1+x_2+x_3+x_4+x_5+x_6\leqslant 6, \\ 2x_1+x_2-2x_3+x_4\leqslant 4, \\ x_3+x_4+2x_5+x_6\leqslant 4, \\ x_j\geqslant 0 \quad (j=1,2,\cdots,6). \end{cases}$$

(3) $\max Z=-5x_1+21x_3$;

$$\text{s.t.}\quad \begin{cases} x_1-x_2+6x_3\leqslant 2, \\ x_1+x_2+2x_3\leqslant 1, \\ x_1,x_2,x_3\geqslant 0. \end{cases}$$

(4) $\min Z=-x_1-x_2$;

$$\text{s.t.}\quad \begin{cases} x_1+2x_3+x_4=2, \\ x_2+x_3+2x_4=4, \\ x_j\geqslant 0 \quad (j=1,2,3,4). \end{cases}$$

3.10 已知某极大化线性规划问题用单纯形表计算时得到的初始单纯形表及最终单纯形表见下列表(1)及表(2),请将表中空白数字填上(提示:用矩阵描述的数量关系来求):

题3.10表(1) 初始单纯形表

c_j			2	−1	1	0	0	0
$\boldsymbol{c_B}$	$\boldsymbol{x_B}$	$\bar{\boldsymbol{b}}$	x_1	x_2	x_3	x_4	x_5	x_6
0	x_4	60	3	1	1	1	0	0
0	x_5	10	1	−1	2	0	1	0
0	x_6	20	1	1	−1	0	0	1
	$-Z$	0	2	−1	1	0	0	0

题 3.10 表(2) 最终单纯形表

c_j			2	-1	1	0	0	0
$\boldsymbol{c_B}$	$\boldsymbol{x_B}$	$\bar{\boldsymbol{b}}$	x_1	x_2	x_3	x_4	x_5	x_6
0	x_4					1	-1	-2
2	x_1					0	1/2	1/2
-1	x_2					0	$-1/2$	1/2
	$-Z$							

3.11 考虑线性规划问题:

$$\begin{aligned} \min z &= x_1 + \beta x_2; \\ \text{s. t.} \quad & -x_1 + x_2 \leqslant 1, \\ & -x_1 + 2x_2 \leqslant 4, \\ & x_1 x_2 \geqslant 0. \end{aligned}$$

试讨论β在什么取值范围时,该问题:

(1) 有唯一最优解;

(2) 有无穷多最优解;

(3) 不存在有界最优解.

第4章

线性规划的对偶理论

随着线性规划应用的逐步深入，人们发现一个线性规划问题往往伴随着与之配对的、两者有密切联系的另一个线性规划问题.我们将其中一个称为原问题，另一个就称为对偶问题.自1947年提出对偶理论以来，已经有了相当深入的研究.对偶理论深刻揭示了原问题与对偶问题的内在联系.由对偶问题引申出来的对偶解有着重要的经济意义，是经济学中重要的概念与工具之一.对偶理论充分显示出线性规划理论逻辑上的严谨性与结构上的对称性，它是线性规划理论的重要成果.

4.1 线性规划的对偶问题

4.1.1 对偶问题的实例

例 4.1.1 某家具厂木器车间生产木门与木窗两种产品.加工木门收入为56元/扇、加工木窗收入为30元/扇.生产一扇木门需要木工4 h，油漆工2 h；生产一扇木窗需要木工3 h、油漆工1 h.该车间每日可用木工总工时为120 h，油漆工总工时为50 h.问该车间应如何安排生产才能使每日收入最大？

令该车间每日安排生产木门 x_1 扇、木窗 x_2 扇，则数学模型为

$$
\begin{aligned}
&\max Z = 56x_1 + 30x_2;\\
&\text{s.t.}\ \ 4x_1 + 3x_2 \leqslant 120,\\
&\qquad\ 2x_1 + x_2 \leqslant 50,\\
&\qquad\ x_1, x_2 \geqslant 0.
\end{aligned}
\tag{4.1.1}
$$

用图解法或单纯形表，可求得最优解：

$$x^* = (x_1, x_2)^{\mathrm{T}} = (15, 20)^{\mathrm{T}}, \quad Z^* = 1440(\text{元})$$

即该车间每日安排生产木门15扇、木窗20扇时收入最大，为1440元/日.

现在从另一角度来考虑该车间的生产问题. 假若有一个个体经营者，手中有一批木器家具生产订单. 他想利用该木器车间的木工与油漆工来加工完成他的订单. 他就要事先考虑付给该车间每个工时的价格. 他可以构造一个数学模型来研究如何定价才能既使木器车间觉得有利可图从而愿意替他加工这批订单，又使自己所付的工时费用总数最少.

设 w_1 为付给木工每个工时的价格，w_2 为付给油漆工每个工时的价格，则该个体经营者的目标函数为每日所付工时总费用最小：

$$\min f = 120w_1 + 50w_2.$$

但该个体经营者所付的价格不能太低，至少不能低于该车间生产木门、木窗时所得到的收入. 否则该车间觉得无利可图就不会替他加工这批订单. 因此 w_1, w_2 的取值应满足：

$$\begin{aligned} \text{s.t.}\quad & 4w_1 + 2w_2 \geqslant 56, \\ & 3w_1 + w_2 \geqslant 30, \\ & w_1, w_2 \geqslant 0. \end{aligned}$$

第1个不等式可理解为：生产一扇木门的木工工时×木工工时价+生产一扇木门的油漆工时×油漆工工时价≥生产一扇木门的收入. 第2个不等式可理解为：生产一扇木窗的木工工时×木工工时价+生产一扇木窗的油漆工时×油漆工工时价≥生产一扇木窗的收入. 因此该个体经营者的数学模型应为

$$\begin{aligned} & \min f = 120w_1 + 50w_2; \\ \text{s.t.}\quad & 4w_1 + 2w_2 \geqslant 56, \\ & 3w_1 + w_2 \geqslant 30, \\ & w_1, w_2 \geqslant 0. \end{aligned} \tag{4.1.2}$$

解之得：$w_1^* = 2, w_2^* = 24, f^* = 1440$.

我们将线性规划模型(4.1.1)与模型(4.1.2)称为一对对偶的线性规划模型，两者之间有着紧密的联系也有区别. 它们都是使用了木器生产车间相同的数据，只是这些数据在模型中所处的位置不同，反映所要表达的含意也不同. 模型(4.1.1)是反映追求木器生产车间收入最大的数学模型，而模型(4.1.2)是寻求个体经营者付给木器生产车间最少的工时费用的数学模型. 两者所站的立场不同，但使用的都是同一批数据：若将模型(4.1.1)称为原问题，则模型(4.1.2)就是它的对偶问题. 可以看出：原问题的价值系数在对偶问题中成为约束方程的右端项；而原问题的约束方程的右端项在对偶问题中成了价值系数；原问题中第1(2)个约束方程不等式左端的决策变量的系数，在对偶问题中成为对偶问题决策变量 $w_1(w_2)$ 的系数列向量 $\boldsymbol{p}_1(\boldsymbol{p}_2)$；同样，原问题中 x_i 的系数列向量 $\boldsymbol{p}_i$，在对偶问题中就是第 i 个约束方程不等式左端对偶变量前的系数.

下面抽象到一般形式来研究原问题与对偶问题数量上的关系.

4.1.2 三种形式的对偶关系

原问题与其对偶问题之间通常有三种不同的关系形式. 以下将原问题记作 LP 问题，对偶问题记作 DP 问题.

1. 对称形式的对偶关系

LP
$$\begin{aligned} &\max Z = c_1x_1 + c_2x_2 + \cdots + c_nx_n;\\ &\text{s. t.}\quad a_{11}x_1 + a_{12}x_2 + \cdots + a_{1n}x_n \leqslant b_1,\\ &\qquad a_{21}x_1 + a_{22}x_2 + \cdots + a_{2n}x_n \leqslant b_2,\\ &\qquad \vdots\\ &\qquad a_{m1}x_1 + a_{m2}x_2 + \cdots + a_{mn}x_n \leqslant b_m,\\ &\qquad x_j \geqslant 0\ (j = 1,2,\cdots,n). \end{aligned} \tag{4.1.3}$$

则其对偶问题的数学模型为

DP
$$\begin{aligned} &\min f = b_1w_1 + b_2w_2 + \cdots + b_mw_m;\\ &\text{s. t.}\quad a_{11}w_1 + a_{21}w_2 + \cdots + a_{m1}w_m \geqslant c_1,\\ &\qquad a_{12}w_1 + a_{22}w_2 + \cdots + a_{m2}w_m \geqslant c_2,\\ &\qquad \vdots\\ &\qquad a_{1n}w_1 + a_{2n}w_2 + \cdots + a_{mn}w_m \geqslant c_n,\\ &\qquad w_i \geqslant 0\quad (i = 1,2,\cdots,m). \end{aligned} \tag{4.1.4}$$

其中 $w_1,w_2,\cdots,w_m$ 为 DP 问题的决策变量，称为对偶变量.

若用矩阵形式来表示模型(4.1.3)及(4.1.4)，则可更清楚地看出两者之间的对称性.

LP
$$\begin{aligned} &\max Z = \boldsymbol{cx};\\ &\text{s. t.}\quad \boldsymbol{Ax} \leqslant \boldsymbol{b},\\ &\qquad \boldsymbol{x} \geqslant \boldsymbol{0}_{n\times 1}. \end{aligned} \tag{4.1.5}$$

DP
$$\begin{aligned} &\min f = \boldsymbol{wb};\\ &\text{s. t.}\quad \boldsymbol{wA} \geqslant \boldsymbol{c},\\ &\qquad \boldsymbol{w} \geqslant \boldsymbol{0}_{1\times m}. \end{aligned} \tag{4.1.6}$$

其中：$\boldsymbol{c}=(c_1,c_2,\cdots,c_n)$，$\boldsymbol{x}=(x_1,x_2,\cdots,x_n)^{\mathrm{T}}$，$\boldsymbol{A}=(a_{ij})_{m\times n}$，$\boldsymbol{b}=(b_1,b_2,\cdots,b_m)^{\mathrm{T}}$，$\boldsymbol{w}=(w_1,w_2,\cdots,w_m)$，$\boldsymbol{0}_{1\times m}=(0,0,\cdots,0)$或 $\boldsymbol{0}_{n\times 1}=(0,0,\cdots,0)^{\mathrm{T}}$.

即：LP 问题求最大化；DP 问题求最小化；LP 的约束为"≤"，DP 的约束为"≥"；LP 的价值系数 $\boldsymbol{c}$，在 DP 中成为约束右端项；LP 的约束右端项 $\boldsymbol{b}$，在 DP 中恰好为价值系数；在 LP 中，约束方程左端为 $\boldsymbol{Ax}$，而在 DP 中约束集左端为 $\boldsymbol{wA}$，形式上恰好是对称的，故称为一对对称形式的对偶关系.

例 4.1.2 设 LP 的数学模型为

$$\begin{aligned} \max Z = &2x_1 + 2x_2\,; \\ \text{s.t.}\quad &2x_1 + 4x_2 \leqslant 1, \\ &x_1 + 2x_2 \leqslant 1, \\ &2x_1 + x_2 \leqslant 1, \\ &x_1, x_2 \geqslant 0. \end{aligned}$$

求其对称形式的对偶问题的数学模型.

解 DP

$$\begin{aligned} \min f = &1 \cdot w_1 + 1 \cdot w_2 + 1 \cdot w_3\,; \\ \text{s.t.}\quad &2w_1 + w_2 + 2w_3 \geqslant 2, \\ &4w_1 + 2w_2 + w_3 \geqslant 2, \\ &w_1, w_2, w_3 \geqslant 0. \end{aligned}$$

原问题与对偶问题是相对而言的,若把对偶问题看做是原问题,则原问题就是它的对偶问题.

定理 4.1.1(对称性定理) 对偶问题的对偶是原问题.

证 设模型(4.1.6)为原问题:

$$\begin{aligned} \min f = &\boldsymbol{wb}\,; \\ \text{s.t.}\quad &\boldsymbol{wA} \geqslant \boldsymbol{c}, \\ &\boldsymbol{w} \geqslant \boldsymbol{0}. \end{aligned}$$

为了利用对称形式的对偶关系,将模型(4.1.6)的目标函数与约束方程都化成与模型(4.1.5)相似的形式.

因为

$$\begin{aligned} &\max\,(-f) = (-\boldsymbol{wb}) = (-\boldsymbol{wb})^{\mathrm{T}} = (-\boldsymbol{b})^{\mathrm{T}}\boldsymbol{w}^{\mathrm{T}}\,; \\ &\text{s.t.}\quad (\boldsymbol{wA})^{\mathrm{T}} \geqslant \boldsymbol{c}^{\mathrm{T}}, \\ &\qquad\quad \boldsymbol{w}^{\mathrm{T}} \geqslant \boldsymbol{0}. \end{aligned}$$

即

$$\begin{aligned} \max\,(-f) = &(-\boldsymbol{b})^{\mathrm{T}}\boldsymbol{w}^{\mathrm{T}}\,; \\ \text{s.t.}\quad &\boldsymbol{A}^{\mathrm{T}}\boldsymbol{w}^{\mathrm{T}} \geqslant \boldsymbol{c}^{\mathrm{T}}, \\ &\boldsymbol{w}^{\mathrm{T}} \geqslant \boldsymbol{0}. \end{aligned}$$

或

$$\begin{aligned} \max\,(-f) = &(-\boldsymbol{b})^{\mathrm{T}}\boldsymbol{w}^{\mathrm{T}}\,; \\ \text{s.t.}\quad &-(\boldsymbol{A}^{\mathrm{T}})\boldsymbol{w}^{\mathrm{T}} \leqslant (-\boldsymbol{c})^{\mathrm{T}}, \\ &\boldsymbol{w}^{\mathrm{T}} \geqslant \boldsymbol{0}. \end{aligned} \tag{4.1.7}$$

式中 w^T 是列向量，$(-b)^T$ 是行向量，$(-c)^T$ 是列向量。因此模型(4.1.7)相当于模型(4.1.5)，对照模型(4.1.5)与模型(4.1.6)的对偶关系，则模型(4.1.7)的对偶问题应为

$$\begin{aligned}&\min\ \boldsymbol{x}^T(-\boldsymbol{c})^T;\\ &\text{s.t.}\quad \boldsymbol{x}^T(-\boldsymbol{A})^T \geqslant (-\boldsymbol{b})^T,\\ &\qquad\ \ \boldsymbol{x}^T \geqslant \boldsymbol{0}.\end{aligned}$$

式中 $\boldsymbol{x}^T$ 是行向量，$(-\boldsymbol{c})^T$ 是列向量，即为

$$\begin{aligned}&\min -(\boldsymbol{cx})^T;\\ &\text{s.t.}\quad -(\boldsymbol{Ax})^T \geqslant -(\boldsymbol{b}^T),\\ &\qquad\ \ \boldsymbol{x}^T \geqslant \boldsymbol{0}.\end{aligned}$$

或

$$\begin{aligned}&\max\ (\boldsymbol{cx})^T;\\ &\text{s.t.}\quad (\boldsymbol{Ax})^T \leqslant \boldsymbol{b}^T,\\ &\qquad\ \ \boldsymbol{x}^T \geqslant \boldsymbol{0}.\end{aligned}$$

即

$$\begin{aligned}&\max\ \boldsymbol{cx};\\ &\text{s.t.}\quad \boldsymbol{Ax} \leqslant \boldsymbol{b},\\ &\qquad\ \ \boldsymbol{x} \geqslant \boldsymbol{0}.\end{aligned}$$

可见模型(4.1.6)的对偶关系即为模型(4.1.5)。

2. 非对称形式的对偶关系

若原问题是线性规划的标准形式，则其对偶问题又是怎样的形式呢？记

LP

$$\begin{aligned}&\max\ \boldsymbol{cx};\\ &\text{s.t.}\quad \boldsymbol{Ax} = \boldsymbol{b},\\ &\qquad\ \ \boldsymbol{x} \geqslant \boldsymbol{0}.\end{aligned} \tag{4.1.8}$$

为了利用对称形式的结论，将模型(4.1.8)中等式化成"$\leqslant$"的形式，即

$$\begin{aligned}&\max\ \boldsymbol{cx};\\ &\text{s.t.}\quad \boldsymbol{Ax} \leqslant \boldsymbol{b},\\ &\qquad\ \ \boldsymbol{Ax} \geqslant \boldsymbol{b},\\ &\qquad\ \ \boldsymbol{x} \geqslant \boldsymbol{0}.\end{aligned}$$

或

$$\begin{aligned}&\max\ \boldsymbol{cx};\\ &\text{s.t.}\quad \boldsymbol{Ax} \leqslant \boldsymbol{b},\\ &\qquad\ \ -\boldsymbol{Ax} \leqslant -\boldsymbol{b},\\ &\qquad\ \ \boldsymbol{x} \geqslant \boldsymbol{0}.\end{aligned}$$

又可化成

$$\begin{aligned}&\max \boldsymbol{cx};\\&\text{s. t.}\quad \begin{pmatrix}\boldsymbol{A}\\-\boldsymbol{A}\end{pmatrix}\boldsymbol{x}\leqslant\begin{pmatrix}\boldsymbol{b}\\-\boldsymbol{b}\end{pmatrix},\\&\qquad\quad \boldsymbol{x}\geqslant\boldsymbol{0}.\end{aligned}\tag{4.1.9}$$

模型(4.1.9)式中系数矩阵为$\begin{pmatrix}\boldsymbol{A}\\-\boldsymbol{A}\end{pmatrix}$,是 $2m\times n$ 型矩阵,右端项为$\begin{pmatrix}\boldsymbol{b}\\-\boldsymbol{b}\end{pmatrix}$,是 $2m$ 维列向量.因此其对偶变量应为 $\boldsymbol{w}^{(0)}=(\boldsymbol{w}^{(1)},\boldsymbol{w}^{(2)})_{1\times 2m}$.其中 $\boldsymbol{w}^{(1)},\boldsymbol{w}^{(2)}$ 均为 m 维行向量.

由式(4.1.6)可知,模型(4.1.9)的对偶形式应为

$$\begin{aligned}&\min\ (\boldsymbol{w}^{(1)},\boldsymbol{w}^{(2)})\begin{pmatrix}\boldsymbol{b}\\-\boldsymbol{b}\end{pmatrix}=\boldsymbol{w}^{(1)}\boldsymbol{b}-\boldsymbol{w}^{(2)}\boldsymbol{b};\\&\text{s. t.}\quad (\boldsymbol{w}^{(1)},\boldsymbol{w}^{(2)})\begin{pmatrix}\boldsymbol{A}\\-\boldsymbol{A}\end{pmatrix}\geqslant\boldsymbol{c},\\&\qquad\quad (\boldsymbol{w}^{(1)},\boldsymbol{w}^{(2)})\geqslant\boldsymbol{0}.\end{aligned}$$

或改写为

$$\begin{aligned}&\min\ (\boldsymbol{w}^{(1)}\boldsymbol{b}-\boldsymbol{w}^{(2)}\boldsymbol{b});\\&\text{s. t.}\quad \boldsymbol{w}^{(1)}\boldsymbol{A}-\boldsymbol{w}^{(2)}\boldsymbol{A}\geqslant\boldsymbol{c},\\&\qquad\quad \boldsymbol{w}^{(1)},\boldsymbol{w}^{(2)}\geqslant\boldsymbol{0}.\end{aligned}\tag{4.1.10}$$

为了形式上的统一,令 $\boldsymbol{w}_{1\times m}=\boldsymbol{w}^{(1)}-\boldsymbol{w}^{(2)}$,则模型(4.1.10)式可化为

DP

$$\begin{aligned}&\min \boldsymbol{wb};\\&\text{s. t.}\quad \boldsymbol{wA}\geqslant\boldsymbol{c},\\&\qquad\quad \boldsymbol{w}\text{ 无正负限制}.\end{aligned}\tag{4.1.11}$$

将式(4.1.8)与(4.1.11)称为一对非对称形式的对偶规划.要注意的是:原问题(4.1.8)中约束为等式,则其对偶规划中对偶变量无正负限制.

3. 混合形式的对偶关系

如果原问题的约束中有不等式也有等式,而其决策变量有的有非负限制,有的没有非负限制,这种混合形式的原问题的对偶规划应具有什么形式?

原问题为

$$\begin{aligned}&\max \boldsymbol{c}^{(1)}\boldsymbol{x}^{(1)}+\boldsymbol{c}^{(2)}\boldsymbol{x}^{(2)};\\&\text{s. t.}\quad \boldsymbol{A}_{11}\boldsymbol{x}^{(1)}+\boldsymbol{A}_{12}\boldsymbol{x}^{(2)}\leqslant\boldsymbol{b}^{(1)},\\&\qquad\quad \boldsymbol{A}_{21}\boldsymbol{x}^{(1)}+\boldsymbol{A}_{22}\boldsymbol{x}^{(2)}=\boldsymbol{b}^{(2)},\\&\qquad\quad \boldsymbol{x}^{(1)}\geqslant\boldsymbol{0},\quad \boldsymbol{x}^{(2)}\text{ 无正负限制}.\end{aligned}\tag{4.1.12}$$

其中 $\boldsymbol{x}^{(1)},\boldsymbol{x}^{(2)}$ 分别为 n_1 维及 n_2 维列向量;$\boldsymbol{c}^{(1)},\boldsymbol{c}^{(2)}$ 分别为 n_1 维,n_2 维行向量;$\boldsymbol{A}_{11}$ 是 $m_1\times n_1$ 型矩阵,$\boldsymbol{A}_{12}$ 是 $m_1\times n_2$ 型矩阵,$\boldsymbol{A}_{21}$ 是 $m_2\times n_1$ 型矩阵,$\boldsymbol{A}_{22}$ 是 $m_2\times n_2$ 型矩阵;$\boldsymbol{b}^{(1)},\boldsymbol{b}^{(2)}$ 分

别是 m_1, m_2 维列向量. 求其对偶规划.

为了将模型(4.1.12)化为模型(4.1.5)的形式,令

$$\begin{cases}\boldsymbol{x}^{(21)}-\boldsymbol{x}^{(22)}=\boldsymbol{x}^{(2)},\\ \boldsymbol{x}^{(21)}\geqslant\boldsymbol{0},\quad \boldsymbol{x}^{(22)}\geqslant\boldsymbol{0},\end{cases}\tag{4.1.13}$$

式中 $\boldsymbol{x}^{(21)}, \boldsymbol{x}^{(22)}$ 均是 n_2 维列向量. 将式(4.1.13)代入式(4.1.12),且将式(4.1.12)中等式约束化为不等式约束,得

$$\begin{aligned}&\max\ \boldsymbol{c}^{(1)}\boldsymbol{x}^{(1)}+\boldsymbol{c}^{(2)}\boldsymbol{x}^{(21)}-\boldsymbol{c}^{(2)}\boldsymbol{x}^{(22)};\\ &\text{s. t.}\quad \boldsymbol{A}_{11}\boldsymbol{x}^{(1)}+\boldsymbol{A}_{12}\boldsymbol{x}^{(21)}-\boldsymbol{A}_{12}\boldsymbol{x}^{(22)}\leqslant\boldsymbol{b}^{(1)},\\ &\qquad\ \ \boldsymbol{A}_{21}\boldsymbol{x}^{(1)}+\boldsymbol{A}_{22}\boldsymbol{x}^{(21)}-\boldsymbol{A}_{22}\boldsymbol{x}^{(22)}\leqslant\boldsymbol{b}^{(2)},\\ &\qquad\ \ -\boldsymbol{A}_{21}\boldsymbol{x}^{(1)}-\boldsymbol{A}_{22}\boldsymbol{x}^{(21)}+\boldsymbol{A}_{22}\boldsymbol{x}^{(22)}\leqslant-\boldsymbol{b}^{(2)},\\ &\qquad\ \ \boldsymbol{x}^{(1)}\geqslant\boldsymbol{0},\quad \boldsymbol{x}^{(21)}\geqslant\boldsymbol{0},\quad \boldsymbol{x}^{(22)}\geqslant\boldsymbol{0}.\end{aligned}\tag{4.1.14}$$

由对称形式的对偶关系可知,模型(4.1.14)的对偶规划为

$$\begin{aligned}&\min\ \boldsymbol{w}^{(1)}\boldsymbol{b}^{(1)}+\boldsymbol{w}^{(21)}\boldsymbol{b}^{(2)}-\boldsymbol{w}^{(22)}\boldsymbol{b}^{(2)};\\ &\text{s. t.}\quad \boldsymbol{w}^{(1)}\boldsymbol{A}_{11}+\boldsymbol{w}^{(21)}\boldsymbol{A}_{21}-\boldsymbol{w}^{(22)}\boldsymbol{A}_{21}\geqslant\boldsymbol{c}^{(1)},\\ &\qquad\ \ \boldsymbol{w}^{(1)}\boldsymbol{A}_{12}+\boldsymbol{w}^{(21)}\boldsymbol{A}_{22}-\boldsymbol{w}^{(22)}\boldsymbol{A}_{22}\geqslant\boldsymbol{c}^{(2)},\\ &\qquad\ \ -\boldsymbol{w}^{(1)}\boldsymbol{A}_{12}-\boldsymbol{w}^{(21)}\boldsymbol{A}_{22}+\boldsymbol{w}^{(22)}\boldsymbol{A}_{22}\geqslant-\boldsymbol{c}^{(2)},\\ &\qquad\ \ \boldsymbol{w}^{(1)}\geqslant\boldsymbol{0},\quad \boldsymbol{w}^{(21)}\geqslant\boldsymbol{0},\quad \boldsymbol{w}^{(22)}\geqslant\boldsymbol{0}.\end{aligned}\tag{4.1.15}$$

式中 $\boldsymbol{w}^{(1)}$ 为 m_1 维行向量, $\boldsymbol{w}^{(21)}, \boldsymbol{w}^{(22)}$ 为 m_2 维行向量.

为了与模型(4.1.12)保持形式上的统一,令

$$\boldsymbol{w}^{(2)}=\boldsymbol{w}^{(21)}-\boldsymbol{w}^{(22)},$$

代入模型(4.1.15)得

$$\begin{aligned}&\min\ \boldsymbol{w}^{(1)}\boldsymbol{b}^{(1)}+\boldsymbol{w}^{(2)}\boldsymbol{b}^{(2)};\\ &\text{s. t.}\quad \boldsymbol{w}^{(1)}\boldsymbol{A}_{11}+\boldsymbol{w}^{(2)}\boldsymbol{A}_{21}\geqslant\boldsymbol{c}^{(1)},\\ &\qquad\ \ \boldsymbol{w}^{(1)}\boldsymbol{A}_{12}+\boldsymbol{w}^{(2)}\boldsymbol{A}_{22}\geqslant\boldsymbol{c}^{(2)},\\ &\qquad\ \ -\boldsymbol{w}^{(1)}\boldsymbol{A}_{12}-\boldsymbol{w}^{(2)}\boldsymbol{A}_{22}\geqslant-\boldsymbol{c}^{(2)},\\ &\qquad\ \ \boldsymbol{w}^{(1)}\geqslant\boldsymbol{0},\quad \boldsymbol{w}^{(2)}\ \text{无正负限制}.\end{aligned}\tag{4.1.16}$$

再将模型(4.1.16)中第二、三组约束合为一个等式约束,得对偶问题为

$$\begin{aligned}&\min\ \boldsymbol{w}^{(1)}\boldsymbol{b}^{(1)}+\boldsymbol{w}^{(2)}\boldsymbol{b}^{(2)};\\ &\text{s. t.}\quad \boldsymbol{w}^{(1)}\boldsymbol{A}_{11}+\boldsymbol{w}^{(2)}\boldsymbol{A}_{21}\geqslant\boldsymbol{c}^{(1)},\\ &\qquad\ \ \boldsymbol{w}^{(1)}\boldsymbol{A}_{12}+\boldsymbol{w}^{(2)}\boldsymbol{A}_{22}=\boldsymbol{c}^{(2)},\\ &\qquad\ \ \boldsymbol{w}^{(1)}\geqslant\boldsymbol{0},\quad \boldsymbol{w}^{(2)}\ \text{无正负限制}.\end{aligned}\tag{4.1.17}$$

称模型(4.1.12)与模型(4.1.17)是一对混合形式的对偶规划.

从以上三种形式的对偶关系中,可以总结出原规划与对偶规划相关数据之间的联系,见表 4.1.

表 4.1 对偶关系相互对照表

原问题		对偶问题	
目标函数形式	max	目标函数形式	min
变量	n 个变量 变量$\geqslant 0$ 变量$\leqslant 0$ 无正负限制	约束	n 个约束 约束$\geqslant$ 约束$\leqslant$ 约束$=$
约束	m 个约束 约束$\leqslant$ 约束$\geqslant$ 约束$=$	变量	m 个变量 变量$\geqslant 0$ 变量$\leqslant 0$ 无正负限制
约束方程右端项		目标函数中的价值系数	
目标函数中的价值系数		约束方程的右端项	

例 4.1.3 写出下列线性规划的对偶规划：

$$\begin{aligned}
\min\ & 25x_1 + 2x_2 + 3x_3; \\
\text{s.t.}\ & -x_1 + x_2 - x_3 \leqslant 1, \\
& x_1 + 2x_2 - x_3 \geqslant 1, \\
& 2x_1 - x_2 + x_3 = 1, \\
& x_1 \geqslant 0,\quad x_2 \leqslant 0,\quad x_3\ \text{无限制}.
\end{aligned} \tag{4.1.18}$$

解 令对偶规划的决策变量为 w_1, w_2, w_3，则由表 4.1 知，对偶规划应为

$$\begin{aligned}
\max\ & w_1 + w_2 + w_3; \\
\text{s.t.}\ & -w_1 + w_2 + 2w_3 \leqslant 25, \\
& w_1 + 2w_2 - w_3 \geqslant 2, \\
& -w_1 - w_2 + w_3 = 3, \\
& w_1 \leqslant 0,\quad w_2 \geqslant 0,\quad w_3\ \text{无限制}.
\end{aligned} \tag{4.1.19}$$

再令 $w_1' = -w_1$，代入问题(4.1.19)，得

$$\begin{aligned}
\max\ & -w_1' + w_2 + w_3; \\
\text{s.t.}\ & w_1' + w_2 + 2w_3 \leqslant 25, \\
& -w_1' + 2w_2 - w_3 \geqslant 2, \\
& w_1' - w_2 + w_3 = 3, \\
& w_1' \geqslant 0,\quad w_2 \geqslant 0,\quad w_3\ \text{无限制}.
\end{aligned} \tag{4.1.20}$$

或

$$\begin{aligned}&\max -w_1'+w_2+w_3;\\ &\text{s.t.}\quad w_1'+w_2+2w_3\leqslant 25,\\ &\qquad\ w_1'-2w_2+w_3\leqslant -2,\\ &\qquad\ w_1'-w_2+w_3=3,\\ &\qquad\ w_1'\geqslant 0,\quad w_2\geqslant 0,\quad w_3\text{ 无限制}.\end{aligned}\tag{4.1.21}$$

模型(4.1.19),(4.1.20)或(4.1.21)都可作为(4.1.18)的对偶规划.

4.2 对偶理论

对于对称形式的对偶问题(4.1.5)与(4.1.6)有以下的基本定理与基本性质.

定理 4.2.1(弱对偶性定理) 设 $\boldsymbol{x}^{(0)}$ 及 $\boldsymbol{w}^{(0)}$ 分别是模型(4.1.5)及(4.1.6)的任一个可行解,则恒有 $\boldsymbol{cx}^{(0)}\leqslant\boldsymbol{w}^{(0)}\boldsymbol{b}$.

证 因为 $\boldsymbol{x}^{(0)}$ 是模型(4.1.5)的可行解,故有

$$\boldsymbol{Ax}^{(0)}\leqslant\boldsymbol{b}.\tag{4.2.1}$$

同理有

$$\boldsymbol{w}^{(0)}\boldsymbol{A}\geqslant\boldsymbol{c}.\tag{4.2.2}$$

因为 $\boldsymbol{x}^{(0)}\geqslant\boldsymbol{0},\boldsymbol{w}^{(0)}\geqslant\boldsymbol{0}$,用 $\boldsymbol{w}^{(0)}$ 左乘式(4.2.1)的两边、用 $\boldsymbol{x}^{(0)}$ 右乘不等式(4.2.2)的两边,得

$$\boldsymbol{w}^{(0)}\boldsymbol{Ax}^{(0)}\leqslant\boldsymbol{w}^{(0)}\boldsymbol{b},\tag{4.2.3}$$

$$\boldsymbol{w}^{(0)}\boldsymbol{Ax}^{(0)}\geqslant\boldsymbol{cx}^{(0)}.\tag{4.2.4}$$

故有

$$\boldsymbol{cx}^{(0)}\leqslant\boldsymbol{w}^{(0)}\boldsymbol{Ax}^{(0)}\leqslant\boldsymbol{w}^{(0)}\boldsymbol{b}.\tag{4.2.5}$$

定理 4.2.1 告诉我们,最大化问题的任一个可行解的目标函数值都是其对偶最小化问题目标函数的下界;而最小化问题的任一个可行解的目标函数值都是其对偶最大化问题目标函数的上界.

定理 4.2.2 设 $\boldsymbol{x}^{(0)},\boldsymbol{w}^{(0)}$ 分别是 LP 问题(4.1.5)及 DP 问题(4.1.6)的可行解,则当 $\boldsymbol{cx}^{(0)}=\boldsymbol{w}^{(0)}\boldsymbol{b}$ 时,$\boldsymbol{x}^{(0)},\boldsymbol{w}^{(0)}$ 必分别为各自问题的最优解.

证 设 $\boldsymbol{x}$ 是 LP 问题(4.1.5)的任一个可行解,则由定理 4.2.1 知,必有

$$\boldsymbol{cx}\leqslant\boldsymbol{w}^{(0)}\boldsymbol{b}=\boldsymbol{cx}^{(0)}.$$

上式表明了 $\boldsymbol{x}^{(0)}$ 是最大化问题(4.1.5)的最优解.同理可证明 $\boldsymbol{w}^{(0)}$ 是最小化问题(4.1.6)的最优解.

定理 4.2.3 若原问题 LP 与对偶问题 DP 同时有可行解,则它们必都有最优解.

证 设 $\boldsymbol{x}^{(0)},\boldsymbol{w}^{(0)}$ 分别为 LP 问题(4.1.5)及 DP 问题(4.1.6)的一个可行解,则对 LP

问题的任一个可行解 $\boldsymbol{x}$，均有

$$\boldsymbol{cx} \leqslant \boldsymbol{w}^{(0)}\boldsymbol{b}.$$

因为 LP 问题目标函数是求最大化，现最大化问题有上界，即必有有限的最大值，故必有最优解.

同理对 DP 问题的任一个可行解 $\boldsymbol{w}$，均有

$$\boldsymbol{wb} \geqslant \boldsymbol{cx}^{(0)}.$$

因为 DP 问题是求目标函数的最小值，最小化问题有下界必有有限的最小值，故 DP 问题必有最优解.

定理 4.2.4 若原问题的目标函数无界，则其对偶问题必无可行解.

证 设原问题为(4.1.5)，目标函数求最大值，但无上界. 用反证法，若对偶问题有可行解 $\boldsymbol{w}^{(0)}$，则由定理 4.2.1，$\boldsymbol{w}^{(0)}\boldsymbol{b}$ 应为原问题目标函数的上界，即有

$$\boldsymbol{cx} \leqslant \boldsymbol{w}^{(0)}\boldsymbol{b}.$$

上式对原问题的任一个可行解 $\boldsymbol{x}$ 都要成立. 而已知原问题目标函数无界，即 $\boldsymbol{cx} \to +\infty$，显然 $\boldsymbol{w}^{(0)}\boldsymbol{b}$ 不可能满足上式. 因此若有 $\boldsymbol{w}^{(0)}$ 存在必与弱对偶性定理矛盾，故其对偶问题必无可行解.

同理，若对偶问题的目标函数无界(最小化问题无下界)，则原问题必无可行解.

定理 4.2.5(强对偶定理) 设 LP 与 DP 中有一个有最优解，则另一个问题也必存在最优解，且两个问题最优解的目标函数值必相等.

证 设原问题为

$$\text{LP} \qquad \begin{aligned} &\max \ \boldsymbol{cx}; \\ &\text{s.t.} \quad \boldsymbol{Ax} \leqslant \boldsymbol{b}, \\ &\qquad\quad \boldsymbol{x} \geqslant \boldsymbol{0}. \end{aligned} \tag{4.2.6}$$

则其对偶问题为

$$\text{DP} \qquad \begin{aligned} &\min \ \boldsymbol{wb}; \\ &\text{s.t.} \quad \boldsymbol{wA} \geqslant \boldsymbol{c}, \\ &\qquad\quad \boldsymbol{w} \geqslant \boldsymbol{0}. \end{aligned} \tag{4.2.7}$$

现设 LP 问题(4.2.6)存在最优解，故将问题(4.2.6)化为标准形，有

$$\begin{aligned} &\max \ Z' = \boldsymbol{cx} + \boldsymbol{c}_a\boldsymbol{x}_a; \\ &\text{s.t.} \quad \boldsymbol{Ax} + \boldsymbol{Ix}_a = \boldsymbol{b}, \\ &\qquad\quad \boldsymbol{x} \geqslant \boldsymbol{0}, \quad \boldsymbol{x}_a \geqslant \boldsymbol{0}. \end{aligned} \tag{4.2.8}$$

式中 $\boldsymbol{x}_a$ 为松弛变量，$\boldsymbol{c}_a$ 为松弛变量的价值系数(显然 $\boldsymbol{c}_a = \boldsymbol{0}$). 设问题(4.2.8)的最优解为 $\hat{\boldsymbol{x}}^{(0)}$，相应的最优基为 $\boldsymbol{B}$，则有

$$\hat{\boldsymbol{x}}^{(0)} = \begin{bmatrix} \boldsymbol{x}^* \\ \boldsymbol{x}_a^* \end{bmatrix},$$

这里 x^* 是对应于问题(4.2.6)的最优解.

因为 B 为问题(4.2.8)的最优基,则规划(4.2.8)的所有变量的检验数 $\sigma_j \leqslant 0$.

由公式(3.1.20)及(3.1.34),有

$$\sigma_j = c_j - z_j = c_j - c_B B^{-1} p_j \leqslant 0. \ (j = 1, \cdots, n, n+1, \cdots, n+m)$$

或有

$$(c_1, \cdots, c_n, c_{n+1}, \cdots, c_{n+m}) - c_B B^{-1}(p_1, \cdots, p_n, p_{n+1}, \cdots, p_{n+m}) \leqslant \mathbf{0}. \quad (4.2.9)$$

在式(4.2.9)中挑出只与原问题(4.2.6)有关的决策变量,即去掉松弛变量部分:

$$(c_1, c_2, \cdots, c_n) - c_B B^{-1}(p_1, p_2, \cdots, p_n) \leqslant \mathbf{0},$$

或

$$c - c_B B^{-1} A \leqslant \mathbf{0}. \quad (4.2.10)$$

记

$$w^{(0)} = c_B B^{-1}, \quad (4.2.11)$$

代入式(4.2.10)得

$$c \leqslant w^{(0)} A. \quad (4.2.12)$$

因此 $w^{(0)}$ 满足对偶规划(4.2.7)的约束条件.

又在式(4.2.9)中挑出松弛变量部分有

$$(\sigma_{n+1}, \sigma_{n+2}, \cdots, \sigma_{n+m}) = (c_{n+1}, c_{n+2}, \cdots, c_{n+m}) - c_B B^{-1}(p_{n+1}, p_{n+2}, \cdots, p_{n+m}) \leqslant \mathbf{0} \quad (4.2.13)$$

即 $(0,0,\cdots,0) - c_B B^{-1} I \leqslant \mathbf{0}$,或

$$w^{(0)} \geqslant \mathbf{0}, \quad (4.2.14)$$

故 $w^{(0)}$ 也满足对偶规划(4.2.7)的非负条件,因此 $w^{(0)} = c_B B^{-1}$ 必是对偶规划的一个可行解.

又由单纯形法原理知,当前基 B 与当前基本可行解的取值有如下关系:

$$x_B = B^{-1} b,$$

故有

$$w^{(0)} b = c_B B^{-1} b = c_B x_B. \quad (4.2.15)$$

对于规划(4.2.8)的目标函数

$$Z' = cx + c_a x_a = (c, c_a)\begin{bmatrix} x \\ x_a \end{bmatrix},$$

式中 x 是指原问题(4.2.6)中的决策变量,x_a 是松弛变量. 若把问题(4.2.8)中的目标函数按基变量 x_B 与非基变量 x_N 来分,可有

$$Z' = c_B x_B + c_N x_N = (c_B, c_N)\begin{bmatrix} x_B \\ x_N \end{bmatrix}.$$

显然

$$c_B x_B + c_N x_N = cx + c_a x_a.$$

所以,对于$\hat{x}^{(0)} = \begin{bmatrix} x^* \\ x_a^* \end{bmatrix}$,也可写成$\hat{x}^{(0)} = \begin{bmatrix} x_B^{(0)} \\ x_N^{(0)} \end{bmatrix}$,从而得

$$cx^* + c_a x_a^* = c_B x_B^{(0)} + c_N x_N^{(0)}.$$

又因 $c_a = \mathbf{0}, x_N^{(0)} = \mathbf{0}$,故有

$$cx^* = c_B x_B^{(0)}.$$

又由式(4.2.15),有 $x_B^{(0)} = B^{-1} b$,故有

$$w^{(0)} b = c_B B^{-1} b = c_B x_B^{(0)} = cx^*.$$

则由定理 4.2.2 可知 $w^{(0)}, x^*$ 必同时为各自问题的最优解.

由对称性定理也容易得到,若对偶问题有最优解,则原问题也有最优解,且两个问题的最优目标函数值相等.

推论 4.2.6(单纯形乘子定理) 若 LP 问题有最优解,最优基为 B,则 $w^{(0)} = c_B B^{-1}$ 就是其对偶问题 DP 的一个最优解.

证 由定理 4.2.5 的证明过程已明显得到此推论的结论.

推论 4.2.7 对于对称形式的原问题(4.2.6),若有最优解,则在其最优单纯形表中,松弛变量 $x_{n+1}, x_{n+2}, \cdots, x_{n+m}$ 的检验数$(\sigma_{n+1}, \sigma_{n+2}, \cdots, \sigma_{n+m})$的负值即为对偶问题(4.2.7)的一个最优解.

证 当规划(4.2.8)取得最优解时,由式(4.2.13)有

$$(\sigma_{n+1}, \sigma_{n+2}, \cdots, \sigma_{n+m}) = (c_{n+1}, c_{n+2}, \cdots, c_{n+m}) - c_B B^{-1}(p_{n+1}, p_{n+2}, \cdots, p_{n+m}).$$

又知

$$c_{n+1} = c_{n+2} = \cdots = c_{n+m} = 0, \ (p_{n+1}, p_{n+2}, \cdots, p_{n+m}) = I_m.$$

若记

$$w^{(0)} = c_B B^{-1} = (w_1, w_2, \cdots, w_m).$$

由定理 4.2.5 的证明过程知 $w^{(0)}$ 是对偶规划(4.2.7)的一个最优解,且$(w_1, w_2, \cdots, w_m)$即为对偶决策变量.所以有

$$\begin{aligned}(\sigma_{n+1}, \sigma_{n+2}, \cdots, \sigma_{n+m}) &= (0, 0, \cdots, 0) - w^{(0)} I \\ &= -w^{(0)} = (-w_1, -w_2, \cdots, -w_m),\end{aligned}$$

或

$$(w_1, w_2, \cdots, w_m) = (-\sigma_{n+1}, -\sigma_{n+2}, \cdots, -\sigma_{n+m}).$$

且由推论 4.2.6 可知,它必是对偶问题(4.2.7)的一个最优解.

综上所述,原问题与对偶问题的解之间只有以下三种可能的关系:

(1) 两个问题都有可行解,从而都有最优解.

(2) 一个问题为无界解,另一个问题必无可行解.

(3) 两个问题都无可行解.

下面讨论一对对偶问题最优解各分量之间的关系，通常称这种关系为互补松弛性关系.

定理 4.2.8(对称形式的互补松弛性定理) 设 $\boldsymbol{x}^{(0)}, \boldsymbol{w}^{(0)}$ 分别是对称形式的原问题(4.2.6)及其对偶问题(4.2.7)的两个可行解. 则 $\boldsymbol{x}^{(0)}, \boldsymbol{w}^{(0)}$ 分别是各自问题的最优解的充分必要条件为：对所有的 i, j，下列各式都成立：

(1) 若 $x_j^{(0)} > 0$，必有 $\boldsymbol{w}^{(0)} \boldsymbol{p}_j = c_j$.

(2) 若 $\boldsymbol{w}^{(0)} \boldsymbol{p}_j > c_j$，必有 $x_j^{(0)} = 0$.

(3) 若 $w_i^{(0)} > 0$，必有 $\boldsymbol{a}_i \boldsymbol{x}^{(0)} = b_i$.

(4) 若 $\boldsymbol{a}_i \boldsymbol{x}^{(0)} < b_i$，必有 $w_i^{(0)} = 0$.

其中 $\boldsymbol{a}_i$ 为 $\boldsymbol{A}$ 的第 i 行，$\boldsymbol{p}_j$ 为 $\boldsymbol{A}$ 的第 j 列；$\boldsymbol{w}^{(0)} = (w_1^{(0)}, w_2^{(0)}, \cdots, w_m^{(0)})$ 是对偶变量，$\boldsymbol{x}^{(0)} = (x_1^{(0)}, x_2^{(0)}, \cdots, x_n^{(0)})^{\mathrm{T}}$ 是原问题的决策变量.

证 必要性：设 $\boldsymbol{x}^{(0)}, \boldsymbol{w}^{(0)}$ 分别是各自问题的最优解. 由弱对偶性定理结论中的式(4.2.5)有

$$\boldsymbol{c}\boldsymbol{x}^{(0)} \leqslant \boldsymbol{w}^{(0)} \boldsymbol{A} \boldsymbol{x}^{(0)} \leqslant \boldsymbol{w}^{(0)} \boldsymbol{b}.$$

又由定理 4.2.5 知 $\boldsymbol{c}\boldsymbol{x}^{(0)} = \boldsymbol{w}^{(0)} \boldsymbol{b}$，故有

$$\boldsymbol{c}\boldsymbol{x}^{(0)} = \boldsymbol{w}^{(0)} \boldsymbol{A} \boldsymbol{x}^{(0)} = \boldsymbol{w}^{(0)} \boldsymbol{b}. \tag{4.2.16}$$

取其左边等式有

$$\boldsymbol{c}\boldsymbol{x}^{(0)} = \boldsymbol{w}^{(0)} \boldsymbol{A} \boldsymbol{x}^{(0)},$$

或

$$(\boldsymbol{w}^{(0)} \boldsymbol{A} - \boldsymbol{c}) \boldsymbol{x}^{(0)} = 0, \tag{4.2.17}$$

或写成分量形式：

$$[\boldsymbol{w}^{(0)}(\boldsymbol{p}_1, \boldsymbol{p}_2, \cdots, \boldsymbol{p}_n) - (c_1, c_2, \cdots, c_n)] \begin{bmatrix} x_1^{(0)} \\ x_2^{(0)} \\ \vdots \\ x_n^{(0)} \end{bmatrix} = 0.$$

即 $\sum_{j=1}^{n} (\boldsymbol{w}^{(0)} \boldsymbol{p}_j - c_j) x_j^{(0)} = 0$. 又因为 $\boldsymbol{w}^{(0)} \boldsymbol{A} - \boldsymbol{c} \geqslant \boldsymbol{0}, \boldsymbol{x}^{(0)} \geqslant \boldsymbol{0}$(即每个分量都$\geqslant 0$)，故只有

$$(\boldsymbol{w}^{(0)} \boldsymbol{p}_j - c_j) x_j^{(0)} = 0 \quad (j = 1, 2, \cdots, n). \tag{4.2.18}$$

故当 $\boldsymbol{w}^{(0)} \boldsymbol{p}_j - c_j > 0$ 时，必有 $x_j^{(0)} = 0$；当 $x_j^{(0)} > 0$ 时，必有 $\boldsymbol{w}^{(0)} \boldsymbol{p}_j - c_j = 0$. 即本定理的(1)，(2)结论成立.

取式(4.2.16)右边等式有 $\boldsymbol{w}^{(0)} \boldsymbol{A} \boldsymbol{x}^{(0)} = \boldsymbol{w}^{(0)} \boldsymbol{b}$，或

$$\boldsymbol{w}^{(0)} (\boldsymbol{b} - \boldsymbol{A} \boldsymbol{x}^{(0)}) = 0. \tag{4.2.19}$$

写成分量形式：

$$(w_1^{(0)},w_2^{(0)},\cdots,w_m^{(0)})\begin{bmatrix} b_1-\boldsymbol{a}_1\boldsymbol{x}^{(0)} \\ b_2-\boldsymbol{a}_2\boldsymbol{x}^{(0)} \\ \vdots \\ b_m-\boldsymbol{a}_m\boldsymbol{x}^{(0)} \end{bmatrix}=0.$$

即 $\sum_{i=1}^{m}\boldsymbol{w}_i^{(0)}(b_i-\boldsymbol{a}_i\boldsymbol{x}_i^{(0)})=0$. 因为 $\boldsymbol{w}^{(0)}\geqslant\boldsymbol{0},\boldsymbol{b}-\boldsymbol{A}\boldsymbol{x}^{(0)}\geqslant\boldsymbol{0}$,故有

$$w_i^{(0)}(b_i-\boldsymbol{a}_i\boldsymbol{x}^{(0)})=0\quad(i=1,2,\cdots,m).\tag{4.2.20}$$

因此,当 $w_i^{(0)}>0$ 时,必有 $b_i-\boldsymbol{a}_i\boldsymbol{x}^{(0)}=0$;当 $b_i>\boldsymbol{a}_i\boldsymbol{x}^{(0)}$ 时,必有 $w_i^{(0)}=0$. 即本定理的(3),(4)式成立.

充分性:设 $\boldsymbol{x}^{(0)},\boldsymbol{w}^{(0)}$ 分别是对称形式的原问题与对偶问题的可行解,且(1),(2),(3),(4)结论成立. 因为对所有的 j,(1)与(2)结论成立,故有 $(\boldsymbol{w}^{(0)}\boldsymbol{A}-\boldsymbol{c})\boldsymbol{x}^{(0)}=0$,即

$$\boldsymbol{w}^{(0)}\boldsymbol{A}\boldsymbol{x}^{(0)}=\boldsymbol{c}\boldsymbol{x}^{(0)}.\tag{4.2.21}$$

又因为对所有的 i,(3),(4)结论成立. 故有

$$\boldsymbol{w}^{(0)}(\boldsymbol{b}-\boldsymbol{A}\boldsymbol{x}^{(0)})=0,$$

或

$$\boldsymbol{w}^{(0)}\boldsymbol{b}=\boldsymbol{w}^{(0)}\boldsymbol{A}\boldsymbol{x}^{(0)}.\tag{4.2.22}$$

由式(4.2.21)与式(4.2.22)有

$$\boldsymbol{w}^{(0)}\boldsymbol{b}=\boldsymbol{c}\boldsymbol{x}^{(0)}.$$

由定理 4.2.2 可知,$\boldsymbol{x}^{(0)}$ 与 $\boldsymbol{w}^{(0)}$ 必为各自问题的最优解.

读者要充分理解定理 4.2.8 中(1),(2),(3),(4)四个条件所表明的意义. 如条件(4):

$$\text{若 } \boldsymbol{a}_i\boldsymbol{x}^{(0)}<b_i\text{,则必有 } w_i^{(0)}=0.$$

它表明了若原问题最优解第 i 个约束方程为严格的不等式,则对偶问题最优解中第 i 个对偶变量取值必为零(请读者自行写出其他条件式子所含的意义).

条件(4.2.17)与(4.2.19)(或(4.2.18)与(4.2.20))称为对称形式的互补松弛性条件或称做松弛条件,这是一对最优解之间必须满足的条件.

对于非对称形式的对偶问题,因为此时 $\boldsymbol{w}^{(0)}$ 无正负限制,因此在互补松弛性定理中只有条件(1)与(2)成立.

定理 4.2.9 设 $\boldsymbol{x}^{(0)},\boldsymbol{w}^{(0)}$ 分别是一对非对称形式对偶规划(4.1.8)与(4.1.11)的可行解,则 $\boldsymbol{x}^{(0)},\boldsymbol{w}^{(0)}$ 分别是各自问题的最优解的充分必要条件为:对所有的 j,下列各式都成立:

(1) 若 $x_j^{(0)}>0$,必有 $\boldsymbol{w}^{(0)}\boldsymbol{p}_j=c_j$,

(2) 若 $\boldsymbol{w}^{(0)}\boldsymbol{p}_j>c_j$,必有 $x_j^{(0)}=0$.

本定理只给出结论,不予证明.

利用互补松弛性定理,在已知一个问题的最优解时,可求其对偶问题的最优解.

例 4.2.1 若已用做图法求出下列问题的最优解为 $\boldsymbol{x}^*=\left(\frac{1}{7},\frac{11}{7}\right)^{\mathrm{T}}$.

$$\begin{aligned}&\max x_1+2x_2;\\ &\text{s.t.}\quad 3x_1+x_2\leqslant 2,\\ &\qquad -x_1+2x_2\leqslant 3,\\ &\qquad x_1-3x_2\leqslant 1,\\ &\qquad x_1,x_2\geqslant 0.\end{aligned}$$

求其对偶问题的最优解.

解 设其对偶问题的对偶变量为 w_1,w_2,w_3,则其对偶问题的数学模型为

$$\begin{aligned}&\min 2w_1+3w_2+w_3;\\ &\text{s.t.}\quad 3w_1-w_2+w_3\geqslant 1,\\ &\qquad w_1+2w_2-3w_3\geqslant 2,\\ &\qquad w_1,w_2,w_3\geqslant 0.\end{aligned}$$

因 $x_1^*=\frac{1}{7}>0,x_2^*=\frac{11}{7}>0$,由互补松弛性条件(1),则有

$$\begin{cases}3w_1^*-w_2^*+w_3^*=1,\\ w_1^*+2w_2^*-3w_3^*=2.\end{cases}\tag{4.2.23}$$

又将 $\boldsymbol{x}^*=\left(\frac{1}{7},\frac{11}{7}\right)^{\mathrm{T}}$ 代入原问题约束条件中:

$$3x_1^*+x_2^*=3\cdot\frac{1}{7}+\frac{11}{7}=2,$$

$$-x_1^*+2x_2^*=-\frac{1}{7}+2\cdot\frac{11}{7}=3,$$

$$x_1^*-3x_2^*=\frac{1}{7}-3\cdot\frac{11}{7}=-\frac{32}{7}<1.$$

故由互补松弛性条件(4),必有 $w_3^*=0$. 代入(4.2.23)得

$$\begin{cases}3w_1^*-w_2^*=1,\\ w_1^*+2w_2^*=2,\end{cases}$$

故 $w_1^*=\frac{4}{7},w_2^*=\frac{5}{7}$.因此对偶问题的最优解为

$$\boldsymbol{w}^*=\left(\frac{4}{7},\frac{5}{7},0\right),$$

最优值

$$f^*=2\times\frac{4}{7}+3\times\frac{5}{7}+0=\frac{23}{7}.$$

显然有

$$Z^*=\frac{1}{7}+2\times\frac{11}{7}=\frac{23}{7}=f^*.$$

4.3 对偶解(影子价格)的经济解释

从强对偶定理 4.2.5 可知，当达到最优解时，原问题与对偶问题的目标函数值相等，即有

$$Z^{\square}=\boldsymbol{cx}^*=\boldsymbol{w}^*\boldsymbol{b}=w_1^*b_1+w_2^*b_2+\cdots+w_m^*b_m,\tag{4.3.1}$$

其中 $\boldsymbol{x}^*$，$\boldsymbol{w}^*$ 分别为原问题与对偶问题的最优解，且 $\boldsymbol{w}^*=(w_1^*,w_2^*,\cdots,w_m^*)$.

现考虑在最优解处，右端项 b_i 的微小变动对目标函数值的影响(在不改变原最优基情况下)，则可由式(4.3.1)，将 Z^* 对 b_i 求偏导数：

$$\frac{\partial Z^*}{\partial b_i}=w_i^*\quad(i=1,2,\cdots,m).\tag{4.3.2}$$

因为原问题的每一个约束都对应一个对偶变量，从而有一个对偶解. 因此式(4.3.2)表明，若原问题的某一个约束条件的右端项 b_i 每增加一个单位，则由此引起的最优目标函数值的增加量，就等于与该约束条件相对应的对偶变量的最优解值.

如果把原问题的约束条件看成是广义资源约束，则右端项的值，表示每种资源的可用量. 对偶解的经济含义就是资源的单位改变量引起目标函数值的增加量. 在经济学中，通常用价值量来衡量目标函数值. 因此对偶解也具有了价值内涵，通常称对偶解为影子价格. 影子价格是对偶解的一个十分形象的名称，它既表明了对偶解是对系统内部资源的一种客观估价，又表明它是一种虚拟的价格，而不是真实的价格.

影子价格的大小客观地反映了资源在系统内的稀缺程度. 如果第 i 种资源在系统内供大于求，即在达到最优解时，该资源并没有用完，因此反映在原问题第 i 个约束中，当用最优解值 $\boldsymbol{x}^*$ 代入时，该约束为严格的不等式(即松弛变量>0)，由互补松弛性定理 4.2.8 中条件(4)，必有 $w_i^*=0$，即该资源的影子价格为 0. 它表明了，增加该资源的供应不会引起系统目标值的增加. 如果第 i 种资源的影子价格大于零，就说明再增加这种资源的供应量，可使目标函数值增加，即可使系统的收益有所增加. 资源的影子价格越高，说明资源在系统内越稀缺，而增加该资源的供应量对系统目标函数值贡献也越大. 因此企业管理者可以根据各种资源在企业内影子价格的大小决定企业的经营策略.

比如例 4.1.1 的原问题为式(4.1.1)式，其中第一个约束表示木工工时资源约束；第二个约束表示油漆工时资源约束. 其对偶问题见式(4.1.2)，其对偶解为 $\boldsymbol{w}^*=(w_1^*,w_2^*)=(2,24)>\boldsymbol{0}$. 表示在原问题中，木工工时资源及油漆工时资源都是稀缺资源. 在系统中已全部用完(读者可将 $\boldsymbol{x}^*=(x_1^*,x_2^*)^{\mathrm{T}}=(15,20)^{\mathrm{T}}$ 代入(4.1.1)式的约束中进行检验). 而且

$w_2^*=24 \gg w_1^*=2$,表明油漆工时资源的影子价格为 24,木工工时资源价格为 2,即油漆工时资源对系统的目标函数贡献远远超过木工工时对目标函数的贡献. 经营者若为了增加收入可按适当比例增加油漆工时与木工工时资源总量.

4.4 对偶单纯形法

对偶单纯形法是利用对偶原理来求解原问题的一种方法(而不是求解对偶问题的方法),在第 3 章中介绍的单纯形法可称为原始单纯形法. 从理论上说原始单纯形法可以解决一切线性规划问题. 但正因为它用途广泛,必有不足之处. 如它对于某些特殊问题,虽然也可解决,但显得不便.

例如有一线性规划:

$$\begin{aligned} &\min \boldsymbol{cx};\\ &\text{s.t.}\quad \boldsymbol{Ax} \geqslant \boldsymbol{b},\\ &\qquad\quad \boldsymbol{x} \geqslant \boldsymbol{0}. \end{aligned}$$

化为标准形

$$\begin{aligned} &\max\ (-\boldsymbol{cx});\\ &\text{s.t.}\quad \boldsymbol{Ax}-\boldsymbol{x}_s=\boldsymbol{b},\\ &\qquad\quad \boldsymbol{x},\boldsymbol{x}_s \geqslant \boldsymbol{0}. \end{aligned}$$

在约束方程中出现了一个负单位矩阵. 若将剩余变量 $\boldsymbol{x}_s$ 取作初始基变量,则初始基 $\boldsymbol{B}^{(0)}=(\boldsymbol{p}_{n+1},\boldsymbol{p}_{n+2},\cdots,\boldsymbol{p}_{n+m})=-\boldsymbol{I}_m$. 于是初始解 $\boldsymbol{x}_{\boldsymbol{B}^{(0)}}=(\boldsymbol{B}^{(0)})^{-1}\boldsymbol{b}=-\boldsymbol{I}_m\boldsymbol{b}=-\boldsymbol{b}\leqslant\boldsymbol{0}$,$\boldsymbol{x}_{\boldsymbol{B}^{(0)}}$ 不满足可行性,因此不能将 $-\boldsymbol{I}_m$ 取作初始基. 为了求得初始基本可行解,前面已讲述过,需在约束方程左边增加一组人工变量 $\boldsymbol{x}_a$. 同时也需要对目标函数作修正,这就显得很不方便,且 $-\boldsymbol{I}_m$ 也没能利用上.

原始单纯形法从一个基本可行解 $\boldsymbol{x}_{\boldsymbol{B}_1}$ 迭代到下一个基本可行解 $\boldsymbol{x}_{\boldsymbol{B}_2}$ 时,总是保持解的可行性不变,变化的只是检验数向量$\boldsymbol{\sigma}$,即对于极大化原问题(4.2.6)来说,检验数向量$\boldsymbol{\sigma}$是由$\boldsymbol{\sigma} \nleqslant \boldsymbol{0}$,逐步过渡到$\boldsymbol{\sigma} \leqslant \boldsymbol{0}$ 成立. 一旦达到$\boldsymbol{\sigma} \leqslant \boldsymbol{0}$,也就达到了最优解. 由式(4.2.10),$\boldsymbol{\sigma}=\boldsymbol{c}-\boldsymbol{c}_{\boldsymbol{B}}\boldsymbol{B}^{-1}\boldsymbol{A}=\boldsymbol{c}-\boldsymbol{w}^{(0)}\boldsymbol{A}\leqslant\boldsymbol{0}$,由式(4.2.14),$\boldsymbol{w}^{(0)}\geqslant\boldsymbol{0}$,因此 $\boldsymbol{w}^{(0)}=\boldsymbol{c}_{\boldsymbol{B}}\boldsymbol{B}^{-1}$是问题(4.2.6)的对偶问题的可行解. 因此也可以这样来理解原始单纯形法的迭代过程:从基本可行解向最优解的迭代过程,是在始终保持原问题解可行性条件下,其对偶解由不可行($\boldsymbol{c}\nleqslant \boldsymbol{w}^{(0)}\boldsymbol{A}$,$\boldsymbol{0}\nleqslant \boldsymbol{w}^{(0)}$)向可行($\boldsymbol{w}^{(0)}\boldsymbol{A}\geqslant\boldsymbol{c}$ 及 $\boldsymbol{w}^{(0)}\geqslant\boldsymbol{0}$)转化. 一旦其对偶解也成为可行解时,原问题的可行解即成为最优解. 也就是说,当原问题解保持可行性条件下,其最优性条件与对偶解可行这个条件是一致的.

当然也可以设想另一条求解思路:即在迭代过程中,始终保持对偶问题解的可行性,而原问题的解由不可行逐渐向可行性转化,一旦原问题的解也满足了可行性条件,也就达到了最优解.这正是对偶单纯形法的思路.这个方法并不需要把原问题转化为对偶问题,利用原问题与对偶问题的数据相同(只是所处位置不同)这一特点,直接在反映原问题的单纯形表上进行运算.

定义 4.4.1 设 $\boldsymbol{x}^{(0)}$ 是原问题(4.2.6)的一个基本解,对应的基是 $\boldsymbol{B}$.若它所对应的检验数向量 $\boldsymbol{\sigma}=\boldsymbol{c}-\boldsymbol{c}_B\boldsymbol{B}^{-1}\boldsymbol{A}\leqslant\boldsymbol{0}$ 成立,则称 $\boldsymbol{x}^{(0)}$ 是原问题的一个正则解,对应的基矩阵 $\boldsymbol{B}$ 称为正则基.

要注意的是,正则解对原问题而言只是一个基本解,并不要求是可行解.而其 $\boldsymbol{\sigma}\leqslant\boldsymbol{0}$ 成立,即满足了对偶问题的可行性,我们称之为正则性.因此用正则性语言来描述对偶单纯形法的思路是:在保持正则解的正则性不变条件下,在迭代过程中,使原问题解的不可行性逐步消失,一旦迭代到可行解时,即达到了最优解.

以下讨论对偶单纯形法的计算步骤:

(1) 给定一个初始正则解 $\boldsymbol{x}^{(0)}$,对应的正则基为 $\boldsymbol{B}$.

(2) 计算 $\bar{\boldsymbol{b}}=\boldsymbol{B}^{-1}\boldsymbol{b}$.若 $\bar{\boldsymbol{b}}=\boldsymbol{B}^{-1}\boldsymbol{b}\geqslant\boldsymbol{0}$,则停止计算,当前的正则解 $\boldsymbol{x}=\boldsymbol{B}^{-1}\boldsymbol{b}$ 便是最优解;否则转下一步.

(3) 确定离基变量:

$$令\ \bar{b}_r=\min\{\bar{b}_i\}\quad(i=1,2,\cdots,m(显然\ \bar{b}_r<0)),\tag{4.4.1}$$

则 x_{B_r} 为离基变量,$\boldsymbol{a}'_r$是主行。

(4) 检查单纯形表中第 r 行的系数:$\boldsymbol{a}'_r=(a'_{r1},a'_{r2},\cdots,a'_{rm})$.若所有的 $a'_{rj}\geqslant0$,则原问题无可行解.理由如下:

对于第 r 个约束方程:

$$x_{B_r}=\bar{b}'_r-\sum_{j\in J_N}a'_{rj}\ x_j,\tag{4.4.2}$$

式中 J_N 是非基变量下标集.因 $\bar{b}'_r<0$,对当前解来讲,当所有的 $x_j(j\in J_N)$ 取零值时,当前解 $x_{B_r}=\bar{b}'_r<0$.因为所有的 $a'_{rj}\geqslant0$,因此不论 $x_j(j\in J_N)$ 改为取怎样的正值,都无法使 x_{B_r} 的值转化为正数.故本题无可行解.

否则转下一步.

(5) 确定进基变量.记 $\dfrac{\sigma_j}{a'_{rj}}=\dfrac{c_j-z_j}{a'_{rj}}$,求

$$\frac{\sigma_k}{a'_{rk}}=\min_j\left\{\frac{\sigma_j}{a'_{rj}}\middle|a'_{rj}<0,\quad j\in J_N\right\},\tag{4.4.3}$$

则 x_k 是进基变量,$\boldsymbol{p}_k$ 是主列.

(6) 迭代.以 a'_{rk} 为主元素进行消元变换,迭代到下一个正则解.转步骤(2).

例 4.4.1 用对偶单纯形法求解

$$\min Z=2x_1+3x_2+4x_3;$$

$$
\begin{aligned}
\text{s.t.}\quad & x_1+2x_2+x_3\geqslant 3,\\
& 2x_1-x_2+3x_3\geqslant 4,\\
& x_1,x_2,x_3\geqslant 0.
\end{aligned}
$$

解 先将原问题化为 max 形式,然后再标准化:

$$
\begin{aligned}
\max f &= -2x_1-3x_2-4x_3+0\cdot x_4+0\cdot x_5;\\
\text{s.t.}\quad & x_1+2x_2+x_3-x_4 \qquad = 3,\\
& 2x_1-x_2+3x_3 \qquad -x_5=4,\\
& x_j\geqslant 0\quad (j=1,2,\cdots,5).
\end{aligned}
\tag{4.4.4}
$$

为了利用 $\boldsymbol{p}_4,\boldsymbol{p}_5$ 作初始基,将问题(4.4.4)中两个约束方程左右两边各乘(−1)得到

$$
\begin{aligned}
\max f &= -2x_1-3x_2-4x_3+0\cdot x_4+0\cdot x_5;\\
\text{s.t.}\quad & -x_1-2x_2-x_3+x_4 \qquad =-3,\\
& -2x_1+x_2-3x_3 \qquad +x_5=-4,\\
& x_j\geqslant 0\quad (j=1,2,\cdots,5).
\end{aligned}
$$

作出相应的初始单纯形表,见表 4.2.

当取初始基 $\boldsymbol{B}=(\boldsymbol{p}_4,\boldsymbol{p}_5)$ 时,$\boldsymbol{b}=(-3,-4)^{\mathrm{T}}\ngeqslant 0$,而 $\sigma_j\leqslant 0$ 均成立,故对偶可行性满足. 因此 $\boldsymbol{x}^{(0)}=(0,0,0,-3,-4)^{\mathrm{T}}$ 为正则解.

要迭代到下一个正则解,首先确定离基变量,计算:

$$\min_i \bar{b}_i=\min_i\{-3,-4\}=\bar{b}_2=-4.$$

故 $r=2$ 是主行,$x_{B_2}=x_5$ 是离基变量,又因 $a_{21},a_{23}<0$,故本问题有可行解.

表 4.2

c_j			−2	−3	−4	0	0
$\boldsymbol{c}_B$	$\boldsymbol{x}_B$	$\bar{\boldsymbol{b}}$	x_1	x_2	x_3	x_4	x_5
0	x_4	−3	−1	−2	−1	1	0
0	x_5	−4	[−2]	1	−3	0	1
	$-f$	0	−2	−3	−4	0	0
σ_j/a'_{rj}			1		4/3		

为了确定进基变量,计算:

$$\theta=\min_j\left\{\frac{\sigma_j}{a'_{2j}}\,\middle|\,a'_{2j}<0\right\}=\min_j\left\{\frac{-2}{-2},\frac{-4}{-3}\right\}=\frac{\sigma_1}{a'_{21}}=1.$$

故 $\boldsymbol{p}_1$ 是主列,a'_{21}是主元素,x_1 是进基变量. 以 $a'_{21}=-2$ 为主元素,按单纯形法进行迭代得表 4.3.

表 4.3

c_j			-2	-3	-4	0	0
c_B	x_B	$\bar{b}$	x_1	x_2	x_3	x_4	x_5
0	x_4	-1	0	$[-5/2]$	$1/2$	1	$-1/2$
-2	x_1	2	1	$-1/2$	$3/2$	0	$-1/2$
	$-f$	4	0	-4	-1	0	-1
σ_j/a'_{rj}				$8/5$			2

从表 4.3 可知,$x^{(1)}=(2,0,0,-1,0)^{\mathrm{T}}\ngeq 0$. 但 $\sigma_j\leqslant 0$ 满足,故 $x^{(1)}$ 仍为正则解,不是最优解. 继续按上法迭代. 为了确定离基变量,计算:

$$\min_i \bar{b}_i=\bar{b}_1=-1.$$

故 $r=1$ 是主行,$x_{B_1}=x_4$ 是离基变量. 为了确定进基变量,计算:

$$\min_j\left\{\frac{\sigma_j}{a'_{1j}}\middle| a'_{1j}<0\right\}=\min\left\{\frac{-4}{-5/2},\frac{-1}{-1/2}\right\}=\frac{\sigma_2}{a'_{12}}=\frac{8}{5}.$$

即 p_2 是主列,$a'_{12}=-\dfrac{5}{2}$是主元素,x_2 是进基变量. 按单纯形法以 $a'_{12}=-5/2$ 作主元素进行迭代,得到表 4.4.

从表 4.4 中,可得到 $x^{(2)}=(11/5,2/5,0,0,0)^{\mathrm{T}}\geqslant \mathbf{0}$,又 $\sigma_j\leqslant 0$,因此 $x^{(2)}$ 即为最优解. $f^*=-\dfrac{28}{5}$,故原问题 $\min Z=Z^*=-f^*=\dfrac{28}{5}$.

表 4.4

c_j			-2	-3	-4	0	0
c_B	x_B	$\bar{b}$	x_1	x_2	x_3	x_4	x_5
-3	x_2	$2/5$	0	1	$-1/5$	$-2/5$	$1/5$
-2	x_1	$11/5$	1	0	$7/5$	$-1/5$	$-2/5$
	$-f$	$28/5$	0	0	$-9/5$	$-8/5$	$-1/5$

下面证明上述的计算步骤确能保证从一个正则解 x 迭代到另一个正则解$\hat{x}$(对有最优解而言).

由计算步骤(3),确定离基变量,计算:

$$\bar{b}_r=\min\{\bar{b}_i\}\quad(i=1,2,\cdots,m,\quad \bar{b}_r<0). \tag{4.4.5}$$

由计算步骤(5),确定进基变量,计算

$$\frac{\sigma_k}{a_{rk}} = \min_j \left\{ \frac{\sigma_j}{a_{rj}} \middle| a_{rj} < 0,\ j \in J_N \right\}, \tag{4.4.6}$$

见表 4.5.

表 4.5

	c_j		c_1	…	c_j	…	c_k	…	c_n
$\boldsymbol{c_B}$	$\boldsymbol{x_B}$	$\bar{\boldsymbol{b}}$	x_1	…	x_j	…	x_k	…	x_n
c_{B_1}	x_{B_1}	$\bar{b}_1$	a_{11}	…	a_{1j}	…	a_{1k}	…	a_{1n}
⋮	⋮	⋮	⋮		⋮		⋮		⋮
c_{B_r}	x_{B_r}	$\bar{b}_r$	a_{r1}	…	a_{rj}	…	$[a_{rk}]$	…	a_{rn}
⋮	⋮	⋮	⋮		⋮		⋮		⋮
c_{B_m}	x_{B_m}	$\bar{b}_m$	a_{m1}	…	a_{mj}	…	a_{mk}	…	a_{mn}
	$-Z$	$-\boldsymbol{c_B}\bar{\boldsymbol{b}}$	σ_1	…	σ_j	…	σ_k	…	σ_n

由 $\boldsymbol{x}$ 迭代到 $\hat{\boldsymbol{x}}$ 时：

$$\bar{b}_r \to \bar{b}_r' = \frac{\bar{b}_r}{a_{rk}} > 0,$$

$$\sigma_j \to \sigma_j' = \sigma_j - \frac{\sigma_k}{a_{rk}} a_{rj} \quad (j = 1, 2, \cdots, n).$$

这里分两种情形：

(1) 当 $a_{rj} \geqslant 0$ 时，则 $\sigma_j' = \sigma_j - \frac{\sigma_k}{a_{rk}} a_{rj} \leqslant \sigma_j \leqslant 0$.（请读者思考，上述不等式成立的理由是什么？）

(2) 当 $a_{rj} < 0$ 时，则 $\sigma_j' = \sigma_j - \frac{\sigma_k}{a_{rk}} a_{rj}$. 又由式(4.4.6)：

$$\frac{\sigma_k}{a_{rk}} \leqslant \frac{\sigma_j}{a_{rj}}, \qquad \text{或} \qquad \frac{\sigma_k}{a_{rk}} a_{rj} \geqslant \sigma_j,$$

即

$$\sigma_j - \frac{\sigma_k}{a_{rk}} a_{rj} \leqslant 0.$$

故 $\hat{\boldsymbol{x}}$ 仍能满足正则性.

对偶单纯形法由于初始解不需要满足可行性，因此对有些问题使用起来比较方便，如下节要介绍的灵敏度分析. 但一般来讲，对偶单纯形法要求初始解满足正则性（对偶可行性）这个条件并不是总能得到满足，这时就需要构造一个扩充问题，以得到一个初始正则解. 限于篇幅，这方面内容本书不作介绍，有兴趣的读者可查阅有关书籍.

4.5 灵敏度分析

以上讨论线性规划时，我们把 c_j, a_{ij}, b_i 等均看成常数．但实际上这些数据有的是统计数据，有的是量测值，有的是专家评估得到的数据，并非是绝对精确的，且也不是绝对不变的，因此有必要来分析一下当这些数据发生波动时，对目前的最优解与最优值会产生什么样的影响．这就是所谓的灵敏度分析．

灵敏度分析通常有两类问题：一是当 $\boldsymbol{c},\boldsymbol{A},\boldsymbol{b}$ 中某一部分数据发生给定的变化时，讨论最优解与最优值怎么变？二是研究 $\boldsymbol{c},\boldsymbol{A},\boldsymbol{b}$ 中数据在多大范围内波动时，使原有最优解仍为最优解，同时讨论此时最优值如何变动？

设问题

$$\begin{aligned} &\max Z = \boldsymbol{cx}; \\ &\text{s.t.}\quad \boldsymbol{Ax} = \boldsymbol{b}, \\ &\qquad\quad \boldsymbol{x} \geqslant \boldsymbol{0}. \end{aligned} \tag{4.5.1}$$

相应的最优单纯形表见表 4.6.

1. 当 $\boldsymbol{c}$ 发生变化时

由表 4.6 中可见，当 $\boldsymbol{c}$ 由 $\boldsymbol{c}\to\boldsymbol{c}+\Delta\boldsymbol{c}$ 时，最优单纯形表会发生改变的只是第 $m+1$ 行．设

$$\boldsymbol{c}=(c_1,c_2,\cdots,c_n),\quad \boldsymbol{c}+\Delta\boldsymbol{c}=(c_1+\Delta c_1,c_2+\Delta c_2,\cdots,c_n+\Delta c_n).$$

表 4.6

c_j			c_1	c_2	$\cdots$	c_n
$\boldsymbol{c_B}$	$\boldsymbol{x_B}$	$\bar{\boldsymbol{b}}$	x_1	x_2	$\cdots$	x_n
$\boldsymbol{c}_{\boldsymbol{B}_1}$ $\boldsymbol{c}_{\boldsymbol{B}_2}$ $\vdots$ $\boldsymbol{c}_{\boldsymbol{B}_m}$	$\boldsymbol{x}_{\boldsymbol{B}_1}$ $\boldsymbol{x}_{\boldsymbol{B}_2}$ $\vdots$ $\boldsymbol{x}_{\boldsymbol{B}_m}$	$\boldsymbol{B}^{-1}\boldsymbol{b}$	$\boldsymbol{B}^{-1}\boldsymbol{A}=\boldsymbol{B}^{-1}(\boldsymbol{p}_1,\boldsymbol{p}_2,\cdots,\boldsymbol{p}_n)$			
	$-Z$	$-\boldsymbol{c_B}\boldsymbol{B}^{-1}\boldsymbol{b}$	$\boldsymbol{c}-\boldsymbol{c_B}\boldsymbol{B}^{-1}\boldsymbol{A}$			

则检验数应修改为

$$(\boldsymbol{c}+\Delta\boldsymbol{c})-(\boldsymbol{c_B}+\Delta\boldsymbol{c_B})\boldsymbol{B}^{-1}\boldsymbol{A}. \tag{4.5.2}$$

目标函数值应修改为

$$(\boldsymbol{c_B}+\Delta\boldsymbol{c_B})\boldsymbol{B}^{-1}\boldsymbol{b}. \tag{4.5.3}$$

若式(4.5.2)中检验数仍保持$\leqslant \mathbf{0}$,则原最优解仍为最优解.但目标函数值已改变,由式(4.5.3)计算可得.若式(4.5.2)中检验数不满足最优性条件($\boldsymbol{\sigma}\leqslant \mathbf{0}$),则当前解已不是最优解了.要从修改后的单纯形表出发,重新进行单纯形迭代,直到求得最优解为止.

例 4.5.1 已知线性规划问题的标准形式为

$$\begin{aligned} \max Z = & -x_1+2x_2+x_3+0\cdot x_4+0\cdot x_5;\\ \text{s.t.}\quad & x_1+x_2+x_3+x_4=6,\\ & 2x_1-x_2+x_5=4,\\ & x_1,x_2,\cdots,x_5\geqslant 0. \end{aligned} \tag{4.5.4}$$

其最优单纯形表见表 4.7.问:

(1) 当 c_1 由-1变为 $c_1+\Delta c_1=4$ 时,求新问题的最优解.

(2) 讨论 c_2 在什么范围内变化时,原有的最优解仍是最优解.

表 4.7

c_j			-1	2	1	0	0
$\boldsymbol{c}_B$	$\boldsymbol{x}_B$	$\bar{\boldsymbol{b}}$	x_1	x_2	x_3	x_4	x_5
2	x_2	6	1	1	1	1	0
0	x_5	10	3	0	1	1	1
	$-Z$	-12	-3	0	-1	-2	0

解 (1) 由表 4.7 可知,当 c_1 由-1修改为 $c_1+\Delta c_1=c_1'=4$ 时,因为 c_1 是非基变量 x_1 的价值系数,因此由 c_1 的改变而受影响的只是 x_1 自己的检验数 σ_1.因 $\Delta c_1=c_1'-c_1=4-(-1)=5$,故有

$$\begin{aligned} \sigma_1' &= c_1'-z_1'=(c_1+\Delta c_1)-\boldsymbol{c}_B\boldsymbol{B}^{-1}\boldsymbol{p}_1=(c_1-\boldsymbol{c}_B\boldsymbol{B}^{-1}\boldsymbol{p}_1)+\Delta c_1\\ &=\sigma_1+\Delta c_1=(-3)+5=2>0. \end{aligned}$$

可见最优性准则已不满足,对表 4.7 中修改 σ_1 为 σ_1'后,重新迭代,可得到新问题的最优解,见表 4.8.因此当 c_1 由$(-1)\to 4$ 时,新问题的最优解变为:$\hat{\boldsymbol{x}}^*=(10/3,8/3,0,0,0)^{\mathrm{T}}$,$\hat{Z}^*=56/3$.

(2) 要使原最优解仍为最优解,只要在新的条件下仍满足最优性准则:$\boldsymbol{\sigma}\leqslant\mathbf{0}$成立.记 $c_2'=c_2+\Delta c_2$ 有

$$\begin{aligned} \boldsymbol{\sigma} &= \boldsymbol{c}-\boldsymbol{c}_B\boldsymbol{B}^{-1}\boldsymbol{A}=(c_1,c_2',c_3,c_4,c_5)-\boldsymbol{c}_B'\boldsymbol{B}^{-1}(\boldsymbol{p}_1,\boldsymbol{p}_2,\boldsymbol{p}_3,\boldsymbol{p}_4,\boldsymbol{p}_5)\\ &=(-1,c_2',1,0,0)-(c_2',c_5)\begin{pmatrix}1&0\\1&1\end{pmatrix}\begin{pmatrix}1&1&1&1&0\\2&-1&0&0&1\end{pmatrix} \end{aligned}$$

表 4.8

	c_j		4	2	1	0	0	
c_B	x_B	$\bar{b}$	x_1	x_2	x_3	x_4	x_5	θ
2	x_2	6	1	1	1	1	0	6
0	x_5	10	[3]	0	1	1	1	10/3
	$-Z$	-12	2	0	-1	-2	0	
2	x_2	8/3	0	1	2/3	2/3	$-1/3$	
4	x_1	10/3	1	0	1/3	1/3	1/3	
	$-Z$	$-56/3$	0	0	$-5/3$	$-8/3$	$-2/3$	

$$
\begin{aligned}
&=(-1,c_2',1,0,0)-(c_2',0)\begin{pmatrix}1&1&1&1&0\\3&0&1&1&1\end{pmatrix}\\
&=(-1,c_2',1,0,0)-(c_2',c_2',c_2',c_2',0)\\
&=(-1-c_2',0,1-c_2',-c_2',0)\leqslant \mathbf{0}.
\end{aligned}
$$

即

$$
\begin{cases}-1-c_2'\leqslant 0,\\ 1-c_2'\leqslant 0,\\ -c_2'\leqslant 0.\end{cases}
$$

则 $c_2'\geqslant 1$，或

$$
c_2+\Delta c_2\geqslant 1,\quad 即\quad \Delta c_2\geqslant -1.
$$

故当 x_2 的价值系数改变量 $\Delta c_2\geqslant -1$ 时，原有最优解仍能保持为最优解.

2. 右端列向量 $\boldsymbol{b}$ 发生改变

当右端列向量从 $\boldsymbol{b}\to\boldsymbol{b}+\Delta\boldsymbol{b}$，由表 4.6 可知，改变的只是表中第三列——右端列，即基变量的取值由 $\boldsymbol{x}_B=\boldsymbol{B}^{-1}\boldsymbol{b}\to\boldsymbol{x}_B'=\boldsymbol{B}^{-1}(\boldsymbol{b}+\Delta\boldsymbol{b})$，及目标函数值由 $-Z=-\boldsymbol{c}_B\boldsymbol{B}^{-1}\boldsymbol{b}\to -Z'=-\boldsymbol{c}_B\boldsymbol{B}^{-1}(\boldsymbol{b}+\Delta\boldsymbol{b})$.

若 $\boldsymbol{x}_B'=\boldsymbol{B}^{-1}(\boldsymbol{b}+\Delta\boldsymbol{b})\geqslant\mathbf{0}$ 仍成立，则因为 $\sigma_j(j\in J_N)$ 没有改变，因此原最优基仍是最优基. 此时 $\boldsymbol{x}_B'$ 为新问题的最优解，Z' 为新问题的最优值.

若 $\boldsymbol{x}_B'=\boldsymbol{B}^{-1}(\boldsymbol{b}+\Delta\boldsymbol{b})\ngeqslant\mathbf{0}$，但因 $\sigma_j\leqslant 0$ 仍成立，因此 $\begin{bmatrix}\boldsymbol{x}_B'\\ \boldsymbol{x}_N'\end{bmatrix}=\begin{bmatrix}\boldsymbol{B}^{-1}(\boldsymbol{b}+\Delta\boldsymbol{b})\\ \mathbf{0}\end{bmatrix}$ 是一个正则解. 故可用对偶单纯形法再次进行迭代，直到求得新的最优解.

例 4.5.2 已知线性规划问题及其最优单纯形表(见表 4.9)：

$$\max Z=-x_1-x_2+4x_3;$$
$$\text{s.t.}\quad \begin{cases} x_1+x_2+2x_3+x_4=9,\\ x_1+x_2-x_3+x_5=2,\\ -x_1+x_2+x_3+x_6=4,\\ x_j\geqslant 0\quad (j=1,2,\cdots,6). \end{cases}$$

若右端列向量从 $\boldsymbol{b}=\begin{bmatrix}9\\2\\4\end{bmatrix}\to\begin{bmatrix}3\\2\\3\end{bmatrix}$,求新问题的最优解.

表 4.9

c_j			−1	−1	4	0	0	0
c_B	x_B	$\bar{b}$	x_1	x_2	x_3	x_4	x_5	x_6
−1	x_1	1/3	1	−1/3	0	1/3	0	−2/3
0	x_5	6	0	2	0	0	1	1
4	x_3	13/3	0	2/3	1	1/3	0	1/3
	$-Z$	−17	0	−4	0	−1	0	−2

解 当 $\boldsymbol{b}$ 由 $\begin{bmatrix}9\\2\\4\end{bmatrix}$ 改变为 $\begin{bmatrix}3\\2\\3\end{bmatrix}$ 时,

$$\boldsymbol{x}_B'=\boldsymbol{B}^{-1}(\boldsymbol{b}+\Delta\boldsymbol{b})=\begin{bmatrix}1&0&2\\1&1&-1\\-1&0&1\end{bmatrix}^{-1}\begin{bmatrix}3\\2\\3\end{bmatrix}$$
$$=\begin{bmatrix}1/3&0&-2/3\\0&1&1\\1/3&0&1/3\end{bmatrix}\cdot\begin{bmatrix}3\\2\\3\end{bmatrix}=\begin{bmatrix}-1\\5\\2\end{bmatrix}\ngeqslant\mathbf{0}.$$

$$-Z'=-\boldsymbol{c}_B\boldsymbol{B}^{-1}(\boldsymbol{b}+\Delta\boldsymbol{b})=-(-1,0,4)\begin{bmatrix}-1\\5\\2\end{bmatrix}=-9.$$

因此可将表 4.9 中第 3 列修改后成为表 4.10 中第 3 列,再用对偶单纯形法进行迭代,求得新问题的最优解与最优值.故新问题的最优解为

$$\boldsymbol{x}^*=(0,0,3/2,0,7/2,3/2)^{\mathrm{T}}.$$

最优值为 $Z^*=6$.

表 4.10

c_j			-1	-1	4	0	0	0
c_B	x_B	$\bar{b}$	x_1	x_2	x_3	x_4	x_5	x_6
-1	x_1	-1	1	$-1/3$	0	$1/3$	0	$[-2/3]$
0	x_5	5	0	2	0	0	1	1
4	x_3	2	0	$2/3$	1	$1/3$	0	$1/3$
	$-Z$	-9	0	-4	0	-1	0	-2
σ_j/a_{rj}				12				3
0	x_6	$3/2$	$-3/2$	$1/2$	0	$-1/2$	0	1
0	x_5	$7/2$	$3/2$	$3/2$	0	$1/2$	1	0
4	x_3	$3/2$	$1/2$	$1/2$	1	$1/2$	0	0
	$-Z$	-6	-3	-3	0	-2	0	0

3. 约束条件的系数列向量 p_k 发生改变

设系数列向量由 $\boldsymbol{p}_k \to \boldsymbol{p}_k + \Delta\boldsymbol{p}_k = (a_{1k}+\Delta a_{1k}, a_{2k}+\Delta a_{2k}, \cdots, a_{mk}+\Delta a_{mk})^{\mathrm{T}}$，分两种情形讨论.

(1) 若 $\boldsymbol{p}_k$ 不属于最优基 $\boldsymbol{B}$，即 x_k 不是基变量.

这时非基变量 x_k 的检验数 σ'_k 为

$$\sigma'_k = c_k - \boldsymbol{c_B}\boldsymbol{B}^{-1}(\boldsymbol{p}_k + \Delta\boldsymbol{p}_k). \tag{4.5.5}$$

还有两种可能：① $\sigma'_k \leqslant 0$，则原最优解仍为最优解，最优值也不变. ② $\sigma'_k > 0$，则最优性准则已不满足. 修改最优单纯形表中的第 k 列，由 $\boldsymbol{B}^{-1}\boldsymbol{p}_k$ 改为 $\boldsymbol{B}^{-1}\boldsymbol{p}'_k = \boldsymbol{B}^{-1}(\boldsymbol{p}_k + \Delta\boldsymbol{p}_k)$ 及 σ_k 改为 σ'_k 后，以 x_k 作进基变量进行迭代，求出新问题的最优解.

(2) 若 $\boldsymbol{p}_k$ 属于最优基 $\boldsymbol{B}$，即 x_k 为基变量.

由表 4.6 可知，此时表中所有系数都要发生改变，因此还是用单纯形法重新计算比较方便.

4. 增加一个新变量 x_{n+1}

在建立实际问题的数学模型时，可能漏掉了一些内容，或只考虑了主要内容忽略了次要内容. 在得到了最优解后，再追加这些次要内容，再讨论新变量对原最优解的影响.

设原问题(4.5.1)已得到最优解：

$$\boldsymbol{x}^* = (x_1^*, x_2^*, \cdots, x_n^*)^{\mathrm{T}},$$

最优基为 $\boldsymbol{B}$. 现追加一个新变量 x_{n+1}，其价值系数为 c_{n+1}，系数列向量 $\boldsymbol{p}_{n+1} = (a_{1,n+1}, a_{2,n+1}, \cdots, a_{m,n+1})^{\mathrm{T}}$，新问题为

$$\begin{aligned}&\max f = c_1x_1 + c_2x_2 + \cdots + c_nx_n + c_{n+1}x_{n+1};\\ &\text{s.t.}\quad a_{i1}x_1 + \cdots + a_{in}x_n + a_{i,n+1}x_{n+1} = b_i \quad (i = 1,2,\cdots,m),\\ &\qquad\ x_j \geqslant 0 \quad (j = 1,2,\cdots,n,n+1).\end{aligned} \tag{4.5.6}$$

显然原问题(4.5.1)的最优基 $\boldsymbol{B}$ 是新问题(4.5.6)的可行基，原有变量的检验数并没有改变. 而

$$\sigma_{n+1} = c_{n+1} - \boldsymbol{c_B}\boldsymbol{B}^{-1}\boldsymbol{p}_{n+1}. \tag{4.5.7}$$

(1) 若 $\sigma_{n+1}\leqslant 0$，则新问题的最优性准则仍满足，故 $\tilde{\boldsymbol{x}}^* = (x_1^*, x_2^*, \cdots, x_n^*, 0)^{\mathrm{T}}$ 是新问题(4.5.6)的最优解，$\tilde{\boldsymbol{x}}_{\boldsymbol{B}} = \boldsymbol{x_B} = \boldsymbol{B}^{-1}\boldsymbol{b} \geqslant \boldsymbol{0}$，$\sigma_j \leqslant 0(j=1,\cdots,n,n+1)$. 此时 $x_{n+1}=0$，说明所追加的新变量 x_{n+1} 对最优解没有影响，或说新增加的内容对总的结果是不利的(因为若 $x_{n+1}>0$，则达不到最优解).

(2) 若 $\sigma_{n+1} = c_{n+1} - z_{n+1} = c_{n+1} - \boldsymbol{c_B}\boldsymbol{B}^{-1}\boldsymbol{p}_{n+1} > 0$，说明新增加内容对总的结果有利，但 $\tilde{\boldsymbol{x}}^* = \begin{bmatrix}\boldsymbol{x}^*\\ \boldsymbol{0}\end{bmatrix}$不是新问题的最优解.

在原问题(4.5.1)的最优单纯形表上增加一列 $\begin{bmatrix}\boldsymbol{p}'_{n+1}\\ \sigma_{n+1}\end{bmatrix} = \begin{bmatrix}\boldsymbol{B}^{-1}\boldsymbol{p}_{n+1}\\ c_{n+1} - \boldsymbol{c_B}\boldsymbol{B}^{-1}\boldsymbol{p}_{n+1}\end{bmatrix}$，以 x_{n+1} 作为进基变量，用单纯形法继续迭代，求得新问题的最优解.

例 4.5.3 仍以例 4.5.2 问题为例，其最优单纯形表为表 4.9，现增加一个新变量 x_7，且已知 $c_7=3$，$\boldsymbol{p}_7=(3,1,-3)^{\mathrm{T}}$，求新问题的最优解.

解 由表 4.9 知，$\boldsymbol{B}^{-1} = \begin{bmatrix}\frac{1}{3} & 0 & -\frac{2}{3}\\ 0 & 1 & 1\\ \frac{1}{3} & 0 & \frac{1}{3}\end{bmatrix}$. 现 $\boldsymbol{p}_7 = \begin{bmatrix}3\\ 1\\ -3\end{bmatrix}$，故

$$\sigma_7 = c_7 - \boldsymbol{c_B}\boldsymbol{B}^{-1}\boldsymbol{p}_7 = 3 - (-1,0,4)\begin{bmatrix}\frac{1}{3} & 0 & -\frac{2}{3}\\ 0 & 1 & 1\\ \frac{1}{3} & 0 & \frac{1}{3}\end{bmatrix}\begin{bmatrix}3\\ 1\\ -3\end{bmatrix}$$

$$= 3 - (-1,0,4)\begin{bmatrix}3\\ -2\\ 0\end{bmatrix} = 3 - (-3) = 6 > 0.$$

因此在表 4.9 中加上一列：

$$\begin{bmatrix}\boldsymbol{p}'_7\\ \sigma_7\end{bmatrix} = \begin{bmatrix}\boldsymbol{B}^{-1}\boldsymbol{p}_7\\ \sigma_7\end{bmatrix} = \begin{bmatrix}3\\ -2\\ 0\\ 6\end{bmatrix},$$

得到表 4.11,然后以 x_7 作进基变量进行迭代.

表 4.11

	c_j		−1	−1	4	0	0	0	3	
$\boldsymbol{c_B}$	$\boldsymbol{x_B}$	$\bar{b}$	x_1	x_2	x_3	x_4	x_5	x_6	x_7	θ
−1	x_1	1/3	1	−1/3	0	1/3	0	−2/3	[3]	1/9
0	x_5	6	0	2	0	0	1	1	−2	
4	x_3	13/3	0	2/3	1	1/3	0	1/3	0	
	$-Z$	−17	0	−4	0	−1	0	−2	6	
3	x_7	1/9	1/3	−1/9	0	1/9	0	−2/9	1	
0	x_5	56/9	2/3	16/9	0	2/9	1	5/9	0	
4	x_3	13/3	0	2/3	1	1/3	0	1/3	0	
	$-Z$	−53/3	−2	−10/3	0	−5/3	0	−2/3	0	

求得新问题的最优解为

$$\boldsymbol{x}^* = (0,0,13/3,0,56/9,0,1/9)^{\mathrm{T}}, \qquad Z^* = 53/3.$$

增加 x_7 后对总的生产活动是有利的,使目标函数值有所增加.

5. 追加新约束条件

当原问题(4.5.1)求出了最优解 $\boldsymbol{x}^*$ 后,若要追加一个约束条件,现在来分析新追加约束条件后对原最优解 $\boldsymbol{x}^*$ 的影响.

若新增加的约束为

$$\boldsymbol{a}_{m+1}\boldsymbol{x} \leqslant b_{m+1}, \tag{4.5.8}$$

式中 $\boldsymbol{a}_{m+1}$ 是 n 维行向量:$\boldsymbol{a}_{m+1}=(a_{m+1,1},a_{m+1,2},\cdots,a_{m+1,n})$.

(1) 因为新问题的可行域总是$\subseteq$原问题的可行域,决不会超过原可行域,因此若原问题的最优解 $\boldsymbol{x}^*$ 也满足新增加的约束,原问题的最优解也是新问题的最优解,即新增加的约束对总的结果没有影响.

(2) 若原问题的最优解 $\boldsymbol{x}^*$ 不满足新增加的约束条件(4.5.8),说明原问题的最优解在新问题可行域之外,则需要重新求新问题的最优解.

把新增加的约束(4.5.8)增加一个松弛变量 x_{n+1} 变为

$$\boldsymbol{a}_{m+1}\boldsymbol{x} + x_{n+1} = b_{m+1}. \tag{4.5.9}$$

将式(4.5.9)中 $\boldsymbol{a}_{m+1}$ 再按基变量 $\boldsymbol{x_B}$ 与非基变量 $\boldsymbol{x_N}$ 分为 $\boldsymbol{a}_{m+1}^{(B)}$ 及 $\boldsymbol{a}_{m+1}^{(N)}$ 两部分,即:

$$\boldsymbol{a}_{m+1}^{(B)}\boldsymbol{x_B} + \boldsymbol{a}_{m+1}^{(N)}\boldsymbol{x_N} + x_{n+1} = b_{m+1}, \tag{4.5.10}$$

将式(4.5.10)加到原问题的最优表中为第 $m+1$ 行,同时增加第$(n+1)$列:

$$\boldsymbol{p}_{n+1}=(0,0,\cdots,0,1)^{\mathrm{T}}.$$

构成表 4.12.

表 4.12

c_j			$\boldsymbol{c}_B$	$\boldsymbol{c}_N$	0
		右端	$\boldsymbol{x}_B$	$\boldsymbol{x}_N$	x_{n+1}
$\boldsymbol{c}_B$	$\boldsymbol{x}_B$	$\boldsymbol{B}^{-1}\boldsymbol{b}$	$\boldsymbol{I}_m$	$\boldsymbol{B}^{-1}\boldsymbol{N}$	$\boldsymbol{0}$
0	x_{n+1}	b_{m+1}	$\boldsymbol{a}_{m+1}^{(B)}$	$\boldsymbol{a}_{m+1}^{(N)}$	1
	$-Z$	$-\boldsymbol{c}_B\boldsymbol{B}^{-1}\boldsymbol{b}$	$\boldsymbol{0}$	$\boldsymbol{c}_N-\boldsymbol{c}_B\boldsymbol{B}^{-1}\boldsymbol{N}$	0

下面计算增加了约束(4.5.9)后新问题的基 $\boldsymbol{B}'$,右端项 $\boldsymbol{b}'$ 及检验数 σ_j'.

显然 x_{n+1}是约束(4.5.10)的基变量,新问题的基变量 $\tilde{\boldsymbol{x}}_B=\begin{bmatrix}\boldsymbol{x}_B^*\\x_{n+1}\end{bmatrix}$,新问题的基矩阵为

$$\boldsymbol{B}'=\begin{bmatrix}\boldsymbol{B} & \boldsymbol{0}\\ \boldsymbol{a}_{m+1}^{(B)} & 1\end{bmatrix}.$$

而$(\boldsymbol{B}')^{-1}$为

$$(\boldsymbol{B}')^{-1}=\begin{bmatrix}\boldsymbol{B}^{-1} & \boldsymbol{0}\\ -\boldsymbol{a}_{m+1}^{(B)}\boldsymbol{B}^{-1} & 1\end{bmatrix}.$$

又右端列向量:

$$\boldsymbol{b}'=\begin{bmatrix}\boldsymbol{b}\\ b_{m+1}\end{bmatrix}.$$

在现行基下对应变量 $x_j(j\neq n+1)$的检验数

$$\begin{aligned}\sigma_j'&=c_j-z_j'=c_j-\boldsymbol{c}_{B'}(\boldsymbol{B}')^{-1}\boldsymbol{p}_j'\\&=c_j-(\boldsymbol{c}_B,0)\begin{bmatrix}\boldsymbol{B}^{-1} & 0\\ -\boldsymbol{a}_{m+1}^{(B)}\boldsymbol{B}^{-1} & 1\end{bmatrix}\begin{bmatrix}\boldsymbol{p}_j\\ a_{m+1,j}\end{bmatrix}\\&=c_j-(\boldsymbol{c}_B,0)\begin{bmatrix}\boldsymbol{B}^{-1}\boldsymbol{p}_j\\ a_{m+1,j}-\boldsymbol{a}_{m+1}^{(B)}\boldsymbol{B}^{-1}\boldsymbol{p}_j\end{bmatrix}\\&=c_j-\boldsymbol{c}_B\boldsymbol{B}^{-1}\boldsymbol{p}_j\\&=\sigma_j\quad(j\in J_N,\ j\neq n+1).\end{aligned}$$

因此除了 σ_{n+1}之外,检验数与原问题相同.因 x_{n+1}是作基变量,故有 $\sigma_{n+1}=0$.

为了得到新解,需要将表 4.12 中对应基变量的系数列向量化成单位矩阵.

若记

$$\widetilde{\boldsymbol{B}}=\begin{bmatrix}\boldsymbol{I}_m & \boldsymbol{0}\\ \boldsymbol{a}_{m+1}^{(\boldsymbol{B})} & 1\end{bmatrix}.$$

在表 4.12 中通过消元变换将 $\widetilde{\boldsymbol{B}}$ 化为 $m+1$ 阶单位矩阵，相当于将 $\widetilde{\boldsymbol{B}}$ 左乘一个分块矩阵：

$$\begin{bmatrix}\boldsymbol{I}_m & \boldsymbol{0}\\ -\boldsymbol{a}_{m+1}^{(\boldsymbol{B})} & 1\end{bmatrix},$$

有

$$\begin{bmatrix}\boldsymbol{I}_m & \boldsymbol{0}\\ -\boldsymbol{a}_{m+1}^{(\boldsymbol{B})} & 1\end{bmatrix}\cdot\begin{bmatrix}\boldsymbol{I}_m & \boldsymbol{B}^{-1}\boldsymbol{N} & \boldsymbol{0}\\ \boldsymbol{a}_{m+1}^{(\boldsymbol{B})} & \boldsymbol{a}_{m+1}^{(\boldsymbol{N})} & 1\end{bmatrix}=\begin{bmatrix}\boldsymbol{I}_m & \boldsymbol{B}^{-1}\boldsymbol{N} & \boldsymbol{0}\\ 0 & \boldsymbol{a}_{m+1}^{(\boldsymbol{N})}-\boldsymbol{a}_{m+1}^{(\boldsymbol{B})}\boldsymbol{B}^{-1}\boldsymbol{N} & 1\end{bmatrix}.$$

同时，相应右端项就应变为

$$\begin{bmatrix}\boldsymbol{I}_m & \boldsymbol{0}\\ -\boldsymbol{a}_{m+1}^{(\boldsymbol{B})} & 1\end{bmatrix}\cdot\begin{bmatrix}\boldsymbol{B}^{-1}\boldsymbol{b}\\ b_{m+1}\end{bmatrix}=\begin{bmatrix}\boldsymbol{B}^{-1}\boldsymbol{b}\\ b_{m+1}-\boldsymbol{a}_{m+1}^{(\boldsymbol{B})}\boldsymbol{B}^{-1}\boldsymbol{b}\end{bmatrix}. \tag{4.5.11}$$

即表 4.12 变为表 4.13.

表 4.13

c_j			$\boldsymbol{c}_{\boldsymbol{B}}$	$\boldsymbol{c}_{\boldsymbol{N}}$	c_{n+1}
		右端项	$\boldsymbol{x}_{\boldsymbol{B}}$	$\boldsymbol{x}_{\boldsymbol{N}}$	x_{n+1}
$\boldsymbol{c}_{\boldsymbol{B}}$	$\boldsymbol{x}_{\boldsymbol{B}}$	$\boldsymbol{B}^{-1}\boldsymbol{b}$	$\boldsymbol{I}_m$	$\boldsymbol{B}^{-1}\boldsymbol{N}$	$\boldsymbol{0}$
c_{n+1}	x_{n+1}	$b_{m+1}-\boldsymbol{a}_{m+1}^{(\boldsymbol{B})}\boldsymbol{B}^{-1}\boldsymbol{b}$	$\boldsymbol{0}$	$\boldsymbol{a}_{m+1}^{(\boldsymbol{N})}-\boldsymbol{a}_{m+1}^{(\boldsymbol{B})}\boldsymbol{B}^{-1}\boldsymbol{N}$	1
	$-Z$	$-\boldsymbol{c}_{\boldsymbol{B}}\boldsymbol{B}^{-1}\boldsymbol{b}$	$\boldsymbol{0}$	$\boldsymbol{c}_{\boldsymbol{N}}-\boldsymbol{c}_{\boldsymbol{B}}\boldsymbol{B}^{-1}\boldsymbol{N}$	0

由表 4.13 可见，应分为两种情形：

(1) 若 $x_{n+1}=b_{m+1}-\boldsymbol{a}_{m+1}^{(\boldsymbol{B})}\boldsymbol{B}^{-1}\boldsymbol{b}\geqslant 0$，因为 $\boldsymbol{x}_{\boldsymbol{B}}^*=\boldsymbol{B}^{-1}\boldsymbol{b}\geqslant\boldsymbol{0}$，故 $\tilde{\boldsymbol{x}}=(x_1^*,\cdots,x_n^*,x_{n+1})^{\mathrm{T}}\geqslant\boldsymbol{0}$，满足可行性条件，又 $\sigma_j'=\sigma_j\leqslant 0$ 仍成立，故 $\tilde{\boldsymbol{x}}$ 即为新问题的最优解.

(2) 若 $x_{n+1}=b_{m+1}-\boldsymbol{a}_{m+1}^{(\boldsymbol{B})}\boldsymbol{B}^{-1}\boldsymbol{b}<0$，则此时当前解 $\tilde{\boldsymbol{x}}$ 不是可行解，而是正则解. 故可用对偶单纯形法继续迭代，直到求得最优解(或判断此问题无可行解).

例 4.5.4 已知线性规划问题

$$\begin{aligned}\max\ & -x_1-x_2+4x_3;\\ \text{s.t.}\ & x_1+x_2+2x_3\leqslant 9,\\ & x_1+x_2-x_3\leqslant 2,\\ & -x_1+x_2+x_3\leqslant 4,\\ & x_1,x_2,x_3\geqslant 0.\end{aligned} \tag{4.5.12}$$

它的最优单纯形表为表 4.14.

现增加新约束：

$$-3x_1+x_2+6x_3\leqslant 17,$$

表 4.14

c_j			-1	-1	4	0	0	0
c_B	x_B	$\bar{b}$	x_1	x_2	x_3	x_4	x_5	x_6
-1	x_1	1/3	1	-1/3	0	1/3	0	-2/3
0	x_5	6	0	2	0	0	1	1
4	x_3	13/3	0	2/3	1	1/3	0	1/3
	$-Z$	-17	0	-4	0	-1	0	-2

求新问题的最优解.

解 增加约束后的新问题为

$$\begin{aligned}\max\ & -x_1-x_2+4x_3;\\ \text{s.t.}\ & x_1+x_2+2x_3\leqslant 9,\\ & x_1+x_2-x_3\leqslant 2,\\ & -x_1+x_2+x_3\leqslant 4,\\ & -3x_1+x_2+6x_3\leqslant 17,\\ & x_1,x_2,x_3\geqslant 0.\end{aligned} \tag{4.5.13}$$

原问题的最优解为

$$\boldsymbol{x}^*=(x_1,x_2,x_3,x_4,x_5,x_6)^{\mathrm{T}}=\left(\frac{1}{3},0,\frac{13}{3},0,6,0\right)^{\mathrm{T}}.$$

代入问题(4.5.13)中新增加的约束：

$$-3\times\frac{1}{3}+0+6\times\frac{13}{3}=25\not\leqslant 17,$$

故 $\boldsymbol{x}^*$ 不满足新增加的约束条件. 因此引入松弛变量 x_7 后，新增加的约束条件变为

$$-3x_1+x_2+6x_3+x_7=17. \tag{4.5.14}$$

将式(4.5.14)加进原问题的最优表 4.14 中成为表 4.15.

表 4.15

c_j			-1	-1	4	0	0	0	0
c_B	x_B	$\bar{b}$	x_1	x_2	x_3	x_4	x_5	x_6	x_7
-1	x_1	1/3	1	-1/3	0	1/3	0	-2/3	0
0	x_5	6	0	2	0	0	1	1	0
4	x_3	13/3	0	2/3	1	1/3	0	1/3	0
0	x_7	17	-3	1	6	0	0	0	1
	$-Z$	-17	0	-4	0	-1	0	-2	0

将第1行的3倍、第3行的(−6)倍分别加到第4行上，使基变量 x_1,x_5,x_3,x_7 的系数列向量构成单位矩阵，即 $(p_1,p_5,p_3,p_7)=\boldsymbol{I}_4$，得到表4.16.

表 4.16

c_j			−1	−1	4	0	0	0	0
c_B	x_B	$\bar{b}$	x_1	x_2	x_3	x_4	x_5	x_6	x_7
−1	x_1	1/3	1	−1/3	0	1/3	0	−2/3	0
0	x_5	6	0	2	0	0	1	1	0
4	x_3	13/3	0	2/3	1	1/3	0	1/3	0
0	x_7	−8	0	−4	0	−1	0	[−4]	1
	$-Z$	−17	0	−4	0	−1	0	−2	0
σ_j/a'_{rj}				1		1		1/2	

在表4.16中，$\sigma_j\leqslant 0$，但 $\boldsymbol{x}_B\ngeqslant\boldsymbol{0}$，故当前解是正则解. 用对偶单纯形法求解：$x_7$ 是离基变量，$\boldsymbol{a}_4$ 为主行，又

$$\min\left\{\frac{\sigma_j}{a'_{rj}}\middle| a'_{rj}<0\right\}=\min\left\{\frac{-4}{-4},\frac{-1}{-1},\frac{-2}{-4}\right\}=\frac{\sigma_6}{a'_{46}}=\frac{1}{2}.$$

故 $\boldsymbol{p}_6$ 是主列. $a'_{46}=-4$ 是主元素，进行迭代得到表4.17. 由表4.17可得新问题的最优解：

$$\tilde{\boldsymbol{x}}^*=(x_1,x_2,x_3,x_4,x_5,x_6,x_7)^{\mathrm{T}}=\left(\frac{5}{3},0,\frac{11}{3},0,4,2,0\right)^{\mathrm{T}},$$

$$Z^*=13.$$

要注意的是追加约束条件后，新问题的目标函数值总不会比原问题的目标函数值好(请读者思考理由是什么).

表 4.17

c_j			−1	−1	4	0	0	0	0
c_B	x_B	$\bar{b}$	x_1	x_2	x_3	x_4	x_5	x_6	x_7
−1	x_1	5/3	1	1/3	0	1/2	0	0	−1/6
0	x_5	4	0	1	0	−1/4	1	0	1/4
4	x_3	11/3	0	1/3	1	1/4	0	0	1/12
0	x_6	2	0	1	0	1/4	0	1	−1/4
	$-Z$	−13	0	−2	0	−1/2	0	0	−1/2

习 题 4

4.1 写出下列线性规划问题的对偶问题

(1) $\max Z=10x_1+x_2+2x_3$;

$$\text{s.t.}\quad \begin{aligned} &x_1+x_2+2x_3\leqslant 10,\\ &4x_1+x_2+x_3\leqslant 20,\\ &x_1,x_2,x_3\geqslant 0. \end{aligned}$$

(2) $\min Z=3x_1+2x_2-3x_3+4x_4$;

$$\text{s.t.}\quad \begin{aligned} &x_1-2x_2+3x_3+4x_4\leqslant 3,\\ &x_2+3x_3+4x_4\geqslant -5,\\ &2x_1-3x_2-7x_3-4x_4=2,\\ &x_1\geqslant 0,\quad x_4\leqslant 0,\quad x_2,x_3\text{ 无约束}. \end{aligned}$$

(3) $\min Z=-5x_1-6x_2-7x_3$;

$$\text{s.t.}\quad \begin{aligned} &-x_1+5x_2-3x_3\geqslant 15,\\ &-5x_1-6x_2+10x_3\leqslant 20,\\ &x_1-x_2-x_3=-5,\\ &x_1\leqslant 0,\quad x_2\geqslant 0,\quad x_3\text{ 无约束}. \end{aligned}$$

4.2 已知线性规划问题

$$\max Z=3x_1+2x_2;$$
$$\text{s.t.}\quad \begin{aligned} &-x_1+2x_2\leqslant 4,\\ &3x_1+2x_2\leqslant 14,\\ &x_1-x_2\leqslant 3,\\ &x_1,x_2\geqslant 0. \end{aligned}$$

(1) 写出对偶问题.

(2) 应用对偶理论证明原问题与对偶问题都存在最优解(不必求解).

4.3 已知线性规划问题

$$\min Z=2x_1-x_2+2x_3;$$
$$\text{s.t.}\quad \begin{aligned} &-x_1+x_2+x_3=4,\\ &-x_1+x_2-kx_3\leqslant 6,\\ &x_1\leqslant 0,\quad x_2\geqslant 0,\quad x_3\text{ 无约束}. \end{aligned}$$

其最优解为 $x_1=-5,x_2=0,x_3=-1$.

(1) 求 k 的值.

(2) 写出对偶问题并求其最优解.

4.4 已知线性规划问题

$$\max Z=x_1+2x_2+3x_3+4x_4;$$

$$
\begin{aligned}
\text{s.t.}\quad & x_1+2x_2+2x_3+3x_4\leqslant 20,\\
& 2x_1+x_2+3x_3+2x_4\leqslant 20,\\
& x_1,x_2,x_3,x_4\geqslant 0.
\end{aligned}
$$

其对偶问题最优解为 $w_1^*=1.2, w_2^*=0.2$，试根据对偶理论求出原问题的最优解.

4.5 已知线性规划问题

$$
\begin{aligned}
\min Z = & 8x_1+6x_2+3x_3+6x_4;\\
\text{s.t.}\quad & x_1+2x_2+x_4\geqslant 3,\\
& 3x_1+x_2+x_3+x_4\geqslant 6,\\
& x_3+x_4\geqslant 2,\\
& x_1+x_3\geqslant 2,\\
& x_j\geqslant 0.\quad j=1,2,\cdots,4.
\end{aligned}
$$

已知其原问题的最优解 $\boldsymbol{x}^*=(1,1,2,0)^{\mathrm{T}}$，试根据对偶理论，直接求出对偶问题的最优解.

4.6 已知线性规划问题

$$
\begin{aligned}
\max Z = & 3x_1+8x_2;\\
\text{s.t.}\quad & x_1+2x_2\leqslant 800,\quad (1)\\
& 3x_1+x_2\leqslant 900,\quad (2)\\
& x_2\leqslant 350,\quad (3)\\
& x_1,x_2\geqslant 0.
\end{aligned}
$$

用单纯形法求解时得到的最终单纯形表如下表所示.

题 4.6 表

c_j			3	8	0	0	0
$\boldsymbol{c_B}$	$\boldsymbol{x_B}$	$\bar{\boldsymbol{b}}$	x_1	x_2	x_3	x_4	x_5
3	x_1	100	1	0	1	0	-2
0	x_4	250	0	0	-3	1	5
8	x_2	350	0	1	0	0	1
	$-Z$	-3100	0	0	-3	0	-2

若其中约束条件(3)变为 $x_2\leqslant 500$，试分析最优解的变化.

4.7 已知线性规划问题

$$
\begin{aligned}
\max Z = & 10x_1+5x_2;\\
\text{s.t.}\quad & 3x_1+4x_2\leqslant 9,\\
& 5x_1+2x_2\leqslant 8,\\
& x_1,x_2\geqslant 0.
\end{aligned}
$$

用单纯形法求得最终表如下表.

题 4.7 最终表

c_j			10	5	0	0
$\boldsymbol{c_B}$	$\boldsymbol{x_B}$	$\bar{b}$	x_1	x_2	x_3	x_4
5	x_2	3/2	0	1	5/14	−3/14
10	x_1	1	1	0	−1/7	2/7
	$-Z$	−35/2	0	0	−5/14	−25/14

试用灵敏度分析的方法分别判断：

(1) 目标函数中价值系数 c_1 或 c_2 分别在什么范围内变动,上述最优解不变.

(2) 约束条件右端项 b_1,b_2 当一个保持不变时,另一个在什么范围内变化时,原问题的最优基保持不变.

(3) 问题的目标函数变为 $\max Z=12x_1+4x_2$ 时,最优解如何变?

(4) 约束条件右端项由 $\begin{bmatrix}9\\8\end{bmatrix}$ 变为 $\begin{bmatrix}11\\19\end{bmatrix}$ 时,最优解为多少?

4.8 已知线性规划问题

$$
\begin{aligned}
&\max Z = 2x_1 - x_2 + x_3;\\
&\text{s.t.}\quad x_1 + x_2 + x_3 \leqslant 6,\\
&\qquad -x_1 + 2x_2 \leqslant 4,\\
&\qquad x_1, x_2, x_3 \geqslant 0.
\end{aligned}
$$

用单纯形表求解得最终单纯形表如下表所示.

题 4.8 最终表

c_j			2	−1	1	0	0
$\boldsymbol{c_B}$	$\boldsymbol{x_B}$	$\bar{b}$	x_1	x_2	x_3	x_4	x_5
2	x_1	6	1	1	1	1	0
0	x_5	10	0	3	1	1	1
	$-Z$	−12	0	−3	−1	−2	0

当原问题分别发生下列变化时,求新的最优解：

(1) 目标函数变为 $\max Z=2x_1+3x_2+x_3$.

(2) 约束条件右端项由 $\begin{bmatrix}6\\4\end{bmatrix}$ 变为 $\begin{bmatrix}3\\4\end{bmatrix}$.

(3) 增加一个新的约束条件：

$$-x_1+2x_3\geqslant 2.$$

4.9 求解线性规划问题

$$\min f(x)=x_1+4x_2+6x_3+2x_4;$$
$$\text{s.t.}\quad x_1-x_2-2x_3=2,$$
$$-x_2-2x_3+x_4=-2,$$
$$x_1,x_2,x_3,x_4\geqslant 0.$$

并说明使最优基保持不变时,b_1 和 c_1 的允许变化范围.

4.10 已知某工厂计划生产Ⅰ,Ⅱ,Ⅲ三种产品,各产品需要在 A,B,C 设备上加工,有关数据见下表。

题 4.10 表

	Ⅰ	Ⅱ	Ⅲ	设备有效台时/月
A	8	2	10	300
B	10	5	8	400
C	2	13	10	420
单位产品利润/千元	3	2	2.9	

试求:

(1) 如果充分发挥设备能力,使生产赢利最大?

(2) 若为了增加产量,可借用其他工厂的设备 B,每月可借用 60 台时,租金为 1.8 万元,问借用 B 设备是否合算?

(3) 若另有两种新产品Ⅳ,Ⅴ,其中Ⅳ需用设备 A 12 台时,B 5 台时,C 10 台时,单位产品赢利 2.1 千元;新产品Ⅴ需用设备 A 4 台时,B 4 台时,C 12 台时,单位产品赢利 1.87 千元. 如 A,B,C 设备台时不增加,分别回答这两种新产品投产在经济上是否合算?

第5章

运输问题

运输问题是一类常见而且极其典型的线性规划问题,因此从理论上讲,运输问题也可用单纯形法来求解.但是由于运输问题数学模型具有特殊的结构,存在一种比单纯形法更简便的计算方法——表上作业法.用表上作业法来求解运输问题比用单纯形法可节约计算时间与计算费用.但表上作业法的实质仍是单纯形法.

本章首先讨论运输问题的数学模型及其特点,介绍表上作业法的主要步骤;最后讨论表上作业法与单纯形法的关系.从运输问题的解决及表上作业法的理论解释,我们可更充分体会到单纯形法的魅力.

5.1 运输问题的数学模型及其特点

5.1.1 产销平衡运输问题的数学模型

例 5.1.1 有 m 个生产点(发点)$A_1,A_2,\cdots,A_m$,可供应某种物资,其生产量(或称为供给量、发运量)分别为 $a_1,a_2,\cdots,a_m$.另有 n 个销售店(收点)$B_1,B_2,\cdots,B_n$,其销售量(或称为需求量、接收量)分别为 $b_1,b_2,\cdots,b_n$,从 A_i 到 B_j 运输单位物资的运价为 c_{ij},若在产销平衡条件下:$\sum\limits_{i=1}^{m}a_i=\sum\limits_{j=1}^{n}b_j$,要求总运费最小的调运方案.

建立数学模型:设从 A_i 到 B_j 的发运量为 x_{ij},则有

$$\min \sum_{i=1}^{m}\sum_{j=1}^{n}c_{ij}x_{ij};$$

$$\text{s.t.}\quad \sum_{j=1}^{n} x_{ij} = a_i \quad (i = 1,2,\cdots,m),$$

$$\sum_{i=1}^{m} x_{ij} = b_j \quad (j = 1,2,\cdots,n). \tag{5.1.1}$$

$$x_{ij} \geqslant 0 \quad (i = 1,2,\cdots,m;\quad j = 1,2,\cdots,n).$$

式(5.1.1)中前 m 个约束方程表示供给约束：第 i 个方程表示第 i 个发点 A_i 发往 n 个收点的总量等于 A_i 的生产量(供给量)；后 n 个约束方程表示需求约束：第 j 个方程表示第 j 个收点收到 m 个发点的总量等于 B_j 的需求量(销售量).

若记

$$\boldsymbol{x} = (x_{11}, x_{12}, \cdots, x_{1n}, x_{21}, x_{22}, \cdots, x_{2n}, \cdots, x_{m1}, x_{m2}, \cdots, x_{mn})^{\mathrm{T}},$$

$$\boldsymbol{c} = (c_{11}, c_{12}, \cdots, c_{1n}, c_{21}, c_{22}, \cdots, c_{2n}, \cdots, c_{m1}, c_{m2}, \cdots, c_{mn}),$$

$$\boldsymbol{A} = [\boldsymbol{p}_{11}, \boldsymbol{p}_{12}, \cdots, \boldsymbol{p}_{1n}, \boldsymbol{p}_{21}, \boldsymbol{p}_{22}, \cdots, \boldsymbol{p}_{2n}, \cdots, \boldsymbol{p}_{m1}, \boldsymbol{p}_{m2}, \cdots, \boldsymbol{p}_{mn}],$$

$$\boldsymbol{b} = (a_1, a_2, \cdots, a_m, b_1, b_2, \cdots, b_n)^{\mathrm{T}},$$

其中

$$\sum_{i=1}^{m} a_i = \sum_{j=1}^{n} b_j,$$

$$\boldsymbol{p}_{ij} = \boldsymbol{e}_i + \boldsymbol{e}_{m+j} \quad (i = 1,\cdots,m;\quad j = 1,\cdots,n). \tag{5.1.2}$$

$\boldsymbol{e}_i$ 为第 i 个分量为 1 其余分量为 0 的 $m+n$ 维单位向量；$\boldsymbol{e}_{m+j}$ 为第 $m+j$ 个分量为 1 其余分量为 0 的 $m+n$ 维单位向量.

模型(5.1.1)用矩阵形式表示为

$$\begin{aligned} &\min \boldsymbol{cx}; \\ &\text{s.t.}\quad \boldsymbol{Ax} = \boldsymbol{b}, \\ &\qquad\quad \boldsymbol{x} \geqslant \boldsymbol{0}. \end{aligned} \tag{5.1.3}$$

其中

$$\boldsymbol{A} = \begin{array}{c} \begin{array}{ccccccccccccc} x_{11} & x_{12} & \cdots & x_{1n} & x_{21} & x_{22} & \cdots & x_{2n} & \cdots & x_{m1} & x_{m2} & \cdots & x_{mn} \end{array} \\ \left[\begin{array}{ccccccccccccc} 1 & 1 & \cdots & 1 & & & & & & & & & \\ & & & & 1 & 1 & \cdots & 1 & \ddots & & & & \\ & & & & & & & & & 1 & 1 & \cdots & 1 \\ 1 & & & & 1 & & & & & 1 & & & \\ & 1 & & & & 1 & & & \cdots & & 1 & & \\ & & \ddots & & & & \ddots & & & & & \ddots & \\ & & & 1 & & & & 1 & & & & & 1 \end{array}\right] \end{array}, \tag{5.1.4}$$

$\boldsymbol{A}$ 是一个 $(m+n)\times(mn)$ 型矩阵.

5.1.2 运输问题数学模型的特点

由式(5.1.4)可以看出,$\boldsymbol{A}$ 是一个结构特殊的稀疏矩阵,其特点为:

(1) $\boldsymbol{A}$ 有 mn 列,每列有 $m+n$ 个元素.其中只有两个为1,其余元素为0.如 $\boldsymbol{p}_{ij}$ 这两个1所处位置为第 i 与第 $m+j$ 个分量.

(2) 变量 x_{ij} 所对应的系数列向量 $\boldsymbol{p}_{ij}$ 为

$$\boldsymbol{p}_{ij} = \begin{bmatrix} 0 \\ \vdots \\ 1 \\ 0 \\ \vdots \\ 0 \\ 1 \\ \vdots \\ 0 \end{bmatrix} = \begin{bmatrix} 0 \\ \vdots \\ 1 \\ 0 \\ \vdots \\ 0 \end{bmatrix} + \begin{bmatrix} 0 \\ \vdots \\ 0 \\ \vdots \\ 1 \\ \vdots \\ 0 \end{bmatrix} = \boldsymbol{e}_i + \boldsymbol{e}_{m+j}.$$

(3) $\boldsymbol{A}$ 有 $m+n$ 行,每行特点为:前 m 行有 n 个1,这 n 个1连在一起,其余元素为零;而后 n 行每行有 m 个1,其余元素为零.

因此矩阵 $\boldsymbol{A}$ 也可表示为

$$\boldsymbol{A} = \begin{bmatrix} \boldsymbol{e}_1 & \boldsymbol{0} & \cdots & \boldsymbol{0} \\ \boldsymbol{0} & \boldsymbol{e}_1 & \cdots & \boldsymbol{0} \\ \vdots & \vdots & \ddots & \vdots \\ \boldsymbol{0} & \boldsymbol{0} & \cdots & \boldsymbol{e}_1 \\ \boldsymbol{I}_n & \boldsymbol{I}_n & \cdots & \boldsymbol{I}_n \end{bmatrix}, \tag{5.1.5}$$

其中 $\boldsymbol{e}_1$ 是元素全为1的 n 维行向量,$\boldsymbol{I}_n$ 为 n 阶单位阵.

(4) 模型(5.1.1)存在最优基本可行解.

定理 5.1.1 产销平衡运输模型(5.1.1)必有最优基本可行解.

证 记 $\sum\limits_{i=1}^{m} a_i = \sum\limits_{j=1}^{n} b_j = d$,则令

$$x_{ij} = \frac{a_i b_j}{d} \quad (i = 1,2,\cdots,m;\quad j = 1,2,\cdots,n). \tag{5.1.6}$$

将式(5.1.6)代入式(5.1.1)的约束方程:

$$\sum_{j=1}^{n} x_{ij} = \sum_{j=1}^{n} \frac{a_i b_j}{d} = \frac{a_i}{d} \sum_{j=1}^{n} b_j = a_i \quad (i = 1,\cdots,m),$$

$$\sum_{i=1}^{m} x_{ij} = \sum_{i=1}^{m} \frac{a_i b_j}{d} = \frac{b_j}{d} \sum_{i=1}^{m} a_i = b_j \quad (j = 1, \cdots, n).$$

又因 $a_i \geqslant 0, b_j \geqslant 0$,所以 $x_{ij} \geqslant 0$. 故式(5.1.6)是模型(5.1.1)的可行解. 由定理 2.4.6 知,模型(5.1.1)必有基本可行解.

又由 x_{ij} 的定义,显然有

$$x_{ij} \leqslant \min(a_i, b_j) \quad (i = 1, \cdots, m; \ j = 1, \cdots, n).$$

因此模型(5.1.1)的任一可行解必是有限的. 即可行域是有界的. 故必有最优解.

(5) 矩阵 $\boldsymbol{A}$ 的秩为 $m+n-1$.

定理 5.1.2 运输模型(5.1.1)的约束矩阵 $\boldsymbol{A}$(如式(5.1.4))的秩为 $m+n-1$.

证 $\boldsymbol{A}$ 是一个 $(m+n)\times(mn)$ 型矩阵,而对于一般实际问题,$mn > m+n$ 总能满足. 在模型(5.1.1)中,当产销平衡时前 m 个方程之和与后 n 个方程之和相等,因此模型(5.1.1)中有一个约束方程是多余的. 反映在矩阵 $\boldsymbol{A}$ 的式(5.1.4)中: $\boldsymbol{A}$ 的前 m 行之和等于 $\boldsymbol{A}$ 的后 n 行之和,因此 $\boldsymbol{A}$ 的任一个 $m+n$ 阶子行列式必为零,故 $\mathrm{r}(\boldsymbol{A}) < m+n$ 或 $\mathrm{r}(\boldsymbol{A}) \leqslant m+n-1$. 下面证明 $\boldsymbol{A}$ 的秩恰好为 $m+n-1$. 先去掉 $\boldsymbol{A}$ 的第 1 行得到矩阵 $\boldsymbol{A}^{(1)}$:

$$\begin{matrix} x_{11} & x_{12} & \cdots & x_{1n} & x_{21} & x_{22} & \cdots & x_{2n} & \cdots & x_{m1} & x_{m2} & \cdots & x_{mn} \end{matrix}$$

$$\boldsymbol{A}^{(1)} = \begin{bmatrix} & & & & 1 & 1 & \cdots & 1 & & & & & \\ & & & & & & & & \ddots & & & & \\ & & & & & & & & & 1 & 1 & \cdots & 1 \\ 1 & & & & 1 & & & & \cdots & 1 & & & \\ & 1 & & & & 1 & & & & & 1 & & \\ & & \ddots & & & & \ddots & & & & & \ddots & \\ & & & 1 & & & & 1 & & & & & 1 \end{bmatrix}$$

$$\overset{\text{def}}{=\!=} [\boldsymbol{p}'_{11} \ \boldsymbol{p}'_{12} \cdots \boldsymbol{p}'_{1n} \ \boldsymbol{p}'_{21} \ \boldsymbol{p}'_{22} \cdots \boldsymbol{p}'_{2n} \cdots \boldsymbol{p}'_{m1} \ \boldsymbol{p}'_{m2} \cdots \boldsymbol{p}'_{mn}].$$

在 $\boldsymbol{A}^{(1)}$ 中取出一个 $m+n-1$ 阶子矩阵: 取 $\boldsymbol{A}^{(1)}$ 中前 n 列,第 $n+1$ 列,第 $2n+1$ 列,…,第 $(m-1)n+1$ 列:

$$\boldsymbol{p}'_{11}, \boldsymbol{p}'_{12}, \cdots, \boldsymbol{p}'_{1n}, \boldsymbol{p}'_{21}, \boldsymbol{p}'_{31}, \cdots, \boldsymbol{p}'_{m1}$$

$$\left[\begin{array}{cccc|cccc} 0 & & & & 1 & & & \\ & 0 & & & & 1 & & \\ & & \ddots & & & & \ddots & \\ & & & 0 & & & & 1 \\ \hline 1 & & & & 1 & 1 & \cdots & 1 \\ & 1 & & & 0 & 0 & \cdots & 0 \\ & & \ddots & & \vdots & \vdots & & \vdots \\ & & & 1 & 0 & 0 & \cdots & 0 \end{array}\right]_{m+n-1}.$$

显然这个子矩阵的行列式$=\pm1\neq0$(请读者用行列式性质自行证明). 因此 $\mathrm{r}(\boldsymbol{A}^{(1)})=m+n-1$,即向量组 $\boldsymbol{p}'_{11},\boldsymbol{p}'_{12},\cdots,\boldsymbol{p}'_{1n},\boldsymbol{p}'_{21},\boldsymbol{p}'_{31},\cdots,\boldsymbol{p}'_{m1}$ 线性无关. 而 $\boldsymbol{p}_{ij}$ 与 $\boldsymbol{p}'_{ij}$ 之间只差一个分量,由线性相关性理论可知:一组线性无关的向量组在相同位置上增加同样多个分量后得到的新向量组仍线性无关(用定理 1.1.1 可证之. 见习题 1.39). 因此 $\boldsymbol{A}$ 中向量组 $\boldsymbol{p}_{11},\boldsymbol{p}_{12},\cdots,\boldsymbol{p}_{1n},\boldsymbol{p}_{21},\boldsymbol{p}_{31},\cdots,\boldsymbol{p}_{m1}$ 也线性无关,故 $\mathrm{r}(\boldsymbol{A})=m+n-1$.

5.2 表上作业法

本节介绍表上作业法的三个主要步骤:用西北角规则或最小元素法确定初始基本可行解;用位势法求检验数;用闭回路法调整基本可行解.

表上作业法首先要建立一个调运表,见表 5.1. 运输问题的求解过程都可在表上完成. 本节主要介绍操作步骤,理论依据将在下节介绍.

5.2.1 确定初始基本可行解

确定初始基本可行解的方法很多. 我们介绍常用的西北角规则及最小元素法. 用例来说明操作步骤. 表中空格可填调运量 x_{ij} 的取值——从 A_i 到 B_j 的货物发运量.

表 5.1 调运表(x_{ij})

收点 / 发点	B_1	B_2	…	B_n	发量
A_1					a_1
A_2					a_2
⋮			(x_{ij})		⋮
A_m					a_m
收量	b_1	b_2	…	b_n	

例 5.2.1 某公司生产糖果,它有 A_1,A_2,A_3 3 个加工厂,每月产量分别为 7 t,4 t,9 t. 该公司把这些产品分别运往 4 个销售店,每月销售量为 B_1:3 t;B_2:6 t;B_3:5 t;B_4:6 t. 已知从第 i 个加工厂到第 j 个销售店的每吨糖果的运价 c_{ij} 见表 5.2. 试设计在满足各销售店需求量的前提下,各加工厂到各销售店的每月调运方案,使该公司所花总的运费最小.

表 5.2 运价表 c_{ij}(10元/t)

收点 / 发点	B_1	B_2	B_3	B_4
A_1	3	11	3	10
A_2	1	9	2	8
A_3	7	4	10	5

设从加工厂 A_i 到销售店 B_j 的发运量为 x_{ij}(t),则本题数学模型为

$$\min Z = 3x_{11}+11x_{12}+3x_{13}+10x_{14}+x_{21}+9x_{22}+2x_{23}+8x_{24}+7x_{31}+4x_{32}+10x_{33}+5x_{34};$$

$$\text{s.t.}\quad \begin{cases} x_{11}+x_{12}+x_{13}+x_{14}=7,\\ x_{21}+x_{22}+x_{23}+x_{24}=4,\\ x_{31}+x_{32}+x_{33}+x_{34}=9,\\ x_{11}+x_{21}+x_{31}=3,\\ x_{12}+x_{22}+x_{32}=6,\\ x_{13}+x_{23}+x_{33}=5,\\ x_{14}+x_{24}+x_{34}=6,\\ x_{ij}\geqslant 0\ (i=1,2,3;\ j=1,2,3,4). \end{cases}$$

1. 西北角规则

先作出本例的调运表 5.3.

表 5.3 调运表(x_{ij})

	B_1	B_2	B_3	B_4	发量
A_1					7
A_2					4
A_3					9
收量	3	6	5	6	

首先用(i,j)来表示调运表中 x_{ij} 所在的空格位置.在调运表 5.3 中间的 3×4 空格集的西北角的空格位置(1,1)处先填上 x_{11} 的值,填的原则是比较 a_1 与 b_1 的大小,取 $x_{11}=\min\{a_1,b_1\}=b_1=3$.这表明收点 B_1 的需求量已得到满足:全部由 A_1 供给.因此可划去空格集的第 1 列(即空格(2,1),(3,1)不能再填上大于零的数).而 A_1 的当前可发量只剩下 $a_1'=a_1-b_1=4$ t.在没有被划去的 3×3 空格集的西北角空格(1,2)处,填上 x_{12} 的值.

x_{12}取值的规则仍是 $x_{12}=\min\{a_1',b_2\}=a_1'=4$ t,这样 A_1 的货物已全部发完.因此需划去第1行.这表明 A_1 不能再向 B_3,B_4 发运,即 x_{13},x_{14}不会再取大于零的值,而 B_2 还需求的货物量 $b_2'=b_2-a_1'=2$.见表 5.4.

表 5.4

	B_1	B_2	B_3	B_4	发量
A_1	3	4			7−3−4
A_2					4
A_3					9
收量	3−3	6−4	5	6	

继续在没有被划去的2行3列空格集的西北角空格(2,2)处填数: $x_{22}=\min\{a_2,b_2'\}=\min\{4,2\}=b_2'=2$. B_2 的需求量已全部满足,故划去第2列,同时记 $a_2'=a_2-b_2'=4-2=2$.继续往下填:在空格(2,3)处填上: $x_{23}=\min\{a_2',b_3\}=\min\{2,5\}=a_2'=2$,同时记 $b_3'=b_3-a_2'=5-2=3$ 及划去第2行.再在西北角空格(3,3)处填上: $x_{33}=\min\{a_3,b_3'\}=\min\{9,3\}=b_3'=3$,划去第3列($B_3$ 已全部满足).记 $a_3'=a_3-b_3'=9-3=6$,最后在空格(3,4)处填上$x_{34}=\min\{a_3',b_4\}=6$,这时必有 $a_3'=b_4$(请读者思考,为什么这是产销平衡运输问题的必然结果).现在 B_4 已全部满足,A_3 也全部发完,因此同时划去第4列及第3行.至此得到了调运方案: $x_{11}=3,x_{12}=4,x_{22}=2,x_{23}=2,x_{33}=3,x_{34}=6$,其余 $x_{ij}=0$.见表5.5(为了清晰起见表中没有作出要划去行列的直线).

表 5.5

	B_1	B_2	B_3	B_4	发量
A_1	3	4			7−3−4
A_2		2	2		4−2−2
A_3			3	6	9−3−6
收量	3−3	6−4−2	5−2−3	6−6	

因此,我们得到了一个初始可行解 $\boldsymbol{x}^{(0)}=(3,4,0,0,0,2,2,0,0,0,3,6)^{\mathrm{T}}$.

我们将在5.3节中证明用西北角规则求得的解必是一个初始基本可行解.

本题对应于表5.5的解的总运费为

$$Z_{(0)}=3\times3+4\times11+2\times9+2\times2+3\times10+6\times5=133(10\text{ 元}).$$

2. 最小元素法

用西北角规则求初始基本可行解方法,虽然比较简单,但是因为它没有考虑到运价,因此得到的初始基本可行解离最优解较远.现在介绍一种考虑运价关系的求初始基本可行解的方法——最小元素法,仍以例5.2.1为例.从运价表5.2中找出最小运价：$c_{21}=1$,因此在调运表5.3中,考虑将A_2的货物运给B_1,因为$a_2>b_1$,故取$x_{21}=\min\{a_2,b_1\}=b_1=3$,在空格(2.1)处填上$x_{21}=3$,且在调运表5.3中记$a'_2=a_2-b_1=4-3=1$(见表5.7).再划去运价表5.2中第1列(因为$B_1$已全部被满足).见表5.6.

表5.6 运价c_{ij}表

	B_1	B_2	B_3	B_4
A_1	3	11	3	10
A_2	1	9	2	8
A_3	7	4	10	5

再在运价表5.6的未被划去的所有运价中找出最小运价：$c_{23}=2$.因此考虑将A_2的货物运给B_3,取$x_{23}=\min\{a'_2,b_3\}=\min\{1,5\}=a'_2=1$,即将$A_2$的1 t货物运给$B_3$.此时$A_2$的货物已全部发完,故在运价表5.6中再划去第2行,而B_3的当前需求量变为：$b'_3=b_3-a'_2=5-1=4$(见表5.7).在剩下的未被划去的所有运价中再找最小的运价：$c_{13}=3$.故考虑将A_1的货物发运给B_3.取$x_{13}=\min\{a_1,b'_3\}=\min\{7,4\}=4=b'_3$.在表5.7中填入$x_{13}=4$,记$a'_1=a_1-b'_3=7-4=3$.现$B_3$的需求量已全部满足,划去表5.6中第3列,在剩下未被划去的运价c_{ij}中找最小元素$c_{32}=4$.在调运表5.7中填入$x_{32}=\min\{a_3,b_2\}=b_2=6$,且记$a'_3=a_3-b_2=9-6$.这时$B_2$的需求量已全部满足.划去运价表5.6中第2列,在剩下未被划去的运价中,找出最小元素$c_{34}=5$,故取$x_{34}=\min\{a'_3,b_4\}=\min\{3,6\}=a'_3=3$.划去表5.6中第3行,在调运表5.7中填入$x_{34}=3$,且记$b'_4=b_4-a'_3=6-3=3$,在运价表5.6中只剩下$c_{14}=10$,故取$x_{14}=\min\{a'_1,b'_4\}=a'_1=b'_4=3$(最后一步必有$a'_i=b'_j$),即$B_4$的需求得到满足而$A_1$的货物也正好发完,因此同时划去运价表5.6中第4列及第1行.这样就求得了一个初始调运方案：$x_{13}=4,x_{14}=3,x_{21}=3,x_{23}=1,x_{32}=6,x_{34}=3$,其余$x_{ij}=0$,见表5.7.对于这个初始基本可行解,其需要总运费为

$$Z'(0)=4\times3+3\times10+3\times1+1\times2+6\times4+3\times5=86.$$

表5.7 初始调运方案

	B_1	B_2	B_3	B_4	发运量
A_1			4	3	7—4—3
A_2	3		1		4—3—1
A_3		6		3	9—6—3
需求量	3—3	6—6	5—1—4	6—3—3	

显然比用西北角规则求得的初始基本可行解来得好,更接近最优解.

5.2.2 位势法求检验数

用西北角规则或最小元素法求得初始基本可行解后,就要用检验数去判别该基本可行解是否为最优解?由第3章内容可知,检验数可由下式计算:

$$\sigma_{ij}=c_{ij}-z_{ij}=c_{ij}-\boldsymbol{c_B B}^{-1}\boldsymbol{p}_{ij}\quad(i=1,2,\cdots,m;\quad j=1,2,\cdots,n).\qquad(5.2.1)$$

用上式来计算较麻烦且不便于用表格来进行操作,在第4章对偶理论中,我们知道,若记 $\boldsymbol{c_B B}^{-1}=\boldsymbol{w}$,$\boldsymbol{w}$ 就是对偶问题的决策变量——对偶变量.设 $\boldsymbol{w}=(u_1,\cdots,u_m,v_1,\cdots,v_n)$,则模型(5.1.1)的对偶模型为

$$\begin{aligned}&\max f=\sum_{i=1}^{m}a_iu_i+\sum_{j=1}^{n}b_jv_j;\\&\text{s.t.}\quad u_i+v_j\leqslant c_{ij},\quad(i=1,2,\cdots,m;\quad j=1,2,\cdots,n).\\&\qquad u_i,v_j\text{ 无正负限制}.\end{aligned}\qquad(5.2.2)$$

由下文可知,我们记对偶变量为

$$\boldsymbol{w}=(u_1,\cdots,u_m,v_1,\cdots,v_n),\qquad(5.2.3)$$

纯粹是为了以后用表格操作时方便.

将式(5.2.3)代入式(5.2.1),得

$$\begin{aligned}\sigma_{ij}&=c_{ij}-\boldsymbol{w}\boldsymbol{p}_{ij}=c_{ij}-(u_1,\cdots,u_m,v_1,\cdots,v_n)(\boldsymbol{e}_i+\boldsymbol{e}_{m+j})\\&=c_{ij}-(u_i+v_j)\quad(i=1,\cdots,m;\quad j=1,\cdots,n)\end{aligned}\qquad(5.2.4)$$

(思考题:请读者用 $\boldsymbol{e}_i$ 及 $\boldsymbol{e}_{m+j}$ 的定义,证明:$(u_1,\cdots,u_m,v_1,\cdots,v_n)\cdot(\boldsymbol{e}_i+\boldsymbol{e}_{m+j})=u_i+v_j$).

因为基变量的检验数 $\sigma_{ij}=0$,因此将式(5.2.4)用到基变量上有

$$c_{ij}-(u_i+v_j)=0,\quad(i,j)\in J_{\boldsymbol{B}}.\qquad(5.2.5)$$

这里 c_{ij} 为已知量,u_i,v_j 共有 $m+n$ 个未知量.而由定理5.1.2知,基本可行解只能有 $m+n-1$ 个基变量,因此对方程组(5.2.5)而言,有 $m+n$ 个未知量,只有 $m+n-1$ 个方程,为此令

$$v_n=0,\qquad(5.2.6)$$

则由式(5.2.5)及式(5.2.6)可求出 $u_i,v_j(i=1,\cdots,m;\ j=1,\cdots,n)$ 的值,然后再由求出的 u_i,v_j 的值代入式(5.2.4),求出非基变量的检验数:

$$\sigma_{ij}=c_{ij}-(u_i+v_j)\quad(i,j)\in J_{\boldsymbol{N}}.\qquad(5.2.7)$$

在下一节中,我们将证明,不论令 $v_n=a$ 为何值,u_i+v_j 始终不变,即 σ_{ij} 将不会随式(5.2.6)中 v_n 的取值而改变.

下面仍以例5.2.1中用西北角规则所求得的初始基本可行解为例,来计算检验数 σ_{ij}.由表5.5,基变量为 $x_{11},x_{12},x_{22},x_{23},x_{33},x_{34}$,由此可得:

$$c_{11}-(u_1+v_1)=0,\quad c_{12}-(u_1+v_2)=0,\quad c_{22}-(u_2+v_2)=0,$$
$$c_{23}-(u_2+v_3)=0,\quad c_{33}-(u_3+v_3)=0,\quad c_{34}-(u_3+v_4)=0.$$

代入 c_{ij} 的值并加入方程 $v_4=0$,有

$$\begin{cases}3-(u_1+v_1)=0,\\ 11-(u_1+v_2)=0,\\ 9-(u_2+v_2)=0,\\ 2-(u_2+v_3)=0,\\ 10-(u_3+v_3)=0,\\ 5-(u_3+v_4)=0,\\ v_4=0.\end{cases}\tag{5.2.8}$$

由线性方程组(5.2.8)解出:

$$u_1=-1,\quad u_2=-3,\quad u_3=5,\quad v_1=4,\quad v_2=12,\quad v_3=5,\quad v_4=0.\tag{5.2.9}$$

将式(5.2.9)代入式(5.2.7),得

$$\begin{aligned}\sigma_{13}&=c_{13}-(u_1+v_3)=3-(-1+5)=-1,\\ \sigma_{14}&=c_{14}-(u_1+v_4)=10-(-1+0)=11,\\ \sigma_{21}&=c_{21}-(u_2+v_1)=1-(-3+4)=0,\\ \sigma_{24}&=c_{24}-(u_2+v_4)=8-(-3+0)=11,\\ \sigma_{31}&=c_{31}-(u_3+v_1)=7-(5+4)=-2,\\ \sigma_{32}&=c_{32}-(u_3+v_2)=4-(5+12)=-13.\end{aligned}$$

至此非基变量的检验数已全部求出,可见 $\sigma_{ij}\not\geqslant 0$. 故此基本可行解不是最优解.

实际上,上述用解方程组(5.2.5),(5.2.6)及(5.2.7)计算检验数 σ_{ij} 的过程也可在表格上完成. 具体方法如下:仍以例 5.2.1 的西北角规则求得的解为例,作一个(3+1)×(4+1)的表,第(3+1)=4 行为 v_j 行,第(4+1)列(即第 5 列)为 u_i 列,见表 5.8. 在中间 $m\times n$(即 3×4)个空格中,在每一个空格的右上角表出 c_{ij} 的值. 为了区别起见,对非基变量的 c_{ij},我们用∟ 框住,见表 5.8.

表 5.8 u_i 及 v_j 表

	B_1	B_2	B_3	B_4	u_i
A_1	3	11	[3]	[10]	
A_2	[1]	9	2	[8]	−3
A_3	[7]	[4]	10	5	5
v_j			5	0	

然后令 $v_4=0$,即在空格(4,4)处填上 0. 我们将基变量 x_{ij} 所对应的格(i,j)称为基格，则由表 5.5 知，表 5.8 中格(1,1),(1,2),(2,2),(2,3),(3,3),(3,4)为基格. 由式(5.2.5)知，对应于基格有

$$c_{ij}=u_i+v_j. \tag{5.2.10}$$

现在 $v_4=0$,用到基格(3,4)上，有

$$c_{34}=u_3+v_4=u_3+0.$$

因此有

$$u_3=c_{34}-v_4=5.$$

在表 5.8 中，对于基格(3,4)的 $c_{ij}=5$,格(4,4)的 $v_4=0$,就应有空格(3,5)的 $u_3=c_{34}-v_4=5$,因此就可在空格(3,5)上填上 5. 对应于 $u_3=5$,基格(3,3)的 $c_{33}=10$ 已知，而 $c_{33}=u_3+v_3$,故 $v_3=c_{33}-u_3=10-5=5$,因此在空格(4,3)处填上 5(v_3 的值). 计算出 v_3 后，对应第 3 列还有基格(2,3),因此 $c_{23}=u_2+v_3$,所以 $u_2=c_{23}-v_3=2-5=-3$,在空格(2,5)处填上-3(u_2 的值). 见表 5.8,在求得 $u_2=-3$ 后，在第 2 行还有基格(2,2),因此可求得 $v_2=c_{22}-u_2=9-(-3)=12$,在格(4,2)处填上 12(v_2 的值),在求得 v_2 后，在第 2 列上有基格(1,2),可求得 $u_1=c_{12}-v_2=11-12=-1$. 在求得 u_1 后，在第 1 行上有基格(1,1),可求得 $v_1=c_{11}-u_1=3-(-1)=4$. 至此 u_i,v_j 的值全部求出，见表 5.9. 以上计算过程可用心算(或用计算机计算),计算的顺序是，在两个未知量 u_i,v_j 中有一个已求出(或已知，如 $v_4=0$),利用基格的 c_{ij} 可求出另一个未知量.

表 5.9 计算 u_i 及 v_j 表

	B_1	B_2	B_3	B_4	u_i
A_1	3	11	⌊3	⌊10	-1
A_2	⌊1	9	2	⌊8	-3
A_3	⌊7	⌊4	10	5	5
v_j	4	12	5	0	

在求得 u_i 及 v_j 后，同样可用表格来完成计算非基变量的检验数 σ_{ij} $(i,j\in J_N)$ 的过程：

由式(5.2.7):

$$\sigma_{ij}=c_{ij}-(u_i+v_j)\quad (i,j)\in J_N.$$

在空格(i,j)中右上角的 c_{ij} 用⌊ 框住的为非基变量的 c_{ij},因此对非基变量格完成式(5.2.7)的计算工作：

$$\sigma_{13}=c_{13}-(u_1+v_3)=3-(-1+5)=-1,$$
$$\sigma_{14}=c_{14}-(u_1+v_4)=10-(-1+0)=11,$$
$$\sigma_{21}=c_{21}-(u_2+v_1)=1-(-3+4)=0,$$

$$\sigma_{24} = c_{24} - (u_2 + v_4) = 8 - (-3 + 0) = 11,$$

$$\sigma_{31} = c_{31} - (u_3 + v_1) = 7 - (5 + 4) = -2,$$

$$\sigma_{32} = c_{32} - (u_3 + v_2) = 4 - (5 + 12) = -13.$$

上述计算工作同样可用心算，在表格上完成操作，结果见表 5.10.

表 5.10 计算 σ_{ij} 表

	B_1	B_2	B_3	B_4	u_i
A_1	3	11	−1 [3]	11 [10]	−1
A_2	0 [1]	9	2	11 [8]	−3
A_3	−2 [7]	−13 [4]	10	5	5
v_j	4	12	5	0	

表中未被标出的检验数均为基变量的检验数，显然 $\sigma_{ij}=0,(i,j\in J_B)$. 从表中可见，因为 $\sigma_{ij}\geqslant 0$ 没有被满足，因此当前解不是最优解.

例 5.2.2 以例 5.2.1 的最小元素法求得的初始基本可行解为例. 用位势法计算其检验数.

解 作出$(3+1)\times(4+1)$的表 5.11，在右上角标出 c_{ij}，对非基变量的检验数用∟框住(由表 5.7 知，$x_{13}, x_{14}, x_{21}, x_{23}, x_{32}, x_{34}$ 为基变量).

表 5.11 计算 u_i、v_j 及 σ_{ij} 表

	B_1	B_2	B_3	B_4	u_i
A_1	1 [3]	2 [11]	3	10	10
A_2	1	1 [9]	2	−1 [8]	9
A_3	10 [7]	4	12 [10]	5	5
v_j	−8	−1	−7	0	

令 $v_4=0$，在表 5.11 中，先后计算出：$u_3=5, v_2=-1, u_1=10, v_3=-7, u_2=9, v_1=-8$. 然后再根据计算出的 u_i, v_j 值，计算非基变量的检验数：

$$\sigma_{11} = 1,\quad \sigma_{12} = 2,\quad \sigma_{22} = 1,\quad \sigma_{24} = -1,\quad \sigma_{31} = 10,\quad \sigma_{33} = 12.$$

可见 $\sigma_{ij}\ngeqslant 0$，因此用最小元素法求得的初始基本可行解也不是最优解.

5.2.3 用闭回路法调整当前基本可行解

若当前解不是最优解，就要迭代到另一个改善了的基本可行解. 对于运输问题，这一步仍可用表格来完成，为此我们需要先引入一系列必要的概念.

定义 5.2.1 将变量 x_{ij} 在调运表 5.1 中所对应的空格记作(i,j),下文将称为格点(i,j)或格(i,j). 而 x_{ij} 的系数列向量 $\boldsymbol{p}_{ij}$ 也称做格点(i,j)所对应的系数列向量,若 x_{ij} 为基变量,则(i,j)称为基格,否则是非基格.

如表 5.7 中,格点(1,3),(1,4),(2,1),(2,3)等是基格,而(1,1),(2,4),(3,1)等是非基格.

定义 5.2.2 若一组格点经过适当的排序后,能写成以下形式:

$$(i_1,j_1),(i_1,j_2),(i_2,j_2),(i_2,j_3),(i_3,j_3),\cdots,(i_s,j_s),(i_s,j_1),$$

则称这组格点构成了闭回路.

若一组格点中有一部分格点构成了闭回路,则称这组格点包含了闭回路(而不能称这组格点构成了闭回路).

要注意的是构成闭回路的一组格点必具备以下特点:

(1) 这组格所包含的格点个数为大于或等于 4 的偶数.

(2) 经过适当排序后,这组格的行号与列号之间必具有以下关系之一:

① 第 1 格与第 2 格的行号相同,第 2 格与第 3 格的列号相同,第 3 格与第 4 格的行号相同,第 4 格与第 5 格的列号相同,……,最后一格与第 1 格的列号相同.

② 第 1 格与第 2 格的列号相同,第 2 格与第 3 格的行号相同,……,最后一格与第 1 格的行号相同.

(3) 若用水平的及垂直的线段将这组格中同行同列的格点连接后,能构成一个封闭的回路,而且在这闭回路的每一条边(水平的边或垂直的边)上只包含这组格中两个格点,这两个格点必都处在每条边的端点上. 换句话说,在调运表上的任一行(列)或有这组格中两个格点,或一个也没有,不会出现第三种情况.

如表 5.12 中,格组(1,1),(1,2),(3,2),(3,1);格组(1,3),(1,4),(2,4),(2,5),(3,5),(3,3);格组(1,6),(1,7),(4,7),(4,9),(2,9),(2,6)等均构成了闭回路.

表 5.12

	B_1	B_2	B_3	B_4	B_5	B_6	B_7	B_8	B_9	
A_1										a_1
A_2										a_2
A_3										a_3
A_4										a_4
	b_1	b_2	b_3	b_4	b_5	b_6	b_7	b_8	b_9	

而表 5.13 中格组(1,1),(1,2),(1,4),(3,4),(3,2);及格组(2,5),(2,6),(2,7),(3,7),(3,6),(3,5)都是包含了闭回路的例子,而不能说构成了闭回路.

表 5.13

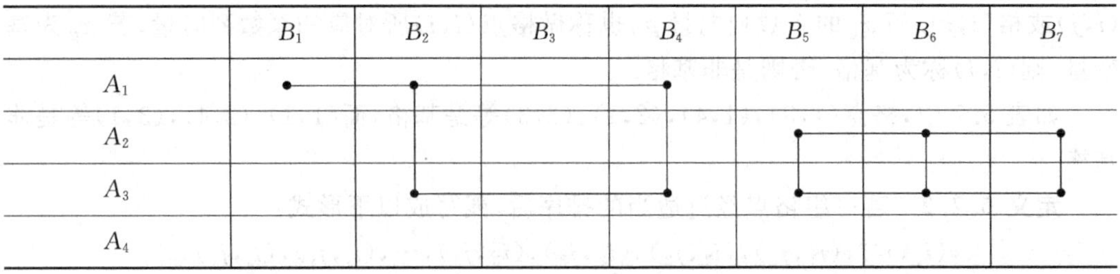

	B_1	B_2	B_3	B_4	B_5	B_6	B_7
A_1							
A_2							
A_3							
A_4							

对于表 5.5 所体现的初始调运方案(初始基本可行解 $\boldsymbol{x}^{(0)}$),其基变量 x_{11},x_{12},x_{22},x_{23},x_{33},x_{34}. 该解的检验数由表 5.10 所体现. 因 $\sigma_{ij} \not\geqslant 0$,因此该解不是最优解,为此要选一个非基变量作基变量而进基. 选一个基变量变为非基变量而离基,反映在调运表上就是要选一个空格($x_{ij}=0$ 的非基格)填上大于零的数,而当前的一个基格转变为非基格(对应的 x_{ij} 由正数变为零). 选择进基的格点的原则仍是:

$$\sigma_{kl} = \min_{i,j \in J_N} \{\sigma_{ij} \mid \sigma_{ij} < 0\} = \sigma_{32} = -13. \tag{5.2.11}$$

即 x_{32} 为进基变量,故格(3,2)为进基格. 如何找离基格呢? 以进基格(3,2)为起点作一个闭回路,要求除了起始格(3,2)外,该闭回路的其余顶点均是基格(在下一节我们将证明,对每一个非基格都存在唯一的这种闭回路). 由表 5.5 知,这组闭回路格应为:(3,2),(2,2),(2,3),(3,3). 见表 5.14,将起始点格(3,2)称为第 1 格——格 1,选定一个方向(比如顺时针方向)后,分别将构成闭回路的其他格依次称为格 2——第 2 格、格 3——第 3 格、格 4——第 4 格. 因为格 1 是进基格,即格 1 所对应的变量 x_{32} 应由零值变为一个正值 θ. 为了保持行列的平衡,格 2 必须减少 θ,格 3 要增加 θ,格 4 要减少 θ,即奇数号格点增加 θ,偶数号格点减少 θ,而偶数号格点在减少运输量 θ 时,应保证有一个基格的运输量变为零——变为非基变量,而其余偶数格的运输量仍取正值(严格讲应仍大于等于零)——以保持可行性. 因此

$$\theta = \min \{x_{ij} \mid (i,j) \text{ 为闭回路中的偶数格点}\}.$$

在本例中

表 5.14

	B_1	B_2	B_3	B_4	
A_1	3	4			7
A_2		$2-\theta$	$2+\theta$		4
A_3		$0+\theta$	$3-\theta$	6	9
	3	6	5	6	

$$\theta = \min\{2,3\} = 2 = x_{22},$$

故新的调运方案为

$$x_{32}^{(1)} = x_{32}^{(0)} + \theta = 0 + 2 = 2,$$
$$x_{22}^{(1)} = x_{22}^{(0)} - \theta = 2 - 2 = 0,$$
$$x_{23}^{(1)} = x_{23}^{(0)} + \theta = 2 + 2 = 4,$$
$$x_{33}^{(1)} = x_{33}^{(0)} - \theta = 3 - 2 = 1.$$

其余 $x_{ij}^{(1)} = x_{ij}^{(0)}$，见表 5.15. 即

表 5.15

	B_1	B_2	B_3	B_4	
A_1	3	4			7
A_2			4		4
A_3		2	1	6	9
	3	6	5	6	

$$\boldsymbol{x}^{(1)} = (3,4,0,0,0,0,4,0,0,2,1,6).$$

总的运费

$$Z^{(1)} = 3\times3 + 11\times4 + 2\times4 + 4\times2 + 10\times1 + 5\times6 = 109 < Z^{(0)} = 133.$$

新得到的调运方案(基本可行解 $\boldsymbol{x}^{(1)}$)是否是最优解，仍要用位势法求检验数，以判断最优准则是否已得到满足？若仍不满足，则继续要用闭回路法作新的调整.

为此我们可得到产销平衡运输问题的算法，其步骤如下.

第 1 步：用西北角规则或最小元素法求初始基本可行解.

第 2 步：用位势法求非基变量的检验数. 若最优准则 $\sigma_{ij} \geqslant 0$ 得到满足，则当前基本可行解就是最优解(当前调运方案就是最优调运方案). 计算停止，否则转第 3 步.

第 3 步：取一个检验数最小的非基变量作进基变量，其对应的格为进基格(编号为第 1 格). 以进基格为起始点作出一个其余顶点均为基格的闭回路，在该闭回路上，从所有偶数号格点的调运量中选出最小值 θ 作为调整量，该格即为离基格，对应的变量为离基变量.

第 4 步：对闭回路上的运输量作出调整：所有奇数号格的调运量加上调整量 θ；所有偶数号格的调运量减去调整量 θ，其余的 x_{ij} 取值不变，这样就得到了一个新的调运方案——新的基本可行解，转第 2 步.

例 5.2.3 判断以表 5.15 所体现的 $\boldsymbol{x}^{(1)}$ 是否为最优解. 若不是，试求出最优解.

解 对 $\boldsymbol{x}^{(1)}$ 用位势法求其检验数，为此建立表 5.16，计算 u_i, v_j 及 σ_{ij}.

用 5.2.2 节中所讲述的方法，在表 5.16 中先计算出 u_i, v_j；然后再计算非基变量的 σ_{ij}

(见表5.16).由于$\sigma_{ij}\ngeqslant 0$,因此$\boldsymbol{x}^{(1)}$仍不是最优解,为此在相应的调运表上要作出调整.取$\sigma_{kl}=\min\{\sigma_{ij}|\sigma_{ij}<0\}=\sigma_{13}=-14$.因此$x_{13}$为进基变量,建立表5.17,在表5.17中,以格点(1,3)为起始点,作出一个闭回路:(1,3),(3,3),(3,2),(1,2).

表5.16 计算$\boldsymbol{x}^{(1)}$的u_i,v_j,σ_{ij}

	B_1	B_2	B_3	B_4	u_i
A_1	3	11	−14 [3]	−2 [10]	12
A_2	13 [1]	13 [9]	2	11 [8]	−3
A_3	11 [7]	4	10	5	5
v_j	−9	−1	5	0	

表5.17 调整闭回路表

	B_1	B_2	B_3	B_4	
A_1	3	4−1	0+1		7
A_2			4		4
A_3		2+1	1−1	6	9
	3	6	5	6	

$\theta=\min\{x_{ij}|(i,j)$为偶数格$\}=\min\{1,4\}=x_{33}=1$,因此$x_{33}$为离基变量,对奇数号格点的调运量增加$\theta=1$,对偶数号格点的调运量减去$\theta=1$,其格点的调运量不变,得到新的调运方案$\boldsymbol{x}^{(2)}$:

$$\boldsymbol{x}^{(2)}=(3,3,1,0,0,0,4,0,0,3,0,6)^{\mathrm{T}},$$

见表5.17,其总的运输费用为

$$\begin{aligned}Z^{(2)}&=3\times 3+11\times 3+3\times 1+2\times 4+4\times 3+5\times 6\\&=95<Z^{(1)}=109.\end{aligned}$$

再判断$\boldsymbol{x}^{(2)}$是否为最优解.建立表5.18,计算u_i,v_j及σ_{ij},可见$\sigma_{ij}\ngeqslant 0$,因此$\boldsymbol{x}^{(2)}$也不是最优解.

为了对调运方案$\boldsymbol{x}^{(2)}$进行调整,建立调整闭回路表5.19,以(2,4)为起始格点,作出闭回路(2,4),(3,4),(3,2),(1,2),(1,3),(2,3),在此闭回路上,

$$\theta=\min\{x_{ij}\mid(i,j)\text{ 为偶数号格点}\}=\min\{6,3,4\}=x_{12}=3.$$

故x_{12}为离基变量,(1,2)为离基格,在偶数号格点上减去调整量$\theta=3$,在奇数号格点上加上调整量$\theta=3$,其余格点的x_{ij}不变,得到新的调运方案$\boldsymbol{x}^{(3)}$:

表 5.18 计算 u_i, v_j, σ_{ij} 表

	B_1	B_2	B_3	B_4	u_i
A_1	3	11	3	-2 $\boxed{10}$	12
A_2	-1 $\boxed{1}$	-1 $\boxed{9}$	2	-3 $\boxed{8}$	11
A_3	11 $\boxed{7}$	4	14 $\boxed{10}$	5	5
v_j	-9	-1	-9	0	

$$x^{(3)} = (3,0,4,0,0,0,1,3,0,6,0,3)^{\mathrm{T}},$$

见表 5.19,总的运费为

$$\begin{aligned} Z^{(3)} &= 3\times3+3\times4+2\times1+8\times3+4\times6+5\times3 \\ &= 86 < Z^{(2)} = 95. \end{aligned}$$

表 5.19 调整闭回路表

	B_1	B_2	B_3	B_4	发量
A_1	3	3−3	1+3		7
A_2			4−3	0+3	4
A_3		3+3		6−3	9
收量	3	6	5	6	

为了判断 $x^{(3)}$ 是否为最优解,建立表 5.20,计算 $x^{(3)}$ 的 u_i, v_j 及 σ_{ij}.

表 5.20 计算 $x^{(3)}$ 的 u_i, v_j, σ_{ij} 表

	B_1	B_2	B_3	B_4	u_i
A_1	3	3 $\boxed{11}$	3	1 $\boxed{10}$	9
A_2	-1 $\boxed{1}$	2 $\boxed{9}$	2	8	8
A_3	8 $\boxed{7}$	4	11 $\boxed{10}$	5	5
v_j	-6	-1	-6	0	

由表 5.20 可见,$\sigma_{21} = -1 < 0$,故 $x^{(3)}$ 仍不是最优解.为了对 $x^{(3)}$ 作出调整,建立表 5.21,以格(2,1)为起始格,作出闭回路:(2,1),(1,1),(1,3),(2,3),取

$$\theta = \min\{x_{11}, x_{23}\} = x_{23} = 1.$$

故 x_{23} 为离基变量.对偶数号格点的 x_{ij} 都减去调整量 $\theta=1$,对奇数号格点的 x_{ij} 都加上调整量 $\theta=1$,其余 x_{ij} 不变.

表 5.21 $\boldsymbol{x}^{(3)}$ 的闭回路调整表

	B_1	B_2	B_3	B_4	发量
A_1	3−1		4+1		7
A_2	0+1		1−1	3	4
A_3		6		3	9
收量	3	6	5	6	

由表 5.21 可得到 $\boldsymbol{x}^{(4)}$：

$$\boldsymbol{x}^{(4)} = (2,0,5,0,1,0,0,3,0,6,0,3)^{\mathrm{T}},$$

总运费为

$$Z^{(4)} = 3\times2+3\times5+1\times1+8\times3+4\times6+5\times3 = 85 < Z^{(3)} = 86.$$

再建立表 5.22，计算 $\boldsymbol{x}^{(4)}$ 的 u_i, v_j 及 σ_{ij}.

由表 5.22 可见，$\sigma_{ij}\geqslant0$ 已满足，因此 $\boldsymbol{x}^{(4)}$ 是本例的最优调运方案：

$$x_{11}=2,\quad x_{13}=5,\quad x_{21}=1,\quad x_{24}=3,\quad x_{32}=6,\quad x_{34}=3,$$

其余 $x_{ij}=0$，最小运费为 $Z^*=85$(10 元).

表 5.22 计算 u_i, v_j 及 σ_{ij} 表

	B_1	B_2	B_3	B_4	u_i
A_1	3	2 11	3	0 10	10
A_2	1	2 9	1 2	8	8
A_3	9 7	4	12 10	5	5
v_j	−7	−1	−7	0	

5.2.4 表上作业法计算中的两个问题

1. 无穷多个最优解

定理 5.1.1 已证明，产销平衡的运输问题必有最优解，若在最优解中，某个非基变量的检验数为 0，则由定理 3.1.3 可知，该问题有无穷多个最优解（相对于当 x_{ij} 无整数要求而言）. 如表 5.22 中，$\boldsymbol{x}^{(4)}$ 为最优解，而非基变量 x_{14} 的检验数 $\sigma_{14}=0$，因此该例有无穷多个最优解. 比如以格点(1,4)为起始格（即 x_{14} 作进基变量），作一个闭回路：(1,4)，(2,4)，

(2,1),(1,1).然后用前述方法加以调整,得到 $\boldsymbol{x}^{(5)}$:

$$\boldsymbol{x}^{(5)}=(0,0,5,2,3,0,0,1,0,6,0,3)^{\mathrm{T}},$$

见表 5.23,相应总运费为

$$Z^{(5)}=3\times5+10\times2+1\times3+8\times1+4\times6+5\times3=85=Z^{(4)}.$$

故 $\boldsymbol{x}^{(5)}$ 也是最优调运方案之一.

表 5.23

	B_1	B_2	B_3	B_4	发量
A_1	2−2		5	0+2	7
A_2	1+2			3−2	4
A_3		6		3	9
收量	3	6	5	6	

2. 退化问题

与一般线性规划问题类似,运输问题也有可能出现退化了的基本可行解,当用表上作业法求解时,有以下两种情况会出现退化解.

(1) 在确定初始基本可行解时,若已确定在空格(i,j)处要填上调运量 x_{ij},而此时恰好有 $a_i'=b_j'$(a_i',b_j'分别为发点 A_i 的当前发运量及 B_j 当前的需求量).说明当取 $x_{ij}=a_i'=b_j'$时,发点 A_i 的发运量已全部用完.而收点 B_j 的需求至此也已全部满足.因此应同时划去第 i 行及第 j 列.为了使调运表上确保有 $m+n-1$ 个基变量的值,就需要在所划去的第 i 行(或第 j 列)中任找一个空格(i,j_1)(或(i_1,j))作基格置它的调运量 $x_{ij_1}=0$(或 $x_{i_1j}=0$).这样就得到有一个基变量取值为 0 的基本可行解——即退化解.

例 5.2.4 由表 5.24 所示一个 3×4 运输问题的 c_{ij} 表及发运量与需求量.试用最小元素法求该问题的一个初始基本可行解.

解 建立调运表 5.25,在表 5.24 中找一个最小的 c_{ij}:$\min c_{ij}=c_{31}=1$.

在调运表 5.25 的空格(3,1)处填上:$x_{31}=\min\{a_3,b_1\}=b_1=3$,记 $a_3'=a_3-b_1=9-3$.划去运价表 5.24 中第 1 列,在未被划去的 c_{ij} 中再找出最小元素 $c_{32}=2$,故在调运表 5.25 的空格(3,2)处填上 $x_{32}=\min\{a_3',b_2\}=\min\{6,6\}=a_3'=b_2=6$,记 $a_3''=a_3'-b_2=a_3-b_1-b_2=0$.这时第 3 行的发运量已全部发完,同时第 2 列的需求量也全部满足.故应同时划去表 5.24 中第 3 行与第 2 列,这时应在表 5.25 的空格(1,2),(2,2),(3,3),(3,4)中任选一个空格作基格,如选(2,2)作基格,则填上 $x_{22}=0$,记 $a_2'=a_2-0$.再在表 5.24 的未被划去的 c_{ij} 中找出最小元素 $c_{23}=3$,在表 5.25 的空格(2,3)处填上 $x_{23}=\min\{a_2',b_3\}=$

表 5.24 c_{ij} 及 a_i, b_j 表

	B_1	B_2	B_3	B_4	发运量
A_1	3	11	4	5	7
A_2	7	7	3	8	4
A_3	1	2	10	6	9
需求量	3	6	5	6	

表 5.25 调运表

	B_1	B_2	B_3	B_4	
A_1					
A_2					
A_3	3				9−3
	3−3				

$\min\{4,5\}=a_2'=4$，记 $b_3'=b_3-a_2'$，再在表 5.24 中划去第 2 行及在未被划去的 c_{ij} 中找出最小元素 $c_{13}=4$. 在表 5.25 中空格(1,3)处填上 $x_{13}=\min\{a_1,b_3'\}=\min\{7,1\}=1=b_3'$. 记 $a_1'=a_1-b_3'$，再在表 5.24 中划去第 3 列，及在未被划去的 c_{ij} 中找出最小元素 $c_{14}=5$. 故在表 5.25 的空格(1,4)填上：$x_{14}=\min\{a_1',b_4\}=6=a_1'=b_4$. 此时 A_1 的发运量已全部发完，B_4 的需求量也得到满足，故在表 5.24 中同时划去第 1 行及第 4 列. 这样就求得了一个退化了的初始基本可行解：

$$x_{13}=1,\quad x_{14}=6,\quad x_{22}=0,\quad x_{23}=4,\quad x_{31}=3,\quad x_{32}=6,\quad \text{其余 } x_{ij}=0.$$

(2) 在用闭回路调整当前基本可行解时，如前所述，调整量 θ 的选取应是：

$$\theta=\min\{x_{ij}\mid(i,j)\text{ 为闭回路上所有偶数号格点}\}.$$

这时可能出现有两个(或两个以上)偶数号格点的 x_{ij} 都相等且都为极小值. 只能取其中一个作为离基格，其余的仍作为基格，而在作运输量调整时，运输量与 θ 相等的那些偶数号格点的 x_{ij} 都将调整为 0. 因此得到的也是一个退化了的基本可行解.

例 5.2.5 表 5.26 为某个 3×4 运输问题的一个基本可行解及发运量 a_i，需求量 b_j. 表 5.27 为该基本可行解的检验数，试用闭回路法对其作出调整.

解 作出调运表 5.28. 因为 $\min\sigma_{ij}=\sigma_{24}$，故(2,4)为进基格. 以(2,4)格为起始格，作一个闭回路：

$$(2,4),(3,4),(3,2),(1,2),(1,3),(2,3).$$

$$\theta=\min\{x_{ij}\mid(i,j)\text{ 为闭回路上偶数号格}\}$$

$$=\min\{x_{34},x_{12},x_{23}\}=x_{12}=x_{23}=3.$$

若取 x_{12} 为离基变量，则 x_{23} 仍作为基变量，对调运量作出调整：$x_{24}^{(1)}=x_{24}+\theta=3$，$x_{34}^{(1)}=x_{34}-\theta=3$，$x_{32}^{(1)}=x_{32}+\theta=6$，$x_{12}^{(1)}=x_{12}-\theta=0$，$x_{13}^{(1)}=x_{13}+\theta=4$，$x_{23}^{(1)}=x_{23}-\theta=0$. 而 $x_{11}^{(1)}=x_{11}=3$，其余 $x_{ij}^{(1)}=x_{ij}=0$，其中 $x_{11}^{(1)}$，$x_{13}^{(1)}$，$x_{23}^{(1)}$，$x_{24}^{(1)}$，$x_{32}^{(1)}$，$x_{34}^{(1)}$ 为基变量，其中 $x_{23}^{(1)}=0$，因此也得到了一个退化了的基本可行解.

表 5.26　x_{ij} 表

	B_1	B_2	B_3	B_4	发运量
A_1	3	3	1		7
A_2			3		3
A_3		3		6	9
需求量	3	6	4	6	

表 5.27　σ_{ij} 表

	B_1	B_2	B_3	B_4
A_1				−2
A_2	−1	−1		−3
A_3	11		14	

表 5.28　调整闭回路表

	B_1	B_2	B_3	B_4	
A_1	3	3−3	1+3		7
A_2			3−3	0+3	3
A_3		3+3		6−3	9
	3	6	4	6	

当对退化了的基本可行解再作闭回路调整时，有可能出现以下情形：在闭回路的某个偶数号格点所对应的 $x_{ij}=0$，则根据 $\theta=\min\{x_{ij}\mid(i,j)$ 为闭回路上所有偶数号格点$\}$，调整量 θ 应该取零值：$\theta=0$，以保证新解的可行性.

*5.3　表上作业法的理论解释

本节将从理论上证明表上作业法的实质就是单纯形法. 首先证明用西北角规则或最小元素法求得的调运方案是基本可行解；其次证明在调运表上任一个非基格与基格组必可组成(或包含)一个闭回路；最后证明用位势法求 σ_{ij} 时，σ_{ij} 的值与 $v_n=a$ 的取值无关.

5.3.1 用西北角规则求得的解是基本可行解

定理 5.3.1 若一组格$(i_1,j_1),(i_1,j_2),(i_2,j_2),(i_2,j_3),\cdots,(i_s,j_s),(i_s,j_1)$构成了闭回路,则这些格点所对应的系数列向量必线性相关.

证 由定义5.2.1知,这组格所对应的系数列向量$\boldsymbol{p}_{i_1j_1},\boldsymbol{p}_{i_1j_2},\boldsymbol{p}_{i_2j_2},\boldsymbol{p}_{i_2j_3},\cdots,\boldsymbol{p}_{i_sj_s},\boldsymbol{p}_{i_sj_1}$.又由式(5.1.2)知:

$$\boldsymbol{p}_{ij}=\boldsymbol{e}_i+\boldsymbol{e}_{m+j}.$$

因此有

$$\begin{aligned}&\boldsymbol{p}_{i_1j_1}-\boldsymbol{p}_{i_1j_2}+\boldsymbol{p}_{i_2j_2}-\boldsymbol{p}_{i_2j_3}+\cdots+\boldsymbol{p}_{i_sj_s}-\boldsymbol{p}_{i_sj_1}\\=&(\boldsymbol{e}_{i_1}+\boldsymbol{e}_{m+j_1})-(\boldsymbol{e}_{i_1}+\boldsymbol{e}_{m+j_2})+(\boldsymbol{e}_{i_2}+\boldsymbol{e}_{m+j_2})-(\boldsymbol{e}_{i_2}+\boldsymbol{e}_{m+j_3})\\&+\cdots+(\boldsymbol{e}_{i_s}+\boldsymbol{e}_{m+j_s})-(\boldsymbol{e}_{i_s}+\boldsymbol{e}_{m+j_1})\\=&\boldsymbol{0}.\end{aligned}$$

因此构成闭回路的格点所对应的系数列向量线性相关.

推论 5.3.2 若一组格点包含闭回路,则这组格点所对应的系数列向量也线性相关.

证 若一组格点包含闭回路,即由定义5.2.2这组格中有一部分格点构成了闭回路,则这部分格点所对应的系数列向量线性相关.而一个向量组有一部分向量线性相关.该向量组也必线性相关(见例1.1.6).

定义 5.3.1 设有一组格点的集合G,若对于G中某一个格点(i,j),在调运表中不存在与格点(i,j)同行或同列的且属于G中的其他格点,则称格(i,j)为G中的孤立格.

该定义是说在调运表中,当格点(i,j)或在第i行上或在第j列上没有G中其他格点时,就称(i,j)为G中的孤立格,即只有当在第i行且在第j列上都有G中其他格点时,才不是孤立格.例如$G=\{(1,1),(1,2),(2,2),(2,3),(2,4),(3,3)\}$,则格点(1,1),(2,4),(3,3)都是$G$中的孤立格,见表5.29.

表 5.29

	B_1	B_2	B_3	B_4
A_1	(1,1)	(1,2)		
A_2		(2,2)	(2,3)	(2,4)
A_3			(3,3)	

定理 5.3.3 设G是一组格点,若G不包含闭回路,则G必含有孤立格.

证 用反证法,设G中不含有孤立格,则在G中任取一个格点,如$(i_1,j_1)\in G$,由定义5.3.1,在调运表的第i_1行必存在某个格如$(i_1,j_2)\in G$,(i_1,j_2)与(i_1,j_1)在同一行上.同理(i_1,j_2)也不是孤立格,因此在调运表的第 j_2 列上也必存在$(i_2,j_2)\in G$,与格(i_1,j_2)处在同一列.同理必存在$(i_2,j_3)\in G$,与格(i_2,j_2)处在同一行,……继续下去,即可从 G 中得到一组格的序列:

$$(i_1,j_1),(i_1,j_2),(i_2,j_2),(i_2,j_3),\cdots. \tag{5.3.1}$$

因为 G 是有限集,因此在继续取下去的过程中,必可在某一次的选取中(至多是最后一次选取时),所选出的格点与式(5.3.1)序列中某一格相同,也就是说在 G 中找出了一个闭回路.这与已知 G 中不含闭回路相矛盾.因此 G 中必含有孤立点.

要注意的是,本定理的逆命题不成立,即若 G 有孤立格,G 也可能含有闭回路.如表5.30所示:$G=\{(1,1),(1,2),(2,2),(2,4),(3,4),(3,2)\}$.$G$ 中含有孤立格(1,1).但 G 也含有闭回路:(2,2),(2,4),(3,4),(3,2).

表 5.30

	B_1	B_2	B_3	B_4
A_1	●	●		
A_2		●		●
A_3		●		○

定理 5.3.4 产销平衡运输模型(5.1.3)中,系数矩阵 $\boldsymbol{A}$ 的一组列向量

$$\boldsymbol{p}_{i_1j_1},\boldsymbol{p}_{i_2j_2},\cdots,\boldsymbol{p}_{i_sj_s} \tag{5.3.2}$$

线性无关的充分必要条件是,这组向量所对应的格组

$$(i_1,j_1),(i_2,j_2),\cdots,(i_s,j_s) \tag{5.3.3}$$

中不包含闭回路.

证 必要性:设向量组 $\boldsymbol{p}_{i_1j_1},\boldsymbol{p}_{i_2j_2},\cdots,\boldsymbol{p}_{i_sj_s}$ 线性无关.用反证法,若这组向量所对应的格组$(i_1,j_1),(i_2,j_2),\cdots,(i_s,j_s)$包含闭回路,则由推论5.3.2可知,向量组 $\boldsymbol{p}_{i_1j_1},\boldsymbol{p}_{i_2j_2},\cdots,\boldsymbol{p}_{i_sj_s}$ 线性相关,与已知条件矛盾.故格组$(i_1,j_1),(i_2,j_2),\cdots,(i_s,j_s)$必不包含闭回路.

充分性:设格组$(i_1,j_1),(i_2,j_2),\cdots,(i_s,j_s)$中不包含闭回路.用反证法,若它所对应的系数列向量组(5.3.2)线性相关,则由相关性定义可知,必存在一组不全为0的数组 $k_1,k_2,\cdots,k_s$ 使

$$k_1\boldsymbol{p}_{i_1j_1}+k_2\boldsymbol{p}_{i_2j_2}+\cdots+k_s\boldsymbol{p}_{i_sj_s}=\boldsymbol{0}$$

成立,则由式(5.1.2)有

$$k_1(\boldsymbol{e}_{i_1}+\boldsymbol{e}_{m+j_1})+k_2(\boldsymbol{e}_{i_2}+\boldsymbol{e}_{m+j_2})+\cdots+k_s(\boldsymbol{e}_{i_s}+\boldsymbol{e}_{m+j_s})=\boldsymbol{0}. \tag{5.3.4}$$

因为格组(5.3.3)中不包含闭回路,由定理5.3.3知,格组(5.3.3)必含有孤立格.不失一般性,设(i_1,j_1)为其一个孤立格,即表明在调运表上,或在第 i_1 行上不再有格组(5.3.3)中的元素,或在第 j_1 列上不再有格组(5.3.3)中的元素.若为前一种情况,说明 $i_2,i_3,\cdots,$

i_s 都不等于 i_1. 将向量式(5.3.4)写成分量形式,且取其第 i_1 个分量的等式为

$$k_1(1+0)+k_2(0+0)+\cdots+k_s(0+0)=0,$$

即有

$$k_1=0.$$

若为后一种情况,即 $j_2,j_3,\cdots,j_s$ 都不等于 j_1. 同理取式(5.3.4)的第 $m+j_1$ 个分量等式:

$$k_1(0+1)+k_2(0+0)+\cdots+k_s(0+0)=0,$$

也得到

$$k_1=0.$$

因此若 (i_1,j_1) 为孤立格,不论是在第 i_1 行孤立,还是在第 j_1 列上孤立,都有 $k_1=0$.

格组(5.3.3)在去掉孤立格 (i_1,j_1) 后(记作:格组(5.3.3)\ (i_1,j_1)),仍不包含闭回路. 因此格组(5.3.3)\ (i_1,j_1) 仍含有孤立格. 不失一般性,设 (i_2,j_2) 为其一个孤立格. 将 $k_1=0$ 代入式(5.3.4)后,同理可证 $k_2=0$.

依此类推,可得到

$$k_1=k_2=\cdots=k_s=0.$$

但这与假设 $k_1,k_2,\cdots,k_s$ 为一组不全为 0 的数组相矛盾,故系数列向量(5.3.2)必线性无关.

本定理的结论相当于说,在调运表上找出 $m+n-1$ 个不包含闭回路的一组格点,则这组格点所对应的系数列向量就是一个基. 相应的调运方案就是一个基本解(请读者思考,现在为什么不能说成是基本可行解).

定理 5.3.5 用西北角规则给出的调运方案是运输模型(5.1.3)的一个基本可行解.

证 显然由西北角规则给出的调运方案满足: $x_{ij}\geqslant 0$ 及 $\sum\limits_{j=1}^{n}x_{ij}=a_i(i=1,2,\cdots,m)$, $\sum\limits_{i=1}^{m}x_{ij}=b_j(j=1,2,\cdots,n)$. 因此必是可行解. 要证明同时也是基本解,按定理 5.3.4,只要证明所选取的这 $m+n-1$ 格点组不包含闭回路,分两步来证明.

(1) 先证用西北角规则给出的调运方案必可对 $m+n-1$ 个空格填上数,有两种情形:

① 不发生退化情形. 由 5.2.1 节叙述可知,西北角规则先对空格(1,1)填上数 $x_{11}=\min\{a_1,b_1\}$,无论是填 $x_{11}=a_1$,还是 $x_{11}=b_1$,填上一个空格后,划去一行(或一列). 因调运表上共有 $m+n$ 个行列总数,而当产销平衡时,填最后一个数时,必同时划去一行及一列,因此共有 $m+n-1$ 个空格上填数.

② 发生退化情况. 当在空格 (i_r,j_r) 上填数时,此时发点 A_{i_r} 的当前可发运量 a'_{i_r} 与收点 B_{j_r} 的当前需求量 b'_{i_r} 相等. 这时在空格 (i_r,j_r) 填上数后,要同时划去第 i_r 行及第 j_r 列. 由 5.2.4 节中所述,此时还需要在划去的第 i_r 行或第 j_r 列中任一个空格处填上发运量为

0(即将此空格作为基格). 这样就相当于划去一行及一列时,在两个空格上填上了数. 因此最终同样可对 $m+n-1$ 个空格填上数.

(2) 被选出填上数的 $m+n-1$ 个空格必不包含闭回路(为了叙述方便,以下称这 $m+n-1$ 个空格组成的格组为格组 G).

① 对于按西北角规则第 1 格(1,1). 因为然后要划掉它所在的一行或一列. 因此这一格的同行或同列不会同时再出现被选取的格. 故按定义 5.3.1,(1,1)是孤立格. 按定义 5.2.2 及其解释,可知这 $m+n-1$ 个格的格组 G 不存在包含第 1 格(1,1)的闭回路.

② 对于被选取的第 2 格有以下几种可能:

(i) 与第 1 格处于同行,而紧接着划去的是包含第 2 格的一列. 由于通过第 2 格的那一列不再有另外可被选取的格. 情形与①类似,即格组 G 不存在包含第 2 格的闭回路.

(ii) 与第 1 格处于同列,而紧接着划去的是包含第 2 格的一行. 结论与(i)相同.

(iii) 与第 1 格处于同行,而紧接着划去的是包含第 1 格及第 2 格的一行. 这时该行在格组中除了第 1 格及第 2 格外不会再有其他被选取的格. 因此假若这 $m+n-1$ 格的格组有包含第 2 格的闭回格,则该闭回路必同时包含第 1 格(否则不可能有包含第 2 格的闭回路). 但这与情形①是相矛盾的. 因此这格组 G 也不能有包含第 2 格的闭回路.

(iv) 与第 1 格处于同列,而紧接着划去的是包含第 1 格及第 2 格的这一列. 证明与(iii)相仿.

因此由西北角规则得到的格组 G 中也没有包含第 2 格的闭回路. 对于格组 G 中所选取的其他格,不外发生②中所叙述的几种可能性. 由此可得出结论: 格组 G 中不存在包含被选取格的闭回路. 也就是说由被选取的格组成的格组 G 中不包含闭回路. 因此被选取的 $m+n-1$ 格所对应的系数列向量必线性无关. 因此由西北角规则产生的调运方案必是一个基本可行解.

至于由最小元素法所给出的调运方案也是一个基本可行解. 证法与定理 5.3.5 证法类似. 只是文中第 2 格与第 1 格之间关系的可能性还多一种: 第 2 格与第 1 格既不在同行也不在同列. 结论不变(有兴趣的读者可自行证之).

5.3.2 对于非基格存在唯一闭回路

定理 5.3.6 设$(i_1,j_1),(i_2,j_2),\cdots,(i_{m+n-1},j_{m+n-1})$是一组基格,而$(k,l)$是任一个非基格,则格组 $G_1=\{(k,l),(i_1,j_1),(i_2,j_2),\cdots,(i_{m+n-1},j_{m+n-1})\}$中存在包含格$(k,l)$的唯一闭回路.

证 与格组 G_1 对应的系数列向量组为

$$\boldsymbol{p}_{kl},\boldsymbol{p}_{i_1,j_1},\boldsymbol{p}_{i_2,j_2},\cdots,\boldsymbol{p}_{i_{m+n-1},j_{m+n-1}}. \tag{5.3.5}$$

由定理 5.1.2 知,向量组(5.3.5)必线性相关. 由定理 5.3.4 的充分性(利用充分性的逆否命题),可知向量组(5.3.5)所对应的格组 G_1 必包含闭回路.而这闭回路中必定要含非基格(k,l),否则就等于说基格组(或其一部分)构成了闭回路,而这与基的定义及定理5.3.4相矛盾.因此格组 G_1 的闭回路必要含有非基格(k,l).

再证唯一性:若格组 G_1 中存在两个不同的闭回路,由上述分析可知,这两个闭回路中必都包含有非基格(k,l),这就等于说,向量 $\boldsymbol{p}_{kl}$ 可由基向量组写出两种不同的线性组合,但定理1.1.3告诉我们这是不可能的.因此格组 G_1 中只存在包含(k,l)的唯一闭回路.

5.3.3 检验数σ_{ij}与$v_n=a$的取值无关

产销平衡运输问题的数学模型(5.1.3)

$$\begin{aligned}&\min \boldsymbol{cx};\\ &\text{s.t.}\quad \boldsymbol{Ax}=\boldsymbol{b},\\ &\qquad\quad \boldsymbol{x}\geqslant \boldsymbol{0}.\end{aligned}$$

由5.1.1节可知,其中 $\mathrm{r}(\boldsymbol{A})=m+n-1$,即 $\boldsymbol{A}$ 中任 $m+n$ 列都线性相关,且若从约束方程组中划去任一个方程(例最后一个方程),则得到的约束方程组的系数矩阵 $\boldsymbol{A}'$ 的秩为 $m+n-1$.为了求得模型(5.1.3)的基本可行解,可以建立如下模型:

$$\begin{aligned}&\min \boldsymbol{cx};\\ &\text{s.t.}\quad \boldsymbol{A}'\boldsymbol{x}=\boldsymbol{b}',\\ &\qquad\quad \boldsymbol{x}\geqslant \boldsymbol{0}.\end{aligned}\tag{5.3.6}$$

求模型(5.3.6)的基本可行解,即可得到模型(5.1.3)的基本可行解.但也可采取另一种方法来求解模型(5.1.3)的基本可行解.

在模型(5.1.3)的基础上增加一个辅助变量 y,加到最后一个方程上,即 y 的系数列向量取作 $\boldsymbol{e}_{m+n}$.建立模型:

$$\begin{aligned}&\min \boldsymbol{cx}+c_y y;\\ &\text{s.t.}\quad \boldsymbol{Ax}+\boldsymbol{e}_{m+n}y=\boldsymbol{b},\\ &\qquad\quad \boldsymbol{x}\geqslant \boldsymbol{0},\quad y\geqslant 0.\end{aligned}\tag{5.3.7}$$

其中 c_y 为 y 的价值系数,可取任意常数(见下文).

定理5.3.7 $\hat{\boldsymbol{x}}_0$ 是模型(5.1.3)的可行解的充分必要条件是:$\hat{\boldsymbol{x}}=\begin{bmatrix}\hat{\boldsymbol{x}}_0\\0\end{bmatrix}$是模型(5.3.7)的可行解,且两者目标函数值相等.

证 必要性:设$\hat{\boldsymbol{x}}_0$ 是模型(5.1.3)的可行解,因此有

$$\boldsymbol{A}\hat{\boldsymbol{x}}_0=\boldsymbol{b},\quad 且\quad \hat{\boldsymbol{x}}_0\geqslant \boldsymbol{0},$$

则有

$$\hat{x}=\begin{bmatrix}\hat{x}_0\\0\end{bmatrix}\geqslant \mathbf{0},$$

且

$$A\hat{x}_0+e_{m+n}\cdot 0=A\hat{x}_0=b.$$

故$\begin{bmatrix}\hat{x}_0\\0\end{bmatrix}$为模型(5.3.7)的可行解.

充分性：设$\hat{x}=\begin{bmatrix}\hat{x}_0\\0\end{bmatrix}$是模型(5.3.7)的可行解，则

$$(A,e_{m+n})\hat{x}=A\hat{x}_0+e_{m+n}\cdot 0=b,$$

即

$$A\hat{x}_0=b.$$

又

$$\hat{x}=\begin{bmatrix}\hat{x}_0\\0\end{bmatrix}\geqslant \mathbf{0},$$

即

$$\hat{x}_0\geqslant \mathbf{0},$$

故$\hat{x}_0$ 为模型(5.1.3)的可行解.

本定理告诉我们，模型(5.3.7)是模型(5.1.3)的等价形式. 只要$\hat{x}_0$ 是模型(5.1.3)的可行解，在模型(5.3.7)中加上 $y=0$ 后，$(\hat{x},0)^{\mathrm{T}}$ 总是模型(5.3.7)的可行解.

在模型(5.3.7)中，A 中任意 $m+n-1$ 个线性无关的列向量与 e_{m+n} 都可构成模型(5.3.7)的一个基矩阵. 且由于 A 中任 $m+n$ 个列向量均线性相关，因此求模型(5.3.7)的任一个基矩阵($(m+n)\times(m+n)$型)，等价于求 A 中 $m+n-1$ 个线性无关的列向量(即模型(5.3.7)中任一个 $m+n$ 阶的基矩阵B 必要包含列向量 e_{m+n}). 我们采用模型(5.3.7)来分析问题.

若 B 是模型(5.3.7)的一个可行基. 设

$$B=(p_{i_1j_1},p_{i_2j_2},\cdots,p_{i_{m+n-1}j_{m+n-1}},e_{m+n}),\tag{5.3.8}$$

模型(5.3.7)的价值系数向量 c_B 为

$$c_B=(c_{i_1j_1},c_{i_2j_2},\cdots,c_{i_{m+n-1}j_{m+n-1}},c_y).\tag{5.3.9}$$

由检验数的计算公式(3.4.7)，运输变量 x_{ij} 的检验数为

$$\sigma_{ij}=c_{ij}-c_BB^{-1}p_{ij}\quad(i=1,\cdots,m;\quad j=1,\cdots,n).\tag{5.3.10}$$

记

$$w = c_B B^{-1}, \tag{5.3.11}$$

有

$$wB = c_B. \tag{5.3.12}$$

记

$$w = (u_1, u_2, \cdots, u_m, v_1, v_2, \cdots, v_n). \tag{5.3.13}$$

将式(5.3.8)代入式(5.3.12)有

$$w(p_{i_1j_1}, p_{i_2j_2}, \cdots, p_{i_{m+n-1}j_{m+n-1}}, e_{m+n}) = c_B. \tag{5.3.14}$$

这是式(5.3.12)的一个分块矩阵表达式. 再将式(5.3.9)代入式(5.3.14)可得

$$\begin{cases} wp_{i_lj_l} = c_{i_lj_l} \quad (l = 1,2,\cdots,m+n-1), \\ we_{m+n} = c_y. \end{cases}$$

再将式(5.3.13)及 $p_{i_lj_l} = e_{i_l} + e_{m+j_l}$ 代入上式,有

$$\begin{cases} u_{i_1} + v_{j_1} = c_{i_1j_1}, \\ u_{i_2} + v_{j_2} = c_{i_2j_2} \\ \quad\vdots \\ u_{i_{m+n-1}} + v_{j_{m+n-1}} = c_{i_{m+n-1}j_{m+n-1}}, \\ v_n = c_y. \end{cases} \tag{5.3.15}$$

方程组(5.3.15)有 $m+n$ 个方程,$m+n$ 个未知量,此方程组及其解有以下几个性质:

(1) c_y 可取任意值.

由前述,对于模型(5.1.3)的可行解,模型(5.3.7)中总有 $y=0$,因此在模型(5.3.7)中 c_y 可取任意值.

(2) 当 c_y 取定一个值后,方程组(5.3.15)有唯一解.

因为方程组(5.3.15)是式(5.3.12)的分量表达形式,而当 B 为可逆阵时,由克莱姆法则知方程组(5.3.12)有唯一解,即 w 有唯一解.

(3) σ_{ij} 的值与 v_n 的取值无关.

定理 5.3.8 式(5.3.10)中 σ_{ij} 的值与方程组(5.3.15)中 c_y 的取值无关.

证 首先令 $c_y=0$,代入式(5.3.15)有

$$\begin{cases} u_{i_1} + v_{j_1} = c_{i_1j_1}, \\ u_{i_2} + v_{j_2} = c_{i_2j_2}, \\ \quad\vdots \\ u_{i_{m+n-1}} + v_{j_{m+n-1}} = c_{i_{m+n-1}j_{m+n-1}}, \\ v_n = 0. \end{cases} \tag{5.3.16}$$

则由性质(2)知,方程组(5.3.16)有唯一解. 设 $\hat{u}_1, \hat{u}_2, \cdots, \hat{u}_m, \hat{v}_1, \hat{v}_2, \cdots, \hat{v}_n (=0)$ 为其解.

当 c_y 取任意值时,方程组(5.3.15)的解必为以下形式:

$$u_1=\hat{u}_1-c_y,\quad u_2=\hat{u}_2-c_y,\cdots,u_m=\hat{u}_m-c_y,$$
$$v_1=\hat{v}_1+c_y,\quad v_2=\hat{v}_2+c_y,\cdots,v_n=\hat{v}_n+c_y. \tag{5.3.17}$$

容易验证式(5.3.17)必是方程组(5.3.15)的解,又由解的唯一性知,式(5.3.17)是方程组(5.3.15)的唯一解.

由方程组(5.3.17),有

$$u_i+v_j=\hat{u}_i+\hat{v}_j\quad(i=1,2,\cdots,m;\quad j=1,2,\cdots,n). \tag{5.3.18}$$

又由式(5.3.10),有

$$\begin{aligned}\sigma_{ij}&=c_{ij}-\boldsymbol{c}_B\boldsymbol{B}^{-1}\boldsymbol{p}_{ij}=c_{ij}-\boldsymbol{w}\boldsymbol{p}_{ij}\\&=c_{ij}-(u_i+v_j)\\&=c_{ij}-(\hat{u}_i+\hat{v}_j)\quad(i=1,2,\cdots,m;\quad j=1,2,\cdots,n).\end{aligned} \tag{5.3.19}$$

故 σ_{ij} 的值与 c_y 的取值无关.

由此定理可知,在5.2.2节中我们用式(5.2.6)(即 $v_n=0$)来求解式(5.2.5)是合理的.从而计算出的 σ_{ij} 是唯一的.

从本节所证定理可得到以下几个结论:

(1) 由西北角规则或最小元素法求得的调运方案是运输问题(5.1.1)的一个基本可行解.

(2) 检验数 σ_{ij} 的值与 $v_n=a$ 的取值无关.

(3) 若当前解不满足最优性准则,必可找到一个闭回路,求得一个改善了的调运方案——新的基本可行解.

因此表上作业法其实质是单纯形法在运输问题上的一个具体而又特殊的运用.

产销不平衡的运输问题可以化为产销平衡的运输问题来求解.这部分内容将在第6章中介绍.

由于运输模型系数矩阵结构上的特殊性,当收量 b_j 与发量 a_i 也都取整数时,可以证明运输问题存在整数最优解.利用这一特点,可以将一些其他类型的整数规划问题化为运输问题来求解(整数规划概念参见第7章),而不用特别增加变量为整数的限制条件.其结果可自动满足整数要求,这比用"整数规划"中一般方法来求解要省事,有关这方面例题也将在第6章中介绍.

5.4 产销不平衡的运输问题

当产大于销时,有

$$\sum_{i=1}^{m}a_i>\sum_{j=1}^{n}b_j.$$

此时运输问题的数学模型为

$$\begin{aligned}
&\min Z=\sum_{i=1}^{m}\sum_{j=1}^{n}c_{ij}x_{ij};\\
&\text{s.t.}\quad \sum_{j=1}^{n}x_{ij}\leqslant a_i \quad (i=1,2,\cdots,m),\\
&\qquad\quad \sum_{i=1}^{m}x_{ij}=b_j \quad (j=1,2,\cdots,n),\\
&\qquad\quad x_{ij}\geqslant 0 \quad (i=1,\cdots,m;\quad j=1,\cdots,n).
\end{aligned} \tag{5.4.1}$$

为了利用产销平衡的运输模型及其解法，就要将式(5.4.1)中第一组约束不等式化作等式. 即要考虑一个假想的销地 B_{n+1}，它把多余物资储存在该地，它的“需求”量为 $b_{n+1}=\sum_{i=1}^{m}a_i-\sum_{j=1}^{n}b_j$. 设从产地 A_i“运往”B_{n+1}的运输量为 $x_{i,n+1}$，则有

$$\sum_{i=1}^{m}x_{i,n+1}=b_{n+1}.$$

因此模型(5.4.1)中不等式约束就成为

$$\sum_{j=1}^{n}x_{ij}+x_{i,n+1}=\sum_{j=1}^{n+1}x_{ij}=a_i \quad (i=1,2,\cdots,m).$$

而需求约束要增加一个方程，为第 $n+1$ 个方程：

$$\sum_{i=1}^{m}x_{i,n+1}=b_{n+1}.$$

现来考虑 B_{n+1} 的运输单价，因为 B_{n+1} 是假想的销地，实际上第 i 个发点 A_i 若供应量 a_i 供给前 n 个收点 $B_j(j=1,2,\cdots,n)$后仍没有发完的话，多余的量就地储存. 因此实际上 $c_{i,n+1}=0(i=1,2,\cdots,m)$.

因此当产大于销时，其数学模型(5.4.1)可化为

$$\begin{aligned}
&\min Z=\sum_{i=1}^{m}\sum_{j=1}^{n+1}c_{ij}x_{ij}=\sum_{i=1}^{m}\sum_{j=1}^{n}c_{ij}x_{ij}+\sum_{i=1}^{m}c_{i,n+1}x_{i,n+1}\\
&\qquad\quad =\sum_{i=1}^{m}\sum_{j=1}^{n}c_{ij}x_{ij};\\
&\text{s.t.}\quad \sum_{j=1}^{n+1}x_{ij}=a_i \quad (i=1,2,\cdots,m),\\
&\qquad\quad \sum_{i=1}^{m}x_{ij}=b_j \quad (j=1,2,\cdots,n,n+1),\\
&\qquad\quad x_{ij}\geqslant 0 \quad (i=1,\cdots,m;\quad j=1,\cdots,n,n+1).
\end{aligned} \tag{5.4.2}$$

因为在这个模型中

$$\sum_{i=1}^{m}a_i = \sum_{j=1}^{n}b_j + b_{n+1} = \sum_{j=1}^{n+1}b_j,$$

故模型(5.4.2)是一个产销平衡的运输问题模型.

类似地,当销大于产时,可以在产销平衡表中增加一个假想的产地 A_{m+1},它的产量(可供应量)为

$$\sum_{j=1}^{n}b_j - \sum_{i=1}^{m}a_i = a_{m+1}.$$

同样令该假想产地到各销地的运输单价 $c_{m+1,j}=0(j=1,2,\cdots,n)$,同样可得到一个产销平衡的运输问题的数学模型:

$$\begin{aligned}\min Z &= \sum_{i=1}^{m+1}\sum_{j=1}^{n}c_{ij}x_{ij} = \sum_{j=1}^{n}c_{m+1,j}x_{m+1,j} + \sum_{i=1}^{m}\sum_{j=1}^{n}c_{ij}x_{ij}\\ &= \sum_{i=1}^{m}\sum_{j=1}^{n}c_{ij}x_{ij};\\ \text{s. t.}\quad &\sum_{j=1}^{n}x_{ij} = a_i \quad (i=1,\cdots,m,m+1),\\ &\sum_{i=1}^{m+1}x_{ij} = b_j \quad (j=1,2,\cdots,n).\end{aligned} \tag{5.4.3}$$

例 5.4.1 某地区有两个粮库 A_1,A_2 及三个粮店 B_1,B_2,B_3. 粮库可发运粮食数量、粮店所需粮食数量及地区间单位运价 c_{ij} 见表 5.31,单位为 10 元/t. 试求这个问题的最优调运方案.

表 5.31 c_{ij} 及发运量、需求量表 单位: 10 元/t

收点 发点	B_1	B_2	B_3	发运量/t
A_1	1	2	3	6
A_2	6	5	4	8
需求量/t	4	3	2	

解 这是产大于销的运输问题. 假想一个销地 B_4,需求量 $b_4=14-9=5$ t,$c_{i4}=0$ $(i=1,2)$. 建立表 5.32,c_{ij} 单位为 10 元/t.

表 5.32 c_{ij} 及收量、发量表

	B_1	B_2	B_3	B_4	发运量
A_1	1	2	3	0	6
A_2	6	5	4	0	8
需求量	4	3	2	5	

用最小元素法求初始调运方案，见表 5.33.

表 5.33 初始调运方案(x_{ij})

	B_1	B_2	B_3	B_4	发运量
A_1	1			5	6
A_2	3	3	2		8
需求量	4	3	2	5	

用位势法求检验数，知道这不是一个最优调运方案，见表 5.34.

表 5.34 σ_{ij} 表

	B_1	B_2	B_3	B_4	u_i
A_1	1	2 [2]	4 [3]	0	0
A_2	6	5	4	−5 [0]	5
v_j	1	0	−1	0	

经过两次闭回路调整后得到最优解，见表 5.35.

表 5.35 最优调运方案 x_{ij} 表

	B_1	B_2	B_3	B_4	发运量
A_1	4	2			6
A_2		1	2	5	8
需求量	4	3	2	5	

最优解：$x_{11}=4$ t，$x_{12}=2$ t，$x_{22}=1$ t，$x_{23}=2$ t，$x_{24}=5$ t，其余 $x_{ij}=0$. 其中 $x_{24}=5$ t，表示 A_2 有 5 t 在原地储存. 此时最佳运费为

$$Z=1\times4+2\times2+5\times1+4\times2=21(10\text{ 元}).$$

下例是一个较为复杂的产销不平衡运输问题.

例 5.4.2 设有 3 个化肥厂供应 4 个地区的农用化肥. 假定等量的化肥在这些地区使用效果相同. 各化肥厂年产量、各地区年需求量及从化肥厂到各地区运送单位化肥的运价如表 5.36 所示. 试求运费最小的化肥调运方案.

解 本例有两个特点：一是产销不平衡的运输问题；二是需求量可以变化，不是唯一的，低限需求总量为 110 万 t，而高限需求量为无限. 因此可以有一个假想的化肥厂 D，它来“满足”部分高限需求. 为了利用平衡问题的运输模型，首先要将地区Ⅳ的高限需求的“不限”给予一个确定值. 因为这个“无限”是地区Ⅳ希望得到的高限需求，而实际上 3 个化

表 5.36 c_{ij} 及供应、需求表 单位：万元

收点 发点	Ⅰ	Ⅱ	Ⅲ	Ⅳ	供给量/万 t
A	16	13	22	17	50
B	14	13	19	15	60
C	19	20	23	/	50
低限需求/万 t	30	70	0	10	
高限需求/万 t	50	70	30	不限	

肥厂能让地区Ⅳ得到的最高量设为 b_4，它只有在使Ⅰ，Ⅱ，Ⅲ地区都在低限需求下的余额，即

$$b_4 = (50+60+50)-(30+70+0) = 60\ (\text{万 t}).$$

而假想的化肥厂 D 可供给的化肥量为

$$a_4 = (50+70+30+60)-(50+60+50) = 50\ (\text{万 t})$$

其次对于本例要考虑的是各地区的低限需求是必须满足的，因此它不能由假想化肥厂 D 供给. 为了解决这个矛盾，将每个其低限需求与高限需求不同的地区再一分为二. 如地区Ⅰ分作Ⅰ′与Ⅰ″. Ⅰ′是低限需求，即 $b_1'=30$ (万 t). 为了保证假想化肥厂 D 不给它供应，可设从 D 到Ⅰ′的化肥运输单价为一个很大的正数 M，而地区Ⅰ″的需求 b_1''＝高限需求$-b_1'=50-30=20$ (万 t). 同样，地区Ⅳ也分为Ⅳ′及Ⅳ″，建立表 5.37.

表 5.37 c_{ij} 及发运量与需求量表

地区 化肥厂	Ⅰ′	Ⅰ″	Ⅱ	Ⅲ	Ⅳ′	Ⅳ″	可发运量
A	16	16	13	22	17	17	50
B	14	14	13	19	15	15	60
C	19	19	20	23	M	M	50
D	M	0	M	0	M	0	50
需求	30	20	70	30	10	50	

这已是一个产销平衡的运输问题，根据表上作业法可求得本例的最优调运方案(见表 5.38)：

$$x_{A\text{Ⅱ}} = 50\text{ 万 t},\quad x_{B\text{Ⅱ}} = 20\text{ 万 t},\quad x_{B\text{Ⅳ}} = 40\text{ 万 t},\quad x_{C\text{Ⅰ}} = 50\text{ 万 t}.$$

最佳运费为

$$Z^* = 13\times50+13\times20+15\times40+19\times50 = 2460\text{ 万元}.$$

表 5.38 最佳调运方案

	I′	I″	II	III	IV′	IV″	可发运量
A			50				50
B			20		10	30	60
C	30	20	0				50
D				30		20	50
需求量	30	20	70	30	10	50	

习 题 5

5.1 某 3×4 运输问题，其 c_{ij} 表以及 a_i，b_j 如下表所示. 试用西北角规则求初始调运方案，再求最优方案.

题 5.1 表 c_{ij}，a_i，b_j 表

	B_1	B_2	B_3	B_4	发量
A_1	5	8	7	3	7
A_2	4	9	10	7	8
A_3	8	4	2	9	3
收量	6	6	3	3	

5.2 某 3×5 运输问题的产销量及单位运价如下表所示，求最优调运方案.

题 5.2 表 c_{ij}，a_i，b_j 表

	B_1	B_2	B_3	B_4	B_5	发量
A_1	10	15	20	20	40	50
A_2	20	40	15	30	30	100
A_3	30	35	40	55	25	150
收量	25	115	60	30	70	

5.3 已知某运输问题的产销量及最优调运方案由题 5.3 表(1)给出，题 5.3 表(2)给出的是单位运价 c_{ij}. 试确定题 5.3 表(2)中 k 的取值范围.

5.4 在题 5.4 表(1)中，给出某 4×4 运输问题的一个最优运输方案及 a_i，b_j 的值，题 5.4 表(2)给出了 c_{ij} 的值，试证本题为具有无穷多最优解问题，且找出两个不同的最优解.

题 5.3 表(1) 最优调运方案及 a_i, b_j 表

	B_1	B_2	B_3	B_4	发量
A_1		5		10	15
A_2	0	10	15		25
A_3	5				5
收量	5	15	15	10	

题 5.3 表(2) c_{ij} 表

	B_1	B_2	B_3	B_4
A_1	10	1	20	11
A_2	12	k	9	20
A_3	2	14	16	18

题 5.4 表(1) 最优方案及 a_i, b_j 表

	B_1	B_2	B_3	B_4	发量
A_1	4	14			18
A_2			24		24
A_3	2		4		6
A_4			7	5	12
收量	6	14	35	5	

题 5.4 表(2) c_{ij} 表

	B_1	B_2	B_3	B_4
A_1	9	8	13	14
A_2	10	10	12	14
A_3	8	9	11	13
A_4	10	7	11	12

5.5 某汽车零件制造商,在不同的地方开设了 3 个工厂,从这些厂将汽车零件运至设在全国各地的 4 个仓库,并希望运费最小.题 5.5 表列出了运价以及 3 个厂的供应量和 4 个仓库的需求量.请求出运费最小的运输方案.

5.6 已知运输问题的产销平衡表、单位运价表及最优调运方案分别见题 5.6 表(1)和题 5.6 表(2).

题 5.5 表

工厂 \ 运价/万元 \ 仓库	1	2	3	4	供应量/t
1	2	1	3	5	50
2	2	2	4	1	30
3	1	4	3	2	70
需求量/t	40	50	25	35	

题 5.6 表(1) 产销平衡表及最优调运方案表

产地 \ 销地	B_1	B_2	B_3	B_4	产量/t
A_1		5		10	15
A_2	0	10	15		25
A_3	5				5
销量/t	5	15	15	10	

题 5.6 表(2) 单位运价表 单位:百元

产地 \ 销地	B_1	B_2	B_3	B_4
A_1	10	1	20	11
A_2	12	7	9	20
A_3	2	14	16	18

问:(1) $A_2 \to B_2$ 的单位运价 c_{22} 在什么范围内变化时,上述最优调运方案不变?

(提示:参照第 4 章中灵敏分析的内容,当价值系数 c_j 发生改变时,只要检验数仍$\geqslant$0,最优解仍为最优解的结论去判断新的检验数 $\sigma_{ij} \geqslant 0$ 的条件即可.但本题判断的各步骤仍可用表格来完成:用 $c'_{22}=c_{22}$ 代替 $c_{22}=2$ 来建立 u_i, v_j 表便可判断新的检验数).

(2) $A_2 \to B_4$ 的单位运价 c_{24} 取何值时,本题有无穷多种最优调运方案.再找出一种来.

5.7 某百货公司去外地采购 A,B,C,D 四种规格的服装.数量分别为 A—1500 套,B—2000 套,C—3000 套,D—3500 套.有 3 个城市可供应上述规格服装,由于其他条件的限制,各城市供应总数确定为城市Ⅰ—2500 套,城市Ⅱ—2500 套,城市Ⅲ—5000 套.由于这些城市的服装质量、运价及销售情况不同,预计售出后的利润(元/套)也不同,详见题 5.7 表.试利用求解运输问题的方法帮助该公司确定一个预期赢利最大的采购方案(只建立模型、不求解).

题 5.7 表 利润表 单位:元/套

城市 \ 规格	A	B	C	D
Ⅰ	10	5	6	7
Ⅱ	8	2	7	6
Ⅲ	9	3	4	8
销量	5	15	15	10

5.8 甲、乙、丙 3 个城市每年分别需要煤炭 320 万 t,250 万 t,350 万 t,由 A,B 两处煤矿负责供应。已知煤炭年供应量分别为 A—400 万 t,B—450 万 t.由煤矿至各城市的单位运价(万元/万 t)见题 5.8 表.由于需大于供,经研究平衡决定,甲城市供应量可减少 0~30 万 t,乙城市需要量应全部满足,丙城市供应量不少于 270 万 t.试求将供应量分配完又使总运费为最低的调运方案(只求出此问题的产销平衡表及 c_{ij} 表,不必求解).

题 5.8 表 单位运价表 单位:万元

	甲	乙	丙
A	15	18	22
B	21	25	16

5.9 某造船厂根据合同要求从当年起连续三年年底各提供三条规格型号相同的大型客货轮.已知该厂这三年内生产大型客货轮的能力及每艘客货轮成本如题 5.9 表所示.

题 5.9 表

年度	正常生产时间内可完成的客货轮数	加班生产时间内可完成的客货轮数	正常生产时每艘成本/万元
1	2	3	500
2	4	2	600
3	1	3	550

已知加班生产时,每艘客货轮成本比正常生产时高出 70 万元。又知造出来的客货轮如当年不交货,每艘每积压一年造成积压损失为 40 万元.在签订合同时,该厂已储存了两艘客货轮,而该厂希望在第三年末完成合同后还能储存一艘备用.问该厂应如何安排每年客货轮的生产量,使在满足上述各项要求的情况下,总的生产费用加积压损失为最少(只列出产销平衡的运输问题的 c_{ij} 表,不必求解).

第6章

线性规划应用实例

线性规划的应用非常广泛,大到一个国家、一个部门、一个行业,小到一个企业、一个车间、一个班组都可能有应用之处.不少国家都曾有报导,由于运用了线性规划,节省了大量财力、物力及时间.在这里我们仅举出一部分应用实例.这些实例主要选自书末所列的参考文献,在此处不再一一列出.

本章主要目的是希望通过这些实例,使读者了解如何将一个复杂的实际问题转化为一个合理的线性规划模型,并掌握建立数学模型的一些常用技巧.本章重点放在建立数学模型上.基本上按先易后难的次序编排.

6.1 套裁下料问题

套裁下料问题是较常见的且较简单的一类应用问题.我们用一个例子来说明如何建立数学模型.

例 6.1.1 某车间接到制作 100 套钢架的订单,每套钢架要用长为 2.9 m,2.1 m,1.5 m 的圆钢各一根,已知原料长 7.4 m.问应如何下料,可使所用原料最省.

解 最简单的想法是:在每一个原料上截取 2.9 m,2.1 m,1.5 m 的圆钢各一根,组成一套钢架.这样每制作一套钢架,就多余一根料头 0.9 m.制作 100 套钢架,需要用原料 100 根,剩余料头 90 m,显然这不是一个节省原料的下料方法.由经验或通过简单的计算,可以事先设计出几种较好的下料方法,如表 6.1 中所示,但这几种方法单独使用都不能满足配套的要求.只有巧妙地加以搭配混合使用,才能既满足配套要求又使所用原料最省,这就是所谓的套裁.

表 6.1

下料根数 方法 / 长度/m	1	2	3	4	5
2.9	1	2	0	1	0
2.1	0	0	2	2	1
1.5	3	1	2	0	3
合计	7.4	7.3	7.2	7.1	6.6
料头	0	0.1	0.2	0.3	0.8

假设按方法1,2,3,4,5方式下料的原料根数分别为 x_1,x_2,x_3,x_4,x_5,则希望在得到长度为2.9 m,2.1 m,1.5 m的圆钢各为100根的情况下,使总料头最小,其数学模型如下:

$$\begin{aligned}
\min Z &= 0x_1 + 0.1x_2 + 0.2x_3 + 0.3x_4 + 0.8x_5;\\
\text{s.t.}\quad & x_1 + 2x_2 + x_4 = 100,\\
& 2x_3 + 2x_4 + x_5 = 100,\\
& 3x_1 + x_2 + 2x_3 + 3x_5 = 100,\\
& x_j \geqslant 0 \quad \text{且为整数} \quad (j = 1,2,\cdots,5).
\end{aligned}$$

在以上约束中加上人工变量后用单纯形法求解,其结果为 $\boldsymbol{x}^* = (30,10,0,50,0)^{\mathrm{T}}$. $Z^* = 16$.

上述结果表明,最优套裁方案为按表6.1中第1种方式下料30根;第2种方式下料10根;第4种方式下料50根.总共只需原料长为7.4 m的圆钢90根即可制造100套钢架,剩余料头总共为16 m.

6.2 配料问题

配料问题又称调和问题.是常见的一大类线性规划的应用问题.它是研究将若干种不同的原料按一定的技术指标配成不同的产品的方法.例如化工生产、塑料加工、冶金工业、石油加工、洗涤用品生产、轻工业中一些药液的配方以及营养配餐问题都属于这类问题.典型的配料问题中除了包含具有不同技术特性的原料和一定技术要求的产品数量外,同时有相应的成本与价格.配料问题的目标通常是在满足产品的技术要求及数量前提下,使成本最小.我们举例如下.

例 6.2.1 某炼油厂生产三种规格的汽油:70号、80号与85号,它们各有不同的辛烷值与含硫量的质量要求.这三种汽油由三种原料油调和而成.每种原料油每日可用量、质量指标及生产成本见表6.2,每种汽油的质量要求和销售价格见表6.3.假定在调和中辛烷值和含硫量指标都符合线性可加性.问该炼油厂如何安排生产才能使其利润最大?

表 6.2 原料油的质量及成本数据

序号(i)	原料	辛烷值	含硫量/%	成本/(元·t^{-1})	可用量/(t·日$^{-1}$)
1	直馏汽油	62	1.5	600	2000
2	催化汽油	78	0.8	900	1000
3	重整汽油	90	0.2	1400	500

表 6.3 汽油产品的质量要求与销售价格

序号(j)	产品	辛烷值	含硫量/%	销售价格/(元·t^{-1})
1	70号汽油	≥70	≤1	900
2	80号汽油	≥80	≤1	1200
3	85号汽油	≥85	≤0.6	1500

解 本例建立数学模型的关键是决策变量的选择.如果选择各种汽油产品的产量,在建立数学模型时会遇到一些困难.我们定义决策变量 x_{ij} 为第 i 种原料调入第 j 种产品油的数量.记 p_j 表示第 j 种产品的销售价格,c_i 为单位第 i 种原料的生产成本,e_i 及 e'_j 分别为原料油和产品油的辛烷值,h_i 和 h'_j 分别为原料油与产品油的含硫量,s_i 为原料油每日的可用量.我们首先来考虑问题的目标函数.第 j 种汽油产品所产生的利润应为

$$\sum_{i=1}^{3}(p_j - c_i)x_{ij},$$

因此目标函数为

$$\sum_{j=1}^{3}\sum_{i=1}^{3}(p_j - c_i)x_{ij}.$$

约束条件应有三组:汽油产品的辛烷值要求:

$$e_1x_{1j} + e_2x_{2j} + e_3x_{3j} \geqslant e'_j(x_{1j} + x_{2j} + x_{3j}) \quad (j = 1,2,3).$$

汽油产品的含硫量要求:

$$h_1x_{1j} + h_2x_{2j} + h_3x_{3j} \leqslant h'_j(x_{1j} + x_{2j} + x_{3j}) \quad (j = 1,2,3).$$

原料油可用量的限制:

$$x_{i1} + x_{i2} + x_{i3} \leqslant s_i \quad (i = 1,2,3).$$

因此本题数学模型为

$$\max \sum_{j=1}^{3}\sum_{i=1}^{3}(p_j - c_i)x_{ij};$$

$$\text{s.t.}\quad \sum_{i=1}^{3}(e_i - e'_j)x_{ij} \geqslant 0 \quad (j=1,2,3),$$
$$\sum_{i=1}^{3}(h_i - h'_j)x_{ij} \leqslant 0 \quad (j=1,2,3),$$
$$\sum_{j=1}^{3}x_{ij} \leqslant s_i \quad (i=1,2,3),$$
$$x_{ij} \geqslant 0 \quad (i,j=1,2,3).$$

将已知数值代入并化简后,其数学模型为

$$\begin{aligned}
\max\ & 300x_{11} + 0x_{21} - 500x_{31} + 600x_{12} + 300x_{22} - 200x_{32} \\
& + 900x_{13} + 600x_{23} + 100x_{33}; \\
\text{s.t.}\ & -8x_{11} + 8x_{21} + 20x_{31} \geqslant 0, \\
& -18x_{12} - 2x_{22} + 10x_{32} \geqslant 0, \\
& -23x_{13} - 7x_{23} + 5x_{33} \geqslant 0, \\
& 0.5x_{11} - 0.2x_{21} - 0.8x_{31} \leqslant 0, \\
& 0.5x_{12} - 0.2x_{22} - 0.8x_{32} \leqslant 0, \\
& 0.9x_{13} + 0.2x_{23} - 0.4x_{33} \leqslant 0, \\
& x_{11} + x_{12} + x_{13} \leqslant 2000, \\
& x_{21} + x_{22} + x_{23} \leqslant 1000, \\
& x_{31} + x_{32} + x_{33} \leqslant 500, \\
& x_{ij} \geqslant 0 \quad (i,j=1,2,3).
\end{aligned} \tag{6.2.1}$$

6.3 生产工艺优化问题

有不少产品的生产过程要通过许多道工序来完成.而各道工序之间的联系可以用数学模型来描述,人们可以运用数学模型来优化其生产过程,提高设备利用率,从而提高经济效益.而其中有些问题只需建立线性规划模型就可以达到优化目的.

例 6.3.1 某日化厂生产洗衣粉和洗涤剂.生产原料由市场供应:每千克 5 元,供应量无限制.该厂加工 1 kg 原料可产出 0.5 kg 普通洗衣粉和 0.3 kg 普通洗涤剂.工厂还可以对普通洗衣粉及普通洗涤剂进行精加工.加工 1 kg 普通洗衣粉可得到 0.5 kg 浓缩洗衣粉,加工 1 kg 普通洗涤剂可产出 0.25 kg 高级洗涤剂,加工示意图见图 6.1.市场售价为每千克普通洗衣粉为 8 元;每千克浓缩洗衣粉为 24 元;每千克普通洗涤剂为 12 元;每千克高级洗涤剂为 55 元.每加工 1 kg 原料的加工成本为 1 元,每千克精加工产品的加工成本为 3 元,工厂设备每天最多可处理 4 t 原料,而对精加工没有限制.若市场对产品也没有限制,问该厂应如何安排生产能使每日利润最大?

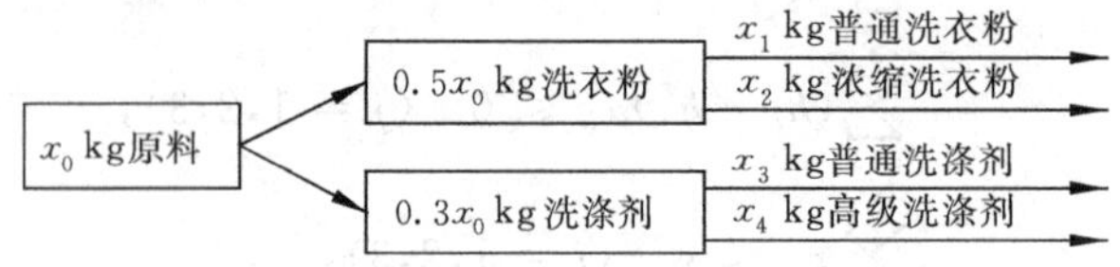

图 6.1 某日化厂加工生产示意图

解 设每日生产普通洗衣粉的产量为 x_1 kg,生产浓缩洗衣粉的产量为 x_2 kg,生产普通洗涤剂的产量为 x_3 kg,生产高级洗涤剂的产量为 x_4 kg,每日加工原料为 x_0 kg.

工厂的利润 Z 应是每日的产品销售价减去原料成本与加工成本,故目标函数为

$$\max Z = 8x_1 + 12x_3 + 24x_2 + 55x_4 - 3x_2 - 3x_4 - 5x_0 - x_0.$$

约束条件为加工过程中物流的平衡约束及原料的供应限制:

$$0.5x_0 = x_1 + \frac{x_2}{0.5},$$

$$0.3x_0 = x_3 + \frac{x_4}{0.25},$$

$$x_0 \leqslant 4000.$$

整理化简并加上非负约束可得本例的数学模型为

$$\begin{aligned}
\max Z = {} & 8x_1 + 21x_2 + 12x_3 + 52x_4 - 6x_0; \\
\text{s.t.}\quad & 0.5x_0 - x_1 - 2x_2 = 0, \\
& 0.3x_0 - x_3 - 4x_4 = 0, \\
& x_0 \leqslant 4000, \\
& x_0, x_1, x_2, x_3, x_4 \geqslant 0.
\end{aligned}$$

6.4 有配套约束的资源优化问题

这也是一类常见的线性规划问题:在一定的资金(或其他资源)限制条件下,所研究的对象又有配套要求.属于这类问题的有购买产品问题、产品加工的设备分配问题等.

例 6.4.1 某公司计划用资金 60 万元来购买 A,B,C 三种运输汽车.已知 A 种汽车每辆为 1 万元,每班需一名司机,可完成 2100 t·km. B 种汽车每辆为 2 万元,每班需两名司机,可完成 3600 t·km. C 种汽车每辆 2.3 万元,每班需要两名司机,可完成 3780 t·km.每辆汽车每天最多安排三班,每个司机每天最多安排一班.购买汽车数量不超过 30 辆,司机不超过 145 人.问:每种汽车应购买多少辆,可使该公司今后每天可完成

的 t·km 数最大?

解 设购买的 A 种汽车中,每天只安排一班的为 x_{11} 辆,每天安排二班的为 x_{12} 辆,每天安排三班的为 x_{13} 辆;同样设购买 B 种汽车为 x_{21},x_{22},x_{23} 辆;购买 C 种汽车为 x_{31},x_{32},x_{33} 辆,因此有

$$
\begin{aligned}
\max Z = & 0.21x_{11}+0.42x_{12}+0.63x_{13}+0.36x_{21} \\
& +0.72x_{22}+1.08x_{23}+0.378x_{31}+0.756x_{32}+1.134x_{33}; \\
\text{s.t.}\quad & 1.0(x_{11}+x_{12}+x_{13})+2.0(x_{21}+x_{22}+x_{23}) \\
& +2.3(x_{31}+x_{32}+x_{33}) \leqslant 60, \\
& x_{11}+x_{12}+x_{13}+x_{21}+x_{22}+x_{23}+x_{31}+x_{32}+x_{33} \leqslant 30, \\
& x_{11}+2x_{12}+3x_{13}+2x_{21}+4x_{22}+6x_{23}+2x_{31}+4x_{32}+6x_{33} \leqslant 145, \\
& x_{ij} \geqslant 0 \quad (i,j=1,2,3) \quad \text{且为整数}.
\end{aligned}
$$

例 6.4.2 产品加工的设备分配问题.

某工厂生产三种产品Ⅰ,Ⅱ,Ⅲ,每种产品均要经过 A,B 两道工序加工,该厂现有两种规格的设备 A_1,A_2 均能完成 A 道工序;有三种规格的设备 B_1,B_2,B_3 能完成 B 工序,而产品Ⅰ可在 A,B 的任一种规格的设备上加工;产品Ⅱ可在 A_1,A_2 的任一种设备上完成 A 工序,但只能在 B_1 上完成 B 工序;产品Ⅲ只能在 A_2 与 B_2 设备上加工.已知在各种设备上加工的单件工时、原料单价、产品销售单价、各种设备的有效台时以及满负荷操作时的设备费用,见表 6.4.现要制订产品的加工方案,使该厂利润最大.

表 6.4

设备	产品的单件工时			设备的有效台时	满负荷时的设备费用/元
	Ⅰ	Ⅱ	Ⅲ		
A_1	5	10		6000	300
A_2	7	9	12	10000	321
B_1	6	8		4000	250
B_2	4		11	7000	783
B_3	7			4000	200
原料单价(元/件)	0.25	0.35	0.50		
销售单价(元/件)	1.25	2.00	2.80		

解 本例比例 6.4.1 稍复杂一些.产品与设备的配套不仅呈现多样化,而且有可选择性.

现在将产品与设备的配套方案全部列出,都作为决策变量,这样建立数学模型较为

方便.

产品Ⅰ的加工方案有6种,分别可采用:A_1 与 B_1,A_1 与 B_2,A_1 与 B_3,A_2 与 B_1,A_2 与 B_2,A_2 与 B_3 的设备组合.记 $x_{11},x_{12},x_{13},x_{14},x_{15},x_{16}$分别表示6个方案加工产品Ⅰ的件数.产品Ⅱ的加工方案为 A_1 与 B_1,A_2 与 B_1 的设备组合,记 x_{21},x_{22}分别表示用这两个方案加工产品Ⅱ的件数,记 x_{31}表示用设备 A_2 与 B_2 加工产品Ⅲ的件数.

该厂一个加工周期的利润$=\sum\limits_{i=1}^{3}$[(销售单价−原料单价)×该产品件数]$-\sum\limits_{j=1}^{5}$(每台时的设备费用×该设备实际使用的总台时).故目标函数为

$$
\begin{aligned}
\max Z = &(1.25-0.25)(x_{11}+x_{12}+x_{13}+x_{14}+x_{15}+x_{16})\\
&+(2.00-0.35)(x_{21}+x_{22})+(2.80-0.50)x_{31}\\
&-\frac{300}{6000}[5(x_{11}+x_{12}+x_{13})+10x_{21}]\\
&-\frac{321}{10000}[7(x_{14}+x_{15}+x_{16})+9x_{22}+12x_{31}]\\
&-\frac{250}{4000}[6(x_{11}+x_{14})+8(x_{21}+x_{22})]\\
&-\frac{783}{7000}[4(x_{12}+x_{15})+11x_{31}]\\
&-\frac{200}{4000}[7(x_{13}+x_{16})]\\
=&\ 0.375x_{11}+0.3024x_{12}+0.40x_{13}+0.4003x_{14}\\
&+0.3277x_{15}+0.4253x_{16}+0.65x_{21}+0.8611x_{22}\\
&+0.6839x_{31};
\end{aligned}
$$

$$
\text{s.t.}\quad
\begin{cases}
5(x_{11}+x_{12}+x_{13})+10x_{21} \leqslant 6000,\\
7(x_{14}+x_{15}+x_{16})+9x_{22}+12x_{31} \leqslant 10000,\\
6(x_{11}+x_{14})+8(x_{21}+x_{22}) \leqslant 4000,\\
4(x_{12}+x_{15})+11x_{31} \leqslant 7000,\\
7(x_{13}+x_{16}) \leqslant 4000,\\
\text{所有变量} \geqslant 0 \quad \text{且为整数}.
\end{cases}
$$

6.5 多周期动态生产计划问题

线性规划还可以用来描述多周期的动态生产计划问题.企业管理者经常会面临这样一个问题:各个时期订单数量不同,但企业管理者希望尽可能地均衡生产,且可采用加班生产及库存进行调节，在完成各个时期订单条件下使生产总成本最低.下面是一个简单的多周期生产计划的例子.

例 6.5.1 某柴油机厂接到今年 1 至 4 季度柴油机生产订单分别为 3000 台，4500 台，3500 台，5000 台.该厂每季度正常生产量为 3000 台，若加班可多生产 1500 台.正常生产成本为每台 5000 元，加班生产还要追加成本每台 1500 元.库存成本为每台每季度 200 元，问该柴油机厂该如何组织生产才能使生产成本最低？

解 设 x_{i1} 为第 i 个季度正常生产的柴油机台数，x_{i2} 为第 i 个季度加班生产的柴油机台数，x_{i3} 为第 i 个季度期初的库存数，$i=1,2,3,4$.第一个季度期初及年底的库存数均为零，若记 d_i 为第 i 个季度的需求量；c_1,c_2,c_3 分别为正常生产、加班生产、库存(每季度)每台柴油机的成本.则本例的数学模型为

$$\min Z = \sum_{i=1}^{4}(c_1 x_{i1} + c_2 x_{i2} + c_3 x_{i3});$$

$$\begin{aligned} \text{s.t.}\quad & x_{i1} + x_{i2} + x_{i3} - x_{(i+1),3} = d_i,\quad (i=1,2,3,4), \\ & x_{i1}, x_{i2}, x_{i3} \geqslant 0,\quad x_{53} = 0 \quad (i=1,2,3,4) \quad \text{且为整数}. \end{aligned}$$

代入具体数据，本例数学模型如下：

$$\begin{aligned} \min Z = {} & 5000(x_{11}+x_{21}+x_{31}+x_{41}) + 6500(x_{12}+x_{22}+x_{32}+x_{42}) \\ & + 200(x_{23}+x_{33}+x_{43}); \end{aligned}$$

$$\begin{aligned} \text{s.t.}\quad & x_{11}+x_{12}-x_{23} = 3000, \\ & x_{21}+x_{22}+x_{23}-x_{33} = 4500, \\ & x_{31}+x_{32}+x_{33}-x_{43} = 3500, \\ & x_{41}+x_{42}+x_{43} = 5000, \\ & x_{i1} \leqslant 3000 \quad (i=1,2,3,4), \\ & x_{i2} \leqslant 1500 \quad (i=1,2,3,4), \\ & x_{i1}, x_{i2} \geqslant 0 \quad (i=1,2,3,4). \end{aligned}$$

6.6 投资问题

最基本而又较常见的投资问题主要有两类，一类是对投资项目的选择，而这些投资项目都是期初一次性投资.另一类是动态的连续投资问题，即每个项目可能需连续几年进行投资，这期间有投资也可能有收益.

6.6.1 投资项目组合选择

投资者经常会遇到投资项目的组合选择问题,要考虑的因素有收益率、风险、增长潜力等条件,并进行综合权衡,以求得一个最佳投资方案,举例如下.

例 6.6.1 某投资者有 50 万元可用于长期投资,可供选择的投资项目包括购买国库券、购买公司债券、投资房地产、购买股票、银行短期或长期储蓄.各种投资方式的投资期限,年收益率,风险系数,增长潜力的具体参数见表 6.5.若投资者希望投资组合的平均年限不超过 5 年,平均的期望收益率不低于 13%,风险系数不超过 4,收益的增长潜力不低于 10%.问在满足上述要求前提下,投资者该如何选择投资组合使平均年收益率最高?

表 6.5 各种投资项目的参数表

序号	投资方式	投资期限/年	年收益率/%	风险系数	增长潜力/%
1	国库券	3	11	1	0
2	公司债券	10	15	3	15
3	房地产	6	25	8	30
4	股票	2	20	6	20
5	短期储蓄	1	10	1	5
6	长期储蓄	5	12	2	10

解 设 x_i 为第 i 种投资方式在总投资中所占比例,则本例的数学模型为

$$
\begin{aligned}
\max\ & 11x_1+15x_2+25x_3+20x_4+10x_5+12x_6;\\
\text{s.t.}\ & 3x_1+10x_2+6x_3+2x_4+x_5+5x_6 \leqslant 5,\\
& 11x_1+15x_2+25x_3+20x_4+10x_5+12x_6 \geqslant 13,\\
& x_1+3x_2+8x_3+6x_4+x_5+2x_6 \leqslant 4,\\
& 15x_2+30x_3+20x_4+5x_5+10x_6 \geqslant 10,\\
& x_1+x_2+x_3+x_4+x_5+x_6 = 1,\\
& x_j \geqslant 0 \quad (j=1,2,\cdots,6).
\end{aligned}
$$

6.6.2 连续投资问题

在项目的投资期内,需要对项目连续进行投资,且也有收益,这样在投资期内可能需要不断进行选择,这本是一个与时间有关的连续投资问题(动态问题).现可以利用线性规划静态化处理.举例如下.

例 6.6.2 某投资者有资金 10 万元,考虑在今后 5 年内给下列 4 个项目进行投资,

已知：

项目 A：从第 1 年到第 4 年每年年初需要投资，并于次年末回收本利 115%.

项目 B：第 3 年初需要投资，到第 5 年末能回收本利共 125%. 但规定投资额不超过 4 万元.

项目 C：第 2 年初需要投资，到第 5 年末能回收本利 140%，但规定最大投资额不超过 3 万元.

项目 D：5 年内每年初可购买公债，于当年末归还，并加利息 6%.

问该投资者应如何安排他的资金，确定给这些项目每年的投资额，使到第 5 年末能拥有的资金本利总额为最大？

解 记 $x_{iA}, x_{iB}, x_{iC}, x_{iD}(i=1,2,\cdots,5)$ 分别表示第 i 年年初给项目 A,B,C,D 的投资额，它们都是决策变量，为了便于书写数学模型，我们列表 6.6.

表 6.6

项目＼年份	1	2	3	4	5
A	x_{1A}	x_{2A}	x_{3A}	x_{4A}	
B			x_{3B}		
C		x_{2C}			
D	x_{1D}	x_{2D}	x_{3D}	x_{4D}	x_{5D}

根据项目 A,B,C,D 的不同情况，在第 5 年末能收回的本利分别为 $1.15x_{4A}$，$1.25x_{3B}$，$1.40x_{2C}$ 及 $1.06x_{5D}$，因此目标函数为

$$\max Z = 1.15x_{4A} + 1.25x_{3B} + 1.40x_{2C} + 1.06x_{5D}.$$

约束条件应是每年年初的投资额应等于该投资者年初所拥有的资金.

第 1 年年初该投资者拥有 10 万元资金，故有

$$x_{1A} + x_{1D} = 100000.$$

第 2 年年初该投资者手中拥有资金只有 $(1+6\%)x_{1D}$，故有

$$x_{2A} + x_{2C} + x_{2D} = 1.06x_{1D}.$$

第 3 年年初该投资者拥有资金为从 D 项目收回的本金：$1.06x_{2D}$，及从项目 A 中第 1 年投资收回的本金：$1.15x_{1A}$，故有

$$x_{3A} + x_{3B} + x_{3D} = 1.15x_{1A} + 1.06x_{2D}.$$

同理第 4 年、第 5 年有约束为

$$\begin{aligned} x_{4A} + x_{4D} &= 1.15x_{2A} + 1.06x_{3D}, \\ x_{5D} &= 1.15x_{3A} + 1.06x_{4D}. \end{aligned}$$

故本题数学模型经化简后为

$$
\begin{aligned}
&\max Z = 1.15x_{4A} + 1.25x_{3B} + 1.40x_{2C} + 1.06x_{5D};\\
&\text{s.t.}\quad x_{1A} + x_{1D} = 100000,\\
&\quad -1.06x_{1D} + x_{2A} + x_{2C} + x_{2D} = 0,\\
&\quad -1.15x_{1A} - 1.06x_{2D} + x_{3A} + x_{3B} + x_{3D} = 0,\\
&\quad -1.15x_{2A} - 1.06x_{3D} + x_{4A} + x_{4D} = 0,\\
&\quad -1.15x_{3A} - 1.06x_{4D} + x_{5D} = 0,\\
&\quad x_{2C} \leqslant 30000,\\
&\quad x_{3B} \leqslant 40000,\\
&\quad x_{iA}, x_{iB}, x_{iC}, x_{iD} \geqslant 0 \quad (i = 1,2,3,4,5).
\end{aligned}
$$

计算结果为

第 1 年：$x_{1A}=34783$ 元，　$x_{1D}=65217$ 元.

第 2 年：$x_{2A}=39130$ 元，　$x_{2C}=30000$ 元，　$x_{2D}=0$.

第 3 年：$x_{3A}=0$ 元，　$x_{3B}=40000$ 元，　$x_{3D}=0$.

第 4 年：$x_{4A}=45000$ 元，　$x_{4D}=0$.

第 5 年：　$x_{5D}=0$.

到第 5 年末该投资者收回本利共 143750 元，即盈利为 43.75%.

*6.7 运输问题的扩展

在第 5 章中介绍了运输问题的表上作业法及其理论解释，本节将介绍某些可化成运输模型的其他线性规划问题.

由于对同等规模问题，用表上作业法比用单纯形法计算简单得多，所以人们常常尽可能把某些线性规划问题化成运输模型来求解. 其次由于运输问题数学模型结构上的特殊性，当 a_i 与 b_j 都取整数时，运输模型有整数最优解. 而这比用整数规划求解要为简便. 因此也常常尽可能将整数规划问题化成运输模型来求解.

例 6.7.1 某车间今年接到同一规格的柴油机生产订单如下：在 1 至 4 季度末应分别交货 10，15，25，20 台. 已知该车间各季度生产能力及每台柴油机生产成本如表 6.7 所示. 又知若生产出来柴油机当季不交货，积压在仓库中则每台每季度的储存维护等费用为 0.15 万元. 要求在完成合同订单前提下，问应如何安排该车间的生产计划使全年生产（包括储存维护）费用最小？

解 设第 i 季度生产的用于第 j 季度交货的柴油机数为 x_{ij} 台. 由合同要求，必须满足：

表 6.7

季 度	生产能力/台	单位生产成本/万元
Ⅰ	25	10.8
Ⅱ	35	11.1
Ⅲ	30	11.0
Ⅳ	10	11.3

$$\begin{cases} x_{11} = 10, \\ x_{12} + x_{22} = 15, \\ x_{13} + x_{23} + x_{33} = 25, \\ x_{14} + x_{24} + x_{34} + x_{44} = 20. \end{cases} \tag{6.7.1}$$

又由每季度生产能力的限制,有约束:

$$\begin{cases} x_{11} + x_{12} + x_{13} + x_{14} \leqslant 25, \\ x_{22} + x_{23} + x_{24} \leqslant 35, \\ x_{33} + x_{34} \leqslant 30, \\ x_{44} \leqslant 10. \end{cases} \tag{6.7.2}$$

再来考虑本例决策变量 x_{ij} 的价值系数 $c_{ij}\,(i\leqslant j)$,第 i 季度生产用于第 j 季度交货的每台柴油机实际成本 c'_{ij} 由两部分组成:生产成本 c_{ij} 及储存维护费用,即

$$c'_{ij} = c_{ij} + (j-i)\times 0.15\ (\text{万元}).$$

具体数值计算后列于表 6.8.

表 6.8 c'_{ij} 表　　单位:万元

i \ j	Ⅰ	Ⅱ	Ⅲ	Ⅳ
Ⅰ	10.8	10.95	11.10	11.25
Ⅱ		11.10	11.25	11.40
Ⅲ			11.00	11.15
Ⅳ				11.30

故本例的目标函数应为

$$\begin{aligned}\min Z = {} & c'_{11}x_{11} + c'_{12}x_{12} + c'_{22}x_{22} + c'_{13}x_{13} + c'_{23}x_{23} \\ & + c'_{33}x_{33} + c'_{14}x_{14} + c'_{24}x_{24} + c'_{34}x_{34} + c'_{44}x_{44}.\end{aligned} \tag{6.7.3}$$

用 $\sum$ 记号来表达式(6.7.3)、式(6.7.2)、式(6.7.1),则本例的数学模型为

$$\min Z = \sum_{j=1}^{4}\sum_{i=1}^{j} c'_{ij}x_{ij};$$

$$\text{s.t.}\quad \sum_{j=i}^{4} x_{ij} \leqslant a_i \quad (i=1,2,3,4),$$
$$\sum_{i=1}^{j} x_{ij} = b_j \quad (j=1,2,3,4), \tag{6.7.4}$$
$$x_{ij} \geqslant 0 \quad \text{且为整数} \quad (i,j=1,2,3,4).$$

式(6.7.4)不是运输模型,甚至也不是产大于销的运输问题模型.相当于本例规模的产大于销的运输模型应为

$$\min Z = \sum_{j=1}^{4}\sum_{i=1}^{4} c'_{ij} x_{ij};$$
$$\text{s.t.}\quad \sum_{j=1}^{4} x_{ij} \leqslant a_i \quad (i=1,2,3,4), \tag{6.7.5}$$
$$\sum_{i=1}^{4} x_{ij} = b_j \quad (j=1,2,3,4),$$
$$x_{ij} \geqslant 0 \quad (i,j=1,2,3,4).$$

仔细分析式(6.7.4)与式(6.7.5)的差别,可看到,当式(6.7.5)中 $i>j$ 的那些 $x_{ij}=0$ 时,式(6.7.5)与式(6.7.4)完全相同(请读者将式(6.7.5)及式(6.7.4)自行展开后,对比一下).这就启示我们,如果用式(6.7.5)来作为本例的数学模型,只要保证做到使 $x_{ij}=0$ $(i>j)$就可以了,即要使 x_{ij} 为非基变量.而这一点在前文中已遇到过多次,只要令相应的价值系数 $c'_{ij}=M$(很大的正数).为了将式(6.7.5)变为产销平衡的运输模型,再增加一个假想的销地Ⅴ,多余的产量假想为第Ⅴ季度交货量,而相应的成本 $c'_{i5}=0$,建立新的运价表 6.9.

表 6.9　c'_{ij} 表

j \ i	Ⅰ	Ⅱ	Ⅲ	Ⅳ	Ⅴ	产量
Ⅰ	10.8	10.95	11.10	11.25	0	25
Ⅱ	M	11.10	11.25	11.40	0	35
Ⅲ	M	M	11.00	11.15	0	30
Ⅳ	M	M	M	11.30	0	10
销量	10	15	25	20	30	

用表上作业法对此模型求解,可得到最优解见表 6.10,即第Ⅰ季度生产 25 台,其中 10 台当季交货,15 台于第Ⅱ季度交货;第Ⅱ季度生产 5 台于第Ⅲ季度交货;第Ⅲ季度生产 30 台,其中 20 台于当季交货,10 台于第Ⅳ季度交货;第Ⅳ季度再生产 10 台于当季交货.按此方案安排生产,该车间总的生产费用(包括储存维护费用)为最小:

$$Z^* = 10.8\times10 + 10.95\times15 + 11.25\times5 + 11\times20 + 11.15\times10 + 11.3\times10$$

$= 773$(万元).

表 6.10 最优方案

生产季度 \ 销售季度	Ⅰ	Ⅱ	Ⅲ	Ⅳ	Ⅴ	产量
Ⅰ	10	15	0			25
Ⅱ			5		30	35
Ⅲ			20	10		30
Ⅳ				10		10
销量	10	15	25	20	30	

由于非基变量 x_{14},x_{22},x_{24}的检验数均为零(请读者自行计算 σ_{ij} 并检验之).因此本例有多个最优解,表 6.10 所示只是最优解之一,同时基变量 $x_{13}=0$,因此本例解是退化解.请读者用闭回路法再求出一个最优生产方案.

例 6.7.2 某航运公司承担六个港口城市 A,B,C,D,E,F 的四条固定航线的物资运输任务.已知各条航线的起点、终点城市及每天航班数见表 6.11.假定各条航线使用相同型号的船只,又各城市间航程天数见表 6.12.又知每条船只每次装卸货的时间各需 1 天.问该航运公司至少应配备多少条船只,才能满足所有航线的需求?

表 6.11

航 线	起点城市	终点城市	每天航班数
1	E	D	3
2	B	C	2
3	A	F	1
4	D	B	1

表 6.12

起点 \ 终点	A	B	C	D	E	F
A	0	1	2	14	7	7
B	1	0	3	13	8	8
C	2	3	0	15	5	5
D	14	13	15	0	17	20
E	7	8	5	17	0	3
F	7	8	5	20	3	0

解 该航运公司所需配备船只分为两部分：

(1) 载货航程(包括装、卸货)需要的周转船只数. 例如航线 1，从起点城市 E 到终点城市 D 航程 17 天，在 E 点装货 1 天，在 D 点卸货 1 天，总计 19 天，而每天要开 3 个航班，故该航线周转船只需 $19\times3=57$ 条. 同理可计算出航线 2,3,4 所需周转船只数分别为 10,9,15 条. 故这四条航线共需周转船只数为 91 条. 而这部分周转船只数是由航程及装卸货天数所决定的. 这其中已经没有任何"油水"可找.

(2) 各港口间调度所需船只数.

航运公司若仅准备了上述载货航程需要的船只数还是不够的. 因为这仅仅满足了航线一个周期所需要的船只数. 当第二周期开始时，第一周期最早的空船还都在终点城市，如航线 1. 从第 1 天(开始装货)到第 19 天止是一个周期. 第 1 天从城市 E 所开出船此时刚好在终点城市 D 卸完货还来不及返回城市 E. 而第 20 天时，城市 E 仍需要开出 3 个航班，但已无船可派，因此航运公司仍需准备一批船只，以弥补由于空船从终点城市返回起点城市的路程时间所产生的船只空缺. 由于各终点城市的情况不同. 如城市 B 既是航线 4 的终点又是航线 2 的起点，城市 A 只是航线 3 的起点，等等，因此各城市对空船的需求情况是不同的，见表 6.13. 同时由于各城市间的航程不同，因此如何调度所有在一个周期运行下来的空船，就是一个值得研究的问题. 实质上这也是一个运输问题.

表 6.13

港口城市	每天到达	每天需求	余缺数
A	0	1	−1
B	1	2	−1
C	2	0	2
D	3	1	2
E	0	3	−3
F	1	0	1

我们以城市 C,D,F 作为发点，以城市 A,B,E 作为收点，这是一个产销平衡的运输问题，见表 6.14.

表 6.14

	A	B	E	每天多余船只
C				2
D				2
F				1
每天需要船只	1	1	3	

单位运价表即为相应各港口之间的船只航程天数,见表 6.15.

表 6.15

	A	B	E
C	2	3	5
D	14	13	17
F	7	8	3

用表上作业法求出空船的最优调度方案,见表 6.16.

表 6.16 最优调运方案

	A	B	E	每天多余船只
C	1		1	2
D		1	1	2
F			1	1
每天需要船只	1	1	3	

所需要的周转空船数至少应为 $Z^*=2\times1+5\times1+13\times1+17\times1+3\times1=40$ 条.

因此该航运公司至少需配备船只数为 $91+40=131$ 条.

要注意的是:

(1) 表 6.16 所示只是最优方案之一,本例有多个最优解,如 $\boldsymbol{x}_2^*$ $(x_{11}=0, x_{13}=2, x_{21}=1, x_{22}=1, x_{33}=1)$ 及 $\boldsymbol{x}_3^*$ $(x_{13}=2, x_{21}=1, x_{22}=1, x_{23}=0, x_{33}=1)$ 也都是最优解,这里 x_{ij} 指的是表 6.16 中第 i 行第 j 列处的调运数. 如 x_{11} 指港口 C 调到港口 A 的空船数,x_{23} 指的是港口 D 调到港口 E 的空船数等.

(2) 这里还没考虑到维修、后备船只的数量.

(3) 表 6.14 所体现出的调运问题,也即表 6.16 所示调运方案是指在所有航线启动起来后,在稳定运行情况下空船周转的最佳调度方案,它不反映达到稳定运行前的情况.

习 题 6

6.1 某项生产需要成套钢梁,每套由 7 根 2 m 长及 2 根 7 m 长的钢梁组成. 现有 15 m 长钢梁 150 根,问如何下料才能使料头最小(只建立数学模型,不必求解)?

6.2 某动物饲养场,每天每头动物至少需 700 g 蛋白质、30 g 矿物质、100 mg 维生素,现有 5 种饲料可供选用,各种饲料每千克营养成分含量及单价如题 6.2 表所示. 要求确定既满足动物生长的营养需要，又使费用最省的饲料选用方案（建立数学模型，不必求解）.

题 6.2 表

饲　料	蛋白质/g	矿物质/g	维生素/mg	价格/(元/kg)
1	3	1	0.5	0.2
2	2	0.5	1.0	0.7
3	1	0.2	0.2	0.4
4	6	2	2	0.3
5	18	0.5	0.8	0.8

6.3 某钢厂生产三种型号钢卷，其生产过程如题 6.3 图所示. 图中Ⅰ，Ⅱ，Ⅲ为生产设备. 又知有关生产数据列于题 6.3 表，设钢卷每件长 400 m，重 4 t，试建立该钢厂的生产模型，使每月销售利润最大（不必求解）（提示：先将机器效率都统一成 t/h）.

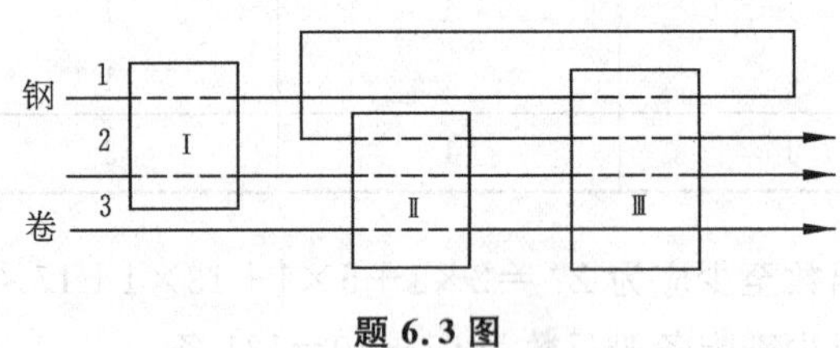

题 6.3 图

题 6.3 表

设备名称	台数	每周生产班数（每班 8 h）	生产时间利用率/%
Ⅰ	4	21	95
Ⅱ	1	20	90
Ⅲ	1	12	100

钢 卷 型 号	操作工序	机器效率	每月需要量	销售利润
1	Ⅰ	28 h/10 t	≤1250 t	250 元/t
	Ⅲ(1)	50 m/min		
	Ⅱ	20 m/min		
	Ⅲ(2)	25 m/min		
2	Ⅰ	35 h/10 t	≤250 t	350 元/t
	Ⅱ	20 m/min		
	Ⅲ	25 m/min		
3	Ⅱ	16 m/min	≤1500 t	400 元/t
	Ⅲ	20 m/min		

6.4 市场对Ⅰ、Ⅱ两种产品的需求量为产品Ⅰ在1～4月每月10000件，5～9月每月30000件，10～12月为每月100000件；产品Ⅱ在3～9月每月15000件，其他月每月50000件.某厂生产这两种产品成本为产品Ⅰ在1～5月内生产每件5元，6～12月内生产每件4.50元；产品Ⅱ在1～5月内生产每件8元，6～12月份内生产每件7元.该厂每月生产两种产品能力总和应不超过120000件.产品Ⅰ体积每件0.2 m^3，产品Ⅱ每件0.4 m^3，而该厂仓库容积为15000 m^3，要求：(1)说明上述问题无可行解；(2)若该厂仓库不足时，可从外厂租借.若占用本厂每月每立方米库容需1元，而租用外厂仓库时上述费用增加为1.5元，试问在满足市场需求情况下，该厂应如何安排生产，使总的生产加库存费用为最少(建立模型，不需求解).

6.5 对某厂Ⅰ，Ⅱ，Ⅲ三种产品下一年各季度的合同预订数如题6.5表所示.该三种产品一季度初无库存，要求在四季度末各库存150件.已知该厂每季度生产工时为15000 h，生产Ⅰ，Ⅱ，Ⅲ产品每件分别需时2,4,3 h.因更换工艺装备，产品Ⅰ在二季度无法生产.规定当产品不能按期交货时，产品Ⅰ，Ⅱ每件每迟交一个季度赔偿20元，产品Ⅲ赔偿10元；又生产出来产品不在本季度交货的，每件每季度的库存费用为5元.问该厂应如何安排生产，使总的赔偿加库存的费用为最小(要求建立数学模型，不需求解).

题6.5表

产品	季度			
	一	二	三	四
Ⅰ	1500	1000	2000	1200
Ⅱ	1500	1500	1200	1500
Ⅲ	1000	2000	1500	2500

6.6 某厂生产Ⅰ，Ⅱ两种食品，现有50名熟练工人，已知一名熟练工人每小时可生产10 kg食品Ⅰ或6 kg食品Ⅱ.据合同预订，该两种食品的需求量将逐渐上升，见题6.6表.为此该厂决定到第8周末需培训出50名新的工人，两班生产.已知一名工人每周工作40 h，一名熟练工人用两周时间可培训出不多于3名新工人(培训期间熟练工人和培训人员均不参加生产).熟练工人每周工资360元，新工人培训期间工资每周120元，培训结束参加工作后工资每周240元，生产效率同熟练工人.在培训的过渡期间，很多熟练

题6.6表 单位：t/周

食品＼周次	1	2	3	4	5	6	7	8
Ⅰ	10	10	12	12	16	16	20	20
Ⅱ	6	7.2	8.4	10.8	10.8	12	12	12

工人愿加班工作，工厂决定安排部分工人每周工作 60 h，工资每周 540 元. 又若预订的食品不能按期交货，每推迟交货一周的赔偿费食品Ⅰ为 0.50 元，食品Ⅱ为 0.60 元. 在上述各种条件下，工厂应如何作出全面安排，使各项费用的总和为最小（建立模型，不需求解）.

6.7 某战略轰炸机群奉命摧毁敌人军事目标. 已知该目标有四个要害部位，只要摧毁其中之一即可达到目的. 为完成此项任务的汽油消耗量限制为 48000 L、重型炸弹 48 枚、轻型炸弹 32 枚. 飞机携带重型炸弹时每升汽油可飞行 2 km，带轻型炸弹时每升汽油可飞行 3 km. 又知每架飞机每次只能装载一枚炸弹，每轰炸一次除来回路程汽油消耗（空载时每升汽油可飞行 4 km）外，起飞和降落每次各消耗 100 L. 有关数据如题 6.7 表所示. 为了使摧毁敌方军事目标的可能性最大，应如何确定飞机轰炸的方案. 要求建立这个问题的线性规划模型（不必求解）.

题 6.7 表

要害部位	离机场距离/km	摧毁可能性	
		每枚重型弹	每枚轻型弹
1	450	0.10	0.08
2	480	0.20	0.16
3	540	0.15	0.12
4	600	0.25	0.20

6.8 如下表所示的运输问题中，若产地 i 有一个单位物资未运出，则将发生储存费用. 假定 1，2，3 产地单位物资的储存费用分别为 5，4，3. 又假定产地 2 的物资至少运出 38 个单位，产地 3 的物资至少运出 27 个单位. 试求该运输问题的最优调运方案（建立产销平衡问题的 c_{ij} 表，不必求解）.

题 6.8 表　c_{ij} 及 a_i，b_j 表

	A	B	C	产　量
1	1	2	2	20
2	1	4	5	40
3	2	3	3	30
销　量	30	20	20	

6.9 某化学公司有甲、乙、丙、丁四个化工厂生产某种产品，产量分别为 200，300，400，100 kg，供应Ⅰ，Ⅱ，Ⅲ，Ⅳ，Ⅴ，Ⅵ六个地区的需要，需要量分别为 200，150，400，100，150，150 kg. 由于工艺、技术等条件差别，各厂每千克产品成本分别为 1.2，1.4，1.1，1.5 元. 又由于地区行情不同，各地区销售价分别为 2.0，2.4，1.8，2.2，1.6，2.0 元/kg，已知

从各厂运往各销售地区每千克产品运价如下表所示.

	Ⅰ	Ⅱ	Ⅲ	Ⅳ	Ⅴ	Ⅵ
甲	0.5	0.4	0.3	0.4	0.3	0.1
乙	0.3	0.8	0.9	0.5	0.6	0.2
丙	0.7	0.7	0.3	0.7	0.4	0.4
丁	0.6	0.4	0.2	0.6	0.5	0.8

如果第Ⅲ个地区至少供应100 kg,第Ⅳ个地区的需要必须全部满足.试确定该公司获利最大的产品调运方案(建立产销平衡问题的 c_{ij} 表,不必求解).

6.10 某昼夜服务的公交线路每天各时间区段(每个区段4 h)内所需司机和乘务人员数如下:

班次	时　间	所需人数
1	6:00～10:00	60
2	10:00～14:00	70
3	14:00～18:00	60
4	18:00～22:00	50
5	22:00～2:00	20
6	2:00～6:00	30

设司机和乘务人员分别在各时间区段一开始时上班,并连续工作8 h,问该公交线路至少配备多少名司机和乘务人员.列出这个问题的线性规划模型(不求解).

6.11 某食品厂用原料 A,B,C 加工成三种不同牌号的食品甲、乙、丙.已知各种牌号食品中 A,B,C 含量,原料成本,各种原料的每月限制用量,三种牌号食品的单位加工费及售价如题6.11表所示.

题6.11表

	甲	乙	丙	原料成本/(元/kg)	每月限制用量/kg
A	≥60%	≥15%		2.00	2000
B				1.50	2500
C	≤20%	≤60%	≤50%	1.00	1200
加工费/(元/kg)	0.50	0.40	0.30		
售价	3.50	2.80	2.30		

问该厂每月应生产这三种牌号食品各多少千克,使该厂获利最大?试建立这个问题的线性规划的数学模型(不求解).

6.12　设某投资者有30000元可供为期4年的投资.现有下列5个投资机会可供选择.

A. 在4年内,投资者可在每年年初投资,每年每元投资可获得0.2元,每年获利后可将本利重新投资.

B. 在4年内,投资者应在第1年年初或第3年年初投资,每2年每元投资可获利润0.5元,2年后获利.然后可将本利再重新投资.

C. 在4年内,投资者应在第1年年初投资,3年后每元投资可获利0.8元.获利后可将本利重新投资.这项投资最多不超过20000元.

D. 在4年内,投资者应在第2年年初投资,2年后每元投资可获利0.6元.获利后可将本利重新投资.这项投资最多不超过15000元.

E. 在4年内,投资者应在第1年年初投资,4年后每元获利1.7元,这项投资最多不超过20000元.

投资者在4年内应如何投资,使他在4年后所获利润达到最大?写出这个问题的线性规划模型(不用求解).

6.13　某厂生产A,B,C三种产品,每单位产品需花费的资源如下:

A:需要1 h技术准备,10 h加工,3 kg材料;

B:需要2 h技术准备,4 h加工,2 kg材料;

C:需要1 h技术准备,5 h加工,1 kg材料.

可利用的技术准备总时间为100 h,加工总时间为700 h,材料总量为400 kg,考虑到销售时对销售量的优惠,利润定额确定如题6.13表所示.

试确定利润最大的产品品种方案(模型)(不计算).

题6.13表

产品A		产品B		产品C	
销售量/件	单位利润/元	销售量/件	单位利润/元	销售量/件	单位利润/元
0～40	10	0～50	6	0～100	5
40～100	9	50～100	3		
100～150	8	100以上	4	100以上	4
150以上	7				

第7章

整数规划

在许多线性规划问题中，要求最优解必须取整数.例如所求的解是机器的台数、人数、车辆数、船只数等.如果所得的解中决策变量为分数或小数则不符合实际问题的要求.

对于一个规划问题，如果要求全部决策变量都取整数，称为纯(或全)整数规划；如果仅要求部分决策变量取整数，称为混合整数规划问题.有的问题要求决策变量仅取0或1两个值，称为0-1规划问题.

整数规划简称为IP问题.这里主要讨论的是整数线性规划问题，简称为ILP问题.

对于整数线性规划问题，为了得到整数解，初看起来，似乎只要先不管整数要求，而求线性规划的解，然后将求得的非整数最优解"舍零取整"就可以了.但实际上，这个想法却常常行不通，有时"舍零取整"后的整数解根本就不是可行解，有时虽然为可行解，却不是最优解.

例 7.0.1 某厂拟用集装箱托运甲乙两种货物，每箱的体积、重量、可获利润以及托运所受限制见表7.1.问每集装箱中两种货物各装多少箱，可使所获利润最大？

表 7.1

货物/箱	体积/m^3	重量/百 kg	利润/百元
甲	5	2	20
乙	4	5	10
托运限制/集装箱	24	13	

解 设 x_1，x_2 分别为甲、乙两种货物的托运箱数，则这是一个纯整数规划问题，其数学模型为

$$\begin{aligned}
\max Z &= 20x_1 + 10x_2; \\
\text{s.t.} \quad & 5x_1 + 4x_2 \leqslant 24, \\
& 2x_1 + 5x_2 \leqslant 13, \\
& x_1, x_2 \geqslant 0, \\
& x_1, x_2 \text{ 取整数}.
\end{aligned} \tag{7.0.1}$$

若暂且不考虑“x_1, x_2 取整数”这一条件. 则模型(7.0.1)就变为下列线性规划：

$$\begin{aligned}
\max Z &= 20x_1 + 10x_2; \\
\text{s.t.} \quad & 5x_1 + 4x_2 \leqslant 24, \\
& 2x_1 + 5x_2 \leqslant 13, \\
& x_1, x_2 \geqslant 0.
\end{aligned} \tag{7.0.2}$$

我们将模型(7.0.2)称为模型(7.0.1)的伴随规划. 解模型(7.0.2)得到最优解：

$$x_1^* = 4.8, \quad x_2^* = 0, \quad Z^* = 96. \tag{7.0.3}$$

但它不满足模型(7.0.1)的整数要求. 因此它不是模型(7.0.1)的最优解，若把解(7.0.3)“舍零取整”，如取 $\boldsymbol{x}_1=(5.0,0)^{\mathrm{T}}$，但它不是模型(7.0.1)的可行解. 因为它不满足模型(7.0.1)中的约束条件，若取 $\boldsymbol{x}_2=(4.0,0)^{\mathrm{T}}$. $\boldsymbol{x}_2$ 是模型(7.0.1)的可行解，但它却不是模型(7.0.1)的最优解，因为当 $\boldsymbol{x}_2=(4.0,0)^{\mathrm{T}}$ 时，$Z_2=80$，但当 $\boldsymbol{x}_3=(4,1)^{\mathrm{T}}$ 时，$Z_3=90>Z_2$. 即伴随规划的最优解通过“舍零取整”得到的 $\boldsymbol{x}_1, \boldsymbol{x}_2$ 都不是模型(7.0.1)的最优解. 因此通过伴随规划最优解的“舍零取整”的办法，一般得不到原整数规划问题的最优解.

若伴随规划(7.0.2)的可行域 K 是有界的，则原整数规划(7.0.1)的可行域 K_0 应是 K 中有限个格点(整数点)的集合. 见图 7.1，图中“+”为整数点(格点).

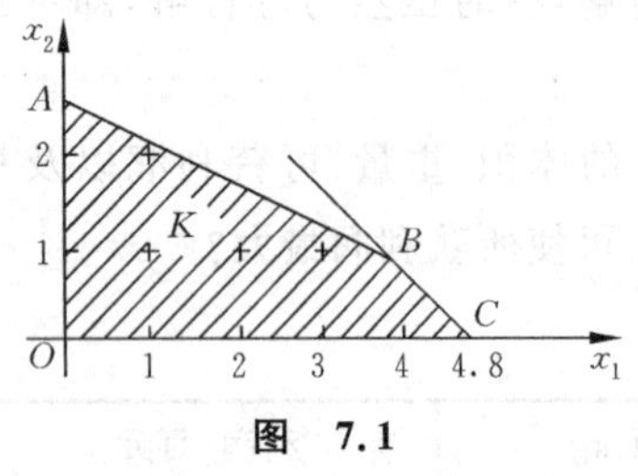

图 7.1

图 7.1 中四边形 $OABC$ 是伴随模型(7.0.2)的可行域. 它的最优解为 C 点(4.8,0)，而模型(7.0.1)的可行域为 $K_0=\{(0,0),(0,1),(0,2),(1,0),(1,1),(1,2),(2,0),(2,1),(3,0),(3,1),(4,0),(4,1)\}$. 将 C 点“舍零取整”后得到的 $\boldsymbol{x}_1=(5.0,0)^{\mathrm{T}}$ 不在 K_0 中，而 $\boldsymbol{x}_2=(4,0)^{\mathrm{T}}$ 在 K_0 中，但不是模型(7.0.1)的最优解，最优解在 B 点.

当然，我们也会想到能否用“穷举法”来求解整数规划. 如模型问题(7.0.1)，将 K_0 中所有整数点的目标函数值都计算出来，然后逐一比较找出最优解. 这种方法对变量所能取的整数值个数较少时，勉强可以应用. 如本例 x_1 可取 0,1,2,3,4 共 5 个数值. 而 x_2 只能取 0,1,2 共三个数值，因此其组合最多为 15 个(其中有不可行的点). 但对大型问题，这种组合数的个数可能大得惊人. 如在 7.4 节中介绍的指派问题，有 n 项任务指派 n 个人去完成，不同的指派方案共有 $n!$ 种. 当 $n=20$ 时，这个数超过 2×10^{18}. 如果用穷举法每一个方案都计算一遍，就是用每秒百万次的计算机，也要几万年. 显然“穷举法”并不是一种普遍有效的方法.因此研究求解整数规划的一般方法是有实际意义的.自 20 世纪 60 年代以来,已发展了一些常用的解整数规划的算法,如各种类型的割平面法、分枝定界法、解 0-1 规划的隐枚举法、分解方法、群论方法、动态规划方法等.近十年来有人发展了一些近似算法及用计算机模拟法,也取得了较好的效果.

我们在本章主要介绍割平面法及分枝定界法.简介一种小规模 0-1 规划的隐枚举法及指派问题的匈牙利算法.

7.1 分枝定界法

在 20 世纪 60 年代初 Land Doig 和 Dakin 等人提出了分枝定界法.由于该方法灵活且便于用计算机求解,所以目前已成为解整数规划的重要方法之一.分枝定界法既可用来解纯整数规划,也可用来解混合整数规划.

分枝定界法的主要思路是首先求解整数规划的伴随规划,如果求得的最优解不符合整数条件,则增加新约束——缩小可行域;将原整数规划问题分枝——分为两个子规划,再解子规划的伴随规划,……,通过求解一系列子规划的伴随规划及不断地定界.最后得到原整数规划问题的整数最优解.

下面结合一个最大化例题来介绍分枝定界法的主要思路.

例 7.1.1 某公司计划建筑两种类型的宿舍.甲种每幢占地 $0.25\times10^3\ \mathrm{m}^2$,乙种每幢占地 $0.4\times10^3\ \mathrm{m}^2$.该公司拥有土地 $3\times10^3\ \mathrm{m}^2$.计划甲种宿舍不超过 8 幢,乙种宿舍不超过 4 幢.甲种宿舍每幢利润为 10 万元,乙种宿舍利润为每幢 20 万元.问该公司应计划甲、乙两种类型宿舍各建多少幢时,能使公司获利最大?

解 设计划甲种宿舍建 x_1 幢,乙种宿舍建 x_2 幢,则本题数学模型为

$$
\begin{aligned}
\max Z &= 10x_1 + 20x_2;\\
\text{s.t.}\quad & 0.25x_1 + 0.4x_2 \leqslant 3,\\
& x_1 \leqslant 8,\\
& x_2 \leqslant 4,\\
& x_1 \geqslant 0,\quad x_2 \geqslant 0,\\
& x_1, x_2 \text{ 取整数}.
\end{aligned}
\tag{7.1.1}
$$

这是一个纯整数规划问题,称为问题 A_0.将模型(7.1.1)中约束条件 $0.25x_1+0.4x_2\leqslant3$ 的系数全化为整数,改为

$$5x_1 + 8x_2 \leqslant 60.$$

然后去掉整数条件,得到问题 A_0 的伴随规划(7.1.2),称之为问题 B_0:

$$
\begin{aligned}
\max f &= 10x_1 + 20x_2;\\
\text{s.t.}\quad 5x_1 + 8x_2 &\leqslant 60,\\
x_1 \qquad &\leqslant 8,\\
x_2 &\leqslant 4,\\
x_1, x_2 &\geqslant 0.
\end{aligned}
\tag{7.1.2}
$$

用单纯形法求解问题 B_0，得到最优解 $\boldsymbol{x}_0^*$ 及最优值 f_0^*（见图 7.2(a)）：

$$x_1 = 5.6,\quad x_2 = 4,\quad \boldsymbol{x}_0^* = (x_1, x_2)^{\mathrm{T}},\quad f_0^* = 136.$$

1. 计算原问题 A_0 目标函数值的初始上界 $\bar{Z}$

因为问题 B_0 的最优解 $\boldsymbol{x}_0^*$ 不满足整数条件，因此 $\boldsymbol{x}_0^*$ 不是问题 A_0 的最优解，又因为 A_0 的可行域 $K_0' \subset$ 问题 B_0 的可行域 K_0，故问题 A_0 的最优值不会超过问题 B_0 的最优值.即有

$$Z^* \leqslant f_0^*.$$

因此可令 f_0^* 作为 Z^* 的初始上界 $\bar{Z}$. 即

$$\bar{Z} = 136.$$

一般说来，若问题 B_0 无可行解，则问题 A_0 也无可行解，停止计算；若问题 B_0 的最优解 $\boldsymbol{x}_0^*$ 满足问题 A_0 的整数条件，则 $\boldsymbol{x}_0^*$ 也是问题 A_0 的最优解，停止计算.

2. 计算原问题 A_0 目标函数值的初始下界 $\underline{Z}$

若能从问题 A_0 的约束条件中观察到一个整数可行解，则可将其目标函数值作为问题 A_0 目标函数值的初始下界，否则可令初始下界 $\underline{Z} = -\infty$. 给定下界的目的，是希望在求解过程中寻找比当前 $\underline{Z}$ 更好的原问题的目标函数值.

对于本例，很容易得到一个明显的可行解 $\boldsymbol{x} = (0,0)^{\mathrm{T}}, Z = 0$. 问题 A_0 的最优目标函数值绝不会比它小，故可令 $\underline{Z} = 0$.

3. 增加约束条件将原问题分枝

当问题 B_0 的最优解 $\boldsymbol{x}_0^*$ 不满足整数条件时，在 $\boldsymbol{x}_0^*$ 中任选一个不符合整数条件的变量. 如本例选 $x_1 = 5.6$. 显然问题 A_0 的整数最优解只能是 $x_1 \leqslant 5$ 或 $x_1 \geqslant 6$，而绝不会在 5 与 6 之间. 因此当将可行域 K_0' 切去 $5 < x_1 < 6$ 部分时，并没有切去 A_0 的整数可行解. 可以用分别增加约束条件 $x_1 \leqslant 5$ 及 $x_1 \geqslant 6$ 来达到在 K_0' 切去 $5 < x_1 < 6$ 部分的目的. K_0' 切去 $5 < x_1 < 6$ 后就分为 K_1' 及 K_2' 两部分，即问题 A_0 分为问题 A_1 及问题 A_2 两枝子规划.

问题 A_1

$$
\begin{aligned}
\max Z = & 10x_1 + 20x_2; \\
\text{s.t.}\quad & 5x_1 + 8x_2 \leqslant 60, \\
& x_1 \leqslant 8, \\
& x_2 \leqslant 4, \\
& x_1 \leqslant 5, \\
& x_1, x_2 \geqslant 0, \\
& x_1, x_2 \text{ 取整数}.
\end{aligned}
$$

问题 A_2

$$
\begin{aligned}
\max Z = & 10x_1 + 20x_2; \\
\text{s.t.}\quad & 5x_1 + 8x_2 \leqslant 60, \\
& x_1 \leqslant 8, \\
& x_2 \leqslant 4, \\
& x_1 \geqslant 6, \\
& x_1, x_2 \geqslant 0, \\
& x_1, x_2 \text{ 取整数}.
\end{aligned}
$$

作出问题 A_1, A_2 的伴随规划 B_1, B_2，则问题 B_1, B_2 的可行域为 K_1, K_2，见图 7.2(b). 以下我们将由同一问题分解出的两个分枝问题称为"一对分枝".

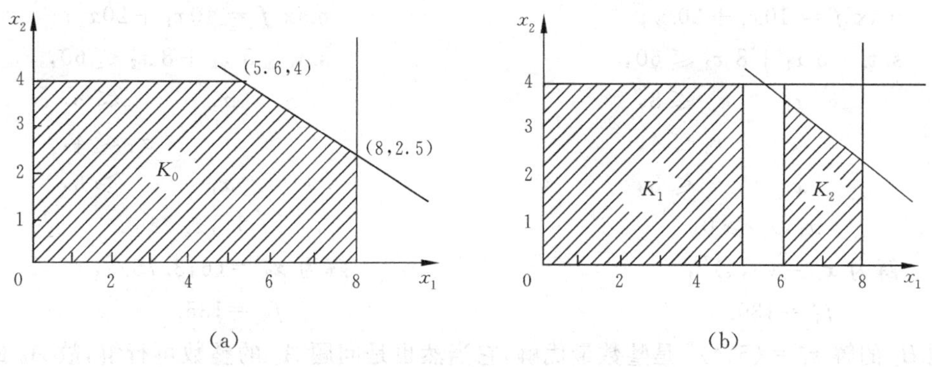

图 7.2

4. 分别求解一对分枝

在一般情况下，对某个分枝问题(伴随规划)求解时，可能出现以下几种可能：

(1) 无可行解

若无可行解，说明该枝情况已查明，不需要由此分枝再继续分枝，称该分枝为"树叶".

(2) 得到整数最优解

若求得整数最优解，则该分枝情况也已查清，不需要再对此分枝继续分枝，该分枝也是"树叶".

(3) 得到非整数最优解

若求解某个分枝问题得到的是不满足整数条件的最优解. 还要区分两种情况：

① 该最优解的目标函数值 Z 不大于当前的下界 $\underline{Z}$，则该分枝内不可能含有原问题的整数最优解(请读者思考，理由是什么). 因此该分枝不需要继续分枝，称之为"枯枝"，需要剪掉.

② 若该最优解的目标函数值 Z 大于当前的下界$\underline{Z}$，则仍需对该枝继续分枝，以查明该分枝内是否有目标函数值比当前的$\underline{Z}$ 更好的整数最优解.

因每个分枝的求解结果不外乎上述各种情况. 因此每个分枝求解结果可表明它或是不需要继续分枝(是“树叶”或是“枯枝”，要被剪枝)，或是需要继续分枝. 若一对分枝都需要继续分枝时，首先将目标函数值较优的分枝求解. 而对目标函数值稍差的那一枝暂且放下，待目标函数较优的那枝全部分解到不能(或不需要)再分，全部查清时为止. 再回过头来考虑目标函数值稍差的那枝，也将它全部查清为止. 这样做，有可能减少一部分计算工作量.

对于本例，问题 B_1 及问题 B_2 的模型及求解结果如下：

问题 B_1

$$\max f = 10x_1 + 20x_2;$$
$$\text{s.t.}\quad \begin{cases} 5x_1 + 8x_2 \leqslant 60, \\ x_1 \leqslant 8, \\ x_2 \leqslant 4, \\ x_1 \leqslant 5, \\ x_1, x_2 \geqslant 0. \end{cases}$$

解为 $\boldsymbol{x}_1^* = (5,4)^{\mathrm{T}}$，

$f_1^* = 130$.

问题 B_2

$$\max f = 10x_1 + 20x_2;$$
$$\text{s.t.}\quad \begin{cases} 5x_1 + 8x_2 \leqslant 60, \\ x_1 \leqslant 8, \\ x_2 \leqslant 4, \\ x_1 \geqslant 6, \\ x_1, x_2 \geqslant 0. \end{cases}$$

解为 $\boldsymbol{x}_2^* = (6, 3.75)^{\mathrm{T}}$，

$f_2^* = 135$.

问题 B_1 的解 $\boldsymbol{x}_1^* = (5,4)^{\mathrm{T}}$ 是整数最优解，它当然也是问题 A_0 的整数可行解，故 A_0 的整数最优解 $Z^* \geqslant f_1^* = 130$. 即此时可将$\underline{Z}$ 修改为

$$\underline{Z} = f_1^* = 130.$$

同时问题 B_1 也被查清，不需要再继续分枝了，即问题 B_1 是“树叶”.

而问题 B_2 的最优解不是整数最优解，且 $f_2^* = 135 > \underline{Z}$，因此需要继续分枝.

因为 $\boldsymbol{x}_2^* = (6, 3.75)^{\mathrm{T}}$，$x_2 = 3.75$ 不满足整数条件，故问题 A_2 分别增加约束条件：$x_2 \leqslant 3$ 及 $x_2 \geqslant 4$. 分为 A_3 与 A_4 两枝，建立相应的伴随规划——问题 B_3 与 B_4：

问题 B_3

$$\max f = 10x_1 + 20x_2;$$
$$\text{s.t.}\quad \begin{cases} 5x_1 + 8x_2 \leqslant 60, \\ x_1 \leqslant 8, \\ x_2 \leqslant 4, \\ x_1 \geqslant 6, \\ x_2 \leqslant 3, \\ x_1, x_2 \geqslant 0. \end{cases}$$

问题 B_4

$$\max f = 10x_1 + 20x_2;$$
$$\text{s.t.}\quad \begin{cases} 5x_1 + 8x_2 \leqslant 60, \\ x_1 \leqslant 8, \\ x_2 \leqslant 4, \\ x_1 \geqslant 6, \\ x_2 \geqslant 4, \\ x_1, x_2 \geqslant 0. \end{cases}$$

它们的可行域分别为 $K_3, K_4(=\varnothing)$，见图 7.3.

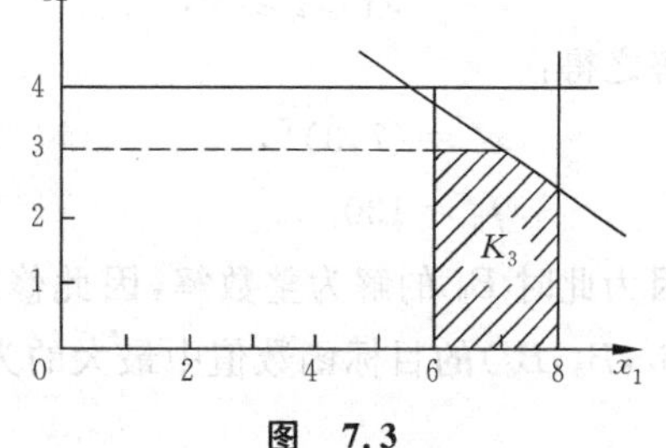

图 7.3

因为 K_4 是空集，问题 B_4 无可行解，因此问题 B_4 是"树叶"，已被查清.

求解问题 B_3，得到最优解 $\boldsymbol{x}_3^* = (7.2, 3)^{\mathrm{T}}$，$f_3^* = 132$.

5. 修改上、下界 $\overline{Z}$ 与 $\underline{Z}$

(1) 修改下界 $\underline{Z}$

修改下界的时机是：每求出一个整数可行解时，都要做修改下界 $\underline{Z}$ 的工作.

修改下界 $\underline{Z}$ 的原则：在至今所有计算出的整数可行解中，选目标函数值最大的那个作为最新下界 $\underline{Z}$. 因此在用分枝定界法的求解全过程中，下界 $\underline{Z}$ 是不断增大的.

(2) 修改上界 $\overline{Z}$

上界 $\overline{Z}$ 的修改时机是：每求解完一对分枝，都要考虑修改上界 $\overline{Z}$.

修改上界 $\overline{Z}$ 的原则是：挑选在迄今为止所有未被分枝的问题的目标函数值中最大的一个作为新的上界. 新的上界 $\overline{Z}$ 应该小于原来的上界. 在分枝定界法的整个求解过程中，上界的值在不断减小.

本例中，当解完一对分枝问题 B_1 与 B_2 时，因为 $\boldsymbol{x}_1^*$ 是整数解，因此修改下界为：$\underline{Z} = f_1^* = 130$. 而 $f_2^* = 135$ 是迄今未被分枝的问题中目标函数最大的，因此修改上界为 $\overline{Z} = f_2^* = 135$，见图 7.5. 在求解完一对分枝问题 B_3, B_4 后，因为无新的整数可行解，因此 $\underline{Z}$ 不变. 而迄今为止还没被分枝的问题中(问题 B_1, B_3, B_4)，目标函数值最大为 $f_3^* = 132$，因此修改上界为 $\overline{Z} = 132$.

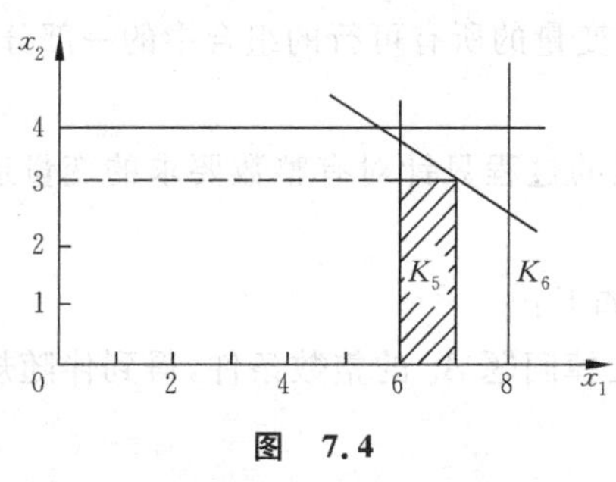

图 7.4

因为 B_3 的最优解 $\boldsymbol{x}_3^* = (7.2, 3)^{\mathrm{T}}$，$f_3^* = 132$，还不是整数解，但 $f_3^* > \underline{Z} = 130$. 故问题 A_3 还需继续分枝，增加约束条件 $x_1 \leqslant 7$ 和 $x_1 \geqslant 8$，A_3 分为 A_5, A_6 两枝. 求解相应的伴随规划问题 B_5 及 B_6 (其可行域见图 7.4).

问题 B_5

$$
\begin{aligned}
\max f &= 10x_1 + 20x_2; \\
\text{s.t.}\quad & 5x_1 + 8x_2 \leqslant 60, \\
& x_1 \leqslant 8, \\
& x_2 \leqslant 4, \\
& x_1 \geqslant 6, \\
& x_2 \leqslant 3, \\
& x_1 \leqslant 7,
\end{aligned}
$$

问题 B_6

$$
\begin{aligned}
\max f &= 10x_1 + 20x_2; \\
\text{s.t.}\quad & 5x_1 + 8x_2 \leqslant 60, \\
& x_1 \leqslant 8, \\
& x_2 \leqslant 4, \\
& x_1 \geqslant 6, \\
& x_2 \leqslant 3, \\
& x_1 \geqslant 8,
\end{aligned}
$$

$x_1, x_2 \geqslant 0,$　　　　　　$x_1, x_2 \geqslant 0.$

解之得：

$\boldsymbol{x}_5^* = (7,3)^{\mathrm{T}},$　　　　　　$\boldsymbol{x}_6^* = (8,2.5)^{\mathrm{T}}$

$f_5^* = 130.$　　　　　　$f_6^* = 130.$

因为此时 B_5 的解为整数解，因此修改下界为 $\underline{Z}=130$，而此时所有未被分枝的问题(B_1，B_4，B_5，B_6)的目标函数值中最大的为 $f_1^* = f_5^* = f_6^* = 130$，故修改上界 $\overline{Z}=130$.

6. 结束准则

当所有分枝均已查明(或无可行解——“树叶”，或为整数可行解——“树叶”，或其目标函数值不大于下界$\underline{Z}$——“枯枝”)，且此时 $\overline{Z}=\underline{Z}$，则已得到了原问题的整数最优解，即目标函数值为下界$\underline{Z}$ 的那个整数解.

在本例中，当解完一对分枝 B_5，B_6 后，得到 $\overline{Z}=\underline{Z}=130$，又 B_5 是“树叶”，B_6 为“枯枝”，因此所有分枝(B_1，B_4，B_5，B_6)均已查明. 故已得到问题 A_0 的最优解：

$$\boldsymbol{x}^* = \boldsymbol{x}_5 = (7,3)^{\mathrm{T}},\quad Z^* = 130;\quad 或\quad \boldsymbol{x}^* = \boldsymbol{x}_1 = (5,4)^{\mathrm{T}},\quad Z^* = 130.$$

故该公司应建甲种宿舍 7 幢、乙种宿舍 3 幢；或甲种 5 幢、乙种 4 幢时，获利最大. 获利为 130 万元.

可将本例的求解过程与结果用图 7.5 来描述.

从上述分析可看出，实际上分枝定界法只检查了变量的所有可行的组合中的一部分，即确定了最优解. 这种思想是我们经常会用到的.

如果用分枝定界法求解混合型整数规划，则分枝的过程只针对有整数要求的变量进行. 对无整数要求的变量则不必考虑.

下面将分枝定界法的计算步骤进一步简要归纳如下：

第 1 步：将原整数线性规划问题称为问题 A_0. 去掉问题 A_0 的整数条件，得到伴随规划问题 B_0.

第 2 步：求解问题 B_0，有以下几种可能：

(1) B_0 没有可行解，则 A_0 也没有可行解，停止计算.

(2) 得到 B_0 的最优解，且满足问题 A_0 的整数条件，则 B_0 的最优解也是 A_0 的最优解，停止计算.

(3) 得到不满足问题 A_0 的整数条件的 B_0 的最优解，记它的目标函数值为 f_0^*，这时需要对问题 A_0(从而对问题 B_0)进行分枝，转下一步.

第 3 步：确定初始上下界 $\overline{Z}$ 与$\underline{Z}$.

以 f_0^* 作为上界 $\overline{Z}$，即 $\overline{Z}=f_0^*$. 观察出问题 A_0 的一个整数可行解，将其目标函数值记为下界$\underline{Z}$. 若观察不到，则可记$\underline{Z}=-\infty$. 转下一步.

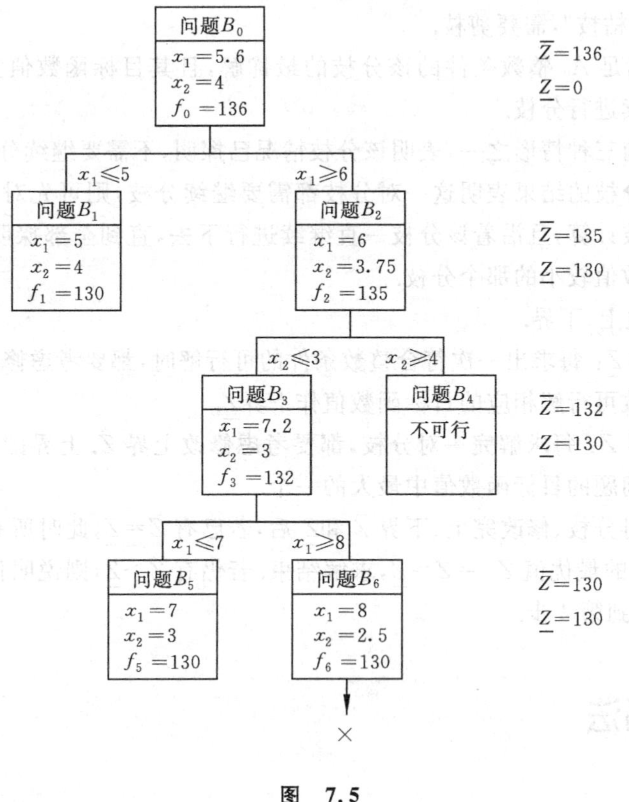

图 7.5

第 4 步：将问题 B_0 分枝.

在 B_0 的最优解 $\boldsymbol{x}_0$ 中，任选一个不符合整数条件的变量 x_j，其值为 a_j，以$[a_j]$表示小于 a_j 的最大整数. 构造两个约束条件：

$$x_j\leqslant[a_j],$$
$$x_j\geqslant[a_j]+1.$$

将这两个约束条件分别加到问题 B_0 的约束条件集中，得到 B_0 的两个分枝：问题 B_1 与 B_2.

第 5 步：求解分枝问题.

对每个分枝问题求解，可能得到以下几种可能：

(1) 分枝无可行解——该分枝是"树叶".

(2) 求得该分枝的最优解，且满足 A_0 的整数条件. 将该最优解的目标函数值作为新的下界$\underline{Z}$，该分枝也是"树叶".

(3) 求得该分枝的最优解，且不满足 A_0 的整数条件，但其目标函数值不大于当前下界$\underline{Z}$，则该分枝是"枯枝"，需要剪枝.

(4) 求得不满足 A_0 整数条件的该分枝的最优解，且其目标函数值大于当前下界$\underline{Z}$，则该分枝需要继续进行分枝.

若得到的是前三种情形之一，表明该分枝情况已探明，不需要继续分枝.

若求解一对分枝的结果表明这一对分枝都需要继续分枝，则可先对目标函数值大的那个分枝进行分枝计算，且沿着该分枝一直继续进行下去，直到全部探明情况为止. 再反过来求解目标函数值较小的那个分枝.

第 6 步：修改上、下界.

(1) 修改下界$\underline{Z}$：每求出一次符合整数条件的可行解时，都要考虑修改下界$\underline{Z}$，选择迄今为止最好的整数可行解相应的目标函数值作下界$\underline{Z}$.

(2) 修改上界 $\bar{Z}$：每求解完一对分枝，都要考虑修改上界 $\bar{Z}$. 上界的值应是迄今为止所有未被分枝的问题的目标函数值中最大的一个.

在每解完一对分枝、修改完上、下界 $\bar{Z}$ 和$\underline{Z}$ 后，若已有 $\bar{Z}=\underline{Z}$，此时所有分枝均已查明，即得到了问题 A_0 的最优值 $Z^*=\bar{Z}=\underline{Z}$，求解结束. 若仍有 $\bar{Z}>\underline{Z}$，则说明仍有分枝没查明，需要继续分枝，回到第 4 步.

7.2 割平面法

割平面法是 R. E. Gomory 于 1958 年提出的一种方法，它主要用于求解纯整数规划.

割平面法有许多种类型，但它们的基本思想是相同的. 我们只介绍 Gomory 割平面算法，它在理论上是重要的，是整数规划的核心内容之一.

先不考虑整数规划的整数条件，得到整数规划的伴随规划. 在求解伴随规划时，所得到的最优解若不满足整数条件，往下则有两条途径可走：一条是利用分解技术，将整数规划问题分解成几个子问题的和. 只要不断查清子问题的解的情况，原问题就容易解决了. 7.1 节的分枝定界法就是基于这种思路；另一条是不断切割原问题伴随规划的可行域，使它在不断缩小的过程中，将原问题的整数最优解逐渐暴露且趋于可行域极点的位置，这样就有可能用单纯形法求出. 割平面法就是属于这一类.

割平面法也用增加新的约束来切割可行域，增加的新约束称为割平面方程或切割方程.

因为二维便于从几何图形上观察割平面，下面以一个二维问题为例，介绍割平面法的基本原理和步骤，重点是割平面的求法.

例 7.2.1 用割平面法解整数规划问题

$$\max Z = x_1 + x_2;$$
$$\text{s.t.}\quad -x_1 + x_2 \leqslant 1,$$
$$3x_1 + x_2 \leqslant 4, \tag{7.2.1}$$
$$x_1, x_2 \geqslant 0,$$
$$x_1, x_2 \text{ 是整数}. \tag{7.2.2}$$

解 将原整数规划问题称为原问题 A_0. 不考虑整数条件(7.2.2)的伴随规划称为问题 B_0,求解过程如下.

1. 求解伴随规划 B_0,将它标准化

$$\max Z = x_1 + x_2 + 0 \cdot x_3 + 0 \cdot x_4;$$
$$\text{s.t.}\quad -x_1 + x_2 + x_3 = 1, \tag{7.2.3}$$
$$3x_1 + x_2 + x_4 = 4,$$
$$x_1, x_2, x_3, x_4 \geqslant 0.$$

用单纯形法求解(7.2.3)得到最优解(见表 7.2):

$$\boldsymbol{x}^* = \left(\frac{3}{4}, \frac{7}{4}, 0, 0\right)^{\mathrm{T}}, \quad Z^* = \frac{5}{2}.$$

表 7.2 最终单纯形表

c_j			1	1	0	0	
$\boldsymbol{c_B}$	$\boldsymbol{x_B}$	$\boldsymbol{b}$	x_1	x_2	x_3	x_4	θ
1	x_2	7/4	0	1	3/4	1/4	
1	x_1	3/4	1	0	−1/4	1/4	
	$-Z$	−5/2	0	0	−1/2	−1/2	

因为伴随规划没有得到整数解,因此要引入一个割平面来缩小可行域,割平面要切去伴随规划的非整数最优解而又不要切去问题 A_0 的任一个整数可行解.

2. 求一个割平面方程

割平面方程可以由上述最终表 7.2 上的任一个含有不满足整数条件的基变量的约束方程演变得到.具体步骤如下:

(1) 在最终表上任选一个含有不满足整数条件基变量的约束方程.

如在最终表 7.2 内,$x_1 = \frac{3}{4}$, $x_2 = \frac{7}{4}$ 均不满足整数条件.若选 x_1,则含 x_1 的约束方程为

$$x_1 \quad -\frac{1}{4}x_3+\frac{1}{4}x_4=\frac{3}{4}. \tag{7.2.4}$$

(2) 将所选的约束方程中非基变量的系数及常数项进行拆分处理.

具体规则是：将上述系数和常数均拆成一个整数加一个非负的真分数(纯小数)之和.如

$$\frac{7}{4}=1+\frac{3}{4},\quad -\frac{5}{2}=-3+\frac{1}{2},\quad -\frac{1}{4}=-1+\frac{3}{4},\quad \frac{1}{4}=0+\frac{1}{4},\cdots$$

则式(7.2.4)变为

$$x_1+\left(-1+\frac{3}{4}\right)x_3+\left(0+\frac{1}{4}\right)x_4=0+\frac{3}{4}. \tag{7.2.5}$$

(3) 将上述约束方程重新组合.组合的原则是：将非基变量系数及常数项中的非负真分数部分移到等号左端,将其他部分移到等式右端,即得

$$\frac{3}{4}x_3+\frac{1}{4}x_4-\frac{3}{4}=0-x_1+x_3+0\cdot x_4. \tag{7.2.6}$$

(4) 求割平面方程.分析式(7.2.6)：等式右端由三部分组成,常数项的整数部分、基变量及非基变量(含松弛变量或剩余变量),前两部分都是整数或应取整数,而松弛变量 x_3,x_4 由方程式(7.2.3)可知,也应取非负整数(对于这一点,当原问题 A_0 的约束方程组中的系数或常数项中有非整数时,要求将该约束方程先化成整数系数及整数常数项,然后再标准化,就可满足).因此式(7.2.6)右端应为整数,同时由于等式左端的特殊性,右端的整数应是大于等于零的整数.这是因为可将式(7.2.6)改写为下式：

$$\frac{3}{4}x_3+\frac{1}{4}x_4=\frac{3}{4}+(0-x_1+x_3+0\cdot x_4), \tag{7.2.7}$$

式(7.2.7)中左端是非负数.若式(7.2.7)中右端第二项为负整数(即$\leqslant -1$ 的整数),而右端第一项是纯小数,这样就不能保证左端为非负数.因此式(7.2.7)右端第二项即式(7.2.6)右端项必定为非负的整数(即$\geqslant 0$ 的整数).因此式(7.2.6)左端应满足：

$$\frac{3}{4}x_3+\frac{1}{4}x_4\geqslant\frac{3}{4}, \tag{7.2.8}$$

式(7.2.8)就是一个割平面条件.

将上述方法作一般化描述：

(1) 设 x_{B_i} 是伴随规划最终单纯形表上第 i 行约束方程所对应的基变量,其取值为非整数,则其约束方程式为

$$x_{B_i}+\sum_{j\in J_N}a'_{ij}x_j=b'_i, \tag{7.2.9}$$

其中 J_N 为非基变量的下标集. a'_{ij}, b'_i 分别为第 i 个约束中非基变量 x_j 的当前系数及第 i 个约束的右端项的当前值.

(2) 将 a'_{ij} 及 b'_i 拆分. 记

$$a'_{ij} = [a'_{ij}] + f_{ij}, \quad j \in J_N, \tag{7.2.10}$$

$$b'_i = [b'_i] + f_i, \tag{7.2.11}$$

式中, $[a'_{ij}]$, $[b'_i]$ 分别表示其值不超过 a'_{ij}、b'_i 的最大整数, 而 $0 \leqslant f_{ij} < 1$, $0 \leqslant f_i < 1$.

将式(7.2.10), 式(7.2.11)代入式(7.2.9), 得

$$x_{B_i} + \sum_{j \in J_N} [a'_{ij}] x_j + \sum_{j \in J_N} f_{ij} x_j = [b'_i] + f_i,$$

或

$$\sum_{j \in J_N} f_{ij} x_j = f_i + \left([b'_i] - x_{B_i} - \sum_{j \in J_N} [a'_{ij}] x_j\right).$$

由于 $\sum_{j \in J_N} f_{ij} x_j \geqslant 0$, $0 \leqslant f_i < 1$ 及 $[b'_i] - x_{B_i} - \sum_{j \in J_N} [a'_{ij}] x_j$ 为大于等于 0 的整数. 因此有

$$\sum_{j \in J_N} f_{ij} x_j \geqslant f_i \quad \text{或} \quad -\sum_{j \in J_N} f_{ij} x_j \leqslant -f_i.$$

加松弛变量 x_s, 化为等式

$$-\sum_{j \in J_N} f_{ij} x_j + x_s = -f_i. \tag{7.2.12}$$

式(7.2.12)就是割平面方程的最基本的形式.

3. 将割平面方程加到伴随规划 B_0 的约束方程中, 构成新的伴随规划 B_1 并求解

$$\begin{aligned}
\max Z = {} & x_1 + x_2 + 0 \cdot x_3 + 0 \cdot x_4; \\
\text{s.t.} \quad & -x_1 + x_2 + x_3 = 1, \\
& 3x_1 + x_2 + x_4 = 4, \\
& -\frac{3}{4}x_3 - \frac{1}{4}x_4 + x_5 = -\frac{3}{4}, \\
& x_1, x_2, x_3, x_4, x_5 \geqslant 0.
\end{aligned} \tag{7.2.13}$$

将割平面条件(7.2.8)转化为小于等于的形式, 是为了避免增加人工变量. 即式(7.2.8)先化为

$$-\frac{3}{4}x_3 - \frac{1}{4}x_4 \leqslant -\frac{3}{4},$$

然后再加松弛变量 x_5 后化为

$$-\frac{3}{4}x_3 - \frac{1}{4}x_4 + x_5 = -\frac{3}{4}. \tag{7.2.14}$$

式(7.2.14)就是本题的第一个割平面方程.

用单纯形法解伴随规划(7.2.13), 实际上只要将约束(7.2.14)加到问题 B_0 的最终单纯形表 7.2 上, 见表 7.3.

表 7.3

c_j			1	1	0	0	0	
$\boldsymbol{c_B}$	$\boldsymbol{x_B}$	$\boldsymbol{b}$	x_1	x_2	x_3	x_4	x_5	θ
1	x_2	7/4	0	1	3/4	1/4	0	
1	x_1	3/4	1	0	−1/4	1/4	0	
0	x_5	−3/4	0	0	−3/4	−1/4	1	
	$-Z$	−5/2	0	0	−1/2	−1/2	0	

当令 x_5 作为新的基变量时，得到的解是一个非可行解. 而 $\sigma_j \leqslant 0$ 依然满足，因而要用对偶单纯形法. 令 x_5 为离基变量. 又

$$\theta = \min_j \left\{ \frac{\sigma_j}{a'_{ij}} \middle| a'_{ij} < 0 \right\} = \min \left\{ \frac{-1/2}{-3/4}, \frac{-1/2}{-1/4} \right\} = \frac{2}{3}.$$

因此 x_3 为进基变量，用单纯形表求之(见表 7.4).

表 7.4

c_j			1	1	0	0	0	
$\boldsymbol{c_B}$	$\boldsymbol{x_B}$	$\boldsymbol{b}$	x_1	x_2	x_3	x_4	x_5	θ
1	x_2	1	0	1	0	0	1	
1	x_1	1	1	0	0	1/3	−1/3	
0	x_3	1	0	0	1	1/3	−4/3	
	$-Z$	−2	0	0	0	−1/3	−2/3	

现在 x_1, x_2 已为整数，已求得整数最优解

$$\boldsymbol{x}^* = (1,1)^{\mathrm{T}}, \quad Z^* = 2.$$

本题较简单，只用一次割平面就求得了最优解，但大多数问题不是只用一、二次割平面就能求得整数最优解的. 若一次割平面不能求到整数最优解，则按过程 2 中的 4 个步骤，在伴随规划 B_1 的最终单纯形表中找出第二个割平面方程，将此割平面方程加到伴随规划 B_1 中，构成伴随规划 B_2，再用对偶单纯形法(或单纯形法)求解. 若求得了整数最优解，则停止计算，否则继续再作割平面，缩小可行域，直到求得整数最优解为止.

本题的割平面条件为式(7.2.8)：

$$\frac{3}{4}x_3 + \frac{1}{4}x_4 \geqslant \frac{3}{4}.$$

为了在图形上表示割平面. 将式(7.2.8)中的 x_3, x_4 用 x_1, x_2 来描述，可得到与割平面条件(7.2.8)等价的方程. 由式(7.2.3)中可得：

$$x_3 = 1 + x_1 - x_2, \quad x_4 = 4 - 3x_1 - x_2. \tag{7.2.15}$$

将式(7.2.15)代入式(7.2.8)得：

$$\frac{3}{4}(1+x_1-x_2)+\frac{1}{4}(4-3x_1-x_2)\geqslant\frac{3}{4},$$

即

$$x_2\leqslant 1. \tag{7.2.16}$$

式(7.2.16)就是与式(7.2.8)等价的、用 x_1,x_2 来描述的一个割平面条件. 伴随规划 B_0 的可行域为 K_0，加入割平面约束(7.2.16)(即式(7.2.8))后，伴随规划 B_1 的可行域即为 K_1，此时 K_1 即把原整数规划问题 A_0 的整数最优点 C 暴露在边界上，不仅作为新可行域 K_1 的极点，而且在用作图法推目标函数的平行线时，最优点恰好在整数点 C 上，见图 7.6. 伴随规划 B_0 的可行域为四边形 $ODAB(K_0)$，B_0 的最优解为 A 点 $\left(\frac{3}{4},\frac{7}{4}\right)$. 当用割平面方程 $x_2=1$ 切去 CAD 后，四边形 $ODCB$ 就是伴随规划 B_1 的可行域 K_1. B_1 的最优解为 C 点(1,1)，我们用目标函数 $x_1+x_2=z_0$ 推平行线也可分别得到点 A 与点 C.

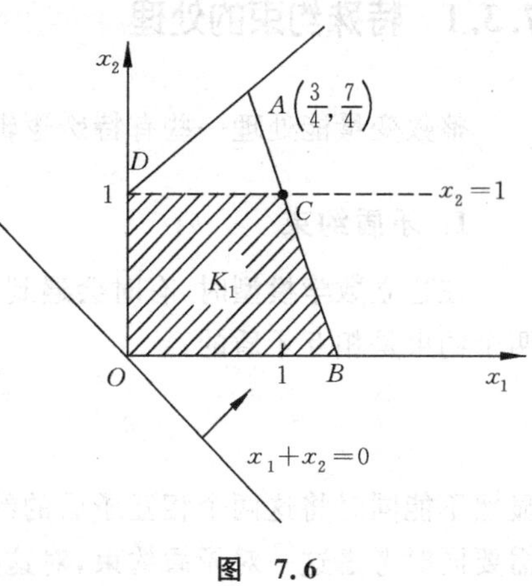

图 7.6

从上述分析可看出，割平面割去了伴随规划的非整数最优解，但割平面约束是利用整数约束条件推出来的，即伴随规划的任一个整数可行解都满足切割方程(7.2.12). 因此它并没有割去原问题的任一个整数可行解.

7.3 0-1 型整数规划

0-1 型整数规划是整数规划中的特殊情形，它的变量 x_i 仅可取值 0 或 1，这时的变量 x_i 称为 0-1 变量，或称为二进制变量. x_i 仅取值 0 或 1 这个条件可由下述约束条件：

$$\begin{aligned}&x_i\leqslant 1,\\&x_i\geqslant 0\quad 且取整数\end{aligned} \tag{7.3.1}$$

所代替，因此它也与一般整数规划约束条件形式上相一致.

0-1 型整数规划可以说是整数规划在实际应用中最活跃的部分. 这是因为实际问题中存在大量的决策问题，决策者希望能回答诸如：某些项目是否要执行. 回答这类“是—否”或“有—无”问题就可以借助整数规划中的 0-1 整数变量. “0”由于它在数学上的特性可以很好地代表“无”或“否”，而 1 则可很好地代表“有”或“是”. 0-1 变量一般可表示为

$$x_i=\begin{cases}1, & \text{如果决策 } i \text{ 为是或有,}\\ 0, & \text{如果决策 } i \text{ 为否或无.}\end{cases} \tag{7.3.2}$$

另一方面,引入0-1整数变量后,许多复杂的、困难的模型问题就相对变得简单,或把有各种情况需要分别加以讨论的问题统一在一个模型中研究,因此0-1型整数规划有着广泛的应用背景.本节首先介绍用0-1型整数规划来处理一些特殊的约束问题,再介绍一些典型的应用问题,最后介绍0-1型整数规划的一种解法.

7.3.1 特殊约束的处理

整数变量能处理一些有特殊逻辑关系的约束.

1. 矛盾约束

在建立数学模型时,有时会遇到相互矛盾的约束,而模型只能两者取其一.例如,下面两个约束是相互矛盾的:

$$f(x)-3\geqslant 0, \tag{7.3.3}$$

$$f(x)\leqslant 0. \tag{7.3.4}$$

显然不能同时将这两个相互矛盾的约束直接放在一个模型中,否则模型将无解.但问题却需要同时考虑这一对矛盾约束,对这类相互矛盾,又必须同时出现在模型中的互斥约束,可以通过引入一个0-1整数变量来完善地处理.如对式(7.3.3)及式(7.3.4)引入一个0-1变量 y,及一个很大的正数 M,可化为

$$-f(x)+3\leqslant My, \tag{7.3.5}$$

$$f(x)\leqslant M(1-y). \tag{7.3.6}$$

当 $y=0$ 时,式(7.3.5)与式(7.3.3)没有区别,而式(7.3.6)自然满足,实际上不起作用.而当 $y=1$ 时,式(7.3.6)即为式(7.3.4).而式(7.3.5)变为

$$3\leqslant M+f(x).$$

当 M 为很大正数值时,自然也能成立,也是个不起作用的约束.这样就可把式(7.3.5)与式(7.3.6)同时放到模型约束中去.

对于形似 $|f(x)|\geqslant a(a>0)$,可用以下一对约束来代替:

$$f(x)\geqslant a, \tag{7.3.7}$$

$$f(x)\leqslant -a. \tag{7.3.8}$$

这是一对矛盾约束,引入0-1变量后,约束可改写为

$$-f(x)+a\leqslant My, \tag{7.3.9}$$

$$f(x)+a\leqslant M(1-y). \tag{7.3.10}$$

2. 多中选一的约束

例如,模型希望在下列 n 个约束中,只能有一个约束有效:

$$f_i(x) \leqslant 0 \quad (i = 1,2,\cdots,n). \tag{7.3.11}$$

引入 n 个 0-1 整数变量 $y_i, i=1,2,\cdots,n$. 约束(7.3.11)可改写为

$$f_i(x) \leqslant M(1 - y_i) \quad (i = 1,2,\cdots,n), \tag{7.3.12}$$

$$y_1 + y_2 + \cdots + y_n = 1. \tag{7.3.13}$$

在式(7.3.12)这一组约束中,当 $y_i=1$ 时,即为式(7.3.11). 当 $y_i=0$ 时,自然能满足,此时约束不起作用. 而式(7.3.13)保证了在 0-1 整数变量中有一个且也只有一个取值 1,其余的 y_i 取 0 值.

若希望有 k 个约束有效,只需将式(7.3.13)改为

$$y_1 + y_2 + \cdots + y_n = k. \tag{7.3.14}$$

7.3.2 0-1 型整数规划的典型应用问题

1. 背包问题

背包问题是从旅行者如何选择背包中的用品引出的. 旅行者可背负的重量有限,但旅行时需要携带的物品很多,如食品、水、衣服、帐篷、药品等. 但旅行者也不可能把所有需要的物品全带上,他只能选择那些对旅行最重要的物品随身携带. 为解决这个问题,旅行者可给每种物品指定一个重要性系数. 他的目标是在不超过一定重量的前提下,使所携带的物品的重要性系数之和最大.

例 7.3.1 一个登山队员,他需要携带的物品有:食品、氧气、冰镐、绳索、帐篷、照相器材、通信器材等. 每种物品的重量及重要性系数见表 7.5. 设登山队员可携带的最大量为 25 kg,试选择该队员所应携带的物品.

表 7.5

序号	1	2	3	4	5	6	7
物品	食品	氧气	冰镐	绳索	帐篷	照相器材	通信设备
重量/kg	5	5	2	6	12	2	4
重要性系数	20	15	18	14	8	4	10

解 引入 0-1 型变量 x_i. 若 $x_i=1$ 表示应携带物品 i;若 $x_i=0$,表示该队员不应携带物品 i. 因此模型可表达为

$$\max Z = 20x_1 + 15x_2 + 18x_3 + 14x_4 + 8x_5 + 4x_6 + 10x_7;$$
$$\text{s.t.} \quad 5x_1 + 5x_2 + 2x_3 + 6x_4 + 12x_5 + 2x_6 + 4x_7 \leqslant 25,$$
$$x_i = 1 \text{ 或 } 0 \quad (i = 1,2,\cdots,7). \tag{7.3.15}$$

这一问题可以用整数规划来解决，将(7.3.15)中的 $x_i=1$ 或 0，用(7.3.1)来代替：

$$x_i \leqslant 1,$$
$$x_i \geqslant 0 \quad 且取整数.$$

这样就是一个标准的整数规划问题. 可以用整数规划的方法(分枝定界法或割平面法)求解，但由该问题的特殊性，可以找到一个比较简单有效的启发性算法. 例如可以比较每种物品的重要性系数和重量的比值. 比值大的物品首先选取，直到重量达到限制值为止.

按上述思路，本题最优解：$x_i=1(i=1,2,3,4,6,7)$，$x_5=0$，背包重量 $Z^*=24$ kg.

背包问题的一般形式为

$$\max Z = \sum_{i=1}^{n} c_i x_i; \tag{7.3.16}$$
$$\text{s.t.} \quad \sum_{i=1}^{n} a_i x_i \leqslant b,$$
$$x_i = 1 \text{ 或 } 0 \quad (i = 1,2,\cdots,n).$$

只有一个约束的背包问题称为一维背包问题. 如果有两个或三个约束称为二维或三维背包问题.

背包问题适用于一切以若干种用途争用一种资源为特征的问题，如投资选择问题.

2. 集合覆盖和布点问题

集合覆盖问题也是典型的整数规划问题. 在集合覆盖问题中，一个给定集合(集合 1)的每一个元素必须被另一个集合(集合 2)的元素所覆盖. 在满足覆盖集合 1 所有元素的前提下，集合覆盖问题的目标是求需要的集合 2 的元素最少. 例如学校、医院、商业区、消防队等设施布点问题都属于这类问题.

例 7.3.2 某城市消防队布点问题. 该城市共有 6 个区，每个区都可以建消防站，市政府希望设置的消防站最少，但必须满足在城市任何地区发生火警时，消防车要在 15 min 内赶到现场. 据实地测定，各区之间消防车行驶的时间见表 7.6，请帮助该市制定一个布点最少的计划.

解 引入 0-1 变量 x_i 作决策变量，令 $x_i=1$ 表示在地区 i 设消防站；$x_i=0$ 表示在地区 i 不设消防站.

本问题的目标是

$$\min Z = x_1 + x_2 + x_3 + x_4 + x_5 + x_6.$$

本问题的约束方程是要保证每个地区都有一个消防站在 15 min 行程内. 如地区 1，由表 7.6

表 7.6 消防车在各区间行驶时间表 单位：min

	地区 1	地区 2	地区 3	地区 4	地区 5	地区 6
地区 1	0	10	16	28	27	20
地区 2	10	0	24	32	17	10
地区 3	16	24	0	12	27	21
地区 4	28	32	12	0	15	25
地区 5	27	17	27	15	0	14
地区 6	20	10	21	25	14	0

可知，在地区 1 及地区 2 内设消防站都能达到此要求，即

$$x_1 + x_2 \geqslant 1,$$

因此本问题的数学模型为

$$\min Z = x_1 + x_2 + x_3 + x_4 + x_5 + x_6;$$

$$\text{s.t.}\quad \begin{cases} x_1 + x_2 \geqslant 1, \\ x_1 + x_2 + x_6 \geqslant 1, \\ x_3 + x_4 \geqslant 1, \\ x_3 + x_4 + x_5 \geqslant 1, \\ x_4 + x_5 + x_6 \geqslant 1, \\ x_2 + x_5 + x_6 \geqslant 1, \\ x_i = 1 \text{ 或 } 0 \quad (i = 1, \cdots, 6). \end{cases} \tag{7.3.17}$$

本题的最优解为 $x_2 = x_4 = 1$，其余 $x_i = 0, Z = 2$，即只在地区 2 和 4 设消防站就可满足要求.

3. 与生产方式有关的固定成本问题

在讨论使生产成本为最小的线性规划问题时，当固定成本为常数时，在线性规划的模型中固定成本可不用明显地表示出来. 但是有些生产问题的固定费用与所选择的生产方式有关，一方面，投资大的往往其固定费用也较大. 另一方面，当选择生产效率较高的生产方式时，往往其产量也大. 因此摊到每件产品的变动成本反而相对就较小. 因此选择何种生产方式就要综合考虑.

现设有 m 种生产方式可供选择. 令 x_j 表示采用第 j 种生产方式时的产量；c_j 表示采用第 j 种生产方式时分摊到每件产品的变动成本；k_j 表示采用第 j 种生产方式时的固定成本. 因此采用第 j 种生产方式时的总成本为

$$p_j = \begin{cases} k_j + c_j x_j, & \text{当 } x_j > 0 \text{ 时}, \\ 0, & \text{当 } x_j = 0 \text{ 时}, \end{cases} \quad (j = 1, 2, \cdots, m).$$

为了将这些不同的生产方式的成本统一到目标函数中，我们可以引入 0-1 型变量 y_j，令

$$y_j=\begin{cases}1, & \text{当采用第 } j \text{ 种生产方式时(即 } x_j>0\text{)},\\ 0, & \text{当不采用第 } j \text{ 种生产方式时(即 } x_j=0\text{)}.\end{cases} \tag{7.3.18}$$

为了说明固定成本的特点，我们先不考虑其他费用与约束条件，则目标函数可表示为

$$\min Z=(k_1y_1+c_1x_1)+(k_2y_2+c_2x_2)+\cdots+(k_my_m+c_mx_m). \tag{7.3.19}$$

约束条件可写成：

$$x_j\leqslant y_jM \quad (j=1,2,\cdots,m). \tag{7.3.20}$$

其中 M 是一个充分大的正数. 式(7.3.20)表明. 当 $x_j>0$ 时，y_j 必须取 1. 这样在目标函数式(7.3.19)中，固定成本 k_jy_j 及变动成本 c_jx_j 都考虑进去了；当 $x_j=0$ 时，表示不考虑第 j 种生产方式进行生产，此时 y_j 也应该取 0. 因为式(7.3.19)是求 $\min Z$. 当 $x_j=0$ 而 $y_j=1$ 时，不会是极小值(因为当 $x_j=0$ 时，取 $y_j=0$，比它更小). 因此用约束条件(7.3.20)完全可以替代式(7.3.18).

其他问题如货郎担问题(即旅行推销商问题)等，也都是 0-1 型整数规划中典型问题. 有兴趣的读者可查阅其他有关书籍.

7.3.3 求解小规模 0-1 规划问题的隐枚举法

本节介绍的是一种简便的用于求解小规模问题的方法，举例如下.

例 7.3.3

$$\begin{aligned}\max Z&=3x_1-2x_2+5x_3;\\ \text{s. t.}\quad & x_1+2x_2-x_3\leqslant 2,\\ & x_1+4x_2+x_3\leqslant 4,\\ & x_1+x_2\leqslant 3,\\ & 4x_2+x_3\leqslant 6,\\ & x_1,x_2,x_3=0 \text{ 或 } 1.\end{aligned} \tag{7.3.21}$$

解 (1) 先用试探的方法找出一个初始可行解，如 $x_1=1,x_2=x_3=0$，满足模型(7.3.21)中所有约束条件. 故选它作初始可行解 $\boldsymbol{x}_0$，而其目标函数值 $Z_0=3$.

(2) 对原有约束增加一个过滤条件

以目标函数 $Z\geqslant Z_0$ 作为过滤条件加到原有约束集中：

$$3x_1-2x_2+5x_3\geqslant 3.$$

这是因为初始可行解的目标函数值已为 $Z_0=3$. 我们要寻找的是比初始可行解更好的可行解. 因此式(7.3.21)变为

$$
\begin{aligned}
&\max Z = 3x_1 - 2x_2 + 5x_3;\\
&\text{s.t.}\quad x_1 + 2x_2 - x_3 \leqslant 2, && ①\\
&\qquad x_1 + 4x_2 + x_3 \leqslant 4, && ②\\
&\qquad x_1 + x_2 \leqslant 3, && ③\\
&\qquad 4x_2 + x_3 \leqslant 6, && ④\\
&\qquad 3x_1 - 2x_2 + 5x_3 \geqslant 3, && ⑤\\
&\qquad x_j = 1 \text{ 或 } 0 \quad (j = 1,2,3).
\end{aligned} \tag{7.3.22}
$$

(3) 求解问题(7.3.22)

按照枚举法的思路，依次检查各种变量的组合，每找到一个可行解，求出它的目标函数值 Z_1. 若 $Z_1 > Z_0$，则将过滤条件换成 $Z > Z_1$.

一般来讲，过滤条件是所有约束条件中关键的一个，因而先检查它是否满足，如不满足，其他约束条件也就不再检查了(不论这个变量的组合是否是可行解，对我们都没有用了)，这样也就减少了计算工作量.

求解过程见表 7.7. 表中约束条件①、②、③、④为问题(7.3.22)中约束条件①、②、③、④，约束条件⑤即为过滤条件. 表中"×"号表示不满足约束条件，"√"表示满足约束条件，空白表示不计算.

本题结果为 $x_1=1, x_2=0, x_3=1, Z^*=8$.

表 7.7

点	过滤条件	约束					Z 值
		⑤	①	②	③	④	
	$3x_1-2x_2+5x_3\geqslant 3$						
$(0,0,0)^T$		×					
$(0,0,1)^T$		√	√	√	√	√	5
	$3x_1-2x_2+5x_3\geqslant 5$						
$(0,1,0)^T$		×					
$(0,1,1)^T$		×					
$(1,0,0)^T$		×					
$(1,0,1)^T$		√	√	√	√	√	8
	$3x_1-2x_2+5x_3\geqslant 8$						
$(1,1,0)^T$		×					
$(1,1,1)^T$		×					

依照上述思路可看到，本方法与穷举法有着根本的区别，它不需要将所有可行的变量组合一一枚举. 实际上，在得到最优解时，很多可行的变量组合并没有被枚举，只是通过

分析、判断，排除了它们是最优解的可能性。也就是说它们被隐含了，故此法称为隐枚举法.

7.4 指派问题与匈牙利解法

指派问题也是整数规划的一类重要问题. 在实践中经常会遇到这样一种问题：有 n 项不同的工作或任务，需要 n 个人去完成(每人只完成一项工作). 由于每人的知识、能力，经验等不同，故各人完成不同任务所需要的时间(或其他资源)不同. 问应指派哪个人完成何项工作，可使完成 n 项工作所消耗的总资源最少？这样一类问题就称为指派问题，下面建立指派问题的数学模型.

7.4.1 指派问题的数学模型

引入 0-1 变量 x_{ij}：

$$x_{ij}=\begin{cases}1, & \text{表示指派第 } i \text{ 个人完成第 } j \text{ 项工作}, \\ 0, & \text{表示不指派第 } i \text{ 个人去完成第 } j \text{ 项工作}.\end{cases}$$

用 c_{ij} 表示第 i 个人完成第 j 项工作所需的资源数，称之为效率系数(或价值系数). 因此有指派问题的数学模型：

$$\min Z=\sum_{i=1}^{n}\sum_{j=1}^{n}c_{ij}x_{ij}; \tag{7.4.1}$$

$$\text{s.t.}\quad \sum_{j=1}^{n}x_{ij}=1,\quad (i=1,2,\cdots,n), \tag{7.4.2}$$

$$\sum_{i=1}^{n}x_{ij}=1,\quad (j=1,2,\cdots,n), \tag{7.4.3}$$

$$x_{ij}=0 \text{ 或 } 1. \tag{7.4.4}$$

式(7.4.1)表示完成全部 n 项工作所消耗的总资源数最少. 式(7.4.2)表示第 i 个人只能完成一项工作(也必须完成一项工作)，式(7.4.3)表示第 j 项工作只派一个人去完成. 式(7.4.4)为决策变量只取 0 或 1 两个整数值.

因此，指派问题是线性规划问题，是一类特殊的运输问题(请读者将指派问题的数学模型与一般运输问题作比较，指出它的特殊性在哪里)，也是 0-1 型整数规划问题. 但由于指派问题数学结构的特殊性，可用比求解运输问题或 0-1 型整数规划更简便的方法求解指派问题. 这就是所谓的匈牙利方法. 匈牙利法的得名是因为匈牙利数学家狄·考尼格(D. König)证明了这个方法中主要定理.

7.4.2 匈牙利法的基本原理

将指派问题数学模型中的效率系数 c_{ij} 排成一个 $n\times n$ 型矩阵,称为效率矩阵(或价值系数矩阵).即

$$\boldsymbol{C}=\begin{bmatrix} c_{11} & c_{12} & \cdots & c_{1n} \\ c_{21} & c_{22} & \cdots & c_{2n} \\ \vdots & \vdots & & \vdots \\ c_{n1} & c_{n2} & \cdots & c_{nn} \end{bmatrix}. \tag{7.4.5}$$

定理 7.4.1 设指派问题的效率矩阵为 $\boldsymbol{C}=(c_{ij})_{n\times n}$,若将该矩阵的某一行(或某一列)的各个元素都减去同一常数 t(t 可正可负),得到新的效率矩阵 $\boldsymbol{C}'=(c'_{ij})_{n\times n}$,则以 $\boldsymbol{C}'$ 为效率矩阵的新指派问题与原指派问题的最优解相同.但其最优值比原最优值减少 t.

证 设式(7.4.1)～(7.4.4)为原指派问题.现在 $\boldsymbol{C}$ 矩阵的第 k 行各元素都减去同一常数 t.记新指派问题的目标函数为 Z',则有

$$\begin{aligned} Z' &= \sum_{i=1}^{n}\sum_{j=1}^{n} c'_{ij}x_{ij} = \sum_{\substack{i=1 \\ i\neq k}}^{n}\sum_{j=1}^{n} c'_{ij}x_{ij} + \sum_{j=1}^{n} c'_{kj}x_{kj} \\ &= \sum_{\substack{i=1 \\ i\neq k}}^{n}\sum_{j=1}^{n} c_{ij}x_{ij} + \sum_{j=1}^{n}(c_{kj}-t)x_{kj} = \sum_{\substack{i=1 \\ i\neq k}}^{n}\sum_{j=1}^{n} c_{ij}x_{ij} + \sum_{j=1}^{n} c_{kj}x_{kj} - t\sum_{j=1}^{n}x_{kj} \\ &= \sum_{i=1}^{n}\sum_{j=1}^{n} c_{ij}x_{ij} - t\cdot 1 = Z-t. \end{aligned} \tag{7.4.6}$$

上式最后第二步,利用了等式(7.4.2).因此有

$$\min Z' = \min\,(Z-t) = \min Z - t.$$

而新指派问题的约束方程同原指派问题.因此其最优解必相同,而最优值差一常数 t.

推论 7.4.2 若将指派问题的效率矩阵每一行及每一列分别减去各行及各列的最小元素,则得到的新指派问题与原指派问题有相同的最优解.

证 结论是显然的,只要反复运用定理 7.4.1 便可得证.

当将效率矩阵的每一行都减去各行的最小元素,将所得的矩阵的每一列再减去当前列中最小元素,则最后得到的新效率矩阵 $\boldsymbol{C}'$ 中必然会出现一些零元素.设 $c'_{ij}=0$,从第 i 行来看,它表示第 i 个人去干第 j 项工作效率(相对)最好.而从第 j 列来看 $c'_{ij}=0$,它表示第 j 项工作以第 i 个人来干效率(相对)最高.

定义 7.4.1 在效率矩阵 $\boldsymbol{C}$ 中,有一组处在不同行不同列的零元素,称为独立零元素组,此时其中每个元素称为独立零元素.

例 7.4.1 已知

$$C=\begin{bmatrix}5&0&2&0\\2&3&0&0\\0&5&6&7\\4&8&0&0\end{bmatrix}.$$

则$\{c_{12}=0,c_{24}=0,c_{31}=0,c_{43}=0\}$是一个独立零元素组，$c_{12}=0,c_{24}=0,c_{31}=0,c_{43}=0$分别称为独立零元素. $\{c_{12}=0,c_{23}=0,c_{31}=0,c_{44}=0\}$也是一个独立零元素组，而$\{c_{14}=0,c_{23}=0,c_{31}=0,c_{44}=0\}$就不是一个独立零元素组，因为$c_{14}=0$与$c_{44}=0$这两个零元素处在同一列中.

再将$n\times n$个决策变量x_{ij}也排成一个$n\times n$矩阵$\boldsymbol{x}=(x_{ij})_{n\times n}$，称为决策变量矩阵. 即

$$\boldsymbol{x}=\begin{bmatrix}x_{11}&x_{12}&\cdots&x_{1n}\\x_{21}&x_{22}&\cdots&x_{2n}\\\vdots&\vdots&&\vdots\\x_{n1}&x_{n2}&\cdots&x_{nn}\end{bmatrix}. \tag{7.4.7}$$

根据以上对效率矩阵中零元素的分析，对效率矩阵C中出现独立零元素组的位置，在决策变量矩阵$\boldsymbol{x}$中令相应的$x_{ij}=1$，其余的$x_{ij}=0$. 就是指派问题的一个最优解，如例7.4.1.

$$\boldsymbol{x}_{(1)}=\begin{bmatrix}0&1&0&0\\0&0&0&1\\1&0&0&0\\0&0&1&0\end{bmatrix},$$

就是一个最优解. 同理

$$\boldsymbol{x}_{(2)}=\begin{bmatrix}0&1&0&0\\0&0&1&0\\1&0&0&0\\0&0&0&1\end{bmatrix},$$

也是一个最优解.

但在有的问题中发现效率矩阵C中独立零元素的个数不到n个，这样就无法求到最优指派方案，需要作进一步的分析. 首先给出下述定理.

定理 7.4.3 效率矩阵C中独立零元素的最多个数等于能覆盖所有零元素的最少直线数.

本定理是由匈牙利数学家狄·考尼格证明的. 证明的内容超出了本书的范围.

下面举例说明上述定理的内容.

例 7.4.2 已知矩阵C_1, C_2, C_3如下：

$$C_1=\begin{bmatrix}5&0&2&0\\2&3&0&0\\0&5&6&7\\4&8&0&0\end{bmatrix},\quad C_2=\begin{bmatrix}5&0&2&0&2\\2&3&0&0&0\\0&5&5&7&2\\4&8&0&0&4\\0&6&3&6&5\end{bmatrix},\quad C_3=\begin{bmatrix}7&0&2&0&2\\4&3&0&0&0\\0&3&3&5&0\\6&8&0&0&4\\0&4&1&4&3\end{bmatrix}.$$

分别用最少直线去覆盖各自矩阵中的零元素：

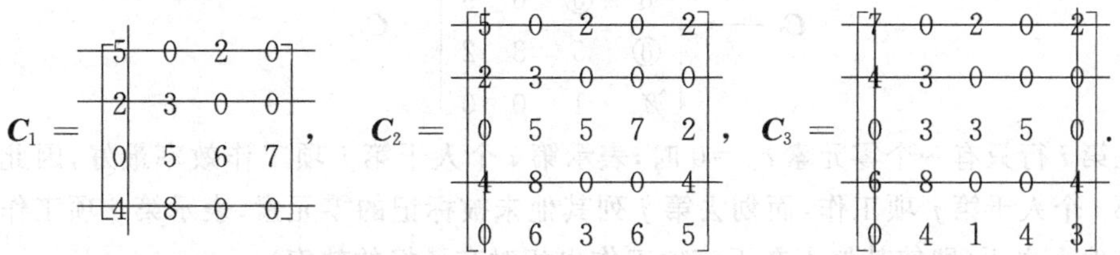

可见 C_1 最少需要 4 根，C_2 最少需要 4 根，C_3 最少需要 5 根. 因此对矩阵 C_1,C_2,C_3 来说，它们独立零元素组中零元素的最多个数分别为 4，4，5.

7.4.3 匈牙利法求解步骤

现以例题来说明解题步骤.

例 7.4.3 现有一个 4×4 的指派问题，其效率矩阵为

$$C=\begin{bmatrix}2&15&13&4\\10&4&14&15\\9&14&16&13\\7&8&11&9\end{bmatrix}.$$

求解该指派问题.

步骤如下所示。

第 1 步：变换效率矩阵，将各行各列都减去当前各行、各列中最小元素.

$$C=\begin{bmatrix}2&15&13&4\\10&4&14&15\\9&14&16&13\\7&8&11&9\end{bmatrix}\begin{matrix}\min\\2\\4\\9\\7\end{matrix}\xrightarrow{\text{行变换}}\begin{bmatrix}0&13&11&2\\6&0&10&11\\0&5&7&4\\0&1&4&2\end{bmatrix}\xrightarrow{\text{列变换}}\begin{bmatrix}0&13&7&0\\6&0&6&9\\0&5&3&2\\0&1&0&0\end{bmatrix}\overset{\text{def}}{=}C_1.$$
$$\min\ 0\quad 0\quad 4\quad 2$$

这样得到的新矩阵 C_1 中，每行每列都必然出现零元素.

第 2 步：用圈 0 法求出新矩阵 C_1 中独立零元素.

(1) 进行行检验

对 C_1 进行逐行检查，对每行只有一个未标记的零元素时，用○记号将该零元素圈起. 然后将被圈起的零元素所在列的其他未标记的零元素用记号×划去. 如 C_1 中第 2 行、第 3 行都只有一个未被标记的零元素，用○分别将它们圈起. 然后用×划去第一列其他未被标记的零元素(第 2 列没有)，见 C_2.

$$C_1 \longrightarrow \begin{bmatrix} \not{0} & 13 & 7 & 0 \\ 6 & \textcircled{0} & 6 & 9 \\ \textcircled{0} & 5 & 3 & 2 \\ \not{0} & 1 & 0 & 0 \end{bmatrix} = C_2.$$

在第 i 行只有一个零元素 $c_{ij}=0$ 时，表示第 i 个人干第 j 项工作效率最好，因此优先指派第 i 个人干第 j 项工作，而划去第 j 列其他未被标记的零元素，表示第 j 项工作不再指派其他人去干(即使其他人在干该项工作也相对有最好的效率).

重复行检验，直到每一行都没有未被标记的零元素或至少有两个未被标记的零元素时为止.

本题 C_2 中第 1 行此时也只有 1 个未标记的零元素. 因此圈起 C_2 中第 1 行第 4 列的零元素 c_{14}，然后用×划去第 4 列中未被标记的零元素. 这时第 4 行也只有一个未被标记的零元素 c_{43}，再用○圈起，见 C_3.

$$C_2 \longrightarrow \begin{bmatrix} \not{0} & 13 & 7 & \textcircled{0} \\ 6 & \textcircled{0} & 6 & 9 \\ \textcircled{0} & 5 & 3 & 2 \\ \not{0} & 1 & \textcircled{0} & \not{0} \end{bmatrix} = C_3.$$

(2) 进行列检验

与进行行检验相似，对进行了行检验的矩阵逐列进行检查，对每列只有一个未被标记的零元素，用记号○将该零元素圈起，然后将该元素所在行的其他未被标记的零元素打×.

重复上述列检验，直到每一列都没有未被标记过的零元素或至少有两个未被标记的零元素时止.

这时可能出现下述三种情形：

① 每一行均有圈 0 出现，圈 0 的个数 m 恰好等于 n，即 $m=n$.

② 存在未标记过的零元素，但它们所在的行和列中，未标记过的零元素均至少有两个.

③ 不存在未被标记过的零元素，但圈 0 的个数 $m<n$.

第 3 步：进行试指派

若情况①出现，则可进行指派：令圈 0 位置的决策变量取值为 1，其他决策变量取值均为零，得到一个最优指配方案，停止计算. 例 7.4.3 得到 C_3 后，出现了情况①，可令 $x_{14}=1, x_{22}=1, x_{31}=1, x_{43}=1$，其余 $x_{ij}=0$. 即为最优指派方案.

若情况②出现，则再对每行、每列中有两个未被标记过的零元素任选一个，加上标记○，即圈上该零元素. 然后给同列、同行的其他未被标记的零元素加标记×. 然后再进行行、列检验，可能出现情况①或③，出现情况①则由上述得到一最优指派方案，停止计算.

若情况③出现，则要转入下一步.

第 4 步：作最少直线覆盖当前所有零元素.

我们也以例题来说明过程.

例 7.4.4 某一 5×5 指派问题的效率矩阵为

$$\boldsymbol{C}=\begin{bmatrix}12 & 7 & 9 & 7 & 9\\ 8 & 9 & 6 & 6 & 6\\ 7 & 17 & 12 & 14 & 9\\ 15 & 14 & 6 & 6 & 10\\ 4 & 10 & 7 & 10 & 9\end{bmatrix}.$$

求最优指派方案.

解 对 $\boldsymbol{C}$ 进行行、列变换，减去各行、列最小元素：

$$\boldsymbol{C}=\begin{bmatrix}12 & 7 & 9 & 7 & 9\\ 8 & 9 & 6 & 6 & 6\\ 7 & 17 & 12 & 14 & 9\\ 15 & 14 & 6 & 6 & 10\\ 4 & 10 & 7 & 10 & 9\end{bmatrix}\begin{matrix}\min\\7\\6\\7\\6\\4\end{matrix}\xrightarrow{\text{行变换}}\begin{bmatrix}5 & 0 & 2 & 0 & 2\\ 2 & 3 & 0 & 0 & 0\\ 0 & 10 & 5 & 7 & 2\\ 9 & 8 & 0 & 0 & 4\\ 0 & 6 & 3 & 6 & 5\end{bmatrix}=\boldsymbol{C}_1\xrightarrow{\text{列变换}}\begin{bmatrix}5 & 0 & 2 & 0 & 2\\ 2 & 3 & 0 & 0 & 0\\ 0 & 10 & 5 & 7 & 2\\ 9 & 8 & 0 & 0 & 4\\ 0 & 6 & 3 & 6 & 5\end{bmatrix}=\boldsymbol{C}_2.$$
$$\min\ 0\quad 0\quad 0\quad 0\quad 0$$

用圈 0 法对 $\boldsymbol{C}_2$ 进行行列检验，得到

$$\begin{bmatrix}5 & ⓪ & 2 & \times & 2\\ 2 & 3 & \times & \times & ⓪\\ ⓪ & 10 & 5 & 7 & 2\\ 9 & 8 & ⓪ & \times & 4\\ \times & 6 & 3 & 6 & 5\end{bmatrix}=\boldsymbol{C}_3.$$

可见 $\boldsymbol{C}_3$ 中已没有未被标记过的 0 元素，但圈 0 的个数 $m=4<n=5$. 出现了前述的情况③，现在独立零元素的个数少于 n，不能进行指派，为了增加独立零元素的个数，需要对矩阵 $\boldsymbol{C}_3$ 作进一步的变换，变换步骤如下：

(1) 对 $\boldsymbol{C}_3$ 中所有不含圈 0 元素的行打√，如第 5 行.

(2) 对打√的行中，所有零元素所在列打√，如第 1 列.

(3) 对所有打√列中圈 0 元素所在行打√，如第 3 行.

(4) 重复上述(2)，(3)步，直到不能进一步打√为止.

(5) 对未打√的每一行画一直线，如第 1，2，4 行. 对已打√的每一列画一纵线，如 $\boldsymbol{C}_3$ 中第 1 列，即得到覆盖当前 0 元素的最少直线数，见 $\boldsymbol{C}_4$.

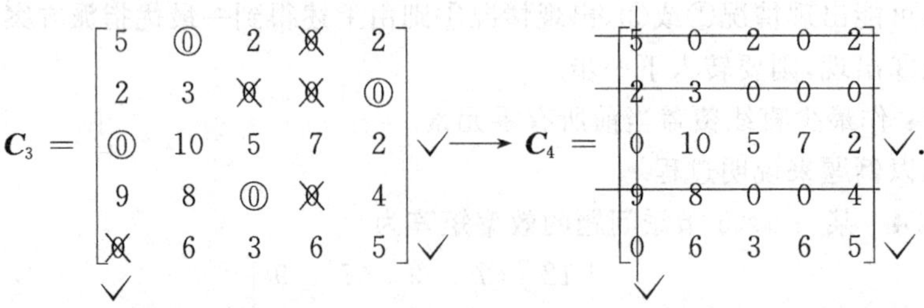

第 5 步：对矩阵 $\boldsymbol{C}_4$ 作进一步变换，以增加 0 元素.

在未被直线覆盖过的元素中找出最小元素，将打√行的各元素减去这个最小元素，将打√列的各元素加上这个最小元素（以避免打√行中出现负元素），这样就增加了零元素的个数.

如 $\boldsymbol{C}_4$ 中未被直线覆盖过的元素中，最小元素为 $c_{35}=2$（即 $\boldsymbol{C}_4$ 中第 3 行第 5 列元素）. 对打√的第 3，5 行各元素都减去 2，对打√的第 1 列各元素都加上 2，得到矩阵 $\boldsymbol{C}_5$：

$$\boldsymbol{C}_5=\begin{bmatrix}7&0&2&0&2\\4&3&0&0&0\\0&8&3&5&0\\11&8&0&0&4\\0&4&1&4&3\end{bmatrix}.$$

第 6 步：对已增加了 0 元素的矩阵，再用圈 0 法找出独立零元素组.

即回到第 2 步的(1)，(2)，对 $\boldsymbol{C}_5$ 进行行检验及列检验，直到出现圈 0 的个数 $m=n$ 时止.

本题对 $\boldsymbol{C}_5$ 再用行列检验后为

$$\boldsymbol{C}_5\longrightarrow\begin{bmatrix}7&\textcircled{0}&2&\cancel{0}&2\\4&3&\cancel{0}&\textcircled{0}&\cancel{0}\\\cancel{0}&8&3&5&\textcircled{0}\\11&8&\textcircled{0}&\cancel{0}&4\\\textcircled{0}&4&1&4&3\end{bmatrix}=\boldsymbol{C}_6.$$

则令决策变量矩阵中：$x_{12}=x_{24}=x_{35}=x_{43}=x_{51}=1$，其余 $x_{ij}=0$.

例 7.4.5 某市游泳队有 4 名运动员甲、乙、丙、丁，他们的 100 米自由泳、蛙泳、蝶泳、仰泳的成绩如表 7.8 所示，现要组成一个 4×100 米混合泳接力队，问应如何指派，才能使总成绩最好？

表 7.8 运动员的项目成绩

运动员 \ 项目	自由泳	蛙泳	蝶泳	仰泳
甲	56″5	74″	61″	63″
乙	63″	69″	65″	71″
丙	57″1	77″	63″	67″
丁	55″9	76″1	63″	62″

解 设该问题的效率矩阵为 $\boldsymbol{C}$，并对它作变换.

$$\boldsymbol{C}=\begin{bmatrix}56''5 & 74'' & 61'' & 63''\\ 63'' & 69'' & 65'' & 71''\\ 57''1 & 77'' & 63'' & 67''\\ 55''9 & 76''1 & 63'' & 62''\end{bmatrix}\begin{matrix}\text{min}\\ 56''5\\ 63''\\ 57''1\\ 55''9\end{matrix}\longrightarrow\begin{bmatrix}0 & 17''5 & 4''5 & 6''5\\ 0 & 6'' & 2'' & 8''\\ 0 & 19''9 & 5''9 & 9''9\\ 0 & 20''2 & 7''1 & 6''1\end{bmatrix}$$
$$\begin{matrix}\text{min} & 0 & 6'' & 2'' & 6''1\end{matrix}$$

$$=\boldsymbol{C}_1\longrightarrow\begin{bmatrix}0 & 11''5 & 2''5 & 0''4\\ 0 & 0 & 0 & 1''9\\ 0 & 13''9 & 3''9 & 3''8\\ 0 & 14''2 & 5''1 & 0\end{bmatrix}=\boldsymbol{C}_2.$$

用圈 0 法求独立零元素组：

$$\boldsymbol{C}_2\longrightarrow\begin{bmatrix}\circledcirc & 11''5 & 2''5 & 0''4\\ \not{\circ} & \circledcirc & \not{\circ} & 1''9\\ \not{\circ} & 13''9 & 3''9 & 3''8\\ \not{\circ} & 14''2 & 5''1 & \circledcirc\end{bmatrix}\begin{matrix}\checkmark\\ \\ \checkmark\\ \\ \end{matrix}=\boldsymbol{C}_3.$$
$$\begin{matrix}\checkmark & & & \end{matrix}$$

可见独立零元素个数 $m=3<n=4$. 作最少直线数覆盖所有零元素：对第 3 行打√，第 1 列打√，再对第 1 列中圈 0 元素所在行——第 1 行打√，对打√的行(即第 1,3 行)中所有零元素所在列(现为第 1 列)也都打√，当不能进一步打√时，则对未打√的行及打√的列作直线覆盖所有零元素，得 $\boldsymbol{C}_4$.

$$C_4 = \begin{bmatrix} 0 & 11''5 & 2''5 & 0''4 \\ 0 & 0 & 0 & 1''9 \\ 0 & 13''9 & 3''9 & 3''8 \\ 0 & 14''2 & 5''1 & 0 \end{bmatrix} \begin{matrix} \checkmark \\ \\ \checkmark \\ \\ \end{matrix} \longrightarrow \begin{bmatrix} 0 & 11''1 & 2''1 & 0 \\ 0''4 & 0 & 0 & 1''9 \\ 0 & 13''5 & 3''5 & 3''4 \\ 0''4 & 14''2 & 5''1 & 0 \end{bmatrix} = C_5.$$

在 C_4 中未被直线覆盖部分的最小元素为 $c_{14}=0''4$. 故在打√行中减去 $0''4$,打√列上加上 $0''4$,得到 C_5. 再用圈 0 法对 C_5 进行行列检验,以求得独立零元素组,得 C_6.

$$C_6 = \begin{bmatrix} \times & 11''1 & 2''1 & \times \\ 0''4 & ⓪ & \times & 1''9 \\ ⓪ & 13''5 & 3''5 & 3''4 \\ 0''4 & 14''2 & 5''1 & ⓪ \end{bmatrix} \begin{matrix} \checkmark \\ \\ \checkmark \\ \checkmark \end{matrix}.$$

可见 C_6 的独立零元素个数 $m=3<n=4$,故再转第 4 步作最少直线数覆盖 C_6 中所有零元素:第 1 行打√,第 1 行中有 2 个 0 元素,故对第 1 列、第 4 列打√,而打√列中有圈 0 元素所在行为第 3 行、第 4 行,故对第 3 行、第 4 行打√. 而打√的行中零元素所在列也已打√了. 当不能进一步打√时,再用直线覆盖第 2 行、第 1 列、第 4 列,则未被覆盖部分的最小元素为 $2''1$,对打√的行都减去 $2''1$. 打√的列都加上 $2''1$,得到矩阵 C_7:

$$C_6 = \begin{bmatrix} 0 & 11''1 & 2''1 & 0 \\ 0''4 & 0 & 0 & 1''9 \\ 0 & 13''5 & 3''5 & 3''4 \\ 0''4 & 14''2 & 5''1 & 0 \end{bmatrix} \begin{matrix} \checkmark \\ \\ \checkmark \\ \checkmark \end{matrix} \longrightarrow \begin{bmatrix} 0 & 9'' & 0 & 0 \\ 2''5 & 0 & 0 & 4'' \\ 0 & 11''4 & 1''4 & 3''4 \\ 0''4 & 12''1 & 3'' & 0 \end{bmatrix} = C_7.$$

再用圈 0 法对 C_7 进行行列检验,求得独立零元素组,见 C_8.

$$C_8 = \begin{bmatrix} \times & 9'' & ⓪ & \times \\ 2''5 & ⓪ & \times & 4'' \\ ⓪ & 11''4 & 1''4 & 3''4 \\ 0''4 & 12''1 & 3'' & ⓪ \end{bmatrix}.$$

此时独立零元素个数 $m=n=4$. 因此可令 $x_{13}=1, x_{22}=1, x_{31}=1, x_{44}=1$,其余决策变量取值为零,即指派甲游蝶泳、乙游蛙泳、丙游自由泳、丁游仰泳. 这为最佳分配方案,此时总成绩为

$$\min Z = 61'' + 69'' + 57''1 + 62'' = 249''1 = 4'9''1.$$

对于极大化的指派问题,不能如通常所使用的方法:改 $\max Z = \sum_{i=1}^{n}\sum_{j=1}^{n} c_{ij}x_{ij}$ 为

$\min(-Z)=\sum_{i=1}^{n}\sum_{j=1}^{n}(-c_{ij})x_{ij}$ 来作,因为匈牙利方法要求每个元素都非负.对于极大化的指派问题应如何解决?

若有

$$\max Z=\sum_{i=1}^{n}\sum_{j=1}^{n}c_{ij}x_{ij};$$

$$\text{s.t}\quad \sum_{j=1}^{n}x_{ij}=1\quad(i=1,\cdots,n),$$

$$\sum_{i=1}^{n}x_{ij}=1\quad(j=1,\cdots,n),\tag{7.4.8}$$

$$x_{ij}\text{ 取 0 或 1.}$$

在效率矩阵 $\boldsymbol{C}=(c_{ij})_{n\times n}$ 中找出一个最大元素记作 M.令

$$b_{ij}=M-c_{ij}\quad(i,j=1,2,\cdots,n).\tag{7.4.9}$$

求解

$$\min Z'=\sum_{i=1}^{n}\sum_{j=1}^{n}b_{ij}x_{ij};$$

$$\text{s.t.}\quad \sum_{j=1}^{n}x_{ij}=1\quad(i=1,2,\cdots,n),$$

$$\sum_{i=1}^{n}x_{ij}=1\quad(j=1,2,\cdots,n),\tag{7.4.10}$$

$$x_{ij}\text{ 取 0 或 1.}$$

因为

$$Z'=\sum_{i=1}^{n}\sum_{j=1}^{n}b_{ij}x_{ij}=\sum_{i=1}^{n}\sum_{j=1}^{n}(M-c_{ij})x_{ij}$$

$$=\sum_{i=1}^{n}\sum_{j=1}^{n}Mx_{ij}-\sum_{i=1}^{n}\sum_{j=1}^{n}c_{ij}x_{ij}=M\sum_{i=1}^{n}\sum_{j=1}^{n}x_{ij}-Z,\tag{7.4.11}$$

将模型(7.4.10)的约束方程代入式(7.4.11),则有

$$Z'=M\sum_{i=1}^{n}1-Z=nM-Z,\tag{7.4.12}$$

或

$$Z=nM-Z'.$$

可见,当 Z' 取得极小时,Z 即获得极大.而模型(7.4.8)与模型(7.4.10)的约束方程组是相同的,因此可用求解模型(7.4.10)来代替求解模型(7.4.8).

例 7.4.6 有 4 种机械要分别安装在 4 个工地,它们在 4 个工地工作效率不同,问应如何指派安排,才能使 4 台机械发挥总的效率最大?效率表如表 7.9.

表 7.9

机器＼工地	甲	乙	丙	丁
Ⅰ	30	25	40	32
Ⅱ	32	35	30	36
Ⅲ	35	40	34	27
Ⅳ	28	43	32	38

解 由效率表中可知 $\max\limits_{i,j} c_{ij}=c_{42}=43$. 故作

$$b_{ij}=43-c_{ij}\quad(i,j=1,2,3,4.).$$

有

$$\boldsymbol{B}=\begin{bmatrix}13&18&3&11\\11&8&13&7\\8&3&9&16\\15&0&11&5\end{bmatrix}\begin{matrix}\min\\3\\7\\3\\0\end{matrix}\xrightarrow{\text{行变换}}\begin{bmatrix}10&15&0&8\\4&1&6&0\\5&0&6&13\\15&0&11&5\end{bmatrix}$$

$$\begin{matrix}\min&4&0&0&0\end{matrix}$$

$$\xrightarrow{\text{列变换}}\begin{bmatrix}6&15&0&8\\0&1&6&0\\1&0&6&13\\11&0&11&5\end{bmatrix}\xrightarrow{\text{圈 0 法}}\begin{bmatrix}6&15&\textcircled{0}&8\\\textcircled{0}&1&6&\cancel{0}\\1&\textcircled{0}&6&13\\11&\cancel{0}&11&5\end{bmatrix}\xrightarrow[\text{打}\checkmark]{\text{覆盖}}\begin{bmatrix}6&15&\textcircled{0}&8\\\textcircled{0}&1&6&\cancel{0}\\1&\textcircled{0}&6&13\\11&\cancel{0}&11&5\end{bmatrix}\begin{matrix}\\\\\checkmark\\\checkmark\end{matrix}\overset{\text{def}}{=}\boldsymbol{B}_1.$$

$$\begin{matrix}\qquad\qquad\qquad\qquad\qquad\qquad\qquad\qquad\qquad\qquad\qquad\qquad&\checkmark\end{matrix}$$

因为 $\boldsymbol{B}_1$ 中未被直线覆盖部分元素最小值为 1，因此将 $\boldsymbol{B}_1$ 中打✓行都减去 1，打✓列都加上 1，得到 $\boldsymbol{B}_2$，再用圈 0 法找出 $\boldsymbol{B}_2$ 中独立零元素组：

$$\boldsymbol{B}_1\longrightarrow\begin{bmatrix}6&16&0&8\\0&2&6&0\\0&0&5&12\\10&0&10&4\end{bmatrix}=\boldsymbol{B}_2\longrightarrow\begin{bmatrix}6&16&\textcircled{0}&8\\\cancel{0}&2&6&\textcircled{0}\\\textcircled{0}&\cancel{0}&5&12\\10&\textcircled{0}&10&4\end{bmatrix}.$$

此时 $m=n=4$，因此决策变量矩阵为

$$\boldsymbol{x}=\begin{bmatrix}0&0&1&0\\0&0&0&1\\1&0&0&0\\0&1&0&0\end{bmatrix}.$$

即指派机械Ⅰ安装在工地丙,机械Ⅱ安装在工地丁,机械Ⅲ安装在工地甲,机械Ⅳ安装在工地乙,才能使4台机械发挥总的效率最大.其总效率为

$$Z = 40 + 36 + 35 + 43 = 154.$$

习 题 7

7.1 某钻井队要从以下10个可供选择的井位中确定5个钻井探油,使总的钻探费用最小.若10个井位的代号为 $s_1, s_2, \cdots, s_{10}$,相应的钻探费用为 $c_1, c_2, \cdots, c_{10}$,并且井位选择要满足下列限制条件:

(1) 或选择 s_1 和 s_7,或选择钻探 s_8.

(2) 选择了 s_3 或 s_4,就不能选 s_5,或反过来也一样.

(3) 在 s_5, s_6, s_7, s_8 中最多只能选两个.

试建立这个问题的整数规划模型(不必求解).

7.2 用分枝定界法求解下列整数规划问题:

(1) $\max Z = x_1 + x_2$;

$$\text{s.t.}\quad \begin{cases} x_1 + \dfrac{9}{14}x_2 \leqslant \dfrac{51}{14}, \\ -2x_1 + x_2 \leqslant \dfrac{1}{3}, \\ x_1, x_2 \geqslant 0, \\ x_1, x_2 \text{ 取整数}. \end{cases}$$

(2) $\max Z = x_1 + x_2$;

$$\text{s.t.}\quad \begin{cases} 2x_1 + 5x_2 \leqslant 16, \\ 6x_1 + 5x_2 \leqslant 30, \\ x_1, x_2 \geqslant 0, \\ x_1, x_2 \text{ 为整数}. \end{cases}$$

7.3 用割平面法求解整数规划:

$$\max Z = 7x_1 + 9x_2;$$
$$\text{s.t.}\quad \begin{cases} -x_1 + 3x_2 \leqslant 6, \\ 7x_1 + x_2 \leqslant 35, \\ x_1, x_2 \geqslant 0 \text{ 且取整数}. \end{cases}$$

7.4 用隐枚举法求解0-1规划问题:

$$\max Z = 2x_1 - x_2 + 5x_3 - 3x_4 + 4x_5;$$
$$\text{s.t.}\quad \begin{cases} 3x_1 - 2x_2 + 7x_3 - 5x_4 + 4x_5 \leqslant 6, \\ x_1 - x_2 + 2x_3 - 4x_4 + 2x_5 \leqslant 0, \\ x_j = 0 \text{ 或 } 1. \quad (j = 1, \cdots, 5). \end{cases}$$

7.5 用匈牙利法求解下述指派问题,已知效率矩阵分别如下:

(1) $\boldsymbol{C}=\begin{bmatrix} 7 & 9 & 10 & 12 \\ 13 & 12 & 16 & 17 \\ 15 & 16 & 14 & 15 \\ 11 & 12 & 15 & 16 \end{bmatrix}$. (2) $\boldsymbol{C}=\begin{bmatrix} 3 & 8 & 2 & 10 & 3 \\ 8 & 7 & 2 & 9 & 7 \\ 6 & 4 & 2 & 7 & 5 \\ 8 & 4 & 2 & 3 & 5 \\ 9 & 10 & 6 & 9 & 10 \end{bmatrix}$.

7.6 分配 A,B,C,D 四个人去完成五项任务：Ⅰ,Ⅱ,Ⅲ,Ⅳ,Ⅴ,每人完成各项任务时间如表所示.由于任务数多于人数,故规定其中有一个人可以完成两项任务,其余三人每人完成一项任务,试确定总花费时间最少的指派方案.

题 7.6 表

人员＼任务	Ⅰ	Ⅱ	Ⅲ	Ⅳ	Ⅴ
A	25	29	31	42	37
B	39	38	26	20	33
C	34	27	28	40	32
D	24	42	36	23	45

7.7 现有 A,B,C,D,E 5 个人,挑选其中 4 人去完成 4 项工作.已知每人完成各项工作的时间如表所示.规定每项工作只能由一个人去完成,每人最多承担一项工作,又假定 A 必须分配到一项工作,D 因某种原因决定不承担第Ⅳ项工作.问应如何分配,才能使完成 4 项工作总的花费时间最少?

题 7.7 表

工作＼人	A	B	C	D	E
Ⅰ	10	2	3	15	9
Ⅱ	5	10	15	2	4
Ⅲ	15	5	14	7	15
Ⅳ	20	15	13	6	8

7.8 用 4 台机器加工 4 种不同零件,由于各机床性能不同,加工每一零件时,单位时间获得利润也不同,其效率如下表,求利润最大的分派方案.

7.9 某城市的消防总部将全市划分为 11 个防火区,设有 4 个消防(救火)站.题 7.9 图中表示各防火区域与消防站的位置,其中①,②,③,④表示消防站;1,2,…,11 表示防火区域.根据历史的资料证实,各消防站可在事先规定的允许时间内对所负责的地区的火灾予以扑灭.图中虚线即表示各地区由哪个消防站负责(没有虚线联系,就表示不负责).

题 7.8 表

机床＼零件	B_1	B_2	B_3	B_4
A_1	35	27	28	37
A_2	28	34	29	40
A_3	35	24	32	33
A_4	24	32	25	28

现在总部提出：可否减少消防站的数目，仍能同样负责各地区的防火任务？如果可以，应当关闭哪个？

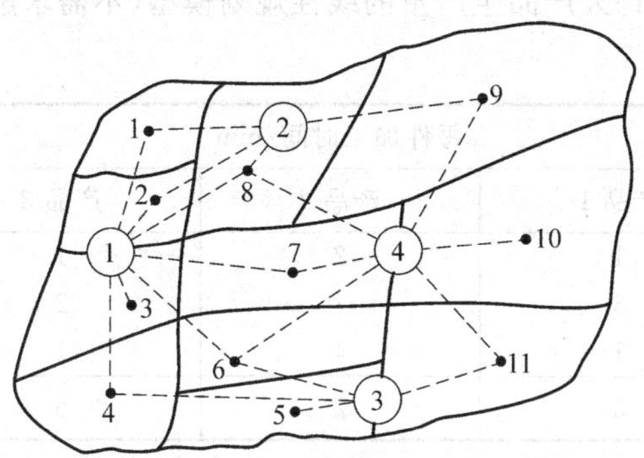

题 7.9 图

7.10 现要在5个工人中确定4个人来分别完成4项工作中的一项工作，由于每个工人的技术特长不同，他们完成各项工作所需的工时也不同. 每个工人完成每项工作所需工时如题7.10表所示.

题 7.10 表

所需工时　工人＼工作	A	B	C	D
Ⅰ	9	4	3	7
Ⅱ	4	6	5	6
Ⅲ	5	4	7	5
Ⅳ	7	5	2	3
Ⅴ	10	6	7	4

试找出一个工作分配方案，使总工时最小.

7.11 某房产公司计划在一住宅小区建设5栋不同类型的楼房 B_1, B_2, B_3, B_4, B_5. 由三家建筑公司 A_1, A_2, A_3 进行投标，允许每家建筑公司可承建1～2栋楼，经过投标得

出建筑公司 A_i 对新楼 B_j 的预算费用 c_{ij} 见题 7.11 表，求使总费用最少的分派方案.

题 7.11 表

	B_1	B_2	B_3	B_4	B_5
A_1	3	8	7	15	11
A_2	7	9	10	14	12
A_3	6	9	13	12	17

7.12 某企业的三种产品要经过三种不同的工序加工，各种产品每一件在各工序上所需加工时间、每天各道工序的加工能力和每一种产品的单位利润如题 7.12 表所示. 试建立使总利润达最大的每天产品生产量的线性规划模型(不需求解).

题 7.12 表

工序	每件加工时间/min			加工能力/(min/天)
	产品 1	产品 2	产品 3	
1	1	2	1	430
2	3	1	2	460
3	1	4	1	420
每件利润/元	3	2	5	

第8章

目标规划

线性规划、整数规划和非线性规划都只有一个目标函数，但在实际问题中往往要考虑多个目标.如设计一个新产品的工艺过程，不仅希望利润大，而且希望产量高、消耗低、质量好、投入少等.由于需要同时考虑多个目标，使这类多目标问题要比单目标问题复杂得多.另一方面，这一系列目标之间，不仅有主次之分，而且有时会互相矛盾.这就给用传统方法来解决多目标问题带来了一定的困难.

目标规划正是为了解决这类多目标问题而产生的一种方法.它要求决策者预先给每个目标定出一个理想值（期望值），这一点不仅是能做到的，而且往往是决策者所希望的.目标规划就是在满足现有的一组约束条件下，求出尽可能接近理想值的解——称之为“满意解”（不称为最优解，因为一般情况下，它不是使每个目标都达到最优值的解）.目标规划不仅能用优先级与权因子等概念将多个目标按重要性进行排队，求得在这种重要性的排序下的满意解.而且决策者可对所求得的结果进行分析判断，指出“不满意”部分，分析工作者根据决策者的要求，通过“人机对话”或修改理想值，或修改目标的排序等，求出新的满意解，即目标规划可通过“交互作用”具有相当的灵活性和实用性，它已成为目前解决多目标数学规划较为成功的一种方法.

目标规划包括线性目标规划、非线性目标规划、整数线性目标规划、整数非线性目标规划等.我们主要介绍线性目标规划.

8.1 线性目标规划的基本概念与数学模型

1. 目标规划问题举例

例 8.1.1 某工厂生产甲、乙两种产品，生产单位产品所需要的原材料及占用设备台时如表8.1所示.该工厂每天拥有设备台时为10、原材料最大供应量为11 kg/天,已知生产每单位甲种产品可获利润为800元,乙种产品为1000元.工厂在安排生产计划时,有如下一系列考虑:

(1) 尽可能不超过计划使用原材料,因为超计划后,需高价采购原材料,使成本增加.

(2) 由市场信息反馈,产品甲销售量有下降趋势,故决定产品甲的生产量不超过产品乙的生产量.

表 8.1

	甲	乙	拥有量
原材料	2	1	11(kg)
设备	1	2	10(台时)
利润/元	800	1000	

(3) 尽可能充分利用设备,但不希望加班.

(4) 尽可能达到并超过计划利润5600元.

显然这是一个多目标问题,若设 x_1,x_2 分别为该厂每日生产甲、乙两种产品的产量,则工厂决策者的考虑用数学式子表示:

$$2x_1+x_2\leqslant 11, \tag{8.1.1}$$

$$x_1-x_2\leqslant 0, \tag{8.1.2}$$

$$x_1+2x_2\leqslant 10, \tag{8.1.3}$$

$$8x_1+10x_2\geqslant 56. \tag{8.1.4}$$

在用目标规划描述该问题前,首先介绍目标规划的一系列基本概念.

2. 目标规划的基本概念与特点

(1) 理想值(期望值)

如前所述,目标规划是解决多目标规划问题的,而决策者事先对每个目标都有个期望值——理想值.

如式(8.1.1)~(8.1.4)中右端值:11,0,10,56,都是决策者分别对各个目标所赋予的期望值.

(2) 正、负偏差变量 d^+ 与 d^-

目标规划不是对每个目标求最优值,而是寻找使每个目标与各自的理想值之差尽可能小的解.为此,对每个原始目标表达式(或是等式、或是不等式,其右端为理想值)的左端都加上负偏差变量 d^- 及减去正偏差变量 d^+ 后,都变为等式.例8.1.1中,工厂决策者关于利润的考虑,其原始目标式为式(8.1.4),加上正负偏差变量后成为

$$8x_1+10x_2+d^- -d^+ =56, \tag{8.1.5}$$

式中负偏差变量 d^- 表示：当决策变量 x_1, x_2 取定一组值后，由原始目标式(8.1.4)左端计算出来的值与理想值之偏差——不足理想值的偏差.而正偏差变量 d^+ 表示：计算值超过理想值之偏差.

因为计算值与理想值之间关系只有三种可能：不足、超过、相等.不足时有 $d^+=0$，超过时有 $d^-=0$，相等时 $d^+=d^-=0$.因此不论计算值与理想值之间关系如何，至少总有一个偏差变量为0，即有 $d^+\cdot d^-=0$ 必成立.

(3) 绝对约束与目标约束

绝对约束是指必须严格满足的等式或不等式约束.如线性规划问题中所有约束条件都是绝对约束，不能满足绝对约束的解即为非可行解(这往往不是所要寻找的解).因此绝对约束又称硬约束.目标规划模型中，有时也会含有绝对约束.

目标约束是目标规划所特有的一种约束.它是把要追求的目标的理想值作为右端常数项，在目标表达式左端加减负正偏差变量后构成的等式约束.在追求此目标的理想值时，允许发生负正偏差(不足或超过).因此目标约束是由决策变量、正负偏差变量及理想值组成的软约束.

之所以称为目标约束，是因为这类约束往往是由原先的目标函数通过加上正负偏差变量及理想值转化而来.

如本例中式(8.1.2)，(8.1.3)，(8.1.4)化成目标约束即为

$$x_1 - x_2 + d_1^- - d_1^+ = 0, \tag{8.1.6}$$

$$x_1 + 2x_2 + d_2^- - d_2^+ = 10, \tag{8.1.7}$$

$$8x_1 + 10x_2 + d_3^- - d_3^+ = 56. \tag{8.1.8}$$

但是绝对约束与目标约束从形式上讲也是可以转化的.如本例的式(8.1.1)式，根据题意，它应是一个绝对约束，但是通过如下转化：

$$2x_1 + x_2 + d_4^- - d_4^+ = 11, \tag{8.1.9}$$

再附加一个约束

$$d_4^+ = 0, \tag{8.1.10}$$

合起来就相当于式(8.1.1)，即 $2x_1 + x_2 \leqslant 11$.

一般地

$$f_i(\boldsymbol{x}) + d_i^- - d_i^+ = b_i, \tag{8.1.11}$$

附加约束 $d_i^-=0$，相当于绝对约束 $f_i(\boldsymbol{x}) \geqslant b_i$.

若式(8.1.11)再附加约束 $d_i^+=0$，相当于绝对约束 $f_i(\boldsymbol{x}) \leqslant b_i$.

式(8.1.11)再附加约束 $d_i^-=d_i^+=0$，相当于绝对约束 $f_i(\boldsymbol{x}) = b_i$.

而附加约束 $d_i^-=0$ 或 $d_i^+=0$ 或 $d_i^-=d_i^+=0$，在目标规划中是采用对 d_i^- 或 d_i^+ 或 $d_i^-+d_i^+$ 作为目标函数求极小值来实现的(因为 $d_i^-, d_i^+ \geqslant 0$，故极小值必为0).关于目标规划的目标函数见下文，因此一个绝对约束就可以转化为一个目标约束加一个目标函数.

(4) 优先级与权因子

在目标规划中,多个目标之间往往有主次、缓急之区别. 凡要求首先达到的目标,赋予优先级 p_1,要求第2位达到的目标赋予优先级 p_2,……. 设共有 k_0 个优先级,则规定

$$p_1 \gg p_2 \gg \cdots \gg p_{k_0} > 0, \tag{8.1.12}$$

也就是说 p_1 的优先级远远高于 $p_2, p_3, \cdots, p_{k_0}$;$p_2$ 的优先级远远高于 $p_3, p_4, \cdots, p_{k_0}, \cdots$. 只有当 p_1 级完成了优化后,再考虑 $p_2, p_3, \cdots$;当 p_2 完成优化后再考虑 $p_3, p_4, \cdots$. 反之,p_2 在优化时不能破坏 p_1 级的优化值;p_3 级在优化时不能破坏 p_1, p_2 已达到的优化值,依此类推.

由(3)中所述,绝对约束可转化为一个目标约束加一个极小化目标函数. 因为绝对约束是必须满足的硬约束,因此与绝对约束相应的目标函数总是放在 p_1 级.

有时在同一优先级中有几个不同的偏差变量要求极小,而这几个偏差变量之间重要性又有区别,这时可以用权因子来区别同一优先级中不同偏差变量的重要性,重要性大的在偏差变量前赋予大的系数. 如

$$p_3(2d_3^- + d_3^+)$$

表示偏差变量 d_3^- 与 d_3^+ 处在同一优先级 p_3,但 d_3^- 的重要性比 d_3^+ 的大,前者重要程度约为后者的2倍. 权因子的数值一般需要分析工作者与决策者或其他专家商讨而定.

(5) 目标规划的目标函数——准则函数

目标规划中的目标函数(又可称为准则函数或达成函数)是由各目标约束的正、负偏差变量及其相应的优先级、权因子构成的函数,且对这个函数求极小值,其中不包含决策变量 x_i. 因为决策者的愿望总是希望尽可能缩小偏差,使目标尽可能达到理想值,因此目标规划的目标函数总是极小化. 有三种极小化的基本形式:

对 $f_i(\boldsymbol{x}) + d_i^- - d_i^+ = g_i$,要求选取一组 $\boldsymbol{x}$ 使:

(1) 若希望 $f_i(\boldsymbol{x}) \geqslant g_i$,即 $f_i(\boldsymbol{x})$ 超过 g_i 可以接受,不足则不能接受,则其对应目标函数为 $\min d_i^-$;

(2) 若希望 $f_i(\boldsymbol{x}) \leqslant g_i$,即 $f_i(\boldsymbol{x})$ 不能超过 g_i 值,不足可以接受,超过则不能接受,则其目标函数为 $\min d_i^+$.

(3) 若希望 $f_i(\boldsymbol{x}) = g_i$,即 $f_i(\boldsymbol{x})$ 既不能超过也不能不足 g_i,只能恰好等于 g_i,则其目标函数为 $\min (d_i^- + d_i^+)$.

3. 目标规划的数学模型

对于例8.1.1,目标约束为式(8.1.6)~(8.1.8),因为工厂决策者考虑甲的生产量不能超过乙的生产量,因此第1优先级应为 $\min p_1 d_1^+$. 对于第三个考虑:尽可能充分利用设备,但不希望加班,因此对式(8.1.7),应有目标函数:

$$\min p_2(d_2^- + d_2^+).$$

对式(8.1.8)，工厂希望达到并超过计划利润 5600 元，因此相应目标函数：

$$\min p_3 d_3^-.$$

因此对于例 8.1.1，其目标规划的数学模型为

$$\begin{aligned}
\min Z = &\ p_1 d_1^+ + p_2(d_2^- + d_2^+) + p_3 d_3^-;\\
\text{s.t.}\quad & 2x_1 + x_2 \leqslant 11, \text{①}\\
& x_1 - x_2 + d_1^- - d_1^+ = 0, \text{②}\\
& x_1 + 2x_2 + d_2^- - d_2^+ = 10, \text{③}\\
& 8x_1 + 10x_2 + d_3^- - d_3^+ = 56, \text{④}\\
& x_1, x_2 \geqslant 0,\quad d_i^-, d_i^+ \geqslant 0 \quad (i = 1,2,3).
\end{aligned} \tag{8.1.13}$$

其中的①式是硬约束.

对于有 n 个决策变量、m 个目标约束、L 个硬约束、k_0 个优先级的目标规划，其一般的数学模型可写成：

$$\begin{aligned}
\min Z = &\sum_{l=1}^{k_0} p_l \left[\sum_{k=1}^{m} (w_{lk}^- d_k^- + w_{lk}^+ d_k^+)\right];\\
\text{s.t.}\quad & \sum_{j=1}^{n} a_{tj} x_j \leqslant (= \geqslant) b_t \quad (t = 1,2,\cdots,L),\\
& \sum_{j=1}^{n} c_{ij} x_j + d_i^- - d_i^+ = g_i \quad (i = 1,2,\cdots,m),\\
& x_j \geqslant 0,\quad d_k^-, d_k^+ \geqslant 0 \quad (j = 1,\cdots,n;\quad k = 1,\cdots,m).
\end{aligned} \tag{8.1.14}$$

其中，优先级 p_l 后的 w_{lk}^-, w_{lk}^+ 是指偏差变量 $d_k^-, d_k^+ (k=1,2,\cdots,m)$ 的权因子，其中包含 $w_{lk}^{\pm}=0$ 的情况，即表示对应的偏差变量不出现在 p_l 优先级中.

也可将模型(8.1.14)中目标函数记成：

$$\min Z = Z_1(\boldsymbol{d}^-, \boldsymbol{d}^+) + Z_2(\boldsymbol{d}^-, \boldsymbol{d}^+) + \cdots + Z_{k_0}(\boldsymbol{d}^-, \boldsymbol{d}^+).$$

式中 $Z_i(\boldsymbol{d}^-, \boldsymbol{d}^+)$ 表示第 p_i 优先级，只对与 p_i 优先级有关的偏差变量求极小，其中 $\boldsymbol{d}^-$，$\boldsymbol{d}^+$ 分别为负、正偏差变量向量. $\boldsymbol{d}^-=(d_1^-, d_2^-, \cdots, d_m^-)^{\mathrm{T}}$，$\boldsymbol{d}^+=(d_1^+, d_2^+, \cdots, d_m^+)^{\mathrm{T}}$.

8.2 线性目标规划的图解法

对于两个决策变量的目标规划问题，可以用图解法来求解，其步骤如下.

(1) 先作硬约束与决策变量的非负约束，同一般线性规划作图法.

对于例 8.1.1，作硬约束(绝对约束)：

$$2x_1 + x_2 = 11, \quad \text{①}$$

及 $x_1 \geqslant 0, x_2 \geqslant 0$，见图 8.1. 此时可行域为 $\triangle OAB$.

(2) 作目标约束,此时,先让 $d_i^- = d_i^+ = 0$(与作绝对约束时类似). 然后标出 d_i^- 及 d_i^+ 的增加方向(实际上是目标值减少与增加的方向),对于例 8.1.1,作:

$$x_1 - x_2 = 0, \quad ②$$

$$x_1 + 2x_2 = 10, \quad ③$$

$$8x_1 + 10x_2 = 56. \quad ④$$

如图 8.1②③④所示.

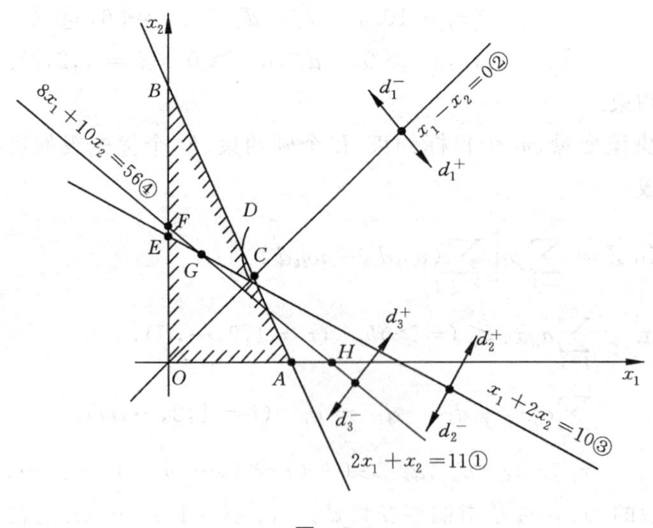

图 8.1

(3) 按优先级的次序,逐级让目标规划的目标函数(准则函数或达成函数)中极小化偏差变量取零,从而逐步缩小可行域,最后找出问题的解. 对例 8.1.1,其目标函数中第 1 级 p_1 是对 d_1^+ 取极小,对直线 OC 是 $x_1 - x_2 = 0$②,在直线②的左上方为 $d_1^+ = 0$(含直线 OC),因此当取 $\min d_1^+ = 0$ 时,与△OAB 可行域的共同解集为△OCB(即在△OCB 内,既满足了绝对约束①,也满足了第 1 优先级 p_1 的要求).

再考虑第 2 优先级 p_2: $\min p_2(d_2^- + d_2^+)$. 因为 p_2 是对 d_2^- 及 d_2^+ 同时取极小,此时满足条件的解只能在直线 $x_1 + 2x_2 = 10$③上,因此总的可行域缩小为线段 ED.

再考虑第 3 个优先级 p_3: $\min p_3(d_3^-)$,对于满足 $d_3^- = 0$ 的点,应在直线 FH: $8x_1 + 10x_2 = 56$④的右上方,因此与线段 ED 的交集为线段 GD. 因此例 8.1.1 的解为线段 GD 上所有的点(无穷多个解). 由图 8.1 可知,G 点坐标为线性方程组

$$\begin{cases} x_1 + 2x_2 = 10, \\ 8x_1 + 10x_2 = 56 \end{cases}$$

的解: $x_1^{(G)} = 2, x_2^{(G)} = 4$. D 点坐标为线性方程组

$$\begin{cases} x_1 + 2x_2 = 10, \\ x_1 - x_2 = 0 \end{cases}$$

的解：$x_1^{(D)} = x_2^{(D)} = \frac{10}{3}$. 此时 $d_1^+ = 0, d_2^- + d_2^+ = 0, d_3^- = 0$ 都已满足.

若取解 G 点：$x_1^{(G)} = 2, x_2^{(G)} = 4$，即生产甲种产品 2 个单位，乙种产品 4 个单位，而绝对约束肯定满足：$2 \cdot 2 + 4 = 8 < 11$，还富余原材料 3 kg.

对产品约束式②：因 $d_1^+ = 0$，

$$2 - 4 + d_1^- - 0 = 0,$$

所以 $d_1^- = 2$. $d_1^- = 2$ 表示产品甲的产量与产品乙的产量之差与理想值 0 比较尚不足 2 个单位，也满足原先目标要求.

对目标约束③式，因 $d_2^- = d_2^+ = 0$. 有

$$2 + 2 \times 4 + 0 - 0 = 10.$$

故在决策变量 $x_1 = 2, x_2 = 4$ 条件下，设备台时已尽可能利用，且也不加班.

对目标约束④式，因 $d_3^- = 0$，

$$8 \times 2 + 10 \times 4 + 0 - d_3^+ = 56,$$

所以 $d_3^+ = 0$. 即在 $x_1 = 2, x_2 = 4$ 计划安排下，利润恰好为 5600 元.

对于解 D 点：$x_1^{(D)} = x_2^{(D)} = \frac{10}{3}$. 即安排生产甲、乙两种产品的产量均为 10/3(单位). 显然绝对约束仍然满足：

$$2 \cdot \frac{10}{3} + \frac{10}{3} = 10 < 11.$$

也满足第 1 个目标约束式②：

$$x_1 - x_2 + d_1^- - d_1^+ = 0.$$

对于第 2 个目标约束式③：

$$x_1 + 2x_2 + d_2^- - d_2^+ = \frac{10}{3} + 2 \cdot \frac{10}{3} + 0 - 0 = 10.$$

即设备台时已尽可能利用，且不加班.

对第 3 个目标约束式④：

$$8 \cdot \frac{10}{3} + 10 \cdot \frac{10}{3} + 0 - d_3^+ = 60 - d_3^+ = 56,$$

故 $d_3^+ = 4$. $d_3^+ = 4$ 表示在当前决策变量的取值下，利润超过理想值 400 元.

对于在线段 GD 上的其他解，可作同样的分析，以便于决策者根据不同情况加以选取.

值得注意的是，如例 8.1.1 那样，最后能使所有优先级都达到极值的情况，在目标规划问题中并不多见. 经常出现的情况是，在对某一个优先级的偏差变量极小化时，该优先

级中有一个或多个偏差变量不能取零值.否则要超出硬约束与非负约束构成的可行域凸集(或超出上几个优先级所构成的可行域).此时让待极小化的偏差变量尽可能地取小的值(即使其$\neq 0$),但仍保证在可行域的凸集中,这时得到的解称为满意解而不是最优解.下面举例说明.

例 8.2.1 某厂装配线装配黑白与彩色两种电视机,每装配一台电视机,需占用装配线 1 h,装配线每周开动 40 h,预计市场每周彩电销量为 24 台,每台可获利 80 元,黑白电视机销量为 30 台,每台可获利 40 元.该厂的目标是:

第 1 优先级:充分利用装配线每周开动 40 h.

第 2 优先级:允许装配线加班,但每周加班时间不超过 10 h.

第 3 优先级:装配电视机数量尽量满足市场需要,但因彩电利润高,彩电的权因子取 2.

建立目标规划模型,并计算两种电视机的产量应为多大?

解 设 x_1,x_2 分别为彩电及黑白电视机产量,则目标约束为

$$\begin{cases} x_1 + x_2 + d_1^- - d_1^+ = 40, & ① \\ x_1 + x_2 + d_2^- - d_2^+ = 50, & ② \\ x_1 \qquad + d_3^- - d_3^+ = 24, & ③ \\ \qquad x_2 + d_4^- - d_4^+ = 30, & ④ \\ x_1, x_2, d_i^-, d_i^+ \geqslant 0 \quad (i = 1,2,3,4). \end{cases} \tag{8.2.1}$$

准则函数(目标函数)为

$$\min Z = p_1 d_1^- + p_2 d_2^+ + p_3(2d_3^- + d_4^-), \tag{8.2.2}$$

在引入偏差变量前,原始目标约束应为

$$\begin{cases} x_1 + x_2 \geqslant 40, & ① \\ x_1 + x_2 \leqslant 50, & ② \\ x_1 \qquad \geqslant 24, & ③ \\ \qquad x_2 \geqslant 30. & ④ \end{cases} \tag{8.2.3}$$

在第 1 优先级中,考虑装配线要充分利用,因此 d_1^- 应取极小: $\min\ p_1 d_1^-$.

对第 2 优先级,加班不超过 10 h,因此 d_2^+ 应取极小: $\min\ p_2 d_2^+$.

对第 3 优先级,电视机数量尽量满足需要,故 d_3^-,d_4^- 应取极小,又考虑到权因子有

$$\min\ p_3(2d_3^- + d_4^-),$$

故本题的准则函数应为式(8.2.2).

用图解法,根据式(8.2.1)作出四个目标约束式及非负约束的直线,见图 8.2.

决策变量 x_1,x_2 的非负约束,为第一象限中的点.

考虑第 1 优先级: $\min\ p_1 d_1^-$,则可行域缩小为第Ⅰ象限再去掉$\triangle OAD$ 部分.

考虑第 2 优先级: $\min\ p_2 d_2^+$,则可行域进一步缩小为四边形 $ABCD$.

考虑第 3 优先级 $\min\ p_3(2d_3^- + d_4^-)$.

因为 d_3^- 前权因子为 2,大于 d_4^- 前权因子数 1,因此先考虑 d_3^- 极小化,满足 $d_3^-=0$ 的点应在直线 $x_1=24$ 的右侧,因此可行域此时从四边形 $ABCD$ 缩小为 $ABEF$. 再考虑极小化 d_4^-,满足 $d_4^-=0$ 的点应在直线 $x_2=30$ 的上方,此时与 $ABEF$ 的交集为空集,即 $d_4^-=0$ 无法得到满足. 从图 8.2 中可看出,对可行域 $ABEF$ 中所有点来讲,d_4^- 能达到最小的点为 E 点: $x_1^{(E)}=24, x_2^{(E)}=26$.

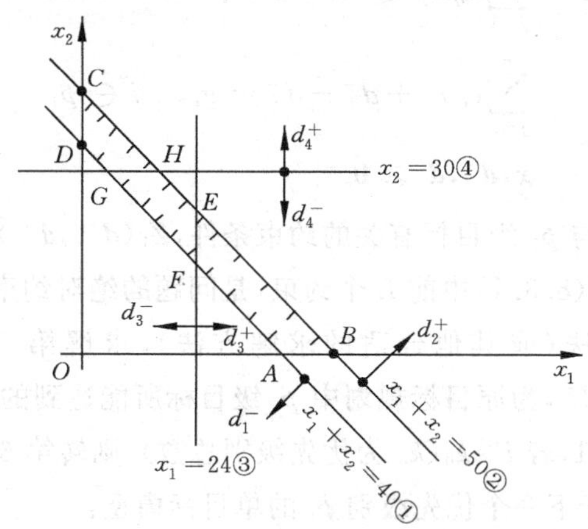

图 8.2

此时本题满意解为 E 点: $x_1^{(E)}=24, x_2^{(E)}=26$,此时 $d_1^-=0, d_2^+=0, d_3^-=0, d_4^-=4$.

相应地,第 1 优先级: 充分利用装配线;第 2 优先级: 加班不超过 10 h;第 3 优先级中的彩电数量满足市场需求,均已达到,而第 3 优先级中,黑白电视机生产数量没有满足市场销售预测值,差额为 4 台.

8.3 线性目标规划的序贯式算法

序贯式算法是目标规划的一种早期算法,其核心是根据优先级的先后次序,将原多目标问题分解为一系列传统的单目标线性规划问题,然后依次求解. 本方法可应用任何成熟的单纯形程序解决问题,因而在近代仍具有相当的吸引力.

在序贯式算法中,用单纯形方法求解一系列传统的单目标线性规划问题时,进基变量的选择准则、离基变量的选择准则、主元素的选择原则及解的迭代都与传统的单纯形法相同. 要注意的一点是,在求解某一优先级单目标问题时,以不破坏所有比它优先的已满足了的目标为前提. 为此,把每一优先级求得的目标值作为新的约束加到优先级在它之后的每一个单目标问题中.

序贯式算法的具体计算步骤如下：

第1步：令 $i=1$(i 表示当前正在考虑的优先级别). 建立仅含 p_i 级目标的线性规划单目标模型：

$$\min Z_1 = Z_1(\boldsymbol{d}^-, \boldsymbol{d}^+);$$

$$\begin{aligned} \text{s.t.}\quad & \sum_{j=1}^{n} a_{tj}x_j \leqslant (=, \geqslant) b_t \quad (t=1,2,\cdots,L), \\ & \sum_{j=1}^{n} c_{ij}x_j + d_i^- - d_i^+ = g_i, \quad i \in p_1 \\ & \boldsymbol{x}, \boldsymbol{d}^-, \boldsymbol{d}^+ \geqslant \boldsymbol{0}. \end{aligned} \tag{8.3.1}$$

式中 $i \in p_1$,是指仅考虑与 p_1 级目标有关的约束条件,$Z_1(\boldsymbol{d}^-, \boldsymbol{d}^+)$是指仅考虑与 p_1 级目标有关的目标函数. 模型(8.3.1)中前 L 个约束,是问题的绝对约束(硬约束).

第2步：用单纯形法(或其他合适的求解方法),求解第 i 级单目标规划,得到 $\min Z_i = Z_i(\boldsymbol{d}^-, \boldsymbol{d}^+) = Z_i^*$,为原目标规划中 p_i 级目标所能达到的最优值.

第3步：置 $i := i+1$,若 $i > k_0$(k_0 为优先级别总数),则转第6步,否则转第4步.

第4步：建立相应于下一个优先级别 p_i 的单目标模型：

$$\min Z_i = Z_i(\boldsymbol{d}^-, \boldsymbol{d}^+);$$

$$\begin{aligned} \text{s.t.}\quad & \sum_{j=1}^{n} a_{tj}x_j \leqslant (=, \geqslant) b_t \quad (t=1,2,\cdots,L), \\ & \sum_{j=1}^{n} c_{ij}x_j + d_i^- - d_i^+ = g_i \quad (i \in p_1 \cup p_2 \cup \cdots \cup p_i), \\ & Z_s(\boldsymbol{d}^-, \boldsymbol{d}^+) = Z_s^* \quad (s=1,2,\cdots,i-1), \\ & \boldsymbol{x}, \boldsymbol{d}^-, \boldsymbol{d}^+ \geqslant \boldsymbol{0}. \end{aligned} \tag{8.3.2}$$

在式(8.3.2)中,$i \in p_1 \cup p_2 \cup \cdots \cup p_i$ 是指在考虑下一级目标的最优值时,必须同时考虑所有比它高级别目标相应的约束条件,且为了保证在优化较低级别目标时不会退化或破坏已得到的比它高级目标的最优值 Z_s^*,还要增加约束条件：

$$Z_s(\boldsymbol{d}^-, \boldsymbol{d}^+) = Z_s^* \quad (s=1,2,\cdots,i-1).$$

第5步：转第2步.

第6步：最后一个单目标模型的解是原目标规划模型的解,并且向量 $\boldsymbol{z}^* = (Z_1^*, Z_2^*, \cdots, Z_{k_0}^*)$反映了各目标实现的程度,称之为达成向量,又称 Z_i^* 为达成值.

例 8.3.1 用序贯式算法解下列目标规划

$$\min Z = p_1(d_1^+ + d_2^+) + p_2 d_3^- + p_3 d_4^+ + p_4(d_1^- + 1.5d_2^-);$$
$$\text{s.t.}\quad \begin{cases} x_1 + d_1^- - d_1^+ = 30, \\ x_2 + d_2^- - d_2^+ = 15, \\ 8x_1 + 12x_2 + d_3^- - d_3^+ = 1000, \\ x_1 + 2x_2 + d_4^- - d_4^+ = 40, \\ x_1, x_2, d_i^-, d_i^+ \geqslant 0 \quad (i = 1,2,3,4). \end{cases} \tag{8.3.3}$$

解 第 1 步：建立p_1级目标构成的单目标线性规划：

$$\min Z_1 = d_1^+ + d_2^+;$$
$$\text{s.t.}\quad \begin{cases} x_1 + d_1^- - d_1^+ = 30, \\ x_2 + d_2^- - d_2^+ = 15, \\ x_1, x_2, d_i^-, d_i^+ \geqslant 0 \quad (i = 1,2). \end{cases} \tag{8.3.4}$$

因为模型(8.3.3)中 p_1 级只包含 d_1^+ 及 d_2^+，因此在模型(8.3.4)式中约束只取了模型(8.3.3)中与其有关的第 1、第 2 个目标约束.

第 2 步：用单纯形表求解模型(8.3.4)，见表 8.2.

表 8.2

	c_j		0	0	0	1	0	1
c_B	x_B	$\bar{b}$	x_1	x_2	d_1^-	d_1^+	d_2^-	d_2^+
0	x_1	30	1	0	1	−1	0	0
0	x_2	15	0	1	0	0	1	−1
	σ_j	0	0	0	0	1	0	1

因为$\sigma_j \geqslant 0$，故已达到最优，此时 $x_1 = 30, x_2 = 15, d_1^- = 0, d_1^+ = 0, d_2^- = 0, d_2^+ = 0$. $\min Z_1 = Z_1^* = d_1^+ + d_2^+ = 0$. 因此 p_1 级目标已完全满足.

第 3 步：建立 p_2 级目标构成的单目标线性规划模型：

$$\min Z_2 = d_3^-;$$
$$\text{s.t.}\quad \begin{cases} x_1 + d_1^- - d_1^+ = 30, & ① \\ x_2 + d_2^- - d_2^+ = 15, & ② \\ 8x_1 + 12x_2 + d_3^- - d_3^+ = 1000, & ③ \\ d_1^+ + d_2^+ = 0, & ④ \\ x_1, x_2 \geqslant 0, \quad d_i^-, d_i^+ \geqslant 0 \quad (i = 1,2,3). \end{cases} \tag{8.3.5}$$

在模型(8.3.5)中，约束条件①，②是上一级目标所应满足的约束条件，③式是本级目标偏差变量应满足的约束条件. 而④式是增加的约束条件，以保证在优化 p_2 级目标时，不破坏

已得到的 p_1 级目标的最优值 Z_1^*.

第 4 步：求解模型(8.3.5).

表 8.3 模型(8.3.5)的原始数据表

c_j			0	0	0	0	0	0	1	0
$\boldsymbol{c_B}$	$\boldsymbol{x_B}$	$\bar{b}$	x_1	x_2	d_1^-	d_1^+	d_2^-	d_2^+	d_3^-	d_3^+
0	d_1^-	30	1	0	1	−1	0	0	0	0
0	d_2^-	15	0	1	0	0	1	−1	0	0
1	d_3^-	1000	8	12	0	0	0	0	1	−1
0	d_2^+	0	0	0	0	1	0	1	0	0

用单纯形表求解模型(8.3.5)，取 $d_1^-, d_2^-, d_3^-, d_2^+$ 作基变量，而($\boldsymbol{p}_3, \boldsymbol{p}_5, \boldsymbol{p}_7, \boldsymbol{p}_6$)不是单位矩阵，因此不能用 $c_j - \boldsymbol{c_B p}_j$ 求检验数，不便于用表格计算，为此，将表 8.3 中第 4 行加到第 2 行上得到表 8.4，将基矩阵 $\boldsymbol{B}_0 = (\boldsymbol{p}_3, \boldsymbol{p}_5, \boldsymbol{p}_7, \boldsymbol{p}'_6)$ 化为单位矩阵，以便于表格运算.

表 8.4 模型(8.3.5)的初始单纯形表

c_j			0	0	0	0	0	0	1	0
$\boldsymbol{c_B}$	$\boldsymbol{x_B}$	$\bar{b}$	x_1	x_2	d_1^-	d_1^+	d_2^-	d_2^+	d_3^-	d_3^+
0	d_1^-	30	1	0	1	−1	0	0	0	0
0	d_2^-	15	0	1	0	1	1	0	0	0
1	d_3^-	1000	8	12	0	0	0	0	1	−1
0	d_2^+	0	0	0	0	1	0	1	0	0
σ_j		−1000	−8	−12	0	0	0	0	0	1

由表 8.4 可见，当前解不是最优解，用单纯形表进行迭代二次，得到最优解：$x_1=30$，$x_2=15$，$d_1^-=0$，$d_1^+=0$，$d_2^-=0$，$d_2^+=0$，$d_3^-=580$，$d_3^+=0$. $\min Z_2 = Z_2^* = 580$. 因此 p_2 级目标没有被完全满足，见表 8.5.

表 8.5 求与 p_2 级对应的(LP)的最终表

c_j			0	0	0	0	0	0	1	0
$\boldsymbol{c_B}$	$\boldsymbol{x_B}$	$\bar{b}$	x_1	x_2	d_1^-	d_1^+	d_2^-	d_2^+	d_3^-	d_3^+
0	x_1	30	1	0	1	−1	0	0	0	0
0	x_2	15	0	1	0	1	1	0	0	0
1	d_3^-	580	0	0	−8	−4	−12	0	1	−1
0	d_2^+	0	0	0	0	1	0	1	0	0
$c_j - z_j$		−580	0	0	8	4	12	0	0	1

第 5 步：建立与p_3级目标对应的单目标线性规划模型：

$$
\begin{aligned}
&\min Z_3 = d_4^+;\\
&\text{s.t.}\quad x_1 + d_1^- - d_1^+ = 30, \quad ①\\
&\qquad x_2 + d_2^- - d_2^+ = 15, \quad ②\\
&\qquad 8x_1 + 12x_2 + d_3^- - d_3^+ = 1000, \quad ③\\
&\qquad x_1 + 2x_2 + d_4^- - d_4^+ = 40, \quad ④\\
&\qquad d_1^+ + d_2^+ = 0, \quad ⑤\\
&\qquad d_3^- = 580, \quad ⑥\\
&\qquad x_1, x_2 \geqslant 0,\quad d_i^-, d_i^+ \geqslant 0\quad (i = 1,2,3,4).
\end{aligned}
\tag{8.3.6}
$$

在模型(8.3.6)中，目标约束①，②，③是前两优先级所要满足的约束条件，④是 p_3 级目标中偏差变量所必须满足的约束条件；⑤与⑥分别是 p_1 级与 p_2 级在达到最优解时的目标值(达成值).

第 6 步：求解 p_3 级目标所对应的单目标线性规划模型(8.3.6).

若用单纯形表去求解模型(8.3.6)，则此时有变量 $x_1, x_2, d_1^-, d_1^+, d_2^-, d_2^+, d_3^-, d_3^+, d_4^-, d_4^+$ 共 10 个.事实上，从 p_2 级的最优单纯形表 8.5 中可以看出，变量 $d_1^-, d_1^+, d_2^-, d_3^+$ 的检验数均大于 0，它们只能作非基变量，如果它们之中有一个在以后进入基变量，一般都要破坏 p_2 级的最优解[注].也就是说，从 p_2 级开始，$d_1^-, d_1^+, d_2^-, d_3^+$ 必都要取零值，因此在单纯形的迭代过程中，这几个变量及其系数都可从单纯形表中消去，即以后不再考虑它们进基的可能，这样就可减少计算的工作量.因此模型(8.3.6)就可简化为

$$
\begin{aligned}
&\min Z_3 = d_4^+;\\
&\text{s.t.}\quad x_1 = 30, \quad ①\\
&\qquad x_2 = 15, \quad ②\\
&\qquad 8x_1 + 12x_2 + d_3^- = 1000, \quad ③\\
&\qquad x_1 + 2x_2 + d_4^- - d_4^+ = 40, \quad ④\\
&\qquad d_3^- = 580, \quad ⑤\\
&\qquad x_1, x_2 \geqslant 0,\quad d_i^-, d_i^+ \geqslant 0\quad (i = 1,2,3,4).
\end{aligned}
\tag{8.3.7}
$$

[注]：只有以下情况出现时，可以不破坏比它高级的目标的最优性：当某一变量的检验数为正，在当前目标级优化时作非基变量.而在以后的优化过程中，模型的约束条件迫使该变量不论在作基变量还是作非基变量时，都只能取零值.则当该变量进基作基变量才有可能不破坏比它高级目标的最优性(即此时得到的是一个退化了的基本可行解).如表 8.2，在优化 p_1 级时，$d_2^+=0$，它的检验数$=1>0$，作非基变量.而在 p_2 级所对应的模型(8.3.5)中，约束条件④为 $d_1^+ + d_2^+=0$，又因 $d_1^+, d_2^+\geqslant 0$，所以满足④只有 $d_1^+=d_2^+=0$.因此在 p_2 级优化中，让 d_2^+ 进基作基变量，但没有破坏 p_1 级的最优性.

在模型(8.3.6)中，由于消去 $d_1^-, d_1^+, d_2^-, d_3^+$ 变量及其相应的列，再加上 $d_1^+ + d_2^+=0$，可

得到 $d_2^+=0$，再消去 d_2^+ 及其对应列，就得到模型(8.3.7)．显然求解模型(8.3.7)要比求解模型(8.3.6)方便得多．

我们把上述解题技巧称为目标规划的"消列准则"：当得到第 k 优先级单目标模型的最优单纯形表时，该表检验数行($\sigma_j=c_j-z_j$)中具有正值检验数的非基变量都可以在以后的问题中消除，其相应的列也从表中消除(即在以后各优先级的求解过程中不再出现)．这是因为若把这样的变量再换入基中，将劣化原先已求得的解．

现用单纯形表来求解模型(8.3.7)．

表 8.6

	c_j		0	0	0	0	1
c_B	x_B	$\bar{b}$	x_1	x_2	d_3^-	d_4^-	d_4^+
	x_1	30	1	0	0	0	0
	x_2	15	0	1	0	0	0
	d_3^-	580	0	0	1	0	0
	d_4^-	−20	0	0	0	1	−1

由于在模型(8.3.7)中，5 个约束方程有一个是多余的，如：8×①＋12×②＋⑤＝③，因此可去掉③，只要 4 个约束．同时通过行变换化成明显的单位矩阵，见表 8.6．现在 $(\bar{b})_4=-20<0$，故在第 4 个约束两端乘上(−1)，得到表 8.7．

表 8.7

	c_j		0	0	0	0	1
c_B	x_B	$\bar{b}$	x_1	x_2	d_3^-	d_4^-	d_4^+
0	x_1	30	1	0	0	0	0
0	x_2	15	0	1	0	0	0
0	d_3^-	580	0	0	1	0	0
1	d_4^+	20	0	0	0	−1	1
σ_j		−20	0	0	0	1	0

由表 8.7 可知，这个解已是最优解：$x_1=30,x_2=15,d_3^-=580,d_4^+=20,d_4^-=0$，其余变量均取零值，$\min Z_3=Z_3^*=20$，故 p_3 级目标尚未完全满足．

实际上，从模型(8.3.7)的约束中可看到，x_1,x_2,d_3^- 的值分别由①，②，⑤完全确定，同时③也得到满足，而由④及确定的 x_1,x_2 值，可知：$d_4^--d_4^+=-20$．又由 $d_4^-,d_4^+\geqslant 0$ 及 d_4^- 与 d_4^+ 中必有一个为零，故有 $d_4^-=0,d_4^+=20$．因此 p_3 级目标最优化不用单纯形法也可求出．

第 7 步：建立并求解 p_4 级目标所对应的单目标模型.

p_4 级的目标为 $\min Z_4 = d_1^- + 1.5d_2^-$，而 d_1^- 及 d_2^- 在第 6 步的讨论中，已知道 $d_1^- = d_2^- = 0$，且被从模型中消去，因此 p_4 级目标已达到，自然被 p_3 级目标的解所满足，故不再建立模型求解.

综上所述，原目标规划的最优解为：$\boldsymbol{x}^* = (x_1^*, x_2^*)^{\mathrm{T}} = (30,15)^{\mathrm{T}}$，准则函数的达成向量 $\boldsymbol{z}^* = (Z_1^*, Z_2^*, Z_3^*, Z_4^*) = (0,580,20,0)$. 即 p_1 级与 p_4 级目标已完全实现，p_2 级与 p_3 级目标没有完全实现，p_2 级目标尚差 580，p_3 级目标尚差 20.

序贯式算式的缺点在于对每一个题，其计算工作量很大.

8.4 线性目标规划的单纯形算法

线性目标规划的数学模型结构与线性规划的数学模型结构极其类似，可以设想用单纯形法来求解线性目标规划. 由于目标规划有自己的特点，因此单纯形表要作一定的变化，目标规划与一般线性规划相比的特点，其一是多个目标，其二是对目标进行优化时，要按优先级的次序进行. 因此在各非基变量检验数中，都会含有优先因子 p_k，即检验数可表示为各级优先因子 p_k 的一次多项式：$\sigma_j = c_j - z_j = \sum_{k=1}^{k_0} p_k \alpha_{kj}$. 由式(8.1.12)，我们约定 $p_1 \gg p_2 \gg \cdots \gg p_{k_0} > 0$. 因此各检验数的正负首先取决于 α_{1j} 的正负，若 $\alpha_{1j} = 0$，则 σ_j 的正负取决于 p_2 的系数 α_{2j} 的正负，依此类推. 具体做法是，把目标优先级 p_k 理解为一个特殊意义下的正常数. 用 p_k(包括权因子系数)去取代线性规划中的价值系数 c_j. 然后用检验数公式：$\sigma_j = c_j - z_j = c_j - \boldsymbol{c_B B}^{-1} \boldsymbol{p}_j'$，其计算结果必是含有各级优先因子 p_k 的一次多项式，而检验数行也按 $p_1, p_2, \cdots, p_{k_0}$ 的次序分成 k_0 个行，再按单纯形法，从 p_1 级的检验数行开始检查是否满足最优性准则，下面举例说明用单纯形法来求解线性目标规划的计算步骤.

例 8.4.1 仍用例 8.3.1，用单纯形法求解.

$$
\begin{aligned}
\min Z = {} & p_1(d_1^+ + d_2^+) + p_2 d_3^- + p_3 d_4^+ + p_4(d_1^- + 1.5d_2^-); \\
\text{s.t.} \quad & x_1 + d_1^- - d_1^+ = 30, \\
& x_2 + d_2^- - d_2^+ = 15, \\
& 8x_1 + 12x_2 + d_3^- - d_3^+ = 1000, \\
& x_1 + 2x_2 + d_4^- - d_4^+ = 40, \\
& x_1, x_2, d_i^-, d_i^+ \geqslant 0 \quad (i = 1,2,3,4).
\end{aligned}
\tag{8.4.1}
$$

第 1 步：建立初始单纯形表，并计算检验数.

如前所述，将 p_k 看成一个特殊意义下的正常数，且有 $p_1 \gg p_2 \gg \cdots \gg p_{k_0} > 0$. 因此可用目标规划的准则函数中各偏差变量前 p_k 因子(连同权因子 w_{kj})来作为线性规划中的价

值系数 c_j，如 d_1^+ 的价值系数为 p_1，d_2^- 前的价值系数为 $1.5p_4$，等等. 见表 8.8，以 d_1^-，d_2^-，d_3^-，d_4^- 作为基变量，则初始可行基 $\boldsymbol{B}_0=\boldsymbol{I}_4$ 是个单位矩阵. 计算检验数公式为

$$\sigma_j = c_j - \boldsymbol{c}_{\boldsymbol{B}_0}\boldsymbol{B}_0^{-1}\boldsymbol{p}_j.$$

如 x_1 的检验数：

$$\sigma_1 = c_1 - \boldsymbol{c}_{\boldsymbol{B}_0}\boldsymbol{B}_0^{-1}\boldsymbol{p}_1 = 0-(p_4,1.5p_4,p_2,0)\begin{bmatrix}1\\0\\8\\1\end{bmatrix} = -8p_2-p_4.$$

又如 d_2^+ 的检验数：

$$\sigma_8 = c_8 - \boldsymbol{c}_{\boldsymbol{B}_0}\boldsymbol{B}_0^{-1}\boldsymbol{p}_8 = p_1-(p_4,1.5p_4,p_2,0)\begin{bmatrix}0\\-1\\0\\0\end{bmatrix}$$

$$= p_1-(-1.5p_4) = p_1+1.5p_4.$$

……，其余检验数同样计算.

表 8.8

c_j			0	0	p_4	$1.5p_4$	p_2	0	p_1	p_1	0	p_3
$\boldsymbol{c}_{\boldsymbol{B}}$	$\boldsymbol{x}_{\boldsymbol{B}}$	$\overline{\boldsymbol{b}}$	x_1	x_2	d_1^-	d_2^-	d_3^-	d_4^-	d_1^+	d_2^+	d_3^+	d_4^+
p_4	d_1^-	30	1	0	1	0	0	0	−1	0	0	0
$1.5p_4$	d_2^-	15	0	[1]	0	1	0	0	0	−1	0	0
p_2	d_3^-	1000	8	12	0	0	1	0	0	0	−1	0
0	d_4^-	40	1	2	0	0	0	1	0	0	0	−1
c_j-z_j	p_1	0	0	0	0	0	0	0	1	1	0	0
	p_2	−1000	−8	−12	0	0	0	0	0	0	1	0
	p_3	0	0	0	0	0	0	0	0	0	0	1
	p_4	−52.5	−1	−1.5	0	0	0	0	1	1.5	0	0

与单纯形表不同的是，把检验数行也拆分成 k_0 个行，对本题即 4 行：p_1,p_2,p_3,p_4. 将每个变量的检验数分成 4 级，分别填入系数. 如 $\sigma_1=-8p_2-p_4=0\cdot p_1-8\cdot p_2+0\cdot p_3-p_4$，则将 $(0,-8,0,-1)^{\mathrm{T}}$ 填入 x_1 的检验数 σ_1 那一列中. 同样将 d_2^+ 的检验数 $\sigma_8=p_1+1.5p_4=1\cdot p_1+0\cdot p_2+0\cdot p_3+1.5p_4=(p_1,p_2,p_3,p_4)\begin{bmatrix}1\\0\\0\\1.5\end{bmatrix}$. 将 $[1,0,0,1.5]^{\mathrm{T}}$ 填入 σ_8 所对应的那一列，其余类推.

在表 8.8 中，第 3 列上半段，即为当前基变量的取值，即：$(d_1^-, d_2^-, d_3^-, d_4^-)^T = (30,15,1000,40)^T$，第 3 列的下半段，即为各目标优先级的取值（也就是达成值）的相反数，即：$\boldsymbol{z}=(Z_1,Z_2,Z_3,Z_4)=(0,1000,0,52.5)$.

第 2 步：最优性检验.

目标规划的最优性检验是分优先级按次序进行，从 p_1 级开始依次到 p_{k_0} 级止. 检验 p_k 级目标时，可能出现三种情形：

(1) 检验 p_k 级目标时，表中下半段的检验数行中 p_k 所对应的那一行系数$\geqslant 0$，即 p_k 级目标满足最优性准则，则 p_k 级目标已达到最优值，应转入对下一级 p_{k+1} 级目标进行检验. 若 $k=k_0$，则计算结束.

对于本例，表 8.8 中 p_1 行各系数均$\geqslant 0$，故 p_1 级目标已达到最优，其达成值 $Z_1^* = d_1^+ + d_2^+ = 0$.

(2) 检验 p_k 级目标时，如果 p_k 所对应的行系数中有负的系数，但该负系数所在列，在该负系数上方 $k-1$ 个系数中至少有一个为正系数，则第 p_k 级目标的最优准则虽然没有被满足，但整个检验数仍为正. 因为该负系数所对应变量的检验数，由上文所述，可写成 p_k 的一次多项式：$\sum_{k=1}^{k_0} p_k \alpha_{k_j}$，但由于 $p_1 \gg p_2 \gg \cdots \gg p_{k_0} > 0$. 现在 $\alpha_{kj} < 0$，但 $\alpha_{ij} > 0 (1 \leqslant i \leqslant k-1)$，因此该变量的检验数的正负由比 k 高级的系数正负所决定，即检验数仍>0，为了不劣化比 k 高级的已达到的满意值，不能再对 k 级进行迭代，同样要转入到对 p_{k+1} 级目标的寻优. 若 $k=k_0$，则已完成迭代，计算结束.

(3) 检验 p_k 级目标时，如果 p_k 所对应的行系数中有负值，而此负系数所在列的在它上方 $k-1$ 个系数中没有正数，全为 0，则说明该负系数所对应变量的检验数小于 0，不满足最优化准则，故需要用单纯形法选择进基变量、离基变量及迭代到下一个解，即转入第 3 步.

第 3 步：基变换.

(1) 进基变量的确定原则. 对于 p_k 级目标，若符合第 2 步(3)中要求的负系数不止一个，则选择最小的一个系数所在列的变量作进基变量，这与单纯形法选择进基变量原则相同. 对于本例，表 8.8 中，p_2 级有两个数符合条件：x_1 与 x_2 的 p_2 级系数均<0，且其 p_1 级的系数均为 0，可选择(-12)所对应的变量——x_2 作进基变量，$\boldsymbol{p}_2$ 是主列.

(2) 离基变量确定原则. 与单纯形法相同，也按 θ 的最小比值原则确定离基变量. 对于本例：

$$\theta = \min\left\{\frac{15}{1}, \frac{1000}{12}, \frac{40}{2}\right\} = \frac{15}{1},$$

故 d_2^- 作离基变量，a_{22} 为主元素，第 2 行为主行.

(3) 迭代变换. 与线性规划的单纯形法相同，为了使 x_2 进基，就要用初等行变换方法将第 $\boldsymbol{p}_2$ 列化成$(0,1,0,0)^T$ 及将 x_2 的检验数化成 0，但现在检验数有 4 行，一般讲，要作 4 次行变换才可将 σ_j 都化为 0，见表 8.9.

表　8.9

	c_j			0	0	p_4	$1.5p_4$	p_2	0	p_1	p_1	0	p_3	
迭代次数	c_B	x_B	$\bar{b}$	x_1	x_2	d_1^-	d_2^-	d_3^-	d_4^-	d_1^+	d_2^+	d_3^+	d_4^+	θ
1	p_4	d_1^-	30	1	0	1	0	0	0	−1	0	0	0	30
	0	x_2	15	0	1	0	1	0	0	0	−1	0	0	
	p_2	d_3^-	820	8	0	0	−12	1	0	0	12	−1	0	102.5
	0	d_4^-	10	[1]	0	0	−2	0	1	0	2	0	−1	10
	c_j-z_j	p_1	0	0	0	0	0	0	0	1	1	0	0	
		p_2	−820	−8	0	0	12	0	0	0	−12	1	0	
		p_3	0	0	0	0	0	0	0	0	0	0	1	
		p_4	−30	−1	0	0	1.5	0	0	1	0	0	0	
2	p_4	d_1^-	20	0	0	1	2	0	−1	−1	−2	0	[1]	20
	0	x_2	15	0	1	0	1	0	0	0	−1	0	0	
	p_2	d_3^-	740	0	0	0	4	1	−8	0	−4	−1	8	92.5
	0	x_1	10	1	0	0	−2	0	1	0	2	0	−1	
	c_j-z_j	p_1	0	0	0	0	0	0	0	1	1	0	0	
		p_2	−740	0	0	0	−4	0	8	0	4	1	−8	
		p_3	0	0	0	0	0	0	0	0	0	0	1	
		p_4	−20	0	0	0	−0.5	0	1	1	2	0	−1	
3	p_3	d_4^+	20	0	0	1	2	0	−1	−1	−2	0	1	
	0	x_2	15	0	1	0	1	0	0	0	−1	0	0	
	p_2	d_3^-	580	0	0	−8	−12	1	0	8	12	−1	0	
	0	x_1	30	1	0	1	0	0	0	−1	0	0	0	
	c_j-z_j	p_1	0	0	0	0	0	0	0	1	1	0	0	
		p_2	−580	0	0	8	12	0	0	−8	−12	1	0	
		p_3	−20	0	0	−1	−2	0	1	1	2	0	0	
		p_4	0	0	0	1	1.5	0	0	0	0	0	0	

第 4 步：继续进行 p_k 级的目标检验，返回第 2 步.

对于本例，第 1 次迭代，x_2 代替 d_2^- 进入基变量后，检查 p_2 级仍有负的检验数：x_1 的检验数 $\sigma_1=-8p_2-p_4<0$，因此 x_1 进基. 同时可知，d_4^- 应离基，即 $\boldsymbol{p}_1$ 是主列，第 4 行是主行，$a_{41}=1$ 是主元素. 再一次进行迭代后，继续检查 p_2 级目标，仍有负检验数，由表 8.9 可知，d_4^+ 应进基，d_1^- 离基，作第 3 次迭代后，由表 8.9 可见，p_2，p_3，p_4 级目标所对应的检验数行中，已没有第 2 步(3)中所述的负系数，即没有上方全为 0 的负系数. 因此 p_1，p_2，p_3，p_4 目标已无法得到改善，计算结束. p_1 级，p_4 级的目标已实现，达成值都是 0，而 p_2 与 p_3 级目标均未全部满足，p_2 级目标达成值为 580，p_3 级目标达成值为 20.

习 题 8

8.1 用作图法求下列目标规划问题的满意解.

(1) $\min Z=p_1d_1^+ + p_2d_3^+ + p_3d_2^+$;

$$\text{s.t.}\quad \begin{cases} -x_1+2x_2+d_1^- - d_1^+ =4, \\ x_1-2x_2+d_2^- - d_2^+ =4, \\ x_1+2x_2+d_3^- - d_3^+ =8, \\ x_1,x_2\geqslant 0,\quad d_i^-,d_i^+\geqslant 0\quad (i=1,2,3). \end{cases}$$

(2) $\min Z=p_1d_3^+ + p_2d_2^- + p_3(d_1^- + d_1^+)$;

$$\text{s.t.}\quad \begin{cases} 6x_1+2x_2+d_1^- - d_1^+ =24, \\ x_1+x_2+d_2^- - d_2^+ =5, \\ 5x_2+d_3^- - d_3^+ =15, \\ x_1,x_2\geqslant 0,\quad d_i^-,d_i^+\geqslant 0\quad (i=1,2,3). \end{cases}$$

(3) $\min Z=p_1(d_1^- + d_1^+) + p_2(d_2^- + d_2^+)$;

$$\text{s.t.}\quad \begin{cases} x_1+x_2\leqslant 4, \\ x_1+2x_2\leqslant 6, \\ 2x_1+3x_2+d_1^- - d_1^+ =18, \\ 3x_1+2x_2+d_2^- - d_2^+ =18, \\ x_1,x_2\geqslant 0,\quad d_i^-,d_i^+\geqslant 0\quad (i=1,2). \end{cases}$$

(4) $\min Z=p_1d_1^+ + p_2(d_1^- + d_2^+)$;

$$\text{s.t.}\quad \begin{cases} x_1+2x_2\leqslant 6, \\ 2x_1+3x_2+d_1^- - d_1^+ =12, \\ 3x_1+2x_2+d_2^- - d_2^+ =12, \\ x_1,x_2\geqslant 0,\quad d_i^-,d_i^+\geqslant 0\quad (i=1,2). \end{cases}$$

8.2 用序贯式算法求解下列问题.

(1) $\min Z=p_1d_1^- + p_2d_2^-$;

$$\text{s.t.}\quad \begin{cases} x_1+x_2+d_1^- - d_1^+ =10, \\ 8x_1+10x_2+d_2^- - d_2^+ =300, \\ x_i,d_i^-,d_i^+\geqslant 0\quad (i=1,2). \end{cases}$$

(2) $\min Z=p_1(d_1^-+d_1^+)+p_2d_2^-$;

$$\text{s.t.}\quad \begin{aligned} & x_1+x_2+d_1^--d_1^+=10, \\ & 3x_1+4x_2+d_2^--d_2^+=50, \\ & 8x_1+10x_2+d_3^--d_3^+=300, \\ & x_1,x_2\geqslant 0,\quad d_i^-,d_i^+\geqslant 0\quad (i=1,2,3). \end{aligned}$$

(3) $\min Z=p_1(d_1^-+d_1^+)+p_2(2d_2^++d_3^+)$;

$$\text{s.t.}\quad \begin{aligned} & x_1-10x_2+d_1^--d_1^+=50, \\ & 3x_1+5x_2+d_2^--d_2^+=20, \\ & 8x_1+6x_2+d_3^--d_3^+=100, \\ & x_1,x_2\geqslant 0,\quad d_i^-,d_i^+\geqslant 0\quad (i=1,2,3). \end{aligned}$$

8.3 用单纯形表求下列目标规划的满意解.

(1) $\min Z=p_1d_1^-+p_2d_2^++p_3(d_3^-+d_3^+)$;

$$\text{s.t.}\quad \begin{aligned} & 3x_1+x_2+x_3+d_1^--d_1^+=60, \\ & x_1-x_2+2x_3+d_2^--d_2^+=10, \\ & x_1+x_2-x_3+d_3^--d_3^+=20, \\ & x_i,d_i^-,d_i^+\geqslant 0\quad (i=1,2,3). \end{aligned}$$

(2) $\min Z=p_1d_1^-+p_2d_4^++5p_3d_2^-+3p_3d_3^-+p_4d_1^+$;

$$\text{s.t.}\quad \begin{aligned} & x_1+x_2+d_1^--d_1^+=80, \\ & x_1\qquad +d_2^--d_2^+=60, \\ & \qquad x_2+d_3^--d_3^+=45, \\ & x_1+x_2+d_4^--d_4^+=90, \\ & x_1,x_2\geqslant 0,\quad d_i^-,d_i^+\geqslant 0\quad (i=1,2,3,4). \end{aligned}$$

(3) $\min Z=p_1d_1^-+p_2(d_2^-+d_2^+)$;

$$\text{s.t.}\quad \begin{aligned} & x_1+x_2\qquad\qquad \leqslant 100, \\ & x_1-x_2+d_1^--d_1^+=45, \\ & 2x_1+3x_2+d_2^--d_2^+=60, \\ & x_i,d_i^-,d_i^+\geqslant 0\quad (i=1,2). \end{aligned}$$

8.4 某单位领导在考虑本单位职工的升级调资方案时,依次有以下规定:

(1) 月工资总额不超过 60000 元;

(2) 每级的人数不超过定编规定的人数;

(3) 现有Ⅱ、Ⅲ级中人的升级面尽可能达到现有人数的 20%;

(4) Ⅲ级不足编制的人数可录用新职工,又Ⅰ级的职工有 10%要退休.

其他资料见题 8.4 表. 问该单位领导应如何拟定一个满意的方案.

题 8.4 表

等级	工资额/(元/月·人)	现有人数	编制人数
Ⅰ	2000	10	12
Ⅱ	1500	12	15
Ⅲ	1000	15	15
合计		37	42

8.5 某彩电组装工厂，生产 A,B,C 三种规格电视机. 装配工作在同一生产线上完成，三种产品装配每台的工时消耗分别为 6 h，8 h 和 10 h. 生产线每月正常工作时间为 200 h；每台彩电的利润分别为 500 元，650 元和 800 元. 每月销售量预计分别为 12 台，10 台，6 台. 该厂经营目标如下：

p_1：利润指标为 1.6×10^4 元/月；

p_2：充分利用生产能力；

p_3：加班时间不超过 24 h；

p_4：产量以预计销量为标准.

为确定生产计划，试建立该问题的目标规划模型(不必求解).

8.6 一个小型无线电广播台考虑如何最好地来安排音乐、新闻和商业节目时间. 依据法律，允许该台每天广播 12 h，其中商业节目用以赢利，每分钟可收入 250 美元，新闻节目每分钟需支出 40 美元，音乐节目每分钟费用为 17.50 美元. 法律规定，正常情况下商业节目只能占广播时间的 20%，每小时至少安排 5 min 新闻节目，问每天的广播节目该如何安排？优先级如下：

p_1：满足法律规定的要求；

p_2：每天的纯收入最大.

试建立该问题的目标规划模型(不必求解).

8.7 某种酒是用三种等级的酒兑制而成. 若这三种等级的酒每天供应量和单位成本如题 8.7 表(1)所示.

题 8.7 表(1)

等级	日供应量/kg	成本/(元/kg)
Ⅰ	1500	6.0
Ⅱ	2000	4.5
Ⅲ	1000	3.0

设该种酒有三种商标(红、黄、蓝)，各种商标的酒对原料酒的混合比及售价见题 8.7

表(2). 决策者规定：首先必须严格按规定比例兑制各商标的酒；其次是获利超过 1000 元；再次是红商标的酒每天至少生产 2000 kg. 试列出该问题的目标规划数学模型(不必求解).

题 8.7 表(2)

商 标	兑制要求	售价/(元/kg)
红	Ⅲ少于 10%，Ⅰ多于 50%	5.5
黄	Ⅲ少于 70%，Ⅰ多于 20%	5.0
蓝	Ⅲ少于 50%，Ⅰ多于 10%	4.8

8.8 某市准备在下一年度预算中购置一批救护车，已知每辆救护车购置价为 20 万元. 救护车用于所属的两个郊区县，各分配 x_A 和 x_B 台，A 县救护站从接到求救电话到救护车出动的响应时间为 $(40-3x_A)$ min，B 县相应的响应时间为 $(50-4x_B)$ min，该市确定如下优先级目标.

p_1：救护车购置费用不超过 400 万元.

p_2：A 县的响应时间不超过 5 min.

p_3：B 县的响应时间不超过 5 min.

要求建立本问题的目标规划模型(不必求解).

8.9 已知某实际问题的线性规划模型为

$$\max z = 100x_1 + 50x_2;$$

$$\begin{aligned} \text{s.t.}\quad & 9x_1 + 26x_2 \leqslant 200 \text{(资源 1)}, \\ & 12x_1 + 4x_2 \geqslant 25 \text{(资源 2)}, \\ & x_1, x_2 \geqslant 0. \end{aligned}$$

假设重新确定这个问题的目标为 p_1：z 的值不低于 1900；p_2：资源 1 必须全部利用.

求将此问题转换为目标规划问题所对应的数学模型.

第3部分　非线性规划

前面介绍的线性规划、整数规划、目标规划等都有一个共同的特点，就是其目标函数与约束条件都是决策变量的一次函数. 如果在一个规划问题的目标函数和约束条件中，至少有一个方程是决策变量的非线性函数，就将这类规划问题称为非线性规划. 通常用NP来表示非线性规划(nonlinear programming). 非线性规划是运筹学的重要分支之一，最近四十多年来发展很快，不断提出各种算法，而它的应用范围也越来越广泛. 比如在各种预报、管理科学、最优设计、质量控制、系统控制等领域得到广泛且不断深入的应用.

一般来说，求解非线性规划问题要比求解线性规划问题困难得多，而且也不像线性规划那样有统一的数学模型及如单纯形法这一通用解法. 非线性规划的各种算法大都有自己特定的适用范围，都有一定的局限性，到目前为止还没有适合于各种非线性规划问题的一般算法. 这正是需要人们进一步研究的课题.

第9章

非线性规划的基本概念与基本原理

9.1 非线性规划的数学模型

9.1.1 非线性规划问题举例

例 9.1.1 选址问题.

设有 n 个市场,第 j 个市场位置为(p_j,q_j),它对某种货物的需要量为 $b_j(j=1,2,\cdots,n)$. 现计划建立 m 个仓库,第 i 个仓库的存储容量为 $a_i(i=1,2,\cdots,m)$. 试确定仓库的位置,使各仓库对各市场的运输量与路程乘积之和为最小.

设第 i 个仓库的位置为$(x_i,y_i)(i=1,2,\cdots,m)$,第 i 个仓库到第 j 个市场的货物供应量为 $z_{ij}(i=1,2,\cdots,m;j=1,2,\cdots,n)$,则第 i 个仓库到第 j 个市场的距离为

$$d_{ij}=\sqrt{(x_i-p_j)^2+(y_i-q_j)^2},$$

目标函数为

$$\sum_{i=1}^{m}\sum_{j=1}^{n}z_{ij}d_{ij}=\sum_{i=1}^{m}\sum_{j=1}^{n}z_{ij}\sqrt{(x_i-p_j)^2+(y_i-q_j)^2},$$

约束条件是:

(1) 每个仓库向各市场提供的货物量之和不能超过它的存储容量.

(2) 每个市场从各仓库得到的货物量之和应等于它的需要量.

(3) 运输量不能为负数.

因此,问题的数学模型为

$$\min\sum_{i=1}^{m}\sum_{j=1}^{n}z_{ij}\sqrt{(x_i-p_j)^2+(y_i-q_j)^2};$$

$$\text{s. t.}\quad \sum_{j=1}^{n}z_{ij}\leqslant a_i\quad(i=1,2,\cdots,m),$$

$$\sum_{i=1}^{m} z_{ij} = b_j \quad (j = 1,2,\cdots,n), \tag{9.1.1}$$

$$z_{ij} \geqslant 0 \quad (i = 1,2,\cdots,m; \quad j = 1,2,\cdots,n).$$

例 9.1.2 构件的表面积问题.

一个半球形与圆柱形相接的构件,要求在构件体积一定的条件下,确定构件的尺寸使其表面积最小.

设该圆柱形底半径为 x_1,高为 x_2,则其表面积 S 为(见图 9.1)

$$S = 2\pi x_1^2 + 2\pi x_1 x_2 + \pi x_1^2 = 3\pi x_1^2 + 2\pi x_1 x_2.$$

设其体积为 V_0,有

$$V_0 = \frac{2}{3}\pi x_1^3 + \pi x_1^2 x_2.$$

故其数学模型为

$$\begin{aligned} &\min S = 3\pi x_1^2 + 2\pi x_1 x_2; \\ &\text{s.t.} \quad \frac{2}{3}\pi x_1^3 + \pi x_1^2 x_2 = V_0, \\ &\qquad x_1 \geqslant 0, \quad x_2 \geqslant 0. \end{aligned} \tag{9.1.2}$$

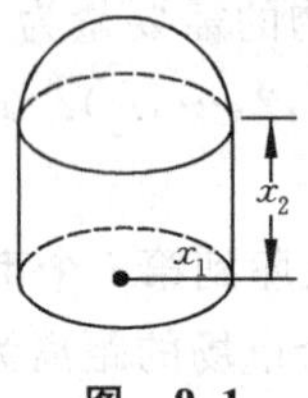

图 9.1

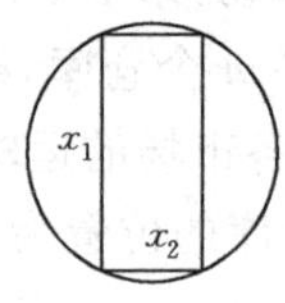

图 9.2

例 9.1.3 木梁设计问题.

把圆形木材加工成矩形横截面的木梁. 要求木梁高度不超过 H,横截面的惯性矩(高度^2×宽度)不小于 W. 而且高度介于宽度与 4 倍宽度之间. 问如何确定木梁尺寸可使木梁成本最小(图 9.2).

设矩形横截面的高度为 x_1,宽度为 x_2,则圆形木材的半径 $r=\sqrt{\left(\frac{x_1}{2}\right)^2+\left(\frac{x_2}{2}\right)^2}$. 而木梁长度无法改变,因此成本只与圆形木材的横截面积有关,故目标函数应为

$$S = \pi r^2 = \pi\left(\frac{x_1^2}{4} + \frac{x_2^2}{4}\right).$$

而约束条件为

$$x_1 \leqslant H, \quad x_1^2 x_2 \geqslant W, \quad x_1 \geqslant x_2, \quad x_1 \leqslant 4x_2.$$

其数学模型应为

$$\begin{aligned} \min\ & \pi\left(\frac{1}{4}x_1^2+\frac{1}{4}x_2^2\right); \\ \text{s.t.}\ & x_1 \leqslant H, \\ & x_1^2 x_2 \geqslant W, \\ & x_1 - x_2 \geqslant 0, \\ & x_1 - 4x_2 \leqslant 0, \\ & x_1, x_2 \geqslant 0. \end{aligned} \tag{9.1.3}$$

数学模型(9.1.1)～(9.1.3)中都含有决策变量的非线性函数,因此都属于非线性规划问题.

9.1.2 非线性规划问题的一般数学模型

一般非线性规划的数学模型可表示为

$$\begin{aligned} \min\ & f(\boldsymbol{x}); \\ \text{s.t.}\ & g_i(\boldsymbol{x}) \geqslant 0 \quad (i=1,2,\cdots,m), \\ & h_j(\boldsymbol{x}) = 0 \quad (j=1,2,\cdots,l). \end{aligned} \tag{9.1.4}$$

式中 $\boldsymbol{x}=(x_1,x_2,\cdots,x_n)^{\mathrm{T}} \in \mathbb{R}^n$ 是 n 维向量,$f,g_i(i=1,2,\cdots,m),h_j(j=1,2,\cdots,l)$ 都是 $\mathbb{R}^n \to \mathbb{R}^1$ 的映射(即自变量是 n 维向量,因变量是实数的函数关系).

与线性规划类似,把满足约束条件的解称为可行解. 若记

$$\mathscr{X} = \{\boldsymbol{x} \mid g_i(\boldsymbol{x}) \geqslant 0,\ i=1,2,\cdots,m, h_j(\boldsymbol{x})=0, j=1,2,\cdots,l\}, \tag{9.1.5}$$

称 $\mathscr{X}$ 为可行域. 因此模型(9.1.4)有时可简记为

$$\begin{aligned} & \min f(\boldsymbol{x}); \\ & \boldsymbol{x} \in \mathscr{X}. \end{aligned} \tag{9.1.6}$$

当一个非线性规划问题的自变量 $\boldsymbol{x}$ 没有任何约束,或说可行域是整个 n 维向量空间 $\mathscr{X}=\mathbb{R}^n$,则称这样的非线性规划问题为无约束问题:

$$\min f(\boldsymbol{x}) \quad \text{或} \quad \min_{\boldsymbol{x}\in\mathbb{R}^n} f(\boldsymbol{x}). \tag{9.1.7}$$

有约束问题(9.1.6)与无约束问题(9.1.7)是非线性规划的两大类问题. 以后会看到,它们在处理方法上有明显的不同.

非线性规划问题(9.1.4)中引入不等式约束这一点,从数学上讲是一个进步. 因为在微积分中也讨论过极值问题,那时主要是无约束极值问题. 即使有约束,也是等式约束. 利用拉格朗日乘子法,可将等式约束极值问题化为无约束极值问题来求解. 这种极值问题统称为经典极值问题. 而在极值问题中引入不等式约束,标志现代数学规划理论的开始. 不等式约束的引入使极值问题的处理更复杂;但也使部分经典极值处理不了的问题

得到解决，从而扩大了极值问题的应用范围.

对于不等式约束 $g_i(\boldsymbol{x})\geqslant 0$，也可写成 $g_i(\boldsymbol{x})\leqslant 0$. 因为令 $g_i(\boldsymbol{x})=-g_i'(\boldsymbol{x})$，则 $g_i(\boldsymbol{x})\geqslant 0$ 与 $-g_i(\boldsymbol{x})=g_i'(\boldsymbol{x})\leqslant 0$ 是等价的. 因此有的书上，将非线性规划的数学模型表示为

$$\begin{aligned}&\min\ f(\boldsymbol{x});\\ &\text{s.t.}\quad g_i(\boldsymbol{x})\leqslant 0\quad (i=1,2,\cdots,m),\\ &\qquad\ \ h_j(\boldsymbol{x})=0\quad (j=1,2,\cdots,l).\end{aligned}\tag{9.1.8}$$

也可更进一步化成

$$\begin{aligned}&\min\ f(\boldsymbol{x});\\ &\text{s.t.}\quad g_i(\boldsymbol{x})\geqslant 0\\ &\qquad (i=1,\cdots,m).\end{aligned}\quad 或\quad \begin{aligned}&\min\ f(\boldsymbol{x});\\ &\text{s.t.}\quad g_i(\boldsymbol{x})\leqslant 0\\ &\qquad (i=1,2,\cdots,m).\end{aligned}\tag{9.1.9}$$

因为 $h_j(\boldsymbol{x})=0$ 等价于 $\begin{cases}h_j(\boldsymbol{x})\geqslant 0\\ -h_j(\boldsymbol{x})\geqslant 0\end{cases}(j=1,2,\cdots,l)$. 因此可将等式约束含在不等式约束之中.

以下本书主要用(9.1.4)及(9.1.6)的形式作为非线性规划的数学模型.

我们知道，几何直观常常对理解与分析问题有一定的帮助. 与线性规划类似，二维非线性规划问题，也可作出直观的几何解释，并且可把这种解释，通过思维上的抽象推广到 n 维问题中去. 这对于理解有关的理论与方法是有益的.

例 9.1.4 非线性规划

$$\begin{aligned}&\min\ f(x_1,x_2)=(x_1-1)^2+(x_2-2)^2;\\ &\text{s.t.}\quad x_1+x_2-2\leqslant 0.\end{aligned}$$

以 $x_1,x_2,f(\boldsymbol{x})$ 为坐标作图 9.3，则 $f(\boldsymbol{x})=(x_1-1)^2+(x_2-2)^2$ 是以 $(1,2,0)$ 为顶点开口向上的旋转抛物面，再加上约束条件，其可行域 $\mathscr{X}$ 为半空间 $x_2+x_1-2\leqslant 0$，目标函数位于可行域 $\mathscr{X}$ 内的点集，就是旋转抛物面被平面 $x_2+x_1-2=0$ 切下的那一部分曲面（上的全部点集），见图 9.3. 但这种空间图形通常很难画，更不用说要从中找出最优解了. 我们可以仿照线性规划的作图法把它们投影到平面 x_1Ox_2 上. 首先令 $f(\boldsymbol{x})=z_0$，z_0 为常数，这样就得到了目标函数的一族等值线. 对本例是一族以 $(1,2)$ 为圆心的同心圆，再将可行域也投影到平面 x_1Ox_2 上. 因为实际上，由解析几何可知，可行域的边界面都是母线平行 $f(\boldsymbol{x})$ 轴的柱面，因此可行域边界面在平面 x_1Ox_2 上的投影也就是以 $g_i(\boldsymbol{x})=0$，$h_j(\boldsymbol{x})=0$ 为方程在 x_1Ox_2 平面上围成的区域. 对本例即为方程 $x_2+x_1-2=0$ 的左下半平面，见图 9.4. 因此满足约束条件的 $f(\boldsymbol{x})$ 的极小点就是可行域 $\mathscr{X}$ 的边界面与 $f(\boldsymbol{x})$ 等值线相切的切点 $\boldsymbol{x}^*=\left(\dfrac{1}{2},\dfrac{3}{2}\right)^{\mathrm{T}}$. 这样在图 9.4 上可形象地表示出可行域、等值线（面）及极小点情况.

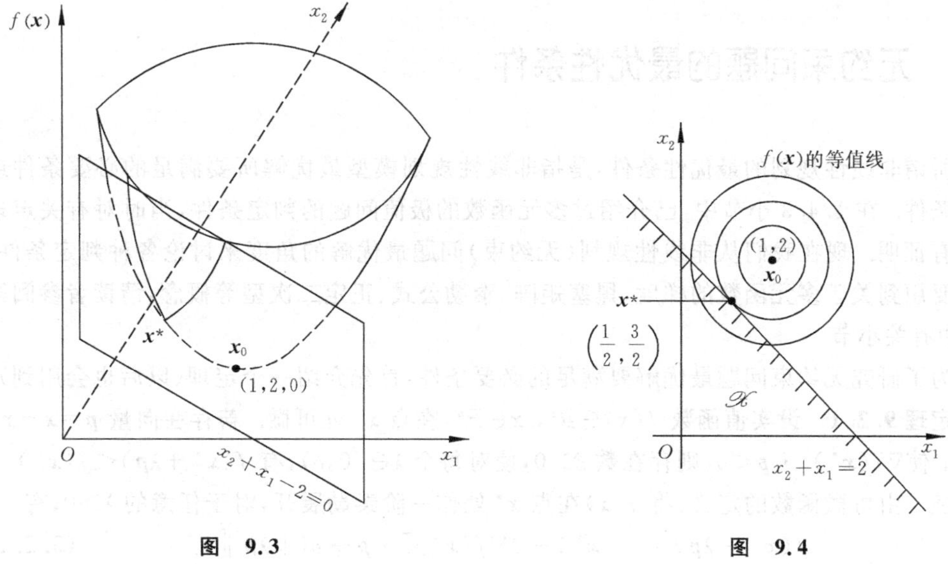

图 9.3　　　　图 9.4

9.1.3 局部最优解与全局最优解

如前所述,若线性规划问题有最优解,则其最优解必可在可行域的极点上达到. 若只有唯一最优解,则必在极点上达到. 但非线性规划的最优解却可能是可行域上的任何一点. 此外,线性规划的最优解一定是全局最优解;而非线性规划有局部最优解与全局最优解之分,一般的非线性规划算法往往求出的是局部最优解.

在 1.4.3 小节中,曾介绍过多元函数的局部极值点及全局(整体)极值点. 因为局部最优解与全局最优解对非线性规划来说是一个基本概念,因此现在用非线性规划的语言来定义局部最优解与全局最优解.

定义 9.1.1 若 $\boldsymbol{x}^*\in\mathscr{X}$, 且满足 $\min\limits_{\boldsymbol{x}\in\mathscr{X}} f(\boldsymbol{x})=f(\boldsymbol{x}^*)$,即对 $\forall\,\boldsymbol{x}\in\mathscr{X}$ 都有 $f(\boldsymbol{x}^*)\leqslant f(\boldsymbol{x})$,则称 $\boldsymbol{x}^*$ 为非线性规划问题(9.1.4)的全局(整体)最优解.

定义 9.1.2 若 $\boldsymbol{x}^*\in\mathscr{X}$, 且存在一个 $\delta>0$,对于 $\forall\,\boldsymbol{x}\in N(\boldsymbol{x}^*,\delta)\cap\mathscr{X}$, 使得 $\min\limits_{\boldsymbol{x}\in N(\boldsymbol{x}^*,\delta)\cap\mathscr{X}} f(\boldsymbol{x})=f(\boldsymbol{x}^*)$成立,即 $\forall\,\boldsymbol{x}\in N(\boldsymbol{x}^*,\delta)\cap\mathscr{X}$, 都有 $f(\boldsymbol{x}^*)\leqslant f(\boldsymbol{x})$, 则称 $\boldsymbol{x}^*$ 为非线性规划问题(9.1.4)的一个局部最优解.

将定义 9.1.1 及定义 9.1.2 中的不等式 $f(\boldsymbol{x}^*)\leqslant f(\boldsymbol{x})$,改为严格不等式 $f(\boldsymbol{x}^*)<f(\boldsymbol{x})$,则可得到相应的严格全局最优解与严格局部最优解的定义.

值得注意的是,当可行域 $\mathscr{X}$ 为有界闭集,且 $f(\boldsymbol{x})$ 连续时,它在 $\mathscr{X}$ 内有最小值,此时最小值往往(但不总是)位于 $\mathscr{X}$ 的边界上.

9.2 无约束问题的最优性条件

所谓非线性规划的最优性条件，是指非线性规划模型最优解所要满足的必要条件或充分条件．在1.4.3小节中，已介绍过多元函数的极值问题的判定条件，当时对有关定理并没有证明．现在我们从非线性规划（无约束）问题最优解的角度来讨论各种判定条件．文中要用到关于多元函数的梯度、黑塞矩阵、泰勒公式、正定二次型等概念，请读者参阅第1章中有关小节．

为了研究无约束问题最优解要满足的必要条件，首先介绍一个定理（以后也会用到）．

定理 9.2.1 设实值函数 $f(\boldsymbol{x})\in\mathbb{R}^1$，$\boldsymbol{x}\in\mathbb{R}^n$，在点 $\boldsymbol{x}^*$ 处可微．若存在向量 $\boldsymbol{p}=\boldsymbol{x}-\boldsymbol{x}^*\in\mathbb{R}^n$，使 $\nabla f(\boldsymbol{x}^*)^{\mathrm{T}}\cdot\boldsymbol{p}<0$，则存在数 $\delta>0$，使对每个 $\lambda\in(0,\delta)$，有 $f(\boldsymbol{x}^*+\lambda\boldsymbol{p})<f(\boldsymbol{x}^*)$．

证 由可微函数的定义，将 $f(\boldsymbol{x})$ 在点 $\boldsymbol{x}^*$ 处作一阶泰勒展开，对于任意的 $\lambda>0$，有

$$f(\boldsymbol{x}^*+\lambda\boldsymbol{p})=f(\boldsymbol{x}^*)+\lambda\nabla f(\boldsymbol{x}^*)^{\mathrm{T}}\cdot\boldsymbol{p}+o(\|\lambda\boldsymbol{p}\|). \tag{9.2.1}$$

由于 $\lambda>0$ 及 $\nabla f(\boldsymbol{x}^*)^{\mathrm{T}}\cdot\boldsymbol{p}<0$，故有 $\lambda\nabla f(\boldsymbol{x}^*)^{\mathrm{T}}\cdot\boldsymbol{p}<0$．又因为式(9.2.1)中 $o(\|\lambda\boldsymbol{p}\|)$ 是指比 $\|\lambda\boldsymbol{p}\|$（$\lambda\boldsymbol{p}$ 的模）高阶的无穷小量，因此存在 $\delta>0$，当 $\lambda\in(0,\delta)$ 时，恒有

$$\lambda\nabla f(\boldsymbol{x}^*)^{\mathrm{T}}\cdot\boldsymbol{p}+o(\|\lambda\boldsymbol{p}\|)<0.$$

代入式(9.2.1)，有：

$$f(\boldsymbol{x}^*+\lambda\boldsymbol{p})<f(\boldsymbol{x}^*),\quad\forall\lambda\in(0,\delta).$$

利用定理9.2.1，即可得到无约束非线性规划问题的最优解要满足的一阶必要条件．

定理 9.2.2 设实值函数 $f(\boldsymbol{x})\in\mathbb{R}^1$，$\boldsymbol{x}\in\mathbb{R}^n$，在点 $\boldsymbol{x}^*$ 处可微，若 $\boldsymbol{x}^*$ 是无约束问题 $\min f(\boldsymbol{x})$ 的局部最优解，则

$$\nabla f(\boldsymbol{x}^*)=\boldsymbol{0}.$$

证 用反证法，若 $\nabla f(\boldsymbol{x}^*)\neq\boldsymbol{0}$．现令 $\boldsymbol{p}=-\nabla f(\boldsymbol{x}^*)$，则有

$$\nabla f(\boldsymbol{x}^*)^{\mathrm{T}}\cdot\boldsymbol{p}=-\nabla f(\boldsymbol{x}^*)^{\mathrm{T}}\cdot\nabla f(\boldsymbol{x}^*)=-\|\nabla f(\boldsymbol{x}^*)\|^2<0.$$

由定理9.2.1，必存在 $\delta>0$，使当 $\lambda\in(0,\delta)$ 时，有

$$f(\boldsymbol{x}^*+\lambda\boldsymbol{p})<f(\boldsymbol{x}^*)$$

成立．但这与 $\boldsymbol{x}^*$ 是局部最优解相矛盾．因此必有 $\nabla f(\boldsymbol{x}^*)=\boldsymbol{0}$．

与一元函数类似，条件 $\nabla f(\boldsymbol{x}^*)=\boldsymbol{0}$ 是可微函数 $f(\boldsymbol{x})$ 在点 $\boldsymbol{x}^*$ 处取得局部极值点的必要条件，不是充分条件．如第1章所述，将满足 $\nabla f(\boldsymbol{x}^*)=\boldsymbol{0}$ 的点 $\boldsymbol{x}^*$ 称为 $f(\boldsymbol{x})$ 的平稳点．则平稳点有可能是局部极大点，也有可能是局部极小点．也有可能什么也不是，此时的平稳点又称为鞍点．

下面，利用函数 $f(\boldsymbol{x})$ 的黑塞矩阵，给出局部最优解的二阶必要条件．

定理 9.2.3 设实值函数 $f(\boldsymbol{x})\in\mathbb{R}^1$，$\boldsymbol{x}\in\mathbb{R}^n$，在点 $\boldsymbol{x}^*\in\mathbb{R}^n$ 处二次可微．若 $\boldsymbol{x}^*$ 是无约

束问题 $\min f(\boldsymbol{x})$ 的局部最优解，则

$$\nabla f(\boldsymbol{x}^*)=\boldsymbol{0},\quad \text{且}\quad \nabla^2 f(\boldsymbol{x}^*)=\boldsymbol{H}(\boldsymbol{x}^*)\text{ 半正定}.$$

证 因为 $f(\boldsymbol{x})$ 在点 $\boldsymbol{x}^*$ 处二次可微，将 $f(\boldsymbol{x})$ 在点 $\boldsymbol{x}^*$ 处作二阶泰勒展开，对于任意的 $\lambda>0$ 及任意的 $\boldsymbol{p}\in\mathbb{R}^n$，由式(1.4.10)有

$$f(\boldsymbol{x}^*+\lambda\boldsymbol{p})=f(\boldsymbol{x}^*)+\lambda\nabla f(\boldsymbol{x}^*)^{\mathrm{T}}\cdot\boldsymbol{p}+\frac{1}{2}(\lambda\boldsymbol{p})^{\mathrm{T}}\nabla^2 f(\boldsymbol{x}^*)(\lambda\boldsymbol{p})+o(\|\lambda\boldsymbol{p}\|^2). \tag{9.2.2}$$

由定理 9.2.2，$\nabla f(\boldsymbol{x}^*)=\boldsymbol{0}$ 及 λ 是一个数. 式(9.2.2)可写为

$$f(\boldsymbol{x}^*+\lambda\boldsymbol{p})=f(\boldsymbol{x}^*)+\frac{1}{2}\lambda^2\boldsymbol{p}^{\mathrm{T}}\nabla^2 f(\boldsymbol{x}^*)\boldsymbol{p}+o(\|\lambda\boldsymbol{p}\|^2), \tag{9.2.3}$$

式中 $o(\|\lambda\boldsymbol{p}\|^2)$ 是比 $\|\lambda\boldsymbol{p}\|^2$ 高阶的无穷小量.

将式(9.2.3)改写为

$$\frac{f(\boldsymbol{x}^*+\lambda\boldsymbol{p})-f(\boldsymbol{x}^*)}{\lambda^2}=\frac{1}{2}\boldsymbol{p}^{\mathrm{T}}\nabla^2 f(\boldsymbol{x}^*)\boldsymbol{p}+\frac{o(\|\lambda\boldsymbol{p}\|^2)}{\lambda^2}. \tag{9.2.4}$$

因为 $\boldsymbol{x}^*$ 是 $\min f(\boldsymbol{x})$ 的局部最优解，故当 λ 充分小时，有 $f(\boldsymbol{x}^*+\lambda\boldsymbol{p})\geqslant f(\boldsymbol{x}^*)$. 故式(9.2.4)左端 $\geqslant 0$，即右端

$$\frac{1}{2}\boldsymbol{p}^{\mathrm{T}}\nabla^2 f(\boldsymbol{x}^*)\boldsymbol{p}+\frac{o(\|\lambda\boldsymbol{p}\|^2)}{\lambda^2}\geqslant 0.$$

又当 $\lambda\to 0$ 时，$\dfrac{o(\|\lambda\boldsymbol{p}\|^2)}{\lambda^2}\to 0$，所以

$$\boldsymbol{p}^{\mathrm{T}}\nabla^2 f(\boldsymbol{x}^*)\boldsymbol{p}\geqslant 0,$$

即 $\nabla^2 f(\boldsymbol{x}^*)$ 是半正定的.

以下给出无约束问题局部最优解的充分条件.

定理 9.2.4 设 $f(\boldsymbol{x})$ 在点 $\boldsymbol{x}^*$ 处二次可微，若在 $\boldsymbol{x}^*$ 处满足 $\nabla f(\boldsymbol{x}^*)=\boldsymbol{0}$，且 $\nabla^2 f(\boldsymbol{x}^*)$ 正定，则点 $\boldsymbol{x}^*$ 是无约束问题 $\min f(\boldsymbol{x})$ 的严格局部最优解.

证 任取单位向量 $\boldsymbol{p}_0\in\mathbb{R}^n$ 及数 $\lambda>0$，将 $f(\boldsymbol{x})$ 在点 $\boldsymbol{x}^*$ 处作二阶泰勒展开，由式(1.4.10)，有

$$f(\boldsymbol{x}^*+\lambda\boldsymbol{p}_0)=f(\boldsymbol{x}^*)+\lambda\nabla f(\boldsymbol{x}^*)^{\mathrm{T}}\cdot\boldsymbol{p}_0+\frac{1}{2}(\lambda\boldsymbol{p}_0)^{\mathrm{T}}\nabla^2 f(\boldsymbol{x}^*)(\lambda\boldsymbol{p}_0)+o(\|\lambda\boldsymbol{p}_0\|^2). \tag{9.2.5}$$

因 $\nabla f(\boldsymbol{x}^*)=\boldsymbol{0}$，及 $\|\boldsymbol{p}_0\|=1$，所以 $\|\lambda\boldsymbol{p}_0\|=\|\lambda\|$. 故 $o(\|\lambda\boldsymbol{p}_0\|^2)=o(\|\lambda\|^2)$ 是比 $\|\lambda\|^2$ 高阶的无穷小量，于是式(9.2.5)可改写为

$$f(\boldsymbol{x}^*+\lambda\boldsymbol{p}_0)-f(\boldsymbol{x}^*)=\frac{1}{2}\lambda^2\boldsymbol{p}_0^{\mathrm{T}}\nabla^2 f(\boldsymbol{x}^*)\boldsymbol{p}_0+o(\|\lambda\|^2). \tag{9.2.6}$$

作一个有界闭区域 $S_0=\{\boldsymbol{p}_0\mid\boldsymbol{p}_0\in\mathbb{R}^n\text{ 且 }\|\boldsymbol{p}_0\|=1\}$，即 S_0 是由一切模为 1 的 n 维向量构成的有界闭区域. 而二次函数 $\boldsymbol{p}_0^{\mathrm{T}}\nabla^2 f(\boldsymbol{x}^*)\boldsymbol{p}_0$ 在有界闭区域 S_0 上连续，所以二次函数

$\boldsymbol{p}_0^{\mathrm{T}}\nabla^2 f(\boldsymbol{x}^*)\boldsymbol{p}_0$ 能在有界闭区域 S_0 上取到最小值. 记该最小值为 α_0，又因 $\nabla^2 f(\boldsymbol{x}^*)$ 是正定矩阵，故有 $\alpha_0>0$，代入式(9.2.6)有

$$f(\boldsymbol{x}^*+\lambda\boldsymbol{p}_0)-f(\boldsymbol{x}^*)\geqslant\frac{1}{2}\alpha_0\lambda^2+o(\|\lambda^2\|)>0.$$

由极限理论，当 $\lambda\to 0$ 时，必存在 $\delta>0$，使当 $0<\lambda<\delta$ 时，对任意单位向量 $\boldsymbol{p}_0\in\mathbb{R}^n$，总有

$$f(\boldsymbol{x}^*+\lambda\boldsymbol{p}_0)-f(\boldsymbol{x}^*)>0.$$

因此由严格局部最优解定义，可知 $\boldsymbol{x}^*$ 是 $\min f(\boldsymbol{x})$ 的严格局部最优解.

利用定理 9.2.4，可得到关于正定二次函数极小点的性质.

推论 9.2.5 对于正定二次函数 $f(\boldsymbol{x})=\frac{1}{2}\boldsymbol{x}^{\mathrm{T}}\boldsymbol{A}\boldsymbol{x}+\boldsymbol{b}^{\mathrm{T}}\boldsymbol{x}+C$（$\boldsymbol{A}$ 为 n 阶对称正定阵）有唯一极小点：$\boldsymbol{x}^*=-\boldsymbol{A}^{-1}\boldsymbol{b}$.

证 对于正定二次函数 $f(\boldsymbol{x})=\frac{1}{2}\boldsymbol{x}^{\mathrm{T}}\boldsymbol{A}\boldsymbol{x}+\boldsymbol{b}^{\mathrm{T}}\boldsymbol{x}+C$. 由第 1 章例 1.4.10 及例 1.4.11 可知：

$$\nabla f(\boldsymbol{x})=\boldsymbol{A}\boldsymbol{x}+\boldsymbol{b},$$
$$\nabla^2 f(\boldsymbol{x})=\boldsymbol{A}.$$

现令 $\nabla f(\boldsymbol{x})=\boldsymbol{0}$，因为 $\boldsymbol{A}$ 正定，故 $\nabla f(\boldsymbol{x})=\boldsymbol{A}\boldsymbol{x}+\boldsymbol{b}=\boldsymbol{0}$ 必有解且只有唯一解，记作 $\boldsymbol{x}^*$，则

$$\boldsymbol{x}^*=-\boldsymbol{A}^{-1}\boldsymbol{b}.$$

显然 $\nabla f(\boldsymbol{x}^*)=\boldsymbol{0}$ 已满足.

又 $\nabla^2 f(\boldsymbol{x})=\boldsymbol{A}$ 是常数正定阵，故 $\nabla^2 f(\boldsymbol{x}^*)=\boldsymbol{A}$. 因此由定理 9.2.4 结论可知，$\boldsymbol{x}^*=-\boldsymbol{A}^{-1}\boldsymbol{b}$ 是正定二次函数 $f(\boldsymbol{x})=\frac{1}{2}\boldsymbol{x}^{\mathrm{T}}\boldsymbol{A}\boldsymbol{x}+\boldsymbol{b}^{\mathrm{T}}\boldsymbol{x}+C$ 的唯一极小点.

我们之所以给出推论 9.2.5，不仅仅因为正定二次函数的极小化问题比较简单，其极小点可由公式 $\boldsymbol{x}^*=-\boldsymbol{A}^{-1}\boldsymbol{b}$ 直接求出，而且还基于以下情形：若一个非二次函数 $f(\boldsymbol{x})$ 在极小点 $\boldsymbol{x}^*$ 处的黑塞矩阵 $\nabla^2 f(\boldsymbol{x}^*)$ 是正定的，则这个函数在极小点附近近似于一个正定二次函数. 因为我们可将这个函数在 $\boldsymbol{x}^*$ 点附近展开成二阶泰勒公式：

$$f(\boldsymbol{x}^*+\Delta\boldsymbol{x})=f(\boldsymbol{x}^*)+\nabla f(\boldsymbol{x}^*)^{\mathrm{T}}\cdot\Delta\boldsymbol{x}+\frac{1}{2}\Delta\boldsymbol{x}^{\mathrm{T}}\nabla^2 f(\boldsymbol{x}^*)\Delta\boldsymbol{x}+o(\|\Delta\boldsymbol{x}\|^2).$$

式中有 $\nabla f(\boldsymbol{x}^*)=\boldsymbol{0}$，略去高阶无穷小量，故当 $\|\Delta\boldsymbol{x}\|$ 较小时有

$$f(\boldsymbol{x})=f(\boldsymbol{x}^*+\Delta\boldsymbol{x})\approx f(\boldsymbol{x}^*)+\frac{1}{2}\Delta\boldsymbol{x}^{\mathrm{T}}\nabla^2 f(\boldsymbol{x}^*)\Delta\boldsymbol{x}.$$

即在 $\boldsymbol{x}^*$ 附近 $f(\boldsymbol{x})$ 可近似看做一个正定二次函数. 这一点在以后的讨论中常常会用到.

以下给出判断局部最优解的另一个充分条件.

定理 9.2.6 设函数 $f(\boldsymbol{x})$ 在点 $\boldsymbol{x}^*\in\mathbb{R}^n$ 的一个 δ 邻域 $N(\boldsymbol{x}^*,\delta)$ 内二次可微，若 $f(\boldsymbol{x})$ 在点 $\boldsymbol{x}^*$ 处满足 $\nabla f(\boldsymbol{x}^*)=\boldsymbol{0}$，且对于 $\forall\,\boldsymbol{x}\in N(\boldsymbol{x}^*,\delta)$，都有矩阵 $\nabla^2 f(\boldsymbol{x})$ 半正定，则 $\boldsymbol{x}^*$

是无约束问题 min $f(\boldsymbol{x})$的局部最优解.

证 由于$f(\boldsymbol{x})$在$\boldsymbol{x}^*$的一个δ邻域$N(\boldsymbol{x}^*,\delta)$内二次可微,因此对在该邻域内的任意一点$\boldsymbol{x}$,其函数值$f(\boldsymbol{x})$可用在$\boldsymbol{x}^*$点的一阶泰勒展开式(拉格朗日型余项)来表示,由式(1.4.8)可有

$$\begin{aligned} f(\boldsymbol{x}) &= f(\boldsymbol{x}^*) + \nabla f(\boldsymbol{x}^*)^{\mathrm{T}} \cdot (\boldsymbol{x} - \boldsymbol{x}^*) \\ &\quad + \frac{1}{2}(\boldsymbol{x} - \boldsymbol{x}^*)^{\mathrm{T}} \nabla^2 f(\boldsymbol{x}^* + \theta(\boldsymbol{x} - \boldsymbol{x}^*))(\boldsymbol{x} - \boldsymbol{x}^*). \end{aligned} \tag{9.2.7}$$

式(9.2.7)中,$\nabla f(\boldsymbol{x}^*)^{\mathrm{T}}=\boldsymbol{0}$, $0<\theta<1$,右端第三项中的$\nabla^2 f(\boldsymbol{x}^*+\theta(\boldsymbol{x}-\boldsymbol{x}^*))$是在$\boldsymbol{x}^*+\theta(\boldsymbol{x}-\boldsymbol{x}^*)$的黑塞矩阵. 因为$\boldsymbol{x}\in N(\boldsymbol{x}^*,\delta)$,即$\|\boldsymbol{x}-\boldsymbol{x}^*\|<\delta$,又

$$\|\boldsymbol{x}^* + \theta(\boldsymbol{x} - \boldsymbol{x}^*) - \boldsymbol{x}^*\| = \|\theta(\boldsymbol{x} - \boldsymbol{x}^*)\| < \|\boldsymbol{x} - \boldsymbol{x}^*\| < \delta. \tag{9.2.8}$$

式(9.2.8)说明$\boldsymbol{x}^*+\theta(\boldsymbol{x}-\boldsymbol{x}^*)$这一点也落在以$\boldsymbol{x}^*$为中心的$\delta$邻域内,即

$$\boldsymbol{x}^* + \theta(\boldsymbol{x} - \boldsymbol{x}^*) \in N(\boldsymbol{x}^*, \delta),$$

故有$\nabla^2 f(\boldsymbol{x}^*+\theta(\boldsymbol{x}-\boldsymbol{x}^*))$半正定. 又$\nabla f(\boldsymbol{x}^*)=\boldsymbol{0}$,因此式(9.2.7)可写为

$$f(\boldsymbol{x}) - f(\boldsymbol{x}^*) = \frac{1}{2}(\boldsymbol{x} - \boldsymbol{x}^*)^{\mathrm{T}} \nabla^2 f(\boldsymbol{x}^* + \theta(\boldsymbol{x} - \boldsymbol{x}^*))(\boldsymbol{x} - \boldsymbol{x}^*) \geqslant 0.$$

上式对$\forall\, \boldsymbol{x}\in N(\boldsymbol{x}^*,\delta)$都成立,因此$f(\boldsymbol{x}^*)$是$f(\boldsymbol{x})$的局部极小值,或说$\boldsymbol{x}^*$是 min $f(\boldsymbol{x})$的局部最优解.

要注意的是,定理 9.2.4 与定理 9.2.6 的条件是不相同的. 定理 9.2.4 要求$\boldsymbol{x}^*$是平稳点外,还要求$\boldsymbol{x}^*$这一点的黑塞矩阵是正定阵,则$\boldsymbol{x}^*$是严格局部极小点. 而定理 9.2.6 除了要求$\boldsymbol{x}^*$是平稳点外,它要求存在一个以$\boldsymbol{x}^*$为中心的δ邻域$N(\boldsymbol{x}^*,\delta)$,在此邻域内每一点$\boldsymbol{x}$,其黑塞矩阵都是半正定的,即$\nabla^2 f(\boldsymbol{x})$半正定,对$\forall\, \boldsymbol{x}\in N(\boldsymbol{x}^*,\delta)$都成立,则$\boldsymbol{x}^*$是$f(\boldsymbol{x})$的一个局部极小点.

利用无约束问题的最优性条件,可求解某些可微函数的极值问题.

例 9.2.1 利用最优性条件求解下列问题:

$$\min f(\boldsymbol{x}) = \frac{1}{3}x_1^3 + \frac{1}{3}x_2^3 - x_2^2 - x_1.$$

解 先求$f(\boldsymbol{x})$的梯度函数$\nabla f(\boldsymbol{x})$:

$$\frac{\partial f}{\partial x_1} = x_1^2 - 1, \quad \frac{\partial f}{\partial x_2} = x_2^2 - 2x_2,$$

所以 $\nabla f(\boldsymbol{x})=\begin{bmatrix} x_1^2-1 \\ x_2^2-2x_2 \end{bmatrix}$. 令$\nabla f(\boldsymbol{x})=\boldsymbol{0}$,即

$$\begin{cases} x_1^2 - 1 = 0, \\ x_2^2 - 2x_2 = 0. \end{cases}$$

解此方程组,得到平稳点:

$$x^{(1)}=\begin{bmatrix}1\\0\end{bmatrix},\quad x^{(2)}=\begin{bmatrix}1\\2\end{bmatrix},\quad x^{(3)}=\begin{bmatrix}-1\\0\end{bmatrix},\quad x^{(4)}=\begin{bmatrix}-1\\2\end{bmatrix}.$$

$f(\boldsymbol{x})$的黑塞矩阵：

$$\nabla^2 f(\boldsymbol{x})=\begin{bmatrix}2x_1 & 0\\0 & 2x_2-2\end{bmatrix}.$$

因此 $\boldsymbol{x}^{(1)}$，$\boldsymbol{x}^{(2)}$，$\boldsymbol{x}^{(3)}$，$\boldsymbol{x}^{(4)}$处的黑塞矩阵依次为

$$\nabla^2 f(\boldsymbol{x}^{(1)})=\begin{bmatrix}2 & 0\\0 & -2\end{bmatrix},\quad \nabla^2 f(\boldsymbol{x}^{(2)})=\begin{bmatrix}2 & 0\\0 & 2\end{bmatrix},$$

$$\nabla^2 f(\boldsymbol{x}^{(3)})=\begin{bmatrix}-2 & 0\\0 & -2\end{bmatrix},\quad \nabla^2 f(\boldsymbol{x}^{(4)})=\begin{bmatrix}-2 & 0\\0 & 2\end{bmatrix}.$$

因为$\nabla^2 f(\boldsymbol{x}^{(1)})$，$\nabla^2 f(\boldsymbol{x}^{(4)})$是不定矩阵，因此 $\boldsymbol{x}^{(1)}$，$\boldsymbol{x}^{(4)}$ 不是极值点. 而矩阵$\nabla^2 f(\boldsymbol{x}^{(3)})$为负定矩阵，因此平稳点 $\boldsymbol{x}^{(3)}$ 是极大点；$\nabla^2 f(\boldsymbol{x}^{(2)})$是正定矩阵，根据定理 9.2.4，故 $\boldsymbol{x}^{(2)}$ 是严格局部最优解.

例 9.2.2 利用最优性条件求解下列问题：

$$\min f(\boldsymbol{x})=(x_1-2)^4+(x_1-2x_2)^2.$$

解 此题在第1章已遇到过，但作为预备知识，当时没有完全展开来证明.

首先作出$\nabla f(\boldsymbol{x})$，并求出平稳点：

$$\nabla f(\boldsymbol{x})=\begin{bmatrix}4(x_1-2)^3+2(x_1-2x_2)\\-4(x_1-2x_2)\end{bmatrix}.$$

令$\nabla f(\boldsymbol{x})=\boldsymbol{0}$，得到平稳点：$\boldsymbol{x}^*=(2,1)^{\mathrm{T}}$. 又

$$\nabla^2 f(\boldsymbol{x})=\boldsymbol{H}(\boldsymbol{x})=\begin{bmatrix}12(x_1-2)^2+2 & -4\\-4 & 8\end{bmatrix},$$

所以

$$\nabla^2 f(\boldsymbol{x}^*)=\begin{bmatrix}2 & -4\\-4 & 8\end{bmatrix}.$$

显然$\nabla^2 f(\boldsymbol{x}^*)$是半正定矩阵，因此用定理 9.2.4 来判定便失效. 但根据定理 9.2.6，在点 $\boldsymbol{x}^*=\begin{bmatrix}2\\1\end{bmatrix}$的一个 δ 邻域 $N(\boldsymbol{x}^*,\delta)$内，任取一点 $\boldsymbol{x}=\boldsymbol{x}^*+\Delta\boldsymbol{x}=\begin{bmatrix}2+\Delta x_1\\1+\Delta x_2\end{bmatrix}$，其黑塞矩阵：

$$\nabla^2 f(\boldsymbol{x})=\begin{bmatrix}12(2+\Delta x_1-2)^2+2 & -4\\-4 & 8\end{bmatrix}=\begin{bmatrix}12\Delta x_1^2+2 & -4\\-4 & 8\end{bmatrix}.$$

判断矩阵正定性：$12\Delta x_1^2+2>0$，

$$\begin{vmatrix}12\Delta x_1^2+2 & -4\\-4 & 8\end{vmatrix}=96\Delta x_1^2+16-16=96\Delta x_1^2\geqslant 0.$$

故$\nabla^2 f(\boldsymbol{x})$是半正定矩阵，$\forall \boldsymbol{x}\in N(\boldsymbol{x}^*,\delta)$. 故由定理 9.2.6 知，$\boldsymbol{x}^*=(2,1)^{\mathrm{T}}$ 是局部最优解.

9.3 凸函数与凸规划

上一节介绍了几个无约束问题极值点的最优性条件，这些条件只是必要条件或充分条件，都不是充分必要条件，而且利用这些条件只能研究规划问题的局部最优解. 对于一般非线性函数来说，要给出极值点充分必要条件的一般表达式是困难的. 只有当函数满足一定条件时——称之为凸函数，才有较好的充要条件表达式.

本节首先介绍凸函数概念、性质及判定条件，凸函数极值点的性质，最后利用凸集、凸函数讨论非线性凸规划问题.

9.3.1 凸函数定义与性质

1. 凸函数与凹函数

形如$\smile$ 的函数，我们称之为(下)凸函数，反之，形如$\frown$ 的函数，称之为(下)凹函数.

从数学上讲，凸函数与凹函数有很好的极值性质. 为了研究这些性质，首先要对凸、凹函数从数量上进行描述.

定义 9.3.1 设 $f(\boldsymbol{x})$为定义在 n 维欧氏空间$\mathbb{R}^n$中某个凸集 S 上的函数，若对任何实数 $\alpha(0<\alpha<1)$以及 S 中任意两点 $\boldsymbol{x}^{(1)}$ 和 $\boldsymbol{x}^{(2)}(\boldsymbol{x}^{(1)}\neq\boldsymbol{x}^{(2)})$，恒有

$$f(\alpha\boldsymbol{x}^{(1)}+(1-\alpha)\boldsymbol{x}^{(2)})\leqslant\alpha f(\boldsymbol{x}^{(1)})+(1-\alpha)f(\boldsymbol{x}^{(2)}),\tag{9.3.1}$$

则称 $f(\boldsymbol{x})$为定义在凸集 S 上的凸函数.

若对每一个 $\alpha(0<\alpha<1)$，以及$\forall\boldsymbol{x}^{(1)},\boldsymbol{x}^{(2)}\in S(\boldsymbol{x}^{(1)}\neq\boldsymbol{x}^{(2)})$，恒有

$$f(\alpha\boldsymbol{x}^{(1)}+(1-\alpha)\boldsymbol{x}^{(2)})<\alpha f(\boldsymbol{x}^{(1)})+(1-\alpha)f(\boldsymbol{x}^{(2)}),\tag{9.3.2}$$

则称 $f(\boldsymbol{x})$为定义在凸集 S 上的严格凸函数.

从几何上看，定义在凸集上的严格凸函数 $f(\boldsymbol{x})$有这样的性质：在 S 上任取两点$\boldsymbol{x}^{(1)}$，$\boldsymbol{x}^{(2)}$，则这两点连线上任一点$\boldsymbol{x}^{(0)}$(可表达为 $\boldsymbol{x}^{(0)}=\alpha\boldsymbol{x}^{(1)}+(1-\alpha)\boldsymbol{x}^{(2)}$)的函数值($f(\boldsymbol{x}^{(0)})=f(\alpha\boldsymbol{x}^{(1)}+(1-\alpha)\boldsymbol{x}^{(2)})$)总小于这两点函数值的加权平均值 $\alpha f(\boldsymbol{x}^{(1)})+(1-\alpha)f(\boldsymbol{x}^{(2)})$. 或说：曲线上任意两点的连线总在曲线的上方. 见图 9.5.

对于定义在凸集 S 上的凸函数 $f(\boldsymbol{x})$，曲线上任意两点的连线总不在曲线的下方. 见图 9.6.

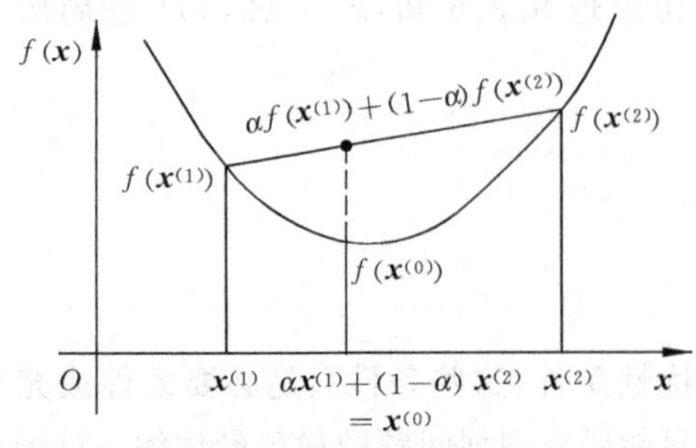

图 9.5 严格凸函数

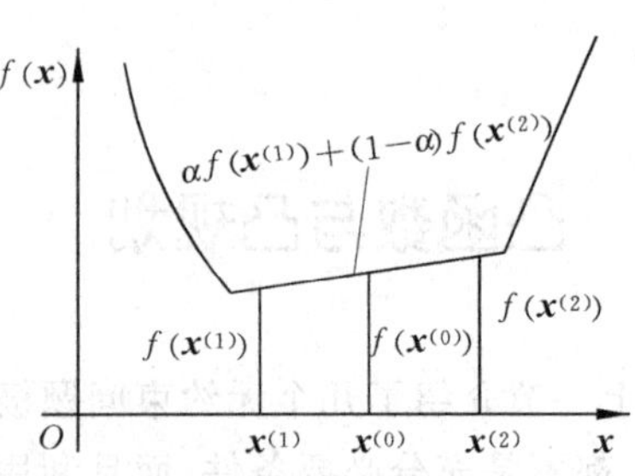

图 9.6 凸函数

将式(9.3.1)及式(9.3.2)中不等式方向反号就是凹函数与严格凹函数的定义. 请读者自行写出它们的定义(见图 9.7).

若 $f(\boldsymbol{x})$为凸函数,显而易见: $-f(\boldsymbol{x})$必为凹函数.

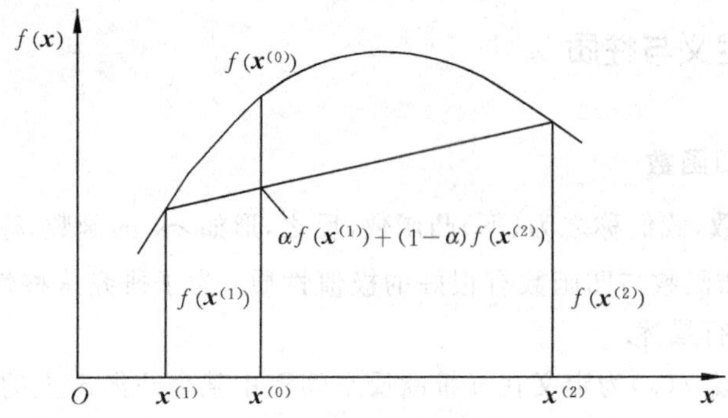

图 9.7 严格凹函数

例 9.3.1 $f(x)=x^2$ 定义在$(-\infty,+\infty)$上,试证 $f(x)$是凸函数.

证 在$(-\infty,+\infty)$上任取两个不同点 $x^{(1)},x^{(2)}$,任取 $\alpha(0<\alpha<1)$,作 $x^{(0)}=\alpha x^{(1)}+(1-\alpha)x^{(2)}$,则

$$f(x^{(0)})=f(\alpha x^{(1)}+(1-\alpha)x^{(2)})=(\alpha x^{(1)}+(1-\alpha)x^{(2)})^2$$
$$=\alpha^2 {x^{(1)}}^2+2\alpha(1-\alpha)x^{(1)}x^{(2)}+(1-\alpha)^2{x^{(2)}}^2,$$

而

$$\alpha f(x^{(1)})+(1-\alpha)f(x^{(2)})=\alpha {x^{(1)}}^2+(1-\alpha){x^{(2)}}^2.$$

故

$$f(\alpha x^{(1)}+(1-\alpha)x^{(2)})-[\alpha f(x^{(1)})+(1-\alpha)f(x^{(2)})]$$
$$=\alpha^2{x^{(1)}}^2+2\alpha(1-\alpha)x^{(1)}x^{(2)}+(1-\alpha)^2{x^{(2)}}^2-\alpha{x^{(1)}}^2-(1-\alpha){x^{(2)}}^2$$
$$=(\alpha^2-\alpha){x^{(1)}}^2+[(1-\alpha)^2-(1-\alpha)]{x^{(2)}}^2+2\alpha(1-\alpha)x^{(1)}x^{(2)}$$

$$=\alpha(\alpha-1)x^{(1)^2}+(1-\alpha)(-\alpha)x^{(2)^2}+2\alpha(1-\alpha)x^{(1)}x^{(2)}$$
$$=-\alpha(1-\alpha)[x^{(1)^2}-2x^{(1)}x^{(2)}+x^{(2)^2}]$$
$$=-\alpha(1-\alpha)(x^{(1)}-x^{(2)})^2.$$

因 $\alpha>0$，$1-\alpha>0$，$x^{(1)}\neq x^{(2)}$，所以上式右端<0. 故 $f(x)=x^2$ 在$(-\infty,+\infty)$内是严格凸函数.

例 9.3.2 试证线性函数 $y=kx+b$ 在$(-\infty,+\infty)$内既是凸函数，又是凹函数

证 在$(-\infty,+\infty)$上任取两点 $x^{(1)},x^{(2)}(x^{(1)}\neq x^{(2)})$，则

$$f(\alpha x^{(1)}+(1-\alpha)x^{(2)})=k(\alpha x^{(1)}+(1-\alpha)x^{(2)})+b,$$
$$\alpha f(x^{(1)})+(1-\alpha)f(x^{(2)})=\alpha(kx^{(1)}+b)+(1-\alpha)(kx^{(2)}+b),$$

式中 $0<\alpha<1$. 故有

$$f(\alpha x^{(1)}+(1-\alpha)x^{(2)})-[\alpha f(x^{(1)})+(1-\alpha)f(x^{(2)})]$$
$$=k\alpha x^{(1)}+k(1-\alpha)x^{(2)}+b-\alpha kx^{(1)}-\alpha b-(1-\alpha)kx^{(2)}-(1-\alpha)b$$
$$=0.$$

即有

$$f(\alpha x^{(1)}+(1-\alpha)x^{(2)})=\alpha f(x^{(1)})+(1-\alpha)f(x^{(2)}).$$

故线性函数既是(不严格的)凸函数又是凹函数.

2. 凸函数的性质

利用凸函数的定义可以研究凸函数的性质.

性质 1 设 $f(\boldsymbol{x})$为定义在凸集 S 上的凸函数，则对任意实数 $\alpha\geqslant0$，函数 $\alpha f(\boldsymbol{x})$也是定义在 S 上的凸函数.

性质 2 设 $f_1(\boldsymbol{x})$与 $f_2(\boldsymbol{x})$都是定义在凸集 S 上的凸函数，则 $f_1(\boldsymbol{x})+f_2(\boldsymbol{x})$也为定义在凸集 S 上的凸函数.

以上两个性质，利用凸函数定义很容易证明，请读者自行证之.

为了考虑凸集与凸函数的关系，引进函数 $f(\boldsymbol{x})$在集合 S 上关于数 β 的水平集的概念.

定义 9.3.2 设函数 $f(\boldsymbol{x})$定义在集合 S 上，则称集合

$$H_S(f,\beta)=\{\boldsymbol{x}\mid \boldsymbol{x}\in S,\text{ 且 } f(\boldsymbol{x})\leqslant\beta\}$$

为 $f(\boldsymbol{x})$在集合 S 上关于数 β 的水平集. 式中 β 是一个数，$f(\boldsymbol{x})\in\mathbb{R}^1$，$\boldsymbol{x}\in S\subseteq\mathbb{R}^n$.

要注意的是，这里水平集 $H_S(f,\beta)$指的是满足 $f(\boldsymbol{x})\leqslant\beta$ 的 $\boldsymbol{x}$ 的那部分集合，即为 S 中的一个子集(见图 9.8).

性质 3 设 $f(\boldsymbol{x})$是定义在凸集 S 上的凸函数，则对任一个实数 β，水平集 $H_S(f,\beta)$也是一个凸集.

证 $\forall\,\boldsymbol{x}^{(1)}$，$\boldsymbol{x}^{(2)}\in H_S(f,\beta)$，则有 $f(\boldsymbol{x}^{(1)})\leqslant\beta$，$f(\boldsymbol{x}^{(2)})\leqslant\beta$. $\forall\,\alpha(0<\alpha<1)$，作

$$\alpha \boldsymbol{x}^{(1)} + (1-\alpha)\boldsymbol{x}^{(2)} \overset{\text{def}}{=\!=} \boldsymbol{x}^{(0)}.$$

因为 $\boldsymbol{x}^{(1)} \in S$, $\boldsymbol{x}^{(2)} \in S$, S 是凸集，因此有

$$\boldsymbol{x}^{(0)} = \alpha \boldsymbol{x}^{(1)} + (1-\alpha)\boldsymbol{x}^{(2)} \in S,$$

即 $\boldsymbol{x}^{(0)}, \boldsymbol{x}^{(1)}, \boldsymbol{x}^{(2)}$ 都同属于 S. 又因 $f(\boldsymbol{x})$ 是定义在 S 上的凸函数，故有

$$\begin{aligned} f(\boldsymbol{x}^{(0)}) &= f(\alpha \boldsymbol{x}^{(1)} + (1-\alpha)(\boldsymbol{x}^{(2)})) \leqslant \alpha f(\boldsymbol{x}^{(1)}) + (1-\alpha) f(\boldsymbol{x}^{(2)}) \\ &\leqslant \alpha\beta + (1-\alpha)\beta = \beta. \end{aligned}$$

即　$\boldsymbol{x}^{(0)} = \alpha \boldsymbol{x}^{(1)} + (1-\alpha)\boldsymbol{x}^{(2)} \in H_S(f,\beta)$，则由凸集定义可知，$H_S(f,\beta)$ 也是一个凸集.

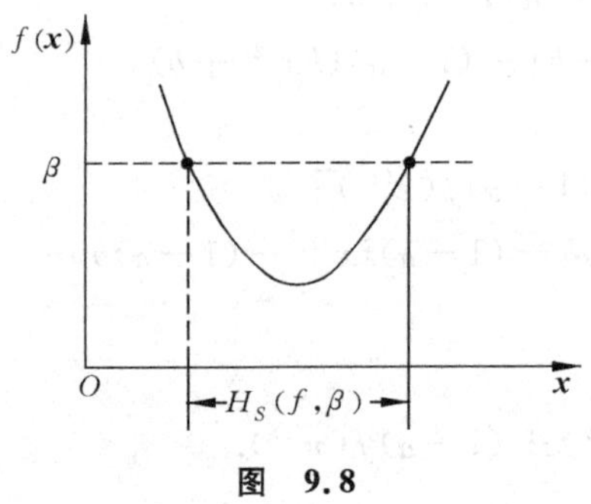

图　9.8

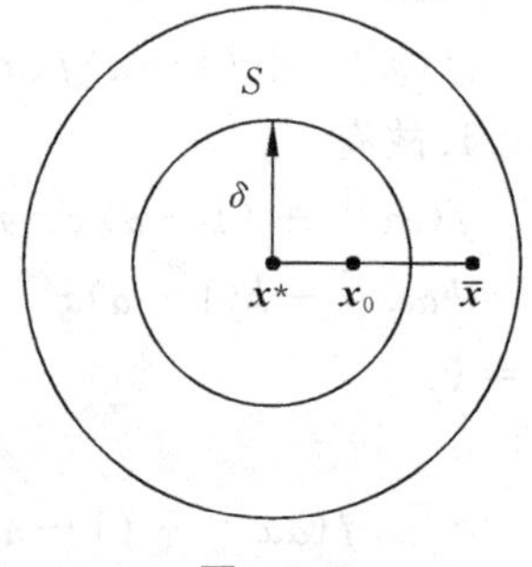

图　9.9

性质 4　若 $f(\boldsymbol{x})$ 为定义在凸集 S 上的凸函数，则 $f(\boldsymbol{x})$ 的任一个极小点就是它在 S 上的全局极小点，而且所有极小点形成一个凸集.

证　设 $\boldsymbol{x}^*$ 是 $f(\boldsymbol{x})$ 的一个局部极小点，即 $\exists \delta > 0$，在 $\boldsymbol{x}^*$ 的 δ 邻域 $N(\boldsymbol{x}^*, \delta)$ 内，所有的 $\boldsymbol{x}$ 都满足：$f(\boldsymbol{x}) \geqslant f(\boldsymbol{x}^*)$，见图 9.9.

在 S 中任取一点 $\bar{\boldsymbol{x}}$，连 $\bar{\boldsymbol{x}}$ 及 $\boldsymbol{x}^*$，则存在一个 $\lambda \in (0,1)$，使

$$(1-\lambda)\boldsymbol{x}^* + \lambda \bar{\boldsymbol{x}} \in N(\boldsymbol{x}^*, \delta).$$

记 $\boldsymbol{x}_0 = (1-\lambda)\boldsymbol{x}^* + \lambda \bar{\boldsymbol{x}}$，则有

$$f(\boldsymbol{x}_0) = f((1-\lambda)\boldsymbol{x}^* + \lambda \bar{\boldsymbol{x}}) \geqslant f(\boldsymbol{x}^*). \tag{9.3.3}$$

又因 $f(\boldsymbol{x})$ 是 S 上的凸函数，所以有

$$f((1-\lambda)\boldsymbol{x}^* + \lambda \bar{\boldsymbol{x}}) \leqslant (1-\lambda) f(\boldsymbol{x}^*) + \lambda f(\bar{\boldsymbol{x}}). \tag{9.3.4}$$

由式(9.3.3)及式(9.3.4)，有

$$(1-\lambda) f(\boldsymbol{x}^*) + \lambda f(\bar{\boldsymbol{x}}) \geqslant f(\boldsymbol{x}^*),$$

即 $\lambda f(\bar{\boldsymbol{x}}) \geqslant \lambda f(\boldsymbol{x}^*)$. 又因 $\lambda > 0$，有

$$f(\bar{\boldsymbol{x}}) \geqslant f(\boldsymbol{x}^*). \tag{9.3.5}$$

因为 $\bar{\boldsymbol{x}}$ 是 S 上任意一点，说明 $\boldsymbol{x}^*$ 是 $f(\boldsymbol{x})$ 在 S 上的全局极小点. 下面以性质 3 来证明，若凸函数 $f(\boldsymbol{x})$ 在 S 上极小点不止一个，则极小点必连成一片构成凸集.

设 $\boldsymbol{x}^*$ 为 $f(\boldsymbol{x})$ 在 S 上的一个极小点，$f(\boldsymbol{x}^*)$ 为其极小值，记 $f(\boldsymbol{x}^*) = \beta_0$. 则由性质 3，

水平集：

$$H_S(f,\beta_0)=\{\boldsymbol{x}\mid \boldsymbol{x}\in S,f(\boldsymbol{x})\leqslant\beta_0\}$$

构成一个凸集，在凸集 $H_S(f,\beta_0)$ 中的点 $\boldsymbol{x}$ 有

$$f(\boldsymbol{x})\leqslant f(\boldsymbol{x}^*)=\beta_0,$$

但由前面证明已知，$\boldsymbol{x}^*$ 必同时为 S 上的全局极小点，故不可能存在 $\boldsymbol{x}$，使 $f(\boldsymbol{x})<\beta_0$ 成立. 故水平集 $H_S(f,\beta_0)$ 中的点 $\boldsymbol{x}$，只有满足：

$$f(\boldsymbol{x})=f(\boldsymbol{x}^*)=\beta_0.$$

因此水平集 $H_S(f,\beta_0)$ 中的点必全是 $f(\boldsymbol{x})$ 在 S 中的极小点. 又由水平集定义，$f(\boldsymbol{x})$ 在 S 上的极小点也必全在水平集 $H_S(f,\beta_0)$ 中，故 $f(\boldsymbol{x})$ 在 S 上的极小点必构成凸集 $H_S(f,\beta_0)$，即连成一片.

性质 4 是凸函数的一个重要性质，以后可以见到，它对非线性规划有着相当重要的意义.

9.3.2 凸函数的判别准则

如上所述，凸函数有着重要的性质. 但用定义来判别凸函数，计算比较复杂，为此我们介绍判别凸函数比较方便的二阶充要条件，首先介绍一阶判别条件.

定理 9.3.1（一阶判别条件） 设 $f(\boldsymbol{x})$ 在凸集 S 上具有一阶连续偏导数，则 $f(\boldsymbol{x})$ 为 S 上凸函数的充要条件是，对任意两个不同的点 $\boldsymbol{x}^{(1)},\boldsymbol{x}^{(2)}\in S$，恒有

$$f(\boldsymbol{x}^{(2)})\geqslant f(\boldsymbol{x}^{(1)})+\nabla f(\boldsymbol{x}^{(1)})^{\mathrm{T}}\cdot(\boldsymbol{x}^{(2)}-\boldsymbol{x}^{(1)}). \qquad (9.3.6)$$

证 必要性：设 $f(\boldsymbol{x})$ 是凸集 S 上的凸函数，则对任意 $\alpha(0<\alpha<1)$ 及 S 上任两点 $\boldsymbol{x}^{(1)},\boldsymbol{x}^{(2)}(\boldsymbol{x}^{(1)}\neq\boldsymbol{x}^{(2)})$，有

$$f(\alpha\boldsymbol{x}^{(2)}+(1-\alpha)\boldsymbol{x}^{(1)})\leqslant\alpha f(\boldsymbol{x}^{(2)})+(1-\alpha)f(\boldsymbol{x}^{(1)}).$$

又因 $\alpha\boldsymbol{x}^{(2)}+(1-\alpha)\boldsymbol{x}^{(1)}=\boldsymbol{x}^{(1)}+\alpha(\boldsymbol{x}^{(2)}-\boldsymbol{x}^{(1)})$，代入上式左端并移项，有

$$f(\boldsymbol{x}^{(1)}+\alpha(\boldsymbol{x}^{(2)}-\boldsymbol{x}^{(1)}))-f(\boldsymbol{x}^{(1)})\leqslant\alpha(f(\boldsymbol{x}^{(2)})-f(\boldsymbol{x}^{(1)})),$$

或

$$\frac{f(\boldsymbol{x}^{(1)}+\alpha(\boldsymbol{x}^{(2)}-\boldsymbol{x}^{(1)}))-f(\boldsymbol{x}^{(1)})}{\alpha}\leqslant f(\boldsymbol{x}^{(2)})-f(\boldsymbol{x}^{(1)}). \qquad (9.3.7)$$

令 $\alpha\to0^+$，记 $\varphi(\alpha)=f(\boldsymbol{x}^{(1)}+\alpha(\boldsymbol{x}^{(2)}-\boldsymbol{x}^{(1)}))$，则

$$\lim_{\alpha\to0^+}\frac{f(\boldsymbol{x}^{(1)}+\alpha(\boldsymbol{x}^{(2)}-\boldsymbol{x}^{(1)}))-f(\boldsymbol{x}^{(1)})}{\alpha}=\lim_{\alpha\to0^+}\frac{\varphi(\alpha)-\varphi(0)}{\alpha}=\left.\frac{\mathrm{d}\varphi}{\mathrm{d}\alpha}\right|_{\alpha=0}.$$

由例 1.4.12 可知 $\left.\frac{\mathrm{d}\varphi}{\mathrm{d}\alpha}\right|_{\alpha=0}=\nabla f^{\mathrm{T}}(\boldsymbol{x}^{(1)})\cdot(\boldsymbol{x}^{(2)}-\boldsymbol{x}^{(1)})$，即

$$\text{式(9.3.7)左端}=\nabla f(\boldsymbol{x}^{(1)})^{\mathrm{T}}\cdot(\boldsymbol{x}^{(2)}-\boldsymbol{x}^{(1)})\leqslant f(\boldsymbol{x}^{(2)})-f(\boldsymbol{x}^{(1)}),$$

或

$$f(\boldsymbol{x}^{(2)}) \geqslant f(\boldsymbol{x}^{(1)}) + \nabla f(\boldsymbol{x}^{(1)})^{\mathrm{T}} \cdot (\boldsymbol{x}^{(2)} - \boldsymbol{x}^{(1)}).$$

充分性：设 $\forall \boldsymbol{x}^{(1)}, \boldsymbol{x}^{(2)} \in S$，都有

$$f(\boldsymbol{x}^{(2)}) \geqslant f(\boldsymbol{x}^{(1)}) + \nabla f(\boldsymbol{x}^{(1)})^{\mathrm{T}} \cdot (\boldsymbol{x}^{(2)} - \boldsymbol{x}^{(1)}). \tag{9.3.8}$$

令 $\boldsymbol{x}^{(0)} = \alpha\boldsymbol{x}^{(1)} + (1-\alpha)\boldsymbol{x}^{(2)}\ (0<\alpha<1)$．以 $\boldsymbol{x}^{(1)}$ 及 $\boldsymbol{x}^{(0)}$ 作为式(9.3.8)中的 $\boldsymbol{x}^{(2)}$ 及 $\boldsymbol{x}^{(1)}$，代入式(9.3.8)有

$$f(\boldsymbol{x}^{(1)}) \geqslant f(\boldsymbol{x}^{(0)}) + \nabla f(\boldsymbol{x}^{(0)})^{\mathrm{T}} \cdot (\boldsymbol{x}^{(1)} - \boldsymbol{x}^{(0)}). \tag{9.3.9}$$

再以 $\boldsymbol{x}^{(2)}, \boldsymbol{x}^{(0)}$ 作为式(9.3.8)中的 $\boldsymbol{x}^{(2)}$ 及 $\boldsymbol{x}^{(1)}$，代入式(9.3.8)有

$$f(\boldsymbol{x}^{(2)}) \geqslant f(\boldsymbol{x}^{(0)}) + \nabla f(\boldsymbol{x}^{(0)})^{\mathrm{T}} \cdot (\boldsymbol{x}^{(2)} - \boldsymbol{x}^{(0)}). \tag{9.3.10}$$

作 $\alpha \cdot (9.3.9) + (1-\alpha) \cdot (9.3.10)$ 有

$$\begin{aligned}
\alpha f(\boldsymbol{x}^{(1)}) + (1-\alpha) f(\boldsymbol{x}^{(2)}) &\geqslant \alpha f(\boldsymbol{x}^{(0)}) + (1-\alpha) f(\boldsymbol{x}^{(0)}) \\
&\quad + \nabla f(\boldsymbol{x}^{(0)})^{\mathrm{T}} \cdot [\alpha\boldsymbol{x}^{(1)} - \alpha\boldsymbol{x}^{(0)} + (1-\alpha)\boldsymbol{x}^{(2)} - (1-\alpha)\boldsymbol{x}^{(0)}] \\
&= f(\boldsymbol{x}^{(0)}) + \nabla f(\boldsymbol{x}^{(0)})^{\mathrm{T}} \cdot [\alpha\boldsymbol{x}^{(1)} + (1-\alpha)\boldsymbol{x}^{(2)} - \boldsymbol{x}^{(0)}] \\
&= f(\boldsymbol{x}^{(0)}) + \nabla f(\boldsymbol{x}^{(0)})^{\mathrm{T}} \cdot \boldsymbol{0} \\
&= f(\boldsymbol{x}^{(0)}) = f(\alpha\boldsymbol{x}^{(1)} + (1-\alpha)\boldsymbol{x}^{(2)}).
\end{aligned} \tag{9.3.11}$$

上述最后第三个等式是利用了 $\boldsymbol{x}^{(0)}$ 的定义．

式(9.3.11)表明了 $f(\boldsymbol{x})$是凸函数．

将式(9.3.6)中不等式改为严格不等式，则它就是严格凸函数的充要条件．

定理 9.3.1 的几何意义：将式(9.3.6)改写为

$$f(\boldsymbol{x}^{(2)}) - f(\boldsymbol{x}^{(1)}) \geqslant \nabla f(\boldsymbol{x}^{(1)})^{\mathrm{T}} \cdot (\boldsymbol{x}^{(2)} - \boldsymbol{x}^{(1)}), \tag{9.3.12}$$

而 $\boldsymbol{x}^{(2)} - \boldsymbol{x}^{(1)}$ 为自变量的增量，$f(\boldsymbol{x}^{(2)}) - f(\boldsymbol{x}^{(1)})$ 为函数的增量，因此式(9.3.12)表明，$f(\boldsymbol{x})$是凸函数的充要条件为：任一点 $\boldsymbol{x}^{(1)}$ 处的切线增量不超过函数的增量，见图 9.10．

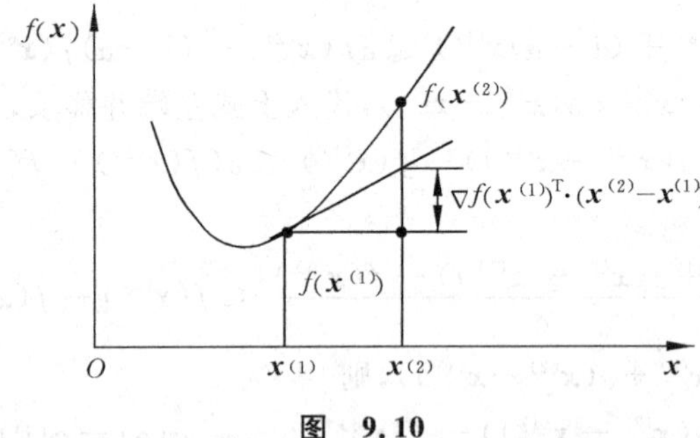

图 9.10

定理 9.3.2(二阶判别条件) 若 $f(\boldsymbol{x})$在开凸集 S 上具有二阶连续偏导数，则 $f(\boldsymbol{x})$是 S 上的凸函数的充要条件是：$f(\boldsymbol{x})$的黑塞矩阵$\nabla^2 f(\boldsymbol{x})$在 S 上处处半正定．

证 充分性：设 $f(\boldsymbol{x})$在开凸集 S 上任一点处的黑塞矩阵$\nabla^2 f(\boldsymbol{x})$都是半正定矩阵．现在开凸集 S 中任取 $\boldsymbol{x}$ 及 $\bar{\boldsymbol{x}} \in S$，由泰勒展开式有

$$f(\boldsymbol{x})=f(\bar{\boldsymbol{x}})+\nabla f(\bar{\boldsymbol{x}})^{\mathrm{T}}\cdot(\boldsymbol{x}-\bar{\boldsymbol{x}})+\frac{1}{2}(\boldsymbol{x}-\bar{\boldsymbol{x}})^{\mathrm{T}}\nabla^2 f(\bar{\boldsymbol{x}}+\lambda(\boldsymbol{x}-\bar{\boldsymbol{x}}))(\boldsymbol{x}-\bar{\boldsymbol{x}}),\tag{9.3.13}$$

式中$\lambda\in(0,1)$. 又因$\bar{\boldsymbol{x}}+\lambda(\boldsymbol{x}-\bar{\boldsymbol{x}})=\lambda\boldsymbol{x}+(1-\lambda)\bar{\boldsymbol{x}}$,及$\boldsymbol{x}\in S,\bar{\boldsymbol{x}}\in S$,故$\bar{\boldsymbol{x}}+\lambda(\boldsymbol{x}-\bar{\boldsymbol{x}})\in S$($S$是凸集),由充分性假设:

$$(\boldsymbol{x}-\bar{\boldsymbol{x}})^{\mathrm{T}}\nabla^2 f(\bar{\boldsymbol{x}}+\lambda(\boldsymbol{x}-\bar{\boldsymbol{x}}))(\boldsymbol{x}-\bar{\boldsymbol{x}})\geqslant 0,$$

代入式(9.3.13)得

$$f(\boldsymbol{x})\geqslant f(\bar{\boldsymbol{x}})+\nabla f(\bar{\boldsymbol{x}})^{\mathrm{T}}\cdot(\boldsymbol{x}-\bar{\boldsymbol{x}}).$$

由定理9.3.1一阶判别条件可知$f(\boldsymbol{x})$为开凸集S上的凸函数.

必要性:设$f(\boldsymbol{x})$是开凸集S上的凸函数,$\forall\bar{\boldsymbol{x}}\in S$,因$S\subseteq\mathbb{R}^n$,$\forall\boldsymbol{z}\in\mathbb{R}^n(\boldsymbol{z}\neq\boldsymbol{0})$,则必存在一个$\bar{\alpha}>0$,使当$\alpha\in[-\bar{\alpha},\bar{\alpha}]$时,$\bar{\boldsymbol{x}}+\alpha\boldsymbol{z}\in S$(即虽然$\boldsymbol{z}$不在$S$内,但总可使$\bar{\boldsymbol{x}}+\alpha\boldsymbol{z}$在开凸集$S$内),见图9.11(请读者思考:若$S$是个闭凸集,则某些$\bar{\boldsymbol{x}}$点不一定能做到这一点,当$S$是开凸集时,$S$内任一点$\bar{\boldsymbol{x}}$,都可做到这一点).

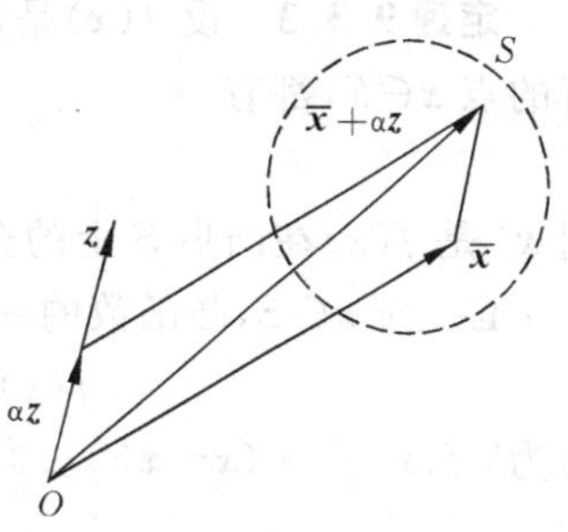

图 9.11

因为$f(\boldsymbol{x})$在S内为凸函数,由定理9.3.1一阶条件:

$$\begin{aligned}f(\bar{\boldsymbol{x}}+\alpha\boldsymbol{z})&\geqslant f(\bar{\boldsymbol{x}})+\nabla f(\bar{\boldsymbol{x}})^{\mathrm{T}}\cdot\alpha\boldsymbol{z}\\&=f(\bar{\boldsymbol{x}})+\alpha\nabla f(\bar{\boldsymbol{x}})^{\mathrm{T}}\cdot\boldsymbol{z}\end{aligned}\tag{9.3.14}$$

又由二阶泰勒公式:

$$f(\bar{\boldsymbol{x}}+\alpha\boldsymbol{z})=f(\bar{\boldsymbol{x}})+\alpha\nabla f(\bar{\boldsymbol{x}})^{\mathrm{T}}\cdot\boldsymbol{z}+\frac{1}{2}\alpha^2\boldsymbol{z}^{\mathrm{T}}\nabla^2 f(\bar{\boldsymbol{x}})\boldsymbol{z}+o(\alpha^2),\tag{9.3.15}$$

其中$o(\alpha^2)$是比α^2高阶的无穷小量,即有

$$\lim_{\alpha\to 0}\frac{o(\alpha^2)}{\alpha^2}=0.\tag{9.3.16}$$

由式(9.3.14)及式(9.3.15)可得

$$\frac{1}{2}\boldsymbol{z}^{\mathrm{T}}\nabla^2 f(\bar{\boldsymbol{x}})\boldsymbol{z}+\frac{o(\alpha^2)}{\alpha^2}\geqslant 0.$$

令$\alpha\to 0$,两边取极限,并注意到式(9.3.16),有

$$\boldsymbol{z}^{\mathrm{T}}\nabla^2 f(\bar{\boldsymbol{x}})\boldsymbol{z}\geqslant 0.$$

因为$\bar{\boldsymbol{x}}$是S内任一点,$\boldsymbol{z}\neq\boldsymbol{0}$是$\mathbb{R}^n$内任一个非零向量,故由半正定矩阵定义可知,$f(\boldsymbol{x})$在开凸集$S$内处处半正定.

对于定理9.3.2,说明两点.

(1) 若$f(\boldsymbol{x})$定义在开凸集S上,则$f(\boldsymbol{x})$是凹函数的充分必要条件是:$f(\boldsymbol{x})$在S上处处半负定. 这是显而易见的.

(2) 若$f(\boldsymbol{x})$在凸集S上处处为正定矩阵,则$f(\boldsymbol{x})$是S上的严格凸函数. 但这只是充分条件,不是必要条件. 如 $y=x^4$,在$(-\infty,+\infty)$上是严格凸函数,但在 $x=0$ 点,其黑塞矩阵不是正定矩阵.

例 9.3.3 试证 $f(\boldsymbol{x})=x_1^2+x_2^2$ 在$(-\infty,+\infty)$上是凸函数.

证 $\dfrac{\partial f}{\partial x_1}=2x_1$, $\dfrac{\partial f}{\partial x_2}=2x_2$,所以

$$\nabla f(\boldsymbol{x})=\begin{bmatrix}2x_1\\2x_2\end{bmatrix},\quad \nabla^2 f(\boldsymbol{x})=\begin{bmatrix}2&0\\0&2\end{bmatrix},$$

显然$\nabla^2 f(\boldsymbol{x})$在$(-\infty,+\infty)$上处处为正定矩阵,故 $f(\boldsymbol{x})$在$(-\infty,+\infty)$上是严格凸函数.

利用凸函数的判定条件还可证明以下有着直观几何意义的定理.

定理 9.3.3 设 $f(\boldsymbol{x})$是定义在凸集 S 上的可微凸函数. 若存在点 $\boldsymbol{x}^*\in S$,使对于所有的点 $\boldsymbol{x}\in S$,都有

$$\nabla f(\boldsymbol{x}^*)^{\mathrm{T}}\cdot(\boldsymbol{x}-\boldsymbol{x}^*)\geqslant 0, \tag{9.3.17}$$

则 $\boldsymbol{x}^*$是 $f(\boldsymbol{x})$在凸集 S 上的全局极小点.

证 $\forall\,\boldsymbol{x}\in S$,凸函数的一阶充要条件为

$$f(\boldsymbol{x})\geqslant f(\boldsymbol{x}^*)+\nabla f(\boldsymbol{x}^*)^{\mathrm{T}}\cdot(\boldsymbol{x}-\boldsymbol{x}^*).$$

因为$\nabla f(\boldsymbol{x}^*)^{\mathrm{T}}\cdot(\boldsymbol{x}-\boldsymbol{x}^*)\geqslant 0$,故有

$$f(\boldsymbol{x})\geqslant f(\boldsymbol{x}^*).$$

由于 $\boldsymbol{x}\in S$ 的任意性,故 $\boldsymbol{x}^*$是 $f(\boldsymbol{x})$在凸集 S 上的全局极小点.

定理 9.3.3 有着明确直观的几何意义. 式(9.3.17)表示:若可行域 S 是个凸集,而在可行域中存在一点 $\boldsymbol{x}^*$,它具有这样的性质:在可行域中任一点 $\boldsymbol{x}$ 与 $\boldsymbol{x}^*$ 构成的向量 $\boldsymbol{x}-\boldsymbol{x}^*$,以及目标凸函数 $f(\boldsymbol{x})$在点 $\boldsymbol{x}^*$ 的梯度向量$\nabla f(\boldsymbol{x}^*)$,这两个向量之间夹角总不超过 90°,则由定理结论可知,$\boldsymbol{x}^*$就是 $f(\boldsymbol{x})$在可行域 S 上的全局极小点.

例 9.3.4 设 $f(\boldsymbol{x})=x_1^2+x_2^2-4x_1+4$.可行域

$$\mathscr{X}=\{\boldsymbol{x}\mid g_1(\boldsymbol{x})=x_1-x_2+2\geqslant 0,g_2(\boldsymbol{x})=-x_1^2+x_2-1\geqslant 0,x_1\geqslant 0,x_2\geqslant 0\}$$

在 x_1Ox_2 坐标系上作出 $f(x_1,x_2)=c$ 的等值线是以(2,0)为圆心的一族同心圆,易证 $f(x_1,x_2)$是凸函数,而可行域 $\mathscr{X}$为凸集 ABD($\mathscr{X}$也是凸集的理由见下节),见图 9.12.

$f(\boldsymbol{x})$的等值线族与可行域 ABD 的边界$\overset{\frown}{AD}$切于 C 点(设其坐标为 $\boldsymbol{c}$),则 C 点就是 $f(\boldsymbol{x})$ 在 $\mathscr{X}$上的全局极小点.

因为 $f(\boldsymbol{x})$在 C 点的梯度向量为$\nabla f(\boldsymbol{c})$,而在可行域内任一点 $\boldsymbol{x}$ 与 C 之连线向量$\boldsymbol{x}-\boldsymbol{c}$与$\nabla f(\boldsymbol{c})$向量之夹角都小于等于 90°,而可行域 $\mathscr{X}$内其他任一点$\bar{\boldsymbol{x}}$,都没有这样的几何性质(见图 9.13). 因此对非线性规划:

$$\begin{aligned}\min\ & f(x_1,x_2)=x_1^2+x_2^2-4x_1+4;\\ \text{s.t.}\ & g_1(x_1,x_2)=x_1-x_2+2\geqslant 0,\\ & g_2(x_1,x_2)=-x_1^2+x_2-1\geqslant 0,\\ & x_1\geqslant 0,\ x_2\geqslant 0.\end{aligned}$$

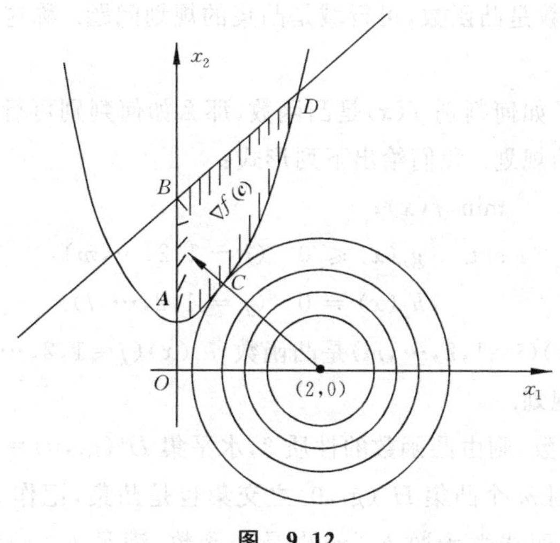

图 9.12

它的全局最优解即为 C 点.

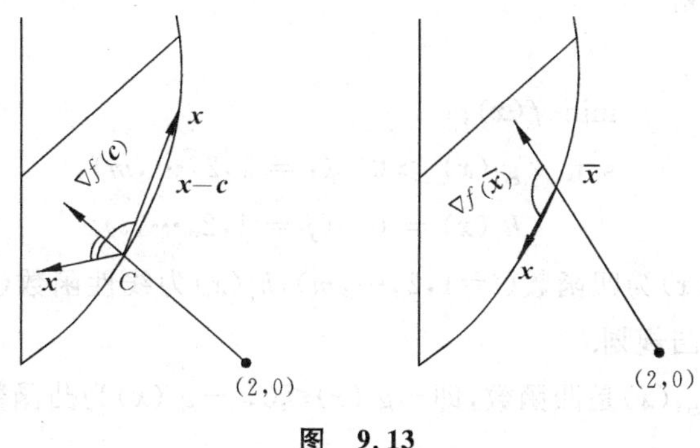

图 9.13

推论 9.3.4 若 $\boldsymbol{x}^*$ 为定义在凸集 S 上的可微凸函数 $f(\boldsymbol{x})$ 的一个平稳点,则 $\boldsymbol{x}^*$ 也是 $f(\boldsymbol{x})$ 在 S 上的全局极小点(之一).

证 因 $\boldsymbol{x}^*$ 为平稳点,即有 $\nabla f(\boldsymbol{x}^*)=\boldsymbol{0}$. 即满足: $\forall \boldsymbol{x}\in S$ 都有 $\nabla f(\boldsymbol{x}^*)^{\mathrm{T}}\cdot(\boldsymbol{x}-\boldsymbol{x}^*)\geqslant 0$. 则由定理 9.3.3 可知,$\boldsymbol{x}^*$ 也是 $f(\boldsymbol{x})$ 在 S 上的全局极小点.

一般讲凸函数的全局极小点不一定是唯一的点,但若 $f(\boldsymbol{x})$ 是定义在凸集 S 上的严格凸函数,则全局极小点就是唯一的.

9.3.3 凸规划

由前所述,定义在凸集上的凸函数其极值点有很好的性质. 把它应用到非线性规划问题上，相当于目标函数是凸函数，可行域是凸集的规划问题. 称这样的规划问题为凸规划问题.

在上一节已介绍了如何判别 $f(\boldsymbol{x})$ 是凸函数，那么如何判别可行域是凸集呢？即如何判别一个规划问题是凸规划. 我们给出下列形式：

$$\begin{aligned}&\min\ f(\boldsymbol{x});\\ &\text{s.t.}\quad g_i(\boldsymbol{x})\leqslant 0\quad (i=1,2,\cdots,m),\\ &\qquad\ \ h_j(\boldsymbol{x})=0\quad (j=1,2,\cdots,l).\end{aligned}\tag{9.3.18}$$

当 $f(\boldsymbol{x})$ 是凸函数，$g_i(\boldsymbol{x})(i=1,2,\cdots,m)$ 是凸函数，$h_j(\boldsymbol{x})(j=1,2,\cdots,l)$ 是线性函数时，规划(9.3.18)是一个凸规划.

因为 $g_i(\boldsymbol{x})$ 是凸函数，则由凸函数的性质 3，水平集 $H^i(g_i,0)=\{\boldsymbol{x}\mid g_i(\boldsymbol{x})\leqslant 0\}$ 是一个凸集($i=1,2,\cdots,m$)，则 m 个凸集 $H^i(g_i,0)$ 之交集也是凸集，记作 S_1(由凸集的性质，凸集之交集仍为凸集). 而线性函数 $h_j(\boldsymbol{x})$ 也是凸函数，满足 $h_j(\boldsymbol{x})=0$ 的点集也是凸集($j=1,2,\cdots,l$). l 个凸集之交集也为凸集，记作 S_2. 显然 $S=S_1\cap S_2$ 也是凸集，故规划(9.3.18)是一个凸规划.

显然，形如：

$$\begin{aligned}&\min\ f(\boldsymbol{x});\\ &\text{s.t.}\quad g_i(\boldsymbol{x})\geqslant 0\quad (i=1,2,\cdots,m),\\ &\qquad\ \ h_j(\boldsymbol{x})=0\quad (j=1,2,\cdots,l).\end{aligned}\tag{9.3.19}$$

当 $f(\boldsymbol{x})$ 为凸函数，$g_i(\boldsymbol{x})$ 为凹函数($i=1,2,\cdots,m$)，$h_j(\boldsymbol{x})$ 为线性函数($j=1,2,\cdots,l$)时，规划(9.3.19)也是一个凸规划.

因为 $g_i(\boldsymbol{x})\geqslant 0$，$g_i(\boldsymbol{x})$ 是凹函数，即 $-g_i(\boldsymbol{x})\leqslant 0$，$-g_i(\boldsymbol{x})$ 为凸函数. 满足 $-g_i(\boldsymbol{x})\leqslant 0$ 的水平集：

$$H^i(-g_i,0)=\{\boldsymbol{x}\mid -g_i(\boldsymbol{x})\leqslant 0\}$$

也是一个凸集.

但是无论在规划(9.3.18)还是规划(9.3.19)中，当等式约束 $h_j(\boldsymbol{x})$ 是一个非线性的凸函数时，满足等式约束的点集不是凸集，这时问题就不是凸规划.

凸规划是非线性规划中一类比较简单而又具有重要理论意义的问题.

凸规划的局部最优解就是全局最优解，且全局最优解连成一片构成凸集. 若目标函数是严格凸函数，又存在极小点，则此时凸规划的全局最优解是唯一的. 这些性质实质上就是定义在凸集上的凸函数的性质的具体运用. 不再赘述.

显然，线性规划也是一种凸规划.

9.4 解非线性规划的基本思路

前面讨论了无约束问题的最优性条件，且从这些条件出发，举了若干个求解无约束问题的例. 但是对大多数实际问题，要用最优性条件来求解非线性规划是很困难的. 有的问题导数不存在，有的问题偏导数即使存在计算也很麻烦，多数问题由条件$\nabla f(\boldsymbol{x})=\boldsymbol{0}$得到的是一个非线性方程组，求解非常困难，甚至根本无法得到解析解，因此求解非线性规划问题一般都采用数值计算的迭代方法.

1. 基本迭代格式

所谓迭代，就是从已知点$\boldsymbol{x}^{(k)}$出发，按照某种规则(通常称为算法)求出后继点$\boldsymbol{x}^{(k+1)}$，用$k+1$代替k，重复以上过程，这样就得到一个点列$\{\boldsymbol{x}^{(k)}\}$. 非线性规划迭代方法的基本思想是：要求迭代所采用的算法，使得当$\{\boldsymbol{x}^{(k)}\}$是有穷点列时，其最后一点是该问题的最优解；当$\{\boldsymbol{x}^{(k)}\}$是无穷点列时，它有极限点，并且其极限点是该问题的最优解. 当然，一般算法要求首先给出初始迭代点$\boldsymbol{x}^{(0)}$，以使迭代可以开始进行.

设$\boldsymbol{x}^{(k)}\in\mathbb{R}^n$是某种迭代算法的第$k$轮迭代点，$\boldsymbol{x}^{(k+1)}\in\mathbb{R}^n$是$k+1$轮迭代点，记$\Delta\boldsymbol{x}_k$为两者之差，即

$$\Delta\boldsymbol{x}_k=\boldsymbol{x}^{(k+1)}-\boldsymbol{x}^{(k)},\tag{9.4.1}$$

或记

$$\boldsymbol{x}^{(k+1)}=\boldsymbol{x}^{(k)}+\Delta\boldsymbol{x}_k.\tag{9.4.2}$$

由式(9.4.1)可知，$\Delta\boldsymbol{x}_k$应是以$\boldsymbol{x}^{(k)}$为起点$\boldsymbol{x}^{(k+1)}$为终点的n维向量(见图9.14).

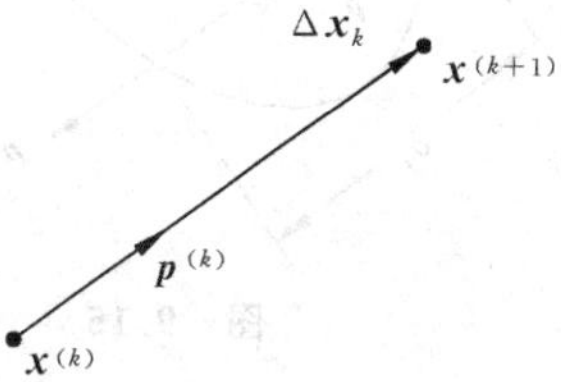

图 9.14

现令$\boldsymbol{p}^{(k)}\in\mathbb{R}^n$是向量$\Delta\boldsymbol{x}_k$方向上的单位向量，则有

$$\Delta\boldsymbol{x}_k=\lambda_k\boldsymbol{p}^{(k)},$$

此处$\lambda_k>0$，$\lambda_k\in\mathbb{R}^1$，即为正实数. 将上式代入式(9.4.2)，有

$$\boldsymbol{x}^{(k+1)}=\boldsymbol{x}^{(k)}+\lambda_k\boldsymbol{p}^{(k)}.\tag{9.4.3}$$

这里$\|\boldsymbol{p}^{(k)}\|=1$. $\boldsymbol{p}^{(k)}$的方向是从点$\boldsymbol{x}^{(k)}$向着点$\boldsymbol{x}^{(k+1)}$的方向，式(9.4.3)就是求解非线性规划问题的基本迭代格式.

通常将式(9.4.3)中的$\boldsymbol{p}^{(k)}$称为迭代的第k轮搜索方向，λ_k称为第k轮步长或沿$\boldsymbol{p}^{(k)}$方向的步长. 从基本迭代格式(9.4.3)可看出，求解非线性规划问题的关键在于：如何构造每一轮的搜索方向和确定步长.

2. 下降方向与可行下降方向

在介绍求解非线性规划迭代方法的一般步骤前，首先引入几个概念.

如上所述，求解非线性规划问题的迭代算法的关键在于构造搜索方向. 构造出不同的搜索方向，就是不同的算法. 但这些不同的搜索方向有一个共同的要求：就是当算法从 $\boldsymbol{x}^{(k)}$ 产生了搜索方向 $\boldsymbol{p}^{(k)}$ 及步长 λ_k，从而得到了 $\boldsymbol{x}^{(k+1)}=\boldsymbol{x}^{(k)}+\lambda_k\boldsymbol{p}^{(k)}$，要求目标函数 $f(\boldsymbol{x})$ 在点 $\boldsymbol{x}^{(k+1)}$ 的数值比在 $\boldsymbol{x}^{(k)}$ 点的值来得小，即有

$$f(\boldsymbol{x}^{(k+1)})=f(\boldsymbol{x}^{(k)}+\lambda_k\boldsymbol{p}^{(k)})<f(\boldsymbol{x}^{(k)}).$$

换句话说，搜索方向 $\boldsymbol{p}^{(k)}$ 应指着目标函数值减小的方向.

今后为了书写方便，引入记号：$f:\mathbb{R}^n\to\mathbb{R}^1$，它表示多元函数 $f(\boldsymbol{x})$，其自变量 $\boldsymbol{x}$ 是 n 维向量：$\boldsymbol{x}\in\mathbb{R}^n$，而函数值 $f(\boldsymbol{x})$ 是实数，即 $f(\boldsymbol{x})\in\mathbb{R}^1$.

定义 9.4.1 设 $f:\mathbb{R}^n\to\mathbb{R}^1$，点 $\bar{\boldsymbol{x}}\in\mathbb{R}^n$，向量 $\boldsymbol{p}\in\mathbb{R}^n(\boldsymbol{p}\neq\boldsymbol{0})$，若存在一个数 $\delta>0$，使 $\forall\lambda\in(0,\delta)$ 都有

$$f(\bar{\boldsymbol{x}}+\lambda\boldsymbol{p})<f(\bar{\boldsymbol{x}})$$

成立. 则称向量 $\boldsymbol{p}$ 是 $f(\boldsymbol{x})$ 在点 $\bar{\boldsymbol{x}}$ 处的下降方向.

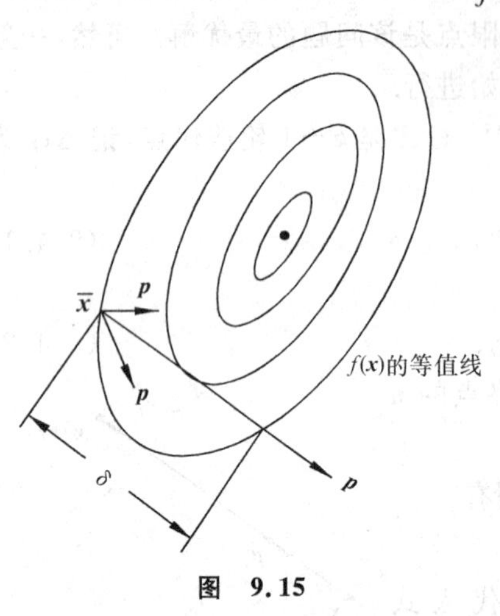

图 9.15

如图 9.15，在 $f(\boldsymbol{x})$ 的等值线图中，$\boldsymbol{p}$ 就是 $f(\boldsymbol{x})$ 在点 $\bar{\boldsymbol{x}}$ 的下降方向.

函数在一点的下降方向，就是使函数值减小的方向. 一般来讲，$f(\boldsymbol{x})$ 在点 $\bar{\boldsymbol{x}}$ 处下降方向不止一个，可能有无穷多个，如何在点 $\bar{\boldsymbol{x}}$ 处选择使函数值下降最快的方向，是一个重要问题.

对于有约束的非线性规划问题：

$$\min_{x\in\mathscr{X}} f(\boldsymbol{x}), \tag{9.4.4}$$

$\mathscr{X}$ 为其可行域，则算法不仅要保证搜索方向为下降方向，而且要保证 $\boldsymbol{x}^{(k+1)}(=\boldsymbol{x}^{(k)}+\lambda_k\boldsymbol{p}^{(k)})$ 仍在可行域 $\mathscr{X}$ 内(当然 $\boldsymbol{x}^{(k)}$ 在 $\mathscr{X}$ 内).

定义 9.4.2 设 $\mathscr{X}\subset\mathbb{R}^n$，$\bar{\boldsymbol{x}}\in\mathscr{X}$，$n$ 维向量 $\boldsymbol{p}\in\mathbb{R}^n(\boldsymbol{p}\neq\boldsymbol{0})$，若存在 $\delta>0$，当 $\forall\lambda\in[0,\delta]$ 时，使 $\bar{\boldsymbol{x}}+\lambda\boldsymbol{p}\in\mathscr{X}$ 仍成立，则称向量 $\boldsymbol{p}$ 是点 $\bar{\boldsymbol{x}}$ 处关于可行域 $\mathscr{X}$ 的可行方向. 见图 9.16.

当 $\bar{\boldsymbol{x}}$ 处在 $\mathscr{X}$ 的内部时，任一个方向 $\boldsymbol{p}$ 都是可行方向(见图 9.16(a)). 当 $\bar{\boldsymbol{x}}$ 处在 $\mathscr{X}$ 的边界上时，有一部分是可行方向，有一部分是不可行方向(图 9.16(b)，(c)).

因此对于求解有约束的非线性规划(9.4.4)，其算法要保证搜索方向 $\boldsymbol{p}^{(k)}$ 既是 $f(\boldsymbol{x})$ 在点 $\boldsymbol{x}^{(k)}$ 处的下降方向，又是该点 $\boldsymbol{x}^{(k)}$ 关于区域 $\mathscr{X}$ 的可行方向，并称之为 $f(\boldsymbol{x})$ 在点 $\boldsymbol{x}^{(k)}$ 处关于 $\mathscr{X}$ 的可行下降方向.

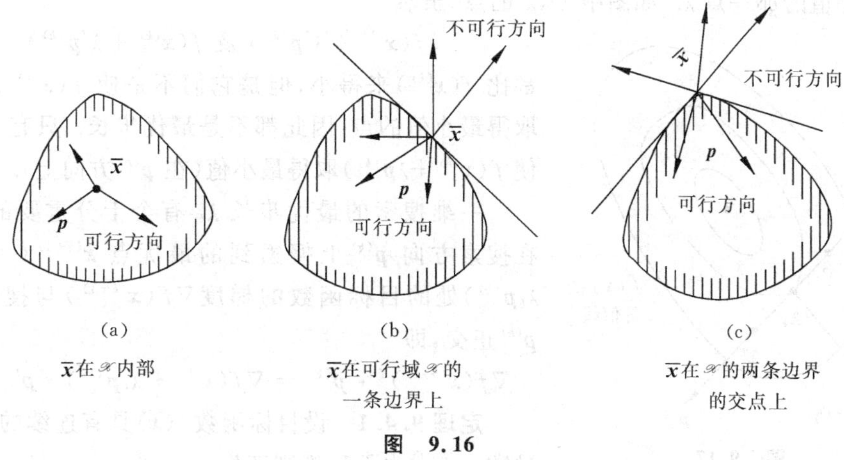

$\bar{x}$在$\mathscr{R}$内部

$\bar{x}$在可行域$\mathscr{R}$的一条边界上

$\bar{x}$在$\mathscr{R}$的两条边界的交点上

图 9.16

3. 非线性规划迭代算法的一般步骤

第 1 步：选取初始点 $\boldsymbol{x}^{(0)}$，令 $k:=0$.

第 2 步：构造搜索方向. 若已得到迭代点 $\boldsymbol{x}^{(k)}$，且 $\boldsymbol{x}^{(k)}$ 不是极小点，则对于 $\boldsymbol{x}^{(k)}$ 点按照一定的规则构造一个有利的搜索方向 $\boldsymbol{p}^{(k)}$：对于无约束问题，$\boldsymbol{p}^{(k)}$ 应是下降方向；对于约束问题，$\boldsymbol{p}^{(k)}$ 应是可行下降方向.

第 3 步：确定步长因子 λ_k. 以 $\boldsymbol{x}^{(k)}$ 为起点沿搜索方向 $\boldsymbol{p}^{(k)}$ 寻求适当的步长 λ_k，使目标函数值有某种意义的下降.

第 4 步：求出下一个迭代点 $\boldsymbol{x}^{(k+1)}$. 按基本迭代格式(9.4.3)计算：令

$$\boldsymbol{x}^{(k+1)}=\boldsymbol{x}^{(k)}+\lambda_k\boldsymbol{p}^{(k)}.$$

若 $\boldsymbol{x}^{(k+1)}$ 已满足事先规定的终止条件，停止迭代，输出近似最优解 $\boldsymbol{x}^{(k+1)}$. 否则，令 $k:=k+1$，转第 2 步.

在上述各步骤中，最主要的是第 2 步与第 3 步. 在第 2 步中，不同的迭代算法按照不同的规则构造出不同的搜索方向. 算法之所以不同，也就是因为构造出的搜索方向不同.

至于第 3 步确定步长因子 λ_k，实际上就是从已知点 $\boldsymbol{x}^{(k)}$ 出发，沿搜索方向 $\boldsymbol{p}^{(k)}$ 进行搜索，设步长为变量 $\lambda(\lambda\geqslant0)$. 因为 $\boldsymbol{x}^{(k)}$ 及 $\boldsymbol{p}^{(k)}$ 均已求出，故 $f(\boldsymbol{x}^{(k)}+\lambda\boldsymbol{p}^{(k)})$ 只是 λ 的一元函数. 因此求步长因子 λ_k，相当于求以 λ 为变量的一元函数 $f(\boldsymbol{x}^{(k)}+\lambda\boldsymbol{p}^{(k)})$ 的极小点，即有

$$f(\boldsymbol{x}^{(k)}+\lambda_k\boldsymbol{p}^{(k)})=\min_{\lambda} f(\boldsymbol{x}^{(k)}+\lambda\boldsymbol{p}^{(k)}). \tag{9.4.5}$$

称上述 λ_k 为最优步长，又称上述求最优步长 λ_k 的过程为一维搜索(或线性搜索). 一维搜索的过程见图 9.17. λ_k 是以 $\boldsymbol{x}^{(k)}$ 为起点，$\boldsymbol{p}^{(k)}$ 为方向的射线(半直线)上，使 $f(\boldsymbol{x}^{(k)}+\lambda\boldsymbol{p}^{(k)})$

取得最小值的那一点 λ. 如图中 λ',λ''的点,虽然

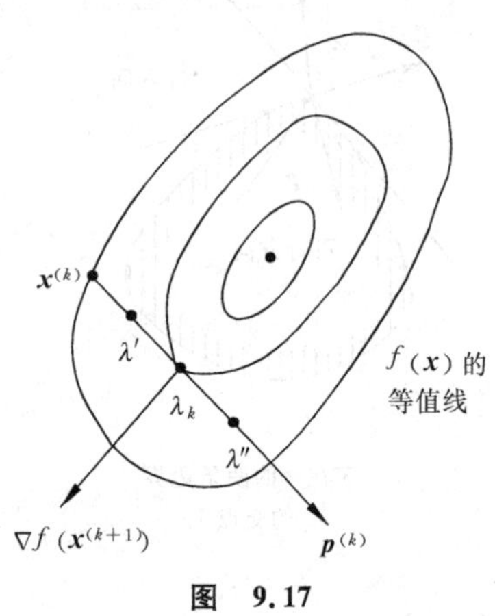

图 9.17

$$f(\boldsymbol{x}^{(k)}+\lambda'\boldsymbol{p}^{(k)}) \text{ 及 } f(\boldsymbol{x}^{(k)}+\lambda''\boldsymbol{p}^{(k)})$$

都比 $f(\boldsymbol{x}^{(k)})$来得小,但是它们不是使 $f(\boldsymbol{x}^{(k)}+\lambda\boldsymbol{p}^{(k)})$取得最小值的点,因此都不是最优步长. 只有 λ_k 点才使 $f(\boldsymbol{x}^{(k)}+\lambda\boldsymbol{p}^{(k)})$取得最小值(在 $\boldsymbol{p}^{(k)}$方向上).

一维搜索的最优步长 λ_k 有个十分重要的性质:在搜索方向 $\boldsymbol{p}^{(k)}$ 上搜索到的最优点 $\boldsymbol{x}^{(k+1)}(=\boldsymbol{x}^{(k)}+\lambda_k\boldsymbol{p}^{(k)})$处的目标函数的梯度$\nabla f(\boldsymbol{x}^{(k+1)})$与搜索方向 $\boldsymbol{p}^{(k)}$正交,即

$$\nabla f(\boldsymbol{x}^{(k+1)})^{\mathrm{T}}\cdot\boldsymbol{p}^{(k)}=\nabla f(\boldsymbol{x}^{(k)}+\lambda_k\boldsymbol{p}^{(k)})\cdot\boldsymbol{p}^{k}=0.$$

定理 9.4.1 设目标函数$f(\boldsymbol{x})$具有连续的一阶偏导数,$\boldsymbol{x}^{(k+1)}$由下列规则产生:

$$\begin{cases}f(\boldsymbol{x}^{(k)}+\lambda_k\boldsymbol{p}^{(k)})=\min\limits_{\lambda}f(\boldsymbol{x}^{(k)}+\lambda\boldsymbol{p}^{(k)}),\\ \boldsymbol{x}^{(k+1)}=\boldsymbol{x}^{(k)}+\lambda_k\boldsymbol{p}^{(k)}.\end{cases}\tag{9.4.6}$$

则有

$$\nabla f(\boldsymbol{x}^{(k+1)})^{\mathrm{T}}\cdot\boldsymbol{p}^{(k)}=0.\tag{9.4.7}$$

证 在例 1.4.12 中,曾推导过:设 $\varphi(t)=f(\boldsymbol{x}+t\Delta\boldsymbol{x})$, $\boldsymbol{x}\in\mathbb{R}^n$, $\Delta\boldsymbol{x}\in\mathbb{R}^n$, $t\in\mathbb{R}^1$, $f(\boldsymbol{x})$具有连续偏导数. 则有

$$\varphi_t'(t)=\frac{\mathrm{d}\varphi}{\mathrm{d}t}=\nabla f(\boldsymbol{x}+t\Delta\boldsymbol{x})^{\mathrm{T}}\cdot\Delta\boldsymbol{x}.\tag{9.4.8}$$

现记 $\varphi(\lambda)=f(\boldsymbol{x}^{(k)}+\lambda\boldsymbol{p}^{(k)})$,若 λ_k 是最优步长,即 λ_k 应是一维函数 $\varphi(\lambda)$的驻点,即有

$$\left.\frac{\mathrm{d}\varphi}{\mathrm{d}\lambda}\right|_{\lambda=\lambda_k}=0.\tag{9.4.9}$$

将式(9.4.8)代入式(9.4.9),有

$$\nabla f(\boldsymbol{x}^{(k)}+\lambda_k\boldsymbol{p}^{(k)})^{\mathrm{T}}\cdot\boldsymbol{p}^{(k)}=0,\quad \text{即}\quad \nabla f(\boldsymbol{x}^{(k+1)})^{\mathrm{T}}\cdot\boldsymbol{p}^{(k)}=0.$$

其几何意义见图 9.17.

一维搜索的具体方法将在下一章介绍.

4. 计算的终止条件

在迭代算法的第 4 步中,有:若 $\boldsymbol{x}^{(k+1)}$ 满足终止条件,则停止计算,输出近似最优解 $\boldsymbol{x}^{(k+1)}$.

常用的计算终止条件有以下几种:

(1) 当自变量的改变量充分小时,即相继两次迭代的绝对误差

$$\|\boldsymbol{x}^{(k+1)}-\boldsymbol{x}^{(k)}\|<\varepsilon_1,$$

或相继两次迭代的相对误差

$$\frac{\| \boldsymbol{x}^{(k+1)} - \boldsymbol{x}^{(k)} \|}{\| \boldsymbol{x}^{(k)} \|} < \varepsilon_2,$$

停止计算.

(2) 当函数值的下降量充分小时,即相继两次迭代的绝对误差

$$f(\boldsymbol{x}^{(k)}) - f(\boldsymbol{x}^{(k+1)}) < \varepsilon_3,$$

或相继两次迭代的相对误差

$$\frac{f(\boldsymbol{x}^{(k)}) - f(\boldsymbol{x}^{(k+1)})}{| f(\boldsymbol{x}^{(k)}) |} < \varepsilon_4,$$

停止计算.

(3) 在无约束最优化中,当函数梯度的模充分小时,即

$$\| \nabla f(\boldsymbol{x}^{(k+1)}) \| < \varepsilon_5,$$

停止计算.

*9.5 有关收敛速度问题

评价一个迭代算法,不仅要求它是收敛的,而且希望由该算法产生的点列$\{\boldsymbol{x}^{(k)}\}$能以较快的速度收敛于最优解 $\boldsymbol{x}^*$. 一般用阶来度量算法收敛的速度.

定义 9.5.1 设 $\boldsymbol{x}^*$ 为 $\min f(\boldsymbol{x}), \boldsymbol{x} \in \mathbb{R}^n$的最优解,由某算法产生的序列$\{\boldsymbol{x}^{(k)}\}$收敛于 $\boldsymbol{x}^*$,即

$$\lim_{k \to +\infty} \boldsymbol{x}^{(k)} = \boldsymbol{x}^*.$$

若存在一个与 k 无关的常数$\beta \in (0,1)$,某个正数 k_0,使当 $k > k_0$ 时

$$\| \boldsymbol{x}^{(k+1)} - \boldsymbol{x}^* \| \leqslant \beta \| \boldsymbol{x}^{(k)} - \boldsymbol{x}^* \| \tag{9.5.1}$$

成立,则称序列$\{\boldsymbol{x}^{(k)}\}$为线性收敛,也称该算法线性收敛.

不失一般性,可以假定式(9.5.1)对于 $k \geqslant 0$ 都成立,则有

$$\begin{aligned} \| \boldsymbol{x}^{(k)} - \boldsymbol{x}^* \| &\leqslant \beta \| \boldsymbol{x}^{(k-1)} - \boldsymbol{x}^* \| \leqslant \beta^2 \| \boldsymbol{x}^{(k-2)} - \boldsymbol{x}^* \| \\ &\leqslant \cdots \leqslant \beta^k \| \boldsymbol{x}^{(0)} - \boldsymbol{x}^* \|. \end{aligned}$$

上式说明了点 $\boldsymbol{x}^{(k)}$ 到点 $\boldsymbol{x}^*$ 的距离,当 $k \to +\infty$时,大致以公比为 β 的等比数列减小,因此线性收敛的速度相当于相应的等比数列的收敛速度。

定义 9.5.2 设算法产生的序列$\{\boldsymbol{x}^{(k)}\}$收敛于最优解 $\boldsymbol{x}^*$,若存在一个与 k 无关的常数$\beta > 0$ 及 $\alpha > 1$,某个正数 k_0,使当 $k > k_0$ 时,

$$\| \boldsymbol{x}^{(k+1)} - \boldsymbol{x}^* \| \leqslant \beta \| \boldsymbol{x}^{(k)} - \boldsymbol{x}^* \|^{\alpha} \tag{9.5.2}$$

成立,则称序列$\{\boldsymbol{x}^{(k)}\}$是 α 阶收敛的,也称该算法是 α 阶收敛的.

显然，当 $\alpha=1$ 时，式(9.5.2)即为式(9.5.1)，是线性收敛的，当 $1<\alpha<2$ 时，算法是超线性收敛的；当 $\alpha=2$ 时，称算法是二阶收敛的，等等. 一个算法是线性收敛的，其收敛速度算是比较慢的. 超线性收敛的算法其速度就比较快了. 若是二阶收敛，其收敛速度就更快了. 关于收敛速度的进一步讨论，有兴趣的读者可参阅其他有关书籍.

习 题 9

9.1 试判别下列函数的凸凹性

(1) $f(x)=(4-x)^3 \quad (x<4)$.　　(2) $f(x_1,x_2)=x_1^2+2x_1x_2+3x_2^2$.

(3) $f(x)=\dfrac{1}{x} \quad (x<0)$.　　(4) $f(x_1,x_2)=x_1x_2$.

9.2 求下列各函数的驻点，并判别它们是极大点、极小点或鞍点.

(1) $f(x)=x^3+x$.　　(2) $f(x)=x^4+x^2$.

(3) $f(x)=4x^4-x^2+5$.　　(4) $f(x)=(3x-2)^2(2x-3)^2$.

(5) $f(x)=6x^5-4x^3+10$.

9.3 试求以下各函数的驻点，并判定它们是极大点、极小点或是鞍点.

(1) $f(\boldsymbol{x})=5x_1^2+12x_1x_2-16x_1x_3+10x_2^2-26x_2x_3+17x_3^2-2x_1-4x_2-6x_3$.

(2) $f(\boldsymbol{x})=x_1^2-4x_1x_2+6x_1x_3+5x_2^2-10x_2x_3+8x_3^2$.

(3) $f(\boldsymbol{x})=-x_1^2+x_1-x_2^2+x_2x_3+2x_3-x_3^2$.

(4) $f(\boldsymbol{x})=8x_1x_2+3x_2^2$.

9.4 试证明函数

$$f(\boldsymbol{x})=2x_1x_2x_3-4x_1x_3-2x_2x_3+x_1^2+x_2^2+x_3^2-2x_1-4x_2+4x_3$$

具有驻点(0,3,1)，(0,1,−1)，(1,2,0)，(2,1,1)，(2,3,−1)，再用充分条件找出其极值点.

9.5 判定下述非线性规划是否为凸规划.

(1) $\min\ f(\boldsymbol{x})=x_1+2x_2$;

s. t. $g_1(\boldsymbol{x})=x_1^2+x_2^2\leqslant 9$,

$g_2(\boldsymbol{x})=x_2\geqslant 0$.

(2) $\min\ f(\boldsymbol{x})=x_1^2+x_2^2-2x_1+x_1x_2+1$;

s. t. $g_1(\boldsymbol{x})=3x_1+5x_2-4\geqslant 0$,

$g_2(\boldsymbol{x})=3x_1^2+x_2^2-2x_1x_2-8x_2+10\leqslant 0$,

$x_1,x_2\geqslant 0$.

第 10 章

一维搜索

在第 9 章我们讲述过，对于非线性规划迭代算法中最关键的两步：一步是由 $x^{(k)}$ 出发，按算法规则构造出搜索方向 $p^{(k)}$；一步是在已知 $x^{(k)}$ 及 $p^{(k)}$ 后，由 $x^{(k)}$ 出发，沿着 $p^{(k)}$ 的半直线(射线)上求步长因子 λ_k，要求 λ_k 满足：

$$f(\boldsymbol{x}^{(k)}+\lambda_k\boldsymbol{p}^{(k)})=\min_{\lambda} f(\boldsymbol{x}^{(k)}+\lambda\boldsymbol{p}^{(k)}).$$

因为 $f(\boldsymbol{x}^{(k)}+\lambda\boldsymbol{p}^{(k)})$ 只是 λ 的一元函数，因此对于这样的求极小值问题我们称之为一维搜索.

由图 10.1 可看出当 $\lambda\in(\lambda_0,\lambda_{\max})$ 时，其中任一个 λ 的值都有：$f(\boldsymbol{x}^{(k)}+\lambda\boldsymbol{p}^{(k)})<f(\boldsymbol{x}^{(k)})$，即都可使函数值下降，因此 $\boldsymbol{p}^{(k)}$ 是下降方向，这里 $\lambda_0=0$，$\lambda_{\max}=\delta$(定义 9.4.1 中的 0 与 δ). 如果仔细分析，可看出，当 $\lambda\in(\lambda_0,\lambda_k)$ 时，函数 $f(\boldsymbol{x}^{(k)}+\lambda\boldsymbol{p}^{(k)})$ 是下降的，当 $\lambda\in(\lambda_k,\lambda_{\max})$ 时，函数 $f(\boldsymbol{x}^{(k)}+\lambda\boldsymbol{p}^{(k)})$ 是上升的，我们称这样的函数为单谷函数. 因此若记 $\varphi(\lambda)=f(\boldsymbol{x}^{(k)}+\lambda\boldsymbol{p}^{(k)})$，则 λ_k 是一元函数 $\varphi(\lambda)$ 的极小点. 从理论上讲，λ_k 应满足：

$$\left.\frac{\mathrm{d}\varphi(\lambda)}{\mathrm{d}\lambda}\right|_{\lambda=\lambda_k}=0.$$

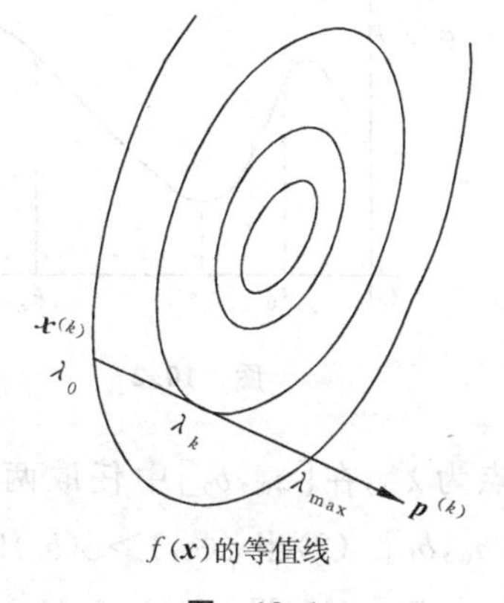

$f(x)$的等值线

图 10.1

但是对许多问题来讲，求导计算并不容易，且不便于用计算机来解决. 因此除了极少数问题外，一般不是用求导办法求 λ_k 的精确值，而是求出它的近似值. 求解 λ_k 近似值的方法主要可分为两类. 一类为区间收缩法；一类为函数逼近法.

因为一维搜索是所有非线性规划迭代算法都要遇到的共同问题，而且它比构造搜索方向问题来得简单. 因此我们先在本章讨论求解一维搜索的方法. 下一章再介绍构造搜索方向的方法.

本章介绍的黄金分割法及加步探索法属于区间收缩法;牛顿法及抛物线法属于函数逼近法.

显然,一维搜索法不仅可用在求步长因子上,而且也是单变量函数在求极小点时的一种方法. 因此一维搜索又被称为单变量函数寻优法.

10.1 黄金分割法

黄金分割法也称 0.618 法,属于区间收缩法. 首先找出包含极小点的初始搜索区间,然后按黄金分割点通过对函数值的比较不断缩小搜索区间. 当然要保证极小点始终在搜索区间内,当区间长度小到精度范围之内时,可以粗略地认为区间端点的平均值即为极小点的近似值.

黄金分割法适用于单谷函数.

10.1.1 单谷函数及其性质

定义 10.1.1 设函数 $\varphi(\lambda)$: $\mathbb{R}^1\to\mathbb{R}^1$,闭区间$[a_0,b_0]\subset\mathbb{R}^1$,若存在点 $\lambda^*\in[a_0,b_0]$,使$\varphi(\lambda)$在$[a_0,\lambda^*]$上严格递减,在$[\lambda^*,b_0]$上严格递增,则称 $\varphi(\lambda)$为$[a_0,b_0]$上的单谷函数,$[a_0,b_0]$为 $\varphi(\lambda)$的单谷区间,见图 10.2.

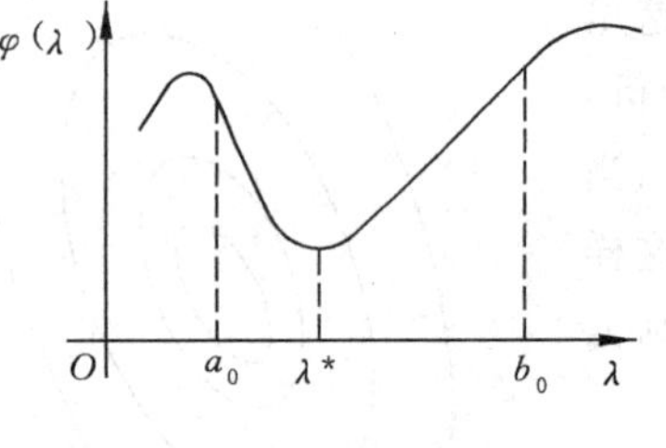

图 10.2

一个区间是某函数的单谷区间意味着,在该区间中函数只有一个“凹谷”(从而也只有一个极小值). 显然凸函数在所给的区间上是单谷函数.

单谷区间与单谷函数有如下的性质.

若 $\varphi(\lambda)$是单谷区间$[a_0,b_0]$上的单谷函数,极小点为λ^*,在$[a_0,b_0]$中任取两点 a_1,b_1,且 $a_1<b_1$,则:(1)当 $\varphi(a_1)<\varphi(b_1)$时,$\lambda^*\in[a_0,b_1]$. (2)当$\varphi(a_1)>\varphi(b_1)$时,$\lambda^*\in[a_1,b_0]$.

证 (1) 设$\varphi(a_1)<\varphi(b_1)$, a_1 的位置有两种可能:① a_1 在 λ^* 的左侧,因为 $\varphi(\lambda^*)=\min\limits_{\lambda\in[a_0,b_0]}\varphi(\lambda)$, 故必有 $\varphi(a_1)>\varphi(\lambda^*)$, $\varphi(b_1)>\varphi(\lambda^*)$. 又因 $\varphi(\lambda)$在$[a_0,\lambda^*]$是递减,故有

$$\varphi(a_0)>\varphi(a_1)>\varphi(\lambda^*).$$

而 $\varphi(b_1)>\varphi(a_1)$,且 $b_1>a_1$,故 b_1 必在 $\varphi(\lambda)$的递增区域,即 $b_1\in[\lambda^*,b_0]$. 否则若 $b_1\in[a_1,\lambda^*]$,则 $\varphi(b_1)<\varphi(a_1)$,矛盾. 故当 a_1 在 λ^* 的左侧时,b_1 必在 λ^* 的右侧,即有 $\lambda^*\in$

$[a_0, b_1]$，见图 10.3(a).

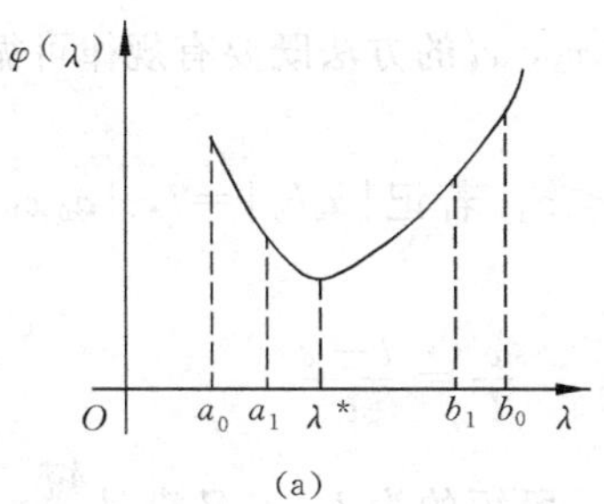

(a)

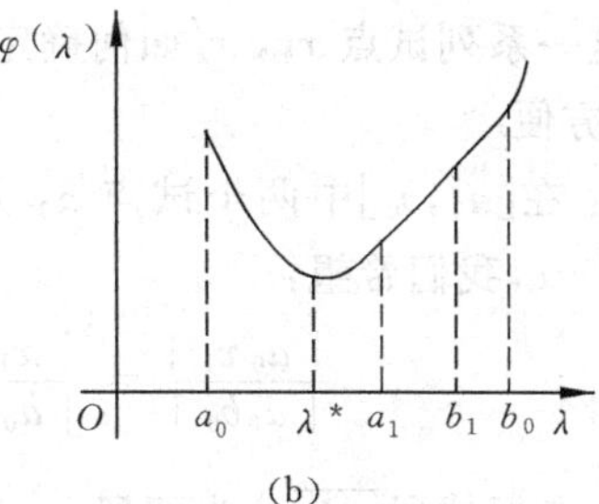

(b)

图 10.3

② 若 a_1 在 λ^* 的右侧，因 $a_1 < b_1, \varphi(a_1) < \varphi(b_1)$，即 a_1, b_1 同落在 $\varphi(\lambda)$ 的递增区间：$[\lambda^*, b_0]$. 见图 10.3(b). 因此也有 $\lambda^* \in [a_0, b_1]$. 因此不论 a_1 在 λ^* 的左侧还是右侧，当 $\varphi(a_1) < \varphi(b_1)$ 时，必有：$\lambda^* \in [a_0, b_1]$.

(2) 当 $\varphi(a_1) > \varphi(b_1)$ 时，同样可证明，不论 b_1 是在 λ^* 的左侧还是右侧，a_1 此时只能在 λ^* 的左侧，即总有 $\lambda^* \in [a_1, b_0]$ 成立. 见图 10.4 的(a)，(b).

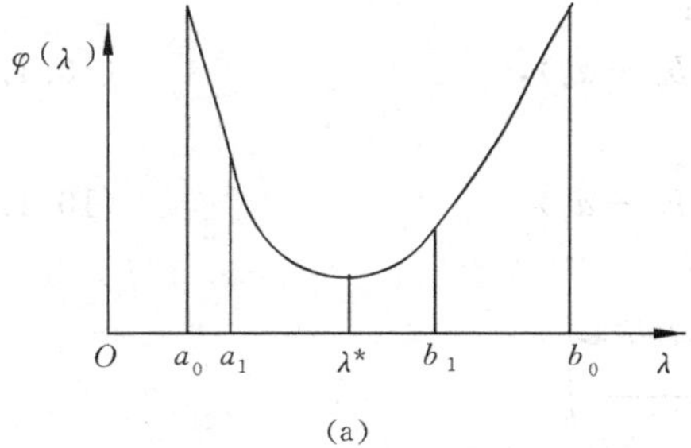

(a)

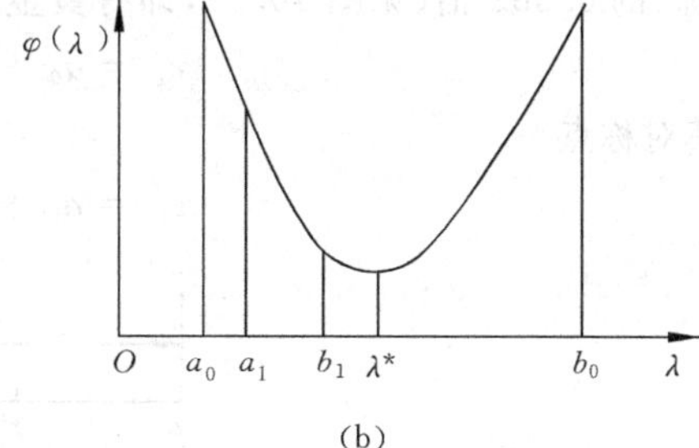

(b)

图 10.4

上述性质说明，经过函数值的比较后，我们可把单谷函数的单谷区间 $[a_0, b_0]$ 进行缩小：或为 $[a_0, b_1]$，或为 $[a_1, b_0]$，而 λ^* 仍在区间内.

10.1.2 0.618 法基本原理与步骤

如上所述，在单谷区间 $[a_0, b_0]$ 中找出两个试点 x_1, x_1' 后，比较 $\varphi(x_1)$ 及 $\varphi(x_1')$ 的大小，就可把搜索区间缩小，若记作 $[a_1, b_1]$. 在 $[a_1, b_1]$ 中继续找试点 x_2, x_2'，比较 $\varphi(x_2)$，$\varphi(x_2')$ 后，又可把搜索区间从 $[a_1, b_1]$ 缩小为 $[a_2, b_2]$，……，一直继续下去，直到 $[a_k, b_k]$ 的

区间长度足够小,认为达到了我们事先规定的精度时,可令 $\lambda^* \approx \frac{1}{2}(a_k+b_k)$. 那么现在的问题是,这一系列试点 x_k, x_k'如何确定?希望确定 x_k, x_k'的方法既要有规律可循,又要为计算提供方便.

比如:在$[a_0,b_0]$中两个试点 x_1 及 x_1',且 $x_1'<x_1$. 若记 $|a_0b_0|=l$, $|a_0x_1|=c$, 则 $|x_1b_0|=l-c$,我们希望:

$$\frac{|a_0x_1|}{|a_0b_0|}=\frac{|x_1b_0|}{|a_0x_1|},\quad \text{即有}\quad \frac{c}{l}=\frac{l-c}{c}. \tag{10.1.1}$$

即希望 x_1 点把线段$\overline{a_0b_0}$分为两段,一段长的为 c,一段短的为 $l-c$,且满足$\frac{\text{短}}{\text{长}}=\frac{\text{长}}{\text{全长}}$,则 x_1 点就是把线段作黄金分割比的点. 式(10.1.1)可化为

$$\left(\frac{c}{l}\right)^2+\left(\frac{c}{l}\right)-1=0. \tag{10.1.2}$$

解式(10.1.2)且舍去负根得

$$\left(\frac{c}{l}\right)=\frac{\sqrt{5}-1}{2}\approx 0.618. \tag{10.1.3}$$

因此 x_1 所在位置应是$|a_0b_0|$的 0.618 倍,相应的与 x_1 对称的点取作另一个试点 x_1',应是$|a_0b_0|$的 0.382 倍(见图 10.5),即有黄金分割点:

$$x_1=a_0+0.618(b_0-a_0), \tag{10.1.4}$$

及其对称点

$$x_1'=a_0+0.382(b_0-a_0). \tag{10.1.5}$$

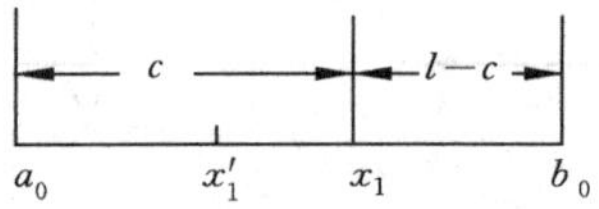

图　10.5

取第一对试点 x_1,x_1'为黄金分割点及其对称点还有如下优势:通过函数值比较,若 $\varphi(x_1')<\varphi(x_1)$, 搜索区间被保留下来的是$[a_0,x_1]$,则其中的 x_1',即是$[a_0,x_1]$区间的黄金分割点. 因为

$$\frac{|a_0x_1'|}{|a_0x_1|}=\frac{|x_1b_0|}{|a_0x_1|}=\frac{l-c}{c},$$

由式(10.1.1)有

$$\frac{l-c}{c}=\frac{c}{l}=\frac{\sqrt{5}-1}{2}\approx 0.618.$$

因此 x_1'在$[a_0,x_1]$区间中是黄金分割点.

同理，若通过比较函数值，$\varphi(x_1')>\varphi(x_1)$，则保留下的搜索区间为$[x_1',b_0]$，而留在其中的 x_1 点是新搜索区间$[x_1',b_0]$的黄金分割点的对称点.

因为对称点 x_1'与区间长度的比值应为(见图 10.5)

$$\frac{|a_0x_1'|}{|a_0b_0|}=\frac{l-c}{l}=1-\left(\frac{c}{l}\right)=1-\frac{\sqrt{5}-1}{2}=\frac{3-\sqrt{5}}{2}\approx 0.382, \tag{10.1.6}$$

而

$$\frac{|x_1'x_1|}{|x_1'b_0|}=\frac{2c-l}{c}=2-\frac{l}{c}=2-\frac{2}{\sqrt{5}-1}=\frac{3-\sqrt{5}}{2}\approx 0.382. \tag{10.1.7}$$

因此保留下来的 x_1 是新搜索区间的黄金分割点的对称点. 这样通过函数值比较后，不论新搜索区间是哪一段区间，总有上一对试点中一个被保留下来作新的试点用，这样就可大大节省计算工作量.

0.618 法的算法步骤如下

第 1 步：选取初始数据，确定初始搜索区间$[a_0,b_0]$，给出最后区间精度 $\delta>0$.

第 2 步：计算初始的两个试点 x_1 及 x_1'(我们规定在区间$[a_k,b_k]$上，黄金分割点用 x_{k+1}来记，黄金分割点的对称点用 x_{k+1}' 来记). 计算

$$x_1=a_0+0.618(b_0-a_0), \tag{10.1.8}$$

$$x_1'=a_0+0.382(b_0-a_0). \tag{10.1.9}$$

且计算 $\varphi(x_1)$及 $\varphi(x_1')$，并令 $k:=0$.

第 3 步：比较目标函数值. 若 $\varphi(x_{k+1}')\leqslant\varphi(x_{k+1})$，则转第 4 步；若 $\varphi(x_{k+1}')>\varphi(x_{k+1})$，则转第 5 步.

第 4 步：缩小搜索区间. 令

$$a_{k+1}=a_k,\quad b_{k+1}=x_{k+1}. \tag{10.1.10}$$

计算精度，若$\dfrac{b_{k+1}-a_{k+1}}{b_0-a_0}<\delta$，则停止计算，可取 $\lambda^*=\dfrac{1}{2}(a_{k+1}+b_{k+1})$为近似极小点，$\varphi(\lambda^*)$为近似极小值. 否则计算新的一对试点.

(1) 保留试点的计算. 令

$$x_{k+2}=x_{k+1}',\quad \varphi(x_{k+2})=\varphi(x_{k+1}'), \tag{10.1.11}$$

x_{k+2}是新搜索区间的黄金分割点.

(2) 计算保留试点的对称点——新搜索区间黄金分割点的对称点：

$$x_{k+2}'=a_{k+1}+0.382(b_{k+1}-a_{k+1}), \tag{10.1.12}$$

及计算 $\varphi(x_{k+2}')$. 令$k:=k+1$，转第 3 步.

第 5 步：缩小搜索区间. 令

$$a_{k+1}=x_{k+1}',\quad b_{k+1}=b_k. \tag{10.1.13}$$

计算精度：若$\dfrac{b_{k+1}-a_{k+1}}{b_0-a_0}<\delta$，则停止计算，取 $\lambda^*=\dfrac{1}{2}(a_{k+1}+b_{k+1})$为近似极小点，$\varphi(\lambda^*)$为

近似极小值. 否则计算新的一对试点.

(1) 保留试点的计算. 令

$$x'_{k+2} = x_{k+1}, \quad \varphi(x'_{k+2}) = \varphi(x_{k+1}). \tag{10.1.14}$$

x'_{k+2} 是新搜索区间$[a_{k+1}, b_{k+1}]$的黄金分割点的对称点.

(2) 计算保留试点的对称点——即新搜索区间的黄金分割点:

$$x_{k+2} = a_{k+1} + 0.618(b_{k+1} - a_{k+1}). \tag{10.1.15}$$

计算 $\varphi(x_{k+2})$. 令 $k := k+1$, 返回第 3 步.

例 10.1.1 用 0.618 法求解

$$\min_{\lambda \geqslant 0} \varphi(\lambda) = \lambda^3 - 2\lambda + 1$$

的近似最优解. 设初始搜索区间(单谷区间)为$[0,3]$, 精度 $\delta = 0.15\left(\delta \geqslant \dfrac{b_k - a_k}{b_0 - a_0}\right)$.

解 因 $a_0 = 0$, $b_0 = 3$.

第 1 轮迭代: 由式(10.1.8)及式(10.1.9)有

$$x_1 = 0 + 0.618(3 - 0) = 1.854, \quad x_1' = 0 + 0.382(3 - 0) = 1.146.$$

计算 $\varphi(x_1) = 3.6648$, $\varphi(x_1') = 0.2131$. 比较函数值大小: 因 $\varphi(x_1') \leqslant \varphi(x_1)$, 由式(10.1.10), 有

$$a_1 = a_0 = 0, \quad b_1 = x_1 = 1.854.$$

因为

$$\frac{b_1 - a_1}{b_0 - a_0} = \frac{1.854}{3} = 0.618 > \delta = 0.15,$$

故继续找试点: 由式(10.1.11), 有

$$x_2 = x_1' = 1.146, \quad \varphi(x_2) = 0.2131.$$

求新搜索区间$[a_1, b_1]$的黄金分割对称点, 由式(10.1.12), 有

$$x_2' = a_1 + 0.382(b_1 - a_1) = 0.708,$$

计算 $\varphi(x_2') = -0.0611$.

第 2 轮迭代: 因为 $\varphi(x_2') < \varphi(x_2)$. 由式(10.1.10), 有 $a_2 = a_1 = 0$, $b_2 = x_2 = 1.146$.

计算精度:

$$\frac{b_2 - a_2}{b_0 - a_0} = \frac{1.146}{3} = 0.382 \not< 0.15.$$

故继续找试点: 由式(10.1.11), 有

$$x_3 = x_2' = 0.708, \quad \varphi(x_3) = -0.0611.$$

由式(10.1.12)

$$x_3' = a_2 + 0.382(b_2 - a_2) = 0.438,$$

计算 $\varphi(x_3') = 0.2080$.

第 3 轮迭代:比较函数值:$\varphi(x_3')>\varphi(x_3)$,由式(10.1.13)

$$a_3 = x_3' = 0.438, \quad b_3 = b_2 = 1.146.$$

计算精度:

$$\frac{b_3 - a_3}{b_0 - a_0} = \frac{1.146 - 0.438}{3} = \frac{0.708}{3} = 0.236 \nless 0.15.$$

故继续找试点:由式(10.1.14),有

$$x_4' = x_3 = 0.708, \quad \varphi(x_4') = \varphi(0.708) = -0.0611,$$

由式(10.1.15),有

$$x_4 = a_3 + 0.618(b_3 - a_3) = 0.876.$$

计算 $\varphi(x_4)=\varphi(0.876)=-0.0798$.

第 4 轮迭代:比较函数值:$\varphi(x_4')>\varphi(x_4)$. 由式(10.1.13),有

$$a_4 = x_4' = 0.708, \quad b_4 = b_3 = 1.146.$$

计算精度:

$$\frac{b_4 - a_4}{b_0 - a_0} = \frac{1.146 - 0.708}{3} = \frac{0.438}{3} = 0.146 < 0.15,$$

故满足精度要求,输出近似最优解为

$$\lambda^* = \frac{1}{2}(b_4 + a_4) = 0.927.$$

近似极小值为 $f(\lambda^*)=-0.0574$.

由前面分析可知,用 0.618 法每迭代一次,搜索区间就缩短为初始区间长度的 0.618 倍. 因此若作了 k 次迭代,第 k 次迭代区间长为

$$b_k - a_k = 0.618^k(b_0 - a_0),$$

此时共计算试点个数为 $k+1$ 个.

值得注意的是 0.618 法是一种近似黄金分割法,由式(10.1.3)可知,0.618 只是黄金分割比$\frac{\sqrt{5}-1}{2}$的一个近似值. 现在已从理论上证明,当取黄金分割比$\frac{\sqrt{5}-1}{2}\approx 0.618$时,试点最大个数为 10,即不超过 10 个试点才有意义,即 0.618 法最多只能作 9 次迭代,或说 0.618 法的最小精度 $\delta_{\min}=\frac{b_9-a_9}{b_0-a_0}=0.618^9\approx 0.013$. 好在对大多数问题作 9 次(或 9 次以内)迭代都能满足原先给出的要求. 如果一旦不满足,只能将黄金分割比的近似值取得比 0.618 更接近精确值的数. 因为

$$\frac{\sqrt{5}-1}{2} \approx 0.6180339887\cdots$$

如此时可取 0.6180339 作为近似值,则试点个数可增加到 15 个(即可作 14 次迭代). 对这部分内容我们不作进一步的介绍,有兴趣的读者可参阅参考文献[7].

10.2 加步探索法

0.618法及其他一维搜索方法都要事先给定一个包含极小点的初始搜索区间，加步探索法能解决这个问题. 加步探索法本身是一种区间试探法. 主要思路就是从一点出发，按一定的步长，试图确定出函数值呈现“高—低—高”的三点. 首先从一个方向去找，若不成功，就退回来，再沿相反方向寻找；若方向正确，则加大步长进行探索. 最终找到 x_1, x_2, x_3 三点，满足

$$x_1 < x_2 < x_3, \qquad f(x_1) > f(x_2), \quad f(x_2) < f(x_3)$$

为止.

10.2.1 基本原理和步骤

1. 给定初始点 x_1，初始步长 $h_0>0$

2. 用加倍步长的外推法找出初始区间

由初始点 x_1 向某个方向，比如 x 增大方向走一步，步长为 h_0，得 $x_2=x_1+h_0$，计算 $f(x_1)$，$f(x_2)$并比较函数值大小：

(1) 若 $f(x_2)<f(x_1)$，说明方向选对，则步长加倍，继续往前走，有 $x_3=x_2+2h_0$. 若仍有 $f(x_3)<f(x_2)$，则将步长再加倍，有 $x_4=x_3+4h_0$，……，直到 x_k 点函数值刚刚变为增加为止.

这样就得到了三个点：

$$x_{k-2} < x_{k-1} < x_k,$$

且其函数值为两头大中间小，即呈现“高—低—高”的形式：

$$f(x_{k-2}) > f(x_{k-1}), \quad f(x_{k-1}) < f(x_k).$$

故极小点必在区间$[x_{k-2}, x_k]$上，上述过程见图10.6(a).

(2) 若 $f(x_2)>f(x_1)$，说明方向选错了，因此仍由 x_1 点出发向相反方向(x 减小方向)走出一步：有 $x_3=x_1-h_0$. 若此时有 $f(x_3)<f(x_2)$，说明方向对，仍需在此方向上加步迈出：取 $x_4=x_3-2h_0$；若仍有 $f(x_4)<f(x_3)$，再加倍步长继续同方向迈出，继续作下去，直到函数值刚刚变为增加时止，这样也可得到三点：

$$x_k < x_{k-1} < x_{k-2},$$

且有

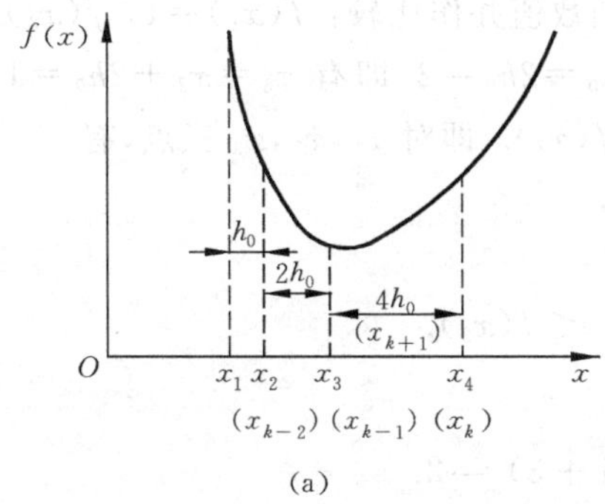

(a)

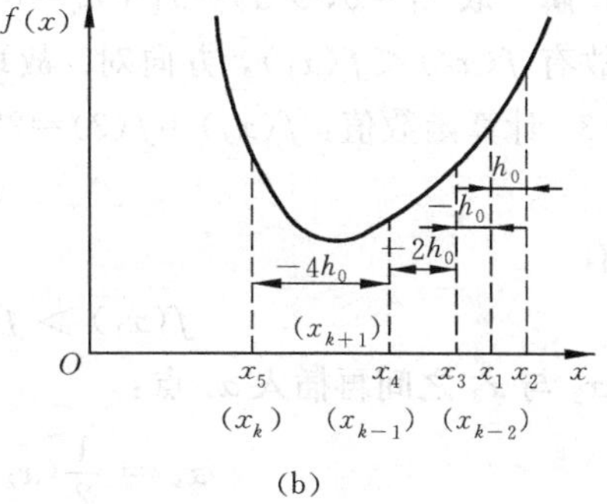

(b)

图 10.6

$$f(x_k) > f(x_{k-1}), \quad f(x_{k-1}) < f(x_{k-2}),$$

即为函数值同样呈现"高—低—高"的形式,则极小点必落在区间$[x_k, x_{k-2}]$上. 上述过程见图 10.6(b).

3. 再进一步缩小搜索区间

在上述三个点 x_{k-2}, x_{k-1}, x_k 之间,步长是逐次加倍的,故有

$$x_k - x_{k-1} = 2(x_{k-1} - x_{k-2}).$$

若在 x_{k-1}与 x_k 之间再插入一点 x_{k+1},令

$$x_{k+1} = \frac{1}{2}(x_{k-1} + x_k),$$

这样得到等间距的 4 个点:x_{k-2}, x_{k-1}, x_{k+1}, x_k. 比较 $f(x_{k-2})$, $f(x_{k-1})$, $f(x_{k+1})$, $f(x_k)$,令其中函数值最小的点为 x_2,x_2 的左、右邻点分别称作 x_1 与 x_3,则得到了比由(1)或(2)得到的区间更小的搜索区间$[x_1, x_3]$. 这三点有

$$x_1 < x_2 < x_3,$$

且其函数值呈现"高—低—高"的形式:

$$f(x_1) > f(x_2), \quad f(x_2) < f(x_3).$$

10.2.2 计算举例

在加步探索法中,初始点 x_0 要尽量取接近函数 $f(x)$最优解的值——若能估计最优解大体位置的话. 步长为 h_0,加步一般取两倍.

例 10.2.1 用加步探索法确定一维极小化问题:

$$\min_{x \geqslant 0} f(x) = x^3 - 2x + 1$$

的搜索区间,要求选取 $x_1 = 0$, $h_0 = 1$,步长的倍数 $\alpha = 2$.

解 取 $x_1=0$,令 $x_2=x_1+h_0=0+1=1$,计算函数值并作比较：$f(x_1)=1$，$f(x_2)=0$,故有 $f(x_2)<f(x_1)$，方向对. 故取步长 $h_1=\alpha h_0=2h_0=2$,即有 $x_3=x_2+2h_0=1+2=3$. 计算函数值：$f(x_3)=f(3)=22$,即 $f(x_3)>f(x_2)$. 即对 x_1,x_2,x_3 三点,有

$$x_1<x_2<x_3,$$

且有

$$f(x_1)>f(x_2),\quad f(x_2)<f(x_3).$$

在 x_2 与 x_3 之间再插入 x_4 点：

$$x_4=\frac{1}{2}(x_2+x_3)=\frac{1}{2}(1+3)=2.$$

$f(x_4)=5$. 比较 $f(x_1),f(x_2),f(x_4),f(x_3)$可见：$f(x_2)=0$ 为最小值. 故$[x_1,x_4]=[0,2]$ 为初始搜索区间,极小点位于该区间之中.

10.3 牛顿法

牛顿法是一种函数逼近法. 它的基本思想是：在极小点附近用二阶泰勒多项式近似代替目标函数 $f(x)$,从而求出 $f(x)$极小点的估计值. 如

$$\min f(x),\quad x\in\mathbb{R}^1.$$

现已有 $f(x)$极小点的估计值 $x^{(k)}$,在 $x^{(k)}$ 点将 $f(x)$作二阶泰勒展开：

$$f(x)=f(x^{(k)})+f'(x^{(k)})(x-x^{(k)})+\frac{1}{2}f''(x^{(k)})(x-x^{(k)})^2+o(|x-x^{(k)}|^2). \tag{10.3.1}$$

式中 $o(|x-x_k|^2)$是比$|x-x^{(k)}|^2$ 还高阶的无穷小量. 若记式(10.3.1)的前三项为

$$\varphi(x)=f(x^{(k)})+f'(x^{(k)})(x-x^{(k)})+\frac{1}{2}f''(x^{(k)})(x-x^{(k)})^2, \tag{10.3.2}$$

则在 $x^{(k)}$ 附近可用 $\varphi(x)$来近似 $f(x)$：

$$\varphi(x)\approx f(x). \tag{10.3.3}$$

因为有

$$\varphi(x^{(k)})=f(x^{(k)}),\quad \varphi'(x^{(k)})=f'(x^{(k)}),\quad \varphi''(x^{(k)})=f''(x^{(k)})$$

(思考题：请读者利用式(10.3.2)自行证明). 因此可以用 $\varphi(x)$的极小点来近似 $f(x)$的极小点(假定 $f(x)$的极小点应在 $x^{(k)}$附近),故求 $\varphi(x)$的驻点 $x^{(k+1)}$. 由式(10.3.2),有

$$\varphi'(x)=f'(x^{(k)})+f''(x^{(k)})(x-x^{(k)}).$$

令 $\varphi'(x)=0$,得 $\varphi(x)$的驻点为

$$x^{(k+1)}=x^{(k)}-\frac{f'(x^{(k)})}{f''(x^{(k)})}. \tag{10.3.4}$$

以 $\varphi(x)$ 的驻点 $x^{(k+1)}$ 作为 $f(x)$ 在 $x^{(k)}$ 附近的极小点的新的估计值.

同理,如果在 $x^{(k+1)}$ 点将 $f(x)$ 作二阶泰勒展开. 在 $x^{(k+1)}$ 点附近用二阶泰勒多项式 $\varphi_1(x)$ 近似 $f(x)$,作同样的推导,可得到

$$x^{(k+2)}=x^{(k+1)}-\frac{f'(x^{(k+1)})}{f''(x^{(k+1)})},$$

$x^{(k+2)}$ 是 $\varphi_1(x)$ 的驻点,用它作为 $f(x)$ 极小点的新的估计值. 因此式(10.3.4)可作为一个迭代公式,利用这个迭代公式可以得到一个点列 $\{x^{(k)}\}$. 可以证明,这个点列 $\{x^{(k)}\}$ 在一定条件下收敛于 $f(x)$ 的极小点.

牛顿法的算法步骤如下:

(1) 给定初始点 $x^{(1)}$,给出精度 $\varepsilon>0$,令 $k:=1$.

(2) 计算 $f'(x^{(k)})$ 及 $f''(x^{(k)})$: 若 $|f'(x^{(k)})|<\varepsilon$,则停止迭代,输出近似极小点 $x^{(k)}$. 否则转(3).

(3) 用式(10.3.4)计算 $x^{(k+1)}$;令 $k:=k+1$, 返回(2).

例 10.3.1 用牛顿法求函数

$$\min f(x)=\int_0^x \arctan t\mathrm{d}t$$

的极小点. 取 $x^{(1)}=1$, $\varepsilon=0.01$.

解 因 $f'(x)=\arctan x$, $f''(x)=\dfrac{1}{1+x^2}$.

取 $x^{(1)}=1$, 计算: $f'(x^{(1)})=0.7854$, $\dfrac{1}{f''(x^{(1)})}=2$. 故有

$$x^{(2)}=x^{(1)}-f'(x^{(1)})\frac{1}{f''(x^{(1)})}=-0.5708.$$

同理有

$$\begin{aligned}x^{(3)}&=x^{(2)}-f'(x^{(2)})\cdot\frac{1}{f''(x^{(2)})}\\&=-0.5708-(-0.5187)\times 1.3258\\&=0.1169,\\x^{(4)}&=x^{(3)}-f'(x^{(3)})\cdot\frac{1}{f''(x^{(3)})}=0.1169-0.1164\times 1.0137\\&=-0.00106.\end{aligned}$$

而 $|f'(x^{(4)})|\approx 0.0010<0.01$, 故迭代停止,输出近似极小解: $x^*\approx -0.00106$.

本题精确解应是 $x^*=0$. 因此牛顿法经过 3 次迭代已非常接近最优解.

要注意的是,牛顿法的初始点 $x^{(1)}$ 选择非常重要,要求 $x^{(1)}$ 充分接近 x^*,否则点列 $\{x^{(k)}\}$ 就有可能不收敛于极小点.

顺便提一下,牛顿法的思想可以直接推广到求多元函数 $f(\boldsymbol{x})=f(x_1,x_2,\cdots,x_n)$

的无约束极值问题. 只是式(10.3.4)中的 $f'(x^{(k)})$ 应为 $\nabla f(\boldsymbol{x}^{(k)})$，$\dfrac{1}{f''(x^{(k)})}$ 应为 $[\nabla^2 f(\boldsymbol{x}^{(k)})]^{-1}$. 见第11章.

*10.4 抛物线法

如上所述,牛顿法是在 $x^{(k)}$ 附近用泰勒多项式近似目标函数 $f(x)$,而抛物线法的基本思想是在极小点附近,用二次三项式 $\varphi(x)$ 逼近目标函数 $f(x)$. 若 $f(x)$ 有 $x_1 < x_2 < x_3$ 三点,且满足

$$f(x_1) > f(x_2), \quad f(x_2) < f(x_3).$$

令二次三项式

$$\varphi(x) = ax^2 + bx + c, \tag{10.4.1}$$

且设

$$\begin{cases} \varphi(x_1) = ax_1^2 + bx_1 + c = f(x_1), \\ \varphi(x_2) = ax_2^2 + bx_2 + c = f(x_2), \\ \varphi(x_3) = ax_3^2 + bx_3 + c = f(x_3). \end{cases} \tag{10.4.2}$$

由线性代数知识可知,当线性方程组(10.4.2)的系数行列式不为零时,可求得 a,b,c 的唯一解. 这样我们就得到了用 $f(x)$ 上三个点 x_1,x_2,x_3 的函数值拟合的抛物线 $\varphi(x)$.

得到了抛物线方程 $\varphi(x)$ 后,用抛物线 $\varphi(x)$ 的极小点来近似 $f(x)$ 的极小点. 先求 $\varphi(x)$ 的驻点,由式(10.4.1)有

$$\varphi'(x) = 2ax + b.$$

令 $\varphi'(x)=0$,得到 $\varphi(x)$ 的极小点 $\bar{x}$ 为

$$\bar{x} = -\frac{b}{2a}. \tag{10.4.3}$$

下面推导用 x_1,x_2,x_3 及 $f(x_1),f(x_2),f(x_3)$ 来表达 $\bar{x}$ 的公式.

解线性方程组(10.4.2),且消去 c,得到

$$b = \frac{(x_2^2 - x_3^2)f(x_1) + (x_3^2 - x_1^2)f(x_2) + (x_1^2 - x_2^2)f(x_3)}{(x_1 - x_2)(x_2 - x_3)(x_3 - x_1)},$$

$$a = -\frac{(x_2 - x_3)f(x_1) + (x_3 - x_1)f(x_2) + (x_1 - x_2)f(x_3)}{(x_1 - x_2)(x_2 - x_3)(x_3 - x_1)}.$$

故有

$$\bar{x} = \frac{1}{2}\,\frac{(x_2^2 - x_3^2)f(x_1) + (x_3^2 - x_1^2)f(x_2) + (x_1^2 - x_2^2)f(x_3)}{(x_2 - x_3)f(x_1) + (x_3 - x_1)f(x_2) + (x_1 - x_2)f(x_3)}.$$

用抛物线 $\varphi(x)$ 的极小点 $\bar{x}$ 来近似 $f(x)$ 的极小点 $x^{(k)}$,即记

$$x^{(k)}=\bar{x}=\frac{1}{2}\frac{(x_2^2-x_3^2)f(x_1)+(x_3^2-x_1^2)f(x_2)+(x_1^2-x_2^2)f(x_3)}{(x_2-x_3)f(x_1)+(x_3-x_1)f(x_2)+(x_1-x_2)f(x_3)}. \tag{10.4.4}$$

求出 $x^{(k)}$ 后，从 x_1,x_2,x_3,x_k 四个点中选出三个点，选择原则是以目标函数值最小的点作为新的 x_2 点，其左、右两个邻点分别作为新的 x_1 及 x_3 点. 将新得的 x_1,x_2,x_3 点及其新的函数值 $f(x_1),f(x_2),f(x_3)$ 代入式(10.4.4)，可求出极小点新的估计值 $x^{(k+1)}$（将新的 x_1,x_2,x_3 及其函数值代入式(10.4.4)进行计算，其实质就是以这新三点作一个抛物线 $\varphi_1(x)$ 来逼近 $f(x)$）. 继续作下去，可以得到一个点列 $\{x^{(k)}\}$. 在一定条件下，这个点列可收敛于原问题 $f(x)$ 的极小点.

要注意的是，三个初始点 x_1,x_2,x_3 的选择必须满足

$$x_1<x_2<x_3,$$

且

$$f(x_1)>f(x_2),\quad f(x_2)<f(x_3),$$

即 x_1,x_2,x_3 三点的函数值满足"高—低—高"的形式. 这样才能保证二次三项式 $\varphi(x)$ 的二次项系数 $a>0$，且 $f(x)$ 及 $\varphi(x)$ 的极小点都在区间 $[x_1,x_3]$ 之内. 而寻找初始的这三点，可以用 10.2 节中的加步探索法.

例 10.4.1 用抛物线法求 $f(x)=x^2-6x+2$ 的近似极小点. 给定初始点 $x_1=1$，初始步长 $h_0=0.1$.

解 先用加步探索法寻找初始搜索区间. 因 $x_1=1$，$f(x_1)=-3$. 令 $x_2=x_1+h_0=1.1$，计算：$f(x_2)=1.1^2-6\times1.1+2=-3.39$.

因 $f(x_2)<f(x_1)$，故方向选对，加倍步长：令 $x_3=x_2+2h_0=1.1+2\times0.1=1.3$，计算：

$$f(x_3)=1.3^2-6\times1.3+2=-4.11<f(x_2).$$

故再令 $x_4=x_3+4h_0=1.7$，计算 $f(x_4)=-5.31<f(x_3)$. 再令 $x_5=x_4+8h_0=2.5$，计算 $f(x_5)=-6.75<f(x_4)$. 再令 $x_6=x_5+16h_0=4.1$，计算 $f(x_6)=-5.79>f(x_5)$. 故有 $x_4<x_5<x_6$ 三点，其函数值呈现"高—低—高"形式，即 $f(x_4)>f(x_5)$，$f(x_5)<f(x_6)$. 因此其极小点必落在区间 $[x_4,x_6]=[1.7,4.1]$ 中.

可再进一步缩小初始搜索区间，在 x_5 与 x_6 之间再插入一点 x_7：

$$x_7=\frac{1}{2}(x_5+x_6)=3.3,$$

计算 $f(x_7)=-6.91$. 比较 $f(x_4)$，$f(x_5)$，$f(x_7)$，$f(x_6)$，可见 $f(x_7)$ 最小，取 x_7 作为新的 x_2，其左、右两邻点作 x_1,x_2，故有

$$x_1:=x_5=2.5,\quad x_2:=x_7=3.3,\quad x_3:=x_6=4.1.$$

则有

$$f(x_1)=-6.75,\quad f(x_2)=-6.91,\quad f(x_3)=-5.79.$$

以下再用抛物线法计算，将上述数据代入式(10.4.4)，可求得新的近似极小点：

$$x^{(k)}=3,\quad f(x^{(k)})=-7.$$

在 x_1，$x^{(k)}$，x_2，x_3 四点中，以 $f(x^{(k)})$ 为最小，故以 $x^{(k)}$ 作为新的 x_2，其左、右两个邻点作为新的 x_1 及 x_3：

$$x_1:=x_1=2.5,\quad x_2:=x^{(k)}=3.0,\quad x_3:=x_2=3.3.$$

且有

$$f(x_1)=-6.75,\quad f(x_2)=-7,\quad f(x_3)=-6.91.$$

再代入式(10.4.4)，求下一轮的极小点估计值：

$$x^{(k+1)}=3,\quad f(x^{(k+1)})=-7.$$

因为两次迭代结果相同，所以认为已达到了极小点：$x^*=3$，$f(x^*)=-7$.

习 题 10

10.1 用 0.618 法求解：$\min f(x)=2x^2-x-1$，初始区间 $[a_0,b_0]=[-1,1]$，区间精度 $\delta=0.06$.

10.2 用黄金分割法(0.618 法)求解：$\min f(x)=3x^2-21.6x-1$，初始区间取 $[0,25]$，区间精度为 $\delta=0.08$.

10.3 用加步探索法确定一维极小化问题 $\min\limits_{x\geqslant 0} f(x)=-2x^3+21x^2-60x+50$ 的一个搜索区间，要求选取 $x_0=0$，$h_0=0.5$，$\alpha=2$.

10.4 用加步探索法确定一维极小化问题 $\min\limits_{0\leqslant x\leqslant 10} f(x)=(x-3)\sqrt{x}$ 的一个搜索区间，要求取 $x_0=0$，$h_0=0.2$，$\alpha=2$.

10.5 用牛顿法求 $f(x)=\mathrm{e}^x-5x$ 在区间 $[1,2]$ 上的极小点的近似值(只迭代 3 次)，给定初始点 $x^{(1)}=1$.

10.6 用抛物线法作一维搜索求 $\min\limits_{x\geqslant 0} f(x)=x^3-2x+1$ 的近似最优解. 设初始搜索区间为 $[0,3]$，初始插值点 $x_0=1$，终止条件为 $|x^{(k+1)}-x^{(k)}|<\delta=0.01$.

第 11 章

无约束问题的最优化方法

在第 10 章已介绍了一维搜索的几种方法，即求步长因子 λ_k 的方法. 本章介绍构造无约束问题搜索方向的方法. 这些方法大致可分为两类：一类在计算过程中只用到目标函数值，不用计算导数，通常称为直接搜索法；另一类要用到目标函数的导数计算，称为解析法. 变量轮换法属于直接法，而最速下降法、牛顿法、共轭方向法等属于后一类.

11.1 变量轮换法

变量轮换法是把多变量函数的优化问题转化为一系列单变量函数的优化问题来解. 它的基本思路是：认为有利的搜索方向是各坐标轴的方向，因此它轮流按各坐标轴的方向搜索最优点. 从某一给定点出发，按第 i 个坐标轴 x_i 的方向搜索时，在 n 个变量中，只有单变量 x_i 在变化，其余 $n-1$ 个变量都取给定点的值保持不变. 这样依次从 x_1 到 x_n 作了 n 次单变量的一维搜索，完成了变量轮换法的一次迭代.

变量轮换法的算法步骤与基本原理如下：

设问题为

$$\min f(\boldsymbol{x}), \quad \boldsymbol{x}\in\mathbb{R}^n, \quad f(\boldsymbol{x})\in\mathbb{R}^1.$$

记 $\boldsymbol{e}_i=(0,\cdots,1,\cdots,0)^{\mathrm{T}}\ (i=1,2,\cdots,n)$，即 $\boldsymbol{e}_i$ 为第 i 个分量为 1 其余分量为 0 的单位向量.

第 1 步：给定初始点 $\boldsymbol{x}^{(1)}=(c_1,c_2,\cdots,c_n)^{\mathrm{T}}$，其中 $c_1,c_2,\cdots,c_n$ 为常数.

第 2 步：从 $\boldsymbol{x}^{(1)}$ 出发，先沿第 1 个坐标轴方向 $\boldsymbol{e}_1$ 进行一维搜索，记求得的最优步长为 λ_1，则可得到新点 $\boldsymbol{x}^{(2)}$：

$$\begin{cases} f(\boldsymbol{x}^{(2)}) = f(\boldsymbol{x}^{(1)}+\lambda_1\boldsymbol{e}_1) = \min\limits_{\lambda} f(\boldsymbol{x}^{(1)}+\lambda\boldsymbol{e}_1), \\ \boldsymbol{x}^{(2)} = \boldsymbol{x}^{(1)}+\lambda_1\boldsymbol{e}_1. \end{cases} \tag{11.1.1}$$

上式表明：从 $\boldsymbol{x}^{(1)}$ 出发，沿 $\boldsymbol{e}_1$ 方向进行搜索，最优步长为 λ_1，即可求得新点 $\boldsymbol{x}^{(2)}$. 显然 $\boldsymbol{x}^{(2)}$ 与 $\boldsymbol{x}^{(1)}$ 相比，只有变量 x_1 的取值不同.

再以 $\boldsymbol{x}^{(2)}$ 为起点，沿着第 2 个坐标轴方向 $\boldsymbol{e}_2$ 进行一维搜索，求得最优步长为 λ_2，可求得 $\boldsymbol{x}^{(3)}$：

$$\begin{cases} f(\boldsymbol{x}^{(3)}) = f(\boldsymbol{x}^{(2)} + \lambda_2 \boldsymbol{e}_2) = \min\limits_{\lambda} f(\boldsymbol{x}^{(2)} + \lambda \boldsymbol{e}_2), \\ \boldsymbol{x}^{(3)} = \boldsymbol{x}^{(2)} + \lambda_2 \boldsymbol{e}_2. \end{cases} \tag{11.1.2}$$

就这样依次沿各坐标轴方向进行一维搜索，直到 n 个坐标轴方向全部搜索一遍，最后可得到点 $\boldsymbol{x}^{(n+1)}$：

$$\begin{cases} f(\boldsymbol{x}^{(n+1)}) = f(\boldsymbol{x}^{(n)} + \lambda_n \boldsymbol{e}_n) = \min\limits_{\lambda} f(\boldsymbol{x}^{(n)} + \lambda \boldsymbol{e}_n), \\ \boldsymbol{x}^{(n+1)} = \boldsymbol{x}^{(n)} + \lambda_n \boldsymbol{e}_n. \end{cases} \tag{11.1.3}$$

从初始点 $\boldsymbol{x}^{(1)}$ 出发，经上述 n 个坐标轴方向的一维搜索得到点 $\boldsymbol{x}^{(n+1)}$，我们就说完成了变量轮换法的一次迭代.

第 3 步：令 $\boldsymbol{x}^{(1)} := \boldsymbol{x}^{(n+1)}$，返回第 2 步，即以 $\boldsymbol{x}^{(n+1)}$ 点作为起点，再沿着各坐标轴方向依次进行一维搜索.

一直到所得最新点 $\boldsymbol{x}^{(n+1)}$ 满足给定的精度为止，输出 $\boldsymbol{x}^{(n+1)}$ 作为 $f(\boldsymbol{x})$ 极小点的近似值.

变量轮换法的缺点是收敛速度较慢，搜索效率较低. 只有对那些具有特殊结构的函数使用起来尚好，但是变量轮换法的基本思想非常简单：沿各坐标轴的方向进行搜索. 在这种思路基础上，后又发展出了模式搜索法及旋转方向法等(有兴趣的读者可参阅参考文献[7]).

例 11.1.1 用变量轮换法求解

$$\min f(\boldsymbol{x}) = 3x_1^2 + 2x_2^2 + x_3^2,$$

已知初始点 $\boldsymbol{x}^{(1)} = (1,2,3)^{\mathrm{T}}$，当 $\| \boldsymbol{x}^{(n+1)} - \boldsymbol{x}^{(1)} \| < 0.01$ 时停止迭代.

解 令 $\boldsymbol{e}_1 = (1,0,0)^{\mathrm{T}}$，$\boldsymbol{e}_2 = (0,1,0)^{\mathrm{T}}$，$\boldsymbol{e}_3 = (0,0,1)^{\mathrm{T}}$. 首先从初始点 $\boldsymbol{x}^{(1)} = (1,2,3)^{\mathrm{T}}$ 出发，沿 x_1 轴方向 $\boldsymbol{e}_1$ 进行一维搜索：

$$\boldsymbol{x}^{(1)} + \lambda \boldsymbol{e}_1 = \begin{bmatrix} 1 \\ 2 \\ 3 \end{bmatrix} + \lambda \begin{bmatrix} 1 \\ 0 \\ 0 \end{bmatrix} = \begin{bmatrix} 1+\lambda \\ 2 \\ 3 \end{bmatrix},$$

则有

$$f(\boldsymbol{x}^{(1)} + \lambda \boldsymbol{e}_1) = 3(1+\lambda)^2 + 2 \times 2^2 + 3^2 = 3(1+\lambda)^2 + 17,$$

现在 $f(\boldsymbol{x}^{(1)} + \lambda \boldsymbol{e}_1)$ 是 λ 的一元函数. 令 $f'_\lambda = 0$，则 $\lambda_1 = -1$，故

$$x^{(2)} = x^{(1)} + \lambda_1 e_1 = \begin{bmatrix} 1 \\ 2 \\ 3 \end{bmatrix} + (-1)\begin{bmatrix} 1 \\ 0 \\ 0 \end{bmatrix} = \begin{bmatrix} 0 \\ 2 \\ 3 \end{bmatrix}, \quad f(x^{(2)}) = 17.$$

再从 $x^{(2)}$ 点出发，沿 x_2 轴方向 e_2 进行一维搜索：

$$x^{(2)} + \lambda e_2 = \begin{bmatrix} 0 \\ 2 \\ 3 \end{bmatrix} + \lambda\begin{bmatrix} 0 \\ 1 \\ 0 \end{bmatrix} = \begin{bmatrix} 0 \\ 2+\lambda \\ 3 \end{bmatrix}, \quad f(x^{(2)}) = 2(2+\lambda)^2 + 9.$$

令 $f_\lambda'=0$，有 $\lambda_2=-2$，故

$$x^{(3)} = x^{(2)} + \lambda_2 e_2 = \begin{bmatrix} 0 \\ 2 \\ 3 \end{bmatrix} + (-2)\begin{bmatrix} 0 \\ 1 \\ 0 \end{bmatrix} = \begin{bmatrix} 0 \\ 0 \\ 3 \end{bmatrix}, \quad f(x^{(3)}) = 9.$$

再从 $x^{(3)}$ 点出发，沿坐标轴 x_3 的方向 e_3 进行一维搜索：

$$x^{(3)} + \lambda e_3 = \begin{bmatrix} 0 \\ 0 \\ 3 \end{bmatrix} + \lambda\begin{bmatrix} 0 \\ 0 \\ 1 \end{bmatrix} = \begin{bmatrix} 0 \\ 0 \\ 3+\lambda \end{bmatrix}, \quad f(x^{(3)} + \lambda e_3) = (\lambda+3)^2.$$

令 $f_\lambda'=0$，则 $\lambda_3=-3$，故

$$x^{(4)} = x^{(3)} + \lambda_3 e_3 = \begin{bmatrix} 0 \\ 0 \\ 0 \end{bmatrix}, \quad f(x^{(4)}) = 0.$$

因为 $\| x^{(1)} - x^{(4)} \| \not< 0.01$，故以 $x^{(4)}$ 作新的 $x^{(1)}$，进行新的一轮迭代：令

$$x^{(1)} := x^{(4)} = \begin{bmatrix} 0 \\ 0 \\ 0 \end{bmatrix},$$

以 $x^{(1)}$ 为起点，沿 e_1 方向进行一维搜索：

$$x^{(1)} + \lambda e_1 = \begin{bmatrix} 0 \\ 0 \\ 0 \end{bmatrix} + \lambda\begin{bmatrix} 1 \\ 0 \\ 0 \end{bmatrix} = \begin{bmatrix} \lambda \\ 0 \\ 0 \end{bmatrix}, \quad f(x^{(1)}) = 3\lambda^2.$$

令 $f_\lambda'=0$，得 $\lambda=0$，故有

$$x^{(2)} = x^{(1)} + \lambda e_1 = \begin{bmatrix} 0 \\ 0 \\ 0 \end{bmatrix},$$

同理可得

$$x^{(3)} = x^{(4)} = \begin{bmatrix} 0 \\ 0 \\ 0 \end{bmatrix},$$

现有 $\| \boldsymbol{x}^{(1)} - \boldsymbol{x}^{(4)} \| = 0 < 0.01$，故 $\boldsymbol{x}^{(4)} = \begin{bmatrix} 0 \\ 0 \\ 0 \end{bmatrix}$ 即为极小点，$f(\boldsymbol{x}^{(4)}) = 0$.

因本例题的函数结构特殊性，特别适合于用变量轮换法进行优化.

11.2 最速下降法

11.2.1 基本原理

最速下降法又称梯度法，它是许多非线性规划算法的一个基础.

考虑问题

$$\min f(\boldsymbol{x}), \quad \boldsymbol{x} \in \mathbb{R}^n, \quad f(\boldsymbol{x}) \in \mathbb{R}^1. \tag{11.2.1}$$

式中 $f(\boldsymbol{x})$ 具有一阶连续偏导数，有极小点 $\boldsymbol{x}^*$.

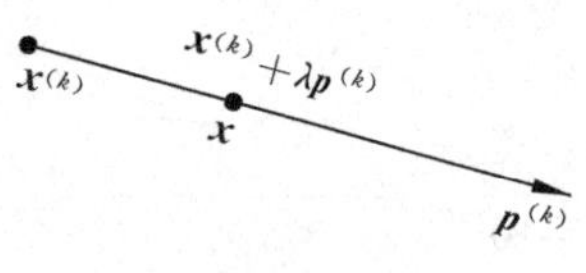

图 11.1

若现已求得 $\boldsymbol{x}^*$ 的第 k 次近似值 $\boldsymbol{x}^{(k)}$，为了求得第 $k+1$ 次近似值 $\boldsymbol{x}^{(k+1)}$，需选定方向 $\boldsymbol{p}^{(k)}$. 下面我们来讨论 $\boldsymbol{p}^{(k)}$ 应具有什么特征？设 $\boldsymbol{p}^{(k)}$ 已选定，作射线(见图 11.1)

$$\boldsymbol{x}^{(k)} + \lambda \boldsymbol{p}^{(k)} \stackrel{\text{def}}{=} \boldsymbol{x}, \tag{11.2.2}$$

其中 $\lambda > 0$，$\| \boldsymbol{p}^{(k)} \| = 1$，$\boldsymbol{p}^{(k)}$ 为某个下降方向.

现将 $f(\boldsymbol{x})$ 在 $\boldsymbol{x}^{(k)}$ 点处作一阶泰勒展开：

$$f(\boldsymbol{x}) = f(\boldsymbol{x}^{(k)} + \lambda \boldsymbol{p}^{(k)}) = f(\boldsymbol{x}^{(k)}) + \lambda \nabla f(\boldsymbol{x}^{(k)})^{\mathrm{T}} \cdot \boldsymbol{p}^{(k)} + o(\| \lambda \boldsymbol{p}^{(k)} \|), \tag{11.2.3}$$

式中 $o(\| \lambda \boldsymbol{p}^{(k)} \|) = o(\lambda)$ 是比 λ 高阶的无穷小量(注意 $\| \boldsymbol{p}^{(k)} \| = 1$). 因此式(11.2.3)可写成

$$f(\boldsymbol{x}^{(k)} + \lambda \boldsymbol{p}^{(k)}) - f(\boldsymbol{x}^{(k)}) \approx \lambda \nabla f(\boldsymbol{x}^{(k)})^{\mathrm{T}} \cdot \boldsymbol{p}^{(k)}, \tag{11.2.4}$$

因为

$$f(\boldsymbol{x}^{(k)} + \lambda \boldsymbol{p}^{(k)}) - f(\boldsymbol{x}^{(k)}) < 0, \quad \lambda > 0,$$

故有

$$\nabla f(\boldsymbol{x}^{(k)})^{\mathrm{T}} \cdot \boldsymbol{p}^{(k)} < 0. \tag{11.2.5}$$

式(11.2.5)表明了搜索方向 $\boldsymbol{p}^{(k)}$ 应满足的条件：$\boldsymbol{p}^{(k)}$ 与 $\boldsymbol{x}^{(k)}$ 点梯度 $\nabla f(\boldsymbol{x}^{(k)})$ 的点积值应小于零，或说两者之间夹角应大于 90°. 那么在适当的步长 λ 下，总可使目标函数值有所下降. 但这样的 $\boldsymbol{p}^{(k)}$ 还是有许多个(见图 11.2)，如何选取使目标函数值下降最快的方向？

因为

$$\nabla f(\boldsymbol{x}^{(k)})^{\mathrm{T}} \cdot \boldsymbol{p}^{(k)} = \| \nabla f(\boldsymbol{x}^{(k)}) \| \cdot \| \boldsymbol{p}^{(k)} \| \cos\theta,$$

式中 θ 为向量 $\nabla f(\boldsymbol{x}^{(k)})$ 与向量 $\boldsymbol{p}^{(k)}$ 之间夹角. 显然,只有当 $\theta=180°$ 时,由式(11.2.4)可知,此时目标函数值 $f(\boldsymbol{x})$ 在 $\boldsymbol{x}^{(k)}$ 点附近下降最快. 我们称负梯度方向:

$$\boldsymbol{p}^{(k)}=-\nabla f(\boldsymbol{x}^{(k)}) \tag{11.2.6}$$

为最速下降方向. 本法由此而得名.

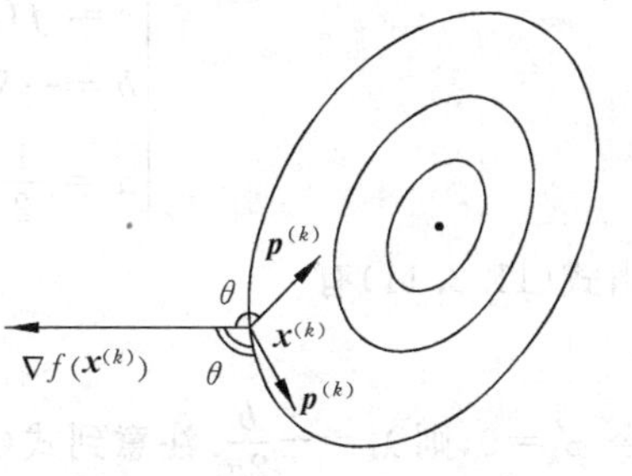

图 11.2

当搜索方向由式(11.2.6)确定后,则有

$$\boldsymbol{x}^{(k)}+\lambda\boldsymbol{p}^{(k)}=\boldsymbol{x}^{(k)}-\lambda\nabla f(\boldsymbol{x}^{(k)}), \tag{11.2.7}$$

及

$$f(\boldsymbol{x}^{(k)}+\lambda\boldsymbol{p}^{(k)})=f(\boldsymbol{x}^{(k)}-\lambda\nabla f(\boldsymbol{x}^{(k)})). \tag{11.2.8}$$

下面进行一维搜索:

$$\begin{cases} f(\boldsymbol{x}^{(k)}+\lambda_k\boldsymbol{p}^{(k)})=\min\limits_{\lambda} f(\boldsymbol{x}^{(k)}+\lambda\boldsymbol{p}^{(k)}), \\ \boldsymbol{x}^{(k+1)}=\boldsymbol{x}^{(k)}+\lambda_k\boldsymbol{p}^{(k)}. \end{cases}$$

或

$$\begin{cases} f(\boldsymbol{x}^{(k)}-\lambda_k\nabla f(\boldsymbol{x}^{(k)}))=\min\limits_{\lambda} f(\boldsymbol{x}^{(k)}-\lambda\nabla f(\boldsymbol{x}^{(k)})), \\ \boldsymbol{x}^{(k+1)}=\boldsymbol{x}^{(k)}-\lambda_k\nabla f(\boldsymbol{x}^{(k)}). \end{cases} \tag{11.2.9}$$

可以用上一章所叙述过的任一种方法进行一维搜索,求得步长因子 λ_k.

对于一些较简单的函数,也可用求导的办法得出最优步长因子 λ_k 的公式,具体推导过程如下.

设函数 $f(\boldsymbol{x})$ 具有二阶连续偏导数,将 $f(\boldsymbol{x})$ 在 $\boldsymbol{x}^{(k)}$ 点作二阶泰勒展开:

$$\begin{aligned} f(\boldsymbol{x}^{(k)}-\lambda\nabla f(\boldsymbol{x}^{(k)})) &= f(\boldsymbol{x}^{(k)})+\nabla f(\boldsymbol{x}^{(k)})^{\mathrm{T}}\cdot(-\lambda\nabla f(\boldsymbol{x}^{(k)})) \\ &\quad +\frac{1}{2}(-\lambda\nabla f(\boldsymbol{x}^{(k)}))^{\mathrm{T}}\boldsymbol{H}(\boldsymbol{x}^{(k)})(-\lambda\nabla f(\boldsymbol{x}^{(k)})) \\ &\quad +o(\|\lambda\nabla f(\boldsymbol{x}^{(k)})\|^2) \\ &\approx f(\boldsymbol{x}^{(k)})-\lambda\nabla f(\boldsymbol{x}^{(k)})^{\mathrm{T}}\cdot\nabla f(\boldsymbol{x}^{(k)}) \\ &\quad +\frac{1}{2}\lambda^2\nabla f(\boldsymbol{x}^{(k)})^{\mathrm{T}}\boldsymbol{H}(\boldsymbol{x}^{(k)})\nabla f(\boldsymbol{x}^{(k)}), \end{aligned} \tag{11.2.10}$$

式中 $o(\|\lambda\nabla f(\boldsymbol{x}^{(k)})\|^2)$ 是比 $\|\lambda\nabla f(\boldsymbol{x}^{(k)})\|^2$ 高阶的无穷小量. 为了便于推导,记

$$\begin{aligned} \varphi(\lambda) &= f(\boldsymbol{x}^{(k)}-\lambda\nabla f(\boldsymbol{x}^{(k)})) \\ &\approx f(\boldsymbol{x}^{(k)})-\lambda\nabla f(\boldsymbol{x}^{(k)})^{\mathrm{T}}\cdot\nabla f(\boldsymbol{x}^{(k)})+\frac{1}{2}\lambda^2\nabla f(\boldsymbol{x}^{(k)})^{\mathrm{T}}\boldsymbol{H}(\boldsymbol{x}^{(k)})\nabla f(\boldsymbol{x}^{(k)}) \\ &= c+b\lambda+a\lambda^2, \end{aligned} \tag{11.2.11}$$

式中

$$\begin{cases} c = f(\boldsymbol{x}^{(k)}), \\ b = -\nabla f(\boldsymbol{x}^{(k)})^{\mathrm{T}} \cdot \nabla f(\boldsymbol{x}^{(k)}), \\ a = \dfrac{1}{2} \nabla f(\boldsymbol{x}^{(k)})^{\mathrm{T}} \boldsymbol{H}(\boldsymbol{x}^{(k)}) \nabla f(\boldsymbol{x}^{(k)}). \end{cases} \tag{11.2.12}$$

由式(11.2.11)有

$$\varphi'_\lambda = 0 + b + 2a\lambda.$$

令 $\varphi'_\lambda=0$,则 $\lambda_k=-\dfrac{b}{2a}$. 注意到式(11.2.12),有

$$\lambda_k = \frac{\nabla f(\boldsymbol{x}^{(k)})^{\mathrm{T}} \cdot \nabla f(\boldsymbol{x}^{(k)})}{\nabla f(\boldsymbol{x}^{(k)})^{\mathrm{T}} \boldsymbol{H}(\boldsymbol{x}^{(k)}) \nabla f(\boldsymbol{x}^{(k)})}. \tag{11.2.13}$$

式(11.2.13)就是当搜索方向为最速下降方向 $-\nabla f(\boldsymbol{x}^{(k)})$ 时,以 $\boldsymbol{x}^{(k)}$ 为起点的最优步长公式.

11.2.2 最速下降法的算法步骤

第 1 步: 给定初始数据: 起始点 $\boldsymbol{x}^{(0)}$,给定终止误差 $\varepsilon>0$, 令 $k:=0$.

第 2 步: 求梯度向量模的值: $\|\nabla f(\boldsymbol{x}^{(k)})\|$.

若 $\|\nabla f(\boldsymbol{x}^{(k)})\|<\varepsilon$,停止计算,输出 $\boldsymbol{x}^{(k)}$,作为极小点的近似值,否则转下一步.

第 3 步: 构造负梯度方向:

$$\boldsymbol{p}^{(k)} = -\nabla f(\boldsymbol{x}^{(k)}).$$

第 4 步: 进行一维搜索. 无论用哪种方法求得 λ_k 后,令

$$\boldsymbol{x}^{(k+1)} = \boldsymbol{x}^{(k)} + \lambda_k \boldsymbol{p}^{(k)} = \boldsymbol{x}^{(k)} - \lambda_k \nabla f(\boldsymbol{x}^{(k)}),$$

置 $k:=k+1$, 转第 2 步.

例 11.2.1 试用最速下降法求下述函数的极小点. 初始点 $\boldsymbol{x}^{(0)}=\begin{bmatrix}0\\0\end{bmatrix}$,$\varepsilon=0.01$.

$$f(\boldsymbol{x}) = (x_1-1)^2 + (x_2-1)^2.$$

解 先求梯度向量:

$$\nabla f(\boldsymbol{x}) = \begin{bmatrix} 2(x_1-1) \\ 2(x_2-1) \end{bmatrix}.$$

又因为 $\boldsymbol{x}^{(0)}=\begin{bmatrix}0\\0\end{bmatrix}$,故有

$$\nabla f(\boldsymbol{x}^{(0)}) = \begin{bmatrix} -2 \\ -2 \end{bmatrix}.$$

所以

$$\boldsymbol{p}^{(0)} = -\nabla f(\boldsymbol{x}^{(0)}) = \begin{bmatrix} 2 \\ 2 \end{bmatrix}.$$

计算

$$\|\nabla f(\boldsymbol{x}^{(0)})\| = \sqrt{8} \not< \varepsilon.$$

因此要以 $\boldsymbol{p}^{(0)}$ 为搜索方向，进行一维搜索. 若以式(11.2.13)来求 λ_0，则先计算

$$\boldsymbol{H}(\boldsymbol{x}^{(0)}) = \begin{bmatrix} 2 & 0 \\ 0 & 2 \end{bmatrix},$$

故有

$$\lambda_0 = \frac{\nabla f(\boldsymbol{x}^{(0)})^{\mathrm{T}} \cdot \nabla f(\boldsymbol{x}^{(0)})}{\nabla f(\boldsymbol{x}^{(0)})^{\mathrm{T}} \boldsymbol{H}(\boldsymbol{x}^{(0)}) \nabla f(\boldsymbol{x}^{(0)})} = \frac{(-2,-2)\begin{bmatrix} -2 \\ -2 \end{bmatrix}}{(-2,-2)\begin{bmatrix} 2 & 0 \\ 0 & 2 \end{bmatrix}\begin{bmatrix} -2 \\ -2 \end{bmatrix}} = \frac{1}{2}.$$

则

$$\boldsymbol{x}^{(1)} = \boldsymbol{x}^{(0)} - \lambda_0 \nabla f(\boldsymbol{x}^{(0)}) = \begin{bmatrix} 0 \\ 0 \end{bmatrix} - \frac{1}{2}\begin{bmatrix} -2 \\ -2 \end{bmatrix} = \begin{bmatrix} 1 \\ 1 \end{bmatrix}.$$

又

$$\|\nabla f(\boldsymbol{x}^{(1)})\| = \left\| \begin{bmatrix} 0 \\ 0 \end{bmatrix} \right\| = 0 < \varepsilon = 0.01.$$

停止迭代，即 $f(\boldsymbol{x})$的极小点为 $\boldsymbol{x}^* = \boldsymbol{x}^{(1)} = \begin{bmatrix} 1 \\ 1 \end{bmatrix}$，$f(\boldsymbol{x}^{(*)}) = f(\boldsymbol{x}^{(1)}) = 0$.

本题只进行了一次迭代，就得到了最优解. 原因是本题的目标函数的等值线是一族同心圆. 对等值线为同心圆的问题来说，不管初始点选在何处，其负梯度方向必指向圆心，因此沿着该方向进行一次搜索就直达圆心——极小点.

对于本题，由于函数比较简单，进行一维搜索时，也可不采用式(11.2.13)，而是用直接对目标函数求导方法进行. 因为

$$\boldsymbol{x} = \boldsymbol{x}^{(0)} - \lambda \nabla f(\boldsymbol{x}^{(0)}) = \begin{bmatrix} 0 \\ 0 \end{bmatrix} - \lambda \begin{bmatrix} -2 \\ -2 \end{bmatrix} = \begin{bmatrix} 2\lambda \\ 2\lambda \end{bmatrix},$$

因此

$$f(\boldsymbol{x}) = (2\lambda - 1)^2 + (2\lambda - 1)^2 = 2(2\lambda - 1)^2.$$

这是关于 λ 的一元函数，故记 $\varphi(\lambda) = f(\boldsymbol{x})$，有

$$\varphi'_\lambda(\lambda) = 8(2\lambda - 1).$$

令 $\varphi'_\lambda = 0$，则有 $\lambda_0 = \dfrac{1}{2}$，得到了同样的结果.

最后需要指出的是，最速下降法对初始点的选择要求不高，每一轮迭代工作量较少，它可以比较快地从初始点达到极小点附近. 但在接近极小点时，最速下降法却会出现锯齿现象，收敛速度很慢，因为对一般二元函数，在极小点附近可用极小点的二阶泰勒多项

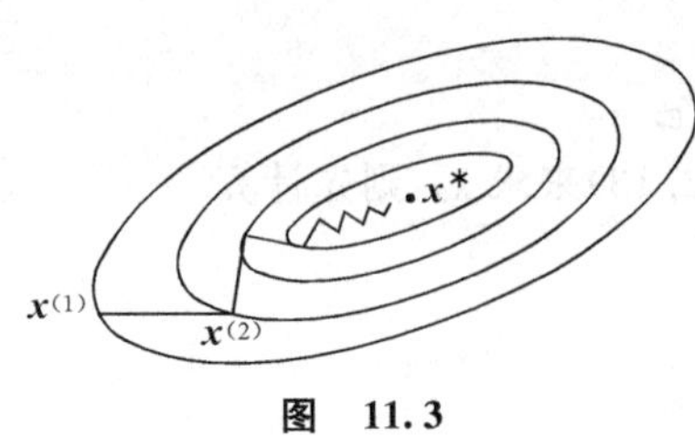

图 11.3

式来近似，而后者为凸函数时，它的等值线是一族共心椭圆，特别是当椭圆比较扁平(与圆相差越大)时，最速下降法的收敛速度越慢(见图 11.3).

至于最速下降法出现锯齿现象的原因，可以作如下粗略解释：用最速下降法极小化目标函数时，相邻两个搜索方向是正交的. 由式(11.2.11)：

$$\varphi(\lambda)=f(\boldsymbol{x}^{(k)}-\lambda\nabla f(\boldsymbol{x}^{(k)}))=f(\boldsymbol{x}^{(k)}+\lambda\boldsymbol{p}^{(k)}),$$
$$\boldsymbol{p}^{(k)}=-\nabla f(\boldsymbol{x}^{(k)}).$$

为了求出从 $\boldsymbol{x}^{(k)}$ 出发沿方向 $\boldsymbol{p}^{(k)}$ 的极小点，由例 1.4.12，令

$$\varphi'(\lambda)=\nabla f(\boldsymbol{x}^{(k)}+\lambda_k\boldsymbol{p}^{(k)})^{\mathrm{T}}\cdot\boldsymbol{p}^{(k)}=0,$$

则有

$$-\nabla f(\boldsymbol{x}^{(k+1)})^{\mathrm{T}}\cdot\nabla f(\boldsymbol{x}^{(k)})=0.$$

即方向 $\boldsymbol{p}^{(k+1)}=-\nabla f(\boldsymbol{x}^{(k+1)})$ 与方向 $\boldsymbol{p}^{(k)}=-\nabla f(\boldsymbol{x}^{(k)})$ 正交. 这表明迭代产生的点列 $\{\boldsymbol{x}^{(k)}\}$ 所循路径是“之”字形的(见图 11.3). 当 $\boldsymbol{x}^{(k)}$ 接近极小点 $\boldsymbol{x}^*$ 时，每次迭代移动的步长很小，这样就呈现出锯齿现象，影响了收敛速度. 因此常常将梯度法与其他方法结合起来使用(比如与牛顿法结合). 前期用最速下降法，而当接近极小点时改用牛顿法.

11.3 牛顿法

为了寻求收敛速度较快的求解无约束问题的优化算法，我们可在每一轮迭代时用适当的二次函数——如 $\boldsymbol{x}^{(k)}$ 点的二阶泰勒多项式——来近似目标函数，并用迭代点 $\boldsymbol{x}^{(k)}$ 处指向近似二次函数的极小点方向作为搜索方向 $\boldsymbol{p}^{(k)}$.

11.3.1 牛顿方向和牛顿法

设

$$\min f(\boldsymbol{x}),\quad \boldsymbol{x}\in\mathbb{R}^n.$$

$f(\boldsymbol{x})$ 在点 $\boldsymbol{x}^{(k)}$ 处具有二阶连续偏导数，且在点 $\boldsymbol{x}^{(k)}$ 处的黑塞矩阵 $\nabla^2 f(\boldsymbol{x}^{(k)})$ 正定，$\boldsymbol{x}^{(k)}$ 是 $f(\boldsymbol{x})$ 的一个极小点的第 k 轮估计值.

将 $f(\boldsymbol{x})$ 在 $\boldsymbol{x}^{(k)}$ 处作二阶泰勒展开：

$$f(\boldsymbol{x})=f(\boldsymbol{x}^{(k)})+\nabla f(\boldsymbol{x}^{(k)})^{\mathrm{T}}\cdot(\boldsymbol{x}-\boldsymbol{x}^{(k)})+\frac{1}{2}(\boldsymbol{x}-\boldsymbol{x}^{(k)})^{\mathrm{T}}\nabla^2 f(\boldsymbol{x}^{(k)})(\boldsymbol{x}-\boldsymbol{x}^{(k)})$$
$$+o(\|\boldsymbol{x}-\boldsymbol{x}^{(k)}\|^2).\tag{11.3.1}$$

又记

$$Q(\boldsymbol{x})=f(\boldsymbol{x}^{(k)})+\nabla f(\boldsymbol{x}^{(k)})^{\mathrm{T}}\cdot(\boldsymbol{x}-\boldsymbol{x}^{(k)})+\frac{1}{2}(\boldsymbol{x}-\boldsymbol{x}^{(k)})^{\mathrm{T}}\nabla^2 f(\boldsymbol{x}^{(k)})(\boldsymbol{x}-\boldsymbol{x}^{(k)}).\tag{11.3.2}$$

注意到 $o(\|\boldsymbol{x}-\boldsymbol{x}^{(k)}\|^2)$ 是比 $\|\boldsymbol{x}-\boldsymbol{x}^{(k)}\|^2$ 高阶的无穷小量,故有

$$f(\boldsymbol{x})\approx Q(\boldsymbol{x}).$$

下面来求 $Q(\boldsymbol{x})$ 的平稳点. 记

$$\begin{cases}f(\boldsymbol{x}^{(k)})=c\ (\text{数}),\\ \nabla f(\boldsymbol{x}^{(k)})=\boldsymbol{b}\ (\text{向量}),\\ \nabla^2 f(\boldsymbol{x}^{(k)})=\boldsymbol{A}\ (\text{矩阵}).\end{cases}\tag{11.3.3}$$

将式(11.3.3)代入式(11.3.2),则

$$Q(\boldsymbol{x})=c+\boldsymbol{b}^{\mathrm{T}}\cdot(\boldsymbol{x}-\boldsymbol{x}^{(k)})+\frac{1}{2}(\boldsymbol{x}-\boldsymbol{x}^{(k)})^{\mathrm{T}}\boldsymbol{A}(\boldsymbol{x}-\boldsymbol{x}^{(k)}),\tag{11.3.4}$$

则由例 1.4.10 可知

$$\nabla Q(\boldsymbol{x})=\boldsymbol{A}(\boldsymbol{x}-\boldsymbol{x}^{(k)})+\boldsymbol{b}.\tag{11.3.5}$$

令 $\nabla Q(\boldsymbol{x})=\boldsymbol{0}$, 记 $\boldsymbol{x}^{(k+1)}$ 为 $Q(\boldsymbol{x})$ 的平稳点,则有

$$\nabla Q(\boldsymbol{x}^{(k+1)})=\boldsymbol{A}(\boldsymbol{x}^{(k+1)}-\boldsymbol{x}^{(k)})+\boldsymbol{b}=\boldsymbol{0}.$$

或

$$\boldsymbol{x}^{(k+1)}=\boldsymbol{x}^{(k)}-\boldsymbol{A}^{-1}\boldsymbol{b}.\tag{11.3.6}$$

将式(11.3.3)代入上式,有

$$\boldsymbol{x}^{(k+1)}=\boldsymbol{x}^{(k)}-[\nabla^2 f(\boldsymbol{x}^{(k)})]^{-1}\nabla f(\boldsymbol{x}^{(k)}).\tag{11.3.7}$$

记

$$\boldsymbol{p}^{(k)}=-[\nabla^2 f(\boldsymbol{x}^{(k)})]^{-1}\nabla f(\boldsymbol{x}^{(k)}),\tag{11.3.8}$$

代入式(11.3.7)有

$$\boldsymbol{x}^{(k+1)}=\boldsymbol{x}^{(k)}+\boldsymbol{p}^{(k)}.\tag{11.3.9}$$

称由式(11.3.8)决定的搜索方向 $\boldsymbol{p}^{(k)}$ 为牛顿方向. 下面来分析 $\boldsymbol{p}^{(k)}$ 的几何意义.

因为 $Q(\boldsymbol{x})$ 是一个二次函数,且

$$\nabla^2 Q(\boldsymbol{x})=\boldsymbol{A}=\nabla^2 f(\boldsymbol{x}^{(k)})$$

是一个正定矩阵,因此 $Q(\boldsymbol{x})$ 是凸函数,则其平稳点即是全局极小点,即 $\boldsymbol{x}^{(k+1)}$ 是 $Q(\boldsymbol{x})$ 的极小点. 由式(11.3.9):

$$\boldsymbol{p}^{(k)}=\boldsymbol{x}^{(k+1)}-\boldsymbol{x}^{(k)}.\tag{11.3.10}$$

式(11.3.10)表明了由式(11.3.8)确定的方向 $\boldsymbol{p}^{(k)}$ 实质上是由 $\boldsymbol{x}^{(k)}$ 指向 $\boldsymbol{x}^{(k+1)}$ 的方向,即由 $f(\boldsymbol{x})$ 的第 k 轮极小点估计值指向近似二次函数 $Q(\boldsymbol{x})$ 的极小点的方向.

由式(11.3.8)确定的搜索方向 $\boldsymbol{p}^{(k)}$,及由式(11.3.9)确定的下一个迭代点 $\boldsymbol{x}^{(k+1)}$,是

牛顿法算法的主要内容. 由式(11.3.9)可看出,牛顿法实际上已规定步长因子 $\lambda_k=1$.

牛顿法的算法步骤:

第 1 步: 选取初始数据: 初始点 $\boldsymbol{x}^{(0)}$,终止条件 $\varepsilon>0$, 令 $k:=0$.

第 2 步: 求梯度向量 $\nabla f(\boldsymbol{x}^{(k)})$,并计算 $\|\nabla f(\boldsymbol{x}^{(k)})\|$. 若 $\|\nabla f(\boldsymbol{x}^{(k)})\|<\varepsilon$,停止迭代,输出 $\boldsymbol{x}^{(k)}$,否则转下一步.

第 3 步: 构造牛顿方向. 计算 $[\nabla^2 f(\boldsymbol{x}^{(k)})]^{-1}$,且以式(11.3.8)计算 $\boldsymbol{p}^{(k)}$.

第 4 步: 以式(11.3.9)计算 $\boldsymbol{x}^{(k+1)}$ 作为下一轮迭代点. 令 $k:=k+1$,转第 2 步.

11.3.2 计算举例

例 11.3.1 用牛顿法求解

$$\min f(\boldsymbol{x})=x_1^2+25x_2^2,$$

选取 $\boldsymbol{x}^{(0)}=\begin{bmatrix}2\\2\end{bmatrix}$, $\varepsilon=10^{-6}$.

解 计算

$$\nabla f(\boldsymbol{x})=\begin{bmatrix}2x_1\\50x_2\end{bmatrix},\quad \nabla^2 f(\boldsymbol{x})=\begin{bmatrix}2&0\\0&50\end{bmatrix},$$

故有

$$\nabla f(\boldsymbol{x}^{(0)})=\begin{bmatrix}4\\100\end{bmatrix},\quad \nabla^2 f(\boldsymbol{x}^{(0)})=\begin{bmatrix}2&0\\0&50\end{bmatrix}.$$

$\nabla^2 f(\boldsymbol{x}^{(0)})$是正定矩阵. 又

$$[\nabla^2 f(\boldsymbol{x}^{(0)})]^{-1}=\begin{bmatrix}\frac{1}{2}&0\\0&\frac{1}{50}\end{bmatrix},$$

由式(11.3.8)计算

$$\boldsymbol{p}^{(0)}=-[\nabla^2 f(\boldsymbol{x}^{(0)})]^{-1}\nabla f(\boldsymbol{x}^{(0)})=-\begin{bmatrix}\frac{1}{2}&0\\0&\frac{1}{50}\end{bmatrix}\begin{bmatrix}4\\100\end{bmatrix}=-\begin{bmatrix}2\\2\end{bmatrix}.$$

由式(11.3.9)计算

$$\boldsymbol{x}^{(1)}=\boldsymbol{x}^{(0)}+\boldsymbol{p}^{(0)}=\begin{bmatrix}2\\2\end{bmatrix}+\begin{bmatrix}-2\\-2\end{bmatrix}=\begin{bmatrix}0\\0\end{bmatrix}.$$

计算$\nabla f(\boldsymbol{x}^{(1)})$为

$$\nabla f(\boldsymbol{x}^{(1)}) = \begin{bmatrix} 0 \\ 0 \end{bmatrix},$$

故有

$$\| \nabla f(\boldsymbol{x}^{(1)}) \| < \varepsilon.$$

停止迭代，并输出 $\boldsymbol{x}^{(1)} = \begin{bmatrix} 0 \\ 0 \end{bmatrix}$ 作为极小点.

经过牛顿法的一次迭代，此例就达到了极小点. 但若此例改用最速下降法来计算：

$$\min f(\boldsymbol{x}) = x_1^2 + 25x_2^2, \quad 初始点\ \boldsymbol{x}^{(0)} = \begin{bmatrix} 2 \\ 2 \end{bmatrix}, \quad \varepsilon = 10^{-6},$$

则

$$\nabla f(\boldsymbol{x}) = \begin{bmatrix} 2x_1 \\ 50x_2 \end{bmatrix}, \quad \nabla f(\boldsymbol{x}^{(0)}) = \begin{bmatrix} 4 \\ 100 \end{bmatrix},$$

故

$$\boldsymbol{p}^{(0)} = -\nabla f(\boldsymbol{x}^{(0)}) = \begin{bmatrix} -4 \\ -100 \end{bmatrix}.$$

记

$$\boldsymbol{x}^{(1)} = \boldsymbol{x}^{(0)} + \lambda_0 \boldsymbol{p}^{(0)} = \begin{bmatrix} 2 \\ 2 \end{bmatrix} + \lambda_0 \begin{bmatrix} -4 \\ -100 \end{bmatrix} = \begin{bmatrix} 2 - 4\lambda_0 \\ 2 - 100\lambda_0 \end{bmatrix},$$

则

$$f(\boldsymbol{x}^{(1)}) = f(\boldsymbol{x}^{(0)} + \lambda_0 \boldsymbol{p}^{(0)}) = (2 - 4\lambda_0)^2 + 25(2 - 100\lambda_0)^2.$$

λ_0 为最佳步长，应满足 $f'_\lambda|_{\lambda=\lambda_0} = 0$，则有

$$500032\lambda_0 - 10016 = 0,$$

或

$$\lambda_0 = \frac{10016}{500032} \approx 0.0200307,$$

故有

$$\boldsymbol{x}^{(1)} = \boldsymbol{x}^{(0)} + \lambda_0 \boldsymbol{p}^{(0)} = \begin{bmatrix} 1.919877 \\ -0.003070 \end{bmatrix}.$$

继续迭代，要经过 10 次迭代才可满足精度 $\varepsilon = 10^{-6}$ 的要求，以下计算从略. 从本例的两种算法对比，可看出牛顿法对于二次正定函数只需作一次迭代就得最优解. 特别是在极小点附近，收敛性很好、速度快，而最速下降法在极小点附近收敛速度很差.

但牛顿法也有缺点，它要求初始点离最优解不远，若初始点选得离最优解太远时，牛顿法并不能保证其收敛，甚至也不是下降方向. 因此经常是将牛顿法与最速下降法结合起来使用. 前期用最速下降法，当迭代到一定程度后改用牛顿法，可得到较好的效果.

11.3.3 修正牛顿法

为了克服牛顿法的缺点,人们保留了牛顿法中选取牛顿方向作为搜索方向、摒弃其步长恒取 1 的作法,而用一维搜索确定最优步长来构造算法. 这种算法通常称做修正牛顿法. 修正牛顿法的算法步骤如下:

第 1 步: 选取初始数据. 初始点 $\boldsymbol{x}^{(0)}$,给出终止误差 $\varepsilon>0$,令 $k:=0$.

第 2 步: 求梯度向量,计算 $\nabla f(\boldsymbol{x}^{(k)})$. 若 $\|\nabla f(\boldsymbol{x}^{(k)})\|<\varepsilon$,停止迭代,输出 $\boldsymbol{x}^{(k)}$,否则进行下一步.

第 3 步: 构造牛顿方向,计算 $[\nabla^2 f(\boldsymbol{x}^{(k)})]^{-1}$. 令

$$\boldsymbol{p}^{(k)}=-[\nabla^2 f(\boldsymbol{x}^{(k)})]^{-1}\nabla f(\boldsymbol{x}^{(k)}).$$

第 4 步: 进行一维搜索. 求 λ_k,使

$$f(\boldsymbol{x}^{(k)}+\lambda_k\boldsymbol{p}^{(k)})=\min_{\lambda\geqslant 0} f(\boldsymbol{x}^{(k)}+\lambda\boldsymbol{p}^{(k)}).$$

令 $\boldsymbol{x}^{(k+1)}=\boldsymbol{x}^{(k)}+\lambda_k\boldsymbol{p}^{(k)}$,$k:=k+1$,转第 2 步.

例 11.3.2 用修正牛顿法求解下列问题:

$$\min f(\boldsymbol{x})=x_1-x_2+2x_1^2+2x_1x_2+x_2^2,$$

初始点 $\boldsymbol{x}^{(0)}=\begin{bmatrix}0\\0\end{bmatrix}$, $\varepsilon=10^{-6}$.

解 计算 $\nabla f(\boldsymbol{x})$ 及 $\nabla^2 f(\boldsymbol{x})$.

$$\nabla f(\boldsymbol{x})=\begin{bmatrix}1+4x_1+2x_2\\-1+2x_1+2x_2\end{bmatrix},\quad \nabla^2 f(\boldsymbol{x})=\begin{bmatrix}4 & 2\\2 & 2\end{bmatrix},$$

故有

$$\nabla f(\boldsymbol{x}^{(0)})=\begin{bmatrix}1\\-1\end{bmatrix},$$

$$\nabla^2 f(\boldsymbol{x}^{(0)})=\begin{bmatrix}4 & 2\\2 & 2\end{bmatrix},\quad [\nabla^2 f(\boldsymbol{x}^{(0)})]^{-1}=\begin{bmatrix}\dfrac{1}{2} & -\dfrac{1}{2}\\-\dfrac{1}{2} & 1\end{bmatrix}.$$

因而牛顿方向为

$$\boldsymbol{p}^{(0)}=-[\nabla^2 f(\boldsymbol{x}^{(0)})]^{-1}\nabla f(\boldsymbol{x}^{(0)})=-\begin{bmatrix}\dfrac{1}{2} & -\dfrac{1}{2}\\-\dfrac{1}{2} & 1\end{bmatrix}\begin{bmatrix}1\\-1\end{bmatrix}=\begin{bmatrix}-1\\\dfrac{3}{2}\end{bmatrix}.$$

从 $\boldsymbol{x}^{(0)}$ 出发,沿牛顿方向 $\boldsymbol{p}^{(0)}$ 作一维搜索,令步长变量为 λ,记最优步长为 λ_0,则有

$$x^{(0)}+\lambda p^{(0)}=\begin{bmatrix}0\\0\end{bmatrix}+\lambda\begin{bmatrix}-1\\ \dfrac{3}{2}\end{bmatrix}=\begin{bmatrix}-\lambda\\ \dfrac{3}{2}\lambda\end{bmatrix},$$

故

$$f(x^{(0)}+\lambda p^{(0)})=-\lambda-\frac{3}{2}\lambda+2(-\lambda)^2+2(-\lambda)\left(\frac{3}{2}\lambda\right)+\left(\frac{3}{2}\lambda\right)^2$$
$$=\frac{5}{4}\lambda^2-\frac{5}{2}\lambda.$$

令

$$f_\lambda'(x^{(0)}+\lambda p^{(0)})=\frac{5}{2}\lambda-\frac{5}{2}=0,$$

则有 $\lambda_0=1$,故

$$x^{(1)}=x^{(0)}+\lambda_0 p^{(0)}=\begin{bmatrix}0\\0\end{bmatrix}+1\times\begin{bmatrix}-1\\ \dfrac{3}{2}\end{bmatrix}=\begin{bmatrix}-1\\ \dfrac{3}{2}\end{bmatrix}.$$

计算$\nabla f(x^{(1)})$:

$$\nabla f(x^{(1)})=\begin{bmatrix}1+4\times(-1)+2\times\dfrac{3}{2}\\ -1+2\times(-1)+2\times\dfrac{3}{2}\end{bmatrix}=\begin{bmatrix}0\\0\end{bmatrix},$$

故有 $\|\nabla f(x^{(1)})\|<\varepsilon$,停止计算,输出 $x^{(1)}$,$x^*=x^{(1)}=\begin{bmatrix}-1\\ \dfrac{3}{2}\end{bmatrix}$即为极小点.

修正牛顿法虽然比牛顿法有了改进,但也有不足之处. 一是要计算黑塞矩阵及其逆矩阵,工作量较大. 二是要求迭代点 $x^{(k)}$ 处的黑塞矩阵正定. 可是有些函数未必能满足,因而牛顿方向未必是下降方向,也有一些函数的黑塞矩阵不可逆. 因此不能确定出后继点. 这些都是修正牛顿法与牛顿法的局限性.

11.4 共轭梯度法

前面我们曾多次指出,无约束最优化方法的核心问题是选择搜索方向. 在这一节,讨论基于共轭方向的一种算法——共轭梯度法. 共轭梯度法原本是为求解目标函数为二次函数的问题而设计的一类算法. 这类算法的特点是:方法中的搜索方向是与二次函数系数矩阵有关的所谓共轭方向. 用这类方法求解 n 元二次正定函数的极小问题,最多进行 n 次一维搜索便可求得极小点. 而可微的非二次函数在极小点附近的性态近似于二次函数,因此这类方法也能用于求可微的非二次函数的无约束极小问题.

11.4.1 共轭方向与共轭方向法

首先介绍共轭方向的概念.

定义 11.4.1 设 $\boldsymbol{x},\boldsymbol{y}$ 是 n 维欧氏空间中两个向量,即 $\boldsymbol{x},\boldsymbol{y}\in\mathbb{R}^n$,若有 $\boldsymbol{x}^{\mathrm{T}}\cdot\boldsymbol{y}=0$(即 $(\boldsymbol{x},\boldsymbol{y})=0$),就称 $\boldsymbol{x}$ 与 $\boldsymbol{y}$ 是两个正交的向量. 又设 $\boldsymbol{A}$ 是一个 n 阶对称正定矩阵,若有 $\boldsymbol{x}^{\mathrm{T}}\boldsymbol{A}\boldsymbol{y}=0$,则称向量 $\boldsymbol{x}$ 与 $\boldsymbol{y}$ 关于 $\boldsymbol{A}$ 共轭正交,简称关于 $\boldsymbol{A}$ 共轭.

例 11.4.1 已知向量 $\boldsymbol{x}=(1,0)^{\mathrm{T}}$, $\boldsymbol{y}=\left(-\frac{1}{3},\frac{2}{3}\right)^{\mathrm{T}}$, $\boldsymbol{A}=\begin{bmatrix}2&1\\1&2\end{bmatrix}$. 则 $\boldsymbol{x}^{\mathrm{T}}\boldsymbol{A}\boldsymbol{y}=(1,0)\begin{bmatrix}2&1\\1&2\end{bmatrix}\begin{bmatrix}-\frac{1}{3}\\ \frac{2}{3}\end{bmatrix}=0$,因此 $\boldsymbol{x},\boldsymbol{y}$ 是关于 $\boldsymbol{A}$ 共轭正交的. 但它们不是正交的,因为 $\boldsymbol{x}^{\mathrm{T}}\cdot\boldsymbol{y}\neq0$. 而向量 $\begin{bmatrix}1\\0\end{bmatrix}$ 与 $\begin{bmatrix}0\\1\end{bmatrix}$ 显然是正交的,但它们不是关于 $\boldsymbol{A}$ 共轭的. 向量 $\begin{bmatrix}1\\1\end{bmatrix}$ 与 $\begin{bmatrix}1\\-1\end{bmatrix}$ 既是正交的,又是 $\boldsymbol{A}$ 共轭的.

定义 11.4.2 设一组非零向量 $\boldsymbol{p}^{(1)},\boldsymbol{p}^{(2)},\cdots,\boldsymbol{p}^{(n)}\in\mathbb{R}^n$, $\boldsymbol{A}$ 为 n 阶对称正定阵,若下式成立:$(\boldsymbol{p}^{(i)})^{\mathrm{T}}\boldsymbol{A}\boldsymbol{p}^{(j)}=0(i\neq j;i,j=1,2,\cdots,n)$,称向量组 $\boldsymbol{p}^{(1)},\boldsymbol{p}^{(2)},\cdots,\boldsymbol{p}^{(n)}$ 关于 $\boldsymbol{A}$ 共轭,也称它们为一组 $\boldsymbol{A}$ 共轭方向(或称为 $\boldsymbol{A}$ 的 n 个共轭方向).

在上述定义中,当 $\boldsymbol{A}$ 是 n 阶单位阵时,$(\boldsymbol{p}^{(i)})^{\mathrm{T}}\boldsymbol{A}\boldsymbol{p}^{(j)}=(\boldsymbol{p}^{(i)})^{\mathrm{T}}\cdot\boldsymbol{p}^{(j)}=0$,即 $\boldsymbol{p}^{(i)}$ 与 $\boldsymbol{p}^{(j)}$ 即为正交向量. 因此共轭概念是正交概念的推广,共轭方向组是正交向量组概念的推广.

现在,我们以正定二维二次函数为例,来说明两个向量关于 $\boldsymbol{A}$ 共轭的几何意义.

设有二维二次函数:

$$f(\boldsymbol{x})=\frac{1}{2}(\boldsymbol{x}-\boldsymbol{x}_0)^{\mathrm{T}}\boldsymbol{A}(\boldsymbol{x}-\boldsymbol{x}_0),\tag{11.4.1}$$

其中 $\boldsymbol{A}$ 是二阶对称正定阵,$\boldsymbol{x}_0$ 是一个定点. 函数 $f(\boldsymbol{x})$ 的等值线:

$$\frac{1}{2}(\boldsymbol{x}-\boldsymbol{x}_0)^{\mathrm{T}}\boldsymbol{A}(\boldsymbol{x}-\boldsymbol{x}_0)=C$$

是以 $\boldsymbol{x}_0$ 为中心的椭圆.

由式(11.4.1)可求得

$$\nabla f(\boldsymbol{x})=\boldsymbol{A}(\boldsymbol{x}-\boldsymbol{x}_0),$$

及

$$\nabla f(\boldsymbol{x}_0)=\boldsymbol{0}.\tag{11.4.2}$$

由式(11.4.2)及 $\boldsymbol{A}$ 正定,可知 $\boldsymbol{x}_0$ 是 $f(\boldsymbol{x})$ 的极小点.

设 $\boldsymbol{x}_1$ 是某等值线上一点,该等值线在点 $\boldsymbol{x}_1$ 处的法向量

$$\nabla f(\boldsymbol{x}^{(1)}) = \boldsymbol{A}(\boldsymbol{x}_1 - \boldsymbol{x}_0), \tag{11.4.3}$$

若记

$$\boldsymbol{p}^{(1)} = \boldsymbol{x}_0 - \boldsymbol{x}_1. \tag{11.4.4}$$

又设 $\boldsymbol{p}^{(2)}$ 是该等值线在点 $\boldsymbol{x}_1$ 处的一个切向量,则有切向量 $\boldsymbol{p}^{(2)}$ 与法向量 $\nabla f(\boldsymbol{x}^{(1)})$ 正交,即

$$(\boldsymbol{p}^{(2)})^{\mathrm{T}} \cdot \nabla f(\boldsymbol{x}^{(1)}) = 0. \tag{11.4.5}$$

考虑到式(11.4.3)及式(11.4.4),式(11.4.5)就可化为

$$-(\boldsymbol{p}^{(2)})^{\mathrm{T}} \boldsymbol{A} \boldsymbol{p}^{(1)} = 0. \tag{11.4.6}$$

式(11.4.6)表明:等值线上一点处的切向量与由该点指向极小点的向量关于 $\boldsymbol{A}$ 共轭(见图 11.4).

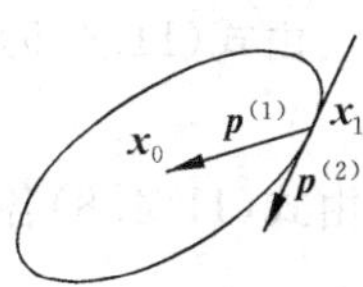

图 11.4

由此可知,极小化由式(11.4.1)所定义的正定二维二次函数,若依次沿着方向 $\boldsymbol{p}^{(2)}$ 和 $\boldsymbol{p}^{(1)}$ 进行一维搜索,则经过两次迭代必可达到极小点.

下面讨论共轭方向的一些重要性质.

定理 11.4.1 设 $\boldsymbol{A}$ 是 n 阶对称正定阵,$\boldsymbol{p}^{(1)}, \boldsymbol{p}^{(2)}, \cdots, \boldsymbol{p}^{(k)}$ 是 k 个 $\boldsymbol{A}$ 共轭的非零 n 维向量,则向量组 $\boldsymbol{p}^{(1)}, \boldsymbol{p}^{(2)}, \cdots, \boldsymbol{p}^{(k)}$ 必线性无关($k \leqslant n$).

证 考察

$$t_1 \boldsymbol{p}^{(1)} + t_2 \boldsymbol{p}^{(2)} + \cdots + t_k \boldsymbol{p}^{(k)} = \boldsymbol{0}. \tag{11.4.7}$$

用 $(\boldsymbol{p}^{(i)})^{\mathrm{T}} \boldsymbol{A}$ 左乘上式两端($i=1,2,\cdots,k$),考虑到关于 $\boldsymbol{A}$ 共轭的条件及 t_i($i=1,2,\cdots,k$)是个数,上式化为

$$t_i (\boldsymbol{p}^{(i)})^{\mathrm{T}} \boldsymbol{A} \boldsymbol{p}^{(i)} = 0 \quad (i = 1,2,\cdots,k).$$

由于 $\boldsymbol{A}$ 是对称正定矩阵,$\boldsymbol{p}^{(i)}$ 为非零向量,因此有 $(\boldsymbol{p}^{(i)})^{\mathrm{T}} \boldsymbol{A} \boldsymbol{p}^{(i)} > 0$,故只有

$$t_i = 0 \quad (i = 1,2,\cdots,k).$$

因而由线性无关定义可知,$\boldsymbol{p}^{(1)}, \boldsymbol{p}^{(2)}, \cdots, \boldsymbol{p}^{(k)}$ 必线性无关.

由上述定理及线性相关性知识可知,关于 n 阶对称正定阵 $\boldsymbol{A}$ 的共轭方向组,其包含向量个数不会超过 n 个.

下面将对由正定二维二次函数 $f(\boldsymbol{x}) = \frac{1}{2}(\boldsymbol{x} - \boldsymbol{x}_0)^{\mathrm{T}} \boldsymbol{A} (\boldsymbol{x} - \boldsymbol{x}_0)$ 所得到的有关几何解释的结论:由式(11.4.4)及式(11.4.5)所确定的方向 $\boldsymbol{p}^{(1)}$ 及 $\boldsymbol{p}^{(2)}$ 关于 $\boldsymbol{A}$ 共轭,若 $f(\boldsymbol{x})$ 沿 $\boldsymbol{p}^{(2)}$ 及 $\boldsymbol{p}^{(1)}$ 依次进行两次一维搜索就可达到极小点,推广到正定 n 维二次函数.

定理 11.4.2 设正定 n 维二次函数 $f(\boldsymbol{x}) = \frac{1}{2} \boldsymbol{x}^{\mathrm{T}} \boldsymbol{A} \boldsymbol{x} + \boldsymbol{b}^{\mathrm{T}} \boldsymbol{x} + C$,$\boldsymbol{A}$ 为 n 阶对称正定阵. 又设向量 $\boldsymbol{p}^{(0)}, \boldsymbol{p}^{(1)}, \cdots, \boldsymbol{p}^{(n-1)}$ 关于 $\boldsymbol{A}$ 共轭,则从任一点 $\boldsymbol{x}^{(0)}$ 出发,相继以 $\boldsymbol{p}^{(0)}, \boldsymbol{p}^{(1)}, \cdots, \boldsymbol{p}^{(n-1)}$ 为搜索方向的下述算法,经 n 次一维搜索可收敛于 $f(\boldsymbol{x})$ 的极小点 $\boldsymbol{x}^*$:

$$\begin{cases}\min\limits_{\lambda} f(\boldsymbol{x}^{(k)}+\lambda\boldsymbol{p}^{(k)})=f(\boldsymbol{x}^{(k)}+\lambda_k\boldsymbol{p}^{(k)}),\\ \boldsymbol{x}^{(k+1)}=\boldsymbol{x}^{(k)}+\lambda_k\boldsymbol{p}^{(k)}.\end{cases} \tag{11.4.8}$$

证 考虑问题:

$$\min f(\boldsymbol{x})=\frac{1}{2}\boldsymbol{x}^{\mathrm{T}}\boldsymbol{A}\boldsymbol{x}+\boldsymbol{b}^{\mathrm{T}}\boldsymbol{x}+C. \tag{11.4.9}$$

因为$\boldsymbol{A}$为对称正定阵,则$f(\boldsymbol{x})$是凸函数,式(11.4.9)是凸规划,因此$f(\boldsymbol{x})$的平稳点即是它的极值点.证明的思路就是:当以$\boldsymbol{x}^{(0)}$点出发,相继以$\boldsymbol{p}^{(0)},\boldsymbol{p}^{(1)},\cdots,\boldsymbol{p}^{(n-1)}$为搜索方向,以式(11.4.8)为算法相继得到迭代点:$\boldsymbol{x}^{(1)},\boldsymbol{x}^{(2)},\cdots,\boldsymbol{x}^{(n)}$,则$\boldsymbol{x}^{(n)}$就是平稳点,即应有$\nabla f(\boldsymbol{x}^{(n)})=\boldsymbol{0}$.

由式(11.4.9),则有

$$\nabla f(\boldsymbol{x})=\boldsymbol{A}\boldsymbol{x}+\boldsymbol{b}.$$

设由式(11.4.8)各次搜索到近似点为$\boldsymbol{x}^{(1)},\boldsymbol{x}^{(2)},\cdots,\boldsymbol{x}^{(n)}$,则有

$$\nabla f(\boldsymbol{x}^{(k)})=\boldsymbol{A}\boldsymbol{x}^{(k)}+\boldsymbol{b},$$

及

$$\begin{aligned}\nabla f(\boldsymbol{x}^{(k+1)})&=\boldsymbol{A}\boldsymbol{x}^{(k+1)}+\boldsymbol{b}\\ &=A(\boldsymbol{x}^{(k)}+\lambda_k\boldsymbol{p}^{(k)})+\boldsymbol{b}\\ &=(A\boldsymbol{x}^{(k)}+\boldsymbol{b})+\lambda_k A\boldsymbol{p}^{(k)}\\ &=\nabla f(\boldsymbol{x}^{(k)})+\lambda_k A\boldsymbol{p}^{(k)}.\end{aligned} \tag{11.4.10}$$

若有$\nabla f(\boldsymbol{x}^{(k)})\neq\boldsymbol{0}$, $k=0,1,2,\cdots,n-1$(即$\boldsymbol{x}^{(0)}$, $\boldsymbol{x}^{(1)}$, $\cdots$, $\boldsymbol{x}^{(n-1)}$都不是平稳点),则有

$$\begin{aligned}\nabla f(\boldsymbol{x}^{(n)})&=\nabla f(\boldsymbol{x}^{(n-1)})+\lambda_{n-1}\boldsymbol{A}\boldsymbol{p}^{(n-1)}\\ &=\nabla f(\boldsymbol{x}^{(n-2)})+\lambda_{n-2}\boldsymbol{A}\boldsymbol{p}^{(n-2)}+\lambda_{n-1}\boldsymbol{A}\boldsymbol{p}^{(n-1)}\\ &=\nabla f(\boldsymbol{x}^{(k+1)})+\lambda_{k+1}\boldsymbol{A}\boldsymbol{p}^{(k+1)}+\lambda_{k+2}\boldsymbol{A}\boldsymbol{p}^{(k+2)}+\cdots+\lambda_{n-1}\boldsymbol{A}\boldsymbol{p}^{(n-1)}.\end{aligned} \tag{11.4.11}$$

因为λ_{k+1}, λ_{k+2}, $\cdots$, λ_{n-1}是在进行一维搜索时所确定的各次最佳步长,因此有

$$\frac{\mathrm{d}f(\boldsymbol{x}^{(k+1)})}{\mathrm{d}\lambda}=\frac{\mathrm{d}f(\boldsymbol{x}^{(k)}+\lambda\boldsymbol{p}^{(k)})}{\mathrm{d}\lambda}=\nabla f(\boldsymbol{x}^{(k+1)})^{\mathrm{T}}\cdot\boldsymbol{p}^{(k)}=0. \tag{11.4.12}$$

上述最后第二个等式由例1.4.12结果而得.

故对$k=0,1,2,\cdots,n-1$,考虑到式(11.4.11),有

$$\begin{aligned}(\boldsymbol{p}^{(k)})^{\mathrm{T}}\cdot\nabla f(\boldsymbol{x}^{(n)})&=(\boldsymbol{p}^{(k)})^{\mathrm{T}}\cdot[\nabla f(\boldsymbol{x}^{(k+1)})+\lambda_{k+1}\boldsymbol{A}\boldsymbol{p}^{(k+1)}+\lambda_{k+2}\boldsymbol{A}\boldsymbol{p}^{(k+2)}\\ &\quad+\cdots+\lambda_{n-1}\boldsymbol{A}\boldsymbol{p}^{(n-1)}]\\ &=(\boldsymbol{p}^{(k)})^{\mathrm{T}}\cdot\nabla f(\boldsymbol{x}^{(k+1)})+\lambda_{k+1}(\boldsymbol{p}^{(k)})^{\mathrm{T}}\boldsymbol{A}\boldsymbol{p}^{(k+1)}+\lambda_{k+2}(\boldsymbol{p}^{(k)})^{\mathrm{T}}\boldsymbol{A}\boldsymbol{p}^{(k+2)}\\ &\quad+\cdots+\lambda_{n-1}(\boldsymbol{p}^{(k)})^{\mathrm{T}}\boldsymbol{A}\boldsymbol{p}^{(n-1)}.\end{aligned} \tag{11.4.13}$$

考虑到共轭性质

$$(\boldsymbol{p}^{(i)})^{\mathrm{T}}\boldsymbol{A}\boldsymbol{p}^{(j)}=0\quad(i\neq j),$$

及式(11.4.12)有

$$(\boldsymbol{p}^{(k)})^{\mathrm{T}} \cdot \nabla f(\boldsymbol{x}^{(k+1)}) = \nabla f(\boldsymbol{x}^{(k+1)})^{\mathrm{T}} \cdot \boldsymbol{p}^{(k)} = 0.$$

代入式(11.4.13)，有

$$(\boldsymbol{p}^{(k)})^{\mathrm{T}} \cdot \nabla f(\boldsymbol{x}^{(n)}) = 0 \quad (k = 0,1,2,\cdots,n-1). \tag{11.4.14}$$

式(11.4.14)表明向量$\nabla f(\boldsymbol{x}^{(n)})$与非零向量 $\boldsymbol{p}^{(0)},\boldsymbol{p}^{(1)},\cdots,\boldsymbol{p}^{(n-1)}$ 均正交. 若$\nabla f(\boldsymbol{x}^{(n)})\neq\boldsymbol{0}$，则出现了 $n+1$ 个向量线性无关，这与$\mathbb{R}^n$空间中最多只有 n 个线性无关向量的结论相矛盾，故必有$\nabla f(\boldsymbol{x}^{(n)})=\boldsymbol{0}$. 即 $\boldsymbol{x}^{(n)}$ 必为正定 n 维二次函数的极小值.

通常把从任意 $\boldsymbol{x}^{(0)}\in\mathbb{R}^n$ 出发，依次沿某组共轭方向进行一维搜索求解非线性规划问题的方法叫共轭方向法. 若用某种方法求解如式(11.4.9)所确定的正定二次函数的规划问题，经过有限轮迭代可以达到最优解，称这种方法为具有二次终止性的方法. 由定理11.4.2结论可知，共轭方向法是一类具有二次终止性的方法.

11.4.2 正定二次函数的共轭梯度法

用不同的方法产生关于 $\boldsymbol{A}$ 共轭的一组共轭方向组就得到不同的共轭方向法. 用迭代点处的负梯度向量为基础产生一组共轭方向的方法，叫做共轭梯度法. 下面我们具体介绍对于正定二次函数规划问题的共轭梯度法.

考虑正定二次函数极小化问题

$$\min f(\boldsymbol{x}) = \frac{1}{2}\boldsymbol{x}^{\mathrm{T}}\boldsymbol{A}\boldsymbol{x} + \boldsymbol{b}^{\mathrm{T}}\boldsymbol{x} + C, \tag{11.4.15}$$

其中，$\boldsymbol{A}$ 为 n 阶对称正定阵；$\boldsymbol{x}\in\mathbb{R}^n$；$\boldsymbol{b}\in\mathbb{R}^n$；$C$ 是常数.

在推导正定二次函数共轭梯度搜索方向公式前，首先介绍下面要常用到的几个公式.

由式(11.4.15)，$f(\boldsymbol{x})$是正定二次函数. 因此有

$$\nabla f(\boldsymbol{x}) = \boldsymbol{A}\boldsymbol{x} + \boldsymbol{b}. \tag{11.4.16}$$

设迭代点用 $\boldsymbol{x}^{(0)},\boldsymbol{x}^{(1)},\cdots,\boldsymbol{x}^{(n-1)}$，$\boldsymbol{x}^{(n)}$ 来记，则由式(11.4.16)，有

$$\nabla f(\boldsymbol{x}^{(k+1)}) - \nabla f(\boldsymbol{x}^{(k)}) = \boldsymbol{A}(\boldsymbol{x}^{(k+1)} - \boldsymbol{x}^{(k)}).$$

又 $\boldsymbol{x}^{(k+1)}=\boldsymbol{x}^{(k)}+\lambda_k\boldsymbol{p}^{(k)}$，故有

$$\nabla f(\boldsymbol{x}^{(k+1)}) - \nabla f(\boldsymbol{x}^{(k)}) = \lambda_k \boldsymbol{A}\boldsymbol{p}^{(k)} \quad (k = 0,1,2,\cdots,n-1). \tag{11.4.17}$$

又设以 $\boldsymbol{x}^{(k)}$ 迭代点沿搜索方向 $\boldsymbol{p}^{(k)}$ 进行一维搜索时采用最佳一维搜索求步长因子 λ_k，即

$$\begin{cases}\boldsymbol{x}^{(k+1)} = \boldsymbol{x}^{(k)} + \lambda_k\boldsymbol{p}^{(k)}, \\ f(\boldsymbol{x}^{(k)} + \lambda_k\boldsymbol{p}^{(k)}) = \min\limits_{\lambda\geqslant 0} f(\boldsymbol{x}^{(k)} + \lambda\boldsymbol{p}^{(k)}).\end{cases} \tag{11.4.18}$$

对于最佳一维搜索，多次用过下述公式：

$$\nabla f(\boldsymbol{x}^{(k+1)})^{\mathrm{T}} \cdot \boldsymbol{p}^{(k)} = 0. \tag{11.4.19}$$

上式表明用最佳一维搜索所得到的迭代点处的梯度必与该搜索方向正交.

下面推导用于正定二次函数的共轭梯度法关于共轭方向的公式.

任意取定初始点 $x^{(0)}$，并取初始搜索方向 $p^{(0)}$ 为 $x^{(0)}$ 的负梯度方向：

$$p^{(0)}=-\nabla f(x^{(0)}). \tag{11.4.20}$$

以 $x^{(0)}$ 点出发沿 $p^{(0)}$ 方向进行最佳一维搜索：

$$\begin{cases}x^{(1)}=x^{(0)}+\lambda_0 p^{(0)}=x^{(0)}-\lambda_0\nabla f(x^{(0)}),\\ f(x^{(0)}+\lambda_0 p^{(0)})=\min\limits_{\lambda\geqslant 0} f(x^{(0)}+\lambda p^{(0)}).\end{cases}$$

从而求得 $x^{(1)}$ 点. 若 $\nabla f(x^{(1)})=\mathbf{0}$，则 $x^{(1)}$ 就是最优解. 否则继续进行迭代.

由式(11.4.19)，有

$$\nabla f(x^{(1)})^{\mathrm T}\cdot p^{(0)}=-\nabla f(x^{(1)})^{\mathrm T}\cdot\nabla f(x^{(0)})=0. \tag{11.4.21}$$

即 $x^{(1)}$ 点处梯度与 $x^{(0)}$ 点处梯方向是正交的.

以 $x^{(1)}$ 点的负梯度方向与上一个搜索方向的组合来形成下一个搜索方向 $p^{(1)}$，令

$$p^{(1)}=-\nabla f(x^{(1)})+\beta_0 p^{(0)}, \tag{11.4.22}$$

其中 β_0 是个待定常数，要求 $p^{(1)}$ 与 $p^{(0)}$ 关于 A 共轭，即

$$(p^{(1)})^{\mathrm T}Ap^{(0)}=(-\nabla f(x^{(1)})+\beta_0 p^{(0)})^{\mathrm T}Ap^{(0)}. \tag{11.4.23}$$

由 $p^{(1)}$ 与 $p^{(0)}$ 关于 A 共轭正交，有

$$-\nabla f(x^{(1)})^{\mathrm T}Ap^{(0)}+\beta_0(p^{(0)})^{\mathrm T}Ap^{(0)}=0.$$

故有

$$\beta_0=\frac{\nabla f(x^{(1)})^{\mathrm T}Ap^{(0)}}{(p^{(0)})^{\mathrm T}Ap^{(0)}}. \tag{11.4.24}$$

由式(11.4.22)及式(11.4.24)计算出 $p^{(1)}$ 后，以 $x^{(1)}$ 为出发点，沿 $p^{(1)}$ 方向进行最佳一维搜索：

$$\begin{cases}f(x^{(1)}+\lambda_1 p^{(1)})=\min\limits_{\lambda} f(x^{(1)}+\lambda p^{(1)}),\\ x^{(2)}=x^{(1)}+\lambda_1 p^{(1)}.\end{cases} \tag{11.4.25}$$

求得 $x^{(2)}$ 后，计算 $\nabla f(x^{(2)})$，若 $\nabla f(x^{(2)})=\mathbf{0}$，则 $x^{(2)}$ 就是最优解. 若 $\nabla f(x^{(2)})\neq\mathbf{0}$，则构造搜索方向 $p^{(2)}$：假定 $p^{(2)}$ 由迭代点 $x^{(2)}$ 的负梯度方向 $-\nabla f(x^{(2)})$ 与此前的搜索方向 $p^{(0)}$ 与 $p^{(1)}$ 的线性组合构成：

$$p^{(2)}=-\nabla f(x^{(2)})+\beta_1 p^{(1)}+\beta_0' p^{(0)}, \tag{11.4.26}$$

式中 β_1，β_0' 是待定常数，由 $p^{(2)}$ 与 $p^{(1)}$ 及 $p^{(0)}$ 关于 A 共轭的条件来定. 因为

$$\begin{aligned}(p^{(2)})^{\mathrm T}Ap^{(1)}&=[-\nabla f(x^{(2)})+\beta_1 p^{(1)}+\beta_0' p^{(0)}]^{\mathrm T}Ap^{(1)}\\&=-\nabla f(x^{(2)})^{\mathrm T}Ap^{(1)}+\beta_1(p^{(1)})^{\mathrm T}Ap^{(1)}+\beta_0'(p^{(0)})^{\mathrm T}Ap^{(1)}.\end{aligned}$$

令 $(p^{(2)})^{\mathrm T}Ap^{(1)}=0$，注意到 $(p^{(0)})^{\mathrm T}Ap^{(1)}=0$，代入上式，有

$$-\nabla f(x^{(2)})^{\mathrm T}Ap^{(1)}+\beta_1(p^{(1)})^{\mathrm T}Ap^{(1)}=0,$$

即

$$\beta_1 = \frac{\nabla f(\boldsymbol{x}^{(2)})^{\mathrm{T}}\boldsymbol{A}\boldsymbol{p}^{(1)}}{(\boldsymbol{p}^{(1)})^{\mathrm{T}}\boldsymbol{A}\boldsymbol{p}^{(1)}}. \tag{11.4.27}$$

又

$$\begin{aligned}(\boldsymbol{p}^{(2)})^{\mathrm{T}}\boldsymbol{A}\boldsymbol{p}^{(0)} &= [-\nabla f(\boldsymbol{x}^{(2)}) + \beta_1 \boldsymbol{p}^{(1)} + \beta_0' \boldsymbol{p}^{(0)}]^{\mathrm{T}}\boldsymbol{A}\boldsymbol{p}^{(0)} \\ &= -\nabla f(\boldsymbol{x}^{(2)})^{\mathrm{T}}\boldsymbol{A}\boldsymbol{p}^{(0)} + \beta_1(\boldsymbol{p}^{(1)})^{\mathrm{T}}\boldsymbol{A}\boldsymbol{p}^{(0)} + \beta_0'(\boldsymbol{p}^{(0)})^{\mathrm{T}}\boldsymbol{A}\boldsymbol{p}^{(0)}.\end{aligned}$$

注意到$(\boldsymbol{p}^{(1)})^{\mathrm{T}}\boldsymbol{A}\boldsymbol{p}^{(0)}=0$,又令$(\boldsymbol{p}^{(2)})^{\mathrm{T}}\boldsymbol{A}\boldsymbol{p}^{(0)}=0$.代入上式,有

$$\beta_0' = \frac{\nabla f(\boldsymbol{x}^{(2)})^{\mathrm{T}}\boldsymbol{A}\boldsymbol{p}^{(0)}}{(\boldsymbol{p}^{(0)})^{\mathrm{T}}\boldsymbol{A}\boldsymbol{p}^{(0)}}. \tag{11.4.28}$$

由式(11.4.17),有

$$\nabla f(\boldsymbol{x}^{(1)}) - \nabla f(\boldsymbol{x}^{(0)}) = \lambda_0 \boldsymbol{A}\boldsymbol{p}^{(0)}.$$

故

$$\begin{aligned}\nabla f(\boldsymbol{x}^{(2)})^{\mathrm{T}}\boldsymbol{A}\boldsymbol{p}^{(0)} &= \frac{1}{\lambda_0}\nabla f(\boldsymbol{x}^{(2)})^{\mathrm{T}} \cdot [\nabla f(\boldsymbol{x}^{(1)}) - \nabla f(\boldsymbol{x}^{(0)})] \\ &= \frac{1}{\lambda_0}\nabla f(\boldsymbol{x}^{(2)})^{\mathrm{T}} \cdot \nabla f(\boldsymbol{x}^{(1)}) - \frac{1}{\lambda_0}\nabla f(\boldsymbol{x}^{(2)})^{\mathrm{T}} \cdot \nabla f(\boldsymbol{x}^{(0)}).\end{aligned} \tag{11.4.29}$$

下面证明$\nabla f(\boldsymbol{x}^{(2)})^{\mathrm{T}} \cdot \nabla f(\boldsymbol{x}^{(1)})=0$,$\nabla f(\boldsymbol{x}^{(2)})^{\mathrm{T}} \cdot \nabla f(\boldsymbol{x}^{(0)})=0$.

由最佳一维搜索结果,在式(11.4.19)中取$k=0$:

$$\nabla f(\boldsymbol{x}^{(1)})^{\mathrm{T}} \cdot \boldsymbol{p}^{(0)} = -\nabla f(\boldsymbol{x}^{(1)})^{\mathrm{T}} \cdot \nabla f(\boldsymbol{x}^{(0)}) = 0. \tag{11.4.30}$$

又因$\boldsymbol{p}^{(1)}$与$\boldsymbol{p}^{(0)}$关于$\boldsymbol{A}$共轭,则

$$(\boldsymbol{p}^{(0)})^{\mathrm{T}}\boldsymbol{A}\boldsymbol{p}^{(1)} = 0.$$

由式(11.4.17),得

$$\boldsymbol{A}\boldsymbol{p}^{(1)} = \frac{1}{\lambda_1}[\nabla f(\boldsymbol{x}^{(2)}) - \nabla f(\boldsymbol{x}^{(1)})].$$

代入上式:

$$\begin{aligned}(\boldsymbol{p}^{(0)})^{\mathrm{T}}\boldsymbol{A}\boldsymbol{p}^{(1)} &= -\nabla f(\boldsymbol{x}^{(0)})^{\mathrm{T}} \cdot \frac{1}{\lambda_1}[\nabla f(\boldsymbol{x}^{(2)}) - \nabla f(\boldsymbol{x}^{(1)})] \\ &= -\frac{1}{\lambda_1}[\nabla f(\boldsymbol{x}^{(0)})^{\mathrm{T}} \cdot \nabla f(\boldsymbol{x}^{(2)}) - \nabla f(\boldsymbol{x}^{(0)})^{\mathrm{T}} \cdot \nabla f(\boldsymbol{x}^{(1)})] \\ &= 0.\end{aligned}$$

由式(11.4.30)得

$$\nabla f(\boldsymbol{x}^{(0)})^{\mathrm{T}} \cdot \nabla f(\boldsymbol{x}^{(1)}) = \nabla f(\boldsymbol{x}^{(1)})^{\mathrm{T}} \cdot \nabla f(\boldsymbol{x}^{(0)}) = 0.$$

代入上式得

$$\nabla f(\boldsymbol{x}^{(0)})^{\mathrm{T}} \cdot \nabla f(\boldsymbol{x}^{(2)}) = 0, \quad \text{或} \quad \nabla f(\boldsymbol{x}^{(2)})^{\mathrm{T}} \cdot \nabla f(\boldsymbol{x}^{(0)}) = 0. \tag{11.4.31}$$

即$\nabla f(\boldsymbol{x}^{(2)})$与$\nabla f(\boldsymbol{x}^{(0)})$也正交.

又由式(11.4.19)，取 $k=1$，有

$$\begin{aligned}\nabla f(\boldsymbol{x}^{(2)})^{\mathrm{T}}\cdot\boldsymbol{p}^{(1)}&=\nabla f(\boldsymbol{x}^{(2)})^{\mathrm{T}}\cdot[-\nabla f(\boldsymbol{x}^{(1)})+\beta_0\boldsymbol{p}^{(0)}]\\&=\nabla f(\boldsymbol{x}^{(2)})^{\mathrm{T}}\cdot[-\nabla f(\boldsymbol{x}^{(1)})-\beta_0\nabla f(\boldsymbol{x}^{(0)})]=0.\end{aligned}$$

将式(11.4.31)代入上式，可得

$$\nabla f(\boldsymbol{x}^{(2)})^{\mathrm{T}}\cdot\nabla f(\boldsymbol{x}^{(1)})=0. \tag{11.4.32}$$

即$\nabla f(\boldsymbol{x}^{(0)}),\nabla f(\boldsymbol{x}^{(1)}),\nabla f(\boldsymbol{x}^{(2)})$两两正交.

将式(11.4.32)，(11.4.31)代入式(11.4.29)，有

$$\nabla f(\boldsymbol{x}^{(2)})^{\mathrm{T}}\boldsymbol{A}\boldsymbol{p}^{(0)}=0,$$

即 $\beta_0'=0$. 代入式(11.4.26)，有

$$\begin{cases}\boldsymbol{p}^{(2)}=-\nabla f(\boldsymbol{x}^{(2)})+\beta_1\boldsymbol{p}^{(1)},\\ \beta_1=\dfrac{\nabla f(\boldsymbol{x}^{(2)})^{\mathrm{T}}\boldsymbol{A}\boldsymbol{p}^{(1)}}{(\boldsymbol{p}^{(1)})^{\mathrm{T}}\boldsymbol{A}\boldsymbol{p}^{(1)}}.\end{cases} \tag{11.4.33}$$

因此 $\boldsymbol{p}^{(0)}$ 取 $\boldsymbol{x}^{(0)}$ 点的负梯度方向，$\boldsymbol{p}^{(1)}$ 由式(11.4.22)及式(11.4.24)求出，$\boldsymbol{p}^{(2)}$ 由式(11.4.33)求出，它们都是关于 $\boldsymbol{A}$ 共轭的方向，从 $\boldsymbol{p}^{(1)}$ 开始，都是由当前迭代点的负梯度向量与上一个搜索方向的线性组合构成. 继续推导下去，可得公式：

$$\begin{cases}\boldsymbol{p}^{(k+1)}=-\nabla f(\boldsymbol{x}^{(k+1)})+\beta_k\boldsymbol{p}^{(k)},\\ \beta_k=\dfrac{\nabla f(\boldsymbol{x}^{(k+1)})^{\mathrm{T}}\boldsymbol{A}\boldsymbol{p}^{(k)}}{(\boldsymbol{p}^{(k)})^{\mathrm{T}}\boldsymbol{A}\boldsymbol{p}^{(k)}}\quad(k=0,1,2,\cdots,n-2),\\ \boldsymbol{p}^{(0)}=-\nabla f(\boldsymbol{x}^{(0)}).\end{cases} \tag{11.4.34}$$

式中 $\boldsymbol{A}$ 为正定 n 维二次函数(11.4.15)的系数矩阵. 由式(11.4.34)求得的一组搜索方向：$\boldsymbol{p}^{(0)},\boldsymbol{p}^{(1)},\cdots,\boldsymbol{p}^{(n-1)}$必是 $\boldsymbol{A}$ 共轭的.

其步长因子要用最佳一维搜索来计算：

$$\begin{cases}f(\boldsymbol{x}^{(k)}+\lambda_k\boldsymbol{p}^{(k)})=\min\limits_{\lambda\geqslant 0}f(\boldsymbol{x}^{(k)}+\lambda\boldsymbol{p}^{(k)}),\\ \boldsymbol{x}^{(k+1)}=\boldsymbol{x}^{(k)}+\lambda_k\boldsymbol{p}^{(k)}.\end{cases} \tag{11.4.35}$$

对于正定二次函数，用最佳一维搜索(11.4.35)求步长因子 λ_k，也可得到一个公式，其推导如下.

由式(11.4.19)有

$$\nabla f(\boldsymbol{x}^{(k+1)})^{\mathrm{T}}\cdot\boldsymbol{p}^{(k)}=0.$$

又由式(11.4.17)有

$$\nabla f(\boldsymbol{x}^{(k+1)})=\nabla f(\boldsymbol{x}^{(k)})+\lambda_k\boldsymbol{A}\boldsymbol{p}^{(k)},$$

代入上式得

$$[\nabla f(\boldsymbol{x}^{(k)})+\lambda_k\boldsymbol{A}\boldsymbol{p}^{(k)}]^{\mathrm{T}}\cdot\boldsymbol{p}^{(k)}=\nabla f(\boldsymbol{x}^{(k)})^{\mathrm{T}}\cdot\boldsymbol{p}^{(k)}+\lambda_k(\boldsymbol{p}^{(k)})^{\mathrm{T}}\boldsymbol{A}\boldsymbol{p}^{(k)}=0.$$

故

$$\lambda_k = -\frac{\nabla f(\boldsymbol{x}^{(k)})^{\mathrm{T}} \cdot \boldsymbol{p}^{(k)}}{(\boldsymbol{p}^{(k)})^{\mathrm{T}} \boldsymbol{A} \boldsymbol{p}^{(k)}}. \tag{11.4.36}$$

综上所述，对于正定 n 维二次函数(11.4.15)，共轭梯度法的公式为

$$\begin{cases} \boldsymbol{x}^{(k+1)} = \boldsymbol{x}^{(k)} + \lambda_k \boldsymbol{p}^{(k)}, \\ \lambda_k = -\dfrac{\nabla f(\boldsymbol{x}^{(k)})^{\mathrm{T}} \cdot \boldsymbol{p}^{(k)}}{(\boldsymbol{p}^{(k)})^{\mathrm{T}} \boldsymbol{A} \boldsymbol{p}^{(k)}} \quad (\text{以上 } k = 0,1,\cdots,n-1), \\ \boldsymbol{p}^{(0)} = -\nabla f(\boldsymbol{x}^{(0)}), \\ \boldsymbol{p}^{(k+1)} = -\nabla f(\boldsymbol{x}^{(k+1)}) + \beta_k \boldsymbol{p}^{(k)}, \\ \beta_k = \dfrac{\nabla f(\boldsymbol{x}^{(k+1)})^{\mathrm{T}} \boldsymbol{A} \boldsymbol{p}^{(k)}}{(\boldsymbol{p}^{(k)})^{\mathrm{T}} \boldsymbol{A} \boldsymbol{p}^{(k)}} \quad (\text{以上 } k = 0,1,\cdots,n-2). \end{cases} \tag{11.4.37}$$

由上述共轭梯度法产生的一组搜索方向：$\boldsymbol{p}^{(0)},\boldsymbol{p}^{(1)},\cdots,\boldsymbol{p}^{(n-1)}$是关于 $\boldsymbol{A}$ 共轭的．由定理 11.4.2 可知，它们对于正定 n 维二次函数必在 n 次(或以内)的一维搜索必可达到最优解．因此共轭梯度法具有二次终止性．

在式(11.4.37)的最后一个公式中含有 $f(\boldsymbol{x})$的系数矩阵 $\boldsymbol{A}$，$\boldsymbol{A}$ 的出现一方面不方便在计算机中的存储，另一方面也不便于推广到非二次函数的极小化问题中．为此，希望仅用梯度向量来简化式(11.4.37)中第 5 个公式：

$$\beta_k = \frac{\| \nabla f(\boldsymbol{x}^{(k+1)}) \|^2}{\| \nabla f(\boldsymbol{x}^{(k)}) \|^2} \quad (k = 0,1,2,\cdots,n-2). \tag{11.4.38}$$

式(11.4.38)仅用到梯度信息产生了 n 个搜索方向，此公式称为 F-R 公式，是由 Fletcher 和 Reeves 于 1964 年提出的，通常称为 F-R 共轭梯度法．有兴趣的读者可利用式(11.4.17)及式(11.4.19)来验证式(11.4.27)可化为 $\beta_1 = \dfrac{\| \nabla f(\boldsymbol{x}^{(2)}) \|^2}{\| \nabla f(\boldsymbol{x}^{(1)}) \|^2}$．

例 11.4.2 试用共轭梯度法求下述二次函数的极小点：

$$f(\boldsymbol{x}) = \frac{3}{2}x_1^2 + \frac{1}{2}x_2^2 - x_1 x_2 - 2x_1.$$

取 $\varepsilon = 10^{-4}$，$\boldsymbol{x}^{(0)} = \begin{bmatrix} -2 \\ 4 \end{bmatrix}$．

解 首先将 $f(\boldsymbol{x})$化成式(11.4.15)的形式：

$$f(\boldsymbol{x}) = \frac{1}{2}(x_1, x_2)\begin{bmatrix} 3 & -1 \\ -1 & 1 \end{bmatrix}\begin{bmatrix} x_1 \\ x_2 \end{bmatrix} + (-2, 0)\begin{bmatrix} x_1 \\ x_2 \end{bmatrix}.$$

其中 $\boldsymbol{A} = \begin{bmatrix} 3 & -1 \\ -1 & 1 \end{bmatrix}$是一个正定矩阵，$\boldsymbol{b} = \begin{bmatrix} -2 \\ 0 \end{bmatrix}$，$C = 0$．因

$$\boldsymbol{x}^{(0)} = \begin{bmatrix} -2 \\ 4 \end{bmatrix},$$

故

$$\nabla f(\boldsymbol{x}^{(0)})=\boldsymbol{A}\boldsymbol{x}^{(0)}+\boldsymbol{b}=\begin{bmatrix}3 & -1\\ -1 & 1\end{bmatrix}\begin{bmatrix}-2\\ 4\end{bmatrix}+\begin{bmatrix}-2\\ 0\end{bmatrix}$$

$$=\begin{bmatrix}-10\\ 6\end{bmatrix}+\begin{bmatrix}-2\\ 0\end{bmatrix}=\begin{bmatrix}-12\\ 6\end{bmatrix}.$$

所以

$$\boldsymbol{p}^{(0)}=-\nabla f(\boldsymbol{x}^{(0)})=\begin{bmatrix}12\\ -6\end{bmatrix}.$$

以 $\boldsymbol{x}^{(0)}$ 为出发点，沿 $\boldsymbol{p}^{(0)}$ 方向作最佳一维搜索，可用式(11.4.37)中公式求最佳步长：

$$\lambda_0=-\frac{\nabla f(\boldsymbol{x}^{(0)})^{\mathrm{T}}\cdot\boldsymbol{p}^{(0)}}{(\boldsymbol{p}^{(0)})^{\mathrm{T}}\boldsymbol{A}\boldsymbol{p}^{(0)}}=-\frac{(-12,6)\begin{bmatrix}12\\ -6\end{bmatrix}}{[12,-6]\begin{bmatrix}3 & -1\\ -1 & 1\end{bmatrix}\begin{bmatrix}12\\ -6\end{bmatrix}}$$

$$=-\frac{-180}{(42,-18)\begin{bmatrix}12\\ -6\end{bmatrix}}=\frac{180}{612}=\frac{5}{17}.$$

故

$$\boldsymbol{x}^{(1)}=\boldsymbol{x}^{(0)}+\lambda_0\boldsymbol{p}^{(0)}=\begin{bmatrix}-2\\ 4\end{bmatrix}+\frac{5}{17}\begin{bmatrix}12\\ -6\end{bmatrix}=\begin{bmatrix}\frac{26}{17}\\ \frac{38}{17}\end{bmatrix}\approx\begin{bmatrix}1.529\\ 2.235\end{bmatrix},$$

$$\nabla f(\boldsymbol{x}^{(1)})=\boldsymbol{A}\boldsymbol{x}^{(1)}+\boldsymbol{b}=\begin{bmatrix}3 & -1\\ -1 & 1\end{bmatrix}\begin{bmatrix}\frac{26}{17}\\ \frac{38}{17}\end{bmatrix}+\begin{bmatrix}-2\\ 0\end{bmatrix}=\begin{bmatrix}\frac{40}{17}\\ \frac{12}{17}\end{bmatrix}+\begin{bmatrix}-2\\ 0\end{bmatrix}$$

$$=\begin{bmatrix}\frac{6}{17}\\ \frac{12}{17}\end{bmatrix}\approx\begin{bmatrix}0.353\\ 0.706\end{bmatrix}.$$

计算：

$$\|\nabla f(\boldsymbol{x}^{(1)})\|\approx 0.789 \not< \varepsilon.$$

再由式(11.4.38)计算 β_0：

$$\beta_0=\frac{\nabla f(\boldsymbol{x}^{(1)})^{\mathrm T}\nabla f(\boldsymbol{x}^{(1)})}{\nabla f(\boldsymbol{x}^{(0)})^{\mathrm T}\nabla f(\boldsymbol{x}^{(0)})}=\frac{\left(\frac{6}{17},\frac{12}{17}\right)\begin{bmatrix}\frac{6}{17}\\ \frac{12}{17}\end{bmatrix}}{(-12,6)\begin{bmatrix}-12\\ 6\end{bmatrix}}=\frac{\frac{36}{289}+\frac{144}{289}}{144+36}=\frac{1}{289}\approx 0.00346.$$

故有

$$\boldsymbol{p}^{(1)}=-\nabla f(\boldsymbol{x}^{(1)})+\beta_0\boldsymbol{p}^{(0)}=-\begin{bmatrix}\frac{6}{17}\\ \frac{12}{17}\end{bmatrix}+\frac{1}{289}\begin{bmatrix}12\\ -6\end{bmatrix}=\begin{bmatrix}\frac{-90}{289}\\ \frac{-210}{289}\end{bmatrix}\approx\begin{bmatrix}-0.311\\ -0.727\end{bmatrix}.$$

再由式(11.4.37)中公式计算 λ_1：

$$\lambda_1=-\frac{\nabla f(\boldsymbol{x}^{(1)})^{\mathrm T}\boldsymbol{p}^{(1)}}{(\boldsymbol{p}^{(1)})^{\mathrm T}\boldsymbol{A}\boldsymbol{p}^{(1)}}=-\frac{\left(\frac{6}{17},\frac{12}{17}\right)\left(-\frac{90}{289},-\frac{210}{289}\right)^{\mathrm T}}{\left(-\frac{90}{289},\frac{-210}{289}\right)\begin{bmatrix}3&-1\\ -1&1\end{bmatrix}\left(\frac{-90}{289},\frac{-210}{289}\right)^{\mathrm T}}=\frac{17}{10}.$$

故有

$$\boldsymbol{x}^{(2)}=\boldsymbol{x}^{(1)}+\lambda_1\boldsymbol{p}^{(1)}=\begin{bmatrix}1\\ 1\end{bmatrix}.$$

计算：

$$\nabla f(\boldsymbol{x}^{(2)})=\boldsymbol{A}\boldsymbol{x}^{(2)}+\boldsymbol{b}=\begin{bmatrix}0\\ 0\end{bmatrix}.$$

所以

$$\|\nabla f(\boldsymbol{x}^{(2)})\|=0<\varepsilon.$$

故 $\boldsymbol{x}^{(2)}$ 即为本题最优解. 因为本题函数是正定二维二次函数，因此经过二次迭代即达到了最优解.

11.4.3　非二次函数的共轭梯度法

我们把上述用于正定二次函数的共轭梯度法加以推广，用于极小化任意 n 维函数. 推广后的共轭梯度法与原有方法的主要差别在于：步长 λ_k 不能再用公式(11.4.36)来计算. 可以用其他一维搜索方法来确定，此外凡是公式(11.4.37)中用到矩阵 $\boldsymbol{A}$ 之处，都需改用当前迭代点 $\boldsymbol{x}^{(k)}$ 处的黑塞矩阵 $\boldsymbol{H}(\boldsymbol{x}^{(k)})=\nabla^2 f(\boldsymbol{x}^{(k)})$. 对任意函数而言，一般来讲是不可能在 n 步以内达到最优解的. 可以采用循环的方法，具体作法就是每迭代 n 步作一轮. 每搜索完一轮后，用这轮最后一个迭代点作为下一轮的初始点重新开始迭代. 直到满足精度要求为止. 具体算法步骤如下：

第 1 步：选取初始数据．选取初始点 $\boldsymbol{x}^{(0)}$，给出终止误差 $\varepsilon>0$.

第 2 步：求初始点梯度．计算$\nabla f(\boldsymbol{x}^{(0)})$．若 $\|\nabla f(\boldsymbol{x}^{(0)})\|\leqslant\varepsilon$，停止迭代，输出 $\boldsymbol{x}^{(0)}$．否则转第 3 步.

第 3 步：构造初始搜索方向．令

$$\boldsymbol{p}^{(0)}=-\nabla f(\boldsymbol{x}^{(0)}).$$

令 $k:=0$，进行第 4 步.

第 4 步：进行一维搜索．求 λ_k，使

$$f(\boldsymbol{x}^{(k)}+\lambda_k\boldsymbol{p}^{(k)})=\min_{\lambda\geqslant 0}(\boldsymbol{x}^{(k)}+\lambda\boldsymbol{p}^{(k)}).$$

令 $\boldsymbol{x}^{(k+1)}=\boldsymbol{x}^{(k)}+\lambda_k\boldsymbol{p}^{(k)}$．转第 5 步.

第 5 步：求梯度向量．计算$\nabla f(\boldsymbol{x}^{(k+1)})$．若 $\|\nabla f(\boldsymbol{x}^{(k+1)})\|\leqslant\varepsilon$，停止迭代，输出 $\boldsymbol{x}^*$ 的近似值，$\boldsymbol{x}^*\approx\boldsymbol{x}^{(k+1)}$．否则进行第 6 步.

第 6 步：检验迭代步数．若 $k+1=n$，令 $\boldsymbol{x}^{(0)}:=\boldsymbol{x}^{(n)}$，转第 3 步．否则进行第 7 步.

第 7 步：构造搜索方向．用 F-R 公式，取

$$\boldsymbol{p}^{(k+1)}=-\nabla f(\boldsymbol{x}^{(k+1)})+\beta_k\boldsymbol{p}^{(k)},$$

$$\beta_k=\frac{\|\nabla f(\boldsymbol{x}^{(k+1)})\|^2}{\|\nabla f(\boldsymbol{x}^{(k)})\|^2},$$

令 $k:=k+1$，转第 4 步.

共轭梯度法对正定二次函数，具有二次终止性．对于一般函数，共轭梯度法在一定条件下也是收敛的，且收敛速度通常优于最速下降法．共轭梯度法不用求矩阵的逆，在使用计算机求解时，所需存储量较小，因此求解变量较多的大规模问题可用共轭梯度法.

习 题 11

11.1 用变量轮换法求解无约束问题：

$$\min f(\boldsymbol{x})=x_1^2+2x_2^2-4x_1-2x_1x_2.$$

给定初始点为 $\boldsymbol{x}^{(1)}=(1,1)^{\mathrm{T}}$，终止条件为

$$\frac{|f(\boldsymbol{x}^{(k+1)})-f(\boldsymbol{x}^{(k)})|}{|f(\boldsymbol{x}^{(k)})|}\leqslant\delta=0.005.$$

11.2 用最速下降法求解下列问题的近似极小解，要求迭代两次：

(1) $\min f(\boldsymbol{x})=2x_1^2+x_2^2$，取 $\boldsymbol{x}^{(0)}=\begin{bmatrix}1\\1\end{bmatrix}$.

(2) $\min f(\boldsymbol{x})=x_1-x_2+2x_1^2+2x_1x_2+x_2^2$，取 $\boldsymbol{x}^{(0)}=\begin{bmatrix}0\\0\end{bmatrix}$.

11.3 用最速下降法求解下列问题的近似极小解：

$$\min f(\boldsymbol{x}) = 2x_1^2 + 2x_2^2 + 2x_1x_2 - 4x_1 - 6x_2.$$

给定初始点：$\boldsymbol{x}^{(0)}=(1,1)^{\mathrm{T}}$. 要求迭代三步.

11.4 用牛顿法求解：

$$\min f(\boldsymbol{x}) = 2x_1^2 + (x_2 - 1)^4,$$

要求取 $\boldsymbol{x}^{(0)}=(1,0)^{\mathrm{T}}$，$\varepsilon=0.2$.

11.5 用修正牛顿法求解：

$$\min f(\boldsymbol{x}) = (x_1 - 1)^4 + (x_1 - x_2)^2,$$

要求取 $\boldsymbol{x}^{(0)}=(0,0)^{\mathrm{T}}$，$\varepsilon=10^{-6}$.

11.6 用共轭梯度法(F-R 法)求解：

$$\min f(\boldsymbol{x}) = x_1 - x_2 + 2x_1^2 + 2x_1x_2 + x_2^2,$$

给定初始点 $\boldsymbol{x}^{(0)}=(0,0)^{\mathrm{T}}$，$\varepsilon=10^{-6}$.

11.7 用共轭梯度法求解下列问题：

$$\min f(\boldsymbol{x}) = \frac{1}{2}x_1^2 + x_2^2 + x_1x_2,$$

初始点：$\boldsymbol{x}^{(0)}=\begin{bmatrix}1\\1\end{bmatrix}$.

第 12 章

约束问题的最优化方法

上一章我们介绍了无约束问题的最优化方法. 但实际问题中,大多数都是有约束条件的问题. 求解带有约束条件的问题比起无约束问题要困难得多,也复杂得多. 在每次迭代时,不仅要使目标函数值有所下降,而且要使迭代点都落在可行域内(个别算法除外). 求解带有约束的极值问题常用方法是:将约束问题化为一个或一系列的无约束极值问题;将非线性规划化为近似的线性规划;将复杂问题变为较简单问题,等等.

12.1 约束极值问题的最优性条件

考虑只含不等式约束条件下求极小值问题的数学模型:

$$\begin{aligned}&\min f(\boldsymbol{x});\\&\text{s.t.}\ \ g_i(\boldsymbol{x}) \geqslant 0 \quad (i=1,2,\cdots,m).\end{aligned} \tag{12.1.1}$$

或写成

$$\min_{\boldsymbol{x}\in\mathscr{X}} f(\boldsymbol{x}); \tag{12.1.2}$$

其中可行域

$$\mathscr{X}=\{\boldsymbol{x}\mid \boldsymbol{x}\in\mathbb{R}^n,\ \text{且}\ g_i(\boldsymbol{x})\geqslant 0 \quad (i=1,2,\cdots,m)\}.$$

12.1.1 起作用约束与可行下降方向

在 9.4 节中曾介绍了下降方向与可行方向的定义. 为了读者使用方便,首先回顾一下这两个定义,且给出这两个方向的代数条件,同时再引入起作用约束的概念.

设有多元函数 $f(\boldsymbol{x})$及一点 $\bar{\boldsymbol{x}}\in\mathbb{R}^n$;另有一向量 $\boldsymbol{p}\in\mathbb{R}^n(\boldsymbol{p}\neq\boldsymbol{0})$,若存在一个数 $\delta>0$,使

$\forall \lambda \in (0,\delta)$都有

$$f(\bar{\boldsymbol{x}}+\lambda \boldsymbol{p}) < f(\bar{\boldsymbol{x}})$$

成立,则称向量 $\boldsymbol{p}$ 是 $f(\boldsymbol{x})$在点 $\bar{\boldsymbol{x}}$ 处的一个下降方向.

由此定义可知,若向量 $\boldsymbol{p}$ 是 $f(\boldsymbol{x})$在点 $\bar{\boldsymbol{x}}$ 处的下降方向,即是说,从 $\bar{\boldsymbol{x}}$ 点出发,沿方向 $\boldsymbol{p}$ 进行搜索,只要 λ 在一定范围内,$\bar{\boldsymbol{x}}+\lambda\boldsymbol{p}$ 的函数值总比 $\bar{\boldsymbol{x}}$ 的函数值来得小. 其几何直观可见图 9.15 或图 9.17. 下面给出 $\boldsymbol{p}$ 为下降方向的代数条件.

若 $f(\boldsymbol{x})$在点 $\bar{\boldsymbol{x}}$ 处可微,则由定理 9.2.1 可知,当向量 $\boldsymbol{p}$ 满足如下条件:

$$\nabla f(\bar{\boldsymbol{x}})^{\mathrm{T}} \cdot \boldsymbol{p} < 0, \tag{12.1.3}$$

则 $\boldsymbol{p}$ 就是 $f(\boldsymbol{x})$在点 $\bar{\boldsymbol{x}}$ 处的下降方向.

式(12.1.3)便是向量 $\boldsymbol{p}$ 为 $f(\boldsymbol{x})$在点 $\bar{\boldsymbol{x}}$ 处下降方向的代数判别条件.

由定义 9.4.2. 对于问题(12.1.1)或(12.1.2),可行域为 $\mathscr{X}$,设 $\bar{\boldsymbol{x}} \in \mathscr{X}$,向量 $\boldsymbol{p} \in \mathbb{R}^n (\boldsymbol{p} \neq \boldsymbol{0})$. 若存在 $\delta > 0$,当 $\lambda \in (0,\delta)$时使 $\bar{\boldsymbol{x}}+\lambda\boldsymbol{p} \in \mathscr{X}$仍成立,则称向量 $\boldsymbol{p}$ 是在点 $\bar{\boldsymbol{x}}$ 处关于可行域 $\mathscr{X}$ 的可行方向.

由这个定义可知,函数在一点处关于某区域的可行方向是使这个方向上存在可行点的方向. 见图 9.16(a),(b),(c).

设 $\bar{\boldsymbol{x}} \in \mathscr{X}$,显然 $\bar{\boldsymbol{x}}$ 应满足所有的约束条件. 现来考虑某一个不等式约束条件 $g_i(\boldsymbol{x}) \geqslant 0$. $\bar{\boldsymbol{x}}$ 满足这一不等式有两种情况:一种是 $g_i(\bar{\boldsymbol{x}}) > 0$,这时,点 $\bar{\boldsymbol{x}}$ 不在由这一约束条件所形成的可行域边界上,因此当点不论沿着什么方向稍微离开点 $\bar{\boldsymbol{x}}$ 时,都不会违背这一约束条件,也就是说这一约束条件,对点 $\bar{\boldsymbol{x}}$ 在选择可行方向时不起约束作用. 因此称这样的 $g_i(\boldsymbol{x}) \geqslant 0$ 为点 $\bar{\boldsymbol{x}}$ 处的不起作用约束. 相反,另一情况是 $g_i(\bar{\boldsymbol{x}}) = 0$,此时点 $\bar{\boldsymbol{x}}$ 位于由该约束条件所形成的可行域边界上,当点沿某些方向稍微离开 $\bar{\boldsymbol{x}}$ 时,仍能满足这个约束条件,而沿着另一些方向离开 $\bar{\boldsymbol{x}}$ 时,不论步长多么小,都将不满足这个约束条件. 也就是说,这个约束条件对 $\bar{\boldsymbol{x}}$ 选择可行方向是有约束作用的. 我们将这样的约束条件称为点 $\bar{\boldsymbol{x}}$ 处的起作用约束. 见图12.1. $g_1(\boldsymbol{x}) \geqslant 0$ 与 $g_2(\boldsymbol{x}) \geqslant 0$ 是点 $\bar{\boldsymbol{x}}$ 的起作用约束,而 $g_3(\boldsymbol{x}) \geqslant 0$ 为点 $\bar{\boldsymbol{x}}$ 的不起作用约束.

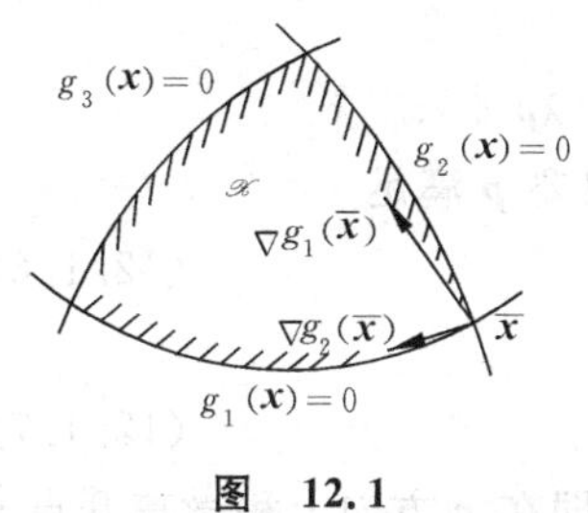

图 12.1

定义 12.1.1 对于问题(12.1.2),设 $\bar{\boldsymbol{x}} \in \mathscr{X}$,若有 $g_i(\bar{\boldsymbol{x}}) = 0 (1 \leqslant i \leqslant m)$,则称不等式约束 $g_i(\boldsymbol{x}) \geqslant 0$ 为点 $\bar{\boldsymbol{x}}$ 处的起作用约束,且将下标集

$$I(\bar{\boldsymbol{x}}) = \{ i \mid g_i(\bar{\boldsymbol{x}}) = 0, \ 1 \leqslant i \leqslant m \},$$

称为点 $\bar{\boldsymbol{x}}$ 的起作用下标集.

若有 $g_i(\bar{\boldsymbol{x}}) > 0 (1 \leqslant i \leqslant m)$,则称不等式约束 $g_i(\boldsymbol{x}) \geqslant 0$ 为点 $\bar{\boldsymbol{x}}$ 的不起作用约束.

显然等式约束 $h_j(\boldsymbol{x}) = 0$ 都是起作用约束.

定义 12.1.2 对于非线性规划问题(12.1.2),如果可行点 $\bar{\boldsymbol{x}}$ 处,各起作用约束的梯

度向量线性无关,则称 $\bar{x}$ 是约束条件的一个正则点.

如图 12.1 中,$\nabla g_1(\bar{x})$与$\nabla g_2(\bar{x})$线性无关,故 $\bar{x}$ 是一个正则点.

下面给出 $\boldsymbol{p}$ 是可行方向的代数条件.

设 $\bar{x}$ 是问题(12.1.2)可行域 $\mathscr{X}$ 中一个点,$I(\bar{x})$是点 $\bar{x}$ 的起作用下标集,$g_i(\boldsymbol{x})(i\in I(\bar{x}))$在点 $\bar{x}$ 处连续可微,而 $g_i(\boldsymbol{x})(i\bar{\in} I(\bar{x}))$在点 $\bar{x}$ 处连续. 向量 $\boldsymbol{p}\in\mathbb{R}^n(\boldsymbol{p}\neq\boldsymbol{0})$.

设 $\boldsymbol{p}$ 是点 $\bar{x}$ 处的一个可行方向,则存在实数 $\delta>0$,使 $\forall\lambda\in[0,\delta]$都有

$$\bar{x}+\lambda\boldsymbol{p}\in\mathscr{X}.$$

即有

$$g_i(\bar{x}+\lambda\boldsymbol{p})\geqslant 0\quad(i=1,2,\cdots,m).$$

对于起作用约束有

$$g_i(\bar{x}+\lambda\boldsymbol{p})\geqslant g_i(\bar{x})=0,$$

或

$$g_i(\bar{x}+\lambda\boldsymbol{p})\geqslant 0. \tag{12.1.4}$$

将起作用约束在点 $\bar{x}$ 处作泰勒展开:

$$g_i(\bar{x}+\lambda\boldsymbol{p})=g_i(\bar{x})+\nabla g_i(\bar{x})^{\mathrm{T}}\cdot\lambda\boldsymbol{p}+o(\|\lambda\boldsymbol{p}\|),$$

或

$$g_i(\bar{x}+\lambda\boldsymbol{p})=\lambda\nabla g_i(\bar{x})^{\mathrm{T}}\cdot\boldsymbol{p}+o(\|\lambda\boldsymbol{p}\|),\quad i\in I(\bar{x}), \tag{12.1.5}$$

式中 $o(\|\lambda\boldsymbol{p}\|)$是比 $\lambda\boldsymbol{p}$ 的模高阶的无穷小量. 当 $\lambda>0$ 足够小时,考虑到式(12.1.4),有

$$\nabla g_i(\bar{x})^{\mathrm{T}}\cdot\boldsymbol{p}\geqslant 0,\quad i\in I(\bar{x}).$$

反之,若 $\boldsymbol{p}$ 是可行点 $\bar{x}$ 处的某一方向,由泰勒公式:

$$g_i(\bar{x}+\lambda\boldsymbol{p})=g_i(\bar{x})+\lambda\nabla g_i(\bar{x})^{\mathrm{T}}\cdot\boldsymbol{p}+o(\|\lambda\boldsymbol{p}\|).$$

对于起作用约束,因为 $g_i(\bar{x})=0$,故当 λ 足够小($\lambda>0$),只要 $\boldsymbol{p}$ 满足

$$\nabla g_i(\bar{x})^{\mathrm{T}}\cdot\boldsymbol{p}>0,\quad i\in I(\bar{x}), \tag{12.1.6}$$

就有

$$g_i(\bar{x}+\lambda\boldsymbol{p})\geqslant 0,\quad i\in I(\bar{x}). \tag{12.1.7}$$

对于不起作用约束,因为 $g_i(\bar{x})>0$,故当 $\lambda>0$ 足够小时,即在 $\boldsymbol{p}$ 方向上稍微离开点 $\bar{x}$ 时,由于函数 $g_i(\bar{x})(i\bar{\in} I(\bar{x}))$的连续性,仍有

$$g_i(\bar{x}+\lambda\boldsymbol{p})\geqslant 0,\quad i\bar{\in} I(\bar{x}),$$

即点 $\bar{x}+\lambda\boldsymbol{p}\in\mathscr{X}$, 故 $\boldsymbol{p}$ 是一个可行方向.

综上所述,条件(12.1.6)可作为判别方向 $\boldsymbol{p}$ 是否是点 $\bar{x}$ 处的可行方向的代数条件: 只要方向 $\boldsymbol{p}$ 满足条件(12.1.6),必是 $\bar{x}$ 点处的可行方向.

式(12.1.6)的几何意义也很明显: 可行方向 $\boldsymbol{p}$ 与 $\bar{x}$ 点所有的起作用约束的梯度向量之间夹角都为锐角.

我们将既是 $\bar{x}$ 点的下降方向又是 $\bar{x}$ 点处可行方向的向量 $\boldsymbol{p}$ 称为是点 $\bar{x}$ 处的可行下

降方向. 因此既满足条件(12.1.3)又满足条件(12.1.6)的方向 $\boldsymbol{p}$ 必是可行下降方向,即有

$$\begin{cases}\nabla f(\bar{\boldsymbol{x}})^{\mathrm{T}}\cdot\boldsymbol{p}<0,\\ \nabla g_i(\bar{\boldsymbol{x}})^{\mathrm{T}}\cdot\boldsymbol{p}>0,\quad i\in I(\bar{\boldsymbol{x}}).\end{cases}\tag{12.1.8}$$

式(12.1.8)的几何意义是:点 $\bar{x}$ 处的可行下降方向 $\boldsymbol{p}$ 与该点处目标函数负梯度向量之间夹角成锐角,与该点处所有起作用约束的梯度向量之间夹角也都成锐角.

若 $\boldsymbol{x}^{(k)}$ 点不是极小点,则继续寻优时的搜索方向就应从该点的可行下降方向中去找. 因此,若某点存在可行下降方向,它就不会是极小点;若某点是极小点,则在该点处必不存在可行下降方向.

定理 12.1.1 考虑问题(12.1.2),设 $\boldsymbol{x}^*\in\mathscr{X}$,$f(\boldsymbol{x})$ 在 $\boldsymbol{x}^*$ 处可微,若 $\boldsymbol{x}^*$ 是局部最优解,则 $\boldsymbol{x}^*$ 点处必不存在可行下降方向.

证 用反证法. 设在 $\boldsymbol{x}^*$ 点处存在非零向量 $\boldsymbol{p}$ 是可行下降方向,则因为 $\boldsymbol{p}$ 是 $\boldsymbol{x}^*$ 点处的下降方向,由定义 9.4.1 知,必存在 $\delta_1>0$,当 $\lambda\in(0,\delta_1)$ 时,都有

$$f(\boldsymbol{x}^*+\lambda\boldsymbol{p})<f(\boldsymbol{x}^*).\tag{12.1.9}$$

又因为 $\boldsymbol{p}$ 是点 $\boldsymbol{x}^*$ 的可行方向,由定义 9.4.2 知,必存在 $\delta_2>0$,当 $\lambda\in(0,\delta_2)$ 时,都有

$$\boldsymbol{x}^*+\lambda\boldsymbol{p}\in\mathscr{X}.\tag{12.1.10}$$

取 $\delta=\min\{\delta_1,\delta_2\}$,则当 $\lambda\in(0,\delta)$ 时,必可使式(12.1.9)及式(12.1.10)同时成立,这一结论与 $\boldsymbol{x}^*$ 是局部极小点相矛盾,因此在 $\boldsymbol{x}^*$ 处不存在可行下降方向.

12.1.2 库恩-塔克条件

库恩-塔克(Kuhn-Tucker)条件是非线性规划领域中的重要理论成果之一,是确定某点为局部最优解的一阶必要条件. 只要是最优点(同时是正则点,见定义 12.1.2)就必满足这个条件. 但一般来说它不是充分条件,即满足这个条件的点不一定是最优点. 但对于凸规划,库恩-塔克条件既是必要条件,也是充分条件.

1. 只含有不等式约束

考虑问题(12.1.1)或问题(12.1.2). 设 $\boldsymbol{x}^*$ 是它的极小点,那么 $\boldsymbol{x}^*$ 可能在可行域 $\mathscr{X}$ 内部,也可能在可行域的边界上. 若 $\boldsymbol{x}^*$ 在 $\mathscr{X}$ 的内部,实际上是个无约束问题. $\boldsymbol{x}^*$ 必满足条件: $\nabla f(\boldsymbol{x}^*)=0$;若 $\boldsymbol{x}^*$ 位于可行域的边界上,我们分为几种情形来讨论.

(1) 设 $\boldsymbol{x}^*$ 位于一个约束条件形成的边界上,即 $\boldsymbol{x}^*$ 只有一个起作用约束,不失一般性,设 $\boldsymbol{x}^*$ 位于第一个约束条件生成的边界上,即 $g_1(\boldsymbol{x})\geqslant 0$ 是 $\boldsymbol{x}^*$ 点处的起作用约束,故有 $g_1(\boldsymbol{x}^*)=0$. 若 $\boldsymbol{x}^*$ 是局部最优解,则必有 $-\nabla f(\boldsymbol{x}^*)$ 与 $\nabla g_1(\boldsymbol{x}^*)$ 同处在一条直线上,且方向相反. 否则,必可在 $\boldsymbol{x}^*$ 点处找到一个方向 $\boldsymbol{p}$,它与 $-\nabla f(\boldsymbol{x}^*)$ 及 $\nabla g_1(\boldsymbol{x}^*)$ 的夹角都为

锐角，即 $\boldsymbol{p}$ 是 $\boldsymbol{x}^*$ 点处的可行下降方向，这与定理12.1.1相矛盾. 如图12.2(a)中的 $\bar{\boldsymbol{x}}$，由于 $-\nabla f(\bar{\boldsymbol{x}})$ 与 $\nabla g_1(\bar{\boldsymbol{x}})$ 不在同一直线上，因此位于 β 角内的方向都是可行下降方向. 而位于图12.2(b)中的 $\boldsymbol{x}^*$，是局部最优解，因而 $-\nabla f(\boldsymbol{x}^*)$ 与 $\nabla g_1(\boldsymbol{x}^*)$ 必处在同一直线上且方向相反，故点 $\boldsymbol{x}^*$ 处不存在可行下降方向. 我们用向量语言来描述上述几何性质，即，若 $\boldsymbol{x}^*$ 是局部最优解，$f(\boldsymbol{x})$ 与 $g_1(\boldsymbol{x})$(起作用约束)在点 $\boldsymbol{x}^*$ 一阶可微，则必存在实数 $\gamma_1 \geqslant 0$，使

$$\begin{cases}\nabla f(\boldsymbol{x}^*) - \gamma_1 \nabla g_1(\boldsymbol{x}^*) = \boldsymbol{0}, \\ \gamma_1 \geqslant 0\end{cases}$$

成立. 或说梯度向量 $\nabla f(\boldsymbol{x}^*)$ 可由梯度向量 $\nabla g_1(\boldsymbol{x}^*)$ 作正线性表出.

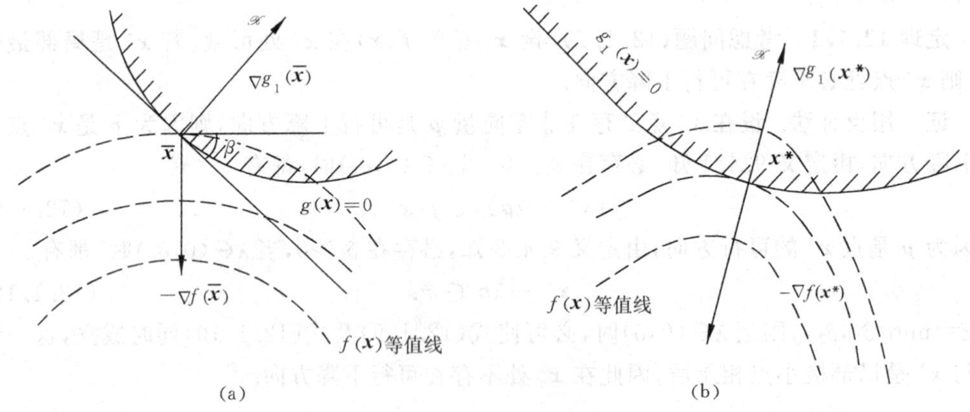

图　12.2

(2) 设 $\boldsymbol{x}^*$ 同时位于两个约束条件所形成的边界面上：即 $g_1(\boldsymbol{x}^*)=0$，$g_2(\boldsymbol{x}^*)=0$，或说 $\boldsymbol{x}^*$ 有两个起作用约束，此时，$\nabla f(\boldsymbol{x}^*)$ 必位于 $\nabla g_1(\boldsymbol{x}^*)$ 与 $\nabla g_2(\boldsymbol{x}^*)$ 所形成的夹角内(见图12.3)；否则，$\boldsymbol{x}^*$ 点处必可找到一个可行下降方向. 用代数的语言来描述：若 $\boldsymbol{x}^*$ 是局部最优解，且 $\nabla g_1(\boldsymbol{x}^*)$ 与 $\nabla g_2(\boldsymbol{x}^*)$ 线性无关，则 $\nabla f(\boldsymbol{x}^*)$ 必可由 $\nabla g_1(\boldsymbol{x}^*)$ 与 $\nabla g_2(\boldsymbol{x}^*)$ 的正线性组合表出，即必存在 $\gamma_1 \geqslant 0$，$\gamma_2 \geqslant 0$，使

$$\nabla f(\boldsymbol{x}^*) - \gamma_1 \nabla g_1(\boldsymbol{x}^*) - \gamma_2 \nabla g_2(\boldsymbol{x}^*) = \boldsymbol{0}$$

成立.

将上述分析作进一步类推，有

$$\begin{cases}\nabla f(\boldsymbol{x}^*) - \sum\limits_{i \in I(\boldsymbol{x}^*)} \gamma_i \nabla g_i(\boldsymbol{x}^*) = \boldsymbol{0}, \\ \gamma_i \geqslant 0.\end{cases} \tag{12.1.11}$$

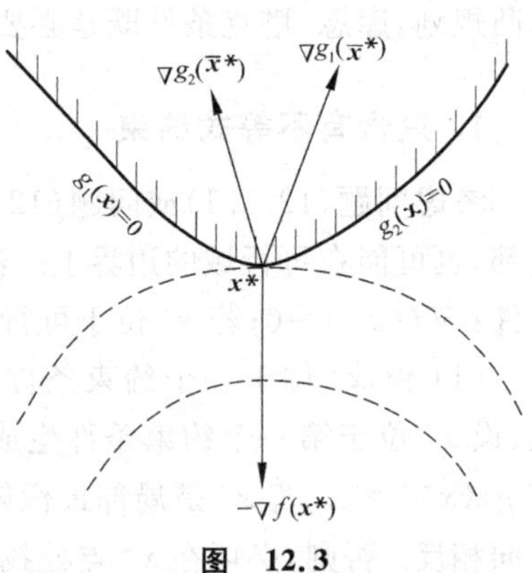

图　12.3

在式(12.1.11)中，$I(\boldsymbol{x}^*)$ 是点 $\boldsymbol{x}^*$ 处的起作用下标集，且它们的起作用约束梯度向量组线性无关，即 $\boldsymbol{x}^*$

同时也是一个正则点.

为了把不起作用约束也包括到式(12.1.11)中,可以增加一个松紧条件:

$$\gamma_i g_i(\boldsymbol{x}^*) = 0 \quad (i = 1,2,\cdots,m), \tag{12.1.12}$$

则式(12.1.11)就可改写为

$$\begin{cases} \nabla f(\boldsymbol{x}^*) - \sum_{i=1}^{m} \gamma_i \nabla g_i(\boldsymbol{x}^*) = \boldsymbol{0}, \\ \gamma_i g_i(\boldsymbol{x}^*) = 0 \quad (i = 1,2,\cdots,m), \\ \gamma_i \geqslant 0 \quad (i = 1,2,\cdots,m). \end{cases} \tag{12.1.13}$$

当 $i \overline{\in} I(\boldsymbol{x}^*)$ 时,即 $g_i(\boldsymbol{x}) \geqslant 0$ 是 $\boldsymbol{x}^*$ 的不起作用约束,故有 $g_i(\boldsymbol{x}^*) > 0$,则由松紧条件:$\gamma_i = 0$ $(i \overline{\in} I(\boldsymbol{x}^*))$. 因此式(12.1.13)第一组方程与式(12.1.11)中第一组方程实际上是相同的.

式(12.1.13)就是著名的库恩-塔克条件,简称为 K-T 条件,满足 K-T 条件的点称为 K-T 点. 我们把以上分析归纳为下述定理(不予证明).

定理 12.1.2 考虑问题(12.1.2). 设 $\boldsymbol{x}^* \in \mathscr{X}$, f, $g_i(i \in I(\boldsymbol{x}^*))$ 在 $\boldsymbol{x}^*$ 处可微, $g_i(i \overline{\in} I(\boldsymbol{x}^*))$ 在点 $\boldsymbol{x}^*$ 处连续. $\{\nabla g_i(\boldsymbol{x}^*) \mid i \in I(\boldsymbol{x}^*)\}$ 线性无关(即 $\boldsymbol{x}^*$ 是一个正则点). 若 $\boldsymbol{x}^*$ 是局部最优解,则存在向量 $\boldsymbol{\Gamma}^* = (\gamma_1^*, \gamma_2^*, \cdots, \gamma_m^*)$,使下述条件成立:

$$\begin{cases} \nabla f(\boldsymbol{x}^*) - \sum_{i=1}^{m} \gamma_i^* \nabla g_i(\boldsymbol{x}^*) = \boldsymbol{0}, \\ \gamma_i^* g_i(\boldsymbol{x}^*) = 0 \quad (i = 1,2,\cdots,m), \\ \gamma_i^* \geqslant 0 \quad (i = 1,2,\cdots,m). \end{cases} \tag{12.1.14}$$

2. 同时含有等式与不等式约束

考虑问题:

$$\begin{aligned} &\min \quad f(\boldsymbol{x}); \\ &\text{s.t.} \quad g_i(\boldsymbol{x}) \geqslant 0 \quad (i = 1,2,\cdots,m), \\ &\qquad\;\; h_j(\boldsymbol{x}) = 0 \quad (j = 1,2,\cdots,l). \end{aligned} \tag{12.1.15}$$

为了利用式(12.1.13),将等式约束 $h_j(\boldsymbol{x}) = 0$,用

$$\begin{cases} h_j(\boldsymbol{x}) \geqslant 0, \\ -h_j(\boldsymbol{x}) \geqslant 0 \end{cases}$$

来代替,这样就可利用式(12.1.13),得到同时含有等式与不等式约束条件的库恩-塔克条件. 叙述如下.

定理 12.1.3 考虑问题(12.1.15). 设 $\boldsymbol{x}^* \in \mathscr{X}$, $I(\boldsymbol{x}^*) = \{i \mid g_i(\boldsymbol{x}^*) = 0,\ 1 \leqslant i \leqslant m\}$, $f(\boldsymbol{x})$ 与 $g_i(\boldsymbol{x})(i \in I(\boldsymbol{x}^*))$ 在点 $\boldsymbol{x}^*$ 处可微, $g_i(\boldsymbol{x})(i \overline{\in} I(\boldsymbol{x}^*))$ 在点 $\boldsymbol{x}^*$ 处连续, $h_j(\boldsymbol{x})(j=1,$

$2,\cdots,l$)在点 $\boldsymbol{x}^*$ 处连续可微,且向量集

$$\{\nabla g_i(\boldsymbol{x}^*),\ \nabla h_j(\boldsymbol{x}^*)\mid i\in I(\boldsymbol{x}^*),j=1,2,\cdots,l\}$$

线性无关. 若 $\boldsymbol{x}^*$ 是问题(12.1.15)的局部最优解,则必存在$\boldsymbol{\gamma}^*=(\gamma_1^*,\gamma_2^*,\cdots,\gamma_m^*)^{\mathrm{T}}$ 和向量$\boldsymbol{\lambda}^*=(\lambda_1^*,\lambda_2^*,\cdots,\lambda_l^*)^{\mathrm{T}}$,使下述条件成立:

$$\begin{cases}\nabla f(\boldsymbol{x}^*)-\sum\limits_{i=1}^{m}\gamma_i^*\nabla g_i(\boldsymbol{x}^*)-\sum\limits_{j=1}^{l}\lambda_j^*\nabla h_j(\boldsymbol{x}^*)=\boldsymbol{0},\\ \gamma_i^*g_i(\boldsymbol{x}^*)=0\quad(i=1,2,\cdots,m),\\ \gamma_i^*\geqslant 0\quad(i=1,2,\cdots,m).\end{cases}\tag{12.1.16}$$

式(12.1.16)就是含有等式与不等式约束的库恩-塔克条件.

通常称函数 $f(\boldsymbol{x})-\sum\limits_{i=1}^{m}\gamma_i g_i(\boldsymbol{x})-\sum\limits_{j=1}^{l}\lambda_j h_j(\boldsymbol{x})$ 为问题(12.1.15)的广义拉格朗日函数,称乘子 $\gamma_1^*,\gamma_2^*,\cdots,\gamma_m^*$ 和 $\lambda_1^*,\lambda_2^*,\cdots,\lambda_l^*$ 为广义拉格朗日乘子, 称向量$\boldsymbol{\gamma}^*$ 及$\boldsymbol{\lambda}^*$ 为乘子向量.

在利用式(12.1.13)或式(12.1.16)求解 K-T 点时,还要把约束条件都加上.

例 12.1.1 求下列非线性规划问题的 K-T 点:

$$\begin{aligned}&\min\ f(\boldsymbol{x})=2x_1^2+2x_1x_2+x_2^2-10x_1-10x_2;\\ &\text{s.t.}\quad x_1^2+x_2^2\leqslant 5,\\ &\qquad\ \ 3x_1+x_2\leqslant 6.\end{aligned}$$

解 将上述问题的约束条件改写为 $g_i(\boldsymbol{x})\geqslant 0$ 的形式:

$$\begin{aligned}\text{s.t.}\quad &g_1(\boldsymbol{x})=-x_1^2-x_2^2+5\geqslant 0,\\ &g_2(\boldsymbol{x})=-3x_1-x_2+6\geqslant 0.\end{aligned}$$

设 K-T 点为 $\boldsymbol{x}^*=(x_1,x_2)^{\mathrm{T}}$,有

$$\nabla f(\boldsymbol{x}^*)=\begin{bmatrix}4x_1+2x_2-10\\ 2x_1+2x_2-10\end{bmatrix},$$

及

$$\nabla g_1(\boldsymbol{x}^*)=\begin{bmatrix}-2x_1\\ -2x_2\end{bmatrix},\quad \nabla g_2(\boldsymbol{x}^*)=\begin{bmatrix}-3\\ -1\end{bmatrix}.$$

由定理 12.1.2,且将式(12.1.14)中第 1 个向量方程拆成分量形式,有

$$\begin{cases}4x_1+2x_2-10+2\gamma_1x_1+3\gamma_2=0,\\ 2x_1+2x_2-10+2\gamma_1x_2+\gamma_2=0,\\ \gamma_1(5-x_1^2-x_2^2)=0,\\ \gamma_2(6-3x_1-x_2)=0,\\ \gamma_1\geqslant 0,\\ \gamma_2\geqslant 0.\end{cases}\tag{12.1.17}$$

求解上述联立方程组(若原问题有等式约束的话,还须把各等式约束也加到方程组中去),即可求出 $\gamma_1,\gamma_2,x_1,x_2$,则可得到满足 K-T 条件的点.上述方程组是非线性方程组,求解时一般都要首先利用松紧条件(即上述方程组中的第 3,4 个方程),其实质是分析 $\boldsymbol{x}^*$ 点处,哪个(哪些)是不起作用约束,以便得到 $\gamma_i=0$,这样分情况讨论求解较为容易.

(1) 假设两个约束均是 $\boldsymbol{x}^*$ 点处的不起作用约束,即有

$$\gamma_1 = 0,\quad \gamma_2 = 0.$$

代入式(12.1.17),有

$$\begin{cases}4x_1 + 2x_2 - 10 = 0,\\ 2x_1 + 2x_2 - 10 = 0.\end{cases}$$

解之有

$$\begin{cases}x_1 = 0,\\ x_2 = 5.\end{cases}$$

但将该点代入约束条件,不满足 $g_1(\boldsymbol{x}^*)\geqslant 0$,因此该点不是可行点.

(2) 若 $g_1(\boldsymbol{x})\geqslant 0$ 是起作用约束,$g_2(\boldsymbol{x})$ 是不起作用约束,则有 $\gamma_2=0$,代入条件(12.1.17),有

$$\begin{cases}4x_1 + 2x_2 - 10 + 2\gamma_1 x_1 = 0,\\ 2x_1 + 2x_2 - 10 + 2\gamma_1 x_2 = 0,\\ \gamma_1(5 - x_1^2 - x_2^2) = 0,\\ \gamma_1 \geqslant 0.\end{cases}$$

解出

$$\begin{cases}x_1 = 1,\\ x_2 = 2,\\ \gamma_1 = 1,\\ \gamma_2 = 0.\end{cases}$$

代入原问题约束条件中检验,可知该点 $\boldsymbol{x}^*=(1,2)^{\mathrm{T}}$ 是可行点,且满足定理 12.1.3 中条件,又是一个正则点,故它是一个 K-T 点.

因为 $g_1(\boldsymbol{x})\geqslant 0$ 是起作用约束,此时 $\gamma_1\geqslant 0$,可以是 $\gamma_1>0$,也可以是 $\gamma_1=0$.若 $\gamma_1=0$ 也成立,则结果同(1),已知求出的解不是可行点.

(3) 若 $g_1(\boldsymbol{x})\geqslant 0$ 是不起作用约束,$g_2(\boldsymbol{x})\geqslant 0$ 是起作用约束,即有 $\gamma_1=0$.代入条件(12.1.17),有

$$\begin{cases}4x_1 + 2x_2 - 10 + 3\gamma_2 = 0,\\ 2x_1 + 2x_2 - 10 + \gamma_2 = 0,\\ \gamma_2(6 - 3x_1 - x_2) = 0,\\ \gamma_2 \geqslant 0.\end{cases}$$

解上述方程组,可得到 $\gamma_2=0$ 或 $\gamma_2=-\dfrac{2}{5}$. 而 $\gamma_2=-\dfrac{2}{5}$,不满足 $\gamma_2\geqslant0$ 条件. 而 $\gamma_2=0$ 及 $\gamma_1=0$ 同情形(1)的结果.

(4) 假设两个约束均起作用,这时 $\gamma_1>0$, $\gamma_2>0$,故有

$$\begin{cases}4x_1+2x_2-10+2\gamma_1x_1+3\gamma_2=0,\\2x_1+2x_2-10+2\gamma_1x_2+\gamma_2=0,\\5-x_1^2-x_2^2=0,\\6-3x_1-x_2=0.\end{cases}$$

求解上述方程组,得到的解不满足 $\gamma_1\geqslant0$ 与 $\gamma_2\geqslant0$,故舍去.

因此本题的 K-T 点为: $\boldsymbol{x}^*=(1,2)^{\mathrm{T}}$. 同时本题 $f(\boldsymbol{x})$为凸函数,而 $g_1(\boldsymbol{x})\geqslant0$ 为凹函数,$g_2(\boldsymbol{x})\geqslant0$ 是线性函数,也是凹函数,故本题是凸规划. 对凸规划 K-T 条件也是充分条件,因此 $\boldsymbol{x}^*=(1,2)^{\mathrm{T}}$ 也是本题的全局极小点.

12.2 可行方向法

上一节我们介绍了约束问题的最优性条件,读者已看到利用 K-T 条件来求极小点是很困难的,因此带有约束的极值问题仍以迭代算法为主要的求解方法. 从本节起我们将介绍几种求解约束极值问题的算法.

考虑问题:

$$\begin{aligned}&\min\ f(\boldsymbol{x});\\&\text{s.t.}\quad g_i(\boldsymbol{x})\geqslant0\quad(i=1,2,\cdots,m).\end{aligned}\tag{12.2.1}$$

记问题(12.2.1)的可行域为 $\mathscr{X}\subset R^n$. 设 $\boldsymbol{x}^{(k)}$是它的一个可行点,但并不是所要求的极小点. 为了求得极小点或近似极小点,应在 $\boldsymbol{x}^{(k)}$ 的可行下降方向中选取某一方向 $\boldsymbol{p}^{(k)}$ 为搜索方向,然后确定该方向上的步长 λ_k,使

$$\begin{cases}\boldsymbol{x}^{(k+1)}=\boldsymbol{x}^{(k)}+\lambda_k\boldsymbol{p}^{(k)}\in\mathscr{X},\\f(\boldsymbol{x}^{(k+1)})<f(\boldsymbol{x}^{(k)}).\end{cases}\tag{12.2.2}$$

若满足精度要求,停止迭代,$\boldsymbol{x}^{(k+1)}$就是所要求的点;否则,从 $\boldsymbol{x}^{(k+1)}$ 出发继续迭代,直到满足要求为止. 上述方法称为可行方向法,它具有下述特点:迭代过程中所采用的搜索方向为可行方向,所产生的迭代点列$\{\boldsymbol{x}^{(k)}\}$始终在可行域内,目标函数值单调下降. 这是一类算法,由不同的规则产生出可行方向作为搜索方向形成了不同的可行方向法,下面我们介绍 Zoutendijk 可行方向法,它是由 Zoutendijk 于 1960 年提出的一种算法,是一种线性化的方法.

12.2.1 基本原理与算法步骤

第 1 步：给定初始可行点 $\boldsymbol{x}^{(0)}(\in\mathscr{X})$，允许误差 $\varepsilon_1>0$，$\varepsilon_2>0$，并置 $k:=0$.

第 2 步：确定 $\boldsymbol{x}^{(k)}$ 点处的起作用约束下标集 $I(\boldsymbol{x}^{(k)})$：

$$I(\boldsymbol{x}^{(k)})=\{i\mid g_i(\boldsymbol{x}^{(k)})=0,\ \ 1\leqslant i\leqslant m\}.$$

(1) 若 $I(\boldsymbol{x}^{(k)})=\varnothing$(空集)，而且 $\|\nabla f(\boldsymbol{x}^{(k)})\|<\varepsilon_1$，则停止迭代，得到近似极小点 $\boldsymbol{x}^{(k)}$.

(2) 若 $I(\boldsymbol{x}^{(k)})=\varnothing$，但 $\|\nabla f(\boldsymbol{x}^{(k)})\|\geqslant\varepsilon_1$，则取搜索方向 $\boldsymbol{p}^{(k)}=-\nabla f(\boldsymbol{x}^{(k)})$，然后转第 5 步.

因为 $I(\boldsymbol{x}^{(k)})=\varnothing$，表明 $\boldsymbol{x}^{(k)}$ 处于可行域 $\mathscr{X}$ 的内部，因此任一方向均是 $\boldsymbol{x}^{(k)}$ 点处的可行方向，类似于无约束的极值问题，故可采用最速下降法寻求下一个迭代点 $\boldsymbol{x}^{(k+1)}$. 但需要注意的是，毕竟不是真正的无约束问题，因此步长不能太大，仍要保证 $\boldsymbol{x}^{(k+1)}\in\mathscr{X}$. 此时在作一维搜索时，对 λ 的最大值提出控制范围(具体内容见第 5 步).

(3) 若 $I(\boldsymbol{x}^{(k)})\neq\varnothing$，转第 3 步.

这时表明 $\boldsymbol{x}^{(k)}$ 处于可行域 $\mathscr{X}$ 的边界上，故要找出一个可行方向作为搜索方向. 本法是通过求解一个线性规划问题来求得搜索方向.

第 3 步：求解线性规划问题，得最优解 $(\boldsymbol{p}^{(k)},\ \eta_k)$.

当 $I(\boldsymbol{x}^{(k)})\neq\varnothing$ 时，$\boldsymbol{x}^{(k)}$ 点处的可行下降方向 $\boldsymbol{p}^{(k)}$，根据式(12.1.8)可由下列方程组确定：

$$\begin{cases}\nabla f(\boldsymbol{x}^{(k)})^{\mathrm{T}}\cdot\boldsymbol{p}<0,\\ \nabla g_i(\boldsymbol{x}^{(k)})^{\mathrm{T}}\cdot\boldsymbol{p}>0,\quad i\in I(\boldsymbol{x}^{(k)}).\end{cases}$$

而上述方程组当引进数 η 后，等价于下述方程组求向量 $\boldsymbol{p}$ 与实数 η.

$$\begin{cases}\nabla f(\boldsymbol{x}^{(k)})^{\mathrm{T}}\cdot\boldsymbol{p}\leqslant\eta,\\ -\nabla g_i(\boldsymbol{x}^{(k)})^{\mathrm{T}}\boldsymbol{p}\leqslant\eta,\quad i\in I(\boldsymbol{x}^{(k)}),\\ \eta<0.\end{cases}$$

因为满足上述不等式组的可行方向 $\boldsymbol{p}$ 和数 η 一般有很多个，而我们希望求出能使目标函数值下降最多的方向 $\boldsymbol{p}$，因此将问题转化为对 η 求极小的一个线性规划问题. 此外，求一个向量 $\boldsymbol{p}$ 只需知道该向量各分量之间的相对大小，就可确定该向量的方向. 为此，对向量 $\boldsymbol{p}$ 的各分量增加一个约束：其各分量 d_j 的绝对值不超过 1. 若不加此约束，线性规划就可能得出无界的解. 故有下述线性规划：

$$\begin{cases}\min\ \eta,\\ \nabla f(\boldsymbol{x}^{(k)})^{\mathrm{T}}\cdot\boldsymbol{p}\leqslant\eta,\\ -\nabla g_i(\boldsymbol{x}^{(k)})^{\mathrm{T}}\cdot\boldsymbol{p}\leqslant\eta,\quad i\in I(\boldsymbol{x}^{(k)}),\\ -1\leqslant d_j\leqslant 1\quad(j=1,2,\cdots,n),\end{cases}\tag{12.2.3}$$

求解模型(12.2.3),设其最优解为($p^{(k)}$,η_k).

第 4 步:判断精度.

若满足$|\eta_k|<\varepsilon_2$,则停止迭代,得到点 $x^{(k)}$. 因为 $\eta_k\approx 0$,说明 $x^{(k)}$点处找不到可行下降方向,因此 $x^{(k)}$点是一个库恩-塔克点(假定 $x^{(k)}$ 是一个正则点);否则,以 $p^{(k)}$ 为搜索方向,并转第 5 步.

第 5 步:在搜索方向上,确定可行的最优步长 λ_k.

λ_k 的选择,除了要使目标函数值尽可能地减小外(在 $p^{(k)}$ 方向上),还要保证 $x^{(k)}+\lambda_k p^{(k)}$点的可行性. 因此先要找出使点 $x^{(k)}+\lambda p^{(k)}\in\mathscr{X}$的 λ 的上限$\bar{\lambda}$,然后在 $0\leqslant\lambda\leqslant\bar{\lambda}$ 范围内选择 λ_k,即

$$f(x^{(k)}+\lambda_k p^{(k)})=\min_{0\leqslant\lambda\leqslant\bar{\lambda}} f(x^{(k)}+\lambda p^{(k)}),$$

其中

$$\bar{\lambda}=\max\{\lambda\mid x^{(k)}+\lambda p^{(k)}\in\mathscr{X}\}.$$

第 6 步:令 $x^{(k+1)}=x^{(k)}+\lambda_k p^{(k)}$. 置 $k:=k+1$, 返回第 2 步.

12.2.2 计算举例

例 12.2.1 用可行方向法解下列非线性规划问题:

$$\min f(x)=x_1^2+x_2^2-4x_1-4x_2;$$
$$\text{s.t.}\quad x_1+2x_2\leqslant 4.$$

取 $x^{(0)}=\begin{bmatrix}0\\0\end{bmatrix}$, $\varepsilon_1=0.01$, $\varepsilon_2=0.001$.

解 先将约束改写为 $g_i(x)\geqslant 0$ 的形式:

$$\min\ f(x)=x_1^2+x_2^2-4x_1-4x_2;$$
$$\text{s.t.}\quad -x_1-2x_2+4\geqslant 0.$$

计算:

$$\nabla f(x)=\begin{bmatrix}2x_1-4\\2x_2-4\end{bmatrix},\quad \nabla g_1(x)=\begin{bmatrix}-1\\-2\end{bmatrix},$$

故

$$\nabla f(x^{(0)})=\begin{bmatrix}-4\\-4\end{bmatrix},$$

及 $g_1(x^{(0)})=4>0$,因此 $I(x^{(0)})=\varnothing$. 又

$$\|\nabla f(x^{(0)})\|=\sqrt{32}\not<\varepsilon_1.$$

所以 $\boldsymbol{x}^{(0)}$ 不是近似极小点，且 $\boldsymbol{x}^{(0)}$ 处于可行域内部，现按最速下降方向作为搜索方向，即取

$$\boldsymbol{p}^{(0)}=-\nabla f(\boldsymbol{x}^{(0)})=\begin{bmatrix}4\\4\end{bmatrix}.$$

作一维搜索，令

$$\boldsymbol{x}^{(1)}=\boldsymbol{x}^{(0)}+\lambda\boldsymbol{p}^{(0)}=\begin{bmatrix}0\\0\end{bmatrix}+\lambda\begin{bmatrix}4\\4\end{bmatrix}=\begin{bmatrix}4\lambda\\4\lambda\end{bmatrix}.$$

首先求 $\bar{\lambda}$，将 $\boldsymbol{x}^{(1)}$ 代入约束条件

$$g_1(\boldsymbol{x}^{(1)})=-4\lambda-8\lambda+4\geqslant 0.$$

所以有 $\lambda\leqslant\dfrac{1}{3}$. 取 $\bar{\lambda}=\dfrac{1}{3}$，求解

$$f(\boldsymbol{x}^{(0)}+\lambda_0\boldsymbol{p}^{(0)})=\min_{0\leqslant\lambda\leqslant\bar{\lambda}} f(\boldsymbol{x}^{(0)}+\lambda\boldsymbol{p}^{(0)}).$$

因为

$$f(\boldsymbol{x}^{(0)}+\lambda\boldsymbol{p}^{(0)})=16\lambda^2+16\lambda^2-16\lambda-16\lambda=32\lambda^2-32\lambda.$$

令 $f'_\lambda(\boldsymbol{x}^{(0)}+\lambda\boldsymbol{p}^{(0)})=0$，得 $\lambda'_0=\dfrac{1}{2}$. 但

$$\lambda'_0=\frac{1}{2}>\bar{\lambda},$$

即 $\boldsymbol{x}^{(0)}+\lambda'_0\boldsymbol{p}^{(0)}\overline{\in}\mathscr{X}$. 由

$$f(\boldsymbol{x}^{(0)}+\lambda\boldsymbol{p}^{(0)})=32(\lambda^2-\lambda)=32\left(\lambda-\frac{1}{2}\right)^2-8,$$

可知，该函数在 $\lambda\in\left[0,\dfrac{1}{3}\right]$ 内是单调递减，因此有

$$f(\boldsymbol{x}^{(0)}+\bar{\lambda}\boldsymbol{p}^{(0)})=\min_{0\leqslant\lambda\leqslant\bar{\lambda}} f(\boldsymbol{x}^{(0)}+\lambda\boldsymbol{p}^{(0)}).$$

所以取

$$\lambda_0=\bar{\lambda}=\frac{1}{3}.$$

有

$$\boldsymbol{x}^{(1)}=\boldsymbol{x}^{(0)}+\bar{\lambda}\boldsymbol{p}^{(0)}=\begin{bmatrix}0\\0\end{bmatrix}+\frac{1}{3}\begin{bmatrix}4\\4\end{bmatrix}=\begin{bmatrix}4/3\\4/3\end{bmatrix}.$$

故

$$f(\boldsymbol{x}^{(1)})=-\frac{64}{9},\quad \nabla f(\boldsymbol{x}^{(1)})=\begin{bmatrix}-\dfrac{4}{3}\\-\dfrac{4}{3}\end{bmatrix}.$$

因

$$g_1(\boldsymbol{x}^{(1)})=0,\quad \nabla g_1(\boldsymbol{x}^{(1)})=\begin{bmatrix}-1\\-2\end{bmatrix}.$$

所以

$$I(\boldsymbol{x}^{(1)})=\{1\}\neq\varnothing.$$

令 $\boldsymbol{p}^{(1)}=\begin{bmatrix}d_1\\d_2\end{bmatrix}$,构造下列线性规划问题(由模型(12.2.3)):

$$\begin{aligned}&\min\ \eta;\\&\text{s.t.}\quad -\frac{4}{3}d_1-\frac{4}{3}d_2\leqslant\eta,\\&\qquad\quad d_1+2d_2\leqslant\eta,\\&\qquad\quad -1\leqslant d_1\leqslant 1,\\&\qquad\quad -1\leqslant d_2\leqslant 1.\end{aligned}$$

为便于用单纯形法求解,令

$$\begin{aligned}y_1&=d_1+1,\\y_2&=d_2+1,\\y_3&=-\eta.\end{aligned}$$

从而有

$$\begin{aligned}&\min\ (-y_3);\\&\text{s.t.}\quad \frac{4}{3}y_1+\frac{4}{3}y_2-y_3\geqslant\frac{8}{3},\\&\qquad\quad y_1+2y_2+y_3\leqslant 3,\\&\qquad\quad y_1\leqslant 2,\\&\qquad\quad y_2\leqslant 2,\\&\qquad\quad y_1,y_2,y_3\geqslant 0.\end{aligned}$$

将上述线性规划标准化,并引入人工变量:

$$\begin{aligned}&\min\ (-y_3+My_8);\\&\text{s.t.}\quad \frac{4}{3}y_1+\frac{4}{3}y_2-y_3-y_4+y_8=\frac{8}{3},\\&\qquad\quad y_1+2y_2+y_3+y_5=3,\\&\qquad\quad y_1+y_6=2,\\&\qquad\quad y_2+y_7=2,\\&\qquad\quad y_j\geqslant 0\quad(j=1,2,\cdots,8).\end{aligned}$$

用单纯形法解之,得最优解为

$$y_1=2,\quad y_2=\frac{3}{10},\quad y_3=\frac{4}{10},\quad y_7=\frac{17}{10},\quad y_4=y_5=y_6=y_8=0.$$

因此有

$$\eta = -y_3 = -\frac{4}{10}.$$

故搜索方向

$$\boldsymbol{p}^{(1)} = \begin{bmatrix} d_1 \\ d_2 \end{bmatrix} = \begin{bmatrix} y_1 - 1 \\ y_2 - 1 \end{bmatrix} = \begin{bmatrix} 1 \\ -0.7 \end{bmatrix}.$$

因此有

$$\boldsymbol{x}^{(2)} = \boldsymbol{x}^{(1)} + \lambda \boldsymbol{p}^{(1)} = \begin{bmatrix} \frac{4}{3} + \lambda \\ \frac{4}{3} - 0.7\lambda \end{bmatrix},$$

及

$$f(\boldsymbol{x}^{(2)}) = 1.49\lambda^2 - 0.4\lambda - \frac{64}{9}.$$

令

$$\frac{\mathrm{d}f(\boldsymbol{x}^{(2)})}{\mathrm{d}\lambda} = 0,$$

得到

$$\lambda = \frac{0.4}{2.98} \approx 0.134.$$

为了减少运算,暂取 $\lambda_1 = 0.134$. 计算:

$$\boldsymbol{x}^{(2)} = \boldsymbol{x}^{(1)} + \lambda_1 \boldsymbol{p}^{(1)} = \begin{bmatrix} \frac{4}{3} \\ \frac{4}{3} \end{bmatrix} + 0.134 \begin{bmatrix} 1.0 \\ -0.7 \end{bmatrix}$$

$$= \begin{bmatrix} 4/3 + 0.134 \\ 4/3 - 0.7 \times 0.134 \end{bmatrix} = \begin{bmatrix} 1.467 \\ 1.240 \end{bmatrix}.$$

将 $\boldsymbol{x}^{(2)}$ 代入约束条件:

$$g_1(\boldsymbol{x}^{(2)}) = 0.053 > 0.$$

说明 $\boldsymbol{x}^{(2)}$ 在可行域内,即上面选取 $\lambda_1 = 0.134$ 是正确的,即可先不计算 $\bar{\lambda}$(若 $g_1(\boldsymbol{x}^{(2)}) < 0$,则需要计算 $\bar{\lambda}$ 及重新选择 λ_1).

继续迭代下去,可得最优解为

$$\boldsymbol{x}^* = (1.6, 1.2)^{\mathrm{T}}, \quad f(\boldsymbol{x}^*) = -7.2.$$

限于篇幅,其最后过程不再写出.

12.3 近似规划法

近似规划是一种线性化的方法：将非线性规划线性化，然后通过解线性规划来求原问题的近似最优解.

12.3.1 线性近似规划的构成

考虑非线性规划问题

$$\begin{aligned}&\min\ f(\boldsymbol{x});\\&\text{s.t.}\quad g_i(\boldsymbol{x})\geqslant 0\quad(i=1,2,\cdots,m),\\&\qquad\ \ h_j(\boldsymbol{x})=0\quad(j=1,2,\cdots,l).\end{aligned}\tag{12.3.1}$$

其中 $\boldsymbol{x}\in\mathbb{R}^n$，$f(\boldsymbol{x})$，$g_i(\boldsymbol{x})(i=1,2,\cdots,m)$，$h_j(\boldsymbol{x})(j=1,2,\cdots,l)$均存在一阶连续偏导数，记其可行域为 $\mathscr{X}$.

近似规划法的基本作法是，将问题(12.3.1)中的目标函数 $f(\boldsymbol{x})$、约束条件 $g_i(\boldsymbol{x})(i=1,2,\cdots,m)$及 $h_j(\boldsymbol{x})(j=1,2,\cdots,l)$，在点 $\boldsymbol{x}^{(k)}$ 处作一阶泰勒展开，并取其线性近似，从而得到线性近似规划，并对其变量的取值范围加以限制. 因为用线性函数逼近非线性函数时，一般只在展开点附近的近似程度较好，远离展开点，可能产生较大偏差，特别是函数的非线性程度较高时，产生偏差会更大. 因此需要对变量的取值范围加以限制. 用单纯形法解这个加了限制的近似线性规划，把其符合原始约束的最优解作为原问题的近似解. 每得到一个近似解后，再从这点出发，重复以上步骤. 这样，通过求解一系列的线性规划，产生一个由线性规划最优解组成的序列. 经验表明，这样的序列往往收敛于原非线性规划问题的解.

设 $\boldsymbol{x}^{(k)}\in\mathscr{X}$，将目标函数 $f(\boldsymbol{x})$与约束条件函数 $g_i(\boldsymbol{x})(i=1,2,\cdots,m)$，$h_j(\boldsymbol{x})(j=1,2,\cdots,l)$在点 $\boldsymbol{x}^{(k)}$ 处作一阶泰勒展开，并取其线性近似式，可得到下列线性规划问题：

$$\begin{aligned}&\min\ f(\boldsymbol{x}^{(k)})+\nabla f(\boldsymbol{x}^{(k)})^{\mathrm{T}}\cdot(\boldsymbol{x}-\boldsymbol{x}^{(k)});\\&\text{s.t.}\ \ g_i(\boldsymbol{x}^{(k)})+\nabla g_i(\boldsymbol{x}^{(k)})^{\mathrm{T}}\cdot(\boldsymbol{x}-\boldsymbol{x}^{(k)})\geqslant 0\quad(i=1,2,\cdots,m),\\&\qquad h_j(\boldsymbol{x}^{(k)})+\nabla h_j(\boldsymbol{x}^{(k)})^{\mathrm{T}}\cdot(\boldsymbol{x}-\boldsymbol{x}^{(k)})=0\quad(j=1,2,\cdots,l),\\&\qquad |\,x_j-x_j^{(k)}\,|\leqslant\delta_j^{(k)}\quad(j=1,2,\cdots,n).\end{aligned}\tag{12.3.2}$$

上述线性规划中最后一组不等式约束，即是对变量 $\boldsymbol{x}$ 所施加的限制，其中 x_j 是 $\boldsymbol{x}$ 中第 j 个分量，$\delta_j^{(k)}(j=1,2,\cdots,n)$是预先给定的变量限制范围，称为步长限制量.

求解模型(12.3.2)，设得到的最优解为 $\boldsymbol{x}^{(k+1)}$. 若 $\boldsymbol{x}^{(k+1)}$ 是原问题(12.3.1)的可行解，则在这一点再将目标函数与约束条件函数线性化，并延用步长限制：$\delta_j^{(k+1)}=\delta_j^{(k)}(j=1,$

$2,\cdots,n$). 若 $\boldsymbol{x}^{(k+1)}$ 不属于原问题(12.3.1)的可行域,则减小步长限制量,取

$$\delta_j^{(k)}:=\beta\delta_j^{(k)} \quad (j=1,2,\cdots,n),$$

一般 β 取 $\frac{1}{2}$, $\frac{1}{4}$ 等值. 重新求解当前的线性规划问题.

12.3.2 近似规划法的算法步骤

第 1 步: 给定初始可行点 $\boldsymbol{x}^{(0)}$,步长限制 $\delta_j^{(0)}(j=1,2,\cdots,n)$,缩小系数 $\beta\in(0,1)$. 允许误差 $\varepsilon_1,\varepsilon_2$. 置 $k:=0$.

第 2 步: 求解线性规划问题:

$$\begin{aligned}
\min\ & f(\boldsymbol{x}^{(k)})+\nabla f(\boldsymbol{x}^{(k)})^{\mathrm{T}}\cdot(\boldsymbol{x}-\boldsymbol{x}^{(k)});\\
\text{s.t.}\ & g_i(\boldsymbol{x}^{(k)})+\nabla g_i(\boldsymbol{x}^{(k)})^{\mathrm{T}}\cdot(\boldsymbol{x}-\boldsymbol{x}^{(k)})\geqslant 0 \quad (i=1,2,\cdots,m),\\
& h_j(\boldsymbol{x}^{(k)})+\nabla h_j(\boldsymbol{x}^{(k)})^{\mathrm{T}}\cdot(\boldsymbol{x}-\boldsymbol{x}^{(k)})=0 \quad (j=1,2,\cdots,l),\\
& |x_j-x_j^{(k)}|\leqslant\delta_j^{(k)} \quad (j=1,2,\cdots,n).
\end{aligned}$$

求得最优解 $\bar{\boldsymbol{x}}$.

第 3 步: 若 $\bar{\boldsymbol{x}}$ 满足原问题(12.3.1)的可行性,则令 $\boldsymbol{x}^{(k+1)}=\bar{\boldsymbol{x}}$,转第 4 步;否则,置 $\delta_j^{(k)}:=\beta\delta_j^{(k)}$, $j=1,2,\cdots,n$,返回第 2 步.

第 4 步: 若 $|f(\boldsymbol{x}^{(k+1)})-f(\boldsymbol{x}^{(k)})|<\varepsilon_1$,且满足

$$\|\boldsymbol{x}^{(k+1)}-\boldsymbol{x}^{(k)}\|<\varepsilon_2,$$

或

$$|\delta_j^{(k)}|<\varepsilon_2 \quad (j=1,2,\cdots,n),$$

则点 $\boldsymbol{x}^{(k+1)}$ 为原问题的近似最优解,停止迭代,输出 $\boldsymbol{x}^{(k+1)}$. 否则,令 $\delta_j^{(k+1)}=\delta_j^{(k)}$, $j=1,2,\cdots,n$. 置 $k:=k+1$, 返回第 2 步.

12.3.3 计算举例

例 12.3.1 用近似规划法求解下列问题:

$$\begin{aligned}
\min\ & f(\boldsymbol{x})=-2x_1-x_2;\\
\text{s.t.}\ & g_1(\boldsymbol{x})=25-x_1^2-x_2^2\geqslant 0,\\
& g_2(\boldsymbol{x})=7-x_1^2+x_2^2\geqslant 0,\\
& 5\geqslant x_1\geqslant 0,\\
& 10\geqslant x_2\geqslant 0.
\end{aligned}$$

给定初始可行点 $\boldsymbol{x}^{(0)}=\begin{bmatrix}3\\2.5\end{bmatrix}$, $\delta^{(0)}=\begin{bmatrix}2\\1\end{bmatrix}$, $\beta=\frac{1}{2}$, $\varepsilon_1=10^{-3}$, $\varepsilon_2=10^{-3}$.

解 因 $f(\boldsymbol{x})=-2x_1-x_2$ 已是线性函数,只需将 $g_1(\boldsymbol{x}),g_2(\boldsymbol{x})$ 线性化:

$$\begin{aligned}g_1(\boldsymbol{x})&\approx g_1(\boldsymbol{x}^{(0)})+\nabla g_1(\boldsymbol{x}^{(0)})^{\mathrm{T}}\cdot(\boldsymbol{x}-\boldsymbol{x}^{(0)})\\&=9.75+(-6,-5)\begin{bmatrix}x_1-3\\x_2-2.5\end{bmatrix}\\&=40.25-6x_1-5x_2\geqslant 0.\end{aligned}$$

$$\begin{aligned}g_2(\boldsymbol{x})&\approx g_2(\boldsymbol{x}^{(0)})+\nabla g_2(\boldsymbol{x}^{(0)})^{\mathrm{T}}\cdot(\boldsymbol{x}-\boldsymbol{x}^{(0)})\\&=4.25+(-6,5)\begin{bmatrix}x_1-3\\x_2-2.5\end{bmatrix}\\&=9.75-6x_1+5x_2\geqslant 0.\end{aligned}$$

步长限制 $\|\boldsymbol{x}-\boldsymbol{x}^{(0)}\|\leqslant\delta^{(0)}$,即有

$$-2\leqslant x_1-3\leqslant 2,\quad -1\leqslant x_2-2.5\leqslant 1.$$

或

$$1\leqslant x_1\leqslant 5,\quad 1.5\leqslant x_2\leqslant 3.5.$$

又由约束条件的限制

$$0\leqslant x_1\leqslant 5,\quad 0\leqslant x_2\leqslant 10.$$

故合起来有

$$1\leqslant x_1\leqslant 5,\quad 1.5\leqslant x_2\leqslant 3.5.$$

故得到近似线性规划问题:

$$\begin{aligned}\min\ & f(\boldsymbol{x})=-2x_1-x_2;\\\text{s.t.}\ & 40.25-6x_1-5x_2\geqslant 0,\\& 9.75-6x_1+5x_2\geqslant 0,\\& 1\leqslant x_1\leqslant 5,\\& 1.5\leqslant x_2\leqslant 3.5.\end{aligned}$$

为解此线性规划,先标准化.令

$$\begin{aligned}y_1&=x_1-1,\\y_2&=x_2-1.5.\end{aligned}$$

得到

$$\begin{aligned}\min\ & (-2y_1-y_2-3.5);\\\text{s.t.}\ & 6y_1+5y_2+y_3=26.75,\\& 6y_1-5y_2+y_4=11.25,\\& y_1+y_5=4,\\& y_2+y_6=2,\\& y_1\geqslant 0,\\& y_2\geqslant 0.\end{aligned}$$

用单纯形法求解,得到

$$x^{(1)} = \begin{bmatrix} \frac{25}{6} \\ \frac{61}{20} \end{bmatrix}.$$

将 $x^{(1)}$ 代入原问题的约束集，经检验，$x^{(1)}$ 不满足约束条件，因此该 $x^{(1)}$ 不是可行点. 为此取 $\beta=\frac{1}{2}$，缩小步长限制量. 令

$$\delta^{(0)} = \beta\begin{bmatrix} 2 \\ 1 \end{bmatrix} = \begin{bmatrix} 1 \\ \frac{1}{2} \end{bmatrix}.$$

返回去修改上述线性规划中的步长限制约束：

$$-1 \leqslant x_1 - 3 \leqslant 1, \quad -0.5 \leqslant x_2 - 2.5 \leqslant 0.5.$$

或

$$2 \leqslant x_1 \leqslant 4, \quad 2 \leqslant x_2 \leqslant 3.$$

得到 $x^{(0)}$ 点的新的近似线性规划：

$$\begin{aligned} &\min\ f(x) = -2x_1 - x_2; \\ &\text{s.t.}\quad 40.25 - 6x_1 - 5x_2 \geqslant 0, \\ &\qquad\ \ 9.75 - 6x_1 + 5x_2 \geqslant 0, \\ &\qquad\ \ 2 \leqslant x_1 \leqslant 4, \\ &\qquad\ \ 2 \leqslant x_2 \leqslant 3. \end{aligned}$$

与上次解法相似，先将上述问题标准化，再用单纯形法解之，可得到新的 $x^{(1)}$ 解：

$$x^{(1)} = \begin{bmatrix} 4 \\ 3 \end{bmatrix}.$$

将 $x^{(1)} = \begin{bmatrix} 4 \\ 3 \end{bmatrix}$ 代入原问题约束集中，经检验，$x^{(1)} = \begin{bmatrix} 4 \\ 3 \end{bmatrix}$ 是可行点.

因此将 $g_1(x)$ 及 $g_2(x)$ 在 $x^{(1)}$ 点处作一阶泰勒展开，取线性近似：

$$\begin{aligned} g_1(x) &\approx g_1(x^{(1)}) + \nabla g_1(x^{(1)})^{\mathrm{T}} \cdot (x - x^{(1)}) \\ &= 0 + (-8, -6)\begin{bmatrix} x_1 - 4 \\ x_2 - 3 \end{bmatrix} \\ &= 50 - 8x_1 - 6x_2 \geqslant 0, \\ g_2(x) &\approx g_2(x^{(1)}) + \nabla g_2(x^{(1)})^{\mathrm{T}} \cdot (x - x^{(1)}) \\ &= 0 + (-8, 6)\begin{bmatrix} x_1 - 4 \\ x_2 - 3 \end{bmatrix} \\ &= 14 - 8x_1 + 6x_2 \geqslant 0. \end{aligned}$$

步长限制约束，取 $\boldsymbol{\delta}^{(1)}=\boldsymbol{\delta}^{(0)}=\begin{bmatrix}1\\ \frac{1}{2}\end{bmatrix}$，有

$$-1\leqslant x_1-4\leqslant 1,\quad -\frac{1}{2}\leqslant x_2-3\leqslant\frac{1}{2}.$$

或

$$3\leqslant x_1\leqslant 5,\quad 2.5\leqslant x_2\leqslant 3.5.$$

考虑到原有约束：

$$0\leqslant x_1\leqslant 5,\quad 0\leqslant x_2\leqslant 10.$$

得到近似线性规划：

$$\begin{aligned}\min\ & f(\boldsymbol{x})=-2x_1-x_2;\\ \text{s. t.}\quad & 50-8x_1-6x_2\geqslant 0,\\ & 14-8x_1+6x_2\geqslant 0,\\ & 3\leqslant x_1\leqslant 5,\\ & 2.5\leqslant x_2\leqslant 3.5.\end{aligned}$$

先将上述规划标准化，令

$$\begin{aligned}y_1&=x_1-3,\\ y_2&=x_2-2.5.\end{aligned}$$

可得

$$\begin{aligned}\max\quad & (-f)=2y_1+y_2+8.5;\\ \text{s. t.}\quad & 8y_1+6y_2+y_3=11,\\ & 8y_1-6y_2+y_4=5,\\ & y_1+y_5=2,\\ & y_2+y_6=1,\\ & y_1,y_2,\cdots,y_6\geqslant 0.\end{aligned}$$

用单纯形法解之，得到

$$y_1^*=1,\quad y_2^*=0.5,\quad y_3^*=y_4^*=0,\quad y_5^*=1,\quad y_6^*=0.5.$$

即

$$\boldsymbol{x}^{(2)}=\begin{bmatrix}y_1^*+3\\ y_2^*+2.5\end{bmatrix}=\begin{bmatrix}4\\ 3\end{bmatrix}.$$

故有

$$\begin{gathered}|f(\boldsymbol{x}^{(2)})-f(\boldsymbol{x}^{(1)})|=0<\varepsilon_1,\\ \|\boldsymbol{x}^{(2)}-\boldsymbol{x}^{(1)}\|=0<\varepsilon_2.\end{gathered}$$

因此

$$x^* = \begin{bmatrix} 4 \\ 3 \end{bmatrix}, \quad f(x^*) = -11.$$

12.4 制约函数法

本节介绍求解非线性规划问题的制约函数法,其基本思想是通过约束条件来构造制约函数,再利用目标函数和制约函数构造出带参数的增广目标函数,这样就可以将约束问题转化为对增广目标函数的一系列无约束问题,进而用无约束最优化方法求解,因此该方法也称为序列无约束最小化技术,简记为 SUMT(sequential unconstrained minimization technique). 常用的制约函数基本上有两类:一为惩罚函数(或称罚函数),一为障碍函数. 对应于这两种函数,SUMT 有外点法与内点法之分.

12.4.1 外点法

考虑非线性规划问题

$$\begin{aligned} &\min\ f(x); \\ &\text{s.t.}\quad g_i(x) \geqslant 0 \quad (i = 1,2,\cdots,m), \\ &\qquad\quad h_j(x) = 0 \quad (j = 1,2,\cdots,l). \end{aligned} \tag{12.4.1}$$

其中 $x \in \mathbb{R}^n$,可行域记为 $\mathscr{X}$, $f(x)$, $g_i(x)$, $h_j(x)$是$\mathbb{R}^n$上的连续函数.

1. 外点法的基本原理

外点法可以用来解决只含有等式约束、只含有不等式约束或同时含有等式和不等式约束的问题.

由于上述问题的约束为非线性函数,不能用消元法将该问题化为无约束问题,而在求解时必须同时考虑既使目标函数值下降又要满足约束条件,为此可以通过构造一个由约束函数组成的罚函数,再进一步构造增广目标函数的办法,对增广目标函数实行极小化来实现这一目的.

为了便于说明问题. 先考虑只含有不等式约束的问题:

$$\begin{aligned} &\min\ f(x); \\ &\text{s.t.}\quad g_i(x) \geqslant 0 \quad (i = 1,2,\cdots,m). \end{aligned} \tag{12.4.2}$$

构造一个函数 $\psi(t)$:

$$\psi(t) = \begin{cases} 0, & \text{当 } t \geqslant 0, \\ \infty, & \text{当 } t < 0. \end{cases} \tag{12.4.3}$$

现把 $g_i(\boldsymbol{x})$ 看做 t，显然当 $\boldsymbol{x}\in\mathscr{X}$ 时，$\psi(g_i(\boldsymbol{x}))=0$ $(i=1,2,\cdots,m)$，当 $\boldsymbol{x}\overline{\in}\mathscr{X}$ 时，$\psi(g_i(\boldsymbol{x}))=\infty$.

再构造增广目标函数 $\varphi(\boldsymbol{x})$：

$$\varphi(\boldsymbol{x})=f(\boldsymbol{x})+\sum_{i=1}^{m}\psi(g_i(\boldsymbol{x})). \tag{12.4.4}$$

现来求解无约束问题

$$\min\ \varphi(\boldsymbol{x}). \tag{12.4.5}$$

若问题(12.4.5)有解，设其最优解为 $\boldsymbol{x}^*$，则由式(12.4.3)与式(12.4.4)应有

$$\psi(g_i(\boldsymbol{x}^*))=0\quad\text{（请读者思考：上式成立的理由是什么?）.}$$

这就是说 $\boldsymbol{x}^*\in\mathscr{X}$. 因此 $\boldsymbol{x}^*$ 不仅是问题(12.4.5)的极小解，它也是问题(12.4.2)的极小解. 因此我们就将约束问题(12.4.2)的求解化为无约束问题(12.4.5)的求解.

但是上述函数 $\psi(t)$ 的函数性态不好，它在 $t=0$ 点不连续，也没有导数，使不少无约束最优化的方法不能使用. 我们希望构造出一个在任意点 t 处函数及其导数都连续的惩罚函数. 我们可选择如下的函数：

$$\psi(t)=\begin{cases}0, & \text{当 } t\geqslant 0,\\ t^2, & \text{当 } t<0.\end{cases} \tag{12.4.6}$$

函数(12.4.6)在 t 为任意值时，$\psi(t)$ 与 $\psi'(t)$ 都连续，且当 $\boldsymbol{x}\in\mathscr{X}$ 时仍有

$$\sum_{i=1}^{m}\psi(g_i(\boldsymbol{x}))=0.$$

当 $\boldsymbol{x}\overline{\in}\mathscr{X}$ 时

$$0<\sum_{i=1}^{m}\psi(g_i(\boldsymbol{x}))<\infty.$$

为了使惩罚函数能更快地满足要求，将引入一个充分大的正数 $M(>0)$，修改 $\varphi(\boldsymbol{x})$ 为

$$p(\boldsymbol{x},M)=f(\boldsymbol{x})+M\sum_{i=1}^{m}\psi(g_i(\boldsymbol{x})). \tag{12.4.7}$$

或等价地

$$p(\boldsymbol{x},M)=f(\boldsymbol{x})+M\sum_{i=1}^{m}[\min\ (0,g_i(\boldsymbol{x}))]^2. \tag{12.4.8}$$

求解问题(12.4.5)就变为求解无约束问题(12.4.8). 设 $p(\boldsymbol{x},M)$ 的最优解为 $\bar{\boldsymbol{x}}_M$，若 $\bar{\boldsymbol{x}}_M\in\mathscr{X}$ 时，它必也是原问题的最优解，这是因为对所有的 $\boldsymbol{x}\in\mathscr{X}$，都有

$$p(\boldsymbol{x},M)\geqslant p(\bar{\boldsymbol{x}}_M,M).$$

而

$$p(\boldsymbol{x},M)=f(\boldsymbol{x})+M\sum_{i=1}^{m}[\min\ (0,g_i(\boldsymbol{x}))]^2=f(\boldsymbol{x})+0=f(\boldsymbol{x}),$$

$$p(\bar{\boldsymbol{x}}_M,M)=f(\bar{\boldsymbol{x}}_M)+M\sum_{i=1}^{m}[\min\ (0,g_i(\bar{\boldsymbol{x}}_M))]^2=f(\bar{\boldsymbol{x}}_M)+0=f(\bar{\boldsymbol{x}}_M).$$

(思考题：请读者思考上述两个等式成立的理由是什么?)故有

$$f(\boldsymbol{x}) \geqslant f(\bar{\boldsymbol{x}}_M) \quad (\boldsymbol{x} \in \mathscr{X}).$$

上式说明了 $\bar{\boldsymbol{x}}_M$ 也为问题(12.4.2)的极小解.

称函数 $p(\boldsymbol{x},M)$为增广目标函数,其中第二项 $M\sum_{i=1}^{m}[\min(0,g_i(\boldsymbol{x}))]^2$ 为惩罚项(惩罚函数). 称 M 为罚因子.

惩罚函数只对不满足约束条件的点实行惩罚. 当 $\boldsymbol{x}\in\mathscr{X}$时,满足各个 $g_i(\boldsymbol{x})\geqslant 0$,故惩罚项等于 0,不受惩罚;当 $\boldsymbol{x}\overline{\in}\mathscr{X}$时,必有 $g_i(\boldsymbol{x})<0$,故惩罚项>0,对极小化罚函数的问题,就要受惩罚. 因此若 $p(\boldsymbol{x},M)$的最优解$\overline{Z}_M\notin\mathscr{X}$时,就要加大罚因子 M 的值.

同理,对于只含有等式约束的非线性极值问题:

$$\begin{aligned}&\min\ f(\boldsymbol{x});\\ &\text{s. t.}\quad h_j(\boldsymbol{x})=0\quad (j=1,2,\cdots,l).\end{aligned}$$

可以定义增广目标函数为

$$p(\boldsymbol{x},M)=f(\boldsymbol{x})+M\sum_{j=1}^{l}[h_j(\boldsymbol{x})]^2. \tag{12.4.9}$$

对于同时含有等式与不等式约束的非线性规划(12.4.1),可以定义增广目标函数为

$$p(\boldsymbol{x},M)=f(\boldsymbol{x})+M\Big\{\sum_{i=1}^{m}[\min(0,g_i(\boldsymbol{x}))]^2+\sum_{j=1}^{l}[h_j(\boldsymbol{x})]^2\Big\}. \tag{12.4.10}$$

对无约束问题(12.4.10)求解,所得到的极小点便是约束极值问题(12.4.1)的极小点或近似极小点. 需要说明的是惩罚函数的形式不是唯一的.

在实际计算中,罚因子 M 的值选得过小或过大都不好. 如果选得过小,则增广目标函数的极小点远离约束问题的最优解,计算效率很差;如果 M 过大,则给增广目标函数的极小化增加计算上的困难. 因此,一般策略是取一个趋向无穷大的严格递增正数列$\{M_k\}$,从某个 M_1 开始,对每个 M_k 求解:

$$\min\ p(\boldsymbol{x},M_k)=f(\boldsymbol{x})+M_k\left\{\sum_{i=1}^{m}[\min(0,g_i(\boldsymbol{x}))]^2+\sum_{j=1}^{l}[h_j(\boldsymbol{x})]^2\right\}. \tag{12.4.11}$$

随着 M_k 值的增加,增广目标函数中惩罚项所起的作用越来越大,即对点远离可行域 $\mathscr{X}$ 的惩罚越来越重,这就迫使 $p(\boldsymbol{x},M_k)$的极小点 $\boldsymbol{x}^{(k)}$ 与可行域 $\mathscr{X}$ 的"距离"越来越近. 当 M_k 趋向于正无穷大时,点列$\{\boldsymbol{x}^{(k)}\}$就从可行域外部趋于原问题的极小点(可以证明,在适当条件下,这个点列$\{\boldsymbol{x}^{(k)}\}$收敛于约束问题的最优解),"外点法"正是因此而得名.

外点法,是对增广目标函数 $p(\boldsymbol{x},M_k)$在整个空间$\mathbb{R}^n$内进行优化,因此,初始点可以任意给定,它给计算提供了方便,这也是外点法的另一优点.

2. 外点法的计算步骤

第 1 步：给定初始点 $\boldsymbol{x}^{(0)}$,初始罚因子 M_1(例如 $M_1=1$),放大系数 $\beta>1$(如取 $\beta=5$ 或

10)，允许误差 $\varepsilon>0$. 令 $k:=1$.

第 2 步：求解增广目标函数 $p(\boldsymbol{x},M_k)$ 的无约束极小化问题. 以 $\boldsymbol{x}^{(k-1)}$ 为初始点，选择适当的方法求解 $\min\ p(\boldsymbol{x},M_k)$，得其极小点 $\boldsymbol{x}^{(k)}$.

第 3 步：判断精度. 在 $\boldsymbol{x}^{(k)}$ 点，若罚项 $<\varepsilon$，则停止计算，得到原问题的近似极小点 $\boldsymbol{x}^{(k)}$；否则令 $M_{k+1}=\beta M_k$，置 $k:=k+1$，返回第 2 步.

例 12.4.1 用外点法求解非线性规划：

$$\begin{aligned}\min\ & f(\boldsymbol{x}) = x_1 + x_2;\\ \text{s.t.}\quad & g_1(\boldsymbol{x}) = -x_1^2 + x_2 \geqslant 0,\\ & g_2(\boldsymbol{x}) = x_1 \geqslant 0.\end{aligned}$$

解 构造增广目标函数

$$p(\boldsymbol{x},M_k) = x_1 + x_2 + M_k\{[\min\ (0,(-x_1^2+x_2))]^2 + [\min\ (0,x_1)]^2\}.$$

用解析法求解增广目标函数的极小点：

$$\frac{\partial p}{\partial x_1} = 1 + 2M_k[\min\ (0,(-x_1^2+x_2)(-2x_1))] + 2M_k[\min\ (0,x_1)],$$

$$\frac{\partial p}{\partial x_2} = 1 + 2M_k[\min\ (0,-x_1^2+x_2)].$$

当 $-x_1^2+x_2<0$，$x_1<0$ 时，$\boldsymbol{x}$ 不满足约束条件，此时有

$$\begin{cases}\dfrac{\partial p}{\partial x_1} = 1 + 2M_k(-x_1^2+x_2)(-2x_1) + 2M_k x_1,\\[2ex] \dfrac{\partial p}{\partial x_2} = 1 + 2M_k(-x_1^2+x_2).\end{cases}$$

令 $\dfrac{\partial p}{\partial x_1}=0$，$\dfrac{\partial p}{\partial x_2}=0$，得到 $\min\ p(\boldsymbol{x},M_k)$ 的解为

$$\boldsymbol{x}^{(k)} = \left(-\frac{1}{2(1+M_k)},\ \left(\frac{1}{4(1+M_k)^2} - \frac{1}{2M_k}\right)\right)^{\mathrm{T}}.$$

当 M_k 取不同值时，可得一系列 $\boldsymbol{x}^{(k)}$ 的值，如表 12.1.

表 12.1

M_k	1	10	100	1000	$M_k\to\infty$
$x_1^{(k)}$	−0.25	−0.04545	−0.004950	−0.0004995	0
$x_2^{(k)}$	−0.4375	−0.1415	−0.004975	−0.0004998	0

从表 12.1 中可看出，当 $M_k \to \infty$ 时，增广目标函数的一系列无约束极小点是从可行域外部趋向于 $\boldsymbol{x}^*$，本例题最后结果是

$$\boldsymbol{x}^* = \begin{bmatrix} 0 \\ 0 \end{bmatrix}, \quad f(\boldsymbol{x}^*) = 0.$$

其求解过程见图 12.4.

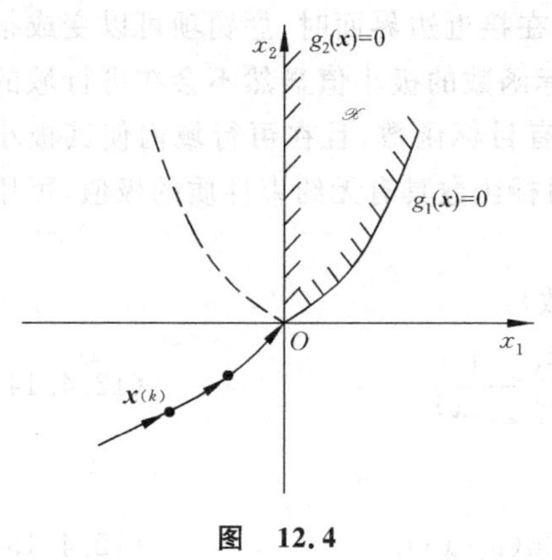

图 12.4

从上述分析也许会想到，初始罚因子 M_1 是否取得大一些好呢？因为 M_1 越大，初始解就越接近可行域. 但是实际上这样做是不合适的. 正如我们前面曾指出这会增加计算上的困难. 当罚因子很大时，在罚函数的极小点附近，其等值线会变得十分狭长，这就是说其极小点位于一个十分狭长的深谷之中，因此搜索方向稍有偏离就会导致相当大的误差. 为了使搜索不致太困难，M_1 不能选得过大，一般取 $M_1 = 1$，β 取 5～10. 采取渐进的方式情况就会好一些. 外点法的第二个缺点是，惩罚项的二阶偏导数在 $\mathscr{X}$ 的边界上不存在，因此在选择无约束最优化方法时就会受到限制. 第三个缺点为外点法的中间结果不是可行解，不能作为近似最优解，只有迭代到最后才能得到符合要求的可行解. 第四，当点 $\boldsymbol{x}(M_k)$ 接近最优解时，罚因子 M_k 很大，可能使罚函数性质变坏，其黑塞矩阵可能陷入病态(也就是其等值线变得十分狭长)，使搜索产生较大的困难.

外点法的优点是：它是在整个 $\mathbb{R}^n$ 空间进行优化，因此对初始点要求不高. 其次它对等式约束、不等式约束或者两者都包含的约束均可应用. 这使外点法可以较广泛地被应用在求解各种形式的问题中.

12.4.2 内点法

1. 内点法的基本原理

考虑非线性规划

$$\begin{aligned} &\min\ f(\boldsymbol{x}); \\ &\text{s.t.}\quad g_i(\boldsymbol{x}) \geqslant 0 \quad (i = 1,2,\cdots,m). \end{aligned} \tag{12.4.12}$$

记

$$\mathscr{X}_1 = \{\boldsymbol{x} \mid g_i(\boldsymbol{x}) > 0, \quad i = 1,2,\cdots,m\} \tag{12.4.13}$$

为可行域内部，即 $\mathscr{X}_1$ 是可行域 $\mathscr{X}$ 中所有严格内点(即不包括可行域边界上的点)的集合.

与外点法不同的是，内点法要求整个迭代过程始终在可行域内部进行，初始点也必须选一个严格内点. 在可行域边界上设置一道“障碍”，以阻止搜索点到可行域边界上去，一旦接近可行域边界时，就要受到很大的惩罚，迫使迭代点始终留在可行域内部.

与外点法相似，用目标函数叠加一个惩罚项来构成增广目标函数，在内点法中惩罚函数称为障碍函数. 要求障碍函数能具备这样的功能：在可行域内部离边界面较远之处，增广目标函数与原目标函数 $f(\boldsymbol{x})$尽可能地接近，而在接近边界面时，惩罚项可以变成很大的值. 因此，满足这种要求的障碍函数使增广目标函数的极小值显然不会在可行域的边界上达到. 也就是说，用增广目标函数来代替原有目标函数，且在可行域内使其极小化. 因极小点不在可行域的边界上，因而这种增广目标函数具有无约束性质的极值，可用无约束极值法求解.

构造增广目标函数(障碍函数取倒数或对数函数)：

$$p(\boldsymbol{x},r_k)=f(\boldsymbol{x})+r_k\sum_{i=1}^{m}\frac{1}{g_i(\boldsymbol{x})},\tag{12.4.14}$$

或

$$p(\boldsymbol{x},r_k)=f(\boldsymbol{x})-r_k\sum_{i=1}^{m}\ln(g_i(\boldsymbol{x})).\tag{12.4.15}$$

其中，r_k 是很小的正数，通常称 r_k 为障碍因子，称 $r_k\sum\limits_{i=1}^{m}\dfrac{1}{g_i(\boldsymbol{x})}$ 或 $-r_k\sum\limits_{i=1}^{m}\ln(g_i(\boldsymbol{x}))$ 为障碍函数(障碍项).

由于 r_k 很小，因此在可行域内部距离边界较远的地方，增广目标函数与目标函数 $f(\boldsymbol{x})$的值可以很接近；而当 $\boldsymbol{x}$ 趋于边界时，至少有一个 $g_i(\boldsymbol{x})$趋于 0，即增广目标函数 $p(\boldsymbol{x},r_k)$趋于正无穷大. 显然 r_k 的值越小，增广目标函数的无约束极小点越接近原问题的极小点. 但是 r_k 的取值过小，将给增广目标函数的极小化计算带来很大的困难. 因此与外点法类似，仍可采用序列无约束极小化方法，取一个严格单调递减且趋于零的障碍因子数列$\{r_k\}$，对每个 r_k 值，求解增广目标函数(12.4.14)或(12.4.15)的无约束极小点 $\boldsymbol{x}^{(k)}$. 当 r_k 趋向零时，点列$\{\boldsymbol{x}^{(k)}\}$就从可行域内部趋于原问题的极小点. 若原问题的极小点在可行域 $\mathscr{X}$ 的边界上，则随着 r_k 的减小，障碍作用逐步降低，所求出的增广目标函数的无约束极小点不断靠近边界，直到满足某一精度时为止.

2. 内点法计算步骤

第 1 步：给定严格内点 $\boldsymbol{x}^{(0)}$ 为初始点，初始障碍因子 $r_1>0$(如取 $r_1=1$)，缩小系数 $\beta\in(0,1)$(如取 $\beta=0.1$ 或 0.2)，允许误差 $\varepsilon>0$，置 $k:=1$.

第 2 步：构造增广目标函数 $p(\boldsymbol{x},r_k)$，可取式(12.4.14)也可取式(12.4.15).

第 3 步：求解增广目标函数 $p(\boldsymbol{x},r_k)$ 的无约束极小化问题.

以 $\boldsymbol{x}^{(k-1)}$ 为初始点，求解

$$\min_{x\in \mathscr{X}_1} p(\boldsymbol{x},r_k);$$

得其极小点 $\boldsymbol{x}^{(k)}$. 式中 $\mathscr{X}_1$ 是可行域中所有严格内点的集合.

第 4 步：判断精度. 若收敛准则得到满足，则迭代停止，取 $\boldsymbol{x}^{(k)}$ 作为原问题极小点 $\boldsymbol{x}^{(*)}$ 的近似值. 否则取 $r_{k+1}=\beta r_k$，置 $k:=k+1$，转第 3 步.

收敛准则可采用以下几种形式之一：

$$r_k\sum_{i=1}^{m}\frac{1}{g_i(\boldsymbol{x})}\leqslant\varepsilon;\quad \left|r_k\sum_{i=1}^{m}\ln(g_i(\boldsymbol{x}^{(k)}))\right|\leqslant\varepsilon;$$

$$\|\boldsymbol{x}^{(k)}-\boldsymbol{x}^{(k-1)}\|\leqslant\varepsilon;\quad \left|f(\boldsymbol{x}^{(k)})-f(\boldsymbol{x}^{(k-1)})\right|\leqslant\varepsilon.$$

例 12.4.2 用内点法求解例 12.4.1：

$$\begin{aligned}\min\ & f(\boldsymbol{x})=x_1+x_2;\\ \text{s.t.}\ & g_1(\boldsymbol{x})=-x_1^2+x_2\geqslant 0,\\ & g_2(\boldsymbol{x})=\quad x_1\qquad\geqslant 0.\end{aligned}$$

解 障碍项采用对数函数来构造：

$$p(\boldsymbol{x},r)=x_1+x_2-r\ln(-x_1^2+x_2)-r\ln x_1.$$

本题可以用解析法求解：

$$\begin{cases}\dfrac{\partial p(\boldsymbol{x},r)}{\partial x_1}=1-\dfrac{-2x_1r}{-x_1^2+x_2}-\dfrac{r}{x_1},\\[2ex] \dfrac{\partial p(\boldsymbol{x},r)}{\partial x_2}=1-\dfrac{r}{-x_1^2+x_2}.\end{cases}$$

令 $\dfrac{\partial p}{\partial x_1}=0$，$\dfrac{\partial p}{\partial x_2}=0$，解之，可得到

$$x_1=\frac{1}{4}(-1+\sqrt{1+8r}),\quad x_2=\frac{3r}{2}-(-1+\sqrt{1+8r})\frac{1}{8},$$

因此

$$\boldsymbol{x}(r_k)=\left(\frac{-1+\sqrt{1+8r_k}}{4},\ \frac{3r_k}{2}-\frac{-1+\sqrt{1+8r_k}}{8}\right)^{\mathrm{T}}.$$

当 $r_k\to 0$ 时，$\boldsymbol{x}(r_k)$ 趋向于原问题的最优解：

$$\boldsymbol{x}^*=(0,0)^{\mathrm{T}}.$$

各次迭代结果见表 12.2 及图 12.5.

表 12.2

	r_k	$x_1(r_k)$	$x_2(r_k)$
r_1	1.000	0.500	1.250
r_2	0.500	0.309	0.595
r_3	0.250	0.183	0.283
r_4	0.100	0.085	0.107
r_5	0.0001	0.000	0.000

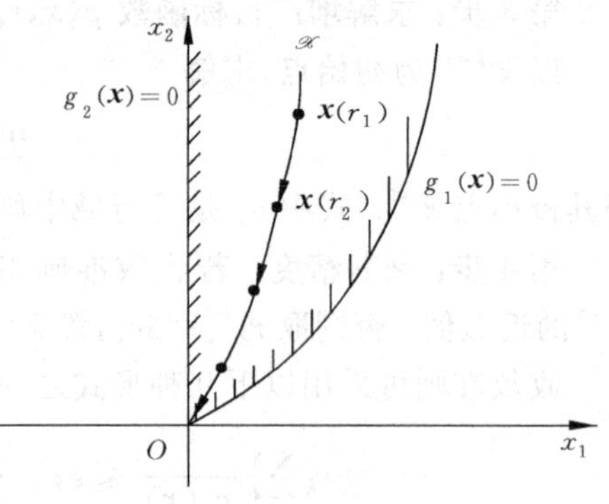

图 12.5

3. 初始内点的求法

例 12.4.2 可用解析法求解，但有些问题不便用解析法，而需用迭代法求解，这就需要事先给定一个严格的初始内点．但对不少实际问题不便于立刻找出一个严格初始内点，这就需要用一个迭代过程来求出严格初始内点．

先任找一点 $\boldsymbol{x}^{(0)}$ 为初始点，且令

$$S_0=\{i \mid g_i(\boldsymbol{x}^{(0)})\leqslant 0,\ 1\leqslant i\leqslant m\},$$
$$T_0=\{i \mid g_i(\boldsymbol{x}^{(0)})>0,\ 1\leqslant i\leqslant m\}.$$

如果 S_0 为空集，则 $\boldsymbol{x}^{(0)}$ 便可作为迭代之初始内点；若 S_0 非空，则以 S_0 中的约束函数为虚拟目标函数，并以 T_0 中的约束函数为障碍项，构成一个无约束极值问题，对这一问题进行极小化，可得一个新点 $\boldsymbol{x}^{(1)}$，然后检验 $\boldsymbol{x}^{(1)}$．若仍不是严格内点，如上法继续进行，并减小障碍因子 r 的值，直到求出一个严格内点为止．

求初始内点的迭代步骤如下：

第 1 步：任取一点 $\boldsymbol{x}^{(0)}\in\mathbb{R}^n$，$r_0>0$（如取 $r_0=1$），置 $k:=0$．

第 2 步：定出指标集 S_k 及 T_k：

$$S_k=\{i \mid g_i(\boldsymbol{x}^{(k)})\leqslant 0,\ 1\leqslant i\leqslant m\},$$
$$T_k=\{i \mid g_i(\boldsymbol{x}^{(k)})>0,\ 1\leqslant i\leqslant m\}.$$

第 3 步：检查集合 S_k 是否为空集，若为空集，则 $\boldsymbol{x}^{(k)}$ 在 $\mathscr{X}_1$ 内，即为初始内点，迭代停止；否则转第 4 步．

第 4 步：构造函数

$$\widetilde{p}(\boldsymbol{x},r_k)=-\sum_{i\in S_k}g_i(\boldsymbol{x})+r_k\sum_{i\in T_k}\frac{1}{g_i(\boldsymbol{x})}\quad (r_k>0).$$

上式第一项是虚拟目标函数，最小值为 0．第二项由虚拟约束条件构成．若记 $\widetilde{R}_k=\{\boldsymbol{x}\mid g_i(\boldsymbol{x})>0,\ i\in T_k\}$．意即在 $\widetilde{R}_k$ 域的边界上设置了一道“障碍”，阻止已满足的约束条件再

变为不满足. 随着满足约束条件的个数的增加,$\widetilde{R}_k$ 域逐渐缩小而趋向于 $\mathscr{X}_1$ 域.

第 5 步: 以 $\boldsymbol{x}^k$ 为初始点,在 $\widetilde{R}_k$ 域内,求障碍函数 $\widetilde{p}(\boldsymbol{x},r_k)$ 的无约束极小,得 $\boldsymbol{x}^{(k+1)}\in\widetilde{R}_k$,转第 6 步.

第 6 步: 令 $0<r_{k+1}<r_k\left(\text{如取 } r_{k+1}=\dfrac{1}{10}r_k\right)$,置 $k:=k+1$,转第 2 步.

内点法的优点是: 由于迭代点总是在可行域内进行,每一个中间结果都是可行解,可以作为近似解. 缺点是选取初始可行点较困难,且只适用于含有不等式约束的非线性规划问题.

习 题 12

12.1 分析非线性规划问题

$$\begin{aligned}\min\ & f(\boldsymbol{x})=(x_1-6)^2+(x_2-2)^2;\\ \text{s.t.}\ & -x_1+2x_2\leqslant 4,\\ & 3x_1+2x_2\leqslant 12,\\ & x_1\geqslant 0,\quad x_2\geqslant 0.\end{aligned}$$

在下列各点的可行下降方向 $\boldsymbol{p}=(d_1,d_2)^{\mathrm{T}}$:

(1) $\boldsymbol{x}^{(1)}=(0,0)^{\mathrm{T}}$, (2) $\boldsymbol{x}^{(2)}=(4,0)^{\mathrm{T}}$,

(3) $\boldsymbol{x}^{(3)}=(2,3)^{\mathrm{T}}$, (4) $\boldsymbol{x}^{(4)}=(0,2)^{\mathrm{T}}$,

(5) $\boldsymbol{x}^{(5)}=\left(\dfrac{48}{13},\dfrac{6}{13}\right)^{\mathrm{T}}$.

12.2 试写出非线性规划

$$\begin{aligned}\min\ & f(\boldsymbol{x})=-(x-4)^2;\\ \text{s.t.}\ & 1\leqslant x\leqslant 6\end{aligned}$$

在点 x^* 处的 Kuhn-Tucker 条件,并进行求解.

12.3 写出非线性规划问题

$$\begin{aligned}\min\ & f(\boldsymbol{x})=-\ln(x_1+x_2);\\ \text{s.t.}\ & \begin{cases}x_1+2x_2\leqslant 5,\\ x_1\geqslant 0,\ x_2\geqslant 0\end{cases}\end{aligned}$$

的 Kuhn-Tucker 条件,并进行求解.

12.4 用可行方向法求解下述非线性规划:

$$\begin{aligned}\min\ & f(\boldsymbol{x})=x_1^2+x_2^2-4x_1-4x_2;\\ \text{s.t.}\ & g_1(\boldsymbol{x})=-x_1-2x_2+3\geqslant 0.\end{aligned}$$

给定初始可行点 $\boldsymbol{x}^{(0)}=(0,0)^{\mathrm{T}}$，要求迭代两步.

12.5 试用可行方向法求解非线性规划：

$$\begin{aligned}\min\ & f(\boldsymbol{x}) = x_1^2 + x_2^2 - 4x_1 - 4x_2 + 8;\\ \text{s.t.}\ & g_1(\boldsymbol{x}) = -x_1 - 2x_2 + 4 \geqslant 0.\end{aligned}$$

初始点为 $\boldsymbol{x}^{(0)}=(0,0)^{\mathrm{T}}$，迭代两步.

12.6 用可行方向法求解非线性规划，以 $\boldsymbol{x}^{(0)}=(0,0.75)^{\mathrm{T}}$ 为初始点，迭代两步：

$$\begin{aligned}\min\ & f(\boldsymbol{x}) = 2x_1^2 + 2x_2^2 - 2x_1x_2 - 4x_1 - 6x_2;\\ \text{s.t.}\ & x_1 + 5x_2 \leqslant 5,\\ & 2x_1^2 - x_2 \leqslant 0,\\ & x_1 \geqslant 0,\quad x_2 \geqslant 0.\end{aligned}$$

12.7 用近似规划方法解下列问题：

$$\begin{aligned}\min\ & f(\boldsymbol{x}) = (x_1-3)^2 + (x_2-3)^2;\\ \text{s.t.}\ & g_1(\boldsymbol{x}) = 8 - x_1^2 - x_2^2 \geqslant 0,\\ & g_2(\boldsymbol{x}) = x_1 + x_2 - 1 \geqslant 0,\\ & g_3(\boldsymbol{x}) = x_1 \geqslant 0,\\ & g_4(\boldsymbol{x}) = x_2 \geqslant 0.\end{aligned}$$

要求取初始可行点 $\boldsymbol{x}^{(0)}=(1,1)^{\mathrm{T}}$，步长限制 $\boldsymbol{\delta}^{(0)}=(2,2)^{\mathrm{T}}$. 作两步迭代.

12.8 用外点法求解非线性规划：

$$\begin{aligned}\min\ & f(\boldsymbol{x}) = (x_1-2)^2 + x_2^2;\\ \text{s.t.}\ & g(\boldsymbol{x}) = x_2 - 1 \geqslant 0.\end{aligned}$$

12.9 试用内点法求解非线性规划：

$$\begin{aligned}\min\ & f(x) = (x+1)^2;\\ \text{s.t.}\ & x \geqslant 0.\end{aligned}$$

12.10 试用内点法求解

$$\begin{aligned}\min\ & f(\boldsymbol{x}) = x_1^2 - 6x_1 + 9 + 2x_2;\\ \text{s.t.}\ & g_1(\boldsymbol{x}) = x_1 - 3 \geqslant 0,\\ & g_2(\boldsymbol{x}) = x_2 - 3 \geqslant 0.\end{aligned}$$

第4部分　动态规划

动态规划(dynamic programming)是运筹学的一个分支，是求解多阶段决策过程(multistep decision process)的最优化数学方法. 20世纪50年代初美国数学家R. E. Bellman等人在研究多阶段决策过程的优化问题时，提出了著名的最优性原理(principle of decision optimality)，把多阶段过程转化为一系列单阶段问题，逐个求解，创立了解决这类过程优化问题的新方法——动态规划. Bellman在1957年出版了*Dynamic Programming*一书，是动态规划领域中第一本著作.

动态规划在经济管理、工程技术、工农业生产及军事部门中都有着广泛的应用，并且获得了显著的效果. 例如最短路线、资源分配、库存管理、生产调度、排序、装载等问题，用动态规划方法比用其他方法求解更为方便.

动态规划主要用于求解以时间划分阶段的动态过程的优化问题. 但是一些与时间无关的静态规划如线性或非线性规划，人为地引进时间因素后，把它们看成多阶段决策过程，也可以用动态规划来求解.

第13章

动态规划

13.1 动态规划问题实例

动态规划是目前解决多阶段决策过程问题的基本方法之一.所谓多阶段决策过程是指这样一类的决策问题:由问题的特性可将过程按时间、空间等标志分为若干个互相联系又相互区别的阶段.在它的每一阶段都需要作出决策,从而使整个过程达到最好的效果.因此,各个阶段决策的选取不是任意确定的,它依赖于当前面临的状态,又影响以后的发展.当各个阶段决策确定后,就组成了一个决策序列,因而也就决定了整个过程的一条活动路线.这样一个前后关联具有链状结构的多阶段过程就称为多阶段决策过程,也称为序贯决策过程(见图13.1所示),这种问题就称为多阶段决策问题.

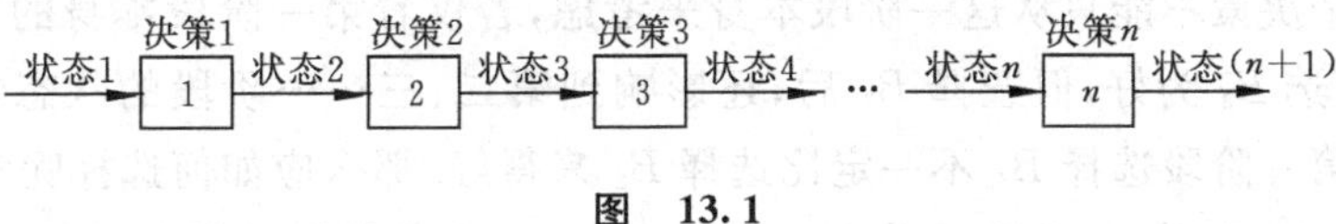

图 13.1

在多阶段决策问题中,各个阶段采取的决策,一般来说是与时间有关的,决策依赖于当前的状态,又随即引起状态的转移,一个决策序列就是在变化的状态中产生出来的,故有“动态”的含义,因此处理这种问题的方法称为动态规划方法.

例 13.1.1 如图13.2所示,给定一个线路网络,两点之间连线上的数字表示两点间的距离(或费用),试求一条由 A 到 E 的铺管线路,使总长度最小(或总费用最小).

显然这是一个以空间位置为特征的多阶段决策问题.

例 13.1.2 某运输公司有500辆运输卡车,在超负荷运输(即每天满载行驶500 km以上)情况下,年利润为25万元/辆,这时卡车的年损坏率为0.3.在低负荷运输(即每天行驶300 km以下)情况下,年利润为16万元/辆、年损坏率为0.1.现在要求制定一个5

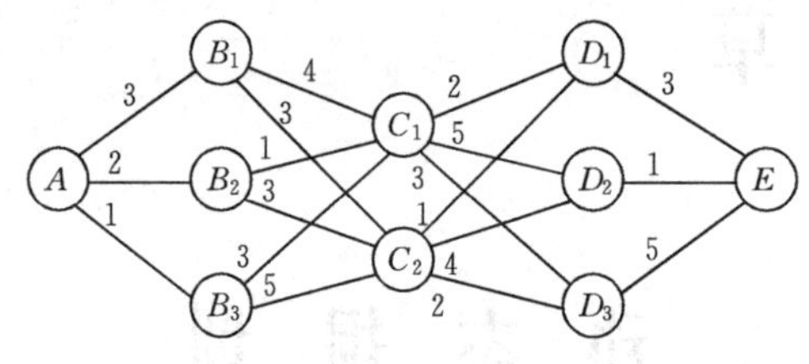

图 13.2

年运输计划，问每年年初应如何分配完好车辆在两种不同负荷下运输的卡车数量，使在5年内总利润达到最大？

显然，这是一个以时间为特征的多阶段决策问题.

例13.1.1通常称为最短路径问题，这是一个较简单而又十分典型的多阶段决策问题.我们以它为例来说明用动态规划求解多阶段决策问题的特点与方法、原理.

从图13.2可以看出，从 A 到 E 有一些中间点.可把从 A 到 E 的全过程分为四个阶段.从 $A\to B_i(i=1,2,3)$ 是第一阶段，从 $B_i\to C_j(j=1,2)$ 是第二阶段，从 $C_j\to D_t(t=1,2,3)$ 是第三阶段，从 $D_t\to E$ 是第四阶段.在每一阶段都有一个起始点——称之为初始状态，每一阶段都需作一个选择——称之为决策，决策本阶段由初始状态应演变到下一阶段的哪一个起始点(也就是本阶段的终点).一个阶段的决策不仅影响到本阶段的效果，还影响到下一阶段的初始状态，从而也就影响到此后的演变过程.因此，在进行某一阶段决策时，就不能只从这一阶段本身考虑，要把它看成整个决策过程中的一个环节，要考虑整个过程的最优效果.如当前处在第一阶段，初始状态为 A，现在决策从 A 应到 B_1,B_2,B_3 中哪个点为最好.这个决策不能只从这一阶段本身来考虑，若仅看第一阶段本身的效果，显然第一阶段的决策选 B_3 为好，但选择 B_3 后，还影响到第二、三……阶段的状态与决策，而从全过程来看，第一阶段选择 B_3 不一定比选择 B_2 来得好.那么应如何选择呢？

我们看图13.2，从 A 到 E 一共有 $3\times2\times3\times1=18$ 条不同的线路，即18种不同的方案.显然其中必存在一条从全过程看效果最好的线路，称之为最佳线路.对最佳线路来说，它具有如下的重要性质：设最佳线路第一、二、三阶段决策的结果是选择 $B_i(1\leqslant i\leqslant3)$，$C_j(1\leqslant j\leqslant2)$，$D_t(1\leqslant t\leqslant3)$(见图13.3)，则其中从第二阶段初始状态 B_i 到 E 点的路径也

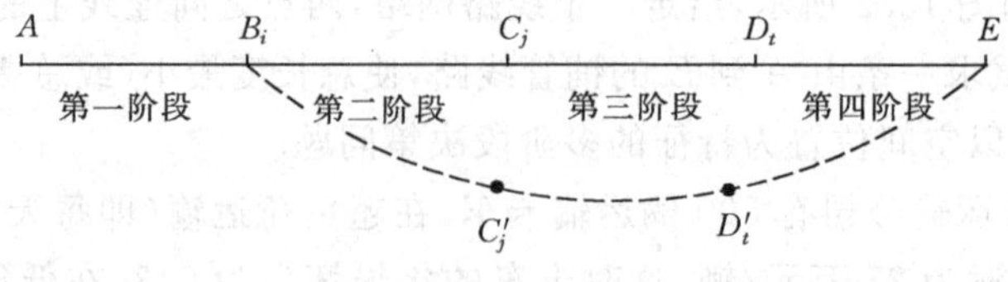

图 13.3

是从 B_i 到 E 点一切可能路径中的最佳路径.这性质很容易用反证法证明:设从 B_i 至 E 另有一条更短的路径:$B_i—C_j'—D_t'—E$,则用 $A—B_i$ 再加上这条路径就比 $A—B_i—C_j—D_t—E$ 更短,这与后者是一切路径中的最短路径相矛盾.因此 $B_i—C_j—D_t—E$ 必也是从 $B_i—E$ 一切路径中的最短路径.显然这个性质不仅对 $B_i—E$ 是成立的,而且对最短路径中的任一个中间点都是成立的.因此,最佳路径中任一个状态(中间点)到最终状态(最终点)的路径也是该状态到最终状态一切可能路径中的最短路径.

利用这个性质,则可以从最后一段开始,由终点向起点逐段递推,寻求各点到终点的最短路径,当递推到起始点 A 时,便是全过程的最短路径.这种由后向前逆向递推的方法正是动态规划常用的逆序法(后向法).

13.2 动态规划的基本概念

13.2.1 多阶段决策过程

我们以例 13.1.1 为例说明如何用逆序法来求解多阶段决策问题.

由图 13.2 与图 13.3,将全过程分为四个阶段.从最后一个阶段开始计算:

(1) $k=4$,第四阶段

在第四阶段,有三个初始状态:D_1,D_2 与 D_3,而全过程的最短路径究竟是经过 D_1,D_2,D_3 中哪一点,目前无法肯定,因此只能将各种可能都考虑.若全过程的最短路径经过 D_1,则从 D_1 到终点的最短路径距离为 $f_4(D_1)=3$;同理,若全过程的最短路径经过 D_2,则由 D_2 到终点 E 的最短距离为 $f_4(D_2)=1$;而类似可得 $f_4(D_3)=5$.

(2) $k=3$,第三阶段

在第三阶段有两个初始状态:C_1 与 C_2.同样我们无法确定全过程的最短路径是经过 C_1 还是 C_2.因此两种状态都要计算:

若全过程最短路径是经过 C_1,则由 C_1 到 E 有三条支路:$C_1—D_1—E$,$C_1—D_2—E$ 及 $C_1—D_3—E$,而对支路 $C_1—D_1—E$,其最短路径应为:$C_1—D_1$ 的距离 $d_3(C_1,D_1)$,再加上 $D_1—E$ 的最短距离 $f_4(D_1)$.故有

$$C_1—D_1—E:\ d_3(C_1,D_1)+f_4(D_1)=2+3=5,$$
$$C_1—D_2—E:\ d_3(C_1,D_2)+f_4(D_2)=5+1=6,$$
$$C_1—D_3—E:\ d_3(C_1,D_3)+f_4(D_3)=3+5=8.$$

由前述性质可知,若全过程最短路径经过 C_1,则从 C_1 到终点 E 应是一切可能路径中的最短路径.因此可有

$$f_3(C_1)=\min_{i=1,2,3}\{d_3(C_1,D_i)+f_4(D_i)\}$$
$$=d_3(C_1,D_1)+f_4(D_1)=5.$$

即 C_1—E 的最短路径为 C_1—D_1—E,最短距离为5.

同理,有

$$f_3(C_2)=\min_{i=1,2,3}\{d_3(C_2,D_i)+f_4(D_i)\}$$
$$=\min\{1+3,4+1,2+5\}=d_3(C_2,D_1)+f_4(D_1)=4.$$

即 C_2—E 的最短路径为 C_2—D_1—E,最短距离为4.

(3) $k=2$,第二阶段

第二阶段有三种初始状态:B_1,B_2,B_3.同理可得到:

$$f_2(B_1)=\min_{i=1,2}\{d_2(B_1,C_i)+f_3(C_i)\}$$
$$=\min\{4+5,3+4\}=d_2(B_1,C_2)+f_3(C_2)=7.$$
$$f_2(B_2)=\min_{i=1,2}\{d_2(B_2,C_i)+f_3(C_i)\}$$
$$=\min\{1+5,3+4\}=d_2(B_2,C_1)+f_3(C_1)=6.$$
$$f_2(B_3)=\min_{i=1,2}\{d_2(B_3,C_i)+f_3(C_i)\}$$
$$=\min\{3+5,5+4\}=d_2(B_3,C_1)+f_3(C_1)=8.$$

因此,B_1—E 的最短路径为 B_1—C_2—D_1—E,最短距离为7;B_2—E 的最短路径为 B_2—C_1—D_1—E,最短距离为6;B_3—E 的最短路径为 B_3—C_1—D_1—E,最短距离为8.

(4) $k=1$,第一阶段

第一阶段只有一种状态 A,可计算:

$$f_1(A)=\min_{i=1,2,3}\{d_1(A,B_i)+f_2(B_i)\}$$
$$=\min\{3+7,2+6,1+8\}=d_1(A,B_2)+f_2(B_2)=8.$$

即 A—E 全过程的最短路径为:A—B_2—C_1—D_1—E,最短距离为8.

从以上的计算过程可看出:动态规划方法的基本思想是,把一个比较复杂的问题分解成一系列同一类型的更容易求解的子问题,对每个子问题,计算过程单一化,便于应用计算机.同时由于对每个子问题都考虑到最优效果,于是就系统地删去了大量的中间非最优化的方案组合,使计算工作量比穷举法大大减少.

由上述分析,可将动态规划方法求解多阶段决策问题的特点归纳如下:

(1) 每个阶段的最优决策过程只与本阶段的初始状态有关,而与以前各阶段的决策(即为了到达本阶段的初始状态而采用哪组决策路线)无关.换言之,本阶段之前的状态与决策,只是通过系统在本阶段所处的初始状态来影响本阶段及往后各个阶段的决策,或者说:系统过程的历史只能通过系统现阶段的状态去影响系统的未来.具有这种性质的状态称为无后效性(即马尔科夫性)状态.动态规划方法只适用于求解具有无后效性状态的多阶段决策问题.

(2) 对最佳路径(最优决策过程)所经过的各个阶段,其中每个阶段始点到全过程终点的路径,必也是该阶段始点到全过程终点一切可能路径中的最佳路径(最优决策).这就是 Bellman 提出的著名的最优化原理.

(3) 在逐段递推过程中,每阶段选择最优决策时,不应只从本阶段的直接效果出发,而应从本阶段开始的往后全过程的效果出发.也即应该考虑两种效果:一是本阶段初到本阶段终(也即下阶段初)所选决策的直接效果;二是由所选决策确定的下阶段初往后直到终点的所有决策过程的总效果,也称为间接效果.这两种效果的结合必须是最优的.

(4) 经过递推计算得到各阶段的有关数据后,反方向即可求出相应的最优决策过程.

13.2.2 动态规划的基本概念

以上一节例子作基础,本节介绍动态规划所使用的规范语言与基本概念.动态规划用来描述多阶段决策问题的基本概念有:阶段与阶段变量,状态与状态变量,决策与决策变量,决策序列(策略),指标函数与最优值函数,状态转移方程,阶段效益(阶段指标)等.

1. 阶段与阶段变量

在多阶段决策过程中,为了表示决策和过程的发展顺序,引入了阶段的概念.通常是根据问题的特性,按决策进行的先后顺序,或者按时间或者按空间将全过程划分为若干个互相有区别又有联系的阶段.一个阶段就是需要作出一个决策的子问题部分.如例 13.1.1 就是按空间将 A—E 划分为四个阶段,例 13.1.2 可按时间划分为五个阶段.因此例 13.1.1 是一个四次决策问题;例 13.1.2 是一个需要作出五次决策的问题.阶段用阶段变量 k 来描述.$k=1$,表示第一阶段,$k=2$,表示第二阶段.

2. 状态与状态变量

状态表示每个阶段开始所处的自然状况或客观条件,它包含了描述系统情况所必需的信息.状态又称不可控因素.在例 13.1.1 中,状态就是某阶段的出发位置,它既是该阶段某支路的始点,又是前一阶段某支路的终点.通常一个阶段有若干个状态.例 13.1.1 中,第一阶段只有一个状态就是点 A,第二阶段有三个状态,即点集 $\{B_1,B_2,B_3\}$,第三阶段有两个状态,即点集 $\{C_1,C_2\}$,……,第 k 个阶段的所有状态,就是第 k 阶段所有始点的集合.

描述过程状态的变量称为状态变量.描述第 k 阶段的状态变量一般记为 x_k.如例 13.1.1 中,$x_2=B_3$,表示第二阶段的初始状态——出发位置处在点 B_3;$x_2=B_1$,表示第二

阶段的初始状态为 B_1. 第 k 阶段状态变量 x_k 所有可能取的值的集合称为第 k 阶段的可达状态集，一般用大写的 X_k 表示. 如例 13.1.1 中，$X_1=\{A\}$，$X_2=\{B_1,B_2,B_3\}$，$X_3=\{C_1,C_2\}$，…

如前所述，动态规划要求状态必须具有无后效性：如果某阶段状态给定后，则在这阶段以后过程的发展不受这阶段以前各段状态的影响. 但是并不是任何实际过程所选的状态都能满足无后效性的要求. 如果状态的选择不满足无后效性，应适当改变状态的规定方法，使其能满足无后效性的要求.

3. 决策与决策变量

当过程处于某一阶段的某个状态时，可以作出不同的决定（或选择），从而确定下一阶段的状态，这种决定（或选择）称为决策. 用 $u_k(x_k)$ 来表示第 k 阶段当状态处于 x_k 时的决策变量，它是状态变量的函数. 如例 13.1.1 中，$u_2(B_1)=C_2$，表示第二阶段当状态处在 B_1 时，决策变量取值为 C_2；$u_3(C_1)=D_1$ 表示第三阶段当状态为 C_1 时，决策变量取值为 D_1. 在具体的问题中，决策变量的取值往往限制在某一范围内，此范围称为允许决策集合. 常用大写的 $U_k(x_k)$ 表示第 k 阶段状态处在 x_k 时的允许决策集合. 如例 13.1.1，$U_3(C_1)=\{D_1,D_2,D_3\}$ 表示第三阶段从状态 C_1 出发，决策变量可以取值的集合为 $\{D_1,D_2,D_3\}$. 显然有 $u_k(x_k)\in U_k(x_k)$.

4. 策略与最优策略

策略是一个按顺序排列的决策组成的集合. 策略也称决策序列. 由问题的第 k 阶段开始到终止状态为止的过程，称为问题的后部子过程（或称为 k 子过程）. 相应地，由第 k 阶段起每段的决策按顺序排列组成的决策函数序列 $\{u_k(x_k),u_{k+1}(x_{k+1}),\cdots,u_n(x_n)\}$ 称为 k 子过程策略，简称子策略，记作 $p_{k,n}(x_k)$，表示从第 k 阶段起始状态为 x_k 直到最终阶段止所采取的一系列决策序列，即有

$$p_{k,n}(x_k)=\{u_k(x_k),u_{k+1}(x_{k+1}),\cdots,u_n(x_n)\}.$$

当 $k=1$ 时，此决策函数序列即为全过程所采用的一个策略，记为 $p_{1,n}(x_1)$. 显然有

$$p_{1,n}(x_1)=\{u_1(x_1),u_2(x_2),\cdots,u_n(x_n)\}.$$

同理，在实际问题中，可供选择的策略有一定的范围，此范围称为允许策略集合，常用 P 来记. 显然有 $p_{k,n}(x_k)\in P$.

从允许策略集合中找出达到最优效果的策略称为最优策略，记为 $p_{k,n}^*(x_k)$. 如最优策略

$$p_{1,n}^*(x_1)=\{u_1^*(x_1),u_2^*(x_2),\cdots,u_n^*(x_n)\}$$

表示从第一阶段起处于 x_1 状态到最终阶段所采用的策略是一个最优策略，它由最优决策序列 $\{u_1^*(x_1),u_2^*(x_2),\cdots,u_n^*(x_n)\}$ 构成.

5. 状态转移方程

状态转移方程是确定过程由一个状态到另一状态的演变过程. 系统在阶段 k 处于状态 x_k，执行决策 $u_k(x_k)$ 的结果是系统状态的转移，即由阶段 k 的状态 x_k 转移到阶段 $k+1$ 的 x_{k+1} 状态. 由于无后效性，x_{k+1} 的值只随 x_k 与 u_k 的值变化而变化，这种确定的对应关系，记作

$$x_{k+1}=T_k(x_k,u_k),$$

它描述了由 k 阶段到 $k+1$ 阶段的状态转移规律，称为状态转移方程，$T_k(x_k,u_k)$ 称为状态转移函数. 例 13.1.1 中，状态转移方程为

$$x_{k+1}=u_k(x_k).$$

6. 指标函数与最优值函数

任何决策过程都必然有一个衡量其策略(也是其实现的过程)优劣的尺度、一个数量指标，称为指标函数. 它是定义在全过程和所有后部子过程上确定的数量函数. 定义在全过程上的指标函数，常记为 $V_{1,n}$，它相当于静态规划中的目标函数. 定义在 k 后部子过程上的目标函数，常记为 $V_{k,n}$，有

$$V_{k,n}=V_{k,n}(x_k,u_k,x_{k+1},u_{k+1},\cdots,x_{n+1})\quad(k=1,2,\cdots,n).$$

表示从 k 阶段始点到第 n 阶段终点的指标函数.

对于要构成动态规划模型的指标函数，要求其具有阶段可分性，且满足递推关系. 递推关系指的是 $V_{k,n}$ 可表示为 x_k,u_k 及 $V_{k+1,n}$ 的函数：

$$V_{k,n}(x_k,u_k,x_{k+1},\cdots,x_{n+1})=\psi_k[x_k,u_k,V_{k+1,n}(x_{k+1},u_{k+1},\cdots,x_{n+1})],$$

并且函数 ψ_k 对于变量 $V_{k+1,n}$ 是严格单调的.

阶段可分性指的是，多阶段决策过程关于目标函数的总效益是由各阶段的阶段效益累积而成的. 适于动态规划求解的问题的指标函数，必须具有关于阶段效益的可分离形式. 若用小写的 $v_k(x_k,u_k)$ 来记第 k 阶段，状态为 x_k，决策为 u_k 时所产生的本阶段的效益(即执行本阶段决策时所带来的指标函数值的增量)，则 k 子过程的目标函数 $V_{k,n}$ 可表示为

$$\begin{aligned}V_{k,n}&=V_{k,n}(x_k,u_k,x_{k+1},u_{k+1},\cdots,x_n,u_n,x_{n+1})\\&=v_k(x_k,u_k)\oplus v_{k+1}(x_{k+1},u_{k+1})\oplus\cdots\oplus v_n(x_n,u_n)\quad(k=1,2,\cdots,n).\end{aligned}$$

其中 $\oplus$ 表示某种运算，可以是加法或乘法等.

常见的指标函数的形式如下.

(1) 全过程和它的任一个后部子过程的指标是它所包含的各阶段指标的和，即

$$V_{k,n}(x_k,u_k,\cdots,x_{n+1})=\sum_{j=k}^{n}v_j(x_j,u_j).$$

这时考虑到递推关系，上式又可写为

$$V_{k,n}(x_k,u_k,\cdots,x_{n+1})=v_k(x_k,u_k)+V_{k+1,n}(x_{k+1},u_{k+1},\cdots,x_{n+1}).$$

（2）全过程和它的任一个后部子过程的指标是它所包含的各阶段指标的乘积，即

$$V_{k,n}(x_k,u_k,\cdots,x_{n+1})=\prod_{j=k}^{n}v_j(x_j,u_j).$$

也可写成

$$V_{k,n}(x_k,u_k,\cdots,x_{n+1})=v_k(x_k,u_k)\cdot V_{k+1,n}(x_{k+1},u_{k+1},\cdots,x_{n+1}).$$

当指标函数达到最优值时，称为最优值函数，记作 $f_k(x_k)$. 它表示从第 k 阶段的状态 x_k 起到第 n 阶段的终止状态的过程，采取最优策略时所得到的指标函数值，即

$$f_k(x_k)=\underset{(u_k,\cdots,u_n)}{\text{opt}}V_{k,n}(x_k,u_k,\cdots,x_{n+1}),$$

式中 opt 是最优化的缩写，由题意取 max 或 min.

指标函数根据不同的决策问题有不同的含义，它可能是距离，也可能是利润、资金、产量等. 类似于静态规划中的目标函数的含义，如例 13.1.1 中，指标函数 $D_{k,n}(x_k,u_k)$表示在第 k 阶段由点 x_k 出发采用决策 u_k 时到终点的距离. 如 $D_{3,4}(C_2,D_1)=4$ 表示第三阶段状态为 C_2，决策 $u_3=D_1$ 时由 C_2 到 E 点的距离为 4；$D_{3,4}(C_2,D_3)=7$，表示第三阶段状态为 C_2，决策 $u_3=D_3$ 时由 C_2 到 E 点的距离为 7；而 $d_2(B_1,C_1)=4$，表示第二阶段状态为 B_1，决策 $u_2=C_1$ 时，由 B_1 到 C_1 的距离等于 4. 这是阶段效益指标. 而最优值函数 $f_2(B_1)=7$，表示第二阶段状态为 B_1 时，由 B_1 到终点 E 的最短距离为 7.

13.3 最优性定理与基本方程

13.3.1 最优性原理

20 世纪 50 年代，Bellman 等人在研究具有无后效性的多阶段决策问题的基础上，提出了最优性原理："作为整个过程的最优策略具有这样的性质：不管该最优策略上某状态以前的状态和决策如何，对该状态而言，余下的诸决策必构成最优子策略."即最优策略的任一后部子策略都是最优的.

当初始状态为 x_1 时，若允许策略 $p_{1,n}^*$是最优策略，则对任意阶段 $k(1<k<n)$，它的子策略 $p_{k,n}^*$对于以 $x_k^*=T_{k-1}(x_{k-1}^*,u_{k-1}^*)$为始点的后部子过程而言，必也是最优的（注意，$x_k^*$ 是由 x_1 及 $p_{1,k-1}^*$确定的）.

正如在分析例 13.1.1 时，用反证法证明最佳路径具有重要的性质一样，最优性原理也很容易证明.

对很多多阶段决策问题，在最优策略存在的前提下，根据最优性原理及具体问题可导

出基本方程(最优值函数的递推关系式),再由这个方程求解最优策略,从而得到了该多阶段决策问题的圆满结果.但是后来在动态规划的某些应用过程中发现,最优性原理不是对任何决策过程普遍成立,它与基本方程不是无条件等价,而最优性原理只是最优性定理的必要条件.

13.3.2 最优性定理

定理 13.3.1 设多阶段决策过程的阶段变量 $k=1,2,\cdots,n$,则允许策略 $p_{1,n}^*=(u_1^*,u_2^*,\cdots,u_n^*)$是最优策略的充分必要条件为:对任一个 $k(1<k<n)$,当初始状态为 x_1 时,有

$$V_{1,n}(x_1;p_{1,n}^*)=\min_{P_{1,k-1}(x_1)}\{V_{1,k-1}(x_1;p_{1,k-1})+\min_{P_{k,n}(\bar{x}_k)}V_{k,n}(\bar{x}_k;p_{k,n})\}.\tag{13.3.1}$$

式中 $p_{1,n}=(p_{1,k-1},p_{k,n})$,$\bar{x}_k=T_{k-1}(x_{k-1},u_{k-1})$,$\bar{x}_k$ 是由给定的初始状态 x_1 和子策略 $p_{1,k-1}$所确定的第 k 阶段的状态.

证 必要性.若 $p_{1,n}^*$是最优策略,则有

$$\begin{aligned}V_{1,n}(x_1;p_{1,n}^*)&=\min_{P_{1,n}}V_{1,n}(x_1;p_{1,n})\\&=\min_{P_{1,n}}\{V_{1,k-1}(x_1;p_{1,k-1})+V_{k,n}(\bar{x}_k;p_{k,n})\}.\end{aligned}\tag{13.3.2}$$

对于从 k 阶段到 n 阶段的后部子过程而言,指标函数 $V_{k,n}(\bar{x}_k;p_{k,n})$的值取决于该子过程的初始状态 $\bar{x}_k$ 及子策略 $p_{k,n}$,而 $\bar{x}_k$ 是由 x_1 及子策略 $p_{1,k-1}$所确定的.

因此,在策略集合 $P_{1,n}$上求最优解,就等价于先在子策略集合 $P_{k,n}(\bar{x}_k)$上求子最优解,然后再求这些子最优解在子策略集合 $P_{1,k-1}(x_1)$上的最优解,故式(13.3.2)可写为

$$V_{1,n}(x_1;p_{1,n}^*)=\min_{P_{1,k-1}(x_1)}\left\{\min_{P_{k,n}(\bar{x}_k)}\{V_{1,k-1}(x_1;p_{1,k-1})+V_{k,n}(\bar{x}_k;p_{k,n})\}\right\}.$$

上式中括号内第一项与子策略 $p_{k,n}$无关,故上式可写作:

$$V_{1,n}(x_1;p_{1,n}^*)=\min_{P_{1,k-1}(x_1)}\left\{V_{1,k-1}(x_1;p_{1,k-1})+\min_{P_{k,n}(\bar{x}_k)}V_{k,n}(\bar{x}_k;p_{k,n})\right\}.$$

必要性成立,再证充分性.

设允许策略 $p_{1,n}^*$使式(13.3.1)成立,又设 $p_{1,n}=(p_{1,k-1},p_{k,n})\in P_{1,n}(x_1)$为任一策略,$\bar{x}_k$ 为 x_1 及 $p_{1,k-1}$所确定的第 k 阶段的初始状态,则有

$$V_{k,n}(\bar{x}_k;p_{k,n})\geqslant\min_{P_{k,n}(\bar{x}_k)}V_{k,n}(\bar{x}_k;p_{k,n}).$$

又因

$$\begin{aligned}V_{1,n}(x_1;p_{1,n})&=V_{1,k-1}(x_1;p_{1,k-1})+V_{k,n}(\bar{x}_k;p_{k,n})\\&\geqslant V_{1,k-1}(x_1;p_{1,k-1})+\min_{P_{k,n}(\bar{x}_k)}V_{k,n}(\bar{x}_k;p_{k,n})\\&\geqslant\min_{P_{1,(k-1)}(x_1)}\left\{V_{1,k-1}(x_1;p_{1,k-1})+\min_{P_{k,n}(\bar{x}_k)}V_{k,n}(\bar{x}_k;p_{k,n})\right\}\end{aligned}$$

$$=V_{1,n}(x_1;p_{1,n}^*). \tag{13.3.3}$$

式(13.3.3)表明,对任一策略 $p_{1,n}$ 都有

$$V_{1,n}(x_1;p_{1,n}) \geqslant V_{1,n}(x_1;p_{1,n}^*).$$

因此 $p_{1,n}^*$ 是最优策略.

若问题是求 max,只要把上述各"$\geqslant$"改为"$\leqslant$"即可.

由上述分析可知,最优性原理只是最优性定理的必要性部分.而用动态规划求解最优策略时,更需要的是其充分条件.

13.3.3 动态规划的基本方程

在动态规划中,有逆序递推与顺序递推两种方法,在这两种不同的递推方法中,阶段变量 k 的定义是一致的,都定义第一阶段的初始状态为 x_1,第一阶段的终止状态即第二阶段的初始状态为 x_2,……,定义全过程的终点即第 n 阶段的终止状态为 x_{n+1}.

逆序递推(后向法)是由终点向始点逐段递推;而顺序递推法(前向法)是由始点向终点逐段递推.因此它们的基本方程(最优值函数的递推关系式)不尽相同.

1. 逆序递推的基本方程

设问题是求 min.因为

$$\begin{aligned} f_k(x_k) &= \min_{P_{k,n}} V_{k,n}(x_k;p_{k,n}) \\ &= \min_{P_{k,n}} \{v_k(x_k,u_k)+V_{k+1,n}(x_{k+1};p_{k+1,n})\} \\ &= \min_{U_k(x_k)} \{v_k(x_k,u_k)+\min_{P_{k+1,n}} V_{k+1,n}(x_{k+1};p_{k+1,n})\} \\ &= \min_{U_k(x_k)} \{v_k(x_k,u_k)+f_{k+1}(x_{k+1})\}. \end{aligned}$$

可得基本方程

$$\begin{cases} f_k(x_k) = \min\limits_{U_k(x_k)} \{v_k(x_k,u_k)+f_{k+1}(x_{k+1})\} \quad (k=n,n-1,\cdots,2,1), \\ \text{终端条件:} f_{n+1}(x_{n+1})=0, \end{cases} \tag{13.3.4}$$

式中

$$x_{k+1} = T_k(x_k,u_k). \tag{13.3.5}$$

逆序递推时,第 k 阶段的状态变量一般选择第 k 阶段初的状态,状态转移方程为 $x_{k+1}=T_k(x_k,u_k)$,也就是说,决策变量 u_k 使得状态由 x_k 演变到 x_{k+1}.可用图 13.4 形象地表示各阶段、各变量之间的关系.图中,第 k 阶段的输出 $f_k(x_k)$ 是逆序递推过程中后部子过程上的最优值函数,它是相对于过程终点而言的.其计算式为基本方程(13.3.4).

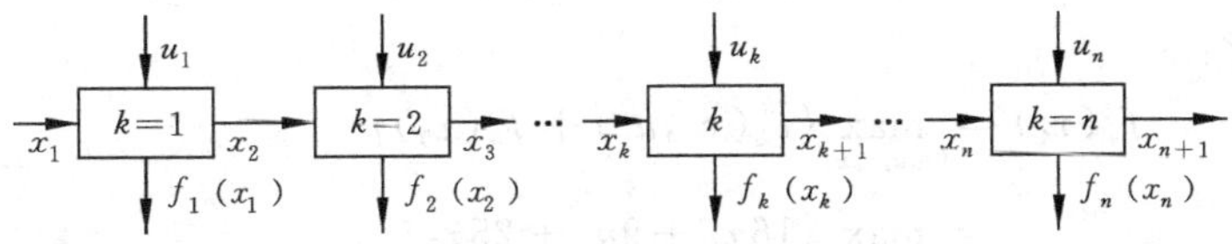

图 13.4

下面以例 13.1.2 为例来说明后向算法(逆序递推法)如何利用基本方程(13.3.4)及状态转移方程(13.3.5)来求解多阶段决策问题的.

首先将 5 年计划,以时间为特征分为 5 个阶段: $k=1,2,3,4,5$.

以状态变量 x_k 表示第 k 年度初完好卡车的数量,同时也是第 $k-1$ 年末的完好卡车的数量.

用决策变量 u_k 表示第 k 年度初分配给超负荷运输的卡车数量,则分配给低负荷运输的卡车数量为 x_k-u_k.

这里 x_k,u_k 均可视作连续变量,它们的非整数值可以这样来理解:如 $x_k=0.6$,表示有一辆卡车在第 k 年度中有 60%的时间处在完好状态;$u_k=0.7$,表示有一辆卡车在第 k 年度中有 70%的时间在超负荷运输,等等.

根据题意,状态转移方程为

$$x_{k+1}=(1-0.3)u_k+(1-0.1)(x_k-u_k)=0.9x_k-0.2u_k. \qquad (13.3.6)$$

以 $v_k(x_k,u_k)$表示第 k 年度的阶段效益(利润):

$$v_k(x_k,u_k)=25u_k+16(x_k-u_k)=16x_k+9u_k. \qquad (13.3.7)$$

以 $f_k(x_k)$表示由第 k 年度初状态(完好车辆数)为 x_k,采用最优策略时到第 5 年末这段时间内所产生的最大利润值. 故有基本方程:

$$\begin{cases} f_k(x_k)=\max\limits_{u_k\in U_k(x_k)}\{v_k(x_k,u_k)+f_{k+1}(x_{k+1})\}, \\ f_6(x_6)=0. \end{cases} \qquad (13.3.8)$$

边界条件:第 6 年度不计运输量,故利润为零.

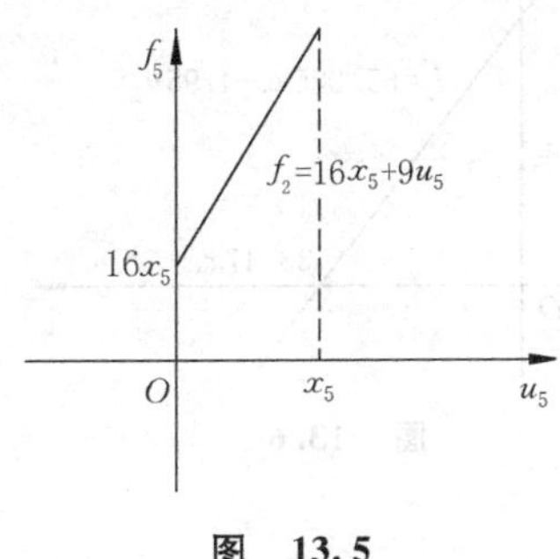

图 13.5

当 $k=5$ 时,考虑到边界条件及式(13.3.7)有

$$f_5(x_5)=\max_{0\leqslant u_5\leqslant x_5}\{v_5(x_5,u_k)+f_6(x_6)\}$$

$$=\max_{0\leqslant u_5\leqslant x_5}\{16x_5+9u_5+0\}. \qquad (13.3.9)$$

在式(13.3.9)中,因为决策变量 u_5——在第 5 年度初分给超负荷运输的车辆数——最大为 x_5(第 5 年度初完好的车辆数)、最少为 0. 因此对函数 $f_5=16x_5+9u_5$ 求极值,显然为 $u_5=x_5$ 时,达到极大点,见图 13.5. 故有最优决策:

$$u_5^* = x_5, \quad f_5(x_5) = 16x_5 + 9u_5^* = 25x_5.$$

当 $k=4$ 时：

$$\begin{aligned} f_4(x_4) &= \max_{0 \leqslant u_4 \leqslant x_4} \{v_4(x_4, u_4) + f_5(x_5)\} \\ &= \max_{0 \leqslant u_4 \leqslant x_4} \{16x_4 + 9u_4 + 25x_5\} \\ &= \max_{0 \leqslant u_4 \leqslant x_4} \{16x_4 + 9u_4 + 25(0.9x_4 - 0.2u_4)\} \\ &= \max_{0 \leqslant u_4 \leqslant x_4} \{38.5x_4 + 4u_4\}. \end{aligned}$$

同理，只有当 $u_4 = x_4$ 时，函数 $38.5x_4 + 4u_4$ 才能达到极大点.故有

$$u_4^* = x_4, \quad f_4(x_4) = 42.5x_4.$$

当 $k=3$ 时：

$$\begin{aligned} f_3(x_3) &= \max_{0 \leqslant u_3 \leqslant x_3} \{v_3(x_3, u_3) + f_4(x_4)\} \\ &= \max_{0 \leqslant u_3 \leqslant x_3} \{16x_3 + 9u_3 + 42.5x_4\} \\ &= \max_{0 \leqslant u_3 \leqslant x_3} \{16x_3 + 9u_3 + 42.5(0.9x_3 - 0.2u_3)\} \\ &= \max_{0 \leqslant u_3 \leqslant x_3} \{54.25x_3 + 0.5u_3\}, \end{aligned}$$

不难得到

$$u_3^* = x_3, \quad f_3(x_3) = 54.75x_3.$$

当 $k=2$ 时：

$$\begin{aligned} f_2(x_2) &= \max_{0 \leqslant u_2 \leqslant x_2} \{v_2(x_2, u_2) + f_3(x_3)\} \\ &= \max_{0 \leqslant u_2 \leqslant x_2} \{16x_2 + 9u_2 + 54.75(0.9x_2 - 0.2u_2)\} \\ &= \max_{0 \leqslant u_2 \leqslant x_2} \{65.275x_2 - 1.95u_2\}. \end{aligned}$$

由图 13.6 可见，只有当 $u_2 = 0$ 时，函数 $65.275x_2 - 1.95u_2$ 才能达到极大点($0 \leqslant u_2 \leqslant x_2$)，故有

$$u_2^* = 0, \quad f_2(x_2) = 65.275x_2.$$

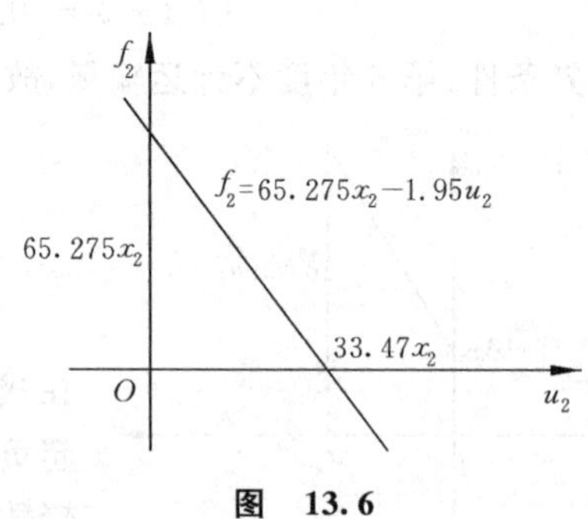

图 13.6

当 $k=1$ 时：

$$\begin{aligned} f_1(x_1) &= \max_{0 \leqslant u_1 \leqslant x_1} \{v_1(x_1, u_1) + f_2(x_2)\} \\ &= \max_{0 \leqslant u_1 \leqslant x_1} \{16x_1 + 9u_1 + 65.275x_2\} \\ &= \max_{0 \leqslant u_1 \leqslant x_1} \{16x_1 + 9u_1 + 65.275(0.9x_1 - 0.2u_1)\} \\ &= \max_{0 \leqslant u_1 \leqslant x_1} \{74.7475x_1 - 4.055u_1\}. \end{aligned}$$

同理，当 $u_1=0$ 时，$f_1(x_1)$才达到极大值. 故有

$$u_1^*=0,\quad f_1(x_1)=74.7475x_1.$$

因有 $x_1=500$，故有

$$f_1(x_1)=f_1(500)=74.7475\times500$$
$$=37373.75(\text{万元})\approx3.74(\text{亿元}).$$
$$p_{1,5}(x_1)=\{u_1^*,u_2^*,u_3^*,u_4^*,u_5^*\}=\{0,0,x_3,x_4,x_5\}.$$

且

$$x_2=0.9x_1-0.2u_1^*=0.9\times500=450\text{ 辆},\quad u_2^*=0.$$
$$x_3=0.9x_2-0.2u_2^*=0.9\times450-0=405\text{ 辆},\quad u_3^*=405\text{ 辆}.$$
$$x_4=0.9x_3-0.2u_3^*=0.9\times405-0.2\times405=283.5\text{ 辆},$$
$$u_4^*=x_4=283.5\text{ 辆}.$$
$$x_5=0.9x_4-0.2u_4^*=0.9\times283.5-0.2\times283.5=198.45\text{ 辆},$$
$$u_5^*=x_5=198.45\text{ 辆}.$$
$$x_6=0.9x_5-0.2u_5^*=138.15\text{ 辆}.$$

因此：第 1 年初将 500 辆车全部分给低负荷运输，第 2 年初还剩下 450 辆完好车辆，也全部分给低负荷运输，第 3 年初剩下 405 辆完好车辆，则全部分给超负荷运输，第 4 年初还剩下 $x_4=283.5$ 辆完好车辆，全部分给超负荷运输，第 5 年度初还剩下 198.45 辆完好车辆，也全部进行超负荷运输，到第 5 年末(即第 6 年初)还剩下 138.15 辆完好车辆. 此时已实现最大利润额 $f_1(x_1)\approx3.74$(亿元).

一般来说，当多阶段决策问题的始点给定时(本例即为 $x_1=500$)，用逆序递推法比较方便.

2. 顺序递推(前向法)的基本方程

顺序递推是由过程的始点向终点逐段递推，其阶段变量的设置与状态变量的设置次序与逆序法相同，而最优值函数 $f_k(x_{k+1})$表示第 k 阶段末的结束状态为 x_{k+1}时，从第 1 阶段到第 k 阶段所得到的最大收益. 因此顺序递推是相对始点而言的收益. 故一般选择第 k 阶段末(即第 $k+1$ 阶段初的状态)作为第 k 阶段的状态变量. 其状态转移方程为 $x_k=T_k'(x_{k+1},u_k)$，也就是说决策变量 u_k 使得状态由 x_{k+1} 演变到 x_k，这里的函数关系 T_k'是函数(13.3.5)中 T_k 的反函数.

顺序递推时各阶段各变量之间关系可用图 13.7 来表示.

动态规划用顺序递推法(前向法)时的基本方程如下：

$$\begin{cases}f_k(x_{k+1})=\min\{v_k(x_{k+1},u_k)+f_{k-1}(x_k)\}\quad(k=1,2,\cdots,n),\\ \text{始端条件：}f_0(x_1)=0.\end{cases}\tag{13.3.10}$$

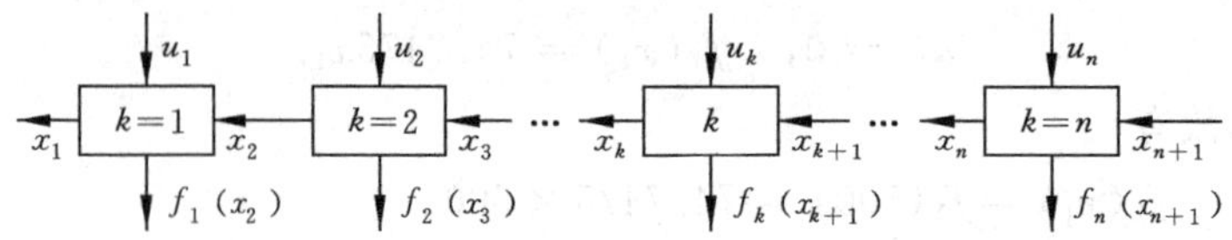

图 13.7

其状态转移方程为

$$x_k = T_k'(x_{k+1}, u_k). \tag{13.3.11}$$

式中 $f_k(x_{k+1})$是指第 k 阶段状态为 x_{k+1}时，相对于始点的最优指标函数值，而 $v_k(x_{k+1}, u_k)$表示第 k 阶段状态为 x_{k+1}取决策为 u_k 时对本阶段的阶段效益值.

一般来说，当过程给定终点时，用顺序递推法比较方便.若一个多阶段决策问题，有一个固定的过程始点和一个固定的过程终点，则顺序递推和逆序递推会得到相同的最优结果.

下面用顺序逆推法(前向算法)来求解例 13.1.1.

阶段变量设置次序与状态变量设置次序与逆序法相同，见图 13.2 及图 13.3，共分 4 个阶段.

当 $k=1$ 时，由基本方程(13.3.10)有

$$f_1(x_2) = \min\{v_1(x_2, u_1) + f_0(x_1)\},$$

考虑到 $f_0(x_1)=0$，且 x_2 有三种可能的取值:B_1, B_2, B_3.故有

$$f_1(B_1) = \min\{d(B_1, A) + f_0(A)\} = 3,$$
$$f_1(B_2) = 2,$$
$$f_1(B_3) = 1.$$

当 $k=2$ 时:

$$f_2(x_3) = \min\{v_2(x_3, u_2) + f_1(x_2)\}.$$

当 $x_3=C_1$ 时，u_2 有三种取值.故有

$$\begin{aligned} f_2(C_1) &= \min_{i=1,2,3}\{d_2(C_1, B_i) + f_1(B_i)\} \\ &= \min\{4+3, 1+2, 3+1\} \\ &= d_2(C_1, B_2) + f_1(B_2) = 3. \end{aligned}$$

故 $u_2^*(C_1)=B_2$，即从 C_1 到 A 的最佳路径为 $C_1—B_2—A$.

同理，当 $x_3 = C_2$ 时

$$\begin{aligned} f_2(C_2) &= \min_{i=1,2,3}\{d_2(C_2, B_i) + f_1(B_i)\} \\ &= \min\{3+3, 3+2, 5+1\} \\ &= d_2(C_2, B_2) + f_1(B_2) = 5. \end{aligned}$$

故 $u_2^*(C_2)=B_2$,即从 C_2 到 A 的最佳路径为 $C_2—B_2—A$. 因此对第二阶段,当 $x_3=C_1$ 时,有最佳路径 $C_1—B_2—A$,最优值 $f_2(C_1)=3$;当 $x_3=C_2$ 时有 $C_2—B_2—A$,$f_2(C_2)=5$.

当 $k=3$ 时:

$$f_3(x_4)=\min\{v_3(x_4,u_3)+f_2(x_3)\}.$$

因 x_4 有 D_1,D_2,D_3 三种状态,u_3 有两种决策,故

$$\begin{aligned}f_3(D_1)&=\min_{i=1,2}\{d_3(D_1,C_i)+f_2(C_i)\}\\&=\min\{2+3,1+5\}\\&=d_3(D_1,C_1)+f_2(C_1)=5.\\f_3(D_2)&=\min_{i=1,2}\{d_3(D_2,C_i)+f_2(C_i)\}\\&=\min\{5+3,4+5\}\\&=d_3(D_2,C_1)+f_2(C_1)=8.\\f_3(D_3)&=\min_{i=1,2}\{d_3(D_3,C_i)+f_2(C_i)\}\\&=\min\{3+3,2+5\}\\&=d_3(D_3,C_1)+f_2(C_1)=6.\end{aligned}$$

故有

$$\begin{aligned}&D_1-C_1-B_2-A,\quad f_3(D_1)=5.\\&D_2-C_1-B_2-A,\quad f_3(D_2)=8.\\&D_3-C_1-B_2-A,\quad f_3(D_3)=6.\end{aligned}$$

当 $k=4$ 时

$$f_4(x_5)=\min\{v_4(x_5,u_4)+f_3(x_4)\}.$$

因为 $x_5=E$ 只有一种状态,u_4 有三种取值,故

$$\begin{aligned}f_4(E)&=\min_{i=1,2,3}\{d_4(E,D_i)+f_3(D_i)\}\\&=\min\{3+5,1+8,5+6\}\\&=d_4(E,D_1)+f_3(D_1)=8.\end{aligned}$$

故最佳路径为 $E—D_1—C_1—B_2—A$;最短距离为 $f_4(E)=8$.

与逆序法(后向算法)的结果相同.

13.4 动态规划应用举例

动态规划主要用于解决以时间划分阶段的动态过程的优化问题. 根据过程的时间变量是连续的还是离散的,可以分为连续(时间)决策过程和离散(时间)决策过程(后者又称为多阶段决策过程);根据过程的演变是确定性的还是随机性的,可以分为确定性决策过

程和随机性决策过程.这样组合起来就有:连续确定性、连续随机性、离散确定性、离散随机性四种基本的决策过程,其中应用最广及最基本的是确定性多阶段决策过程,所以我们重点介绍离散确定性决策问题.

用动态规划求解实际问题,首先要建立动态规划模型,而构造动态规划模型如前所述,需要进行以下几方面的工作:

(1) 正确划分阶段及选择阶段变量 k.

(2) 正确选择状态变量 x_k.状态变量要满足以下两个条件:

① 能正确描述受控过程的演变特性;

② 无后效性.

(3) 正确选择决策变量 u_k 及确定各阶段允许决策集合 $U_k(x_k)$.

(4) 写出状态转移方程(以逆序为例)

$$x_{k+1} = T_k(x_k, u_k).$$

(5) 确定阶段指标 $v_k(x_k, u_k)$ 及指标函数 $V_{k,n}$ 的形式(阶段指标之和或是之积等),而指标函数 $V_{k,n}$ 要具有按阶段可分性,并满足递推关系(以阶段指标之和形式为例):

$$\begin{aligned} V_{k,n} &= V_{k,n}(x_k, u_k, \cdots, x_{n+1}) \\ &= \sum_{j=k}^{n} v_j(x_j, u_j) \\ &= v_k(x_k, u_k) + V_{k+1,n}(x_{k+1}, u_{k+1}, \cdots, x_{n+1}). \end{aligned}$$

按照状态与策略的定义及性质,指标函数 $V_{k,n}$ 也可表达成:

$$\begin{aligned} V_{k,n} &= V_{k,n}(x_k, u_k, x_{k+1}, u_{k+1}, \cdots, u_n, x_{n+1}) \\ &= V_{k,n}(x_k; p_{k,n}) \\ &= v_k(x_k, u_k) + V_{k+1,n}(x_{k+1}, p_{k+1,n}). \end{aligned}$$

若将 $V_{k,n}$ 记成

$$V_{k,n} = \psi_k[x_k, u_k, V_{k+1,n}(x_{k+1}, u_{k+1}, \cdots, x_{n+1})],$$

则 $\psi_k(x_k, u_k, V_{k+1,n})$ 对于 $V_{k+1,n}$ 要严格单调.

(6) 写出基本方程,即最优值函数满足的递推方程及端点条件(以逆序及极小化为例):

$$\begin{cases} f_k(x_k) = \min\limits_{U_k(x_k)} \{v_k(x_k, u_k) + f_{k+1}(x_{k+1})\} \quad (k = n, n-1, \cdots, 1), \\ f_{n+1}(x_{n+1}) = 0. \end{cases}$$

13.4.1 资源分配问题

所谓资源分配问题,就是将数量一定的资源(例如资金、机器设备、原材料、物资、劳力等)恰当地分配给若干个使用者,而使总的目标函数值为最优.

由此可见,资源分配问题,本是属于线性规划或非线性规划一类的静态规划问题.但是当我们人为地引进时间因素后,可把它们看成是按阶段进行的多阶段决策问题,这就使得动态规划成为求解这类线性规划、非线性规划的有效方法.

以下举一个用动态规划方法求解一种资源的分配问题,即一维资源分配问题.

例 13.4.1 某市邮电局有四套通信设备,准备分给甲、乙、丙三个地区支局,事先调查了各地区支局的经营情况,并对各种分配方案作了经济效益的估计,由表 13.1 所示.其中设备数为 0 时的收益,指已有的经营收益.问应如何分配这四套设备,使总的收益为最大?

表 13.1 通信设备在各支局的收益

收益/万元 \ 设备数/套 \ 支局	0	1	2	3	4
甲	38	41	48	60	66
乙	40	42	50	60	66
丙	48	64	68	78	78

解 若用静态规划的方法求解此问题,列出其静态规划模型.

设分给支局甲、支局乙、支局丙的设备数分别为 u_1, u_2, u_3 套,各自的盈利函数分别为 $g_1(u_1), g_2(u_2), g_3(u_3)$,则有

$$\max Z = g_1(u_1) + g_2(u_2) + g_3(u_3);$$
$$\text{s.t.}\quad u_1 + u_2 + u_3 = 4,$$
$$u_1, u_2, u_3 \geqslant 0 \quad 且为整数.$$

其中 $g_1(u_1), g_2(u_2), g_3(u_3)$的值由表 13.1 所体现.

上述静态规划模型是整数非线性规划问题.一般来说整数非线性规划问题,用静态规划方法求解,非常困难,有的甚至不可能;而采用动态规划方法,则能够较容易地解决.

1. 构造动态规划模型

(1) 设置阶段变量 k

对于这种非时序的静态问题,如何划分阶段是区别于一般动态规划问题的要点所在.

划分阶段的原则是:有 N 个用户,就把问题分成 N 个阶段.对于本例分为三个阶段.但要注意的不是“第 k 个阶段将设备分给第 k 个用户”.本题三个阶段的划分量:

当 $k=3$ 时,把第 3 阶段初分配者手中拥有的设备全部分给支局丙(这种情况相当于单一用户的分配问题).

当 $k=2$ 时,把第 2 阶段初分配者手中拥有的设备全部分给支局乙和支局丙(这种情况相当于两个用户的分配问题).

当 $k=1$ 时，把第1阶段初分配者手中拥有的4台设备全部分给支局甲、支局乙和支局丙(这种情况相当于三个用户的分配问题).

因此第 k 阶段，就是把第 k 阶段初分配者手中拥有的设备全部分给从用户 k 到用户 N.

(2) 设置状态变量 x_k

选择第 k 阶段初分配者手中拥有的总数 x_k 为第 k 阶段的状态变量. 对本题可知：$x_1=4, x_4=0$.

(3) 选择决策变量 u_k

第 k 阶段时，总数为 x_k 的设备要分给用户 k 到用户 N，我们把其中分给用户 k 的设备数作为决策变量 u_k.

(4) 状态转移方程

显然为

$$x_{k+1} = x_k - u_k.$$

(5) 阶段指标 $v_k(x_k, u_k)$

用户 k 利用所分到的资源 u_k 产生的收益，即

$$v_k(x_k, u_k) = g_k(u_k).$$

2. 建立基本方程

令最优值函数 $f_k(x_k)$ 为将资源 x_k 分配给用户 k 到用户 N 所能获得的最大收益，故有基本方程：

$$\begin{cases} f_k(x_k) = \max\limits_{0 \leqslant u_k \leqslant x_k} \{v_k(x_k, u_k) + f_{k+1}(x_{k+1})\} \quad (k = N, N-1, \cdots, 2, 1), \\ f_{N+1}(x_{N+1}) = 0. \end{cases}$$

对本例：$N=3$.

3. 逆序递推计算

(1) 当 $k=3$ 时

① 确定状态变量 x_3 的取值范围 $x_3=0,1,2,3,4$.

② 对 x_3 的每个确定取值，分别求出决策变量 u_3 的取值范围.

因为 $x_4=0$，故有 $u_3=x_3$. 因此

当 $x_3=0$ 时，$u_3=0$；当 $x_3=1$ 时，$u_3=1$；当 $x_3=2$ 时，$u_3=2$；当 $x_3=3$ 时，$u_3=3$；当 $x_3=4$ 时，$u_3=4$.

基本方程：

$$f_3(x_3) = \max_{0 \leqslant u_3 \leqslant x_3} \{v_3(x_3, u_3) + f_4(x_4)\} = \max_{0 \leqslant u_3 \leqslant x_3} v_3(x_3, u_3)$$

$$=v_3(x_3,u_3)=g_3(u_3).$$

状态转移方程为 $x_4=x_3-u_3=0$. 故

$$f_3(0)=g_3(u_3)=g_3(0)=48,$$
$$f_3(1)=g_3(u_3)=g_3(1)=64,$$
$$f_3(2)=g_3(u_3)=g_3(2)=68,$$
$$f_3(3)=g_3(u_3)=g_3(3)=78,$$
$$f_3(4)=g_3(u_4)=g_3(4)=78.$$

将相应的结果列于表 13.2.

表 13.2　第 3 阶段分配设备所得收益($k=3$)　　单位:万元

x_k	u_k	x_{k+1}	v_k	$f_{k+1}(x_{k+1})$	$v_k+f_{k+1}(x_{k+1})$
0	0	0	48	0	$f_3(0)=48$
1	1	0	64	0	$f_3(1)=64$
2	2	0	68	0	$f_3(2)=68$
3	3	0	78	0	$f_3(3)=78$
4	4	0	78	0	$f_3(4)=78$

(2) 当 $k=2$ 时

① 确定状态变量 x_2 的取值范围 $x_2=0,1,2,3,4$.

② 对 x_2 的每个确定取值,分别求出决策变量 u_2 的取值范围:

当 $x_2=0$ 时,　$u_2=0$.

当 $x_2=1$ 时,　$u_2=0,1$.

当 $x_2=2$ 时,　$u_2=0,1,2$.

当 $x_2=3$ 时,　$u_2=0,1,2,3$.

当 $x_2=4$ 时,　$u_2=0,1,2,3,4$.

基本方程:

$$f_2(x_2)=\max_{0\leqslant u_2\leqslant x_2}\{v_2(x_2,u_2)+f_3(x_3)\}$$
$$=\max_{0\leqslant u_2\leqslant x_2}\{g_2(u_2)+f_3(x_3)\}.$$

状态转移方程为 $x_3=x_2-u_2$. 具体计算如下:

$$f_2(0)=\max_{0\leqslant u_2\leqslant 0}\{g_2(u_2)+f_3(0)\}=g_2(0)+f_3(0)$$
$$=40+48=88.$$
$$f_2(1)=\max_{0\leqslant u_2\leqslant 1}\{g_2(u_2)+f_3(x_2-u_2)\}$$
$$=\max\{g_2(0)+f_3(1),g_2(1)+f_3(0)\}=\max\{40+64,42+48\}$$

$$=g_2(0)+f_3(1)=104.$$

$$f_2(2)=\max_{0\leqslant u_2\leqslant 2}\{g_2(u_2)+f_3(x_2-u_2)\}$$

$$=\max\{40+68,42+64,50+48\}$$

$$=g_2(0)+f_3(2)=108.$$

同理可计算 $f_2(3)$,$f_2(4)$.其结果列于表 13.3.

表 13.3 第 2 阶段分配设备所得总收益($k=2$) 单位:万元

x_k	u_k	x_{k+1}	$v_k(u_k)$	$f_{k+1}(x_{k+1})$	$v_k+f_{k+1}(x_{k+1})$
0	0	0	40	48	$88=f_2(0)$
1	0	1	40	64	$104=f_2(1)$
	1	0	42	48	90
2	0	2	40	68	$108=f_2(2)$
	1	1	42	64	106
	2	0	50	48	98
3	0	3	40	78	$118=f_2(3)$
	1	2	42	68	110
	2	1	50	64	114
	3	0	60	48	108
4	0	4	40	78	118
	1	3	42	78	120
	2	2	50	68	118
	3	1	60	64	$124=f_2(4)$
	4	0	66	48	114

(3) 当 $k=1$ 时

① 确定 x_1 的取值范围 $x_1=4$.

② 确定 u_1 的取值范围 $u_1=0,1,2,3,4$.

基本方程:

$$f_1(x_1)=\max_{0\leqslant u_1\leqslant 4}\{v_1(x_1,u_1)+f_2(x_2)\}$$

$$=\max_{0\leqslant u_1\leqslant 4}\{g_1(u_1)+f_2(x_1-u_1)\}$$

$$=\max\{38+124,41+118,48+108,60+104,66+88\}$$

$$=g_1(3)+f_2(1)=164.$$

计算结果列于表 13.4.

表 13.4 第 1 阶段分配设备所得总收益($k=1$) 单位:万元

x_k	u_k	x_{k+1}	$v_k(u_k)$	$f_{k+1}(x_{k+1})$	$v_k+f_{k+1}(x_{k+1})$
4	0	4	38	124	162
	1	3	41	118	159
	2	2	48	108	156
	3	1	60	104	$164=f_1(4)$
	4	0	66	88	154

(4) 求全过程的最优指标函数与最优策略

由 $k=1$ 的表,可以求出全过程最优指标函数 $f_1(x_1)$: $f_1(4)=164$(万元).

由 $k=1$ 到 $k=3$ 的表,可以依次求出第 1,2,3 各阶段的最优决策,进而得到最优策略.

第 1 阶段:查表 13.4,最优决策为 $u_1^*=3$. 而第 2 阶段初的最优状态 $x_2^*=1$,根据 $x_2^*=1$,查表 13.3,第 2 阶段的最优决策 $u_2^*=0$. 而第 3 阶段初的最优状态 $x_3^*=1$,根据 $x_3^*=1$,查表 13.2,第 3 阶段的最优决策为 $u_3^*=1$,$x_4=0$. 各自的阶段收益分别为 60 万元,40 万元,64 万元.

最优策略为:分给支局甲三套、支局丙一套. 不分配给乙. 可获最大收益为 164 万元.

本题是决策变量取离散值的一类分配问题. 如投资分配问题、货物分配问题、销售店设址问题等均属于这类分配. 这种分配只考虑资源合理分配,不考虑回收的问题,称为资源平行分配问题. 在资源分配中还有一种要考虑资源回收利用的问题,这里决策变量为连续值,故称为资源连续分配问题. 这种分配问题中有一种消耗性的资源,多阶段地在两种不同的生产活动中投放的问题. 如例 13.1.2 中,运输车辆在高、低两种负荷中运输的车辆分配问题. 这里不再赘述.

13.4.2 生产与库存计划问题

在生产和经营管理中,经常会遇到要合理地安排生产(或购买)与库存的问题,达到既要满足需要,又要尽量降低成本费用的目的. 因此正确制定生产(或采购)策略,确定不同时期的生产量(或采购量)和库存量,以使总的生产成本费用(或采购费用)和库存费用之和为最小,这就是生产与库存计划问题的目标.

例 13.4.2 某工厂要对一种产品制定今年四个季度的生产计划. 由订单显示,今年第一、二、三、四季度末应交货量分别为 2 千件、3 千件、2 千件、4 千件. 该厂每季度开工的固定费用为 3 千元(不开工为 0),每千件产品的生产成本费用为 2 千元. 工厂每一季度的最大生产能力为 6 千件,每季度每千件产品的库存费用为 1 千元(按每季度初的库存量计算存储费用). 假定年初与年末均无库存,问如何合理安排各个季度的产量,使全年的总费用最小?

解 用动态规划方法求解.

1. 构造动态规划模型

(1) 设置阶段变量 k

将每一季度作为一个阶段,$k=1,2,3.4$.

(2) 设置状态变量 x_k

选择每阶段初的库存量 x_k 为状态变量,可满足无后效性. 由题意:$x_1=0$;$x_5=0$.

(3) 选择决策变量 u_k

将每阶段的生产量为决策变量 u_k,由题意可知:$0\leqslant u_k\leqslant 6$.

(4) 写出状态转移方程

$$x_{k+1}=x_k+u_k-d_k,$$

其中 d_k 是第 k 季度末工厂的交货量.

(5) 阶段指标 v_k

第 k 阶段的总费用为

$$v_k=1\cdot x_k+\begin{cases}2u_k+3 & (u_k>0),\\ 0 & (u_k=0).\end{cases}$$

(6) 建立基本方程(用逆序法)

设最优值函数 $f_k(x_k)$ 是从第 k 阶段的 x_k 状态出发到第四季度末所产生的全部费用的最小值,则有

$$\begin{cases}f_k(x_k)=\min\limits_{U_k}\{v_k(x_k,u_k)+f_{k+1}(x_{k+1})\} & (k=4,3,2,1),\\ f_5(x_5)=0.\end{cases}$$

2. 用逆序法递推计算

(1) $k=4$

首先确定状态变量 x_4 的全部可能取值: 因为第四季度订单为 $d_4=4$ 千件,故第四季度初的库存量可能取值为 0,1,2,3,4,而 $x_4>4$ 是无意义的.

对 x_4 的每个确定值,分别求出决策变量 u_4 的取值范围.

因为 $x_5=x_4+u_4-d_4$,而 $x_5=0$. 所以

$$x_4+u_4=d_4=4,\quad 或\quad u_4=4-x_4.$$

所以有

当 $x_4=0$ 时，$u_4=4$；当 $x_4=1$ 时，$u_4=3$；当 $x_4=2$ 时，$u_4=2$；当 $x_4=3$ 时，$u_4=1$；当 $x_4=4$ 时，$u_4=0$.

因此对 x_4 的每一个确定的状态，只有一种决策，故这唯一的决策的结果就是最优的. 具体计算如下：

$$\begin{aligned}f_4(x_4)&=\min_{u_4}\{v_4(x_4,u_4)+f_5(x_5)\}\\&=\min_{u_4} v_4(x_4,u_4)\\&=v_4(x_4,u_4)\\&=x_4+\begin{cases}3+2u_4 & (u_4>0),\\ 0 & (u_4=0).\end{cases}\end{aligned}$$

因此

$$\begin{aligned}f_4(0)&=0+3+2\times4=11.\\f_4(1)&=1+3+2\times3=10.\\f_4(2)&=2+3+2\times2=9.\\f_4(3)&=3+3+2\times1=8.\\f_4(4)&=4+0\qquad\quad=4.\end{aligned}$$

将有关数据列于表 13.5.

表 13.5　第 4 阶段生产总费用($k=4$)

x_k	u_k	x_{k+1}	$v_k(u_k)$	$f_{k+1}(x_{k+1})$	$v_k+f_{k+1}(x_{k+1})$
0	4	0	11	0	$11=f_4(0)$
1	3	0	10	0	$10=f_4(1)$
2	2	0	9	0	$9=f_4(2)$
3	1	0	8	0	$8=f_4(3)$
4	0	0	4	0	$4=f_4(4)$

(2) $k=3$

首先确定状态变量 x_3 的取值范围.

因为 $d_3=2, d_4=4, x_5=0$，而每季度生产能力为 6，故 $0\leqslant x_3\leqslant 6$，即 $x_3=0,1,2,3,4,5,6$ 共有 7 种状态值.

对每个 x_3 的确定值，分别求出决策变量 u_3 的取值范围.

因为当 $x_3=0$ 时，$d_3=2, d_4=4, x_5=0$，因此第三季度的生产量最大为 $2+4=6$(千件)，至少为 $d_3=2$(千件)，即 $2\leqslant u_3\leqslant 6$. 于是 $u_3=2,3,4,5,6$ 共有 5 种决策值. 同理可计算在 x_3 取其他状态值时，u_3 的取值范围：

当 $x_3=0$ 时， $u_3=2,3,4,5,6.$

当 $x_3=1$ 时， $u_3=1,2,3,4,5.$

当 $x_3=2$ 时， $u_3=0,1,2,3,4.$

当 $x_3=3$ 时， $u_3=0,1,2,3.$

当 $x_3=4$ 时， $u_3=0,1,2.$

当 $x_3=5$ 时， $u_3=0,1.$

当 $x_3=6$ 时， $u_3=0.$

基本方程

$$f_3(x_3)=\min_{U_3}\{v_3(x_3,u_3)+f_4(x_4)\},$$

其中

$$v_3(x_3,u_3)=x_3+\begin{cases}2u_3+3 & (u_3>0),\\ 0 & (u_3=0).\end{cases}$$

状态转移方程

$$x_4=x_3+u_3-d_3=x_3+u_3-2.$$

有

$$\begin{aligned}f_3(0)&=\min_{U_3}\{v_3(0,u_3)+f_4(u_3-2)\}\\&=\min\{7+11,9+10,11+9,13+8,15+4\}\\&=18=v_3(0,2)+f_4(0).\end{aligned}$$

同理可计算 $f_3(1),f_3(2),\cdots,f_3(6)$. 将结果列于表 13.6.

表 13.6 第 3 阶段生产总费用($k=3$)

x_k	u_k	x_{k+1}	$v_k(u_k)$	$f_{k+1}(x_{k+1})$	$v_k+f_{k+1}(x_{k+1})$
0	2	0	7	11	$18=f_3(0)$
	3	1	9	10	19
	4	2	11	9	20
	5	3	13	8	21
	6	4	15	4	19
1	1	0	6	11	$17=f_3(1)$
	2	1	8	10	18
	3	2	10	9	19
	4	3	12	8	20
	5	4	14	4	18
2	0	0	2	11	$13=f_3(2)$
	1	1	7	10	17
	2	2	9	9	18

续表

x_k	u_k	x_{k+1}	$v_k(u_k)$	$f_{k+1}(x_{k+1})$	$v_k+f_{k+1}(x_{k+1})$
	3	3	11	8	19
	4	4	13	4	17
3	0	1	3	10	$13=f_3(3)$
	1	2	8	9	17
	2	3	10	8	18
	3	4	12	4	16
4	0	2	4	9	$13=f_3(4)$
	1	3	9	8	17
	2	4	11	4	15
5	0	3	5	8	$13=f_3(5)$
	1	4	10	4	14
6	0	4	6	4	$10=f_3(6)$

(3) $k=2$

首先确定 x_2 的取值范围.

因为 $x_1=0$,$0\leqslant u_1\leqslant 6$,而 $d_1=2$.因此第 2 阶段初库存量最大为 4 千件,最小库存量为 0.因此有 $x_2=0,1,2,3,4$.

对每个 x_2 的确定值,分别求出 u_2 的取值范围:当 $x_2=0$ 时,因为 $d_2=3$,$d_3=2$,$d_4=4$,但每季度最大生产量为 6.故有 $3\leqslant u_2\leqslant 6$.

同理

当 $x_2=0$ 时, $u_2=3,4,5,6$.

当 $x_2=1$ 时, $u_2=2,3,4,5,6$.

当 $x_2=2$ 时, $u_2=1,2,3,4,5,6$.

当 $x_2=3$ 时, $u_2=0,1,2,3,4,5,6$.

当 $x_2=4$ 时, $u_2=0,1,2,3,4,5$.

基本方程:

$$f_2(x_2)=\min_{U_2}\{v_2(x_2,u_2)+f_3(x_3)\},$$

其中

$$v_2(x_2,u_2)=x_2+\begin{cases}2u_2+3 & (u_2>0),\\ 0 & (u_2=0).\end{cases}$$

状态转移方程:

$$x_3=x_2+u_2-d_2=x_2+u_2-3.$$

具体计算过程如下:

由基本方程,u_2 的取值范围及状态转移方程:

$$f_2(0) = \min_{3\leqslant u_2\leqslant 6} \{v_2(0,4) + f_3(u_2 - 3)\}$$
$$= \min\{9+18, 11+17, 13+13, 15+13\}$$
$$= v_2(0,5) + f_3(2) = 26.$$

因此当第2阶段库存量 $x_2=0$ 时，第2阶段最优决策 $u_2=5$，阶段生产费用最小值为13.后部子过程费用最小值为13+13=26.

同理可计算 $f_2(1)$，$f_2(2)$，$f_2(3)$，$f_2(4)$.将计算结果列于表13.7.

表13.7 第2阶段生产总费用($k=2$)

x_k	u_k	x_{k+1}	$v_k(u_k)$	$f_{k+1}(x_{k+1})$	$v_k+f_{k+1}(x_{k+1})$
0	3	0	9	18	27
	4	1	11	17	28
	5	2	13	13	$26=f_2(0)$
	6	3	15	13	28
1	2	0	8	18	26
	3	1	10	17	27
	4	2	12	13	$25=f_2(1)$
	5	3	14	13	27
	6	4	16	13	29
2	1	0	7	18	25
	2	1	9	17	26
	3	2	11	13	$24=f_2(2)$
	4	3	13	13	26
	5	4	15	13	28
	6	5	17	13	30
3	0	0	3	18	$21=f_2(3)$
	1	1	8	17	25
	2	2	10	13	23
	3	3	12	13	25
	4	4	14	13	27
	5	5	16	13	29
	6	6	18	10	28
4	0	1	4	17	$21=f_2(4)$
	1	2	9	13	22
	2	3	11	13	24
	3	4	13	13	26
	4	5	15	13	28
	5	6	17	10	27

(4) $k=1$

首先确定 x_1 的取值范围：由题意 $x_1=0$.

再确定 u_1 的取值范围.

因为 $d_1=2, x_1=0$，故第 1 阶段生产量至少为 2. 而每一季度生产量最大为 6，故有

$$u_1 = 2,3,4,5,6.$$

基本方程

$$f_1(x_1) = \min_{U_1} \{v_1(x_1,u_1) + f_2(x_2)\},$$

其中

$$v_1(x_1,u_1) = x_1 + \begin{cases} 2u_1 + 3 & (当\ u_1 > 0), \\ 0 & (当\ u_1 = 0). \end{cases}$$

状态转移方程

$$x_2 = x_1 + u_1 - d_1 = u_1 - 2.$$

具体计算过程如下

$$\begin{aligned} f_1(x_1) &= \min_{U_1} \{v_1(0,u_1) + f_2(u_1-2)\} \\ &= \min \{7+26, 9+25, 11+24, 13+21, 15+21\} \\ &= v_1(0,2) + f_2(0) = 33. \end{aligned}$$

列于表 13.8.

表 13.8 第 1 阶段生产总费用($k=1$)

x_k	u_k	x_{k+1}	$v_k(u_k)$	$f_{k+1}(x_{k+1})$	$v_k+f_{k+1}(x_{k+1})$
0	2	0	7	26	$33=f_1(0)$
	3	1	9	25	34
	4	2	11	24	35
	5	3	13	21	34
	6	4	15	21	36

(5) 求全过程的最优策略及最优值

由 $k=1$ 的表 13.8，可求出全过程最优指标函数 $f_1(x_1)$；由 $k=1$ 到 $k=4$ 的表可以依次求出各阶段的最优决策、阶段最小费用，从而求得全过程的最优策略.

由表 13.8，求得在 $x_1=0$(年初无库存)条件下，全年最小费用 $f_1(0)=33$(千元). 第 1 阶段的最优决策 $u_1^*=2$，阶段生产费用 $v_1(2)=7$. 第 2 阶段初库存 $x_2^*=0$.

根据 $x_2^*=0$，由表 13.7 查得：第 2 阶段最优决策 $u_2^*=5$，阶段生产费用为 13. 第 3 阶段库存 $x_3^*=2$.

根据 $x_3^*=2$，由表 13.6 查得：第 3 阶段最优决策 $u_3^*=0$，阶段生产费用为 2. 第 4 阶段最优库存量 $x_4^*=0$.

根据 $x_4^*=0$，查表 13.5，可得：第 4 阶段最优决策 $u_4^*=4$，阶段生产费用为 11. 第 4 阶

段末的库存量 $x_5^*=0$.

因此该厂当年生产与库存的最优计划为:第一季度生产 2 千件,费用为 7 千元;第二季度生产 5 千件,费用为 13 千元;第三季度初库存为 2 千件,本季度不安排生产,费用为 2 千元;第四季度生产 4 千件,费用为 11 千元,最后无库存,全年最小费用为 33 千元.

*13.4.3 设备更新问题

虽然设备使用时间越长,它所产生的效益也随之增大,但并非越长越好. 因为随着设备陈旧,维修费用也将随之提高;而且设备使用年限增加,折旧费用将降低,因此处于某个阶段的各种设备,就会面临是保留还是更新这样一个选择. 如上所述,一台设备所需的费用是与设备的年龄有关的,在某个阶段,设备是保留还是更新,不应只从局部的某个阶段的回收额考虑,而应该从整个计划期间总的回收额来考虑,因此这也是一个多阶段决策过程,可以用动态规划方法来求解.

设 n 为计算设备回收额的总期限数,t 为某个阶段的设备年龄,$r(t)$为从年龄为 t 的设备所获得的阶段收益,$u(t)$为年龄为 t 的设备的阶段使用费用,$s(t)$为年龄为 t 的设备的折旧价格(处理价格). p_0 为新设备的购置价格,若不考虑贴现率问题,求 n 期内使总回收额最大的设备更新方案.

建立动态规划模型.

设阶段变量为计算期数 n,即 $k=1,2,\cdots,n$.

设状态变量为设备的年龄 t.

设决策变量为保留设备还是更新设备两种决策. 若记 N 为保留设备,记 P 为更新设备的决策.

设阶段效益 v_k 为阶段的回收额:当决策为保留(N)时,回收额为 $r(t)-u(t)$;当决策为更新(P)时,回收额为 $s(t)-p_0+r(0)-u(0)$,其中 $r(0)$,$u(0)$分别为年龄为零(新设备)的阶段使用收益与使用费用.

设指标函数为阶段效益求和.

设最优值函数 $f_k(t)$为自第 k 阶段对年龄为 t 的设备执行最优策略时的总回收额.

因此基本方程为

$$f_k(t)=\max\begin{cases}N:\ r(t)-u(t)+f_{k+1}(t+1),\\ P:\ s(t)-p_0+r(0)-u(0)+f_{k+1}(1).\end{cases}$$

具体举例如下.

例 13.4.3 若某设备的使用年限为 10 年,年龄为 t 时设备的年使用收益 $r(t)$与使用费用 $u(t)$见表 13.9. 设备的折旧价格为 4 万元,新设备的价格为 13 万元. 试建立该种设备更新的最优策略.

表　13.9

t/年	0	1	2	3	4	5	6	7	8	9	10
$r(t)$/万元	27	26	26	25	24	23	23	22	21	21	20
$u(t)$/万元	15	15	16	16	16	17	18	18	19	20	20

解　本题考虑10年期,因此是一个10段的决策过程,$k=1,2,\cdots,10$.

$$f_k(t)=\max\begin{cases}N:r(t)-u(t)+f_{k+1}(t+1)\\P:s(t)-p_0+r(0)-u(0)+f_{k+1}(1)\end{cases}$$

$$=\max\begin{cases}N:r(t)-u(t)+f_{k+1}(t+1)\\P:4-13+27-15+f_{k+1}(1)=3+f_{k+1}(1).\end{cases}$$

具体计算如下(用逆序法递推).

(1) 当$k=10$时,因为第11年假定不使用,$f_{11}(t)=0$.故有

$$f_{10}(t)=\max\begin{cases}N:r(t)-u(t),\\P:3.\end{cases}$$

此时状态变量t的取值为$0,1,2,\cdots,10$.

若$t=0$,则

$$f_{10}(0)=\max\begin{cases}N:r(0)-u(0)=27-15=12\\P:3\end{cases}$$

$$=12.$$

因此$t=0$时,决策取N(保留).

若$t=1$,则

$$f_{10}(1)=\max\begin{cases}N:r(1)-u(1)=26-15=11\\P:3\end{cases}$$

$$=11.$$

故当$t=1$时,最优决策取N(保留).

同理可计算$t=2,3,4,5,6,7$,其结果都是保留,其计算结果见表13.10.

当$t=8$时,则

$$f_{10}(8)=\max\begin{cases}N:r(8)-u(8)=21-19=2\\P:3\end{cases}$$

$$=3.$$

其最优策略为P(更新设备),则当$t=9,10$时也必须更新设备.因为$r(t)-u(t)$随t的增加而递减(至少不会增加),因此$t>8$后,$f_{10}(t)$与$f_{10}(8)$取相同的最优策略——都是更新设备.在表中,用粗黑线将决策N和P分开(见表13.10).

表 13.10

t	0	1	2	3	4	5	6	7	8	9	10
$f_{10}(t)$	12	11	10	9	8	6	5	4	3	3	3
$f_9(t)$	23	21	19	17	14	14	14	14	14	14	14
$f_8(t)$	33	30	27	24	24	24	24	24	24	24	24
$f_7(t)$	42	38	34	33	33	33	33	33	33	33	33
$f_6(t)$	50	45	43	42	41	41	41	41	41	41	41
$f_5(t)$	57	54	52	50	49	48	48	48	48	48	48
$f_4(t)$	66	63	60	58	57	57	57	57	57	57	57
$f_3(t)$	75	71	68	66	66	66	66	66	66	66	66
$f_2(t)$	83	79	76	75	74	74	74	74	74	74	74
$f_1(t)$	91	87	85	83	82	82	82	82	82	82	82

(2) 当 $k=9$ 时,因为

$$f_9(t) = \max\begin{cases} N: r(t) - u(t) + f_{10}(t+1), \\ P: 3 + f_{10}(1) = 3 + 11 = 14. \end{cases}$$

当 $t=0$ 时,则

$$f_9(0) = \max\begin{cases} N: r(0) - u(0) + f_{10}(1) = 27 - 15 + 11 = 23 \\ P: 14 \end{cases}$$

$$= 23.$$

其最优决策为保留(N).

计算 $t=1,2,3$ 时结果相同.

当 $t=4$ 时,则

$$f_9(4) = \max\begin{cases} N: r(4) - u(4) + f_{10}(5) = 8 + 6 = 14, \\ P: 14. \end{cases}$$

此时,两种决策具有相同的回收额,合理的决策是取保留(因为对旧机器使用已熟练).

当 $t=5$ 时,则

$$f_9(5) = \max\begin{cases} N: r(5) - u(5) + f_{10}(6) = 23 - 17 + 5 = 11 \\ P: 14 \end{cases}$$

$$= 14.$$

最优决策 $u_9^*(5)=P$,即更新设备.

如上分析,当 $t>5$ 后,$r(t)-u(t)$ 及 $f_{10}(t+1)$ 均随 t 的增加而减少,因此可判定 $t>5$ 后的最优决策都是更新,结果见表 13.10.

(3) 当 $k=8$ 时,因为

$$f_8(t)=\max\begin{cases}N:\ r(t)-u(t)+f_9(t+1),\\ P:\ 3+f_9(1)=3+21=24.\end{cases}$$

当 $t=0$ 时,则

$$f_8(0)=\max\begin{cases}N:\ r(0)-u(0)+f_9(1)=12+21=33,\\ P:\ 24.\end{cases}$$

故最优决策 $u_8^*(0)=N$(保留).

当 $t=1$ 时,则

$$f_8(1)=\max\begin{cases}N:\ r(1)-u(1)+f_9(2)=11+19=30,\\ P:\ 24.\end{cases}$$

故最优决策 $u_8^*(1)=N$.

当 $t=2$ 时,则

$$f_8(2)=\max\begin{cases}N:\ r(2)-u(2)+f_9(3)=10+17=27,\\ P:\ 24.\end{cases}$$

故最优决策 $u_8^*(2)=N$.

当 $t=3$ 时,则

$$f_8(3)=\max\begin{cases}N:\ r(3)-u(3)+f_9(4)=9+14=23,\\ P:\ 24.\end{cases}$$

故最优决策 $u_8^*(3)=P$(更新).

显然,当 $t>3$ 时,$u_8^*(t)=P$(更新).计算结果见表 13.10.

依此类推,表 13.10 的全部结果可类似得到.

下面介绍如何使用表 13.10 来解决实际问题.

例如在阶段 1 我们有一台年龄为 4 年的设备,如何制定今后 10 年的设备更新方案.

首先在表 13.10 上查得 $f_1(t)$ 行与 $t=4$ 列的交点上的数为 82,它表明总计划期间最大回收额为 82 万元.因为 82 万元这个数字在 N 区,因此第 1 年的决策是保留设备.第 2 年,设备的年龄已为 5 年,在表中,$f_2(t)$ 行与 $t=5$ 列的交点上的数为 74,但处于 P 区(设备更新).因此第 2 年的最优决策是更新设备.第 3 年,设备在上年已更新,年龄已为 1,$f_3(t)$ 行与 $t=1$ 列的交点上的数是 71,它所在位置为 N(设备保留)区,表明第 3 年的最优决策为设备保留,同样第 4,5,6 年的最优决策也是保留设备,而在第 7 年是更新设备($f_7(t)$ 与 $t=5$ 列交点数为 33).第 8 年,$f_8(t)$ 行与 $t=1$ 的交点上的数为 30,最优决策为 N.第 9 年,第 10 年的最优决策也为设备保留,因此在 10 年计划期间内的最优策略为

$\{N,P,N,N,N,N,P,N,N,N\}$.最优目标函数值,即最大回收额是82万元.最优路径,即设备的年龄序列是$\{4,0,1,2,3,4,0,1,2,3\}$.

习 题 13

13.1 试用逆序法及顺序法分别计算题13.1图所示的从A到G的最短路径及最短距离.

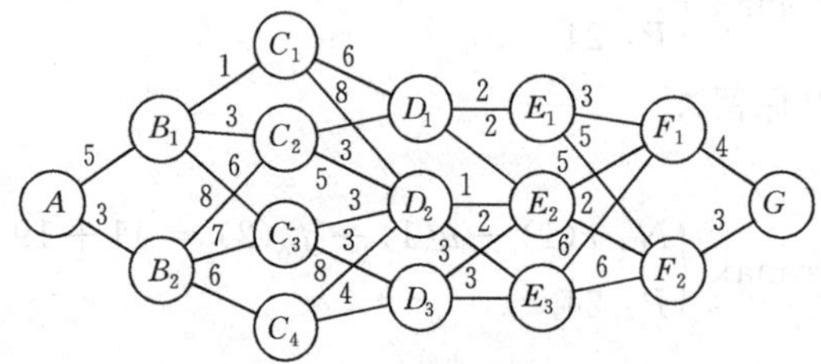

题 13.1 图

13.2 计算题13.2图所示的从A到E的最短路径及其长度.

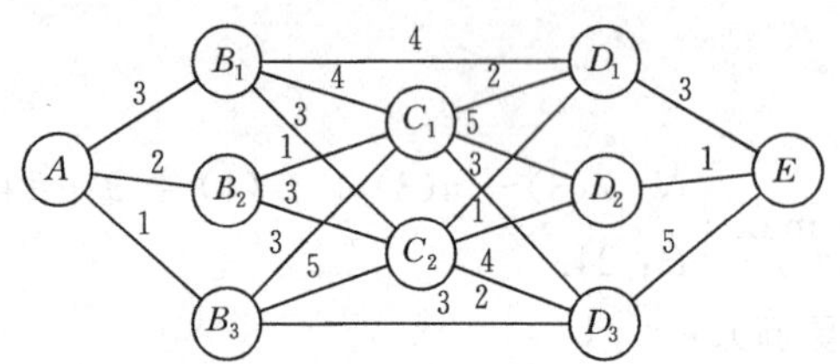

题 13.2 图

13.3 已知网络图各段路线所需费用如题13.3图所示.试选择从A线到B线的最小费用路线,并计算其总的费用.图中A线和B线上的数字分别代表相应点的有关费用.

13.4 某工厂购进100台机器,准备生产Ⅰ、Ⅱ两种产品,若生产产品Ⅰ,每台机器每年可收入45万元,损坏率为65%;若生产产品Ⅱ,每台机器每年收入为35万元,损坏率为35%,估计三年后将有新型机器出现,旧的机器将全部淘汰.试问每年应如何安排生产,使在三年内收入最多?

13.5 某公司打算在三个不同的地区设置4个销售店,根据市场预测部门估计,在不同地区设置不同数量的销售店,每月可得到的利润如题13.5表所示.试作出一个销售店设置计划,使每月能获得的总利润最大,并求其值.

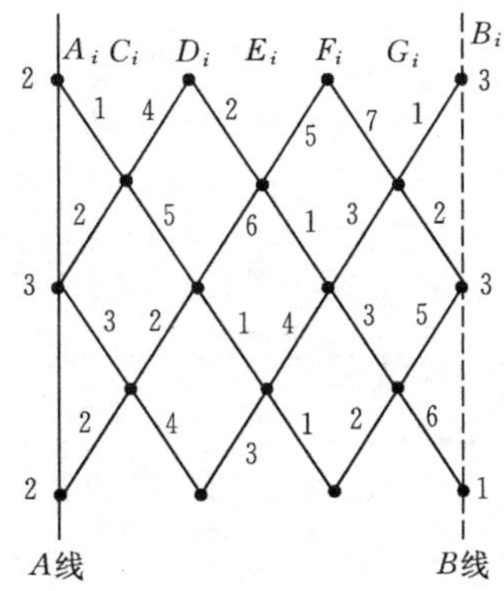

题 13.3 图

题 13.5 表

利润/万元 销售店 / 地区	0	1	2	3	4
1	0	16	25	30	32
2	0	12	17	21	22
3	0	10	14	16	17

13.6 某工厂根据订单今年 1 月至 6 月应交货量分别为 100 件，200 件，500 件，300 件，200 件，100 件(每月月底交货). 该厂生产能力为每月 400 件，该厂仓库的库存能力为 300 件，已知每 100 件货物的生产费用为 10000 元，在进行生产的月份，工厂支出的固定费用为 4000 元，库存费用为每百件货物每月 1000 元，且设 1 月初及 6 月底交货后无存货. 试作出一个生产计划表，使既能完成交货任务又使总费用最小.

13.7 现有一设备更新问题，设备使用年限是 10 年，年龄为 t 年时的设备其年使用收益 $r(t)$ 与年使用费用 $u(t)$ 如题 13.7 表所示.

题 13.7 表

t/年	0	1	2	3	4	5	6	7	8	9	10
$r(t)$/万元	24	24	24	23	23	22	21	21	21	20	20
$u(t)$/万元	13	14	15	15	17	17	17	18	19	19	19

设备的折旧价格 $s(t)$ 为 0，新设备的价格 $p_0=8$ 万元. 试求：(1)关于年龄为 7 年的设备的 10 年最优更新策略. (2)关于年龄为 6 年的设备的 9 年更新策略以及最大收益.

*第 5 部分　决 策 分 析

决策问题是人们在企业管理、市场经营乃至政治、技术和日常生活中经常会遇到的问题. 这时，在当事人面前出现多种不同的方案，只有从中选择最佳的方案，才有可能达到预期的目标. 所谓决策，就是为了达到某个预定的目标，在若干个不同的行动方案中，决定一个最佳行动方案的过程.

决策分析是在应用数学和统计原理相结合的基础上发展起来的. 最早产生的决策内容是经济批量模式、盈亏临界点分析、边际分析和产品质量的统计决策方法等. 以后由于运筹学的发展和计算机的深入应用，使人们从经验决策逐步过渡到科学决策，产生了自成体系的决策理论. 目前已成为运筹学中一支成熟的、系统的独立学科.

*第 14 章 决策分析

14.1 决策的基本概念

14.1.1 决策问题实例

例 14.1.1 一个车队早晨出车，要选择是否带雨布。这里有两种可选择的行动方案(决策)：带雨布或不带雨布。同时也有两种可能的自然状态：即下雨或不下雨。若车队采用带雨布的方案，但天没下雨，则因雨布需占用一定装载容积使车队要受到 2 千元的损失，其他情况如表 14.1 所示。根据天气预报，下雨的概率为 0.4，不下雨的概率为 0.6。问车队应作何种选择，使损失最小？

这就是一个决策问题。

例 14.1.2 某工厂生产某种产品，有Ⅰ，Ⅱ，Ⅲ三种方案可供选择。根据经验，该产品的市场销路有好、一般、差三种状态，它们发生的概率分别为 0.3，0.5，0.2。第 i 种方案在第 j 种状态下的收益值 S_{ij} 见表 14.2，如 $S_{13}=15$，意即采用第Ⅰ种方案生产时，该产品销路若为第三种状态——销路不好，其年收益值为 15 万元。问该工厂厂长该采用何种方案生产，使收益期望值最大？

表 14.1

损失值/千元 \ 自然状态 / 决策	下雨 $P(\theta_1)=0.4$	不下雨 $P(\theta_2)=0.6$
带雨布	0	2
不带雨布	5	0

表 14.2

收益值 S_{ij}/万元 \ 自然状态 θ_j 及概率 $p(\theta)$ \ 决策 A_i	θ_1(产品销路好) $P(\theta_1)=0.3$	θ_2(产品销路一般) $P(\theta_2)=0.5$	θ_3(产品销路差) $P(\theta_3)=0.2$
A_1(按Ⅰ种方案生产)	50	30	15
A_2(按Ⅱ种方案生产)	40	35	25
A_3(按Ⅲ种方案生产)	30	30	28

这也是一个决策问题.

14.1.2 决策问题中的主要概念

由上述两个例子,可看到一般的决策问题应有以下几个要素.

1. 自然状态

决策问题中不受决策者主观影响的客观情况,称为自然状态或客观条件,简称为状态.自然状态不依决策者的意志为转移,故又称为不可控因素,一般记为θ.将θ视作变量,称为状态变量.如例 14.1.1 中天下雨(θ_1)或不下雨(θ_2);例 14.1.2 中产品销路好(θ_1),产品销路一般(θ_2),产品销路差(θ_3),都是各自问题的状态组.

决策问题中的自然状态,未来必定有一种也仅有一种情况出现,不会有两种自然状态同时出现,如例 14.1.1 中,天气或下雨,或不下雨;例 14.1.2 中,产品销路或好,或一般,或差;在一定时期内只出现一种结果.

2. 状态概率

各自然状态出现的概率,称为状态概率,记作 $P_j=P(\theta_j)$.与自然状态集合$\{\theta_1,\theta_2,\cdots,\theta_n\}$相应的状态概率集合可记作:

$$\{P(\theta_1),P(\theta_2),\cdots,P(\theta_n)\}.$$

由状态出现的唯一性可知,必有

$$\sum_{j=1}^{n}P(\theta_j)=1.$$

如例 14.1.2 中, $\sum_{j=1}^{3}P(\theta_j)=0.3+0.5+0.2=1$. 例 14.1.1 中, $\sum_{j=1}^{2}P(\theta_j)=0.4+0.6=1$.

3. 策略

可供决策者进行决策的各个行动方案称为策略或方案.方案是可控因素,一般记作 $A_i(i=1,2,\cdots,m)$.若将 A_i 看做一个变量,则 A_i 称为决策变量.所有可供选择的方案集合称为决策集 $\{A_1,A_2,\cdots,A_m\}$.

如例 14.1.1 的决策集为 $\{A_1=$带雨布$,A_2=$不带雨布$\}$;例 14.1.2 中的决策集为 $\{A_1=$按第Ⅰ种方案生产$;A_2=$按第Ⅱ种方案生产$;A_3=$按第Ⅲ种方案生产$\}$.

4. 益损值和益损矩阵

每个行动方案 A_i 在各自的状态 θ_j 下的经济收益或损失值称为益损值,一般用 S_{ij} 表示.将益损值按原有的次序构成的矩阵称做益损矩阵 $\boldsymbol{M}$,记作

$$\boldsymbol{M}=\begin{bmatrix} S_{11} & S_{12} & \cdots & S_{1n} \\ S_{21} & S_{22} & \cdots & S_{2n} \\ \vdots & \vdots & & \vdots \\ S_{m1} & S_{m2} & \cdots & S_{mn} \end{bmatrix}.$$

如效益值取作正数,则损失值就取作负数.

例 14.1.1 中,

$$\boldsymbol{M}=\begin{bmatrix} 0 & -2 \\ -5 & 0 \end{bmatrix}.$$

例 14.1.2 中,

$$\boldsymbol{M}=\begin{bmatrix} 50 & 30 & 15 \\ 40 & 35 & 25 \\ 30 & 25 & 28 \end{bmatrix}.$$

5. 益损函数与决策模型

决策的目标要能够度量,度量决策目标值的函数称为益损函数 S.益损函数显然应是 A_i 与 θ_j 的函数.在决策理论中广泛应用的决策模型的形式为

$$S=F(A_i,\theta_j)\quad (i=1,2,\cdots,m;\quad j=1,2,\cdots,n). \tag{14.1.1}$$

14.1.3 决策问题的分类

按照对未来自然状态掌握的程度不同,决策问题可分为确定情况下决策与非确定情况下决策.非确定情况下决策又可分为风险型决策及不确定型决策两类.因此决策问题有

确定型决策、风险型决策、不确定型决策三类.

确定型决策是指未来自然状态在完全确定情况下的决策.

风险型决策又称为随机型决策,对未来的自然状态不能完全确定,但对各种自然状态可能发生的概率为已知的条件下的决策.

不确定型决策是在未来自然状态不能确定,且对各种自然状态可能发生的概率也无法确定情况下的决策.

14.2 确定型决策

当面临的决策问题具备下述条件时,可以作为确定型决策问题来处理:

(1) 存在一个明确的决策目标.

(2) 只存在一个确定的自然状态,或虽然存在多个可能发生的自然状态,但通过调查分析,最后可确定只有一个状态会发生.

(3) 存在两个或两个以上的行动方案.

(4) 每个行动方案在确定的自然状态下的益损值为已知(或可求出).

前面介绍过的线性规划问题、非线性规划问题、动态规划问题都属于确定型的单目标决策问题(可看成有无限多种行动方案的决策问题).

例 14.2.1 某市的自行车厂准备新上一种产品,现有三种类型的自行车可选择:载重车 A_1,轻便车 A_2,山地车 A_3;根据以往情况与数据,产品在畅销 θ_1,一般 θ_2 及滞销 θ_3 下的益损值如表 14.3 所示.问该厂应选择何种方案,使该厂获得利润最大?

表 14.3 年利润

年利润/万元 状态 方案	畅销 θ_1	一般 θ_2	滞销 θ_3
载重车 A_1	70	60	15
轻便车 A_2	80	80	25
山地车 A_3	55	45	40

解 这本是一个面临三种自然状态和三个行动方案的决策问题.该厂通过对市场进行问卷调查及对该市经济发展趋势分析,得出结论是:今后五年内,该市市场极需要自行车,销路极好.因此问题就从三种自然状态变为只有一种自然状态(畅销 θ_1)的确定型决策问题,见表 14.4.

表 14.4 利润表

年利润/万元 状态 方案	畅销 θ_1
载重车 A_1	70
轻便车 A_2	80
山地车 A_3	55

由表 14.4 可知,该厂选择新上轻便车产品的方案为最优方案,在未来产品为畅销情况下,年利润为 80 万元.

14.3 风险型决策

风险型决策问题需要具备以下几个条件:

(1) 有一个决策目标(如收益较大或损失较小).

(2) 存在两个或两个以上的行动方案.

(3) 存在两个或两个以上的自然状态.

(4) 决策者通过计算、预测或分析估计等方法,可以确定各种自然状态未来出现的概率.

(5) 每种行动方案在不同自然状态下的益损值可以计算出来.

14.3.1 最优期望益损值决策准则

风险型决策一般采用最优期望益损值作为决策准则,称为期望值法.

概率中的数学期望为(随机变量为 x)

$$E(x) = \sum_{i=1}^{n} P_i x_i$$

式中 P_i 是 $x=x_i$ 时的概率.我们把每个行动方案 A_i 看成是离散型随机变量,其取值就是在每个状态 θ_j 下相应的益损值 S_{ij}.

第 i 个方案 A_i 在第 j 种自然状态 θ_j 下的益损值为 S_{ij},则第 i 个方案 A_i 的益损期望值为

$$E(A_i) = \sum_{j=1}^{n} P_j S_{ij} \quad (i = 1,2,\cdots,m). \tag{14.3.1}$$

式(14.3.1)表示行动方案 A_i 在各种不同状态下的益损平均值(可能平均值).

所谓期望值法,就是把各个行动方案的期望值求出来,进行比较.

如果决策目标是收益最大,则期望值最大的方案为最优方案:

$$\max_i E(A_i) = \sum_{j=1}^{n} P_j S_{ij} \quad (i = 1,2,\cdots,m). \tag{14.3.2}$$

如果决策目标是损失最小,则期望值最小的方案是最优方案:

$$\min_i E(A_i) = \sum_{j=1}^{n} P_j S_{ij} \quad (i = 1,2,\cdots,m). \tag{14.3.3}$$

利用期望值法进行决策的具体方法,常见的有决策表法、决策树法等.

14.3.2 决策表法

这种方法是将决策问题列成表格,利用列表计算期望值进行决策.

例 14.3.1 以例 14.1.2 为例,用决策表法进行计算并决策.

解 依据表 14.2 所给出的数据,用公式(14.3.1)来计算各个行动方案的期望益损值:

$$E(A_1) = 0.3 \times 50 + 0.5 \times 30 + 0.2 \times 15 = 33(\text{万元}),$$
$$E(A_2) = 0.3 \times 40 + 0.5 \times 35 + 0.2 \times 25 = 34.5(\text{万元}),$$
$$E(A_3) = 0.3 \times 30 + 0.5 \times 30 + 0.2 \times 28 = 29.6(\text{万元}).$$

可见,$\max\limits_i E(A_i) = E(A_2) = 34.5$(万元),即该厂按第Ⅱ种方案生产为最佳方案,其年收益期望值最大为 34.5 万元,见表 14.5.

表 14.5　工厂生产决策方案表

收益值 S_{ij}/万元 \ 概率 $P(\theta_j)$ \ 状态 θ_j \ 决策 A_i	产品销路好 θ_1	产品销路一般 θ_2	产品销路差 θ_3	收益值的期望值 $E(A_i)$/万元
	$P(\theta_1)=0.3$	$P(\theta_2)=0.5$	$P(\theta_3)=0.2$	
按第Ⅰ种方案生产 A_1	50	30	15	33
按第Ⅱ种方案生产 A_2	40	35	25	34.5
按第Ⅲ种方案生产 A_3	30	30	28	29.6

例 14.3.2 某食品门市部出售袋装鲜牛奶.根据资料,该门市部每天售出牛奶的数量服从以下概率分布(表 14.6).

表 14.6

θ_j/袋	100	150	200	250	300
$P(\theta_j)$	0.20	0.25	0.30	0.15	0.10

该门市部新鲜牛奶每袋售价 0.75 元，进价为 0.50 元/袋，如果当天销售不完，则在当天结束时，以每袋 0.30 元处理. 现假定该门市部进货量仅取表 14.6 中某一个值，试用期望值法确定每天的最优进货量.

解 根据题意，首先计算牛奶进货问题的益损值. 设进货量(行动方案)为 A_i $(i=1,2,\cdots,5)$. 益损值可用下式计算：

$$S_{ij}=\begin{cases}(0.75-0.50)A_i, & \text{当 } A_i\leqslant\theta_j \text{ 时},\\ (0.75-0.50)\theta_j-(0.50-0.30)(A_i-\theta_j), & \text{当 } A_i>\theta_j \text{ 时},\\ (i,j=1,2,3,4,5).\end{cases}$$

从而可得益损矩阵，并作出牛奶进货量的决策表 14.7.

表 14.7 牛奶进货决策表 单位：元

益损值/元 概率 需求量 进货量	$\theta_1(100)$	$\theta_2(150)$	$\theta_3(200)$	$\theta_4(250)$	$\theta_5(300)$	益损值的期望值 $E(A_i)$/元
	$P(\theta_1)=0.20$	$P(\theta_2)=0.25$	$P(\theta_3)=0.30$	$P(\theta_4)=0.15$	$P(\theta_5)=0.10$	
100 袋 A_1	25	25	25	25	25	25.0
150 袋 A_2	15	37.5	37.5	37.5	37.5	33.0
200 袋 A_3	5	27.5	50	50	50	35.375
250 袋 A_4	−5	17.5	40	62.5	62.5	31.0
300 袋 A_5	−15	7.5	30	52.5	75	23.25

$$E(A_1)=1.0\times25=25(\text{元}).$$

$$E(A_2)=0.20\times15+(1-0.2)\times37.5=3.0+30.0=33(\text{元}).$$

$$\begin{aligned}E(A_3)&=0.20\times5+0.25\times27.5+(1-0.20-0.25)\times50\\&=1.0+6.875+27.50=35.375(\text{元}).\end{aligned}$$

$$\begin{aligned}E(A_4)&=0.20\times(-5)+0.25\times17.5+0.30\times40\\&\quad+(1-0.20-0.25-0.30)\times62.5\\&=-1+4.375+12+15.625\\&=31.0(\text{元}).\end{aligned}$$

$$\begin{aligned}E(A_5)&=0.20\times(-15)+0.25\times7.5+0.3\times30+0.15\times52.5+0.1\times75\\&=-3+1.875+9+7.875+7.5\end{aligned}$$

$$=23.25(\text{元}).$$

可知 $\max\limits_{i} E(A_i)=E(A_3)=35.375$(元),即该门市部每天最优进货量为200袋牛奶,可得到最大收益为35.375元/天.

需要指出的是,期望值是包含各种自然状态及其发生可能性大小(即概率)的收益(或损失)平均值,只供决策者在选择最优方案时使用,并非为方案实现后的真正利润值(或损失值).因为方案实行后未来只有一种自然状态(以100%的概率)出现.

14.3.3 决策树法

决策树是一种树状图,决策树法是运用树状图方法来作出决策,它是决策分析最常使用的一种方法.对于较为复杂的决策问题,决策者在作出抉择和采取行动之前要权衡各种可能发生的情况,还需想到未来发展的各种可能性.这时用决策树方法来表达决策问题中先后各个阶段之间联系,其表达方式清晰明了,形象直观,先后从属关系一目了然,因而得到广泛的应用.

决策树图一般由四种元素组成(图14.1).

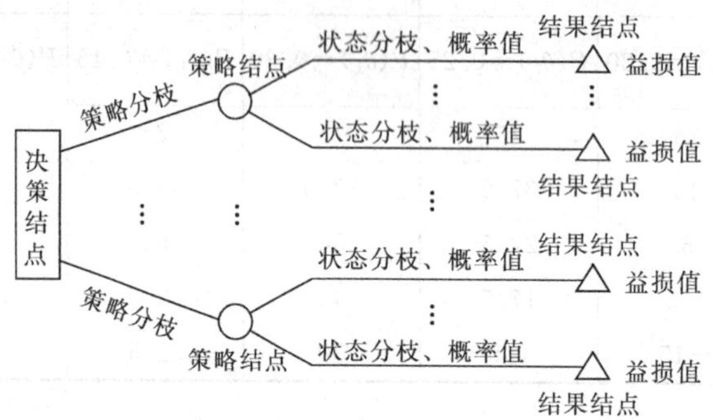

图 14.1

(1) 决策结点

在决策树图中,决策结点以矩形图符□表示,决策者需要在决策结点处进行决策(方案选择).从决策结点引出的每一分枝,都是策略分枝.分枝数反映可能的行动方案数.为了表明方案的差别,可以在引出分枝的线段上标明方案的内容.最后选中的策略(方案)的期望益损值要写在决策结点的上方,未被选上的方案要"剪枝".

(2) 策略结点(方案结点)

在决策树图中,策略结点用图符○表示,位于策略分枝的末端,其上方的数字为该策略的期望益损值.由策略结点引出的分枝称为状态分枝(又称概率分枝),每一个策略结点引出的分枝数即为可能出现的状态数.为了表明状态的差别,在每条分枝上标明各自然状态的内容与其出现的概率.

(3) 结果结点

在决策树图中,结果结点用图例△表示,它是状态分枝的末梢,它旁侧的数字是相应策略在该状态下的益损值.

(4) 分枝

分枝包括策略分枝(方案分枝)与状态分枝(概率分枝)两种.最终决策求出后,未被选上的策略分枝要"剪枝",在要"剪枝"的策略分枝线段上标上符号"—||—".

决策树图是从左向右逐步画出的,然后将原始数据标在相应的位置上,画出决策树后,再从右向左计算各策略结点的期望益损值,并标在相应的策略结点上.最后再根据最优期望益损值决策准则,对决策结点上的各个方案进行比较、抉择,并把决策结果标在图上.对没被选中的分枝进行"剪枝".

决策问题可分为单阶段决策问题与多阶段决策问题两类,分别举例如下.

1. 单阶段决策

例 14.3.3 某市需建设一个生产某产品的工厂,有两个方案:一是建大厂,二是建小厂.建大厂需投资 300 万元;建小厂投资为 140 万元,两者使用期均为 10 年.若在 10 年间产品销路好,小厂每年可盈利 40 万元,大厂每年可盈利 100 万元.若销路差,则小厂每年盈利 20 万元,大厂则每年亏损 20 万元.根据对市场的预测,产品销路好的概率为 0.7,产品销路差的概率为 0.3.试问决策者应选择何种方案建厂?

解 将上述两种方案的年度益损值列于表 14.8.

表 14.8

益损值/万元 \ 概率 \ 状态 \ 方案	销路好 θ_1 $P(\theta_1)=0.7$	销路差 θ_2 $P(\theta_2)=0.3$
建大厂 A_1	100	−20
建小厂 A_2	40	20

第 1 步:画决策树,从左向右逐步画出,将相应的原始数据标在图上(见图 14.2).

第 2 步:计算各策略结点的期望益损值:

A_1 $\quad 0.7\times100\times10+0.3\times(-20)\times10=640$(万元)

$640-300$(建厂投资)$=340$(万元).

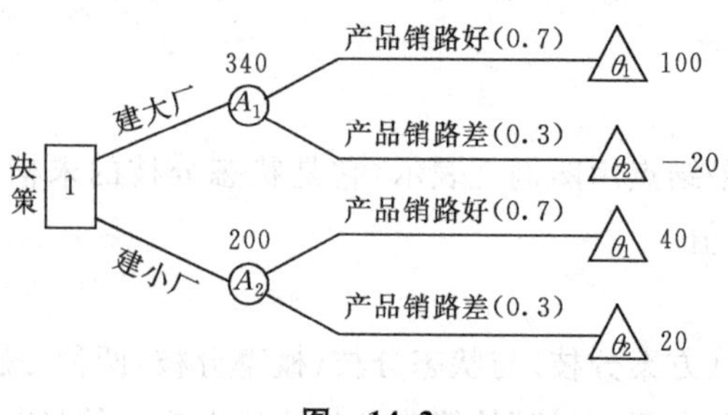

图 14.2

A_2　　　　　　　$0.7\times40\times10+0.3\times20\times10=340$(万元)

$340-140$(建厂投资)$=200$(万元).

第 3 步：将计算结果标在策略结点上，并进行决策. 由最优期望益损值准则，显然建大厂方案为优. 决策结点 1 的决策为建大厂.

2. 多阶段决策

有些较为复杂的决策问题，往往要分为几个阶段，每个阶段都要作出一个抉择，而前一阶段的决策又会影响到下一阶段的决策. 这种决策问题称为多阶段决策问题(又称动态决策问题). 若此时问题中的自然状态是确定型的，则可用动态规划来解决. 若是不确定的，但可知道它们发生的概率，则可用风险决策来解决.

例 14.3.4　在例 14.3.3 中再增加第三个建厂方案：先建小厂，如果前三年的产品销路好，再扩建大厂，扩建所需投资为 200 万元. 盈亏收益情况仍如表 14.8 所示. 关于市场的调查结果为：在 10 年使用期中，产品前 3 年销路好的概率为 0.7，销路差的概率为 0.3；如前 3 年销路好，则后 7 年销路也好的概率为 0.9；如前 3 年销路差，后 3 年销路肯定差. 若仍以 10 年为期，问工厂应选择何种方案建厂?

解　由题意可知，本决策问题应是一个两阶段决策问题：前 3 年为第一阶段、后 7 年为第二阶段. 在第一阶段中，有两种方案：建大厂与建小厂. 对于建小厂方案，若前 3 年产品销路好，则第二阶段开始还有一个决策选择：扩建还是不扩建.

第 1 步：由上述分析，从左向右画出决策树：分两个阶段，且标上相应的已知数据，见图 14.3.

第 2 步：从右向左计算各策略结点的期望益损值.

结点④：$0.9\times100\times7+0.1\times(-20)\times7=616$(万元).

结点⑤：$1.0\times(-20)\times7=-140$(万元).

结点②：$0.7\times100\times3+0.3\times(-20)\times3+0.7\times616+0.3\times(-140)$

$=581.2$(万元)，

$581-300$(建大厂投资)$=281$(万元).

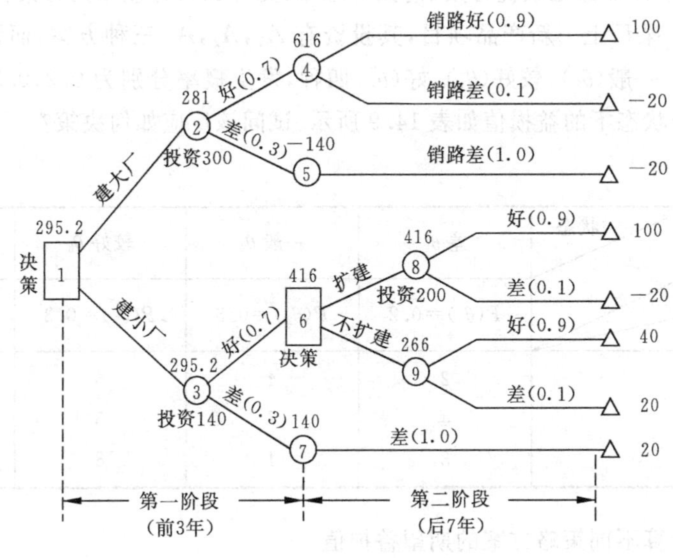

图 14.3

结点⑧：$0.9\times100\times7+0.1\times(-20)\times7=616$(万元)，

$616-200$(扩建投资)$=416$(万元).

结点⑨：$0.9\times40\times7+0.1\times20\times7=266$(万元).

结点⑦：$1.0\times20\times7=140$(万元).

结点③：$0.7\times40\times3+0.3\times20\times3+0.7\times416+0.3\times140=435.2$(万元)，

$435.2-140$(建小厂投资)$=295.2$(万元).

第 3 步：由计算结果可知，由于结点③的期望益损值大于结点②的期望益损值，由此决策结点①应选取策略结点③(即先建小厂). 若前 3 年的产品销路好，则由策略结点⑧的期望益损值大于结点⑨的值，故决策结点⑥，应抉择扩建大厂的方案；若前 3 年销路差，则第二阶段只能维持小厂方案.

在有的决策问题中，会遇到这种情况：有两个(或两个以上)的方案都是最优期望值，这时该如何选取其中一个呢？我们引入一个指标，称为界差，即每个方案的期望值与它的收益值的下界(或损失值的上界)之差. 对于目标为最大收益的问题，界差 $D(A_i)$记作：

$$D(A_i)=E(A_i)-\min_j S_{ij}. \tag{14.3.4}$$

对于目标为最小损失值问题，界差 $D(A_i)$为

$$D(A_i)=\max_j S_{ij}-E(A_i). \tag{14.3.5}$$

当方案 A_{i_1} 与 A_{i_2} 其期望益损值相等且都为最佳期望值时，取其界差小的那个方案为最优方案，即若 $E(A_{i_1})=E(A_{i_2})$，而 $D(A_{i_1})<D(A_{i_2})$，则取 A_{i_1} 为最优方案. 若界差此时也相

等，则认为这两个方案都是最优方案(请读者思考：为什么将界差小的方案作最优方案).

例 14.3.5 某厂上一新产品项目，其投资有 A_1,A_2,A_3 三种方案，而预测其未来销路状况有差(θ_1)，一般(θ_2)，较好(θ_3)，好(θ_4)四种，发生概率分别为 0.2，0.3，0.3，0.2，其不同方案在各个状态下的益损值如表 14.9 所示.试问该厂应如何决策?

表 14.9

益损值/百万元 \ 概率 \ 状态 方案	差 θ_1	一般 θ_2	较好 θ_3	好 θ_4
	$P(\theta_1)=0.2$	$P(\theta_2)=0.3$	$P(\theta_3)=0.3$	$P(\theta_4)=0.2$
A_1	2	4	6	8
A_2	4	7	5	7
A_3	3	4	8	8

解 首先计算不同策略方案的期望益损值：

$$E(A_1)=0.2\times2+0.3\times4+0.3\times6+0.2\times8=5.0,$$
$$E(A_2)=0.2\times4+0.3\times7+0.3\times5+0.2\times7=5.8,$$
$$E(A_3)=0.2\times3+0.3\times4+0.3\times8+0.2\times8=5.8.$$

现 $E(A_2)=E(A_3)=\max\limits_i E(A_i)$，即 A_2 与 A_3 的期望益损值相等且都是最大值.作出它们的界差：

$$D(A_2)=E(A_2)-\min_j S_{2j}=5.8-4=1.8,$$
$$D(A_3)=E(A_3)-\min_j S_{3j}=5.8-3=2.8.$$

$D(A_2)<D(A_3)$，故选方案 A_2 为最优方案.

14.4 效用理论

上述决策方法中，我们是以货币的期望益损值作为决策准则进行决策.有些问题，用期望益损值作决策准则并不合适.下面举两个例来说明.

例 14.4.1 一个资产为 200 万元的企业，决策是否参加火灾保险.保险费为资产金额的 0.25%，发生火灾的可能性是 0.1%.问该企业是否应该参加保险?

解 画出此问题的决策树，如图 14.4 所示.

因为参加保险后，若发生火灾，则由保险公司赔偿金额，因此参加保险后，不论是否发生火灾，企业的损失值是一样大，即为保险费：

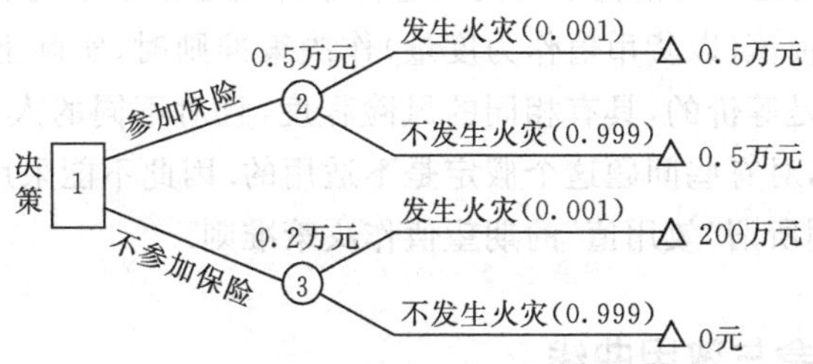

图 14.4

$$0.25\% \times 200\ \text{万元} = 0.5\ \text{万元}.$$

由图 14.4 可见,策略结点②的期望损失值为 0.5 万元,而策略结点③的期望损失值为 0.2 万元,本决策问题的最优决策应是期望损失值最小,因此得出结论是不参加保险.显然,这是不合常理的,很少有人愿意因可少付 0.5 万元而去冒可能损失 200 万元的风险.

产生这种状况的原因,主要是期望益损值是大量的多次的重复现象出现的益损值的一种平均值.当状态的概率之间差异非常大时,仅用平均值来代替一次决策的结果是不合理的.

例 14.4.2 老王参加某电视台组织的综艺节目而得奖,奖金为 500 元.但主持人告诉他还可有一个选择:进行一次抽奖,抽中可得奖金 3000 元,抽中概率为 20%,若抽不中,则上述 500 元也没有了.老王是个偏于保守的人,宁肯要期望收益值小的第一种方案:

$$E(A_1) = 1.0 \times 500 = 500(\text{元}),$$

也不要期望收益值大的第二种方案:

$$E(A_2) = 0.20 \times 3000 + 0.8 \times 0 = 600(\text{元}).$$

因为在老王看来,第一种方案实得的 500 元其效用要比以 20%的概率得 3000 元的效用来得大.

假若需要作出选择的不是偏于保守的老王,而是一个有冒险精神、经济上比较宽裕的年轻人小李.这时小李作出的选择很可能是第二种方案而不是第一种方案.因为在小李看来,以 20%的概率得 3000 元的效用要比实得 500 元的效用来得大.又假若同一个小李,眼前手头不宽裕,正巧需要 500 元有急用,此时的小李却很可能去选择第一种方案而不选择第二种方案.

以上例子说明:

(1) 相同的期望益损值(以货币值为量度)的不同随机事件之间其风险可能存在着很大的差异,即说明货币量的期望益损值不能完全反映随机事件的风险程度.

(2) 同一随机事件对不同的决策者的吸引力可能完全不同,因此可能采取完全不同的决策.这与决策者个人的气质、冒险精神、经济状况、经验等主观因素有很大关系.

(3) 即使同一个人在不同情况下对同一随机事件也会采取不同的态度.

当我们以期望益损值(以货币值作为度量)作决策准则时,实际上已假定期望益损值相等的各个随机事件是等价的,具有相同的风险程度,且对不同的人具有相同的吸引力,但从上述例子可看出,对有些问题这个假定是不适用的.因此不能采用货币度量的期望益损值作决策准则,而用所谓"效用值"的期望值作决策准则.

14.4.1 效用的概念与效用曲线

为了讲清"效用"与"效用值"的概念,我们仍举例来说明.

例 14.4.3 老王参加某电视台综艺节目而得奖.他有两种方式可选择:

A_1:一次获得 500 元奖金.

A_2:分别以概率为 0.5 与 0.5 的机会抽奖可获得 1000 元与 0 元.试问老王该选择哪种方式领奖.

事件 A_1 与 A_2 的期望益损值相等,都是 500 元,但是大多数人还是会认为这两个事件的"得失效果"是不同的,或说"价值"是不同的.由前面的分析我们知道,这种"价值"与个人的主观因素有很大的关系,是一种"主观价值".假若老王倾向于选择方式 A_1,即对老王来说,认为事件 A_1 的"价值"比事件 A_2 来得大.我们就说,对老王而言,事件 A_1 的效用比事件 A_2 来得大.假若小李来作这样的选择,他选择方式 A_2,即小李认为事件 A_2 的"价值"比事件 A_1 大.我们就说,对小李而言,事件 A_2 的效用比事件 A_1 来得大.

如何来量度随机事件的效用(或说"价值")呢?我们用"效用值"u 来量度效用的大小.由前分析可知,"效用值"是一个"主观价值",且是一个相对大小的值.因此一般指定决策者可能得到的最大收益值相应的效用值为 1(或 100),而可能得到的最小收益值(或最大的损失值)相应的效用值指定为 0.

一般来说,若用 r 来记期望收益值(这里收益值作广义理解,不一定是货币量,也可以是做某件事的结果),则 r 的效用值用 $u(r)$ 来表示.因此有

$$u(r_{\max}) = 1, \quad u(r_{\min}) = 0.$$

那么当 $r_{\min} < r < r_{\max}$ 时,$u(r)$ 如何计算呢?

一般是用心理测试的方法来确定 $u(r)$.具体作法是:反复多次向决策者提出下述问题:"如果事件 A_1 是以概率 p 得到收益为 r_1,以 $1-p$ 的概率得到收益为 r_2,事件 A_2 是以 100% 概率得到收益 $r(r_2 < r < r_1)$,你认为 r 取多大值时,事件 A_1 与事件 A_2 是相当的(即认为效用值相等)?"如果决策者经过思考后,认为 $r = r_0$ 时($r_2 < r_0 < r_1$)两事件效果是相当的,即有

$$u(r_0) = pu(r_1) + (1-p)u(r_2). \tag{14.4.1}$$

当 $u(r_1)$,$u(r_2)$,p 已知时,则 r_0 的效用值 $u(r_0)$ 可求出.如当 $r_1 = r_{\max}$,$r_2 = r_{\min}$,则 $u(r_1) =$

$1,u(r_2)=0$，则可求出第三点 $r_0(r_2<r_0<r_1)$ 的效用值. 再在已知效用值的三点 r_2,r_0,r_1 中任取两点，再作出同样的问题来问决策者，则可在两点中再求出一点的效用值. 如此继续，可得到在 $r_{\max}$ 及 $r_{\min}$ 中间的一系列点 r_i 的效用值 $u(r_i)$. 这样我们以 r_i 作横坐标，$u(r_i)$ 作纵坐标可得到该决策者的效用曲线. 举例如下.

例 14.4.4 设某决策者在股票交易所购买股票，现有两种选择：

A_1：选择股票 01 号，预计每手(100 股)可能分别以概率 0.5 获利 200 元，概率 0.5 损失 100 元.

A_2：选择 02 号股票，预计每手(100 股)可能以 1.0 的概率获利 25 元.

试问该决策者应选择何种方式购买股票？

用心理测试法对该决策者提问：

(1) 对上述事件 A_1,A_2，问决策者愿意选择何种方式？若该决策者认为稳得 25 元比事件 A_1 可靠，愿选择 A_2，则此时对该决策者来说，25 元的效用值大于 A_1 的效用值，则将 A_2 中的稳得 25 元降为 −10 元(即必赔 10 元). 再问该决策者愿意选择何种股票？若该决策者回答选择 01 号股票，说明在该决策者心目中，稳赔 10 元(即 −10 元收益)的效用值小于 A_1 中的效用值，再将 A_2 中的收益提高. 如此反复进行，直到该决策者认为购买 01 号与 02 号股票效果相当. 如认为将 A_2 事件改为稳得 0 元，与 A_1 事件的效果是一样的，即此时在该决策者心目中，认为稳得 0 元(即不赔不赚)与随机事件 A_1 的效用值相等. 因此可求出 $r=0$ 时的效用值 $u(r=0)$：

$$u(0)=pu(200)+(1-p)u(-100)=0.5\times 1+0.5\times 0=0.5.$$

(2) 再来求 $r=200$ 与 $r=0$ 之间某一点 r_0 的效用值. 提出如下问题：

A_1：购买 01 号股票，预测每手可能以概率 0.5 获利 200 元，以概率 0.5 获利 0 元.

A_2：购买 02 号股票，预测每手可能以 1.0 的概率稳获利 40 元.

问决策者愿意选择随机事件 A_1，还是确定性事件 A_2？若该决策者回答，愿选择 A_1，认为 A_1 的"效果"比 A_2 好，即认为 A_2 中 40 元的效用值小于 A_1 中的效用值，则将 A_2 中稳获利值提高到 80 元. 再问决策者愿意选择 A_1 还是 A_2. 若回答是愿意选择 A_2，说明稳得 80 元的效用值在决策者心目中比随机事件 A_1 的效用值大，我们降低 A_2 的稳获利值. 比如决策者回答当 A_2 事件中，稳获 60 元与随机事件 A_1 的效果相当，即 $r=60$ 的效用值 $u(60)$ 在决策者心目中与随机事件 A_1 的效用值(期望值)相等. 因此有：

$$\begin{aligned}u(60)&=pu(200)+(1-p)u(0)\\&=0.5\times 1+0.5\times 0.5=0.75.\end{aligned}$$

用决策树来描述上述两个事件的效用值的等效性，如图 14.5.

图中决策结点中的符号∽表示两个事件的等效性. 在策略结点下方标志的数字表示该结点的效用值.

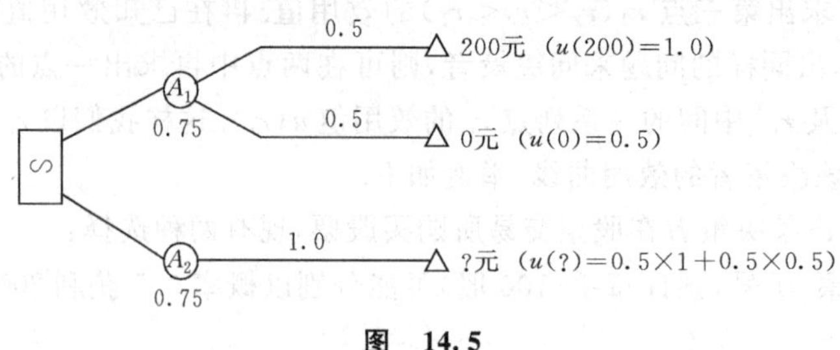

图 14.5

(3) 提出如下问题,可得到-100元与0元之间某点的效用值

A_1:预测01号股票,每手以概率0.5获利0元,以概率0.5获利-100元.

A_2:预测02号股票,每手以概率1.0获利-30元.

问决策者愿意选择何种股票?

经过几次询问后,该决策者认为确定性事件A_2中,以概率1.0获利-60元与随机事件A_1具有等效用,买哪种股票都一样.因此可以求出$r=-60$时的效用值:

$$u(-60)=0.5\times0.5+0.5\times0=0.25.$$

用决策树表示,如图14.6.

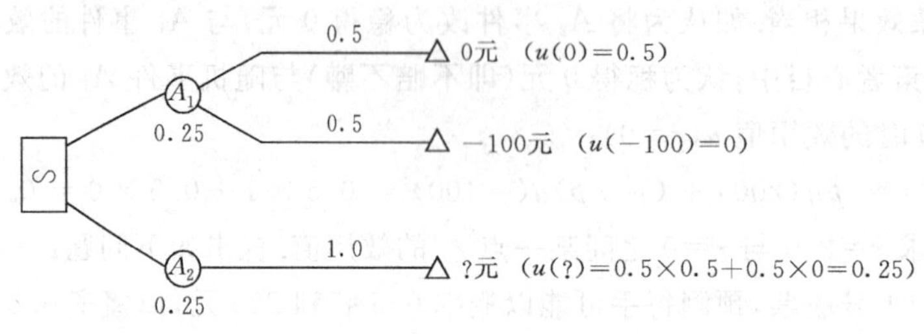

图 14.6

(4) 用同样的方法可以得到60元与200元之间某点r_0的效用值.经过几次提问后,决策者回答,A_2中稳获120元与A_1中以概率0.5获利200元及以概率0.5获利60元两个事件等效.因此有:

$$u(120)=0.5\times1.0+0.5\times0.75=0.875.$$

用类似的方法可以得到一系列r_i的效用值$u(r_i)$,当以r(益损值)作横坐标、效用值$u(r)$作纵坐标,把一系列求出效用值的点画在坐标系上,可以连成一条光滑的曲线——称为效用曲线.例14.4.4中该决策者的效用曲线如图14.7所示.

由图14.7的效用曲线上,可查出当$r=25$元时,效用值$U(25)=0.60$.现在来解例14.4.4,确定性事件A_2的效用值为0.60,而随机事件A_1的期望效用值:

$$u(A_1)=0.5\times1.0+0.5\times0=0.50.$$

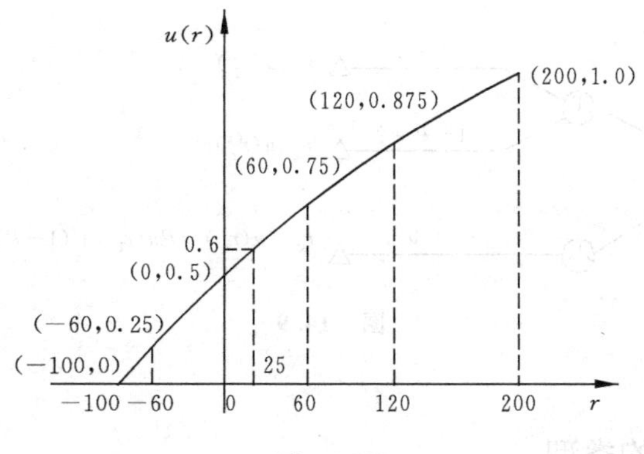

图 14.7

因此，若以最大期望效用值为决策准则，则

$$u(A_2)=0.60>u(A_1)=0.50.$$

故该决策者应选择 A_2：购买 02 号股票.

将上述心理测试法用决策树来表示.若已知一个随机事件 A_1，以概率 p 可得益损值为 r_1，以 $1-p$ 概率取益损值 $r_2(r_2<r_1)$，且 r_1 及 r_2 的效用值 $u(r_1)$，$u(r_2)$ 为已知，则我们可构造一个确定性事件 A_2：以概率 1.0 取得效益值 r，问 r 为何值时，在决策者看来随机性事件 A_1 与确定性事件 A_2 有相同的效果.若决策者回答是 r_0（显然 $r_2<r_0<r_1$），即有 $u(r_0)=pu(r_1)+(1-p)u(r_2)$，见图 14.8.

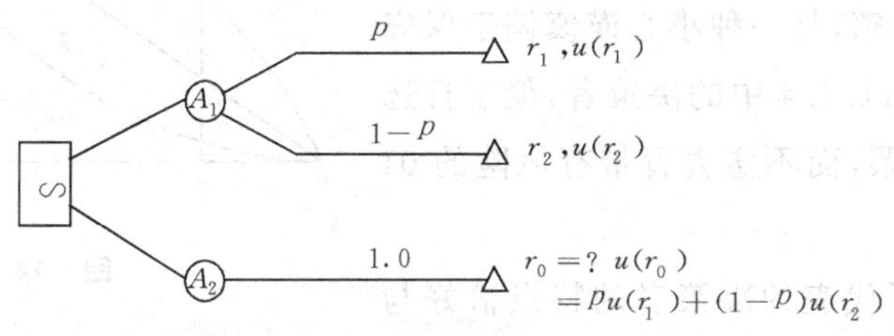

图 14.8

有时，还可用另一种方法求效用值.

构造一个随机事件 A_1：以 p 概率获益损值 r_1，以 $1-p$ 概率获益损值 $r_2(r_2<r_1)$，这里 $r_1,r_2,u(r_1),u(r_2)$ 为已知量.再构造一个确定性事件 A_2：以概率 1.0 获益损值 $r_0(r_2<r_0<r_1)$，则询问决策者，他认为 p 取何值时，随机性事件 A_1 与确定性事件 A_2 有相同的效果？若决策者经过认真思考后回答：$p=p_0$，则在决策者心目中，此时随机性事件 A_1 与确定性事件 A_2 有相同的效用值，故有：

$$u(r_0)=p_0u(r_1)+(1-p_0)u(r_2).$$

上述方法用决策树表示,见图 14.9.

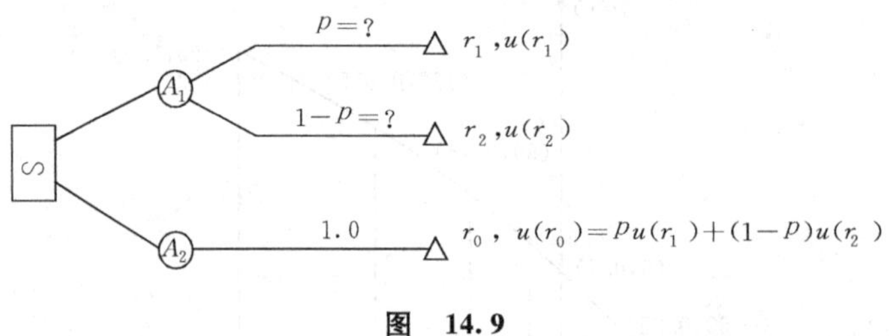

图 14.9

14.4.2 效用曲线的类型

图 14.7 所示的效用曲线,是例 14.4.4 中该决策者的效用曲线. 我们知道,效用曲线所反映的是一种“主观价值”,与个人的主观因素有很大关系. 对不同的人,往往有不同的曲线. 从总体上讲,效用曲线可分为三种不同的类型. 如图 14.10 所示,有Ⅰ、Ⅱ、Ⅲ三类.

第Ⅰ类曲线,从数学上讲是凹函数(下凹函数),其切线斜率是逐渐递减的,即随 r 的增加,每增加单位收益其效用值的增加量是逐渐减小的. 反映这类决策者对收益增加反应比较迟钝,相反对损失反应比较敏感,是一种小心谨慎偏于保守型的决策人. 如例 14.4.4 中的决策者,他宁肯选择稳得 25 元的股票,而不愿去冒带有风险的 01 号股票.

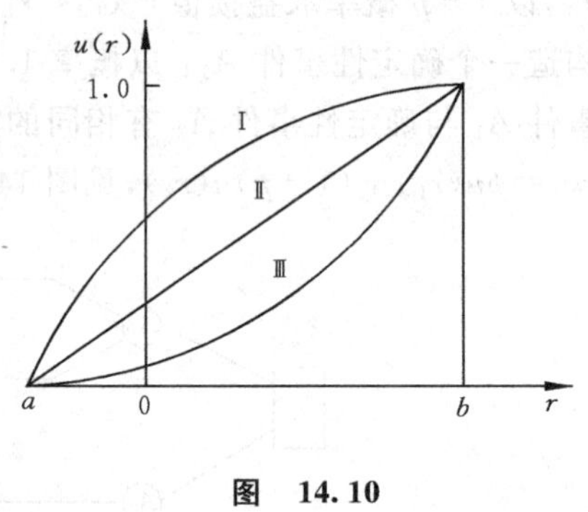

图 14.10

第Ⅲ类曲线所代表的决策者的特点恰好与第Ⅰ类相反. 从数学上讲是一种凸函数,其切线斜率是逐步递增的,即当益损值变大时,每增加单位收益其效用值的增加量越来越大. 因此该类决策者对收益反映较敏感,而对损失反应相对迟钝,是一种敢冒风险的偏于冒险型的决策者.

第Ⅱ类曲线所代表的决策者是介于上述两类之间的决策人. 从数学上讲,其效用值函数是一条线性函数,斜率处处相等,即效用值的增加量与益损值的增加量成正比. 表明该类决策者不用效用函数,只要利用益损期望值作为选择方案的标准就可以了,这是一类循规蹈矩的决策者.

14.4.3 最大效用期望值决策准则及其应用

最大效用期望值决策准则，就是依据效用理论，通过效用函数(或效用曲线)，计算出各个策略结点的效用期望值，以效用期望值最大的策略作为最优策略的选优准则，也就是说现在我们用效用期望值来代替风险型决策中的期望益损值进行决策. 举例如下.

例 14.4.5 某厂计划生产一种新产品，经预测，该新产品销路好与差的概率各占50%. 该产品生产工艺有三种. 第Ⅰ、Ⅱ种为现有工艺，第Ⅲ种为新工艺，因此第Ⅲ种工艺生产有顺利与不顺利两种情况，且已知顺利的概率为0.8，不顺利的概率为0.2. 三种工艺在销路好、差状态下的收益值见表14.10. 又利用心理测试法，对该厂厂长在生产工艺决策问题上的效用函数已测出. 其各点效用值见表14.11所示.

表 14.10

Ⅰ			Ⅱ			Ⅲ					
						顺利(0.8)			不顺利(0.2)		
销路	概率	收益/万元	销路	概率	收益/万元	销路	概率	收益/万元	销路	概率	收益/万元
好	0.5	20	好	0.5	100	好	0.5	200	好	0.5	50
差	0.5	−10	差	0.5	−20	差	0.5	−50	差	0.5	−100

表 14.11 厂长效用值函数

收益值 r/万元	200	100	50	20	−10	−20	−50	−100
效用值 $u(r)$	1.0	0.79	0.66	0.57	0.46	0.42	0.29	0

现求：(1) 作出此问题的决策树.

(2) 以最大期望益损值为最优决策准则求此问题的最优决策.

(3) 以最大效用期望值为决策准则求此问题的最优决策.

解 (1) 作出此问题的决策树如图14.11.

(2) 计算各结点的期望益损值：

结点②：0.5×20+0.5×(−10)=5(万元).

结点③：0.5×100+0.5×(−20)=40(万元).

结点⑤：0.5×200+0.5×(−50)=75(万元).

结点⑥：0.5×50+0.5×(−100)=−25(万元).

结点④：0.8×75+0.2×(−25)=55(万元).

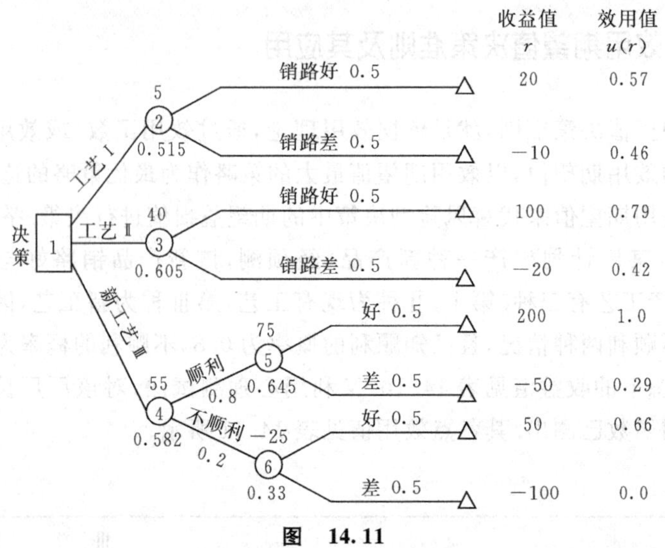

图 14.11

将上述各结点的期望益损值标在图 14.11 的各结点上方. 可见,若用期望益损值(货币量)作标准,则以第Ⅲ种生产工艺方案为最优决策,此时最优期望收益值为 55 万元.

(3) 若以效用期望值作标准,计算各结点的效用期望值:

结点②: $0.5\times0.57+0.5\times0.46=0.515$.

结点③: $0.5\times0.79+0.5\times0.42=0.605$.

结点⑤: $0.5\times1.0+0.5\times0.29=0.645$.

结点⑥: $0.5\times0.66+0.5\times0=0.33$.

结点④: $0.8\times0.645+0.2\times0.33=0.582$.

将各计算值标在图 14.11 中各结点的下方,可见若用最大效用期望值作最优准则,则该厂厂长将选择第Ⅱ种生产工艺生产新产品. 此时最大效用期望值为 0.605,而期望收益值为 40 万元.

用效用期望值作标准进行决策还有一个优点是,对于不同量纲的目标,可以将它们都折算成效用值,然后相加,求各个方案的总效用值来进行比较.

例 14.4.6 某公司欲购置一批汽车,需考查两项指标:功率和价格. 该公司决策者认为最合适的功率为 70 kW,若低于 55 kW 则不宜使用;而最满意的价格为 4.0 万元,若超过 5.6 万元则不能接受. 而目前市场上能满足该公司基本要求的汽车型号有三种牌子:Ⅰ,Ⅱ,Ⅲ,它们的功率与价格分别如表 14.12 所示. 问该公司决策者该作何种决策?

表 14.12

牌号＼指标	功率/kW	价格/万元
Ⅰ	60	4.1
Ⅱ	65	4.5
Ⅲ	70	5.2

解 这是一个多目标决策问题，功率与价格这两个目标互相矛盾.因为在表14.12中没有功率大但价格又低的，而且功率与价格量纲不同，无法用绝对数字进行比较.对此，可采用如下方法：应用效用理论，把每个方案的各个指标分别折算成效用值，然后加权相加，计算出每个方案的总的效用值后进行比较.

首先应用效用理论，给出该公司的决策者的功率效用曲线$u_{功}(r)$与价格效用曲线$u_{价}(r)$，然后再求出下述各点的效用值，其结果为

$u_{功}(r=70)=1.0$　$u_{功}(r=65)=0.80$，　$u_{功}(r=60)=0.45$，　$u_{功}(r=55)=0.0$，

$u_{价}(r=4.0)=1.0$，　$u_{价}(r=4.1)=0.90$，　$u_{价}(r=4.5)=0.75$，

$u_{价}(r=5.2)=0.20$，　$u_{价}(r=5.6)=0$.

又通过询问，已知决策者对功率与价格这两个目标的权重并不相等，功率权重为0.6，价格权重为0.4.因此可作出决策树如图14.12.

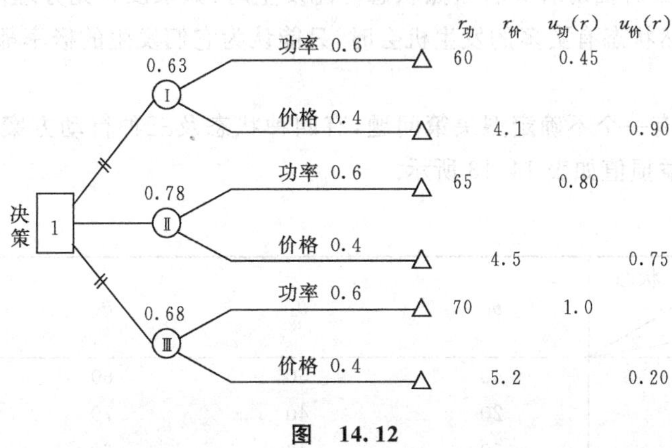

图 14.12

计算各结点的效用期望值：

$$u_{\mathrm{I}}=0.6\times0.45+0.4\times0.9=0.63.$$

$$u_{\mathrm{II}}=0.6\times0.80+0.4\times0.75=0.78.$$

$$u_{\mathrm{III}}=0.6\times1.0+0.4\times0.20=0.68.$$

因此该决策者应选择第Ⅱ种牌号的车型为最优决策.

14.5 不确定型决策

具有下列条件的决策问题称为不确定型决策：

(1) 有一个决策者希望达到的决策目标(如收益最大或损失最小).

(2) 存在两个或两个以上可供选择的行动方案.

(3) 存在两个或两个以上的自然状态，但是既不能确定未来何种自然状态必然发生，又无法得到各种自然状态在未来发生的概率.

(4) 每个行动方案在各个自然状态下的益损值可以计算得到.

可见，不确定型决策问题就是风险型决策中缺少了状态概率条件的决策问题.

对于不确定型决策问题，有一些常用的决策方法，或称为不确定型决策准则. 对于具有不同心理状态、冒险精神的人，在不同情况下可以选用不同的准则进行决策.

1. 等可能性准则

等可能性准则又称机会均等法或拉普拉斯准则，它是 19 世纪的数学家 Laplace 提出的. 他认为：当决策者面对着 n 种自然状态可能发生时，如果没有充分理由说明某一自然状态会比其他自然状态有更多的发生机会时，只能认为它们发生的概率都是相等的，都等于 $1/n$.

例 14.5.1 有一个不确定型决策问题，有四种状态及三种行动方案. 每个行动方案在不同状态下的益损值如表 14.13 所示.

表 14.13

方案 \ 益损值 \ 状态	θ_1	θ_2	θ_3	θ_4
A_1	40	50	60	70
A_2	20	40	70	90
A_3	30	40	60	80

若决策者认为该问题的四种状态发生的概率是相同的，试作出此问题的决策.

解 按等可能性准则，此问题的每一种状态的发生概率 $P(\theta_i)=\frac{1}{4}=0.25$. 因此本问题已由不确定型转化为风险型决策. 进而可由风险型决策的期望值法，求出各个方案的期望益损值后进行决策：

$$E(A_1) = 0.25 \times 40 + 0.25 \times 50 + 0.25 \times 60 + 0.25 \times 70 = 55.$$

$$E(A_2) = 0.25 \times 20 + 0.25 \times 40 + 0.25 \times 70 + 0.25 \times 90 = 55.$$

$$E(A_3) = 0.25 \times 30 + 0.25 \times 40 + 0.25 \times 60 + 0.28 \times 80 = 52.5.$$

因此 $E(A_1)=E(A_2)=\max\limits_{A_i} E(A_i)$，有两个最大期望益损值的方案，分别求它们的界差：

$$D(A_1) = E(A_1) - \min_j S_{1j} = 55 - 40 = 15.$$

$$D(A_2) = E(A_2) - \min_j S_{2j} = 55 - 20 = 35.$$

$D(A_1)<D(A_2)$，故取方案 A_1 为最后决策方案.

2. 乐观准则

乐观准则又称最大最大准则(max max 准则).

当决策者对客观状态的估计持乐观态度时，可采用这种方法，此时决策者的指导思想是不放过任何一个可能获得的最好结果的机会，因此这是一个充满冒险精神的决策者.

以例 14.5.1 为例. 首先从每个方案中选出一个最大的效益值，再从各个方案的最大效益值中，选择出一个最大值，其对应的方案即为所选的决策方案(最大最大准则由此得名)，其公式为

$$\max_{A_i} \{\max_j S(A_i,\theta_j)\}. \tag{14.5.1}$$

对例 14.5.1，有

$$A_1: \quad \max\{40,50,60,70\} = 70,$$

$$A_2: \quad \max\{20,40,70,90\} = 90,$$

$$A_3: \quad \max\{30,40,60,80\} = 80,$$

故

$$\max_{A_i} \{\max_j S(A_i,\theta_j)\} = \max\{70,90,80\} = 90.$$

因此由乐观准则应选方案 A_2.

按乐观准则决策，其结果当然有可能将来得到一个最好结果的机会. 因为选择 A_2 后，若未来是状态 θ_4 发生了，当然就获得了最好的结果，但若是状态 θ_1 发生了，结果就落得了一个最差的结果($S_{21}=20$). 因此想按乐观准则决策的决策者既是一个乐观的又是一个充满冒险精神的人.

3. 悲观准则

悲观准则又称华尔德准则或保守准则，按悲观准则决策时，决策者是非常谨慎保守的，为了"保险"，从每个方案中选择最坏的结果，再从各个方案的最坏结果中选择一个最好的结果，该结果所在的方案就是决策方案.

用悲观准则来决策例 14.5.1：

$$A_1:\quad \min_j \{40,50,60,70\} = 40,$$
$$A_2:\quad \min_j \{20,40,70,90\} = 20,$$
$$A_3:\quad \min_j \{30,40,60,80\} = 30,$$
$$\max_{A_i} \{40,20,30\} = 40.$$

因此方案 A_1 就是按悲观准则决策的选择方案.其一般计算公式为

$$\max_{A_i} \{\min_j S(A_i, \theta_j)\}, \tag{14.5.2}$$

因此悲观准则又称最大最小准则.从上述分析可知,按悲观准则决策,虽然丧失了可能获得最好结果的机会(如例 14.5.1 中 S_{24}),但也可以避免得到最坏的结局(如例 14.5.1 中的 S_{21}),而且不论未来是哪个状态发生,决策者所得到的收益总不会低于各个方案最小收益值中的最大值(如例 14.5.1 中的 40,也可能得到 50,60 或 70).因此持悲观准则的决策者是一个谨慎而保守型的人.

4. 折中准则

折中准则又称乐观系数法或赫威斯准则.若决策者对客观情况的估计既不很乐观也不很悲观,主张将乐观与悲观之间作个折中,具体作法是取一个乐观系数 $\alpha(0\leqslant\alpha\leqslant1)$,则 $1-\alpha$ 就称为悲观系数,它表示悲观的程度.对每个方案取出最乐观的结果(如最大的收益值)乘上乐观系数,与该方案的最悲观的结果(如最小的收益值或最大的损失值)同悲观系数的乘积相加,即为各方案的加权平均益损值——称做折中益损值.再从各个方案的折中益损值中选择一个最大值,其对应方案即为所决策方案.

计算公式如下:

$$E(A_i) = \alpha \max_j \{S_{ij}\} + (1-\alpha) \min_j \{S_{ij}\}. \tag{14.5.3}$$

用折中准则来求解例 14.5.1:取 $\alpha=0.6$,则

$$E(A_1) = 0.6\times70 + 0.4\times40 = 58,$$
$$E(A_2) = 0.6\times90 + 0.4\times20 = 62,$$
$$E(A_3) = 0.6\times80 + 0.4\times30 = 60.$$

可见方案 A_2 的折中收益值最大,故按折中准则应选方案 A_2.

当乐观系数取不同值时,决策的结果——所选择的方案可能有所不同.当 $\alpha=1$ 时,折中准则即为乐观准则;当 $\alpha=0$ 时,折中准则就是悲观准则.

5. 后悔值准则

后悔值准则又称沙万奇准则.

当决策者在决策之后,若实际情况出现时并不理想,决策者会有后悔之意,而实际出

现状态可能达到的最大值与决策者决策后得到的收益值之差越大,决策者的后悔程度也越大.因此可用每一状态所能达到的最大值(称做该状态的理想值)与其他方案(在同一状态下)的收益值之差定义为该状态的后悔值向量.对每一状态都作出后悔值向量,就可构成后悔值矩阵.对后悔值矩阵的每一行即对应的每个方案求出其最大值,再在这些最大值中求出最小值所对应的方案,即为决策方案.

用后悔值准则求解例 14.5.1,由表 14.13 可作出后悔值矩阵如表 14.14 所示.

表 14.14 后悔值矩阵

后悔值 状态 / 方案	θ_1	θ_2	θ_3	θ_4	每行最大后悔值
A_1	0	0	10	20	20
A_2	20	10	0	0	20
A_3	10	10	10	10	10

由表 14.14 中可见,每个方案的最大后悔值分别为 20,20,10,因此其最小值所对应的方案 A_3 即为用后悔值准则决策的方案.

由上述分析可知,后悔值准则也是一种谨慎保守型的准则.当决策者使用后悔值准则决策时,他所得到的决策,不论未来何种状态发生,其产生的后悔值决不会超过每个方案的最大后悔值中的最小值.

对于不确定型问题,由上可见,当采用不同的决策准则时,所得到的方案往往是不同的.所采用的决策准则,是与决策者对各种状态的主观看法有关.为了使决策更准确可靠,应该是尽可能找出各个状态未来发生的概率,这样问题就转化为风险型决策,结果可能更为合理.

习 题 14

14.1 某面包店出售新鲜面包,根据资料,每天面包需求量服从以下概率分布:

θ_j/个	100	150	200	250	300
$P(\theta_j)$	0.20	0.25	0.30	0.15	0.10

该面包店新鲜面包每个售价 0.45 元,进价是 0.25 元,如果当天销售不完,则在当天关门前以每个 0.15 元处理.现假定该面包店进货量仅取上表中一值,试用期望益损值准则确定每天的最佳进货量.

14.2 某一季节性商品必须在该季节前把商品生产出来,若需求量为 D 时,生产 x

件商品可获得利润(元)为

$$\text{利润 } f(x)=\begin{cases}2x, & \text{当 } 0\leqslant x\leqslant D,\\ 3D-x, & \text{当 } x>D.\end{cases}$$

根据以往资料,D 有 5 个可能的取值分别为 1000 件,2000 件,3000 件,4000 件,5000 件.并且它们的概率都是 0.2,生产者也希望商品的生产量也是上述数字中的一个.问:(1)若生产者追求最大的期望利润,他应选择多大的生产量?(2)若生产者选择遭受损失的概率最小,他应选择多大的生产量?

14.3 一工厂计划生产一产品,预计该产品的销路有好、一般及差三种状况,其概率分别为 0.3,0.5,0.2,而生产该产品有三种方案:大批量、中批量、小批量生产,它们在三种销路状态下的收益分别为 20,10,6;14,14,8 及 10,10,10,单位为万元.试画出此问题的决策树图,且依最大期望效益值作出决策.

14.4 某工程队承担一座桥梁的施工任务.由于施工地区夏季多雨,需停工 3 个月,在停工期间该工程队可将施工机械搬走或留在原处.如搬走,需搬运费 1800 元;如留在原处,一种方案是花 500 元筑一护堤,防止河水上涨发生高水位的侵袭;若不筑护堤,发生高水位上涨侵袭设备时,将受损失 10000 元.如下暴雨发生洪水时,则不管是否筑护堤,施工机械留在原处都将受到 60000 元的损失.根据历史资料,该地区夏季高水位的发生率是 25%,洪水的发生率是 2%,试用决策树法分析该施工队要不要把施工机械搬走及要不要筑护堤?

14.5 下列各题中,假设随机事件 A_1 与确定性事件 A_2 具有等效性.

(1) A_1:以概率 0.3 失去 500 元与以概率 0.7 得到 1000 元;A_2:肯定能得到 5 元,且已知 $u(-500)=1, u(1000)=10$,求 $u(5)$.

(2) A_1:以概率 0.7 失去 10 元与以 0.3 概率得到 2000 元;A_2:肯定得到 200 元,且已知 $u(-10)=0.1, u(200)=0.5$,求 $u(2000)$.

(3) A_1:以概率 0.8 得到 1000 元与以概率 0.2 失去 1000 元;A_2:肯定得到 500 元,且已知 $u(1000)=0, u(500)=-150$,求 $u(-1000)$.

(4) A_1:以概率 p 得到 2000 元与以概率 $1-p$ 失去 100 元;A_2:肯定得到 500 元,且已知 $u(2000)=10, u(500)=6, u(-100)=0$,求概率 p.

14.6 某公司经理的决策效用函数 $u(r)$ 为:

r	−10000	−200	−100	0	10000
$u(r)$	−800	−2	−1	0	250

该经理需决定是否为公司财产参加火灾保险.据资料,一年内该公司发生火灾的概率为 0.0015,每年对 10000 元的财产需付 100 元保险费,问该经理是否愿为公司财产投保?画

出这个问题的决策树图.

14.7 某钟表公司计划通过它的销售网推销一种低价钟表，计划零售价为每块10元.对这种表有三个设计方案：方案Ⅰ需一次投资10万元，投产后每块成本5元；方案Ⅱ需一次投资16万元，投产后每块成本4元；方案Ⅲ需一次投资25万元，投产后每块成本3元.该钟表需求量不能确切知道，但估计有三种可能：

θ_1：30000块； θ_2：120000块； θ_3：200000块

(1) 建立这个问题的益损值矩阵.

(2) 分别用悲观准则、乐观准则、等可能准则及后悔值准则决定公司应采用哪一种设计方案(每块表的成本费中不含一次性投资费用)?

14.8 某书店希望订购最近出版的新书.根据以往经验，新书的销售量可能为50，100，150或200本，若新书的进价为每本4元，销售价为每本6元.若一定时期内卖不完，处理价为每本2元.则：(1)建立本问题的益损值矩阵；(2)分别用悲观准则、乐观准则、等可能性准则及后悔值准则决定该书店应订购的新书的数量.

第 6 部分　优化软件计算实例

建立数学模型无论是为了解决实际问题或为了验证所假设的理论，都需要对模型进行计算. 本章利用两种优化软件平台：MATLAB 及 LINDO/LINGO 来作优化问题的计算.

MATLAB 是美国 Math Works 公司在 20 世纪 80 年代初开发的一套以矩阵计算为基础的科学和工程计算软件. 目前已发展成为国际上最优秀的高性能科学和工程计算软件之一. 在 MATLAB 中，为求解优化问题开发了专门的优化工具箱（optimization toolbox），但 MATLAB 软件目前还不能有效解决一般的整数规划问题.

LINDO 和 LINGO 是美国 LINDO 系统公司开发的一套专门用于求解最优化问题的软件包. LINDO 用于求解线性规划和二次规划问题，LINGO 除了 LINDO 的全部功能外，还可以用来求解非线性规划问题. LINDO 和 LINGO 软件的最大特点在于可以允许优化模型中的决策变量是整数，即可用来求解整数规划. 而 MATLAB 软件目前尚不能很好地求解一般整数规划（目前可求解 0-1 规划），LINGO 实际上还是最优化问题的一种建模语言，包括许多常用的函数可供使用者在建立优化模型时调用，并提供与其他数据文件的接口（如文本文件、Excel 电子表格文件、数据库文件等），易于方便地输入、求解和分析大规模的最优化问题.

第 15 章

优化软件计算实例

15.1 MATLAB 7.0 优化工具箱计算实例

本节以 MATLAB 7.0 优化工具箱中的部分功能计算几个优化实例.由于篇幅所限,对于 MATLAB 优化工具箱及其使用方法不能一一介绍,请读者参阅书末参考文献[22,24].

例 15.1.1 求解例 6.2.1 的配料问题.其数学模型整理后为

$$\begin{aligned}\max z = {} & 300x_{11}+0x_{21}-500x_{31}+600x_{12}+300x_{22}\\ & -200x_{32}+900x_{13}+600x_{23}+100x_{33};\\ \text{s. t.}\quad & 8x_{11}-8x_{21}-20x_{31}\leqslant 0,\\ & 18x_{12}+2x_{22}-10x_{32}\leqslant 0,\\ & 23x_{13}+7x_{23}-5x_{33}\leqslant 0,\\ & 0.5x_{11}+0.2x_{21}-0.8x_{31}\leqslant 0,\\ & 0.5x_{12}-0.2x_{22}-0.8x_{32}\leqslant 0,\\ & 0.9x_{13}+0.2x_{23}-0.4x_{33}\leqslant 0,\\ & x_{11}+x_{12}+x_{13}\leqslant 2000,\\ & x_{21}+x_{22}+x_{23}\leqslant 1000,\\ & x_{31}+x_{32}+x_{33}\leqslant 500,\\ & x_{ij}\geqslant 0\quad (i,j=1,2,3).\end{aligned}$$

在 MATLAB 7.0 中编程计算如下:

```
c=[300 0 -500 600 300 -200 900 600 100];
A=[8 -8 -20 0 0 0 0 0 0;0 0 0 18 2 -10 0 0 0;0 0 0 0 0 0 23 7 -5;…
    0.5 -0.2 -0.8 0 0 0 0 0 0;0 0 0 0.5 -0.2 -0.8 0 0 0;0 0 0 0 0 0 0.9 0.2 -0.4;...
```

```
    1 0 0 1 0 0 1 0 0;0 1 0 0 1 0 0 1 0;0 0 1 0 0 1 0 0 1];
b=[0 0 0 0 0 0 2000 1000 500];
v1=[0 0 0 0 0 0 0 0 0];
[x,z0,ef,out,lag]=linprog(-c,A,b[],[],v1)
lag.ineqlin
```

运行结果：

```
Optimization terminated.
x=
      0.0000
      0.0000
      0.0000
      0.0000
    750.0000
    150.0000
      0.0000
    250.0000
    350.0000
z0=
   -3.8000e+005
ef=
   1
out=
        iterations:6
         algorithm:'large-scale:interior point'
      cgiterations:0
           message:'Optimization terminated.'
lag=
      ineqlin:[9x1 double]
        eqlin:[0x1 double]
        upper:[9x1 double]
        lower:[9x1 double]
ans=
       0.7617
      60.0000
      60.0000
     736.2468
       0.0000
```

```
     0.0000
     0.0000
   180.0000
   400.0000
```

运行结果表明，经过6次迭代后，求得最优解

$$x_{22}=750,\quad x_{32}=150,\quad x_{23}=250,\quad x_{33}=350,\quad \text{其他 } x_{ij}=0.$$

最优值 $z=-z_0=380000$，即该炼油厂应该这样安排生产：以催化汽油750 t生产80号汽油，250 t生产85号汽油；以重整汽油150 t生产80号汽油，350 t生产85号汽油，这样每日可达利润最大值38.0万元.

例 15.1.2 飞机的精确定位.

问题 飞机在飞行过程中，能够收到地面上各个监控台发来的关于飞机当前位置的信息，根据这些信息可以比较精确地确定飞机的位置. 如图15.1所示，VOR是高频多向导航设备的英文缩写，它能够得到飞机与该设备连线的角度信息；DME是距离测量装置的英文缩写，它能够得到飞机与该设备的距离信息. 图中飞机接收到来自3个VOR给出的角度和1个DME给出的距离(括号内是测量误差限)，并已知这4种设备的 x,y 坐标(假设飞机和这些设备在同一平面上). 如何根据这些信息精确地确定当前飞机的位置?

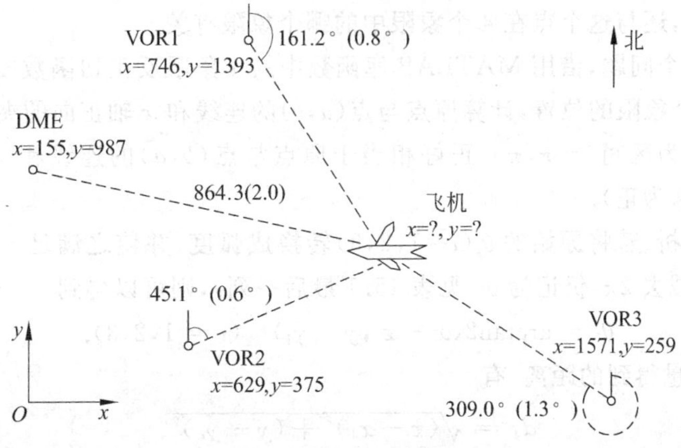

图 15.1 飞机与监控台

模型 记4种设备VOR1，VOR2，VOR3，DME的坐标为 (x_i,y_i)(单位: km)，$i=1,2,3,4$；VOR1，VOR2，VOR3测量得到的角度为 θ_i(按照航空飞行管理的惯例，该角度是从北开始，沿顺时针方向的角度，取值在 $0°\sim360°$ 之间)，角度的误差限为 $\sigma_i(i=1,2,3)$；DME测量得到的距离为 d_4(km)，距离的误差限为 σ_4. 设飞机当前位置的坐标为 (x,y)，则问题就是在表15.1的已知数据下计算 (x,y).

表 15.1

	x_i/km	y_i/km	原始的 θ_i(或 d_4)	σ_i	转换后的 θ_i/rad
VOR1	746	1393	161.2°	0.8°(0.0140rad)	2.8135
VOR2	629	375	45.1°	0.6°(0.0105rad)	0.7871
VOR3	1571	259	309.0°	1.3°(0.0227rad)	−0.8901
DME	155	987	d_4=864.3 km	2.0 km	

若点(x_i,y_i)和点(x,y)的连线与 x 轴的夹角记为a_i(以 x 轴正向为基准,逆时针方向夹角为正,顺时针方向夹角为负),我们熟悉的关系是 $a_i=\arctan\left(\frac{y-y_i}{x-x_i}\right)$,其中 arctan 是取值在区间$(-\pi/2,\pi/2)$上的反正切函数.但是图中角度 θ_i 的测量方式与此不同,它是点(x_i,y_i)和点(x,y)的连线与 y 轴的夹角(以 y 轴正向为基准,顺时针方向夹角为正,而不考虑逆时针方向的夹角),于是 $\theta_i=\arctan\left(\frac{x-x_i}{y-y_i}\right)$.但是,这样表示的 θ_i 仍然只有当θ_i 位于区间$[0,\pi/2)$时才是成立的,实际上,应该注意到 θ_i 除了与点$(x-x_i,y-y_i)$的横纵坐标的比值有关外,还与这个点在 4 个象限中的哪个象限有关.

为了解决这个问题,借用 MATLAB 库函数中的 4 象限反正切函数 arctan2(b,a),根据点(a,b)在 4 个象限的位置,计算原点与点(a,b)的连线和 x 轴正向的夹角(逆时针方向夹角为正),取值为区间$(-\pi,\pi]$,正好相当于原点与点(b,a)的连线和 y 轴正向的夹角(顺时针方向夹角为正).

根据以上分析,若将原始的 $\theta_i(i=1,2,3)$转换成弧度,并使之满足$-\pi<\theta_i\leqslant\pi$(即当弧度大于 π 时,减去 2π,仍记为 θ_i,见表 15.1 最后一列),则可以得到

$$\theta_i=\operatorname{arctan2}(x-x_i,y-y_i)\quad(i=1,2,3). \tag{15.1.1}$$

对 DME 测量得到的距离,有

$$d_4=\sqrt{(x-x_4)^2+(y-y_4)^2}. \tag{15.1.2}$$

由式(15.1.1)和式(15.1.2)共 4 个等式确定飞机的坐标 x,y,是求解超定(非线性)方程组,在最小二乘准则下使计算值与测量值的误差平方和最小,则需要求解

$$\begin{aligned}\min J(x,y)=&\sum_{i=1}^{3}[\operatorname{arctan2}(x-x_i,y-y_i)-\theta_i]^2\\&+[d_4-\sqrt{(x-x_4)^2+(y-y_4)^2}]^2.\end{aligned}$$

但是注意到问题中角度和距离的单位是不一致的,并且 4 种设备测量的精度(误差限)不同,因此这 4 个误差平方和不应该同等对待,而用各自的误差限 σ_i 对它们进行无量纲化

地加权处理是合理的，即求解如下的无约束优化问题：

$$\min E(x,y)=\sum_{i=1}^{3}\left(\frac{\arctan2(x-x_i,y-y_i)-\theta_i}{\sigma_i}\right)^2+\left(\frac{d_4-\sqrt{(x-x_4)^2+(y-y_4)^2}}{\sigma_4}\right)^2. \tag{15.1.3}$$

由于目标函数是平方和的形式，因此这也是一个非线性最小二乘拟合问题.

求解

为了求解无约束最小二乘拟合问题，编写如下函数 M 文件：

```
function f=shili0702fun(x,x0,y0,theta,sigma,d4,sigma4)
for i=1:3
    f(i)=(atan2(x(1)-x0(i),x(2)-y0(i))-theta(i))/sigma(i);
end
f(4)=(sqrt((x(1)-x0(4))^2+(x(2)-y0(4))^2)-d4)/sigma4;
```

代入所给数据作如下计算：

```
% nonlinear least square for plane location
% optimal value should be x=[978.307,723.9838];
X=[746 629 1571 155];
Y=[1393 375 259 987];
theta=[161.2,45.1,309.0-360]*2*pi/360;     %角度转换
sigma=[0.8,0.6,1.3]*2*pi/360;
d4=864.3;
sigma4=2;
x0=[900,700];                               %初值
[x,norm,res,exit,out]=lsqnonlin(@planefun1,x0,[],[],[],X,Y,theta,sigma,d4,sigma4)
```

运行结果如下：

```
Optimization terminated: first-order optimality less than OPTIONS.TolFun,and no negative/zero
  curvature detected in trust region model.
x=
  978.3070   723.9838
norm=
    0.6685
res=
  -0.4361   -0.1225   -0.6807   -0.0007
exit=
    1
```

```
out=
      firstorderopt: 1.4282e-008
         iterations: 6
          funcCount:21
       cgiterations:6
          algorithm:'large-scale: trust-region reflective Newton'
            message: [1×137 char]
```

即飞机坐标为(978.3070,723.9838),误差平方和为0.6685.

例 15.1.3 生产销售计划.

问题 一奶制品加工厂用牛奶生产 A_1,A_2 两种普通奶制品,以及 B_1,B_2 两种高级奶制品,B_1,B_2 分别是由 A_1,A_2 深加工开发得到的.已知每 1 桶牛奶可以在甲类设备上用 12 h 加工成 3 kg A_1,或者在乙类设备上用 8 h 加工成 4 kg A_2;深加工时,用 2 h 并花 1.5 元加工费,可将 1 kg A_1加工成 0.8 kg B_1,也可将 1 kg A_2 加工成 0.75 kg B_2.根据市场需求,生产的 4 种奶制品全部能售出,且每千克 A_1,A_2,B_1,B_2 获利分别为 12 元、8 元、22 元、16 元.

现在加工厂每天能得到 50 桶牛奶的供应,每天正式工人总的劳动时间最多为 480 h,并且乙类设备和深加工设备的加工能力没有限制,但甲类设备的数量相对较少,每天至多能加工 100 kg A_1.试为该厂制定一个生产销售计划,使每天的净利润最大,并讨论以下问题:

(1) 若投资 15 元可以增加供应 1 桶牛奶,应否作这项投资?

(2) 若可以聘用临时工人以增加劳动时间,支付给临时工人的工资最多是每小时几元?

(3) 如果 B_1,B_2 的获利经常有 10%的波动,波动后是否需要制定新的生产销售计划?

模型 这是一个有约束的优化问题,其模型应包含决策变量、目标函数和约束条件.

决策变量用以表述生产销售计划,它并不是唯一的,设 A_1,A_2,B_1,B_2 每天的销售量分别为 x_1,x_2,x_3,x_4(kg),x_3,x_4 也是 B_1,B_2 的产量.设工厂用 x_5(kg)A_1 加工 B_1,x_6(kg)A_2 加工 B_2(增设决策变量 x_5,x_6 可以使模型表达更清晰).

目标函数是工厂每天的净利润 z,即 A_1,A_2,B_1,B_2 的获利之和扣除深加工费,容易写出 $z=12x_1+8x_2+22x_3+16x_4-1.5x_5-1.5x_6$(元).

约束条件

原料供应:A_1 每天的产量为 x_1+x_5(kg),用牛奶$(x_1+x_5)/3$(桶),A_2 每天的产量为 x_2+x_6(kg),用牛奶$(x_2+x_6)/4$(桶),二者之和不得超过每天的供应量 50(桶).

劳动时间:每天生产 A_1,A_2 的时间(单位:h)分别为 $4(x_1+x_5)$和 $2(x_2+x_6)$,加工 B_1,B_2 的时间分别为 $2x_5$ 和 $2x_6$,两者之和不得超过总的劳动时间 480 h.

设备能力：A_1 每天的产量 x_1+x_5 不得超过甲类设备的加工能力 100 kg.

加工约束：1 kg A_1 加工成 0.8 kg B_1，故 $x_3=0.8x_5$；类似地，$x_4=0.75x_6$.

非负约束：x_1,x_2,x_3,x_4,x_5,x_6 均为非负.

由此得到如下基本模型：

$$\max z=12x_1+8x_2+22x_3+16x_4-1.5x_5-1.5x_6; \tag{15.1.4}$$

$$\text{s.t.}\quad \frac{x_1+x_5}{3}+\frac{x_2+x_6}{4}\leqslant 50, \tag{15.1.5}$$

$$4(x_1+x_5)+2(x_2+x_6)+2x_5+2x_6\leqslant 480, \tag{15.1.6}$$

$$x_1+x_5\leqslant 100,$$

$$x_3=0.8x_5,$$

$$x_4=0.75x_6,$$

$$x_1,x_2,x_3,x_4,x_5,x_6\geqslant 0.$$

显然，目标函数和约束函数都是线性的，这是一个线性规划问题，求出的最优解将给出使净利润最大的生产销售计划，要讨论的问题需考虑参数的变化对最优解和最优值的影响，即灵敏度分析.

模型整理后为

$$\begin{aligned}
\max z &= 12x_1+8x_2+22x_3+16x_4-1.5x_5-1.5x_6;\\
\text{s.t.}\quad & 4x_1+3x_2+4x_5+3x_6\leqslant 600,\\
& 2x_1+x_2+3x_5+2x_6\leqslant 240,\\
& x_1+x_5\leqslant 100,\\
& x_3-0.8x_5=0,\\
& x_4-0.75x_6=0,\\
& x_1,x_2,x_3,x_4,x_5,x_6\geqslant 0.
\end{aligned}$$

编程计算如下：

```
c=[12 8 22 16 -1.5 -1.5];
A1=[4 3 0 0 4 3;2 1 0 0 3 2;1 0 0 0 1 0];
b1=[600 240 100];
A2=[0 0 1 0 -0.8 0;0 0 0 1 0 -0.75];
b2=[0 0];
v1=[0 0 0 0 0 0]
[x,z0,ef,out,lag]=linprog(-c,A1,b1,A2,b2,v1)
lag.ineqlin,lag.eqlin
```

得到最优解为 $\boldsymbol{x}=(0,168,19.2,0,24,0)$，最优值为 $z=-z_0=1730.4$，即每天生产销售 168 kg A_2 和 19.2 kg B_1（不出售 A_1，B_2），可获净利润 1730.4 元.为此，需用 8 桶牛奶加工

成 24 kg A_1，42 桶加工成 168 kg A_2，并将得到的 24 kg A_1 全部加工成 19.2 kg B_1.

此外，拉格朗日乘子向量：lag. ineqlin＝(1.58，3.26，0.00)，因此原料、劳动时间为有效约束，说明原料和劳动时间得到了充分的利用. 拉格朗日乘子非零(即对偶解 $\boldsymbol{w}^*$，或说是影子价格)时，其具体数值的大小的意义可以由以下计算看出：假设原约束中的右端项不是 600 而是 601，即令程序中

```
b1=[601 240 100];
```

重新求解上面的问题，可以得到新的最大利润为 $z_1=1731.98$，利润增加了 $z_1-z=1731.98-1730.4=1.58$，正好等于 lag. ineqlin (1)的数值！这不是偶然的，而是来自拉格朗日乘子的含义：拉格朗日乘子(即对偶解 $\boldsymbol{w}^*$)表示的是对应约束的右端项增加一个单位时(假设其他条件不变)，目标函数的增加量(对最大化问题)或减少量(对最小化问题)(参见 4.3 节对偶解(影子价格)的经济解释). 由此继续讨论例 15.1.3 的几个后续问题.

(1) 若投资 15 元可以增加供应 1 桶牛奶，应否作这项投资？

上面的原料约束是在原约束式(15.1.5)两边乘以 12 以后的结果，所以约束(15.1.5)的右端项增加一个单位时，利润增加 lag. ineqlin(1)×12＝1.58×12＝18.96(元). 显然 18.96＞15，因此投资增加牛奶的供应量是值得的.

在经济学中，一般把拉格朗日乘子称为影子价格，因为在最大化问题中它表示资源(约束条件右端项的值)增加一个单位时效益的增加量，可以看做是资源的潜在价值. 必须提醒读者注意的是：拉格朗日乘子是有一定的适用范围的，如当投资增加的原料供应量达到一定数量后，拉格朗日乘子就不再表示正确的影子价格了. 遗憾的是，MATLAB 没有给出这个适用范围，有些线性规划的软件(如下一小节用到的 LINDO 和 LINGO 软件)给出了这个适用范围.

(2) 若可以聘用临时工人以增加劳动时间，支付给临时工人的工资最多是每小时多少元？

因为 lag. ineqlin(2)＝3.26，而时间约束是在原约束(15.1.6)两边除以 2 的结果，所以劳动时间的影子价格应为 3.26/2＝1.63，即单位劳动时间增加的利润是 1.63，因此支付给临时工人的工资最多是每小时 1.63(元). 同上所述，劳动时间也不能无限制地增加.

(3) 如果 B_1，B_2 的获利经常有 10％的波动，波动后是否需要重新制定新的生产销售计划？

若 1 kg B_1 的获利下降 10％，应将原模型(15.1.4)中 x_3 的系数改为 19.8，重新计算，可以发现最优解和最优值均发生了变化. 类似计算可知，若 B_2 的获利向上波动 10％时，上面得到的生产销售计划也不再是最优的. 这就是说，(最优)生产计划对 B_1 或 B_2 获利的波动是很敏感的. 实际上，这相当于要求确定最优解不变条件下目标函数系数的允许变化范围是多少. 同样，MATLAB 没有给出这种敏感性分析的结果，而 LINDO 和 LINGO 软

件给出了这个允许变化范围.

例 15.1.4 供应与选址问题.

问题 某公司有6个建筑工地要开工，每个工地的位置（用平面坐标 x,y 表示，距离单位：km）及水泥日用量 d（单位：t）由表15.2给出. 目前有两个临时料场位于 $A(5,1)$，$B(2,7)$，日储量各有20 t. 假设从料场到工地之间均有直线道路相连，试制定每天的供应计划，即从 A,B 两料场分别向各工地运送多少吨水泥，使总的吨公里数最小.

表 15.2 工地的位置(x,y)及水泥日用量 d

工地	1	2	3	4	5	6
x/km	1.25	8.75	0.5	5.75	3	7.25
y/km	1.25	0.75	4.75	5	6.5	7.75
d/t	3	5	4	7	6	11

为了进一步减少吨公里数，打算舍弃两个临时料场，改建两个新的，日储量仍各为20 t，问应建在何处？节省的吨公里数有多大？

模型 记工地的位置为(a_i,b_i)，水泥日用量为 d_i $(i=1,2,\cdots,6)$；料场位置为(x_j,y_j)，日储量为 e_j($j=1,2$，分别表示 A,B)；从料场 j 向工地 i 的运送量为 c_{ij}. 这个优化问题的目标函数（总吨公里数）可表示为

$$\min f=\sum_{j=1}^{2}\sum_{i=1}^{6}c_{ij}\sqrt{(x_j-a_i)^2+(y_j-b_i)^2}. \tag{15.1.7}$$

各工地的日用量必须满足，所以

$$\sum_{j=1}^{2}c_{ij}=d_i\quad(i=1,2,\cdots,6). \tag{15.1.8}$$

各料场的运送量不能超过日储量，所以

$$\sum_{i=1}^{6}c_{ij}\leqslant e_j\quad(j=1,2). \tag{15.1.9}$$

问题归结为在约束(15.1.8)和式(15.1.9)及决策变量非负的条件下，使目标函数 f 最小. 当使用临时料场时决策变量只有 c_{ij}，是线性规划模型；当为新建料场选址时决策变量为 c_{ij} 和 x_j,y_j，由于目标函数 f 对 x_j,y_j 是非线性的，所以是非线性规划.

求解 用表15.2的数据对模型(15.1.7)～(15.1.9)进行计算.

(1) 使用两个临时料场 $A(5,1)$，$B(2,7)$. 求从料场 j 向工地 i 的运送量 c_{ij} $(i=1,2,\cdots,6;j=1,2)$，在各工地用量必须满足和各料场运送量不超过日储量的条件下，使目标函数——总吨公里数最小. 这是一个线性规划问题，计算结果如表15.3所示. 总吨公里数为136.2.

表 15.3

i	1	2	3	4	5	6
c_{i1}(料场 A)	3	5	0	7	0	1
c_{i2}(料场 B)	0	0	4	0	6	10

(2) 改建两个新料场.要同时确定料场的位置(x_j,y_j)和运送量 c_{ij} $(i=1,2,\cdots,6;j=1,2)$,在同样条件下使总吨公里数最小.这是一个非线性规划问题,目标函数编程如下:

```
function f=shili083fun(x)
a=[1.25,8.75,0.5,5.75,3,7.25];
b=[1.25,0.75,4.75,5,6.5,7.75];
    % x(1:6): quantity from (x(13),x(14)) to (a(i),b(i))
    % x(7:12): quantity from (x(15),x(16)) to (a(i),b(i))
f=0;
for i=1:6
    d1=sqrt((x(13)-a(i))^2+(x(14)-b(i))^2);
    d2=sqrt((x(15)-a(i))^2+(x(16)-b(i))^2);
    f=d1*x(i)+d2*x(i+6)+f;
end
```

计算程序如下(请特别注意线性约束的表达方法):

```
format short
        % LOCATION 1: (x(13),x(14)),quantity from 1:x(1:6)
        % LOCATION 2: (x(15),x(16)),quantity from 2:x(7:12)
a=[1.25 8.75 0.5 5.75 3 7.25];
b=[1.25 0.75 4.75 5 6.5 7.75];
d=[3 5 4 7 6 11]';
e=[20,20]';
        % A1=[1 1 1 1 1 1 0 0 0 0 0 0 0 0 0 0
        %     0 0 0 0 0 0 1 1 1 1 1 1 0 0 0 0]
A1=[ones(1,6),zeros(1,10);zeros(1,6),ones(1,6),zeros(1,4)];
B1=e;
        % A2=[1 0 0 0 0 0 1 0 0 0 0 0 0 0 0 0
        %     0 1 0 0 0 0 0 1 0 0 0 0 0 0 0 0
        %     0 0 1 0 0 0 0 0 1 0 0 0 0 0 0 0
        %     0 0 0 1 0 0 0 0 0 1 0 0 0 0 0 0
        %     0 0 0 0 1 0 0 0 0 0 1 0 0 0 0 0
        %     0 0 0 0 0 1 0 0 0 0 0 1 0 0 0 0]
```

```
A2=[eye(6),eye(6),zeros(6,4)];
B2=d;
x0=[zeros(1,12)5 1 2 7];      %取原料场位置为新料场位置的初值
v1=zeros(1,16);
v2=[d',d',[10,10,10,10]];
opt=optimset('LargeScale','off','MaxFunEvals',4000,'Maxlter',1000);
[x,f,exitflag,out]=fmincon('shili083fun',x0,A1,B1,A2,B2,v1,v2,[],opt)
```

计算结果见表 15.4. 总吨公里数为 89.88,比使用原料场减少了 46.32.

表 15.4

i	1	2	3	4	5	6	新料场位置(x_j,y_j)
c_{i1}	3	5	4	7	1	0	(5.6959,4.9285)
c_{i2}	0	0	0	0	5	11	(7.2500,7.7500)

然而,这并不是唯一的局部极小点,也不是全局极小点.如果选择其他初始值,可能得到另外的局部极小点.请读者不妨自己试试.

注意到约束(15.1.8)是一个等式约束,即 $\sum_{j=1}^{2} c_{ij} = d_i (i = 1,2,\cdots,6)$,很容易从中消去一些变量,从而降低问题的维数.例如,用 c_i 表示第 i 个工地从第 1 个料场得到的运送量,则它从第 2 个料场得到的运送量为 $d_i - c_i$.于是,可以得到如下等价的规划模型(只有 10 个决策变量):

$$\min \sum_{i=1}^{6} \{c_i[(x_1 - a_i)^2 + (y_1 - b_i)^2]^{1/2} + (d_i - c_i)[(x_2 - a_i)^2 + (y_2 - b_i)^2]^{1/2}\};$$

$$\text{s.t.} \quad c_i \leqslant d_i \quad (i = 1,2,\cdots,6),$$

$$\sum_{i=1}^{6} c_i \leqslant e_1, \quad \sum_{i=1}^{6} (d_i - c_i) \leqslant e_2.$$

目标函数重新编程如下:

```
function f=shili083fun1(x)
a=[1.25,8.75,0.5,5.75,3,7.25];
b=[1.25,0.75, 4.75,5,6.5,7.75];
demand=[3 5 4 7 6 11];
         % x=(1:6): quantity from (x(7),x(8)) to (a(i),b(i))
         % demand-x: quantity from (x(9),x(10)) to (a(i),b(i))
f=0;
for i=1:6
    d1=sqrt((x(7)-a(i))^2+(x(8)-b(i))^2);
```

```
    d2=sqrt((x(9)-a(i))^2+(x(10)-b(i))^2);
    f=d1 * x(i)+d2 * (demand(i)-x(i))+f;
end
```

重新编写计算程序如下：

```
format short
        %  LOCATION 1 : (x(7),x(8)),quantity from 1 : x(1 : 6)
        %  LOCATION 1 : (x(9),x(10)),quantity from 2 : demand-x(1 : 6)
a=[1.25 8.75 0.5 5.75 3 7.25];
b=[1.25 0.75 4.75 5 6.5 7.75];
d=[3 5 4 7 6 11]';
e=[20,20]';
        %A1=[1 0 0 0 0 0 0 0 0 0
        %      0 1 0 0 0 0 0 0 0 0
        %      0 0 1 0 0 0 0 0 0 0
        %      0 0 0 1 0 0 0 0 0 0
        %      0 0 0 0 1 0 0 0 0 0
        %      0 0 0 0 0 1 0 0 0 0
        %      1 1 1 1 1 1 0 0 0 0
        %      -1 -1 -1 -1 -1 -1 0 0 0 0]
    A10=[eye (6);ones(1,6);-1 * ones(1,6)];
    A1=[A10,zeros(8,4)];
    B1=[d;e(1);e(2)-sum(d)];
    x0=[3 * rand(1,6)5 1 2 7];%取原料场位置为新料场位置的初值
    v1=zeros(1,10);
    v2=[d',[10,10,10,10]];
    opt=optimset('LargeScale','off','MaxFunEvals',1000,'Maxlter',100);
    [x,f,exitflag,out]=fmincon('shili083fun1',x0,A1,B1,[],[],
      v1,v2,[],opt)
```

计算结果见表 15.5. 总吨公里数为 85.266，比上面的结果 89.88 减少了 4.614，而且计算时间(迭代次数)也减少了. 这很可能是该问题的全局极小点. 可见，降低问题的维数对求得一个好的解和减少计算时间来说通常是有利的.

表 15.5

i	1	2	3	4	5	6	新料场位置(x_j, y_j)
c_{i1}	3	0	4	7	6	0	(3.2549,5.6523)
c_{i2}	0	5	0	0	0	11	(7.2500,7.7500)

15.2 LINDO/LINGO 软件计算实例

本节所用的是在 Microsoft Windows 下运行的最新版本——LINDO 6.1、LINGO 9.0 软件.有关这两个软件的使用方法,有兴趣的读者可参阅文献[23].

例 15.2.1 求解有配套约束的资源优化问题例 6.4.1(整数规划问题).

其数学模型整理后如下:

$$\max z=0.21x_{11}+0.42x_{12}+0.63x_{13}+0.36x_{21}+0.72x_{22}+1.08x_{23}+0.378x_{31}+0.756x_{32}+1.134x_{33};$$

$$\begin{aligned}\text{s.t.}\quad & 1.0(x_{11}+x_{12}+x_{13})+2.0(x_{21}+x_{22}+x_{23})+2.3(x_{31}+x_{32}+x_{33})\leqslant 60,\\ & x_{11}+x_{12}+x_{13}+x_{21}+x_{22}+x_{23}+x_{31}+x_{32}+x_{33}\leqslant 30,\\ & x_{11}+2x_{12}+3x_{13}+2x_{21}+4x_{22}+6x_{23}+2x_{31}+4x_{32}+6x_{33}\leqslant 145,\\ & x_{ij}\geqslant 0\quad (i,j=1,2,3),\quad x_{ij}\in\mathbb{Z}.\end{aligned}$$

按照 LINDO 格式要求输入并运行如下:

```
MAX
0.21X11+0.42X12+0.63X13+0.36X21+0.72X22+1.08X23
    +0.318X31+0.756X32+1.134X33
ST
X11+X12+X13+2X21+2X22+2X23+2.3X31+2.3X32+2.3X33
    <60
X11+X12+X13+X21+X22+X23+X31+X32+X33<30
X11+2X12+3X13+2X21+4X22+6X23+2X31+4X32+6X33<145
END
GIN X11
GIN X12
GIN X13
GIN X21
GIN X22
GIN X23
GIN X31
GIN X32
GIN X33
```

运行结果为

```
LAST INTEGER SOLUTION IS THE BEST FOUND
RE-INSTALLING BEST SOLUTION...
         OBJECTIVE FUNCTION VALUE
         1)        28.09800
VARIABLE          VALUE           REDUCED COST
    X11          0.000000          -0.210000
    X12          0.000000          -0.420000
    X13         11.000000          -0.630000
    X21          0.000000          -0.360000
    X22          0.000000          -0.720000
    X23          0.000000          -1.080000
    X31          0.000000          -0.318000
    X32          1.000000          -0.756000
    X33         18.000000          -1.134000
    ROW      SLACK OR SURPLUS     DUAL PRICES
     2)          5.300001          0.000000
     3)          0.000000          0.000000
     4)          0.000000          0.000000
NO. ITERATIONS=         27
BRANCHES=      4DETERM. =1.000E      0
```

计算结果显示，整数最优解为 $x_{13}=11, x_{32}=1, x_{33}=18$(辆)，最优值为 28.0980(万吨·公里)/天.

最优解用分支定界法计算，分支数为 4，迭代了 27 次.

因此该公司购买运输汽车的计划为：购买 A 种汽车 11 辆，每天安排 3 班；不购买 B 种汽车；购买 C 种汽车 19 辆，每天安排 2 班的为 1 辆，每天安排 3 班的为 18 辆. 这样每天可完成的吨公里数为最大，为 28.098(万吨·公里).

例 15.2.2 求解例 6.4.2 产品加工的设备分配问题.

其数学模型整理后如下：

$$\max z=0.375x_{11}+0.3024x_{12}+0.40x_{13}+0.4003x_{14}+0.3277x_{15}+0.4253x_{16}+0.65x_{21}+0.8611x_{22}+0.6839x_{31};$$

$$\text{s.t.}\quad 5(x_{11}+x_{12}+x_{13})+10x_{21}\leqslant 6000,$$

$$7(x_{14}+x_{15}+x_{16})+9x_{22}+12x_{31}\leqslant 10000,$$

$$6(x_{11}+x_{14})+8(x_{21}+x_{22})\leqslant 4000,$$

$$4(x_{12}+x_{15})+11x_{31}\leqslant 7000,$$

$$7(x_{13}+x_{16})\leqslant 4000,$$

$$x_{ij}\geqslant 0,\quad x_{ij}\in\mathbb{Z}.$$

按照 LINDO 格式要求输入.

```
MAX
0.375X11+0.3024X12+0.40X13+0.4003X14+0.3277X15+0.4253X16+0.65X21
    +0.8611X22+0.68
39X31
ST
5X11+5X12+5X13+10X21<6000
7X14+7X15+7X16+9X22+12X31<10000
6X11+6X14+8X21+8X22<4000
4X12+4X15+11X31<7000
7X13+7X16<4000
END
GIN X11
GIN X12
GIN X13
GIN X14
GIN X15
GIN X16
GIN X21
GIN X22
GIN X31
```

运行中断,得到结果为

```
OBJECTIVE FUNCTION VALUE
      1)       1146.114
VARIABLE      VALUE      REDUCED COST
    X11         0.000000      -0.375000
    X12       859.000000      -0.302400
    X13       341.000000      -0.400000
    X14         0.000000      -0.400300
    X15         0.000000      -0.327700
    X16       230.000000      -0.425300
    X21         0.000000      -0.650000
    X22       500.000000      -0.861100
    X31       324.000000      -0.683900
```

ROW	SLACK OR SURPLUS	DUAL PRICES
2)	0.000000	0.000000
3)	2.000000	0.000000
4)	0.000000	0.000000
5)	0.000000	0.000000
6)	3.000000	0.000000

NO. ITERATIONS= 890

BRANCHES=174 DETERM. =1.000E 0

结果显示迭代 890 次时终止,分支为 174. 目前得到的最好结果为

$x_{12}=859$, $x_{13}=341$, $x_{16}=230$, $x_{22}=500$, $x_{31}=324$, 其他 $x_{ij}=0$. 最优值为 1146.114(元).

换用 LINGO 来做. 按照 LINGO 格式要求输入并运行得到:

```
model:
5*X11+5*X12+5*X13+10*X21<6000;
7*X14+7*X15+7*X16+9*X22+12*X31<10000;
6*X11+6*X14+8*X21+8*X22<4000;
4*X12+4*X15+11*X31<7000;
7*X13+7*X16<4000;
MAX=0.375*X11+0.3024*X12+0.40*X13+0.4003*X14+0.3277*X15+0.4253*X16
    +0.65*X21+0.8611*X22+0.6839*X31;
@gin (X11);
@gin (X12);
@gin (X13);
@gin (X14);
@gin (X15);
@gin (X16);
@gin (X21);
@gin (X22);
@gin (X31);
end
```

运行结果为

Global optimal solution found at iteration: 1256

Objective value: 1146.114

Variable	Value	Reduced Cost
X11	0.000000	−0.3750000
X12	629.0000	−0.3024000
X13	571.0000	−0.4000000
X21	0.000000	−0.6500000
X14	0.000000	−0.4003000
X15	230.0000	−0.3277000
X16	0.000000	−0.4253000
X22	500.0000	−0.8611000
X31	324.0000	−0.6839000
Row	Slack or surplus	Dual Price
1	0.000000	0.000000
2	2.000000	0.000000
3	0.000000	0.000000
4	0.000000	0.000000
5	3.000000	0.000000
6	1146.114	1.000000

结果显示，经过1256次迭代，得到最优值为1146.114. 跟用LINDO终止时得到的最优值相同，但是最优解不同. 用LINGO得到的最优解为 $x_{12}=629$，$x_{13}=571$，$x_{15}=230$，$x_{22}=500$，$x_{31}=324$，其他 $x_{ij}=0$. 因此可以认为LINDO终止得到的也为最优解，从而得到两种方案，都可以获得最大利润为1146.114元.

第一种方案：

该厂加工产品Ⅰ共1430件，其中用设备 A_1 和 B_2 加工859件；用设备 A_1 和 B_3 加工341件；用设备 A_2 和 B_3 加工230件. 加工产品Ⅱ共500件，全部采用设备 A_2 和 B_1 加工. 加工产品Ⅲ共324件.

第二种方案：

该厂加工产品Ⅰ共1430件，其中用设备 A_1 和 B_2 加工629件；用设备 A_1 和 B_3 加工571件；用设备 A_2 和 B_2 加工230件. 加工产品Ⅱ共500件，全部采用设备 A_2 和 B_1 加工. 加工产品Ⅲ共324件.

例 15.2.3 求解多周期动态生产计划例6.5.1整理后其数学模型如下：

$$\min z = 5000(x_{11}+x_{21}+x_{31}+x_{41})+6500(x_{12}+x_{22}+x_{32}+x_{42})+200(x_{23}+x_{33}+x_{43});$$

$$\text{s.t.}\quad x_{11}+x_{12}-x_{23}=3000,$$

$$x_{21}+x_{22}+x_{23}-x_{33}=4500,$$

$$x_{31}+x_{32}+x_{33}-x_{43}=3500,$$

$$x_{41}+x_{42}+x_{43}=5000,$$

$$x_{11} \leqslant 3000,$$
$$x_{21} \leqslant 3000,$$
$$x_{31} \leqslant 3000,$$
$$x_{41} \leqslant 3000,$$
$$x_{12} \leqslant 1500,$$
$$x_{22} \leqslant 1500,$$
$$x_{32} \leqslant 1500,$$
$$x_{42} \leqslant 1500,$$
$$x_{i1}, x_{i2} \geqslant 0 \quad (i = 1,2,3,4), \quad x_{i1}, x_{i2} \in \mathbb{Z}.$$

按照 LINDO 格式要求输入.

```
MIN
5000X11+5000X21+5000X31+5000X41+6500X12+6500X22
    +6500X32+6500X42+200X23+200X33+200X43
ST
X11+X12-X23=3000
X21+X22+X23-X33=4500
X31+X32+X33-X43=3500
X41+X42+X43=5000
X11<3000
X21<3000
X31<3000
X41<3000
X12<1500
X22<1500
X32<1500
X42<1500
END
GIN X11
GIN X21
GIN X31
GIN X41
GIN X12
GIN X22
GIN X32
GIN X42
```

运行结果如下:

```
 LP OPTIMUM FOUND AT STEP      8
 OBJECTIVE VALUE=   86100000.0
 FIX ALL VARS.(  1) WITH RC>   200.000
 NEW INTEGER SOLUTION OF        86100000.0      AT BRANCH
    0 PIVOT      8
 BOUND ON OPTIMUM: 0.8610000E+08
 ENUMERATION COMPLETE. BRANCHES=    0 PIVOTS=    8
LAST INTEGER SOLUTION IS THE BEST FOUND
 RE-INSTALLING BEST SOLUTION...
        OBJECTIVE FUNCTION VALUE
        1)     0.8610000E+0.8
VARIABLE        VALUE          REDUCED COST
      X11      3000.000000      5200.000000
      X21      3000.000000      5000.000000
      X31      3000.000000      5000.000000
      X41      3000.000000      4800.000000
      X12         0.000000      6700.000000
      X22      1500.000000      6500.000000
      X32      1000.000000      6500.000000
      X42      1500.000000      6300.000000
      X23         0.000000         0.000000
      X33         0.000000       200.000000
      X43       500.000000         0.000000
  ROW    SLACK OR SURPLUS    DUAL PRICES
   2)          0.000000        200.000000
   3)          0.000000          0.000000
   4)          0.000000          0.000000
   5)          0.000000       -200.000000
   6)          0.000000          0.000000
   7)          0.000000          0.000000
   8)          0.000000          0.000000
  9)       0.000000     0.000000
  10)   1500.000000     0.000000
  11)       0.000000     0.000000
  12)    500.000000     0.000000
  13)       0.000000     0.000000
NO. ITERATIONS=        8
BRANCHES=       0 DETERM. =   1.000E      0
```

计算结果表明,用单纯形算法迭代了 8 步,得到最优解:

$x_{11}=x_{21}=x_{31}=x_{41}=3000$，$x_{22}=1500$，$x_{32}=1000$，$x_{42}=1500$，$x_{43}=500$，其他为0. 最优解为86100000. 即该柴油机厂这样安排生产：第一季度正常生产3000台；第二季度正常生产3000台，加班生产1500台；第三季度正常生产3000台，加班生产1000台，其中3500台当季交货，剩下500台作为库存，在第四季度交货；第四季度正常生产3000台，加班生产1500台。这样生产成本最低，为8610万元.

例 15.2.4 求解目标规划模型实例.

某计算机公司生产3种型号的笔记本电脑 A,B,C. 这3种笔记本电脑需要在复杂的装配线上生产，生产1台 A,B,C 型号的笔记本电脑分别需要5,8,12(h). 公司装配线正常的生产时间是每月1700 h. 公司营业部门估计 A,B,C 这3种笔记本电脑的利润分别是每台1000,1440,2520(元)，而公司预测这个月生产的笔记本电脑能够全部售出. 公司经理考虑以下目标.

第一目标：充分利用正常的生产能力，避免开工不足.

第二目标：优先满足老客户的需求，A,B,C 这3种型号的电脑50,50,80(台)，同时根据3种电脑的纯利润分配不同的权因子.

第三目标：限制装配线加班时间，不允许超过200 h.

第四目标：满足各种型号电脑的销售目标，A,B,C 型号分别为100,120,100(台)，再根据3种电脑的纯利润分配不同的权因子.

第五目标：装配线的加班时间尽可能少.

请列出相应的目标规划模型，并用 LINGO 软件求解.

解 建立目标约束.

(1) 装配线正常生产

设生产 A,B,C 型号的电脑为 x_1,x_2,x_3(台)，d_1^- 为装配线正常生产时间未利用数，d_1^+ 为装配线加班时间，希望装配线正常生产，避免开工不足，因此装配线目标约束为

$$\begin{aligned}&\min\ \{d_1^-\};\\ &\text{s.t.}\quad 5x_1+8x_2+12x_3+d_1^- -d_1^+=1700.\end{aligned}$$

(2) 销售目标

优先满足老客户的需求，并根据3种电脑的纯利润分配不同的权因子，A,B,C 这3种型号的电脑每小时的利润是 $\frac{1000}{5},\frac{1440}{8},\frac{2520}{12}$，因此，老客户的销售目标约束为

$$\begin{aligned}&\min\ \{20d_2^- +18d_3^- +21d_4^-\};\\ &\text{s.t.}\quad x_1+d_2^- -d_2^+=50,\\ &\qquad\ \ x_2+d_3^- -d_3^+=50,\\ &\qquad\ \ x_3+d_4^- -d_4^+=80.\end{aligned}$$

再考虑一般销售. 类似上面的讨论，得到

$$\min\ \{20d_5^- + 18d_6^- + 21d_7^-\};$$

$$\begin{aligned} \text{s. t.}\quad & x_1 + d_5^- - d_5^+ = 100, \\ & x_2 + d_6^- - d_6^+ = 120, \\ & x_3 + d_7^- - d_7^+ = 100. \end{aligned}$$

(3) 加班限制

首先是限制装配线加班时间，不允许超过 200 h，因此得到

$$\min\ \{d_8^+\};$$

$$\text{s. t.}\quad 5x_1 + 8x_2 + 12x_3 + d_8^- - d_8^+ = 1900.$$

其次装配线的加班时间尽可能少，即

$$\min\ \{d_1^+\};$$

$$\text{s. t.}\quad 5x_1 + 8x_2 + 12x_3 + d_1^- - d_1^+ = 1700.$$

写出目标规划的数学模型：

$$\begin{aligned} \min z = {} & P_1 d_1^- + P_2(20d_2^- + 18d_3^- + 21d_4^-) + P_3 d_8^+ \\ & + P_4(20d_5^- + 18d_6^- + 21d_7^-) + P_5 d_1^+; \end{aligned}$$

$$\begin{aligned} \text{s. t.}\quad & 5x_1 + 8x_2 + 12x_3 + d_1^- - d_1^+ = 1700, \\ & x_1 + d_2^- - d_2^+ = 50, \\ & x_2 + d_3^- - d_3^+ = 50, \\ & x_3 + d_4^- - d_4^+ = 80, \\ & x_1 + d_5^- - d_5^+ = 100, \\ & x_2 + d_6^- - d_6^+ = 120, \\ & x_3 + d_7^- - d_7^+ = 100, \\ & 5x_1 + 8x_2 + 12x_3 + d_8^- - d_8^+ = 1900, \\ & x_1, x_2, d_i^-, d_i^+ \geqslant 0 \quad (i = 1, 2, \cdots, 8). \end{aligned}$$

写出相应的 LINGO 程序，程序名：exam0807. lg4.

```
MODEL:
    sets:
    Level/1..5/:p,z,Goal;
    Variable/1..3/: x;
    S_Con_Num/1..8/: g,dplus,dminus;
    S_Cons(S_Con_Num,Variable): C;
    Obj(Level,S_Con_Num): Wplus,Wminus;
    endsets
    data:
    P=?????;
```

```
Goal =?,?,?,?,?,0;
g=1700 50 50 80 100 120 100 1900;
C=5 8 12 1 0 0 0 1 0 0 0 1 1 0 0 0 1 0 0 0 1 5 8 12;
Wplus=0 0 0 0 0 0 0 0
        0 0 0 0 0 0 0 0
        0 0 0 0 0 0 0 1
        0 0 0 0 0 0 0 0
        1 0 0 0 0 0 0 0;
Wminus=1 0 0 0 0 0 0 0
         0 20 18 21 0 0 0 0
         0 0 0 0 0 0 0 0
         0 0 0 0 20 18 21 0
         0 0 0 0 0 0 0 0;
enddata

min=@sum(Level: P * z);
@for(Level(i):
z(i)=@sum(S_Con_Num(j): Wplus(i,j) * dplus(j))
      +@sum(S_Con_Num(j): Wminus(i,j) * dminus(j)));
@for(S_Con_Num(i):
 @sum(Variable(j): C(i,j) * x(j))
      +dminus(i)-dplus(i)=g(i);
);
@for(Level(i)|i #lt# @size(Level):
 @bnd(0,z(i),Goal(i));
);
END
```

经 5 次计算得到 $x_1=100, x_2=55, x_3=80$. 装配线生产时间为 1900 h,满足装配线加班不超过 200 h 的要求. 能够满足老客户的需求,但未能达到销售目标. 销售总利润为

$$100\times1000+55\times1440+80\times2520=380800(\text{元}).$$

例 15.2.5 求解目标规划习题 8.4(见第 8 章习题).

解 设 x_1, x_2, x_3 分别表示从Ⅱ级提升到Ⅰ级、从Ⅲ级提升到Ⅱ级、录用到Ⅲ级的新职工的人数,各目标的优先级为

p_1:月工资总额不超过 60000 元;

p_2:每级人数不超过定编规定的人数;

p_3:Ⅱ、Ⅲ级的升级面尽可能达到现有人数的 20%.

目标规划的数学模型如下:

$$
\begin{aligned}
\min Z= & p_1 d_1^+ + p_2(d_2^+ + d_3^+ + d_4^+) + p_3(d_5^- + d_6^-); \\
\text{s. t.}\quad & 2000(10-10\times 0.1+x_1)+1500(12-x_1+x_2) \\
& +1000(15-x_2+x_3)+d_1^- - d_1^+ = 60000, \\
& 10(1-0.1)+x_1+d_2^- - d_2^+ = 12, \\
& 12-x_1+x_2+d_3^- - d_3^+ = 15, \\
& 15-x_2+x_3+d_4^- - d_4^+ = 15, \\
& x_1+d_5^- - d_5^+ = 12\times 0.2, \\
& x_2+d_6^- - d_6^+ = 15\times 0.2, \\
& x_1,x_2,x_3 \geqslant 0,\quad d_i^-,d_i^+ \geqslant 0 \quad (i=1,2,\cdots,6).
\end{aligned}
$$

模型化简为

$$
\begin{aligned}
\min Z= & p_1 d_1^+ + p_2(d_2^+ + d_3^+ + d_4^+) + p_3(d_5^- + d_6^-); \\
\text{s. t.}\quad & 500x_1+500x_2+1000x_3+d_1^- - d_1^+ = 9000, \\
& x_1+d_2^- - d_2^+ = 3, \\
& -x_1+x_2+d_3^- - d_3^+ = 3, \\
& -x_2+x_3+d_4^- - d_4^+ = 0, \\
& x_1+d_5^- - d_5^+ = 2.4, \\
& x_2+d_6^- - d_6^+ = 3, \\
& x_1,x_2,x_3 \geqslant 0,\quad d_i^-,d_i^+ \geqslant 0 \quad (i=1,2,\cdots,6).
\end{aligned}
$$

写出相应的 LINGO 程序,程序名:homework0804. lg4.

```
MODEL:
  sets:
  Level/1..3/:P,z,Goal;
  Variable/1..3/:x;
  S_Con_Num/1..6/:g,dplus,dminus;
  S_Cons(S_Con_Num,Variable):C;
  Obj (Level,S_Con_Num):Wplus,Wminus;
  endsets
  data:
  P=???;
  Goal=?,?,0;
  g=9000 3 3 0 2.4 3;
  C=500 500 1000 1 0 0 -1 1 0 0 -1 1 1 0 0 0 1 0;
  Wplus =1 0 0 0 0 0
         0 1 1 1 0 0
         0 0 0 0 0 0;
  Wminus =0 0 0 0 0 0
```

```
        0 0 0 0 0 0
        0 0 0 0 1 1;
  enddata

  min=@sum(Level:P * z);
  @for (Level (i):
  z(i)=@sum(S_Con_Num(j):Wplus(i,j) * dplus(j))
      +@sum(S_Con_Num(j):Wminus(i,j) * dminus(j)));
  @for (S_Con_Num(i):
  @sum(Variable(j):C(i,j) * x(j))
       +dminus(i)-dplus(i)=g(i);
  );
  @for (Level(i)|i#lt#@size(Level):
    @bnd(0,z(i),Goal(i));
  );
END
```

第一级的计算结果(只列出相关变量):

```
Global optimal solution found at iteration:      0
  Objective value:                        0.000000
Variable        Value   Reduced Cost
   X(1)    0.000000       0.000000
   X(2)    0.000000       0.000000
   X(3)    0.000000       0.000000
```

第二级的计算结果(只列出相关变量):

```
Global optimal solution found at iteration:      0
  Objective value:                        0.000000
Variable        Value   Reduced Cost
   X(1)    0.000000       0.000000
   X(2)    0.000000       0.000000
   X(3)    0.000000       0.000000
```

第三级的计算结果(只列出相关变量):

```
Global optimal solution found at iteration:      7
  Objective value:                        0.000000
Variable        Value   Reduced Cost
   X(1)    3.000000       0.000000
   X(2)    5.000000       0.000000
   X(3)    5.000000       0.000000
```

我们得到的方案为：晋升到Ⅰ、Ⅱ级的人数分别为 3,5，新录用职工人数为 5.

例 15.2.6 求解目标规划习题 8.5(见第 8 章习题).

解 设 x_1, x_2, x_3 分别为生产 A 型、B 型、C 型彩电的数量，根据题设的优先级，得到如下的目标规划模型：

$$\min Z = p_1 d_1^- + p_2 d_2^- + p_3 d_3^+ + p_4(d_4^- + d_4^+ + d_5^- + d_5^+ + d_6^- + d_6^+);$$

$$\begin{aligned}
\text{s.t.}\quad & 500x_1 + 650x_2 + 800x_3 + d_1^- - d_1^+ = 16000, \\
& 6x_1 + 8x_2 + 10x_3 + d_2^- - d_2^+ = 200, \\
& 6x_1 + 8x_2 + 10x_3 + d_3^- - d_3^+ = 224 \\
& x_1 + d_4^- - d_4^+ = 12, \\
& x_2 + d_5^- - d_5^+ = 10, \\
& x_3 + d_6^- - d_6^+ = 3, \\
& x_1, x_2, x_3 \geqslant 0, \quad d_i^-, d_i^+ \geqslant 0 \quad (i = 1, 2, \cdots, 6).
\end{aligned}$$

写出相应的 LINGO 程序，程序名：homework0805.lg4.

```
MODEL:
  sets:
  Level/1..4/:P,z,Goal;
  Variable/1..3/:x;
  S_Con_Num/1..6/:g,dplus,dminus;
  S_Cons(S_Con_Num,Variable):C;
  Obj(Level,S_Con_Num):Wplus,Wminus;
  endsets
  data:
  P=????;
  Goal=?,?,?,0;
  g=16000 200 224 12 10 6;
  C=500 650 800 6 8 10 6 8 10 1 0 0 0 1 0 0 0 1;
  Wplus =0 0 0 0 0 0
        0 0 0 0 0 0
        0 0 1 0 0 0
        0 0 0 1 1 1;
  Wminus =1 0 0 0 0 0
          0 1 0 0 0 0
          0 0 0 0 0 0
          0 0 0 1 1 1;
  enddata
  min=@sum(Level:P * z);
  @for(Level(i):
```

```
z(i)=@sum(S_Con_Num(j):Wplus(i,j) * dplus(j))
      +@sum(S_Con_Num(j):Wminus(i,j) * dminus(j)));
  @for (S_Con_Num(i):
    @sum(Variable(j):C(i,j) * x(j))
      +dminus(i)-dplus(i)=g(i);
  );
  @for (Level(i)|i#lt#@size(Level):
    @bnd(0,z(i),Goal(i));
  );
END
```

第一级的计算结果(只列出相关变量):

```
Global optimal solution found at iteration:      10
  Objective value:                         0.000000
Variable        Value    Reduced Cost
   X(1)    12.00000      0.000000
   X(2)    8.000000      0.000000
   X(3)    6.000000      0.000000
```

第二级的计算结果(只列出相关变量):

```
Global optimal solution found at iteration:      10
  Objective value:                         0.000000
Variable        Value    Reduced Cost
   X(1)    12.00000      0.000000
   X(2)    8.500000      0.000000
   X(3)    6.000000      0.000000
```

第三级的计算结果(只列出相关变量):

```
Global optimal solution found at iteration:      8
  Objective value:                         0.000000
Variable        Value    Reduced Cost
   X(1)    12.00000      0.000000
   X(2)    8.500000      0.000000
   X(3)    6.000000      0.000000
```

第四级的计算结果(只列出相关变量):

```
Global optimal solution found at iteration:      12
  Objective value:                         0.000000
```

```
Variable        Value   Reduced Cost
   X(1)   12.00000      0.000000
   X(2)   10.00000      0.000000
   X(3)   6.000000      0.000000
```

A,B,C 三种规格的电视机每月产量分别为 12,10,6 台,生产时间为 212 h,加班时间为 12 h,每月利润为 173000 元.

例 15.2.7 求解目标规划习题 8.6(见第 8 章习题).

解 设 x_1,x_2,x_3(h)分别为该广播台每天安排商业节目,新闻节目和音乐节目的时间,则本题的目标规划模型为

$$\min Z=p_1(d_1^++d_2^++d_3^-)+p_2d_4^-;$$

$$\text{s.t.}\quad x_1+x_2+x_3+d_1^--d_1^+=12, \qquad ①$$

$$4x_1-x_2-x_3+d_2^--d_2^+=0, \qquad ②$$

$$-x_1+11x_2-x_3+d_3^--d_3^+=0, \qquad ③$$

$$250x_1-40x_2-17.5x_3+d_4^--d_4^+=600, \qquad ④$$

$$x_1,x_2,x_3\geqslant 0,\quad d_i^-,d_i^+\geqslant 0\quad (i=1,2,3,4).$$

注:式②由 $x_1\leqslant 20\%(x_1+x_2+x_3)$ 化简后,加减偏差变量得到;式③由 $x_2\geqslant(x_1+x_2+x_3)/12$ 化简后,加减偏差变量得到;式④是以每天允许作商业节目的最大收入为理想值:$250\times 2.4\times 60=36000$,再在约束两边除以 60,加减偏差变量得到.

写出相应的 LINGO 程序,程序名:homework0806.lg4.

```
MODEL:
  sets:
  Level/1..2/:P,z,Goal;
  Variable/1..3/:x;
  S_Con_Num/1..4/:g,dplus,dminus;
  S_Cons(S_Con_Num,Variable):C;
  Obj(Level,S_Con_Num):Wplus,Wminus;
  endsets
  data:
  P=??;
  Goal=?,0;
  g=12 0 0 600;
  C=1 1 1 4 -1 -1 -1 11 -1 250 -40 -17.5;
  Wplus =1 1 0 0
         0 0 0 0;
  Wminus =0 0 1 0
          0 0 0 1;
```

```
  enddata

  min=@sum(Level:P * z);
  @for(Level(i):
  z(i)=@sum(S_Con_Num(j):Wplus(i,j) * dplus(j))
        +@sum(S_Con_Num(j):Wminus(i,j) * dminus(j)));
  @for (S_Con_Num(i):
    @sum(Variale(j):C(i,j) * x(j))
        +dminus(i)-dplus(i)=g(i);
  );
  @for (Level(i)|i#lt#@size(Level):
    @bnd(0,z(i),Goal(i));
  );
END
```

第一级的计算结果(只列出相关变量):

```
Global optimal solution found at iteration:      0
  Objective value:                        0.000000
Variable        Value   Reduced Cost
   X(1)   0.000000        0.000000
   X(2)   0.000000        0.000000
   X(3)   0.000000        0.000000
```

第二级的计算结果(只列出相关变量):

```
Global optimal solution found at iteration:      7
  Objective value:                        190.5000
Variable        Value   Reduced Cost
   X(1)   2.400000        0.000000
   X(2)   1.000000        0.000000
   X(3)   8.600000        0.000000
```

结果表明,每天播放 2.4 h 商业节目、1 h 新闻节目、8.6 h 的娱乐节目,每天最大纯收入为 24570 美元.

习题答案及提示

习　题　1

1.1 $(-1,-4,-1)$.

1.2 $\boldsymbol{\beta}=\frac{1}{2}\boldsymbol{\alpha}_1+\frac{1}{3}\boldsymbol{\alpha}_2-\frac{5}{6}\boldsymbol{\alpha}_3=(1,2,3,4)^{\mathrm{T}}$.

1.3 (1) $t=15$.　　(2) $t\neq 12$.

(3) $t\neq 2, t\neq 3$. $\boldsymbol{\beta}$可由$\boldsymbol{\alpha}_1,\boldsymbol{\alpha}_2,\boldsymbol{\alpha}_3$唯一线性表出.

当$t=2$时,$\boldsymbol{\beta}$也可由$\boldsymbol{\alpha}_1,\boldsymbol{\alpha}_2,\boldsymbol{\alpha}_3$线性表出,但表出系数不唯一.

1.4 (1) 线性相关,$\boldsymbol{\beta}_3=\boldsymbol{\beta}_1-2\boldsymbol{\beta}_2$.　　(2) 线性相关,但$\boldsymbol{\beta}_3$不能由$\boldsymbol{\beta}_1,\boldsymbol{\beta}_2$线性表出.

(3) 线性相关,$\boldsymbol{\beta}_3=-\boldsymbol{\beta}_1+2\boldsymbol{\beta}_2$.　　(4) 线性无关.

1.5 线性相关.参照例1.1.3.

1.6 线性相关.参照例1.1.3.

1.7 (1) 因为$\boldsymbol{\alpha}_2,\boldsymbol{\alpha}_3,\boldsymbol{\alpha}_4$线性无关,因此$\boldsymbol{\alpha}_2,\boldsymbol{\alpha}_3$线性无关.又$\boldsymbol{\alpha}_1,\boldsymbol{\alpha}_2,\boldsymbol{\alpha}_3$线性相关,故由定理1.1.3可知$\boldsymbol{\alpha}_1$必可由$\boldsymbol{\alpha}_2,\alpha_3$唯一线性表出.

(2) 用反证法.设$\boldsymbol{\alpha}_4$可由$\boldsymbol{\alpha}_1,\boldsymbol{\alpha}_2,\boldsymbol{\alpha}_3$线性表出:$\boldsymbol{\alpha}_4=k_1\boldsymbol{\alpha}_1+k_2\boldsymbol{\alpha}_2+k_3\boldsymbol{\alpha}_3$,又由(1),可设$\boldsymbol{\alpha}_1=l_2\boldsymbol{\alpha}_2+l_3\boldsymbol{\alpha}_3$.代入上式:$\boldsymbol{\alpha}_4=k_1(l_2\boldsymbol{\alpha}_2+l_3\boldsymbol{\alpha}_3)+k_2\boldsymbol{\alpha}_2+k_3\boldsymbol{\alpha}_3=(k_1l_2+k_2)\boldsymbol{\alpha}_2+(k_1l_3+k_3)\boldsymbol{\alpha}_3$,即$\boldsymbol{\alpha}_2,\boldsymbol{\alpha}_3,\boldsymbol{\alpha}_4$线性相关,与已知$\boldsymbol{\alpha}_2,\boldsymbol{\alpha}_3,\boldsymbol{\alpha}_4$线性无关矛盾.故$\boldsymbol{\alpha}_4$不能由$\boldsymbol{\alpha}_1,\boldsymbol{\alpha}_2,\boldsymbol{\alpha}_3$线性表出.

1.8 考察:$l_1\boldsymbol{\alpha}_1+l_2\boldsymbol{\alpha}_2+\cdots+l_{i-1}\boldsymbol{\alpha}_{i-1}+l_i\boldsymbol{p}+l_{i+1}\boldsymbol{\alpha}_{i+1}+\cdots+l_m\boldsymbol{\alpha}_m=\boldsymbol{0}$.又$\boldsymbol{p}=\sum\limits_{j=1}^{m}k_j\boldsymbol{\alpha}_j$,代入得

$$l_1\boldsymbol{\alpha}_1+\cdots+l_{i-1}\boldsymbol{\alpha}_{i-1}+l_i\sum_{j=1}^{m}k_j\boldsymbol{\alpha}_j+l_{i+1}\boldsymbol{\alpha}_{i+1}+\cdots+l_m\boldsymbol{\alpha}_m=\boldsymbol{0}.$$

即

$(l_1+l_ik_1)\boldsymbol{\alpha}_1+\cdots+(l_{i-1}+l_ik_{i-1})\boldsymbol{\alpha}_{i-1}+l_ik_i\boldsymbol{\alpha}_i+(l_{i+1}+l_ik_{i+1})\boldsymbol{\alpha}_{i+1}+\cdots+(l_m+l_ik_m)\boldsymbol{\alpha}_m=\mathbf{0}.$

因$\boldsymbol{\alpha}_1,\cdots,\boldsymbol{\alpha}_{i-1},\boldsymbol{\alpha}_i,\boldsymbol{\alpha}_{i+1},\cdots,\boldsymbol{\alpha}_m$线性无关，只有系数全为0：

$$\begin{cases}l_1+l_ik_1=0,\\ \quad\vdots\\ l_{i-1}+l_ik_{i-1}=0,\\ l_ik_i=0,\\ l_{i+1}+l_ik_{i+1}=0,\\ \quad\vdots\\ l_m+l_ik_m=0.\end{cases}$$

因为$k_i\neq0$，所以$l_i=0$. 所以$l_1=0,\cdots,l_{i-1}=0,l_{i+1}=0,\cdots,l_m=0$，因此有$\boldsymbol{\alpha}_1,\cdots,\boldsymbol{\alpha}_{i-1},\boldsymbol{p},\boldsymbol{\alpha}_{i+1},\cdots,\boldsymbol{\alpha}_m$线性无关.

1.9 利用定义. 当$\boldsymbol{\alpha}\neq\mathbf{0}$时，若$k\boldsymbol{\alpha}=\mathbf{0}$，只有$k=0$，因此$\boldsymbol{\alpha}$为线性无关；当$\boldsymbol{\alpha}=\mathbf{0}$时，若$k\boldsymbol{\alpha}=\mathbf{0}$，$k$可取任意非零常数. 由定义1.1.5知此时$\boldsymbol{\alpha}$线性相关.

1.10 (1) $2\boldsymbol{A}+3\boldsymbol{B}=\begin{bmatrix}7&-1\\6&-2\\9&10\end{bmatrix}$. (2) $\boldsymbol{A}-2\boldsymbol{B}=\begin{bmatrix}0&3\\-4&-1\\1&-2\end{bmatrix}$.

(3) 因为$\boldsymbol{A}$与$\boldsymbol{C}$不是同型矩阵，因此$\boldsymbol{A}+\boldsymbol{C}$无意义. (4) $\boldsymbol{X}=\boldsymbol{B}-\boldsymbol{A}=\begin{bmatrix}-1&-2\\2&1\\-2&0\end{bmatrix}$.

1.11 $\boldsymbol{AB}=\begin{bmatrix}4\\-7\\18\end{bmatrix}$.

1.12 $\boldsymbol{ab}=(1,2,0,-1)\begin{bmatrix}-1\\0\\3\\2\end{bmatrix}=-3.$ $\boldsymbol{ba}=\begin{bmatrix}-1\\0\\3\\2\end{bmatrix}(1,2,0,-1)=\begin{bmatrix}-1&-2&0&1\\0&0&0&0\\3&6&0&-3\\2&4&0&-2\end{bmatrix}$.

1.13 原式$=a_{11}x_1^2+a_{22}x_2^2+a_{33}x_3^2+(a_{12}+a_{21})x_1x_2+(a_{13}+a_{31})x_1x_3+(a_{23}+a_{32})x_2x_3$.

1.14 $\boldsymbol{AB}=\begin{bmatrix}3&-1\\-6&2\end{bmatrix}$，$\boldsymbol{AC}=\begin{bmatrix}3&-1\\-6&2\end{bmatrix}$. 可见$\boldsymbol{AB}=\boldsymbol{AC}$，但$\boldsymbol{B}\neq\boldsymbol{C}$.

1.15 $|\boldsymbol{A}|=26$.

1.16 设$\boldsymbol{B}=\begin{bmatrix}b_1&b_2\\b_3&b_4\end{bmatrix}$，由$\boldsymbol{AB}=\boldsymbol{BA}$，可得

$$\begin{bmatrix}b_1+b_3&b_2+b_4\\b_3&b_4\end{bmatrix}=\begin{bmatrix}b_1&b_1+b_2\\b_3&b_3+b_4\end{bmatrix},\quad 即\quad\begin{cases}b_1+b_3=b_1\\ b_2+b_4=b_1+b_2,\\ b_3=b_3,\\ b_4=b_3+b_4.\end{cases}$$

解之可得：$b_3=0, b_1=b_4, b_2$ 任意. 因此有

$$B=\begin{bmatrix} b_1 & b_2 \\ 0 & b_1 \end{bmatrix}.$$

1.17 $A^{T}=\begin{bmatrix} 1 & 2 & -2 \\ -1 & 0 & 3 \end{bmatrix}$, $B^{T}=\begin{bmatrix} 2 & -1 \\ 1 & -2 \\ 0 & 1 \end{bmatrix}$,

$$(AB)^{T}=B^{T}A^{T}=\begin{bmatrix} 2 & -1 \\ 1 & -2 \\ 0 & 1 \end{bmatrix}\begin{bmatrix} 1 & 2 & -2 \\ -1 & 0 & 3 \end{bmatrix}=\begin{bmatrix} 3 & 4 & -7 \\ 3 & 2 & -8 \\ -1 & 0 & 3 \end{bmatrix}.$$

1.18 $|A|=1$, $A_{11}=3$, $A_{12}=-1$, $A_{21}=-5$, $A_{22}=2$. 所以

$$A^{-1}=\begin{bmatrix} 3 & -5 \\ -1 & 2 \end{bmatrix};$$

$|B|=5$, $B_{11}=5$, $B_{12}=10$, $B_{13}=0$, $B_{21}=4$, $B_{22}=12$, $B_{23}=1$, $B_{31}=-1$, $B_{32}=-3$, $B_{33}=1$. 所以

$$B^{-1}=\frac{1}{5}\begin{bmatrix} 5 & 4 & -1 \\ 10 & 12 & -3 \\ 0 & 1 & 1 \end{bmatrix}.$$

1.20 因为 $BX=C$. 由 1.18 题知 B 可逆，故有

$$X=B^{-1}C=\frac{1}{5}\begin{bmatrix} 5 & 4 & -1 \\ 10 & 12 & -3 \\ 0 & 1 & 1 \end{bmatrix}\begin{bmatrix} 1 \\ 2 \\ 3 \end{bmatrix}=\begin{bmatrix} 2 \\ 5 \\ 1 \end{bmatrix}.$$

1.21 $A=\begin{bmatrix} 1 & -2 & -1 & -2 \\ 4 & 1 & 2 & 1 \\ 2 & 5 & 4 & -1 \\ 1 & 1 & 1 & 1 \end{bmatrix}\to\cdots\to\begin{bmatrix} 1 & -2 & -1 & -2 \\ 0 & 9 & 6 & 9 \\ 0 & 0 & 0 & -6 \\ 0 & 0 & 0 & 0 \end{bmatrix}$. 所以 $r(A)=3$.

1.22 (1) $(\alpha_1,\alpha_2,\alpha_3)=\begin{bmatrix} 1 & 4 & -2 \\ 1 & 3 & 1 \\ 3 & 8 & -5 \end{bmatrix}\to\begin{bmatrix} 1 & 4 & -2 \\ 0 & -1 & 3 \\ 0 & -4 & 1 \end{bmatrix}\to\begin{bmatrix} 1 & 4 & -2 \\ 0 & -1 & 3 \\ 0 & 0 & -11 \end{bmatrix}$，所以 $r(\alpha_1,\alpha_2,\alpha_3)=3$，$\alpha_1,\alpha_2,\alpha_3$ 线性无关.

(2) $A=(\alpha_1,\alpha_2,\alpha_3)=\begin{bmatrix} 1 & 1 & 3 \\ 1 & 2 & 5 \\ 1 & 0 & 1 \\ 1 & -1 & -1 \end{bmatrix}\to\begin{bmatrix} 1 & 1 & 3 \\ 0 & 1 & 2 \\ 0 & -1 & -2 \\ 0 & -2 & -4 \end{bmatrix}\to\begin{bmatrix} 1 & 1 & 3 \\ 0 & 1 & 2 \\ 0 & 0 & 0 \\ 0 & 0 & 0 \end{bmatrix}=(\beta_1,\beta_2,\beta_3)=B$.

故 $r(\alpha_1,\alpha_2,\alpha_3)=r(A)=r(B)=2$，$\alpha_1,\alpha_2$ 是 $\alpha_1,\alpha_2,\alpha_3$ 的一个极大无关组.

$$(3)\ \boldsymbol{A}=\begin{bmatrix}2&3&4&4\\1&-1&2&-3\\3&3&6&3\\-1&0&-2&1\end{bmatrix}\to\begin{bmatrix}1&-1&2&-3\\2&3&4&4\\3&3&6&3\\-1&0&-2&1\end{bmatrix}$$

$$\to\begin{bmatrix}1&-1&2&-3\\0&5&0&10\\0&6&0&12\\0&-1&0&-2\end{bmatrix}\to\begin{bmatrix}1&-1&2&-3\\0&1&0&2\\0&0&0&0\\0&0&0&0\end{bmatrix}=(\boldsymbol{\beta}_1,\boldsymbol{\beta}_2,\boldsymbol{\beta}_3,\boldsymbol{\beta}_4)=\boldsymbol{B}.$$

所以 $\mathrm{r}(\boldsymbol{A})=\mathrm{r}(\boldsymbol{B})=2$,故 $\mathrm{r}(\boldsymbol{\alpha}_1,\boldsymbol{\alpha}_2,\boldsymbol{\alpha}_3,\boldsymbol{\alpha}_4)=2$. 而$\boldsymbol{\beta}_1,\boldsymbol{\beta}_2$是向量组$\boldsymbol{\beta}_1,\boldsymbol{\beta}_2,\boldsymbol{\beta}_3,\boldsymbol{\beta}_4$的一个极大无关组,故$\boldsymbol{\alpha}_1,\boldsymbol{\alpha}_2$是向量组$\boldsymbol{\alpha}_1,\boldsymbol{\alpha}_2,\boldsymbol{\alpha}_3,\boldsymbol{\alpha}_4$的一个极大无关组.

1.23 (1) $f(x_1,x_2,x_3)=(x_1,x_2,x_3)\begin{bmatrix}2&-\frac{3}{2}&2\\-\frac{3}{2}&1&-\frac{5}{2}\\2&-\frac{5}{2}&0\end{bmatrix}\begin{bmatrix}x_1\\x_2\\x_3\end{bmatrix}$.

(2) $f(x_1,x_2,x_3)=(x_1,x_2,x_3)\begin{bmatrix}2&0&0\\0&-4&0\\0&0&-1\end{bmatrix}\begin{bmatrix}x_1\\x_2\\x_3\end{bmatrix}$,

1.24 (1) $f(x_1,x_2,x_3)=-x_1^2+4x_1x_2-2x_1x_3+3x_3^2+8x_2x_3$.

(2) $f(x_1,x_2,x_3)=-x_1^2+x_2^2$.

1.25 因为该二次型的对应矩阵

$$\boldsymbol{A}=\begin{bmatrix}6&-2&2\\-2&5&0\\2&0&7\end{bmatrix},\quad 又\ 6>0,\begin{vmatrix}6&-2\\-2&5\end{vmatrix}=26>0,\quad\begin{vmatrix}6&-2&2\\-2&5&0\\2&0&7\end{vmatrix}=162>0.$$

故二次型正定.

1.26 该二次型的对应矩阵 $\boldsymbol{A}=\begin{bmatrix}1&t&-1\\t&1&2\\-1&2&5\end{bmatrix}$ 正定,必须 $\boldsymbol{A}$ 的全部顺序主子式都大于零,即 $1>0$, $\begin{vmatrix}1&t\\t&1\end{vmatrix}=1-t^2>0$, $\begin{vmatrix}1&t&-1\\t&1&2\\-1&2&5\end{vmatrix}=-t(5t+4)>0$. 故当 $-\frac{4}{5}<t<0$ 时,二次型正定.

1.27 用反证法,设 $\boldsymbol{A}=(a_{ij})_{n\times n}$,其中 $a_{ii}\leqslant 0(1\leqslant i\leqslant n)$. 用 $\boldsymbol{A}$ 作为对应矩阵作一个二次型:$f(\boldsymbol{x})=\boldsymbol{x}^{\mathrm{T}}\boldsymbol{A}\boldsymbol{x}$. 因为 $\boldsymbol{A}$ 为对称正定阵,则 $f(\boldsymbol{x})$必是正定二次型. 现取 $\boldsymbol{x}_i=(0,\cdots,0,1,0,\cdots0)^{\mathrm{T}}$,其中第 i 个分量为1,其余分量为零,显然 $\boldsymbol{x}_i\neq\boldsymbol{0}$,但 $f(\boldsymbol{x}_i)=\boldsymbol{x}_i^{\mathrm{T}}\boldsymbol{A}\boldsymbol{x}_i=a_{ii}\leqslant 0$. 这与 $f(\boldsymbol{x})$正定相矛盾,故 $a_{ii}\not\leqslant 0$,所以 $a_{ii}>0$.

1.28 (1) 正定， (2) 负定， (3) 不定.

1.29 (1) $y'=6x-5$， (2) $y'=x^2\cos x+2x\sin x$，

(3) $y'=\sec x\tan x$， (4) $y'=-\dfrac{2x}{(1+x^2)^2}$.

1.30 (1) $y'=3\sin 6x$ (2) $y'=-\mathrm{e}^{-2x}(2\cos 3x+3\sin 3x)$， (3) $y'=\dfrac{3x^2-8\cos^3 2x\sin 2x}{x^3+\cos^4 2x}$.

1.31 (1) $y^{(n)}=n!$ (2) $y^{(n)}=\sin\left(x+n\cdot\dfrac{\pi}{2}\right)$，

(3) $y^{(n)}=\cos\left(x+n\cdot\dfrac{\pi}{2}\right)$， (4) $y^{(n)}=(-1)^{n-1}\cdot\dfrac{(n-1)!}{(1+x)^n}$.

1.32 $x=-1$ 为极大值点，极大值$=5/9$；$x=3$ 为极小值点，极小值$=-3$.

1.33 (1) 无极值点，最小值$\dfrac{1}{\mathrm{e}}$，最大值 e^2.

(2) $x=\pm 1$ 是极小值点，$x=0$ 是极大值点；最小值为 4，最大值为 13.

(3) 无极值点；最小值为 0，最大值是 8.

(4) $x=-1$ 是极大值点，极大值 2；$x=1$ 是极小值点，极小值是 0；在$(-\infty,+\infty)$内，最大值是 2，最小值是 0.

1.34 (1) $\mathrm{e}^x=1+x+\dfrac{x^2}{2!}+\cdots+\dfrac{x^n}{n!}+\dfrac{\mathrm{e}^{\xi}}{(n+1)!}x^{n+1}$，$\xi$ 在 $0,x$ 之间，$-\infty<x<+\infty$.

(2) $\sin x=x-\dfrac{1}{3!}x^3+\dfrac{1}{5!}x^5-\dfrac{1}{7!}x^7+\cdots+\dfrac{\sin\frac{n}{2}\pi}{n!}x^n+\dfrac{\sin\left(\xi+\frac{(n+1)\pi}{2}\right)}{(n+1)!}x^{n+1}$，$\xi$ 在 0 与 x 之间，$-\infty<x<+\infty$.

(3) $\cos x=1-\dfrac{1}{2!}x^2+\dfrac{1}{4!}x^4-\dfrac{1}{6!}x^6+\cdots+\dfrac{\cos\frac{n\pi}{2}}{n!}x^n+\dfrac{\cos\left(\xi+\frac{(n+1)\pi}{2}\right)}{(n+1)!}x^{n+1}$，$\xi$ 在 0 与 x 之间，$-\infty<x<+\infty$.

(4) $\ln(1+x)=x-\dfrac{x^2}{2}+\dfrac{x^3}{3}-\dfrac{x^4}{4}+\cdots+(-1)^{n-1}\dfrac{x^n}{n}+(-1)^n\dfrac{x^{n+1}}{(n+1)(1+\xi)^{n+1}}$，$\xi$ 在 0 与 x 之间，$-1<x<+\infty$.

1.35 (1) $\nabla f(x_1,x_2)=\begin{bmatrix}x_2+\mathrm{e}^{x_1}\\ x_1\end{bmatrix}$，$\boldsymbol{H}(x_1,x_2)=\begin{bmatrix}\mathrm{e}^{x_1} & 1\\ 1 & 0\end{bmatrix}$，

(2) $\nabla f(x_1,x_2,x_3)=\begin{bmatrix}-3\sin(x_1+x_2)+4x_3\\ -3\sin(x_1+x_2)\\ 4x_1\end{bmatrix}$，

$$\boldsymbol{H}(x_1,x_2,x_3)=\begin{bmatrix}-3\cos(x_1+x_2) & -3\cos(x_1+x_2) & 4\\ -3\cos(x_1+x_2) & -3\cos(x_1+x_2) & 0\\ 4 & 0 & 0\end{bmatrix}.$$

1.36 $\nabla f(\boldsymbol{x})=\begin{bmatrix}4x_1^3+x_2\\2(1+x_2)+x_1\end{bmatrix}$, $\nabla^2 f(\boldsymbol{x})=\begin{bmatrix}12x_1^2 & 1\\1 & 2\end{bmatrix}$, $\nabla f(0)=\begin{bmatrix}0\\2\end{bmatrix}$,

$\nabla^2 f(0)=\begin{bmatrix}0 & 1\\1 & 2\end{bmatrix}$,显然$\nabla^2 f(0)$是非正定矩阵.

1.37 (1) $f(\boldsymbol{x})=(x_1,x_2)\begin{bmatrix}1 & \frac{1}{2}\\\frac{1}{2} & 9\end{bmatrix}\begin{bmatrix}x_1\\x_2\end{bmatrix}$, $\nabla f(\boldsymbol{x})=2\boldsymbol{A}\boldsymbol{x}=\begin{bmatrix}2x_1+x_2\\x_1+18x_2\end{bmatrix}$,

$\nabla^2 f(\boldsymbol{x})=\begin{bmatrix}2 & 1\\1 & 18\end{bmatrix}$. 严格局部极小点为$(0,0)^{\mathrm{T}}$,无极大点.

(2) $f(\boldsymbol{x})=(x_1,x_2,x_3)\begin{bmatrix}-1 & -\frac{1}{2} & -\frac{1}{2}\\-\frac{1}{2} & -2 & 0\\-\frac{1}{2} & 0 & -1\end{bmatrix}\begin{bmatrix}x_1\\x_2\\x_3\end{bmatrix}+1000$,

$\nabla f(\boldsymbol{x})=\begin{bmatrix}-2x_1-x_2-x_3\\-x_1-4x_2\\-x_1-2x_3\end{bmatrix}$, $\nabla^2 f(\boldsymbol{x})=\begin{bmatrix}-2 & -1 & -1\\-1 & -4 & 0\\-1 & 0 & -2\end{bmatrix}$,极大点为 $\boldsymbol{x}^*=\begin{bmatrix}0\\0\\0\end{bmatrix}$,无极小点.

(3) $f(\boldsymbol{x})=(x_1,x_2,x_3)\begin{bmatrix}1 & 0 & 0\\0 & 2 & -2\\0 & -2 & 3\end{bmatrix}\begin{bmatrix}x_1\\x_2\\x_3\end{bmatrix}+(-4,0,0)\begin{bmatrix}x_1\\x_2\\x_3\end{bmatrix}$,

$\nabla f(\boldsymbol{x})=\begin{bmatrix}2x_1-4\\4x_2-4x_3\\6x_3-4x_2\end{bmatrix}$, $\nabla^2 f(\boldsymbol{x})=\begin{bmatrix}2 & 0 & 0\\0 & 4 & -4\\0 & -4 & 6\end{bmatrix}$,极小点为$(2,0,0)^{\mathrm{T}}$,无极大点.

1.38 (1) 极小点:$(1,x_2)^{\mathrm{T}}(x_2<0)$,极大点:$(1,x_2)^{\mathrm{T}}(x_2>0)$;

(2) $\nabla f(\boldsymbol{x})=\begin{bmatrix}6(x_1-x_2)(x_1-x_2-1)\\-6x_1^2+12x_1x_2+6x_1\end{bmatrix}$, $\nabla^2 f(\boldsymbol{x})=\begin{bmatrix}12x_1-12x_2-6 & -12x_1+12x_2+6\\-12x_1+12x_2+6 & 12x_1\end{bmatrix}$.

极小点为$(1,0)^{\mathrm{T}}$,极大点为$(-1,-1)^{\mathrm{T}}$,鞍点为$(0,0)^{\mathrm{T}}$,$(0,-1)^{\mathrm{T}}$.

(3) $\nabla f(\boldsymbol{x})=\begin{bmatrix}4x_1-2x_2+6x_1^2+4x_1^3\\2x_2-2x_1\end{bmatrix}$,$\nabla^2 f(\boldsymbol{x})=\begin{bmatrix}4+12x_1+12x_1^2 & -2\\-2 & 2\end{bmatrix}$.

极小点是$(-1,-1)^{\mathrm{T}}$,$(0,0)^{\mathrm{T}}$ 及鞍点是$\left(-\frac{1}{2},-\frac{1}{2}\right)^{\mathrm{T}}$.

1.39 由定理 1.1.1,写出向量组$\boldsymbol{\alpha}_1,\boldsymbol{\alpha}_2,\cdots,\boldsymbol{\alpha}_s$对应的齐次线性方程组:

$$
(\text{I})\quad\begin{cases}a_{11}x_1+a_{12}x_2+\cdots+a_{1s}x_s=0,\\ a_{21}x_1+a_{22}x_2+\cdots+a_{2s}x_s=0,\\ \quad\vdots\\ a_{n1}x_1+a_{n2}x_2+\cdots+a_{ns}x_s=0.\end{cases}
$$

因$\boldsymbol{\alpha}_1,\boldsymbol{\alpha}_2,\cdots,\boldsymbol{\alpha}_s$线性无关，故(Ⅰ)只有零解.

写出新向量组对应的齐次线性方程组：

$$
(\text{II})\quad\begin{cases}a_{11}x_1+a_{12}x_2+\cdots+a_{1s}x_s=0,\\ a_{21}x_1+a_{22}x_2+\cdots+a_{2s}x_s=0,\\ \quad\vdots\\ a_{n1}x_1+a_{n2}x_2+\cdots+a_{ns}x_s=0,\\ a_{n+1,1}x_1+a_{n+1,2}x_2+\cdots+a_{n+1,s}x_s=0.\end{cases}
$$

而(Ⅱ)中前n个方程即为(Ⅰ)，因为(Ⅰ)只有零解，故(Ⅱ)也只有零解，由定理1.1.1知，$\boldsymbol{\alpha}'_1,\boldsymbol{\alpha}'_2,\cdots,\boldsymbol{\alpha}'_s$必线性无关.

注：此定理可推广到s个n维线性无关的向量组，在相同位置处增加若干个分量后，所得的新向量组也线性无关.

习　题　2

2.1　(1) 唯一解：$Z^*=3$，　$x_1=\dfrac{1}{2}$，　$x_2=0$.　　　(2) 无可行解.

(3) 有可行解，但 $\max Z$ 无界.　　　(4) 无穷多个最优解，$Z^*=66$.

2.2　(1) 令 $x'_1=-x_1$，$x_3=x'_3-x''_3$化为标准型为

$$
\begin{aligned}
&\max Z'=2x'_1+x_2-2x'_3+2x''_3+0\cdot x_4;\\
&\text{s.t.}\quad x'_1+x_2+x'_3-x''_3=4,\\
&\qquad\quad x'_1+x_2-x'_3+x''_3+x_4=6,\\
&\qquad\quad x'_1,x_2,x'_3,x''_3,x_4\geqslant 0.
\end{aligned}
$$

(2) 令 $x'_2=-x_2$，　$x'_4-x''_4=x_4$.

$$
\begin{aligned}
&\max Z=2x_1-x'_2+3x_3+x'_4-x''_4+0\cdot x_5+0\cdot x_6;\\
&\text{s.t.}\quad x_1-x'_2+x_3+x'_4-x''_4+x_5=7,\\
&\qquad -2x_1-3x'_2-5x_3=8,\\
&\qquad x_1-2x_3+2x'_4-2x''_4-x_6=1,\\
&\qquad x_1,x_2,x_3,x'_4,x''_4,x_5,x_6\geqslant 0.
\end{aligned}
$$

2.3　(1) 基本解：$\boldsymbol{x}_1=(0,0,4,12,18)^{\mathrm{T}}$，　$\boldsymbol{x}_2=(4,0,0,12,6)^{\mathrm{T}}$，　$\boldsymbol{x}_3=(6,0,-2,12,0)^{\mathrm{T}}$，　$\boldsymbol{x}_4=$

$(4,3,0,6,0)^{\mathrm{T}}$,

$\boldsymbol{x}_5=(0,6,4,0,6)^{\mathrm{T}}$, $\boldsymbol{x}_6=(2,6,2,0,0)^{\mathrm{T}}$, $\boldsymbol{x}_7=(4,6,0,0,-6)^{\mathrm{T}}$, $\boldsymbol{x}_8=(0,9,4,-6,0)^{\mathrm{T}}$.

其中基本可行解为 $\boldsymbol{x}_1,\boldsymbol{x}_2,\boldsymbol{x}_4,\boldsymbol{x}_5,\boldsymbol{x}_6$. 目标函数值为 $Z_1=0,Z_2=12,Z_3=18,Z_4=27,Z_5=30,Z_6=36$,最优解为 $\boldsymbol{x}^*=\boldsymbol{x}_6=(2,6,2,0,0)^{\mathrm{T}},Z^*=36$.

(2) 基本解:$\boldsymbol{x}_1=(0,0,0,-3,-5)^{\mathrm{T}}$, $\boldsymbol{x}_2=(3,0,0,0,-5)^{\mathrm{T}}$, $\boldsymbol{x}_3=(0,0,1,0,-3)^{\mathrm{T}}$, $\boldsymbol{x}_4=\left(-\frac{9}{2},0,\frac{5}{2},0,0\right)^{\mathrm{T}}$, $\boldsymbol{x}_5=\left(0,\frac{5}{2},0,-3,0\right)^{\mathrm{T}}$, $\boldsymbol{x}_6=\left(0,\frac{3}{2},1,0,0\right)^{\mathrm{T}}$, $\boldsymbol{x}_7=\left(3,\frac{5}{2},0,0,0\right)^{\mathrm{T}}$, $\boldsymbol{x}_8=\left(0,0,\frac{5}{2},\frac{9}{2},0\right)^{\mathrm{T}}$. 其中基本可行解为 $\boldsymbol{x}_6,\boldsymbol{x}_7,\boldsymbol{x}_8$,目标函数值为 $Z_6=36,Z_7=42,Z_8=45$,所以最优解 $\boldsymbol{x}^*=\boldsymbol{x}_6=\left(0,\frac{3}{2},1,0,0\right)^{\mathrm{T}}$,最优值为 $Z^*=36$.

2.4 (1) 因为 $-\boldsymbol{p}_1+2\boldsymbol{p}_2+5\boldsymbol{p}_4=\boldsymbol{0}$,故 $\boldsymbol{x}$ 不是基本可行解,故不是凸集顶点.

(2) $\boldsymbol{x}=(9,7,0,0,8)^{\mathrm{T}}$ 不满足约束条件,即不是可行域中点.

(3) 因 $\boldsymbol{p}_1,\boldsymbol{p}_2,\boldsymbol{p}_3$ 线性相关:$-3\boldsymbol{p}_1+\boldsymbol{p}_2-5\boldsymbol{p}_3=\boldsymbol{0}$,故 $\boldsymbol{x}$ 也不是可行域的顶点.

2.5 见题 2.5 图. 由图解法可得最优解为 $\boldsymbol{x}^*=(9,-2)^{\mathrm{T}}$,目标函数值为 $z^*=9-2=7$.

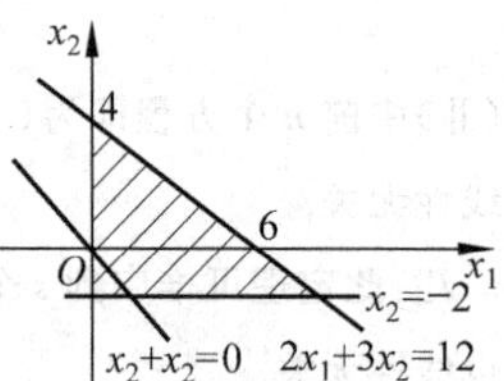

题 2.5 图

习 题 3

3.1 (1) 最优单纯形表如下.

题 3.1 表(1)

c_j			3	5	0	0	0
$\boldsymbol{c}_B$	$\boldsymbol{x}_B$	$\bar{\boldsymbol{b}}$	x_1	x_2	x_3	x_4	x_5
	x_3	2	0	0	1	1/3	−1/3
	x_2	6	0	1	0	1/2	0
	x_1	2	1	0	0	−1/3	1/3
	$-Z$	−36	0	0	0	−3/2	−1

有唯一最优解.

(2) 最终单纯形表如下.

题 3.1 表(2)

c_j			6	2	10	8	0	0	0
c_B	x_B	$\bar{b}$	x_1	x_2	x_3	x_4	x_5	x_6	x_7
0	x_5	70	11	0	0	12	1	2	0
2	x_2	5	−5	1	0	2	0	1	−2
10	x_3	20	−6	0	1	7	0	2	−3
	$-Z$	−210	76	0	0	−66	0	−22	34

因为 $\sigma_7>0$,但 $a_{i7}\leqslant 0$,故本问题无界.

(3) 令 $x_1'=x_1-1, x_2'=x_2-2, x_3'=x_3-3$,代入原问题得:

$$\max Z = x_1'+6x_2'+4x_3'+25;$$
$$\text{s.t.}\ -x_1'+2x_2'+2x_3'\leqslant 4,$$
$$4x_1'-4x_2'+x_3'\leqslant 21,$$
$$x_1'+2x_2'+x_3'\leqslant 9,$$
$$x_1', x_2', x_3'\geqslant 0.$$

计算最终单纯形表如下.

题 3.1 表(3)

c_j			1	6	4	0	0	0
c_B	x_B	$\bar{b}$	x_1'	x_2'	x_3'	x_4	x_5	x_6
6	x_2'	1/4	0	1	0	−1/8	−1/8	3/8
4	x_3'	4	0	0	1	1/2	1/6	−1/6
1	x_1'	9/2	1	0	0	−1/4	1/12	5/12
	$-Z$	−47	0	0	0	−1	0	−2

因为非基变量 x_5 的检验数 $\sigma_5=0$,又所有 $\sigma_j\leqslant 0$,故本题为有无穷多个最优解,其中之一为

$$x_1=\frac{11}{2},\quad x_2=\frac{9}{4},\quad x_3=7,\quad Z^*=47.$$

3.2 (1) 唯一最优解:$\boldsymbol{x}^*=\left(\frac{5}{2},\frac{5}{2},\frac{5}{2},0\right)^{\mathrm{T}}$, $Z^*=15$.

(2) 唯一最优解:$\boldsymbol{x}^*=(24,33)^{\mathrm{T}}$, $Z^*=294$.

3.3 (1),(2)同 3.2.

3.4 (1) $a=2$, $b=0$, $c=0$, $d=1$, $e=\frac{4}{5}$, $f=0$, $g=-5$.

(2) 表中所给出的解为最优解,因满足最优性准则:$\sigma_j\leqslant 0$.

3.5 (1) $a=7$, $b=-6$, $c=0$, $d=1$, $e=0$, $f=1/3$, $g=0$.

(2) 表中所给出的解为最优解.

3.6 $a=-3$, $b=2$, $c=4$, $d=-2$, $e=2$, $f=3$, $g=1$, $h=0$, $i=5$, $j=-5$, $k=3/2$, $l=0$,变量 x 的下标:m 为 4,n 为 5,s 为 1,t 为 5.

3.7 (1) 新的约束为

$$\begin{cases} x_1 + x_3 - x_4 = 3 + 3\beta, & ①' \\ x_2 - x_3 = 1 - \beta. & ②' \end{cases}$$

以 x_1, x_2 为基的初始单纯形表如下.

题 3.7 表

c_j			α	2	1	-4
	$\boldsymbol{x_B}$	$\bar{b}$	x_1	x_2	x_3	x_4
α	x_1	$3+3\beta$	1	0	1	-1
2	x_2	$1-\beta$	0	1	-1	0
	$-Z$		0	0	$3-\alpha$	$\alpha-4$

(2) 当 $\beta=0$ 时，$3\leqslant\alpha\leqslant4$，则 x_1, x_2 为最优解中的基变量.

(3) 当 $\alpha=3$ 时，$\beta\leqslant1$，则 x_1, x_2 为最优解的基变量.

3.8 (1) 无解. (2) $\boldsymbol{x}^* = \left(0,2,\frac{2}{3}\right)^{\mathrm{T}}$， $Z^* = -\frac{4}{3}$. (3) $\boldsymbol{x}^* = (5,0,0)^{\mathrm{T}}$， $Z^* = 20$.

3.9 (1) $\boldsymbol{x}^* = \left(0,5,0,\frac{5}{2},0\right)^{\mathrm{T}}$， $Z^* = 50$. (2) $\boldsymbol{x}^* = (0,4,0,0,2,0)^{\mathrm{T}}$， $Z^* = -16$.

(3) $\boldsymbol{x}^* = \left(0,\frac{1}{4},\frac{3}{8}\right)^{\mathrm{T}}$， $Z^* = \frac{63}{8}$. (4) $\boldsymbol{x}^* = (2,4,0,0)^{\mathrm{T}}$， $Z^* = -6$.

3.10 本题不应用单纯形表的逐次迭代来求，而是利用矩阵描述的数量关系来求：

$$\boldsymbol{x_B} = \boldsymbol{B}^{-1}\boldsymbol{b}, \quad \sigma_j = c_j - \boldsymbol{c_B}\boldsymbol{B}^{-1}\boldsymbol{p}_j, \quad Z = \boldsymbol{c_B}\boldsymbol{B}^{-1}\boldsymbol{b}.$$

而最优基 $(\boldsymbol{B}^*)^{-1} = (\boldsymbol{p}_4, \boldsymbol{p}_1, \boldsymbol{p}_2)^{-1}$，即最优单纯形表中原松弛变量的位置处：即是 $(\boldsymbol{B}^*)^{-1} = (\boldsymbol{p}_4', \boldsymbol{p}_5', \boldsymbol{p}_6') = \begin{bmatrix} 1 & -1 & -2 \\ 0 & 1/2 & 1/2 \\ 0 & -1/2 & 1/2 \end{bmatrix}$，$\boldsymbol{p}_i' = \boldsymbol{B}^{-1}\boldsymbol{p}_i\,(i=1,2,3)$ 由此可得下表.

			x_1	x_2	x_3	x_4	x_5	x_6
	x_4	10	0	0	1			
	x_1	15	1	0	1/2			
	x_2	5	0	1	$-3/2$			
	$-Z$	-25	0	0	$-3/2$	0	$-3/2$	$-1/2$

3.11 (1) 当 $\beta>-2$（且 $\beta\neq0,-1$）时，有唯一最优解；(2) $\beta=0$ 或 -1，或 -2 时，有无穷多最优解；(3) $\beta<-2$ 时，不存在有界最优解.

习 题 4

4.1 (1) DP $\min f=10w_1+20w_2$；

s. t. $w_1+4w_2\geqslant 10$，

$w_1+w_2\geqslant 1$，

$2w_1+w_2\geqslant 2$，

$w_1,w_2\geqslant 0$.

(2) DP $\max f=3w_1-5w_2+2w_3$；

s. t. $w_1+2w_3\leqslant 3$，

$-2w_1+w_2-3w_3=2$，

$3w_1+3w_2-7w_3=-3$，

$4w_1+4w_2-4w_3\geqslant 4$，

$w_1\leqslant 0$， $w_2\geqslant 0$， w_3 无约束.

(3) DP $\max f=15w_1+20w_2-5w_3$；

s. t. $-w_1-5w_2+w_3\geqslant -5$，

$5w_1-6w_2-w_3\leqslant -6$，

$-3w_1+10w_2-w_3=-7$，

$w_1\geqslant 0$， $w_2\leqslant 0$， w_3 无约束.

4.2 (1) DP $\min f=4w_1+14w_2+3w_3$；

s. t. $-w_1+3w_2+w_3\geqslant 3$，

$2w_1+2w_2-w_3\geqslant 2$，

$w_1\geqslant 0$， $w_2\geqslant 0$， $w_3\geqslant 0$.

(2) 容易看出原问题与对偶问题均存在可行解：$\boldsymbol{x}^{(0)}=(0,0)^{\mathrm{T}}$，$\boldsymbol{w}^{(0)}=(0,1,0)$. 因此由对偶定理可知，两者都存在最优解.

4.3 (1)(2)先写出其对偶问题：

DP $\max f=4w_1+6w_2$；

s. t. $-w_1-w_2\geqslant 2$，

$w_1+w_2\leqslant -1$，

$w_1-kw_2=2$，

w_1 无约束， $w_2\leqslant 0$.

由 $Z^*=f^*$ 及互补松弛条件得

$$\begin{cases}-w_1-w_2=2,\\4w_1+6w_2=-12.\end{cases}$$

求解得：$w_1^*=0$，$w_2^*=-2$，代入 DP. 求得 $k=1$.

4.4 先写出对偶问题. 然后根据互补松弛性条件求出原问题的最优解为 $\boldsymbol{x}^*=(0,0,4,4)^{\mathrm{T}}$.

4.5 先写出对偶问题，然后根据互补松弛性条件求出对偶问题的最优解 $\boldsymbol{w}^*=(2,2,1,0)$.

4.6 由最终单纯形表中可得，原问题的最优解 $\boldsymbol{x}^*=(100,350,0,250,0)^{\mathrm{T}}$，$Z^*=3100$，最优基 $\boldsymbol{B}$ 的

逆：$B^{-1}=\begin{bmatrix}1 & 0 & -2\\ -3 & 1 & 5\\ 0 & 0 & 1\end{bmatrix}$. 当 $\boldsymbol{b}$ 由 $(800,900,350)^{\mathrm{T}}$ 变为 $(800,900,500)^{\mathrm{T}}$ 时. $B^{-1}\boldsymbol{b}$ 变为

$$B^{-1}\boldsymbol{b}'=\begin{bmatrix}1 & 0 & -2\\ -3 & 1 & 5\\ 0 & 0 & 1\end{bmatrix}\begin{bmatrix}800\\ 900\\ 500\end{bmatrix}=\begin{bmatrix}-200\\ 1000\\ 500\end{bmatrix},\quad Z'=\boldsymbol{c}_B B^{-1}\boldsymbol{b}'=(3,0,8)\begin{bmatrix}-200\\ 1000\\ 500\end{bmatrix}=3400.$$

将 $B^{-1}\boldsymbol{b}'$ 及 Z' 替换最终单纯形表中 $B^{-1}\boldsymbol{b}$ 及 Z，得到下表.

题 4.6 表(1)

c_j			3	8	0	0	0
$\boldsymbol{c}_B$	$\boldsymbol{x}_B$	$\bar{\boldsymbol{b}}$	x_1	x_2	x_3	x_4	x_5
3	x_1	-200	1	0	1	0	-2
0	x_4	1000	0	0	-3	1	5
8	x_2	500	0	1	0	0	1
	$-Z'$	-3400	0	0	-3	0	-2

用对偶单纯形法求解，得题 4.6 解表(2).

题 4.6 解表(2)

c_j			3	8	0	0	0
$\boldsymbol{c}_B$	$\boldsymbol{x}_B$	$\bar{\boldsymbol{b}}$	x_1	x_2	x_3	x_4	x_5
0	x_5	100	$-1/2$	0	$-1/2$	0	1
0	x_4	500	5/2	0	$-1/2$	1	0
8	x_2	400	1/2	1	1/2	0	0
	$-Z$	-3200	-1	0	-4	0	0

可得：当原问题约束(3)变为 $x_2\leqslant 500$ 后，新问题的最优解为 $\tilde{\boldsymbol{x}}^*=(0,400,0,500,100)^{\mathrm{T}}$，$\tilde{Z}^*=3200$.

4.7 (1) 当 $15/4\leqslant c_1\leqslant 25/2$ 或 $4\leqslant c_2\leqslant 40/3$ 时，最优解不变.

(2) 当 $24/5\leqslant b_1\leqslant 16$（$b_2$ 不变）或 $9/2\leqslant b_2\leqslant 15$（$b_1$ 不变）时，最优基不变.

(3) $\boldsymbol{x}^*=(8/5,0,21/5,0)^{\mathrm{T}}$.

(4) $\boldsymbol{x}^*=(11/3,0,0,2/3)^{\mathrm{T}}$.

4.8 (1) $\boldsymbol{x}^*=(8/3,10/3,0,0,0)^{\mathrm{T}}$. (2) $\boldsymbol{x}^*=(3,0,0,0,7)^{\mathrm{T}}$. (3) $\boldsymbol{x}^*=(10/3,0,8/3,0,22/3)^{\mathrm{T}}$.

4.9 $\min z=-10$，$\boldsymbol{x}=(4,0,1,0,0)$，$-2\leqslant b_1\leqslant +\infty$，$-5\leqslant c_1\leqslant +\infty$.

4.10 (1) 设产品Ⅰ,Ⅱ,Ⅲ的产量分别为 x_1, x_2, x_3,由题目所给的数据,且转化为标准型,得

$$\max z = 3x_1 + 2x_2 + 2.9x_3 + 0 \cdot x_4 + 0 \cdot x_5 + 0 \cdot x_6;$$

$$\text{s.t.}\quad \begin{cases} 8x_1 + 2x_2 + 10x_3 + x_4 = 300, \\ 10x_1 + 5x_2 + 8x_3 + x_5 = 400, \\ 2x_1 + 13x_2 + 10x_3 + x_6 = 420, \\ x_1, x_2, x_3, x_4, x_5, x_6 \geqslant 0. \end{cases}$$

对于此线性规划问题,用单纯形法求解,其最优单纯形表如下.

题 4.10 最优单纯形表(1)

c_j			3	2	2.9	0	0	0	
$\boldsymbol{c_B}$	$\boldsymbol{x_B}$	$\boldsymbol{b}$	x_1	x_2	x_3	x_4	x_5	x_6	θ_i
3	x_1	$\frac{338}{15}$	1	0	0	$-\frac{9}{100}$	$\frac{11}{60}$	$-\frac{17}{300}$	
2	x_2	$\frac{116}{5}$	0	1	0	$-\frac{7}{50}$	$\frac{1}{10}$	$\frac{3}{50}$	
2.9	x_3	$\frac{22}{3}$	0	0	1	$\frac{1}{3}$	$-\frac{1}{6}$	$\frac{1}{30}$	
$-z$		$-\frac{2029}{15}$	0	0	0	$-\frac{3}{100}$	$-\frac{4}{15}$	$-\frac{7}{150}$	

由上表可得原线性规划问题的最优解 $\boldsymbol{x}^* = \left(\frac{338}{15}, \frac{116}{5}, \frac{22}{3}, 0, 0, 0\right)^{\mathrm{T}}$,目标函数的最优值 $\max z = \frac{2029}{15}$.

(2) 由最优表可知,设备 B 的影子价格为 $\frac{4}{15}$(千元/台时),而借用设备的租金为 $\frac{18}{60} = 0.3$(千元/台时)$> \frac{4}{15}$(千元/台时).所以借用 B 设备不合算.

(3) 设Ⅳ和Ⅴ生产的产量分别为 x_7, x_8,其系数列向量分别为

$$\boldsymbol{p}_7 = (12, 5, 10)^{\mathrm{T}}, \quad \boldsymbol{p}_8 = (4, 4, 12)^{\mathrm{T}}.$$

则其各自在最优单纯形表对应的列向量分别为

$$\boldsymbol{p}_7' = \boldsymbol{B}^{-1}\boldsymbol{p}_7 = \begin{bmatrix} -\frac{9}{100} & \frac{11}{60} & -\frac{17}{300} \\ -\frac{7}{50} & \frac{1}{10} & \frac{3}{50} \\ \frac{1}{5} & -\frac{1}{6} & \frac{1}{30} \end{bmatrix} \begin{bmatrix} 12 \\ 5 \\ 10 \end{bmatrix} = \begin{bmatrix} -\frac{73}{100} \\ -\frac{29}{50} \\ \frac{19}{10} \end{bmatrix},$$

其检验数为

$$\sigma_7 = 2.1 - \left[3\times\left(-\frac{73}{100}\right)+2\times\left(-\frac{29}{50}\right)+2.9\times\frac{19}{10}\right] = -0.06 < 0.$$

所以生产产品Ⅳ不合算.

$$\boldsymbol{p}_8' = \boldsymbol{B}^{-1}\boldsymbol{p}_8 = \begin{bmatrix} -\frac{9}{100} & \frac{11}{60} & -\frac{17}{300} \\ -\frac{7}{50} & \frac{1}{10} & \frac{3}{50} \\ \frac{1}{5} & -\frac{1}{6} & \frac{1}{30} \end{bmatrix}\begin{bmatrix}4\\4\\12\end{bmatrix} = \begin{bmatrix} -\frac{23}{75} \\ \frac{14}{25} \\ \frac{8}{15} \end{bmatrix},$$

其检验数为

$$\sigma_8 = 1.87 - \left[3\times\left(-\frac{23}{75}\right)+2\times\frac{14}{25}+2.9\times\frac{8}{15}\right] = \frac{37}{300} > 0.$$

所以生产产品Ⅴ合算.

在上列最优表中加入一列 $\boldsymbol{p}_8'$ 列出初始单纯形表,用单纯形法进行迭代,见下表.

题 4.10　最优单纯形表(2)

	c_j		3	2	2.9	0	0	0	1.87	
$\boldsymbol{c_B}$	$\boldsymbol{x_B}$	$\boldsymbol{b}$	x_1	x_2	x_3	x_4	x_5	x_6	x_8	θ_i
3	x_1	$\frac{338}{15}$	1	0	0	$-\frac{9}{100}$	$\frac{11}{60}$	$-\frac{17}{300}$	$-\frac{23}{75}$	—
2	x_2	$\frac{116}{5}$	0	1	0	$-\frac{7}{50}$	$\frac{1}{10}$	$\frac{3}{50}$	$\frac{14}{25}$	$\frac{290}{7}$
2.9	x_3	$\frac{22}{3}$	0	0	1	$\frac{1}{5}$	$-\frac{1}{6}$	$\frac{1}{30}$	$\left[\frac{8}{15}\right]$	$\frac{55}{4}$
$-z$		$-\frac{2029}{15}$	0	0	0	$-\frac{3}{100}$	$-\frac{4}{15}$	$-\frac{7}{150}$	$\frac{37}{300}$	
3	x_1	$\frac{107}{4}$	1	0	$\frac{23}{40}$	$\frac{1}{40}$	$\frac{7}{80}$	$-\frac{3}{80}$	0	
2	x_2	$\frac{31}{2}$	0	1	$-\frac{21}{20}$	$-\frac{7}{20}$	$\frac{11}{40}$	$\frac{1}{40}$	0	
1.87	x_8	$\frac{55}{4}$	0	0	$\frac{15}{8}$	$\frac{3}{8}$	$-\frac{5}{16}$	$\frac{1}{16}$	1	
$-z$		$-\frac{10957}{80}$	0	0	$-\frac{37}{160}$	$-\frac{61}{800}$	$-\frac{73}{320}$	$-\frac{87}{1600}$	0	

由最优表(2)可得线性规划问题的最优解 $\boldsymbol{x}^* = \left(\frac{107}{4},\frac{31}{2},0,0,0,0,\frac{55}{4}\right)^{\mathrm{T}}$,目标函数的最优值 $\max z = \frac{10957}{80}$.

习 题 5

5.1 最优调运方案为：$x_{12}=4$， $x_{14}=3$， $x_{21}=6$， $x_{22}=2$， $x_{32}=0$， $x_{33}=3$. $Z^*=89$.

5.2 最优调运方案见下表($Z^*=7225$).

题 5.2 表 最优调运方案表

	B_1	B_2	B_3	B_4	B_5	发量
A_1	15	35				50
A_2	10		60	30		100
A_3		80			70	150
收量	25	115	60	30	70	

5.3 由题所给出的 c_{ij} 及最优调运方案，求出各非基变量(空格处)的检验数表如下表.

题 5.3 表 求 σ_{ij} 表

	B_1	B_2	B_3	B_4	u_i
A_1	$k-3$		$10+k$		11
A_2				$10-k$	$10+k$
A_3		$24-k$	17	$18-k$	k
v_j	$2-k$	-10	$-1-k$	0	

为了使非基变量的检验数全部$\geqslant 0$.可见有 $3\leqslant k\leqslant 10$.

5.4 由题中所给出的最优解 $\boldsymbol{x}^{(1)}$ 及 c_{ij} 表，计算该最优解的检验数.由非基变量的检验数 $\sigma_{42}=0$ 可知，本题为具有无穷多最优解问题，见下表.

题 5.4 表(1) 求 σ_{ij} 表

	B_1	B_2	B_3	B_4	u_i
A_1	9	8	1 $\boxed{13}$	1 $\boxed{14}$	13
A_2	1 $\boxed{10}$	2 $\boxed{10}$	12	1 $\boxed{14}$	13
A_3	8	2 $\boxed{9}$	11	1 $\boxed{13}$	12
A_4	2 $\boxed{10}$	0 $\boxed{7}$	11	12	12
v_j	-4	-5	-1	0	

以空格(4,2)为起始格，作一闭回路调整得到另一个最优解 $\boldsymbol{x}^{(2)}$.

题 5.4 表(2) 另一个最优解 $x^{(2)}$

	B_1	B_2	B_3	B_4	发量
A_1	6	12			18
A_2			24		24
A_3			6		6
A_4		2	5	5	12
收量	6	14	35	5	

利用最优解 $x^{(1)}$ 与 $x^{(2)}$ 的任一个凸组合仍是最优解的结论：$x=\lambda x^{(1)}+(1-\lambda)x^{(2)}$ $(0\leqslant\lambda\leqslant1)$. 取 $\lambda=\frac{1}{2}$，则 $x^{(3)}=\frac{1}{2}x^{(1)}+\frac{1}{2}x^{(2)}$ 也是本问题的最优解. $x^{(3)}=(5,13,0,0,0,0,24,0,1,0,5,0,0,1,6,5)^{\mathrm{T}}$（注意 $x^{(3)}$ 只是可行解而不是基本可行解）.

5.5 用最小元素法求出初始运输方案.

题 5.5 表 初始运输方案表

运输量/t \ 仓库 \ 工厂	1	2	3	4	供应量/t
1		50	0		50
2				30	30
3	40		25	5	70
需求量/t	40	50	25	35	

用位势法求检验数，得下表.

题 5.5 表 求 u_i、v_j 表

	1	2	3	4	u_i
1	1 [2]	1	3	3 [5]	2
2	2 [2]	2 [2]	2 [4]	1	1
3	1	3 [4]	3	2	2
v_j	−1	−1	1	0	

$\sigma_j\geqslant0$，故最优解为：$x_{12}=50$，$x_{24}=30$，$x_{31}=40$，$x_{33}=25$，$x_{34}=5$，其余 $x_{ij}=0$. 最小运输费用 $Z^*=205$.

5.6 (1) 用 c_{22} 来记从 $A_2\rightarrow B_2$ 的单位运价，并建立 u_i，v_j 表：

题 5.6 表　求 u_i、v_j 表(1)

	B_1	B_2	B_3	B_4	u_i
A_1	c_{22-3} 10	1	$10+c_{22}$ 20	11	11
A_2	12	c_{22}	9	$10-c_{22}$ 20	$c_{22}+10$
A_3	2	$24-c_{22}$ 14	17 16	$18-c_{22}$ 18	c_{22}
v_j	$2-c_{22}$	-10	$-1-c_{22}$	0	

要使最优运输方案不变,即所有的非基变量的检验数 $\sigma_{ij}\leqslant 0$. 即有

$$\begin{cases} c_{22}-3\geqslant 0, \\ 10+c_{22}\geqslant 0, \\ 10-c_{22}\geqslant 0, \\ 24-c_{22}\geqslant 0, \\ 18-c_{22}\geqslant 0. \end{cases}$$

故 $3\leqslant c_{22}\leqslant 10$. 当 c_{22} 在[3,10]之间变化时,上述最优调运方案不变.

(2) 作出原最优方案的 u_i, v_j 表,且 $A_2\to B_4$ 的单位运价用 c_{24} 来记.

题 5.6 表　求 u_i, v_j 表(2)

	B_1	B_2	B_3	B_4	u_i
A_1	4 10	1	17 20	11	11
A_2	12	7	9	c_{24-17} c_{24}	17
A_3	2	17 14	17 16	11 18	7
v_j	-5	-10	-8	0	

由定理 3.1.3 可知,只有当所有非基变量的检验数 $\sigma_3\geqslant 0$(对 min 问题)且至少有一个 $\sigma_j=0$ 时,有无穷多个最优解,故当 $c_{24}=17$ 时,本问题有无穷多个最优解. 再将格点(2,4)作进基格,用闭回路法调整,可得一个新的最优调运方案:$x_{12}=15$, $x_{14}=0$, $x_{21}=0$, $x_{23}=15$, $x_{24}=10$, $x_{31}=5$, $Z^*=330$.

5.7 在利润表中,最大利润为 $l_{11}=10$. 令 $c_{ij}=l_{11}-l_{ij}=10-l_{ij}$ $(i=1,2,3, j=1,2,3,4)$. 又 $\max Z=\sum_{i=1}^{3}\sum_{j=1}^{4}l_{ij}x_{ij}=\sum_{i=1}^{3}\sum_{j=1}^{4}(10-c_{ij})x_{ij}=\sum_{i=1}^{3}\sum_{j=1}^{4}10x_{ij}-\sum_{i=1}^{3}\sum_{j=1}^{4}c_{ij}x_{ij}=10\sum_{i=1}^{3}\sum_{j=1}^{4}x_{ij}-\sum_{i=1}^{3}\sum_{j=1}^{4}c_{ij}x_{ij}$ $=10\times(1500+2000+3000+3500)-\sum_{i=1}^{3}\sum_{j=1}^{4}c_{ij}x_{ij}=10^5-\sum_{i=1}^{3}\sum_{j=1}^{4}c_{ij}x_{ij}$. 因此求 $\max Z=\sum_{i=1}^{3}\sum_{j=1}^{4}l_{ij}x_{ij}$ 等同于求 $\min Z'=\sum_{i=1}^{3}\sum_{j=1}^{4}c_{ij}x_{ij}$. 这就转化为运输问题. 等价的 c_{ij} 表见题 5.7 表.

题 5.7 表 等价的 c_{ij} 表

产地＼销地	A	B	C	D	产量/t
Ⅰ	0	5	4	3	2500
Ⅱ	2	8	3	4	2500
Ⅲ	1	7	6	2	5000
销量/t	1500	2000	3000	3500	

用表上作业法求解，其最优采购方案(之一)为 $x_{11}=0$， $x_{12}=2000$， $x_{13}=500$， $x_{23}=2500$， $x_{31}=1500$， $x_{14}=3500$，其余 $x_{ij}=0$. 其预期最大赢利为

$$\max Z = 10 \times 10^4 - \min Z' = 15^5 - 28000 = 72000(\text{元}).$$

5.8 最大需求量为 920(万 t)，而供应量为 850(万 t)，因此本题是一个需大于供的问题. 设有一个假想的供应 C，其供应量为 70(万 t). 又甲、丙需求量可分为两部分：最低需求甲、丙及可变动需求甲′、丙′. 见下表.

题 5.8 表 产销平衡及 c_{ij} 表

供应地＼需求地	甲	甲′	乙	丙	丙′	供应/t
A	15	15	18	22	22	400
B	21	21	25	16	16	450
C	M	0	M	M	0	70
需求/t	290	30	250	270	80	

其中 M 是一个很大的正数，用表上作业法求之，可得到最优调运方案见下表.

题 5.8 表 最优调运方案表

供应地＼需求地	甲	甲′	乙	丙	丙′	供应/t
A	150		250			400
B	140			270	40	450
C		30			40	70
需求/t	290	30	250	270	80	

即：A 向甲城供应 150(万 t)，向乙供应 250(万 t)；B 向甲城供应 140(万 t)，向丙城供应 310(万 t)；甲城得到 290(万 t)，乙城得到 250(万 t)，丙城得到 310(万 t).

$$\min Z=15\times150+18\times250+21\times140+16\times310=14650(\text{万元}).$$

5.9 设 B_1,B_2,B_3 分别为三年的需求订货量，分别为 3，3，4(第 3 年末要储存 1 艘). 记 A_1,A_3,A_5 分别为 3 年的正常生产能力；A_2,A_4,A_6 分别为 3 年的加班生产能力，记 A_7 为当前该厂已储存的供货能

力($a_7=2$).本题是一个产大于销的问题,记 B_4 为一个假想的需求量 $b_4=7$.则产销平衡的运输问题的 c_{ij} 表如下.

题 5.9 表　产销平衡的 c_{ij} 表

产地 \ 销地	B_1	B_2	B_3	B_4	供应量/t
A_1	500	540	580	0	2
A_2	570	610	650	0	3
A_3	M	600	640	0	4
A_4	M	670	710	0	2
A_5	M	M	550	0	1
A_6	M	M	620	0	3
A_7	40	80	120	0	2
需求量/t	3	3	4	7	

其中 M 是一个很大的正数.用表上作业法求解可得最优解:$x_{11}=1$,　$x_{12}=1$,　$x_{24}=3$,　$x_{32}=2$,　$x_{34}=2$,　$x_{44}=2$,　$x_{53}=1$,　$x_{63}=3$,　$x_{64}=0$,　$x_{71}=2$,其余 $x_{ij}=0$.最小费用为

$$Z^*=1\times500+1\times540+2\times600+1\times550+3\times620+2\times400=4730(\text{万元}).$$

习　题　6

6.1　设有三种下料方式:Ⅰ、Ⅱ、Ⅲ.

	Ⅰ	Ⅱ	Ⅲ
7m/根	2	1	0
2m/根	0	4	7
料头/m	1	0	1

设用这三种方式下料分别为 x_1, x_2, x_3 根,则数学模型为

$$\min 1\cdot x_1+0\cdot x_2+1\cdot x_3;$$
$$\text{s.t.}\quad x_1+x_2+x_3\leqslant150,$$
$$\frac{2x_1+1\cdot x_2+0\cdot x_3}{2}=\frac{4x_2+3x_3}{7},$$
$$x_1, x_2, x_3\geqslant0.$$

6.2　设第 i 种饲料选取 x_i 公斤,则数学模型为

$$\min f=0.2x_1+0.7x_2+0.4x_3+0.3x_4+0.8x_5;$$

$$\text{s.t.}\quad \begin{aligned} &3x_1+2x_2+x_3+6x_4+18x_5 \geqslant 700,\\ &x_1+0.5x_2+0.2x_3+2x_4+0.5x_5 \geqslant 30,\\ &0.5x_1+x_2+0.2x_3+2x_4+0.8x_5 \geqslant 100,\\ &x_j \geqslant 0 \quad (j=1,2,\cdots,5). \end{aligned}$$

6.3 用 x_1,x_2,x_3 代表钢卷 1,2,3 规格的每月生产量. 先算出各种设备每月的有效台时数$\left(\text{每月 } 4\frac{1}{3}\text{周}\right)$:

$$\text{设备 I 为}\quad 4\times21\times8\times4\frac{1}{3}\times0.95=2766.4,$$

$$\text{设备 II 为}\quad 1\times20\times8\times4\frac{1}{3}\times0.90=624,$$

$$\text{设备 III 为}\quad 1\times12\times8\times4\frac{1}{3}\times1.0=416.$$

再统一每台设备加工不同产品时的工作效率(t/h),见下表.

题 6.3 表

钢卷	工序	设备效率
1	Ⅰ	28 h/10(t)=0.357 t/h
	Ⅲ(1)	50 m/min=30 t/h
	Ⅱ	20 m/min=12 t/h
	Ⅲ(2)	25 m/min=15 t/h
2	Ⅰ	35 h/10(t)=0.286 t/h
	Ⅱ	20 m/min=12 t/h
	Ⅲ	25 m/min=15 t/h
3	Ⅱ	16 m/min=9.6 t/h
	Ⅲ	20 m/min=12 t/h

问题的线性规划模型为

$$\max Z=250x_1+350x_2+400x_3;$$

$$\text{s.t.}\quad \left.\begin{aligned} &x_1\leqslant1250,\\ &x_2\leqslant250,\\ &x_3\leqslant1500, \end{aligned}\right\}\text{需求限制}$$

$$\left.\begin{aligned} &\frac{x_1}{0.357}+\frac{x_2}{0.286}\leqslant2766.2,\\ &\frac{x_1}{30}+\frac{x_1}{15}+\frac{x_2}{15}+\frac{x_3}{12}\leqslant416,\\ &\frac{x_1}{12}+\frac{x_2}{12}+\frac{x_3}{9.6}\leqslant624, \end{aligned}\right\}\text{设备生产能力限制}$$

$$x_1,x_2,x_3\geqslant0.$$

6.4 (1) 因 10～12 月份需求总计 450000 件,这三个月最多只能生产 360000 件,故需 10 月初有 90000 件的库存,超过该厂最大仓库容积,故按上述条件,本题无解.

(2) 考虑到生产成本、库存费用和生产能力,该厂 10～12 月份需求的不满足只需在 7～9 月份生产出来留用即可,故设:x_i 为第 i 个月生产的产品Ⅰ数量;y_i 为第 i 个月生产的产品Ⅱ数量;z_i,w_i 分别为第 i 个月末产品Ⅰ、Ⅱ的库存数;s_{1i},s_{2i} 分别为用于第$(i+1)$个月库存的原有及租借的仓库容积(m^3). 则可建立如下模型:

$$\min Z = \sum_{i=7}^{12}(4.5x_i + 7y_i) + \sum_{i=7}^{11}(s_{1i} + 1.5s_{2i});$$

$$\text{s.t.}\quad \begin{aligned}
& x_7 - 30000 = z_7, && y_7 - 15000 = w_7, \\
& x_8 + z_7 - 30000 = z_8, && y_8 + w_7 - 15000 = w_8, \\
& x_9 + z_8 - 30000 = z_9, && y_9 + w_8 - 15000 = w_9, \\
& x_{10} + z_9 - 100000 = z_{10}, && y_{10} + w_9 - 50000 = w_{10}, \\
& x_{11} + z_{10} - 100000 = z_{11}, && y_{11} + w_{10} - 50000 = w_{11}, \\
& x_{12} + z_{11} = 100000, && y_{12} + w_{11} = 50000, \\
& x_i + y_i \leqslant 120000 \quad (7 \leqslant i \leqslant 12), \\
& 0.2z_i + 0.4w_i = s_{1i} + s_{2i} \quad (7 \leqslant i \leqslant 11), \\
& s_{1i} \leqslant 15000 \quad (7 \leqslant i \leqslant 12), \\
& x_i, y_i, z_i, w_i, s_{1i}, s_{2i} \geqslant 0.
\end{aligned}$$

6.5 设 x_{ij} 为第 j 季度生产的产品 i 的数量,s_{ij} 为 j 季度末需库存的产品 i 的数量,F_{ij} 为第 j 季度尚未交货的产品 i 的数量,R_{ij} 为第 j 季度对产品 i 的预订数,则有

$$\min Z = \sum_{j=1}^{3}(20F_{1j} + 20F_{2j} + 10F_{3j}) + 5\sum_{i=1}^{3}\sum_{j=1}^{3}s_{ij};$$

$$\text{s.t.}\quad \begin{aligned}
& 2x_{1j} + 4x_{2j} + 3x_{3j} \leqslant 15000 \quad (j = 1,2,3,4), \\
& x_{12} = 0, \\
& \sum_{j=1}^{4}x_{ij} = \sum_{j=1}^{4}R_{ij} + 150 \quad (i = 1,2,3), \\
& \sum_{k=1}^{j}x_{ik} + F_{ij} - s_{ij} = \sum_{k=1}^{j}R_{ik} \quad (i = 1,2,3), \\
& x_{ij}, s_{ij}, F_{ij} \geqslant 0.
\end{aligned}$$

6.6 设 x_i,y_i 分别为第 i 周内用于生产食品Ⅰ和Ⅱ的工人数;z_i 为第 i 周内加班工作的工人数;w_i 为从 i 周开始抽出来培训新工人的原来工人数;n_i 为从 i 周起开始接受培训的新工人数;F_{i1} 和 F_{i2} 分别为第 i 周末未能按期交货的食品Ⅰ和Ⅱ的数量;R_{1i} 和 R_{2i} 分别为第 i 周内对食品Ⅰ和Ⅱ的需求量,则有:

$$\min Z=\sum_{i=1}^{8}180z_i+\sum_{i=1}^{7}(0.5F_{i1}+0.6F_{i2})+\sum_{k=1}^{7}[240+240(7-k)]n_k;$$

$$\text{s.t.}\quad 400\sum_{t=1}^{i}x_t+F_{i1}=\sum_{t=1}^{i}R_{1t}\quad(i=1,\cdots,7),$$

$$400\sum_{i=1}^{8}x_i=116000,$$

$$240\sum_{t=1}^{i}y_t+F_{i2}=\sum_{t=1}^{i}R_{2t}\quad(i=1,\cdots,7),$$

$$240\sum_{i=1}^{8}y_i=79200,$$

$$x_1+y_1+w_1\leqslant 50+0.5z_1,$$

$$x_2+y_2+w_1+w_2=50+0.5z_2,$$

$$x_i+y_i+w_{i-1}+w_i=50+\sum_{t=1}^{i-2}n_t+0.5z_i\quad(i=3,4,\cdots,8),$$

$$w_8=0,$$

$$\sum_{i=1}^{7}n_i=50,$$

$$n_i\leqslant 3w_i,$$

$$x_i,y_i,z_i,w_i,n_i,F_{1i},F_{2i}\geqslant 0.$$

6.7 用$i=1,2$分别代表重型和轻型炸弹,$j=1,2,3,4$分别代表四个要害部位,x_{ij}为投到第j部位的i种型号炸弹的数量,则问题的数学模型为

$$\min Z=(1-0.10)^{x_{11}}(1-0.20)^{x_{12}}(1-0.15)^{x_{13}}(1-0.25)^{x_{14}}(1-0.08)^{x_{21}}(1-0.16)^{x_{22}}(1-0.12)^{x_{23}}(1-0.20)^{x_{24}};$$

$$\text{s.t.}\quad \frac{1.5\times450}{2}x_{11}+\frac{1.5\times480}{2}x_{12}+\frac{1.5\times540}{2}x_{13}+\frac{1.5\times600}{2}x_{14}+\frac{1.75\times450}{3}x_{21}+\frac{1.75\times480}{3}x_{22}+\frac{1.75\times540}{3}x_{23}+\frac{1.75\times600}{3}x_{24}+100(x_{11}+x_{12}+x_{13}+x_{14}+x_{21}+x_{22}+x_{23}+x_{24})\leqslant 48000,$$

$$x_{11}+x_{12}+x_{13}+x_{14}\leqslant 32,$$

$$x_{21}+x_{22}+x_{23}+x_{24}\leqslant 48,$$

$$x_{ij}\geqslant 0\quad(i=1,2;\quad j=1,\cdots,4).$$

式中目标函数非线性,但$\min Z$等价于$\max \lg(1/Z)$,因此目标函数可改写为

$$\max \lg(1/Z)=0.0457x_{11}+0.0969x_{12}+0.0704x_{13}+0.1248x_{14}+0.0362x_{21}+0.0656x_{22}+0.0554x_{23}+0.0969x_{24}.$$

6.8 增加假想销地D,销量为20,将产地分解为$1,2,2',3,3'$共5个,其中$2'$与$3'$的物资必须全部运出,因此不能运给D.由此建立新的产销平衡表及c_{ij}表,再用表上作业法求最优调运方案(分别见题6.8表(1)、(2)),最小费用为245.

题 6.8 表(1)　c_{ij} 及 a_i,b_j 表

	A	B	C	D	产量
1	1	2	2	5	20
2	1	4	5	4	2
2′	1	4	5	M	38
3	2	3	3	3	3
3′	2	3	3	M	27
销量	30	20	20	20	

求得最优方案之一见下表.

题 6.8 表(2)　最优调运方案

	A	B	C	D	
1			5	15	20
2				2	2
2′	30	8			38
3				3	3
3′		12	15		27
	30	20	20	20	

6.9　同上题类似,先重列这个问题的产销平衡表和单位运价表.这是个产销不平衡问题,因此增加一个假想产地戊.用每 kg 产品的销售价－成本价－运价＝产品的利润(看做新的"运价"),同时将求利润极大化,改为求"新的运价"极小.因此 $\max Z=\min(-f)$ 建立新的"运价"表.

题 6.9 表(1)　新的"运价"表

	Ⅰ	Ⅱ	Ⅲ	Ⅲ′	Ⅳ	Ⅴ	Ⅵ	产量
甲	−0.3	−0.8	−0.3	−0.3	−0.6	−0.1	−0.7	200
乙	−0.3	−0.2	0.5	+0.5	−0.3	0.4	−0.4	300
丙	−0.2	−0.6	−0.4	−0.4	−0.4	−0.1	−0.5	400
丁	0.1	−0.5	−0.1	−0.1	−0.1	0.4	0.3	100
戊(假想)	0	0	0	M	M	0	0	150
销量	200	150	300	100	100	150	150	

以上表作"运价"表,同表上作业法求得一个最优分配方案:

题 6.9 表(2) 最优方案之一

	Ⅰ	Ⅱ	Ⅲ	Ⅲ′	Ⅳ	Ⅴ	Ⅵ	产量
甲		50					150	200
乙	200				100		0	300
丙			300	100				400
丁		100		0				100
戊			0			150		150
销量	200	150	300	100	100	150	150	

6.10 解 设 $x_k(k=1,2,3,4,5,6)$表示 x_k 名司机和乘务人员第 k 班次开始上班.由题意,有

$$\min Z = x_1 + x_2 + x_3 + x_4 + x_5 + x_6;$$

$$\text{s.t.}\quad \begin{aligned} & x_6 + x_1 \geqslant 60, \\ & x_1 + x_2 \geqslant 70, \\ & x_2 + x_3 \geqslant 60, \\ & x_3 + x_4 \geqslant 50, \\ & x_4 + x_5 \geqslant 20, \\ & x_5 + x_6 \geqslant 30, \\ & x_1,x_2,x_3,x_4,x_5,x_6 \geqslant 0 \quad (x_j \text{ 为整数}). \end{aligned}$$

6.11 解 设 x_1,x_2,x_3 分别为甲食品中 A,B,C 的成分;x_4,x_5,x_6 分别为乙食品中 A,B,C 的成分;x_7,x_8,x_9 分别为丙食品中 A,B,C 的成分.由题意,有

$$\begin{aligned} \max Z = & (3.50-0.50)\times(x_1+x_2+x_3)+(2.80-0.40)\times(x_4+x_5+x_6) \\ & +(2.30-0.30)\times(x_7+x_8+x_9)-2.00\times(x_1+x_4+x_7) \\ & -1.50\times(x_2+x_5+x_8)-1.00\times(x_3+x_6+x_9); \end{aligned}$$

$$\text{s.t.}\quad \begin{aligned} & \frac{x_1}{x_1+x_2+x_3} \geqslant 0.6, \\ & \frac{x_3}{x_1+x_2+x_3} \leqslant 0.2, \\ & \frac{x_4}{x_4+x_5+x_6} \geqslant 0.15, \\ & \frac{x_6}{x_4+x_5+x_6} \leqslant 0.6, \\ & \frac{x_9}{x_7+x_8+x_9} \leqslant 0.5, \\ & x_1+x_4+x_7 \leqslant 2000, \\ & x_2+x_5+x_8 \leqslant 2500, \\ & x_3+x_6+x_9 \leqslant 1200, \\ & x_1,x_2,x_3,x_4,x_5,x_6,x_7,x_8,x_9 \geqslant 0. \end{aligned}$$

对上式进行整理得到所求问题的线性规划模型:

$$\max Z = 1.00x_1 + 1.5x_2 + 2.0x_3 + 0.40x_4 + 0.90x_5 + 1.40x_6 + 0.0x_7 + 0.50x_8 + 1.00x_9;$$

$$\text{s.t.} \begin{cases} -0.4x_1 + 0.6x_2 + 0.6x_3 \leqslant 0, \\ -0.2x_1 - 0.2x_2 + 0.8x_3 \leqslant 0, \\ -0.85x_4 + 0.15x_5 + 0.15x_6 \leqslant 0, \\ -0.6x_4 - 0.6x_5 + 0.4x_6 \leqslant 0, \\ -0.5x_7 - 0.5x_8 + 0.5x_9 \leqslant 0, \\ x_1 + x_4 + x_7 \leqslant 2000, \\ x_2 + x_5 + x_8 \leqslant 2500, \\ x_3 + x_6 + x_9 \leqslant 1200, \\ x_1, x_2, x_3, x_4, x_5, x_6, x_7, x_8, x_9 \geqslant 0. \end{cases}$$

6.12 解 记 A,B,C,D,E 五个投资机会分别为项目 1,2,3,4,5. 设 x_{ij} 为第 j 年给第 i 个项目的投资额. 由题意可有:$x_{11},x_{12},x_{13},x_{14};x_{21};x_{23};x_{31};x_{42};x_{51}$ 共九个变量,可列表如下.

项目 \ 年度	1	2	3	4
A	x_{11}(1 年)	x_{12}(1 年)	x_{13}(1 年)	x_{14}(1 年)
B	x_{21}(2 年)		x_{23}(2 年)	
C	x_{31}(3 年)			
D		x_{42}(2 年)		
E	x_{51}(4 年)			

投资模型如下:

$$\max Z = 0.2x_{14} + 0.5x_{23} + 1.7x_{51};$$

$$\text{s.t.} \begin{cases} x_{11} + x_{21} + x_{31} + x_{51} \leqslant 30000; \\ x_{12} + x_{42} = x_{11} \cdot (1+0.2), \\ x_{13} + x_{23} = x_{12} \cdot (1+0.2) + x_{21}(1+0.5), \\ x_{14} = x_{13} \cdot (1+0.2) + x_{31}(1+0.8) + x_{42}(1+0.6), \\ x_{31} \leqslant 20000, \\ x_{42} \leqslant 15000, \\ x_{51} \leqslant 20000, \\ x_{11}, x_{12}, x_{13}, x_{14}, x_{21}, x_{23}, x_{31}, x_{42}, x_{51} \geqslant 0. \end{cases}$$

6.13 解 设 x_{11} = 产品 A 以单位利润 10 元的出售数,x_{12} = 产品 A 以单位利润 9 元的出售数,x_{13} = 产品 A 以单位利润 8 元的出售数,x_{14} = 产品 A 以单位利润 7 元的出售数,x_{21} = 产品 B 以单位利润 6 元的出售数，x_{22}＝产品 B 以单位利润 4 元的出售数，x_{23}＝产品 B 以单位利润 3 元的出售数，x_{31}＝产品 C 以单位利润 5 元的出售数，x_{32}＝产品 C 以单位利润 4 元的出售数. 则有

$$\max Z = 10x_{11} + 9x_{12} + 8x_{13} + 7x_{14} + 6x_{21} + 4x_{22} + 3x_{23} + 5x_{31} + 4x_{32};$$

$$\text{s.t.}\quad \begin{aligned} & 1\cdot(x_{11}+x_{12}+x_{13}+x_{14}) + 2(x_{21}+x_{22}+x_{23}) + 1\cdot(x_{31}+x_{32}) \leqslant 100, \\ & 10(x_{11}+x_{12}+x_{13}+x_{14}) + 4(x_{21}+x_{22}+x_{23}) + 5(x_{31}+x_{32}) \leqslant 700, \\ & 3(x_{11}+x_{12}+x_{13}+x_{14}) + 2(x_{21}+x_{22}+x_{23}) + 1\cdot(x_{31}+x_{32}) \leqslant 400, \\ & 0 \leqslant x_{11} \leqslant 40, \\ & 40 < x_{12} \leqslant 100, \\ & 100 < x_{13} \leqslant 150, \\ & 150 < x_{14}, \\ & 0 \leqslant x_{21} \leqslant 50, \\ & 50 < x_{22} \leqslant 100, \\ & 100 < x_{23}, \\ & 0 \leqslant x_{31} \leqslant 100, \\ & 100 < x_{32}, \\ & \text{且 } x_{11}, x_{12}, x_{13}, x_{14}, x_{21}, x_{22}, x_{23}, x_{31}, x_{32} \text{ 均为整数.} \end{aligned}$$

习 题 7

7.1 数学模型为

$$\min Z = \sum_{j=1}^{10} c_j x_j;$$

$$\text{s.t.}\quad \begin{aligned} & \sum_{j=1}^{10} x_j = 5, \\ & x_1 + x_8 = 1, \\ & x_7 + x_8 = 1, \\ & x_3 + x_5 \leqslant 1, \\ & x_4 + x_5 \leqslant 1, \\ & x_5 + x_6 + x_7 + x_8 \leqslant 2, \\ & x_j \text{ 取 } 0 \text{ 或 } 1 \quad (j = 1,2,\cdots,10). \end{aligned}$$

其中 $x_j=1$ 表示选择钻探第 s_j 井位，$x_j=0$ 表示不选择钻探第 s_j 井位.

7.2 (1) 最优解 $x_1=2, x_2=2$；或 $x_1=3, x_2=1$. 最优值 $Z^*=4$. 其求解过程如题 7.2(1)图.

(2) 最优解：$x_1=4, x_2=1$；或 $x_1=5, x_2=0$；或 $x_1=3, x_2=2$. $Z=5$.

7.3 第一个割平面方程(取基变量 x_2 所在的行约束)：$\frac{7}{22}x_3+\frac{1}{22}x_4\geqslant\frac{1}{2}$.

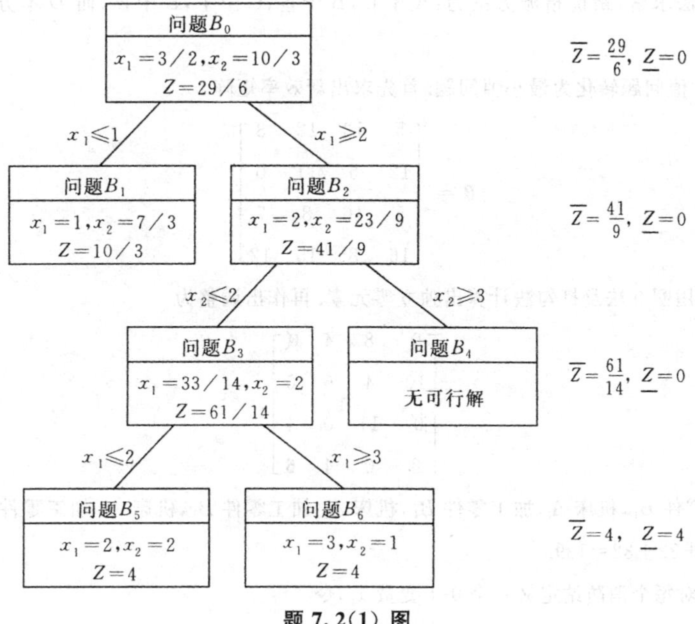

题 7.2(1) 图

第二个割平面方程(取基变量 x_1 所在的行约束)：$\frac{1}{7}x_4+\frac{6}{7}x_5\geqslant\frac{4}{7}$；第三个割平面方程(取基变量 x_1 所在的行约束)：$\frac{9}{14}x_4+\frac{1}{4}x_5\geqslant\frac{3}{7}$. 最优解：$x_1=4, x_2=3, Z=55$.

7.4 最优解为 $x_1=0, x_2=0, x_3=1, x_4=1, x_5=1, Z=6$.

7.5 (1)最优指派方案为 $x_{13}=x_{22}=x_{34}=x_{41}=1$，其余 x_{ij} 为 0，最优值为 48. (2)最优指派方案为：$x_{15}=x_{23}=x_{32}=x_{44}=x_{51}=1$，其余 x_{ij} 为 0，最优值为 21.

7.6 由于人员数少于任务数，因此假定有第 5 个人 E 参与，他所完成各项工作的时间取 A,B,C,D 中最小者，构成一个 5×5 的指派问题，再用匈牙利法求解，得到最优分配方案为：A 干工作Ⅱ，B 干工作Ⅲ与Ⅳ，C 干工作Ⅴ，D 干工作Ⅰ. 总计需要 131 h.

7.7 因为任务数少于人数，故假想有一个工作Ⅴ，再根据题中的条件列出下表.

工作 \ 人	A	B	C	D	E
Ⅰ	10	2	3	15	9
Ⅱ	5	10	15	2	4
Ⅲ	15	5	14	7	15
Ⅳ	20	15	13	∞	8
Ⅴ	∞	0	0	0	0

对上表用匈牙利法求解，最优指派方案为：A 干Ⅱ，B 干Ⅲ，C 干Ⅰ，E 干Ⅳ，而 D 不分配工作. 最优值 $Z=21$.

7.8 将最大值问题转化为最小值问题. 首先求出新效率矩阵

$$\boldsymbol{B}=\begin{bmatrix}5 & 13 & 12 & 3\\12 & 6 & 11 & 0\\5 & 16 & 8 & 7\\16 & 8 & 15 & 12\end{bmatrix}.$$

以 $\boldsymbol{B}$ 作效率矩阵用圈 0 法及打勾法计算出独立零元素. 再作出调整为

$$\begin{bmatrix}0 & 8 & 4 & \not{0}\\10 & 4 & 6 & 0\\\not{0} & 11 & 0 & 4\\8 & 0 & 4 & 6\end{bmatrix}.$$

即机床 A_1 加工零件 B_1，机床 A_2 加工零件 B_4，机床 A_3 加工零件 B_3，机床 A_4 加工零件 B_2. 此时利润最大：$Z^*=35+40+32+32=139$.

7.9 提示：对每个消防站定义一个 0-1 变量 x_i，令

$$x_j=\begin{cases}1, & \text{当某防火区域可由第 } j \text{ 消防站负责时},\\0, & \text{当某防火区域不由第 } j \text{ 消防站负责时},\end{cases}\quad (j=1,2,3,4).$$

然后对每个防火区域列一个约束条件. 数学模型为

$$\min Z=\sum_{j=1}^{4}x_j;$$

$$\begin{aligned}\text{s.t.}\quad & x_1+x_2\geqslant 1, && (1),(2)\\& x_1\geqslant 1, && (3)\\& x_1+x_3\geqslant 1, && (4)\\& x_3\geqslant 1, && (5)\\& x_1+x_3+x_4\geqslant 1, && (6)\\& x_1+x_4\geqslant 1, && (7)\\& x_1+x_2+x_4\geqslant 1, && (8)\\& x_2+x_4\geqslant 1, && (9)\\& x_4\geqslant 1, && (10)\\& x_3+x_4\geqslant 1, && (11)\\& x_j\geqslant 0,\quad x_j\leqslant 1 \text{ 且 } x_j \text{ 取整数} && (j=1,2,3,4).\end{aligned}$$

由约束条件(3)，(5)，(10)可得：$x_1=1,x_3=1,x_4=1$. 因此最优解为 $\boldsymbol{z}^*=(1,0,1,1)^{\mathrm{T}}$，$Z^*=3$.

因此可减少消防站的数目，即可关闭消防站②.

7.10 **解** 因为人数多于工作数，因此设一个假想的工作项目 E. 且设每人完成 E 所用的时间都是

"0",从而转化为5个人完成5项工作的分配问题,再用匈牙利法求解.

最优解为:Ⅰ—C,Ⅱ—A,Ⅲ—B,Ⅳ—D,Ⅴ—E,即应安排工人Ⅰ,Ⅱ,Ⅲ,Ⅳ分别完成工作C,A,B,D,此时所用时间最少,为3+4+4+3=14.

7.11 解 这是一个人数少于项目数的指派问题.假设有两个假想的建筑公司A_4,A_5,其中A_4对各个楼房的建筑费用取各个公司中最小的,而因为每个建筑公司最多承筑2栋.因此A_5的效率系数取各个公司中次低的,见下表.

题7.11表

	B_1	B_2	B_3	B_4	B_5
A_1	3	8	7	15	11
A_2	7	9	10	14	12
A_3	6	9	13	12	17
A_4	3	8	7	12	11
A_5	6	9	10	14	12

这就变为5×5的指派问题,用匈牙利法求解,得:A_1建B_1,B_3楼;A_2建B_2,B_5楼;A_3建B_4楼.或:A_1建B_1,B_3楼;A_2建B_5楼;A_3建B_2,B_4楼.最小总费用为43.

7.12 解 设x_i分别为产品i的产量,模型为

$$\max Z = 3x_1 + 2x_2 + 5x_3;$$

$$\text{s.t.}\quad \begin{aligned} & x_1 + 2x_2 + x_3 \leqslant 430, \\ & 3x_1 + x_2 + 2x_3 \leqslant 460, \\ & x_3 + 4x_2 + x_3 \leqslant 400, \\ & x_i \geqslant 0 \text{ 且为整数} \quad (i = 1,2,3). \end{aligned}$$

习 题 8

8.1 (1) 满意解为由点(0,0),(4,0),(6,1),(2,3),(0,2)所围成的五边形.

(2) 满意解为由$\boldsymbol{x}_1=(3,3)^{\mathrm{T}}$和$\boldsymbol{x}_2=(3.5,1.5)^{\mathrm{T}}$所连线段.

(3) 满意解为点$(2,2)^{\mathrm{T}}$.

(4) 满意解为点$(3,1.5)^{\mathrm{T}}$.

8.2 略

8.3 最终单纯形表如下.

(1)

c_j			0	0	0	p_1	0	0	p_2	p_3	p_3
c_B	x_B	$\bar{b}$	x_1	x_2	x_3	d_1^-	d_1^+	d_2^-	d_2^+	d_3^-	d_3^+
0	x_3	10			1	1	−1	−1	1	−2	2
0	x_1	10	1			−1/2	1/2	1	−1	3/2	−3/2
0	x_2	20		1		3/2	−3/2	−2	2	−5/2	5/2
	p_1	0				1					
σ_j	p_2	0							1		
	p_3	0								1	1

(2)

c_j			0	0	p_1	p_4	$5p_3$	0	$3p_3$	0	0	p_2
c_B	x_B	$\bar{b}$	x_1	x_2	d_1^-	d_1^+	d_2^-	d_2^+	d_3^-	d_3^+	d_4^-	d_4^+
0	x_2	30		1			−1	1			1	−1
0	x_1	60	1				1	−1				
$3p_3$	d_3^-	15					1	−1	1	−1	−1	1
p_4	d_1^+	10			−1	1					1	−1
	p_1	0			1							
	p_2	0										1
σ_j	p_3	−45					2	3		3	3	−3
	p_4	−10			1						−1	1

(3)

c_j			0	0	0	p_1	0	p_2	p_2
c_B	x_B	$\bar{b}$	x_1	x_2	x_3	d_1^-	d_1^+	d_2^-	d_2^+
p_2	d_2^+	30		−5		2	−2	−1	1
0	x_1	45	1	−1		1	−1		
0	x_3	55		2	1	−1	1		
σ_j	p_1	0				1			
	p_2	−30		5		−2	2	2	

8.4 设 x_1，x_2，x_3 分别表示从Ⅱ级提升到Ⅰ级、从Ⅲ级提升到Ⅱ级、录用到Ⅲ级的新职工的人数，各目标优先级为

p_1：月工资总额不超过 60000 元.

p_2：每级的人数不超过定编规定的人数.

p_3：Ⅱ、Ⅲ级的升级面尽可能达到现有人数的 20%.

则数学模型为

$$
\begin{aligned}
\min Z = & p_1 d_1^+ + p_2(d_2^+ + d_3^+ + d_4^+) + p_3(d_5^- + d_6^-); \\
\text{s.t.}\ & 2000(10 - 10 \times 0.1 + x_1) + 1500(12 - x_1 + x_2) \\
& + 1000(15 - x_2 + x_3) + d_1^- - d_1^+ = 60000, \\
& 10(1 - 0.1) + x_1 + d_2^- - d_2^+ = 12, \\
& 12 - x_1 + x_2 + d_3^- - d_3^+ = 15, \\
& 15 - x_2 + x_3 + d_4^- - d_4^+ = 15, \\
& x_1 + d_5^- - d_5^+ = 12 \times 0.2, \\
& x_2 + d_6^- - d_6^+ = 15 \times 0.2, \\
& x_1, x_2 \geqslant 0, \quad d_i^-, d_i^+ \geqslant 0 \quad (i = 1, \cdots, 6).
\end{aligned}
$$

对以上目标规划模型用单纯形法求解，可得到多重解. 现将这些解汇总于下表. 该单位领导可按情况从多个解中选一个方案执行.

变量	含　义	解 1	解 2	解 3	解 4
x_1	晋升到Ⅰ级的人数	2.4	2.4	3	3
x_2	晋升到Ⅱ级的人数	3	3	3	5
x_3	新招收Ⅲ级的人数	0	3	3	5
d_1^-	月工资总额的结余	6300	3300	3000	0
d_2^-	Ⅰ级缺编人数	0.6	0.6	0	0
d_3^-	Ⅱ级缺编人数	2.4	2.4	3	1
d_4^-	Ⅲ级缺编人数	3	0	0.6	0
d_5^+	Ⅱ级升级超编数	0	0	0	0.6
d_6^+	Ⅲ级升级超编数	0	0	0	2

8.5 设 x_1, x_2, x_3 分别为生产 A 型、B 型、C 型彩电的数量，则其目标规划模型为

$$
\begin{aligned}
\min Z = & p_1 d_1^- + p_2 d_2^- + p_3 d_3^+ + p_4(d_4^- + d_4^+ + d_5^- + d_5^+ + d_6^- + d_6^+); \\
\text{s.t.}\ & 500x_1 + 650x_2 + 800x_3 + d_1^- - d_1^+ = 1.6 \times 10^4, \\
& 6x_1 + 8x_2 + 10x_3 + d_2^- - d_2^+ = 200, \\
& d_2^+ + d_3^- - d_3^+ = 24, \\
& x_1 + d_4^- - d_4^+ = 12, \\
& x_2 + d_5^- - d_5^+ = 10, \\
& x_3 + d_6^- - d_6^+ = 6, \\
& x_1, x_2, x_3 \geqslant 0, \quad d_i^-, d_i^+ \geqslant 0 \quad (i = 1, 2, \cdots, 6).
\end{aligned}
$$

8.6 设该广播台每天安排商业节目、新闻节目、音乐节目的时间分别为 x_1, x_2, x_3(h)，列出约束条件再整理化简，加减偏差变量后则本问题的目标规划模型为：

$$\min Z = p_1(d_1^+ + d_2^+ + d_3^-) + p_2 d_4^-;$$

$$\text{s.t.}\quad x_1 + x_2 + x_3 + d_1^- - d_1^+ = 12,$$

$$4x_1 - x_2 - x_3 + d_2^- - d_2^+ = 0,$$

$$-x_1 + 11x_2 - x_3 + d_3^- - d_3^+ = 0,$$

$$250x_1 - 40x_2 - 17.5x_3 + d_4^- - d_4^+ = 600,$$

$$x_1, x_2, x_3 \geqslant 0,\quad d_i^-, d_i^+ \geqslant 0\quad (i = 1,2,3,4).$$

其中最后一个目标约束的理想值,是以每天允许作商业节目的最大收入为理想值:$250\times2.4\times60=36000$(美元).再在约束等式两边都除以60后,加减偏差变量得到.

8.7 解 设 $x_{i1}, x_{i2}, x_{i3}(i=1,2,3)$ 分别表示第 i 种等级的兑制红、黄、蓝三种商标的酒的数量,则目标规划的数学模型为

$$\min w = p_1(d_1^+ + d_2^- + d_3^+ + d_4^- + d_5^+ + d_6^-) + p_2 d_8^- + p_3 d_7^-;$$

$$\text{s.t.}\quad x_{31} - 0.1(x_{11} + x_{21} + x_{31}) + d_1^- - d_1^+ = 0,$$

$$x_{11} - 0.5(x_{11} + x_{21} + x_{31}) + d_2^- - d_2^+ = 0,$$

$$x_{32} - 0.7(x_{12} + x_{22} + x_{32}) + d_3^- - d_3^+ = 0,$$

$$x_{12} - 0.2(x_{12} + x_{22} + x_{32}) + d_4^- - d_4^+ = 0,$$

$$x_{33} - 0.5(x_{13} + x_{23} + x_{33}) + d_5^- - d_5^+ = 0,$$

$$x_{13} - 0.1(x_{13} + x_{23} + x_{33}) + d_6^- - d_6^+ = 0,$$

$$x_{11} + x_{21} + x_{31} + d_7^- - d_7^+ = 2000$$

$$5.5(x_{11} + x_{21} + x_{31}) + 5.0(x_{12} + x_{22} + x_{32}) + 4.8(x_{13} + x_{23} + x_{33}) - 6(x_{11} + x_{12} + x_{13}) - 4.5(x_{21} + x_{22} + x_{23}) - 3(x_{31} + x_{32} + x_{33}) + d_8^- - d_8^+ = 1000,$$

$$x_{i1}, x_{i2}, x_{i3}, d_j^-, d_j^+ \geqslant 0\quad (i=1,2,3;\quad j=1,2,\cdots,8).$$

8.8 解 设 x_A 分配给 A 县的救护车数,x_B 为分配给 B 县的救护车数量,其目标规划模型为

$$\min Z = p_1 d_1^+ + p_2 d_2^+ + p_3 d_3^+;$$

$$\text{s.t.}\quad 20x_A + 20x_B + d_1^- - d_1^+ = 400,$$

$$40 - 3x_A + d_2^- - d_2^+ = 5,$$

$$50 - 4x_B + d_3^- - d_3^+ = 5,$$

$$x_A, x_B \geqslant 0;\quad d_i^-, d_i^+ \geqslant 0\quad (i=1,2,3).$$

8.9 解 依题意,以优先因子为序,对应关系如下:

原线性规划模型　　目标规划约束　　$\min f=$ 目标值偏差

$$p_1: 100x_1 + 50x_2 \geqslant 1900 \xrightarrow{\text{转换}} 100x_1 + 50x_2 + d_1^- - d_1^+ = 1900 \qquad p_1 d_1^-$$

$$p_2: 9x_1 + 26x_2 \leqslant 200 \xrightarrow{\text{转换}} 9x_1 + 26x_2 + d_2^- - d_2^+ = 200 \qquad p_2 d_2^-$$

$$12x_1 + 4x_2 \geqslant 25 \xrightarrow{\text{转换}} 12x_1 + 4x_2 - x_3 = 25 \text{(减去剩余变量 } x_3\text{)}$$

则转化后的模型为

$\min f = p_1 d_1^- + p_2 d_2^-$；

s. t. $100x_1 + 50x_2 + d_1^- - d_1^+ = 1900$,

$9x_1 + 26x_2 + d_2^- - d_2^+ = 200$,

$12x_1 + 4x_2 - x_3 = 25, x_i \geqslant 0 \quad (i=1,2,3)$； $d_i^+, d_i^- \geqslant 0 \quad (i=1,2)$.

习 题 9

9.1 (1) 在$(-\infty,4)$上严格凸函数. (2) 严格凸函数.

(3) 严格凹函数. (4) 非凸非凹函数.

9.2 (1) 无驻点. (2) $x=0$ 为极小点.

(3) $x=0$ 为极大点，$x=\pm\frac{\sqrt{2}}{4}$为极小点. (4) $x=\frac{2}{3}$，$x=\frac{3}{2}$为极小点，$x=\frac{13}{12}$为极大点.

(5) 有三个驻点，$x=0$ 处为拐点，$x=\frac{\sqrt{10}}{5}$为极小点，$x=-\frac{\sqrt{10}}{5}$为极大点.

9.3 (1) $\boldsymbol{x}=(11,95,78)^{\mathrm{T}}$ 是严格极小点. (2) $\boldsymbol{x}=(0,0,0)^{\mathrm{T}}$ 是鞍点.

(3) $\boldsymbol{x}=\left(\frac{1}{2},\frac{2}{3},\frac{4}{3}\right)^{\mathrm{T}}$ 是严格极大点. (4) $\boldsymbol{x}=(0,0)^{\mathrm{T}}$ 是鞍点.

9.4 在(0,3,1)，(0,1,−1)，(2,1,1)，(2,3,−1)各点处二次型不正定，而点(1,2,0)处二次型正定，故(1,2,0)为极小点.

9.5 (1)，(2)均是凸规划.

习 题 10

10.1 用表格列出计算结果如下表.

题 10.1 表

k	a_k	b_k	x'_{k+1}	x_{k+1}	$f(x'_{k+1})$	$f(x_{k+1})$
0	−1	1	−0.236	0.236	−0.653	−1.125
1	−0.236	1	0.236	0.528	−1.125	−0.970
2	−0.236	0.528	0.056	0.236	−1.050	−1.125

续表

k	a_k	b_k	x'_{k+1}	x_{k+1}	$f(x'_{k+1})$	$f(x_{k+1})$
3	0.056	0.528	0.236	0.348	−1.125	−1.106
4	0.056	0.348	0.168	0.236	−1.112	−1.125
5	0.168	0.348	0.236	0.279	−1.125	−1.123
6	0.168	0.279				

因 $\frac{0.279-0.168}{2}=0.0555<0.06$，已满足精度. 取

$$x^* \approx \frac{1}{2}(0.168+0.279)=0.23,\quad f(x^*)\approx\frac{1}{2}(-1.123+(-1.125))=-1.124.$$

10.2 用表格列出计算结果如下表.

k	a_k	b_k	x'_{k+1}	x_{k+1}	$f(x'_{k+1})$	$f(x_{k+1})$
0	0	25	9.55	15.45	66.3275	381.3875
1	0	15.45	5.90	9.55	−24.01	66.3275
2	0	9.55	3.65	5.90	−39.8725	−24.01
3	0	5.90	2.25	3.65	−34.4125	−39.8725
4	2.25	5.90	3.65	4.506	−39.8725	−37.4175
5	2.25	4.506	3.112	3.65	−39.1656	−39.8725
6	3.112	4.506				

因 $\frac{4.506-3.112}{25}=0.05576<0.08$，满足精度. 故取

$$x^* \approx \frac{1}{2}(3.112+4.506)=3.809,\quad f(x^*)\approx -39.749.$$

10.3 搜索区间为[1.5,3.5].

10.4 搜索区间为[0.6,3].

10.5 $x_2=1.840, f(x_2)=-2.903, x_3=1.634, f(x_3)=-3.046; x_4=1.610, f(x_4)=-3.047$.

10.6 由式(10.4.4)，可求得 $x^{(1)}=0.625, f(x^{(1)})=-0.00586; x^{(2)}=0.80769, f(x^{(2)})=-0.08847; x^{(3)}=0.80929, f(x^{(3)})=-0.08854$. 因 $|x^{(3)}-x^{(2)}|=0.0016<0.01$，故有 $x^*\approx x^{(3)}=0.80929$.

习 题 11

11.1 当 $\boldsymbol{x}^{(1)}=(1,1)^{\mathrm{T}}$，用变量轮换法作迭代：

第1次迭代：以 $e_1=(1,0)^T$ 为搜索方向时，$\lambda_1=2$，所以 $x^{(2)}=x^{(1)}+\lambda_1 e_1=(3,1)^T$，$f(x^{(2)})=-7$；以 $e_2=(0,1)^T$ 为搜索方向时，得 $\lambda_2=\frac{1}{2}$，所以 $x^{(3)}=x^{(2)}+\lambda_2 e_2=(3,3/2)^T$，$f(x^{(3)})=-7.5$；以 $x^{(3)}$ 为新的 $x^{(1)}$ 作新一轮迭代.第2次迭代：以 e_1 为搜索方向时，$\lambda_1=1/2$，$x^{(2)}=(7/2,3/2)^T$，$f(x^{(2)})=-31/4=-7.75$；以 e_2 为搜索方向，求得 $\lambda_2=1/4$，$x^{(3)}=(7/2,7/4)^T$，$f(x^{(3)})=-63/8=-7.875$.第3次迭代：$x^{(1)}=(7/2,7/4)^T$.以 e_1 为搜索方向得：$\lambda_1=1/4$，$x^{(2)}=(15/4,7/4)^T$，$f(x^{(2)})=-\frac{127}{16}=-7.9375$；以 e_2 为搜索方向时，求得 $\lambda_2=1/8$，$x^{(3)}=(15/4,15/8)^T$，$f(x^{(3)})=-\frac{255}{32}=-7.96875$.

计算精度：$\frac{|-7.96875-(-7.935)|}{|-7.935|}=\frac{0.03375}{7.935}\doteq 0.00425<0.005$.故取 $x^*\approx\left(\frac{15}{4},\frac{15}{8}\right)^T$，$f(x^*)\approx -7.96875$.

11.2 (1) $p^{(0)}=-\nabla f(x^{(0)})=(-4,-2)^T$，$\lambda_0=\frac{5}{18}$，$x^{(1)}=\left(-\frac{1}{9},\frac{4}{9}\right)$；第2次迭代：$p^{(1)}=\left(\frac{4}{9},-\frac{8}{9}\right)^T$，$\lambda_1=\frac{5}{12}$，$x^{(2)}=\left(\frac{2}{27},\frac{2}{27}\right)^T$.

(2) $p^{(0)}=-\nabla f(x^{(0)})=(-1,1)^T$，$\lambda_0=1$，$x^{(1)}=(-1,1)^T$.第2次迭代：$p^{(1)}=-\nabla f(x^{(1)})=(1,1)^T$，$\lambda_1=\frac{1}{5}$，$x^{(2)}=(-0.8,1.2)^T$.

11.3 第1次迭代：$x^{(0)}=(1,1)^T$，$f(x^{(0)})=-4$，$p^{(0)}=(-2,0)^T$，$\lambda_0=\frac{1}{4}$，$x^{(1)}=\left(\frac{1}{2},1\right)^T$，$f(x^{(1)})=-\frac{9}{2}$.第2次迭代：$p^{(1)}=(0,1)^T$，$\lambda_1=\frac{1}{4}$，$x^{(2)}=\left(\frac{1}{2},\frac{5}{4}\right)^T$，$f(x^{(2)})=-\frac{37}{8}$.第3次迭代：$x^{(2)}=\left(\frac{1}{2},\frac{5}{4}\right)^T$，$p^{(2)}=\left(-\frac{1}{2},0\right)^T$，$\lambda_2=\frac{1}{4}$，$x^{(3)}=\left(\frac{3}{8},\frac{5}{4}\right)^T$，$f(x^{(3)})=-\frac{149}{32}$.

11.4 $x^{(3)}=\left(0,\frac{19}{27}\right)^T$.

11.5 $x^{(1)}=(1,1)^T$.

11.6 记 $f(x)=\frac{1}{2}x^TAx+b^Tx+C$.其中：$A=\begin{bmatrix}4&2\\2&2\end{bmatrix}$，$b^T=(1,-1)$，$C=0$. A 为正定矩阵.

$\nabla f(x)=\begin{bmatrix}1+4x_1+2x_2\\-1+2x_1+2x_2\end{bmatrix}$，故有：$p^{(0)}=-\nabla f(x^{(0)})=\begin{bmatrix}-1\\1\end{bmatrix}$，$\lambda_0=1$，$x^{(1)}=\begin{bmatrix}-1\\1\end{bmatrix}$.

$\nabla f(x^{(1)})=\begin{bmatrix}-1\\-1\end{bmatrix}$，$\beta_0=\frac{\|\nabla f(x^{(1)})\|^2}{\|\nabla f(x^{(0)})\|^2}=1$.

所以 $p^{(1)}=(0,2)^T$.因 $f(x)$是正定二次函数，故可由式(11.4.37)求 λ：

$$\lambda_1=\frac{-\nabla f(x^{(1)})^Tp^{(1)}}{(p^{(1)})^TAp^{(1)}}=\frac{1}{4}.$$

故有 $\boldsymbol{x}^{(2)}=(-1,3/2)^{\mathrm{T}}$. 计算 $\nabla f(\boldsymbol{x}^{(2)})=(0,0)^{\mathrm{T}}$,所以 $\boldsymbol{x}^*=\boldsymbol{x}^{(2)}=(-1,3/2)^{\mathrm{T}}$.

11.7 $\boldsymbol{x}^{(0)}=\begin{bmatrix}1\\1\end{bmatrix}$, $\lambda_0=\frac{13}{34}$, $\boldsymbol{x}^{(1)}=\left(\frac{8}{34},-\frac{5}{34}\right)^{\mathrm{T}}$. $\beta_0=\frac{1}{34\times 34}$, $\lambda_1=\frac{34}{13}$,极小点 $\boldsymbol{x}^{(2)}=(0,0)^{\mathrm{T}}$.

习 题 12

12.1 (1) $d_1>0$, $d_2>0$, $d_1>-\frac{1}{3}d_2$. (2) $d_2>0$, $-d_2<d_1<-\frac{2}{3}d_2$.

(3) $d_1>\frac{1}{4}d_2$, $d_1<-\frac{2}{3}d_2(d_2<0)$. (4) $d_1>2d_2$, $d_1>0$.

(5) 无可行下降方向.

12.2 原题可改写为

$$\begin{aligned}&\min f(x)=-(x-4)^2;\\ &\text{s.t}\quad g_1(x)=x-1\geqslant 0,\\ &\qquad\ g_2(x)=6-x\geqslant 0.\end{aligned}$$

K-T 条件为

$$\begin{cases}-2(x^*-4)-\gamma_1^*+\gamma_2^*=0,\\ \gamma_1^*(x^*-1)=0,\\ \gamma_2^*(6-x^*)=0,\\ \gamma_1^*\geqslant 0,\quad \gamma_2^*\geqslant 0.\end{cases}$$

解得 $x^*=1$ 为最优解,$f(x^*)=-9$.

12.3 将原题改为

$$\begin{aligned}&\min f(\boldsymbol{x})=-\ln(x_1+x_2);\\ &\text{s.t.}\quad g_1(\boldsymbol{x})=5-x_1-2x_2\geqslant 0,\\ &\qquad\ g_2(\boldsymbol{x})=x_1\geqslant 0,\\ &\qquad\ g_3(\boldsymbol{x})=x_2\geqslant 0.\end{aligned}$$

K-T 条件为

$$\begin{cases}-\dfrac{1}{x_1+x_2}+\gamma_1-\gamma_2=0,\\ -\dfrac{1}{x_1+x_2}+2\gamma_1-\gamma_3=0,\\ \gamma_1(5-x_1-2x_2)=0,\\ \gamma_2\cdot x_1=0,\\ \gamma_3\cdot x_2=0,\\ \gamma_1,\gamma_2,\gamma_3\geqslant 0.\end{cases}$$

解之：$x_1^*=5, x_2^*=0, \gamma_1^*=\gamma_3^*=\frac{1}{5}, \gamma_2^*=0$. 故 $\boldsymbol{x}^*=(5,0)^{\mathrm{T}}, f(\boldsymbol{x}^*)=-1.6094$.

12.4 因 $\boldsymbol{x}^{(0)}=(0,0)^{\mathrm{T}}, g_1(\boldsymbol{x}^{(0)})=3>0$，故 $I(\boldsymbol{x}^{(0)})=\varnothing$，$\boldsymbol{p}^{(0)}=(4,4)^{\mathrm{T}}$，$\boldsymbol{x}^{(1)}=\boldsymbol{x}^{(0)}+\lambda\boldsymbol{p}^{(0)}=\begin{bmatrix}4\lambda\\4\lambda\end{bmatrix}$.
解 $\min\limits_{0\leqslant\lambda\leqslant\bar{\lambda}} f(\boldsymbol{x}^{(0)}+\lambda\boldsymbol{p}^{(0)})$. 因 $\bar{\lambda}=1/4$，得 $\lambda_0^*=\bar{\lambda}=1/4$，所以 $\boldsymbol{x}^{(1)}=(1,1)^{\mathrm{T}}$. 又 $g_1(\boldsymbol{x}^{(1)})=0$，故构造线性规划：

$$\begin{aligned}
&\min \eta;\\
&\text{s.t.}\quad -2d_1-2d_2\leqslant\eta,\\
&\qquad\quad d_1+2d_2\leqslant\eta,\\
&\qquad\quad -1\leqslant d_1\leqslant 1,\\
&\qquad\quad -1\leqslant d_2\leqslant 1.
\end{aligned}$$

解之得

$$\eta=-\frac{1}{2},\quad \boldsymbol{p}^{(1)}=\begin{bmatrix}d_1\\d_2\end{bmatrix}=\begin{bmatrix}1\\-\frac{3}{4}\end{bmatrix}.$$

所以

$$\boldsymbol{x}^{(2)}=\boldsymbol{x}^{(1)}+\lambda\boldsymbol{p}^{(1)}=\left(1+\lambda,1-\frac{3}{4}\lambda\right)^{\mathrm{T}}.$$

$$f(\boldsymbol{x}^{(2)})=\frac{25}{16}\lambda^2-\frac{1}{2}\lambda-6,\quad \frac{\mathrm{d}f(\boldsymbol{x}^{(2)})}{\mathrm{d}\lambda}=\frac{25}{8}\lambda-\frac{1}{2}=0.$$

所以 $\lambda_1^*=0.16$，$\boldsymbol{x}^{(2)}=(1.16,0.88)^{\mathrm{T}}$. 检验：$g_1(\boldsymbol{x}^{(2)})=0.08>0$. 故 $\boldsymbol{x}^{(2)}$ 为可行点，$f(\boldsymbol{x}^{(2)})=-6.04$.

12.5 第1次迭代用最速下降法，第2次迭代借助于线性规划求可行下降方向，前两次迭代结果是 $\boldsymbol{x}^{(0)}=(0,0)^{\mathrm{T}}, \boldsymbol{p}^{(0)}=(1,1)^{\mathrm{T}}, \lambda_0=\frac{1}{3}$. $\boldsymbol{x}^{(1)}=\left(\frac{4}{3},\frac{4}{3}\right)^{\mathrm{T}}$，$\boldsymbol{p}^{(1)}=(1.0,-0.7)^{\mathrm{T}}$，$\lambda_1=0.134$. $\boldsymbol{x}^{(2)}=(1.467,1.239)^{\mathrm{T}}$，$f(\boldsymbol{x}^{(2)})=0.863$（本题的最优解是 $\boldsymbol{x}^*=(1.6,1.2)^{\mathrm{T}}, f(\boldsymbol{x}^*)=0.8$）.

12.6 先将问题改写为

$$\begin{aligned}
&\min f(\boldsymbol{x})=2x_1^2+2x_2^2-2x_1x_2-4x_1-6x_2;\\
&\text{s.t.}\quad g_1(\boldsymbol{x})=-x_1-5x_2+5\geqslant 0,\\
&\qquad\quad g_2(\boldsymbol{x})=-2x_1^2+x_2\geqslant 0,\\
&\qquad\quad g_3(\boldsymbol{x})=x_1\geqslant 0,\\
&\qquad\quad g_4(\boldsymbol{x})=x_2\geqslant 0.
\end{aligned}$$

第1次迭代：$\boldsymbol{x}^{(0)}=(0,0.75)^{\mathrm{T}}$，$\nabla f(\boldsymbol{x})=\begin{bmatrix}4x_1-2x_2-4\\4x_2-2x_1-6\end{bmatrix}$，$\nabla f(\boldsymbol{x}^{(0)})=\begin{bmatrix}-5.5\\-3.0\end{bmatrix}$. 因 $g_3(\boldsymbol{x}^{(0)})=0$ 为起作用约束，故作线性规划：

$$\begin{aligned}&\min \eta;\\ &\text{s. t.}\quad -5.5d_1-3.0d_2\leqslant\eta,\\ &\qquad -d_1\leqslant\eta,\\ &\qquad -1\leqslant d_1\leqslant 1,\\ &\qquad -1\leqslant d_2\leqslant 1.\end{aligned}$$

解得 $\boldsymbol{p}^{(0)}=\begin{bmatrix}d_1\\ d_2\end{bmatrix}=\begin{bmatrix}1\\ -1\end{bmatrix}$, $\eta=-1$, $\boldsymbol{x}^{(0)}+\lambda\boldsymbol{p}^{(0)}=\begin{bmatrix}\lambda\\ 0.75-\lambda\end{bmatrix}$.

由 $g_2(\boldsymbol{x})=-2x_1^2+x_2\geqslant 0$,知 $\lambda\leqslant\frac{-1+\sqrt{7}}{4}\approx 0.4114$. 又 $f(\boldsymbol{x}^{(0)}+\lambda\boldsymbol{p}^{(0)})=6\lambda^2-2.5\lambda-3.375$,因此求解下列一维搜索问题:

$$\min_{0\leqslant\lambda\leqslant 0.4114} f(\boldsymbol{x}^{(0)}+\lambda\boldsymbol{p}^{(0)})=6\lambda^2-2.5\lambda-3.375,$$

可得 $\lambda_0=0.2083$. 故有 $\boldsymbol{x}^{(1)}=\boldsymbol{x}^{(0)}+\lambda_0\boldsymbol{p}^{(0)}=(0.2083,0.5417)^{\mathrm{T}}$. 第 2 次迭代:对点 $\boldsymbol{x}^{(1)}$,无起作用约束,即 $I(\boldsymbol{x}^{(1)})=\varnothing$, $\nabla f(\boldsymbol{x}^{(1)})=(-4.25,-4.25)^{\mathrm{T}}$. 可用下法求搜索方向:

$$\begin{aligned}&\min \eta;\\ &\text{s. t.}\quad -4.25d_1-4.25d_2\leqslant\eta,\\ &\qquad -1\leqslant d_1\leqslant 1,\\ &\qquad -1\leqslant d_2\leqslant 1.\end{aligned}$$

解之可得 $\boldsymbol{p}^{(1)}=\begin{bmatrix}1\\ 1\end{bmatrix}$, $\eta=-8.50$. 又 $\boldsymbol{x}^{(1)}+\lambda\boldsymbol{p}^{(1)}=\begin{bmatrix}0.2083+\lambda\\ 0.5417+\lambda\end{bmatrix}$,由 $g_1(\boldsymbol{x}^{(1)}+\lambda\boldsymbol{p}^{(1)})\geqslant 0$,得到 $\bar{\lambda}=0.3472$.

求解:

$$\min_{0\leqslant\lambda\leqslant\bar{\lambda}} f(\boldsymbol{x}^{(1)}+\lambda\boldsymbol{p}^{(1)})=2\lambda^2-8.5\lambda-3.6354;$$

解得 $\lambda_1=0.3472$, $\boldsymbol{x}^{(2)}=\boldsymbol{x}^{(1)}+\lambda_1\boldsymbol{p}^{(1)}=\begin{bmatrix}0.5555\\ 0.8889\end{bmatrix}$.

12.7 在点 $\boldsymbol{x}^{(0)}=(1,1)^{\mathrm{T}}$,将 $f(\boldsymbol{x})$, $g_1(\boldsymbol{x})$ 线性化:

$$f(\boldsymbol{x})\approx f(\boldsymbol{x}^{(0)})+\nabla f(\boldsymbol{x}^{(0)})^{\mathrm{T}}(\boldsymbol{x}-\boldsymbol{x}^{(0)})=16-4x_1-4x_2.$$

$$g_1(\boldsymbol{x})\approx g_1(\boldsymbol{x}^{(0)})+\nabla g_1(\boldsymbol{x}^{(0)})^{\mathrm{T}}(\boldsymbol{x}-\boldsymbol{x}^{(0)})=10-2x_1-2x_2.$$

$g_2(\boldsymbol{x})$, $g_3(\boldsymbol{x})$, $g_4(\boldsymbol{x})$ 已是线性函数.

由 $|x_1-1|\leqslant 2$ 及 $|x_2-1|\leqslant 2$,即 $-1\leqslant x_1\leqslant 3$, $-1\leqslant x_2\leqslant 3$. 求解线性规划问题:

$$\begin{aligned}&\min 16-4x_1-4x_2;\\ &\text{s. t.}\quad 10-2x_1-2x_2\geqslant 0,\\ &\qquad x_1+x_2-1\geqslant 0,\\ &\qquad x_1\leqslant 3,\\ &\qquad x_2\leqslant 3,\\ &\qquad x_1,x_2\geqslant 0.\end{aligned}$$

用单纯形法求之，得线性规划的最优解

$$\bar{\boldsymbol{x}}=\begin{bmatrix}\bar{x}_1\\ \bar{x}_2\end{bmatrix}=\begin{bmatrix}3\\ 2\end{bmatrix}.$$

代入原问题约束条件，$g_1(\bar{\boldsymbol{x}})=8-\bar{x}_1^2-\bar{x}_2^2=-5\ngeq 0$，所以 $\bar{\boldsymbol{x}}$ 不是可行点，为此减小步长限制 $\boldsymbol{\delta}^{(0)}$，取 $\beta=1/4$，即令

$$\boldsymbol{\delta}^{(0)}:=\frac{1}{4}\boldsymbol{\delta}^{(0)}=\begin{bmatrix}\frac{1}{2}\\ \frac{1}{2}\end{bmatrix}.$$

则当前的线性规划为

$$\begin{aligned}&\min\ 16-4x_1-4x_2;\\ &\text{s.t.}\quad 10-2x_1-2x_2\geqslant 0,\\ &\qquad\quad x_1+x_2-1\geqslant 0,\\ &\qquad\quad \frac{1}{2}\leqslant x_1\leqslant\frac{3}{2},\\ &\qquad\quad \frac{1}{2}\leqslant x_2\leqslant\frac{3}{2}.\end{aligned}$$

将上述线性规划标准化后，求解得

$$\bar{\boldsymbol{x}}=\begin{bmatrix}\frac{3}{2}\\ \frac{3}{2}\end{bmatrix}.$$

代入原问题的约束条件，$\bar{\boldsymbol{x}}$ 是原问题的可行解，因此令 $\boldsymbol{x}^{(1)}=\bar{\boldsymbol{x}}=\begin{bmatrix}3/2\\ 3/2\end{bmatrix}$. 在点 $\boldsymbol{x}^{(1)}$ 处，将 $f(\boldsymbol{x})$ 与 $g_1(\boldsymbol{x})$ 线性化，取 $\boldsymbol{\delta}^{(1)}=\begin{bmatrix}\frac{1}{2}\\ \frac{1}{2}\end{bmatrix}$. 构造新的线性规划：

$$\begin{aligned}&\min\ \frac{27}{2}-3x_1-3x_2;\\ &\text{s.t.}\quad \frac{25}{2}-3x_1-3x_2\geqslant 0,\\ &\qquad\quad x_1+x_2-1\geqslant 0,\\ &\qquad\quad x_1\leqslant 2,\\ &\qquad\quad x_1\geqslant 1,\\ &\qquad\quad x_2\leqslant 2,\\ &\qquad\quad x_2\geqslant 1.\end{aligned}$$

令 $y_1=x_1-1,y_2=x_2-1$，化为

$$\min \frac{15}{2}-3y_1-3y_2;$$

$$\text{s. t.}\quad \begin{aligned} &\frac{13}{2}-3y_1-3y_2\geqslant 0,\\ &y_1+y_2+1\geqslant 0,\\ &y_1\leqslant 1,\\ &y_2\leqslant 1,\\ &y_1,y_2\geqslant 0. \end{aligned}$$

用单纯形法求之：$y_1^*=1, y_2^*=1, \bar{x}=(2,2)^{\mathrm{T}}$. 经检验 $\bar{x}$ 为原问题的可行点，故 $x^{(2)}=\bar{x}$. 再在点 $x^{(2)}$ 处，将 $f(x), g_1(x)$ 线性化，用上法求之，得 $x^{(3)}=x^{(2)}(2,2)^{\mathrm{T}}$，故 $x^*=x^{(2)}$.

12.8 构造罚函数

$$\begin{aligned} p(x,M_k) &= f(x)+M_k[\min(0,g(x))]^2\\ &=(x_1-2)^2+x_2^2+M_k[\min(0,x_2-1)]^2\\ &=\begin{cases}(x_1-2)^2+x_2^2 & (\text{当 } x_2\geqslant 1),\\ (x_1-2)^2+x_2^2+M_k(x_2-1)^2 & (\text{当 } x_2<1).\end{cases} \end{aligned}$$

用解析法求罚函数的无约束极小点. 因为

$$\frac{\partial p}{\partial x_1}=2(x_1-2).$$

$$\frac{\partial p}{\partial x_2}=\begin{cases}2x_2 & (\text{当 } x_2\geqslant 1),\\ 2x_2+2M_k(x_2-1) & (\text{当 } x_2<1).\end{cases}$$

令 $\frac{\partial p}{\partial x_1}=0, \frac{\partial p}{\partial x_2}=0$，有

$$\begin{cases}2(x_1-2)=0.\\ 2x_2+2M_k(x_2-1)=0.\end{cases}$$

即

$$x=\begin{bmatrix}x_1\\x_2\end{bmatrix}=\begin{bmatrix}2\\ \dfrac{M_k}{1+M_k}\end{bmatrix}.$$

当 M_k 取不同值时，得到不同的罚函数的极小点列 $\{x^{(k)}\}$：

M_k	1	10	100	1000	10000	$M_k\to\infty$
$x^{(k)}$	$\begin{bmatrix}2\\ \frac{1}{2}\end{bmatrix}$	$\begin{bmatrix}2\\0.909\end{bmatrix}$	$\begin{bmatrix}2\\0.990\end{bmatrix}$	$\begin{bmatrix}2\\0.999\end{bmatrix}$	$\begin{bmatrix}2\\0.9999\end{bmatrix}$	$\begin{bmatrix}2\\1\end{bmatrix}$.

所以 $\quad x^*=(2,1)^{\mathrm{T}}, \qquad f(x^*)=1.$

12.9 构造障碍函数

$$p(x,r_k)=f(x)-r_k\ln x=(x+1)^2-r_k\ln x \quad (r_k>0).$$

用解析法求障碍函数的无约束极小点. 令

$$\frac{\partial p}{\partial x}=2(x+1)-\frac{1}{x}r_k=0.$$

有 $x=\frac{1}{2}(-1\pm\sqrt{1+2r_k})$. 舍去负根得 $x=\frac{-1+\sqrt{1+2r_k}}{2}$. 当 r_k 取不同值时,得到 $\{x^{(k)}\}$,列于下表.

题 12.9 表

r_k	1	0.1	0.01	0.001	0.0001	$r_k\to 0$
$x^{(k)}$	0.366	0.0477	0.004975	0.00049975	0.000049997	$x\to 0$

从表中可看出,当 r_k 从 $1\to 0$ 过程中,障碍函数的一系列无约束极小点是从可行域内部趋向于 x^* 的. $x^*=0$, $f(x^*)=1$.

12.10 构造障碍函数

$$p(\boldsymbol{x},r_k)=x_1^2-6x_1+9+2x_2+r_k\left[\frac{1}{x_1-3}+\frac{1}{x_2-3}\right].$$

$$\begin{cases}\dfrac{\partial p}{\partial x_1}=2(x_1-3)-\dfrac{r_k}{(x_1-3)^2},\\[2ex]\dfrac{\partial p}{\partial x_2}=2-\dfrac{r_k}{(x_2-3)^2}.\end{cases}$$

令 $\frac{\partial p}{\partial x_1}=0,\frac{\partial p}{\partial x_2}=0$,则 $x_1=3+\sqrt[3]{\frac{r_k}{2}}$, $x_2=3\pm\sqrt{\frac{r_k}{2}}$. 舍去 $3-\sqrt{\frac{r_k}{2}}$(不在可行域内),即 $x_2=3+\sqrt{\frac{r_k}{2}}$.

当 $r_k\to 0$ 时, $\boldsymbol{x}^{(k)}\to\begin{bmatrix}3\\3\end{bmatrix}$, $f(\boldsymbol{x}^*)=6$.

习 题 13

13.1 最短路径: $A\to B_1\to C_2\to D_1\to E_2\to F_2\to G$,最短距离为 18.

13.2 最短路径: $A—B_2—C_1—D_1—E$. 其长度为 8.

13.3 最小费用路线有两条:一条是 A 线最上方费用为 2 的点到 B 线最上方为 3 的点止,其总费用为 $2+(1+4+2+1+3+1)+3=17$,即最短路径为 $A_1\to C_1\to D_1\to E_1\to F_2\to G_1\to B_1$.

另一条是从 $A_3\to C_2\to D_2\to E_2\to F_3\to G_2\to B_3$,其总费用为 $2+(2+2+1+1+2+6)+1=17$.

13.4 最优决策为:第 1 年将 100 台机器全部生产产品Ⅱ;第 2 年把余下的机器继续生产产品Ⅱ;第 3 年把余下的机器全部生产产品Ⅰ. 3 年的总收入为 7676.25 万元.

13.5 最优策略为:在第 1 个地区设置 2 个销售店;在第 2 个地区设置 1 个销售店;在第 3 个地区设置 1 个销售店. 每月可获得总利润为 47 万元.

13.6 最优策略为:1 月份生产 400 件,2 月份不生产,3 月份生产 400 件,4 月份生产 300 件,5 月份生产 300 件,6 月份不生产.其阶段费用为 1 月份 4.4 万元,2 月份 0.3 万元,3 月份 4.5 万元,4 月份 3.4 万元,5 月份 3.4 万元,6 月份 0.1 万元,总计 16.1 万元.

13.7 (1) 最优更新策略为$\{P,N,N,N,P,N,N,P,N,N\}$;最大收益为 74 万元.

(2) 最优更新策略为$\{P,N,N,N,N,P,N,N,N\}$;最大收益为 66 万元;最优路径为$\{0,1,2,3,4,0,1,2,3\}$.

习 题 14

14.1 面包店每天的益损值用下述公式进行计算:

$$s_{ij}=\begin{cases}(0.45-0.25)A_i, & \text{当 } A_i\leqslant\theta_j \text{ 时},\\ (0.45-0.25)\theta_j-(0.25-0.15)(A_i-\theta_j), & \text{当 } A_i>\theta_j \text{ 时},\ (i,j=1,2,\cdots,5).\end{cases}$$

因此可求出益损矩阵 M(略),并进而求出各个 A_i 的期望值: $E(A_1)=20$ 元,$E(A_2)=27$ 元,$E(A_3)=30.25$ 元,$E(A_4)=29.0$ 元,$E(A_5)=25.5$ 元,因此面包店的最优进货量为(A_3)200 个面包/天,这时可获最大期望利润:30.25 元/天.

14.2 首先计算出该商品的收益矩阵(略).

(1)可知应生产 4000 件.(2)生产量为 1000,2000 或 3000 件商品时,各种需求量状态下均不亏本,损失的概率均为 0,因此该生产者生产 1000 件,2000 件或 3000 件均可.

14.3 决策树图见题 14.3 图,故 $E(I)=12.2$,$E(\text{Ⅱ})=12.8$,$E(\text{Ⅲ})=10.0$.

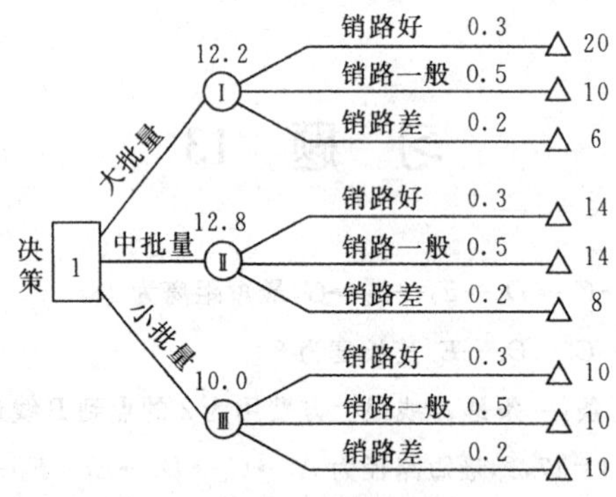

题 14.3 图

因此选择中批量生产,其期望收益值为 12.8 万元.

14.4 决策树图见题 14.4 图.故应以不搬走施工机械并筑一护堤为最合算.

14.5 (1) $u(5)=0.3u(-500)+0.7u(1000)=7.3$.

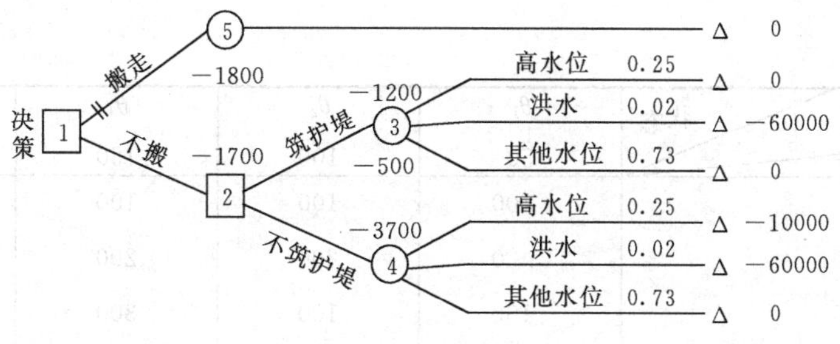

题 14.4 图

(2) $u(200)=0.7u(-10)+0.3u(2000)$, $u(2000)=1.4333$.

(3) $u(500)=0.8u(1000)+0.2u(-1000)$,故 $u(-1000)=-750$.

(4) $u(500)=pu(2000)+(1-p)u(-1000)$,故 $p=0.6$.

14.6 作出决策树图,如题 14.6 图.故此经理愿意为该公司财产参加火灾保险.

题 14.6 图

14.7 (1) 益损值矩阵如下表.

题 14.7 表

益损值 /万元 状态 方案	θ_1	θ_2	θ_3
Ⅰ	5	50	90
Ⅱ	2	56	104
Ⅲ	−4	59	115

(2) 用悲观准则:选方案Ⅰ;乐观准则:选方案Ⅲ;等可能性准则:选方案Ⅲ;后悔值准则:选方案Ⅲ(每个方案的最大后悔值分别为:25,11,9).

14.8 (1) 益损值矩阵如下表.

题 14.8 表

益损值/元 状态 方案	θ_1 50	θ_2 100	θ_3 150	θ_4 200
A_1：50	100	100	100	100
A_2：100	0	200	200	200
A_3：150	−100	100	300	300
A_4：200	−200	0	200	400

(2) 悲观准则：选方案 A_1；乐观准则：选方案 A_4；等可能性准则：选方案 A_2 或 A_3；后悔值准则：选方案 A_2 或 A_3（每个方案的最大后悔值分别为：300，200，200，300）.

参考文献

1 Gass S I. Linear Programming Methods and Applications. Fifth Edition. New York: Mc-Graw Hill Book Company, 2003

2 Bazaraa M S. Linear Programming and Network Flow. New York: John Wiley & Sons, 1990

3 《运筹学》教材编写组. 运筹学. 第 3 版. 北京:清华大学出版社,2005

4 张莹. 运筹学基础. 北京:清华大学出版社,1995

5 陈宝林. 最优化理论与算法. 第 2 版. 北京:清华大学出版社,2005

6 周汉良,范玉妹. 数学规划及其应用. 北京:冶金工业出版社,1995

7 胡毓达. 非线性规划. 北京:高等教育出版社,1990

8 [美]索尔·加斯著. 线性规划方法与应用. 王建华,郑乐宁,谭泽光,何坚勇,周兴华等译. 北京:高等教育出版社,1990

9 薛嘉庆. 线性规划. 北京:高等教育出版社,1989

10 蓝伯雄,程佳惠,陈秉正. 管理数学(下)——运筹学. 北京:清华大学出版社,1997

11 现代应用数学手册——运筹学与最优化理论卷. 北京:清华大学出版社,1998

12 谭家华. 管理运筹学基础. 上海:上海交大出版社,1991

13 卢向华,郭锡伯. 运筹学基础. 北京:国防工业出版社,1990

14 刁在筠,郑汉鼎,刘家壮,刘桂真. 运筹学. 第 2 版. 北京:高等教育出版社,2001

15 胡运权. 运筹学习题集. 第 3 版. 北京:清华大学出版社,2002

16 席少霖,赵凤治. 最优化计算方法. 上海:上海科学技术出版社,1983

17 叶其孝主编. 大学生数学建模竞赛辅导教材(三). 长沙:湖南教育出版社,2001

18 李吉桂,周太华,麦瑞玲. 运筹学基础与应用. 广州:广东高等教育出版社,1990

19 沈荣芳. 运筹学. 北京:机械工业出版社,1997

20 周华任. 运筹学解题指导. 北京:清华大学出版社,2006

21 唐焕文,秦学志. 实用最优化方法. 大连:大连理工大学出版社,2004

22 姜启源,邢文训,谢金星,杨顶辉. 大学数学实验. 北京:清华大学出版社,2005

23 谢金星,薛毅. 优化建模与 LINDO/LINGO 软件. 北京:清华大学出版社,2005

24 曹卫华,郭正. 最优化技术方法及 MATLAB 的实现. 北京:化学工业出版社,2005

索　引

A

B

C

D

E

F

G

H

J

K

L

M

N

P

Q

R

S

T

W

X

Y

Z